U0600160

"十二五"国家重点出版规划项目

/现代激光技术及应用丛书/

自适应光学及激光操控

张雨东　饶长辉　李新阳　编著

国防工業出版社
·北京·

内 容 简 介

自适应光学是近年来发展起来的集光学、机械、电子、计算机、自动控制等为一体的高技术。自适应光学技术解决了时间和空间随机变化的光学像差的控制问题。自适应光学系统通过实时测量、控制、校正光学系统的像差,使光学系统具有了自动适应环境变化、克服动态扰动影响、始终保持理想性能的能力。自适应光学的物理本质是对光学波前,即光场相位的时间变化和空间分布进行快速测量和精确控制,并通过对相位的主动控制实现对光束强度分布、方向等的操控。本书系统性地介绍自适应光学技术以及激光操控技术的最新进展,叙述自适应光学系统中的波前传感器、波前校正器、波前信号处理和控制的基本原理,并讨论自适应光学技术在激光聚变装置波前控制、化学激光和固体激光光束控制、激光光束合成、天文观测、激光大气传输、人眼像差操控等方面的应用。

本书可供从事自适应光学技术、激光技术的研究和应用的科技工作者,以及其他有兴趣了解或有志于从事该技术的大学生和研究生学习参考。

图书在版编目(CIP)数据

自适应光学及激光操控/张雨东,饶长辉,李新阳编著.—北京:国防工业出版社,2016.10
(现代激光技术及应用丛书)
"十二五"国家重点出版规划项目
ISBN978-7-118-10790-6

Ⅰ.①自… Ⅱ.①张… ②饶… ③李… Ⅲ.①自适应性—光学—研究 ②激光技术—研究 Ⅳ.①O436 ②TN24

中国版本图书馆 CIP 数据核字(2016)第 214647 号

※

国防工業出版社出版发行
(北京市海淀区紫竹院南路 23 号 邮政编码 100048)
北京嘉恒彩色印刷有限责任公司印刷
新华书店经售

*

开本 710×1000 1/16 **印张** 24½ **字数** 466 千字
2016 年 10 月第 1 版第 1 次印刷 **印数** 1—2500 册 **定价** 98.00 元

(本书如有印装错误,我社负责调换)

国防书店:(010)88540777 发行邮购:(010)88540776
发行传真:(010)88540755 发行业务:(010)88540717

序

世界上第一台激光器于1960年诞生在美国，紧接着我国也于1961年研制出第一台国产激光器。激光的重要特性（亮度高、方向性强、单色性好、相干性好）决定了它五十多年来在技术与应用方面迅猛发展，并与多个学科相结合形成多个应用技术领域，比如光电技术、激光医疗与光子生物学、激光制造技术、激光检测与计量技术、激光全息技术、激光光谱分析技术、非线性光学、超快激光学、激光化学、量子光学、激光雷达、激光制导、激光同位素分离、激光可控核聚变、激光武器等。这些交叉技术与新的学科的出现，大大推动了传统产业和新兴产业的发展。可以说，激光技术是20世纪最具革命性的科技成果之一。我国也非常重视激光技术的发展，在《国家中长期科学与技术发展规划纲要（2006—2020年）》中，激光技术被列为八大前沿技术之一。

近些年来，我国在激光技术理论创新和学科发展方面取得了很多进展，在激光技术相关前沿领域取得了丰硕的科研成果，在激光技术应用方面取得了长足的进步。为了更好地推动激光技术的进一步发展，促进激光技术的应用，国防工业出版社策划组织编写出版了这套丛书。策划伊始，定位即非常明确，要"凝聚原创成果，体现国家水平"。为此，专门组织成立了丛书的编辑委员会，为确保丛书的学术质量，又成立了丛书的学术委员会，这两个委员会的成员有所交叉，一部分人是几十年在激光技术领域从事研究与教学的老专家，一部分是长期在一线从事激光技术与应用研究的中年专家；编辑委员会成员主要以丛书各分册的第一作者为主。周寿桓院士为编辑委员会主任，我们两位被聘为学术委员会主任。为达到丛书的出版目的，2012年2月23日两个委员会一起在成都召开了工作会议，绝大部分委员都参加了会议。会上大家进行了充分讨论，确定丛书书目、丛书特色、丛书架构、内容选取、作者选定、写作与出版计划等等，丛书的编写工作从那时就正式地开展起来了。

历时四年至今日，丛书已大部分编写完成。其间两个委员会做了大量的工作，又召开了多次会议，对部分书目及作者进行了调整。组织两个委员会的委员对编写大纲和书稿进行了多次审查，聘请专家对每一本书稿进行了审稿。

总体来说，丛书达到了预期的目的。丛书先后被评为国家"十二五"重点出版规划项目和国家出版基金资助项目。丛书本身具有鲜明特色:一)丛书在内容上分三个部分,激光器、激光传输与控制、激光技术的应用,整体内容的选取侧重高功率高能激光技术及其应用;二)丛书的写法注重了系统性,为方便读者阅读,采用了理论—技术—应用的编写体系;三)丛书的成书基础好,是相关专家研究成果的总结和提炼,包括国家的各类基金项目,如973项目、863项目、国家自然科学基金项目、国防重点工程和预研项目等,书中介绍的很多理论成果、仪器设备、技术应用获得了国家发明奖和国家科技进步奖等众多奖项;四)丛书作者均来自于国内具有代表性的从事激光技术研究的科研院所和高等院校,包括国家、中科院、教育部的重点实验室以及创新团队等,这些单位承担了我国激光技术研究领域的绝大部分重大的科研项目,取得了丰硕的成果,有的成果创造了多项国际纪录,有的属国际首创,发表了大量高水平的具有国际影响力的学术论文,代表了国内激光技术研究的最高水平。特别是这些作者本身大都从事研究工作几十年,积累了丰富的研究经验,丛书中不仅有科研成果的凝练升华,还有着大量作者科研工作的方法、思路和心得体会。

综上所述,相信丛书的出版会对今后激光技术的研究和应用产生积极的重要作用。

感谢丛书两个委员会的各位委员、各位作者对丛书出版所做的奉献,同时也感谢多位院士在丛书策划、立项、审稿过程中给予的支持和帮助!

丛书起点高、内容新、覆盖面广、写作要求严,编写及组织工作难度大,作为丛书的学术委员会主任,很高兴看到丛书的出版,欣然写下这段文字,是为序,亦为总的前言。

2015年3月

前言

自适应光学是近年来发展起来的集光学、机械、电子、计算机、自动控制等为一体的高技术。自适应光学技术解决了时间和空间随机变化的光学像差的控制问题。自适应光学系统通过实时测量、控制、校正光学系统的像差,使光学系统具有了自动适应环境变化、克服动态扰动影响、始终保持理想性能的能力,因而具有巨大的生命力和应用潜力。

自适应光学的概念首先来源于天文望远镜观测中遇到的大气湍流扰动问题。300 多年前,在发明望远镜不久的牛顿时代就遇到了这个问题,但无法从根本上解决。1953 年,美国天文学家巴布科克(H. W. Babcock)首先提出了用实时测量波前误差并加以实时补偿的方法来解决望远镜的大气湍流动态干扰问题的设想,被公认为自适应光学概念的提出者。但在当时还不具备实现这一设想的技术基础。直到 20 世纪 70 年代,在高分辨力光学观测和高集中度激光传输的需求牵引下,在精密机械、电子、计算机等相关技术迅速发展的条件下,自适应光学技术迅速发展起来,成为 21 世纪令人瞩目的光学高新技术之一。

自适应光学的物理本质是对光学波前,即光场相位的时间变化和空间分布进行快速测量和精确控制,并通过对相位的主动控制实现对光束强度分布、方向等的操控。通常的自适应光学系统包括波前传感器、波前控制器和波前校正器三个基本组成部分。波前传感器实时测量从目标或目标附近的信标传来的波前误差。波前控制器用于把波前传感器所测到的波前畸变信息转化成波前校正器的控制信号,以实现自适应光学系统的闭环控制。波前校正器将波前控制器提供的控制信号转变为波前相位变化,以补偿或校正光波波前畸变,是自适应光学系统的核心。

自适应光学技术的一个重要应用方向是激光操控。自美国科学家梅曼(T. H. Mainan)1960 年首次成功演示世界上第一台激光器——红宝石激光器以来,气体、固体、化学、光纤等各种各样的激光器和各种激光技术如雨后春笋般地发展起来,并被广泛地用于几乎所有科学技术领域,深刻地影响了当代科学、技术、经济和社会的发展和变革。由于激光具有单色性、方向性和相干性等特点,因而激光束的波前相位、强度分布、发射方向等在原理上能够被精确地测量和主动控制,从而在各种应用场合下实现激光的各种特殊物理效应和功能。然而由于激光的波长在纳米到微米量级,这种精确的激光操控实现起来是极其困难的,尤其是在环境条件存在动态干扰的条件下。自适应光学技术为动态环境下精确的激光操控提供了一种有效的解决途径。

自适应光学是十分复杂的高技术。目前世界上只有少数国家能独立研制自适应光学系统。美国是最早开展自适应光学技术研究的国家,目前拥有世界上单元数最多、速度最快的自适应光学系统,是技术水平最高的国家。其他一些国家如俄罗斯、英国、法国、德国等欧洲国家,日本、韩国、印度等亚洲国家和南非等均积极开展了自适应光学技术的研究。

1979 年,中国科学院光电技术研究所的姜文汉院士和凌宁研究员等在国内率先开辟了自适应光学研究方向,于 1980 年建立了国内第一个自适应光学研究室,在中国科学院、国家"863"计划,国家自然科学基金等的支持下,独立自主地建立了包括波前校正器、波前传感器到专用波前处理机等的全套技术基础,研制成功多套自适应光学系统,先后应用于激光、天文、生物医学等多个方面。其中 1985 年研制的 19 单元激光波前校正系统,用于上海光机所"神光"Ⅰ激光聚变装置中校正这一装置的制造误差、光学材料的不均匀性以及装调误差等静态误差,使焦斑能量集中度提高了 3 倍,是自适应光学技术应用于激光的成功例子,是国际同类装置中首先成功使用的自适应光学系统。

2009 年,在中国科学院光电技术研究所建立了我国第一个自适应光学重点实验室。姜文汉院士为实验室学术委员会主席,张雨东为实验室主任,饶长辉、许冰等为实验室副主任。自适应光学重点实验室致力于研究波前测量、波前校正和波前控制等自适应光学基础问题,并推动自适应光学技术在激光光束质量控制、大口径望远镜高分辨力观测、激光聚变装置波前控制、人眼波前工程等领域的应用。目前,中国科学院光电技术研究所的研究团队掌握了全面的自适应光学基础技术,研究领域覆盖几乎所有自适应光学应用方向,研究水平居于国际先进行列,被国际同行誉为"世界上最大的自适应光学研究群体"。

本书系统地介绍我国自适应光学技术以及激光操控技术的最新进展,叙述自适应光学系统中的波前传感器、波前校正器、波前信号处理和控制的基本原理,并讨论自适应光学技术在激光聚变装置波前控制、化学激光和固体激光光束操控、激光光束合成、大口径望远镜成像观测、激光大气传输、人眼像差操控等方面的应用。

本书参考了自适应光学重点实验室近年来的最新研究成果,部分内容发表在国内外学术会议和期刊上。在此向多年来所有从事自适应光学技术研究发展工作的参与人员表示感谢。感谢参与本书编写的多位科技工作者:周虹、杨金生、周璐春、杨泽平、胡诗杰、杨平、耿超、张学军、戴云、张耀平、凡木文、王胜千、顾乃庭、马晓燠、李敏、王彩霞、黄林海、董理治、叶红卫、罗曦、张兰强等。

本书的编写得到了姜文汉院士的支持和指导。以姜文汉院士为代表的老一辈科学家对我国自适应光学技术的发展奠定了不可磨灭的功勋,在此对他们表示最诚挚的敬意!感谢周寿桓院士对本书编写的指导。感谢国防工业出版社出版本书。

作者

2016 年 5 月

目录

第1章　自适应光学原理

第2章　波前像差与激光光束质量

第3章　波前校正器技术

第4章　波前传感器技术

第5章 哈特曼波前传感器技术

第6章 自适应光学信号处理与控制技术

第7章 惯性约束聚变激光系统中的光束控制

第8章 化学激光的光束稳定和光束净化

第9章 固体激光的光束操控

第10章 基于自适应光学的激光光束合成

第11章 大口径望远镜自适应光学技术

第 12 章 激光大气传输自适应光学技术

第 13 章 人眼像差操控及其应用

第1章

自适应光学原理

1.1 自适应光学的起源

自适应光学是20世纪70年代以来发展起来的光学新技术[1-7]。自适应光学技术利用光电子器件实时测量波前动态误差,用快速的电子系统进行计算和控制,用能动器件进行实时波前校正,使光学系统具有自动适应外界条件变化、始终保持良好工作状态的能力,在高分辨力成像观测和高集中度激光能量传输等方面有重要应用。

自适应光学的概念首先来源于天文望远镜观测中遇到的大气湍流扰动问题[8-9]。光学望远镜是利用光波获取远距离目标信息的有力工具。由于光波波长比无线电波短得多,所以同样接收孔径下光学望远镜的分辨能力也远高于雷达。然而由于应用环境中的大气湍流给光学望远镜带来随时间变化的动态干扰,光学望远镜的实际分辨率经常远达不到理论上所预期的衍射极限。空间目标发出的光波穿过大气层到达地球表面时,由于大气湍流造成空气折射率的不均匀性,波前的振幅和相位都受到了很严重的随机扰动,大气湍流的动态扰动会使大口径望远镜所观测到的星像不断抖动而且不断改变成像光斑的形状,因而使望远镜的成像质量严重恶化。大气湍流成为限制地面望远镜分辨能力的重要因素。

通常用相干长度表示大气湍流的强度。在小于相干长度的观测口径下大气湍流才没有明显影响。地球大气湍流的相干长度在可见光波段一般为几厘米至十几厘米,这样即使建造口径几米或更大的地基望远镜系统,大型望远镜的可见光成像分辨力与天文爱好者手中口径为十几厘米的小望远镜相当。这会给天文观测或者空间监测带来严重后果,降低了对目标的探测能力,使得目标的形态细节分辨不清,也降低测量定位精度。即使看来似乎宁静的大气也始终存在这种扰动。望远镜实际观测分辨力因受大气湍流影响而大大降低的现象在人类发明望远镜之后不久就已经发现了,这个现象数百年以来始终困扰着天文界。

牛顿最早认识到地球大气层对光线传播的影响,在1703年出版并数次修订的《光学》一书中写到:“即使能够按照理论制造出理想的望远镜,它的性能也会受到一定的约束。高塔的投影在晃动,天上的星星在闪烁,从这些现象可以推测,我们看到的群星之光所经过的空气在不停地抖动着……唯一的解决之道是寻找最宁静的大气,这在云层之上的高山之巅可能存在。”这至今也是大型光学望远镜将站址选择在高山顶上的主要原因——追寻尽可能宁静的大气[10]。但即使在最好的天文台址上,大气扰动对大口径望远镜的影响也是比较显著的,大口径的望远镜凭“运气”才会有好的观测结果。在天文学界,人们像谈论天气一样谈论大气对观测的干扰,甚至用“视宁”(Seeing)这样一个从最常用的单词演化而来的专用名词描述这种干扰,但始终对它束手无策。

在天文学发展的急切需求下,被光学望远镜的口径纪录不断打破。20 世纪美国相继建成了 2.54m 口径虎克望远镜和最大口径 5.08m 的海尔系列望远镜。尽管这些大型望远镜为天文学的发展立下了汗马功劳,但观测结果仅凭“运气”的状况显然不能让天文学家满意[11]。于是在 1953 年,美国天文学家 H. W. Babcock 提出了一个新的想法,这就是最早的自适应光学思想[2]。

Babcock 当时就职于威尔逊山天文台和帕洛马山天文台,是星体电磁学方面的专家,分析了海尔望远镜观测中遇到的大气扰动的问题,对于大气扰动带来的困扰使他感触颇深。Babcock 在其后来被尊称为自适应光学思想首创者的论文中写到:“200 英寸的海尔望远镜的理论分辨率为 1/40″,但实际上的观测结果为 1/3″~5″,甚至差到 10″,平均值只能达到 2″,只有极少数的情况能够得到 1/2″以下的结果。而且即使在最好观测地点,1000h 的观测中有 1h 能有理想的视宁条件都是万分幸运的了[2]。”

1953 年以前,Babcock 发明了解决像斑抖动的方法并成功地在 100 英寸的望远镜上应用。但对于真正影响望远镜分辨率的导致像斑变大的那部分大气扰动没有办法。此时他提出可以通过适当的方法实时地探测大气的扰动给光束带来的扭曲变化,并用一个可变形的反射镜以相反的方向来补偿这个扭曲变化,这样就能消除大气干扰以及镜面本身的修磨误差,如图 1-1 所示。他建议用旋转刀口的方法检测光学相位的变化。在普通镜面上敷设一层油膜组成可变形的反射镜。检测到的相位变化经过模拟电路计算处理后通过电子枪扫描轰击油膜使其厚度产生变形,原理类似当时刚出现的电视投影系统,所以他把这种波前校正器称为“电视投影系统”。这个概念性的原理也成为自适应光学的基本结构框架。1958 年,Babcock 又提出了一种静电驱动的薄膜可变形反射镜用作波前校正器[12]。

1957 年,苏联天文学家 V. P. Linniky 也设计了一套自适应光学系统,设想用白光干涉仪探测相位误差,分立的活塞运动的分块反射镜校正大气扰动,如图 1-2 所示。但他的论文是用俄文发表的,直到 1993 年被翻译成英文之前一直不被西方天文界所知[4]。

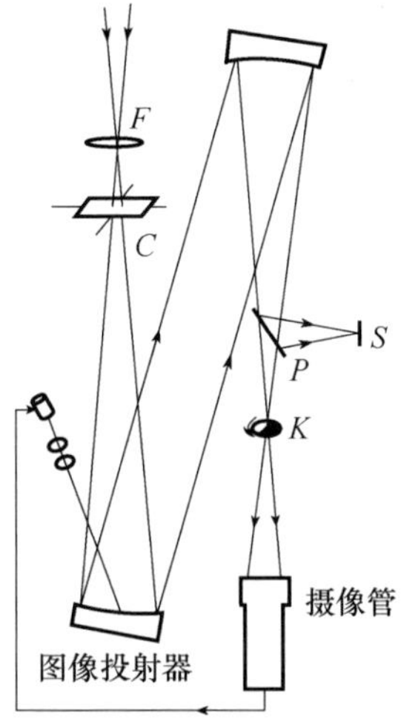

图 1-1　美国天文学家 Babcock 提出的自适应光学概念

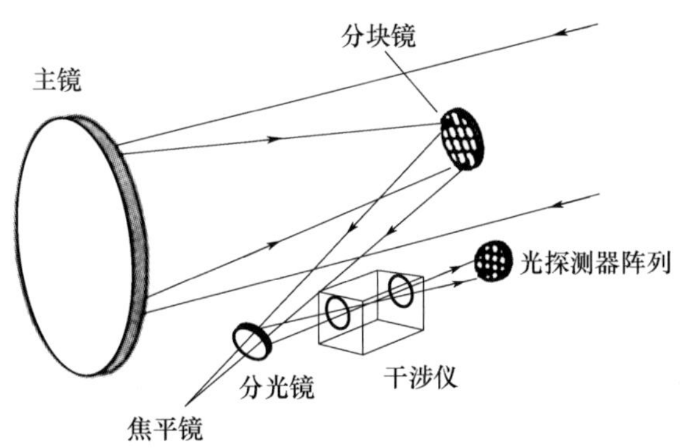

图 1-2　苏联天文学家 V. P. Linniky 提出的自适应光学概念

总的来说，自适应光学的思想突破了传统光学技术只追求静态精度的局限，赋予了光学系统能动可变的特点。但其技术要求也超越了当时的科学技术发展水平，所以 Babcock 等人在当时并不具备实现这一思想的技术基础。主要困难除波前校正器难以制造外，系统的速度也很难满足对大气扰动进行实时补偿的需要。所以经过短暂的尝试之后，20 世纪 60 年代天文学家们将自适应光学抛到一边，认为自适应光学技术上没有可行性，其概念仅作为“未来科技”在科幻作家的作品中才得以实现[13]。

1.2　自适应光学技术的发展历程

自适应光学技术的发展历史可以概括为如下三个阶段：

20 世纪 50 年代到 70 年代初为自适应光学概念的提出阶段。1953 年，美国天文学家 Babcock 首次提出在地基天文望远镜上校正由于大气湍流扰动所造成的光学波前畸变的想法。虽然他的方案一直未能付诸实际，然而这种思想却成为自适应光学的开端。事实上，在当时大气湍流对光波波前相位扰动的情况人们尚不清楚，另外，光电技术和计算机水平也很低，不能满足自适应光学的需要。自适应光学到 20 世纪 70 年代中期才真正起步，并且在近 30 年来得到迅速发展，成为令人瞩目的光学新技术。

20 世纪 70 年代到 80 年代末期，为自适应光学的军事应用为主的阶段[14-17]。由于自适应光学在空间监测和激光能量传输方面的巨大应用潜力，从 70 年代开始，美国军方投入了大量的资金。1972 年，美国研制出了第一套实时大气补偿成像实验系统。该系统在 300m 水平光路上成功地对大气湍流效应进行了补偿，经补偿后的图像分辨力接近衍射极限。1982 年，在夏威夷附近的美国空军毛伊岛光学站上安装了世界上第一台实用的 1.6m 自适应光学望远镜，用于对空间目标的监测。实验结果表明，该系统在 1.6m 口径和 0.6μm 工作波长的情况下达到衍射极限的成像质量。以军事应用为背景，美国还建立了多种激光发射自适应光学系统，并进行了大量实验。当时美国对自适应光学技术实行严格的保密。

20 世纪 80 年代末期至今，为自适应光学的扩大应用阶段[18-30]。自适应光学发展到 80 年代末期，在天文观测方面的研究已开始有了突破。欧洲南方天文台在法国空间研究院和莱塞多特公司的协助下，进行了 COME - ON 的自适应光学计划。系统采用 19 单元连续镜面变形反射镜，用夏克 - 哈特曼(shack - Hartmann)波前传感器(又称哈特曼波前传感器)探测光波波前动态畸变。系统在可见光波段进行波前探测，在红外波段进行成像校正。1989 年，该系统安装到位于法国上普洛旺斯天文台的 1.52m 天文望远镜上进行实验，成功地在红外波段实现了校正。在波长大于 2.2μm 的波段内星像接近衍射极限，在波长较短时望远镜的像质也有很大改善。由于所用的像增强器噪声大，系统所能观测的极限星只有 3 星等。1990 年，系统运到智利，安装到拉 - 西拉的欧洲南方天文台 3.6m 望远镜上进行实验时，改用了低噪声的 CCD 探测器，使系统的探测能力大大提高，达 11.5 星等，实验获得了圆满成功。这两次实验是自适应光学技术在天文上第一次取得的成功应用，对世界天文界造成很大影响，被认为是天文观测技术的里程碑。它大大推动了自适应光学技术在天文观测上的应用。现在各个国家进行的大型天文望远镜项目，几乎无一例外采用了自适应光学技术。

1991 年，美国军方对自适应光学技术所做的局部解密进一步促进了其民用推广。目前，自适应光学技术不仅应用于天文观测、空间目标监测和激光传输系统中，而且在空间观测中使用。例如，哈勃空间天文望远镜采用自适应光学技术校正由于失重和温度变化引起的光学系统误差。此外，自适应光学技术在激光光束质量改善、激光谐振腔、激光核聚变、激光通信和生物医学等方面的应用研究也受到了很大重视。

中国对自适应光学的研究始于1979年。中国科学院光电技术研究所的姜文汉院士、凌宁研究员带领的研究团队组建了国内第一个自适应光学实验室,先后突破了波前校正器、波前传感器、波前处理机的研制技术难关,在国内率先研制出全套的自适应光学系统。中国科学院光电技术研究所先后研制成功多套自适应光学系统[31-42]。其中,1985年研制的19单元激光波前校正系统用于“神光”Ⅰ激光核聚变装置上,校正这一装置中的制造误差、光学材料的不均匀性以及装调误差等静态误差,使静态焦斑能量集中度提高了3倍,成为国际同类装置中首先成功使用的自适应光学系统[31-33]。1990年,21单元动态波前误差校正系统与云南天文台的1.2m望远镜对接实现了对自然星体的大气湍流校正,获得了分辨双星的清晰照片,使我国成为继美国和德国之后第三个实现这一目标的国家[34-38]。2000年,我国利用19单元微小型变形镜建立了人眼视网膜成像自适应光学系统,并获得了清晰的人眼底图像,是国际上第三个实现这一目标的国家[40]。另外,我国在自适应光学理论和单元技术方面也有不少创新。

国际上自适应光学技术仍在快速发展,并不断出现一些新理论和新技术,推动自适应光学系统的组成不断发生变化。另外,不同应用场景下的自适应光学系统组成也不完全相同。目前,自适应光学技术已经成功地应用在天文观测、激光核聚变、大功率高质量激光器、激光能量传输等领域,并且在工业、医疗等领域还有许多重要的应用前景,是一门很有发展潜力的新兴科学技术 。

通常的自适应光学系统结构复杂、制造困难、费用高昂,这极大地限制了自适应光学技术的推广应用,特别是在民用方面的应用。近年来,开始进行自适应光学低成本化的探索。国外已经开始进行降低自适应光学系统制造成本方面的研究。自适应光学系统中技术最复杂、成本最高,也最具有代表性的部件是变形镜。用传统方法制作变形镜的成本很高。现在一种值得重视的发展趋势是采用光刻和微机械技术制作变形镜,这样可使变形镜的制作成本大幅度降低,生产效率大大提高。

1.3 现代自适应光学系统的组成

根据应用背景和实现方式不同,自适应光学系统有多种结构形式。下面以最常用的相位补偿结构为例介绍自适应光学的基本原理和主要结构部件。

按照相位共轭原理,自适应光学系统首先测定波前的形状,然后控制波前校正器产生共轭的校正波前,即二者波前形状相同,但传输方向相反,这样到达目标的光波就自动补偿了大气湍流的影响,得到无像差的平面波。天文观测用自适应光学系统的工作原理(图1-3):从星体目标发出的近似平面波穿过大气层后,由于大气湍流的影响,入射到望远镜的光场引入波前像差,光场强度为

$$E_1 = E\mathrm{e}^{\mathrm{j}\varphi} \tag{1-1}$$

式中:φ 为大气湍流造成的相位起伏。

自适应光学系统产生一个与之相位共轭的光场,光场强度为

$$E_2 = E\mathrm{e}^{-\mathrm{j}\varphi} \tag{1-2}$$

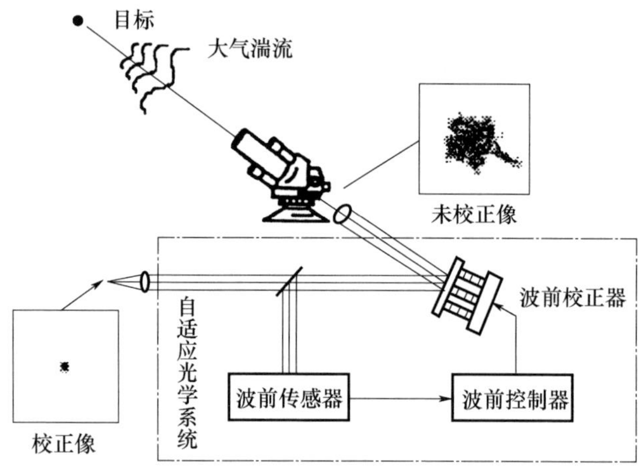

图 1-3　天文观测自适应光学系统的工作原理

两个光场叠加的结果是相位差被抵消,通过自适应光学系统后的波前又恢复到平面。相位共轭自适应光学系统有波前传感器、波前控制器以及波前校正器三个基本组成部分,其他结构形式的自适应光学系统基本相同。

1.3.1 波前传感器

波前传感器用来实时测量从目标入射的波前误差情况。根据自适应光学的发展阶段和应用需求,大致可以分为直接测量相位、测量波前斜率或曲率、由强度分布反演相位三类。

直接测量相位的方法主要依据干涉原理,目前常用的干涉仪有 Michelson、Twymann - Green、Fizeau、Mach - Zehnder 等,它们通过与标准波前比较直接提供波前像差测量数据。干涉法具有采样分辨率高、测量精度高等优点,商业化的设备也比较容易获得。但干涉仪受环境因素影响较大,通常工作在室内恒温环境中用于光学件面形的测量。此外,还有一种光栅剪切干涉仪,它是利用光栅衍射效应产生的波前横向剪切干涉测量波前的相位分布,具有高信噪比、可在白光条件下工作、抗干扰能力强等优点,在早期的自适应光学系统中得到了较为成功的应用;但其光能利用率偏低,在一定程度上限制了应用范围和场合。测量波前斜率使用哈特曼波前传感器,是目前自适应光学系统中应用最广的波前传感器。它通常由微透镜阵列和 CCD 传感器组成,采用质心算法测量阵列透镜焦面上畸变波前所形成的光斑的质心位置与参考波前质心位置之差,从而求出畸变波前

上被各列透镜分割的子孔径范围内波前的平均斜率。哈特曼波前传感器的优点是光能利用率较高、结构简单。但是在高分辨率测量的情况下需要将入射光能分成很多子孔径,而每个孔径内探测器有最低的光能要求,所以对暗弱目标的探测需要强得多的信标光源,增加自适应光学系统的复杂程度。但在光学车间检验方面由于总是有足够的光能,所以其检测精度可以与传统的干涉仪媲美。

测量波前曲率使用曲率波前传感器,通过测量前后两个离焦面上的光强分布计算波前曲率和相位分布。其结构简单、实时性好,对波前空间频率较低的像差测量精度较高,但对于高频像差的测量精度较低,因此曲率波前传感器适用于只需要校正低阶像差的自适应光学系统。但是由于其不需要将光束进行孔径分割,相对来说光能的敏感程度比哈特曼波前传感器要高,在弱光探测的情况下有优势。

由强度分布反演相位值是一种间接的波前探测方法,具有代表性的是 GS 相位重构技术,这是一种用已知像平面和衍射平面的强度分布来反演光波相位分布的算法。其优点是空间分辨率高,可以用来测量高频像差和空间扩展目标;不足之处是采用的迭代反演计算法会降低实时性,而且光能损失对重构精度的影响较大,在自适应光学系统中较少使用。

1.3.2 波前校正器

波前校正器是自适应光学系统最为核心的器件,它决定了整个自适应光学系统的整体性能。波前校正器是自适应光学系统中的执行器,直接对波前相位进行调制从而完成对波前误差的补偿。

自适应光学系统最根本的需求是将由波前传感器探测到的扭曲的波前相位恢复到理想的波前(一般是平面)。简单的思路是引入和扭曲波前互补的波前误差从而达到“抵消”的效果,如将原本的平面反射镜加工成互补的面形就能实现这样的功能。但实际光学系统使用中面临的波前误差是动态的,靠这样的事先加工成特定形状的互补反射镜不能满足实时性要求,需要一种能够实时地改变面形来匹配波前误差的器件,于是催生了变形反射镜(简称变形镜)、高速倾斜反射镜(简称倾斜镜)这样的与传统光学元件迥异的特殊器件。传统的光学元件一般要求有非常稳定的光学反射或透射面形,而波前校正器则需要根据系统探测的波前误差来改变自身的面形从而实现“补偿”的功能,而且这种变化往往需要快速而精准。

实现对光束相位的动态控制有多种不同的选择,这些器件统称为波前校正器。每种器件有自身的优点和缺点,所以针对特定的应用领域有器件选择的最优化问题。在一定情况下,考虑的因素主要有以下 6 种:

(1) 空间频率:在给定的系统中需要校正的波前相位的频谱是一定的。这个频谱可以用统计的方法来定义(如透过湍流成像的自适应光学系统中),也可以用更精确的方法来定义(如要求系统校正某项的 Zernike 像差等)。

(2) 校正幅值:给定系统中的各种像差应该(或选择性的)经由波前校正器进行校正,波前校正的变形量直接决定了所能校正的像差的幅值。

(3) 时间响应:很多情况下要求时间频率与空间校正频谱配合,如大气湍流的时间特性决定了自适应光学系统工作带宽,不是所有的波前校正器都能满足这样的要求。

(4) 波长特性:有些器件只适合单色光的校正,而有些器件可以对多色光进行校正。

(5) 与波前传感器的匹配:在波前传感器的选择受限制时应考虑波前控制器的动作能否被波前传感器很好地探测。这在使用哈特曼波前传感器时表现很明显。

(6) 光能利用效率:在光强较弱的情况下(如天文观测和视网膜成像系统),光的散射和吸收是决定性的考虑因素。

在满足系统的以上要求后,就可确定波前校正器的类型和规模。波前校正器有两种分类方式:一种是根据物理实现方法;另一种是根据引入的光学波前形式。

实现方法有两种:一种是以变形反射镜为代表的通过可动的反射镜面来引入可控的相位;另一种是以液晶空间光调制器和声光空间光调制器为代表的通过改变介质的折射率来控制通过它的波前相位。根据引入光学波前像差形式分为倾斜镜和变形镜。倾斜镜用来校正波前的整体倾斜,只需要将镜面进行偏摆来补偿波面整体倾斜,镜面本身不产生变形;变形镜校正空间形状相对复杂的波面,产生的波前形状复杂得多,从空间频谱上来讲属于高频部分。

1.3.3 波前控制器

波前控制器将波前传感器获取的波前畸变转化为对波前校正器的控制信号,实现自适应光学系统的闭环控制。波前控制器实现波前复原和生成控制信号两个功能。波前复原是利用一定的算法将波前传感器得到的波前畸变的斜率或曲率处理为波前畸变的相位。波前相位再通过适当的控制算法产生控制信号来控制波前校正器产生动作。

自适应光学是自动控制技术在光学领域的一种成功应用,自适应光学中控制技术水平的发展与自动控制理论和技术水平的发展密切相关。在 20 世纪 70 年代早期的自适应光学系统中采用的是模拟电路网络构成的经典控制器形式。模拟控制器的优点是速度快、控制带宽高、实时性好;缺点是调整困难、精度差、灵活性差,对较小规模的系统实现容易,在较大规模和较复杂的系统中难以很好地工作。随着电子技术水平的进一步发展和微型电子数字计算机的出现,计算机控制技术迅速发展起来。借助于高速的计算机,数字化的各种经典控制器,如

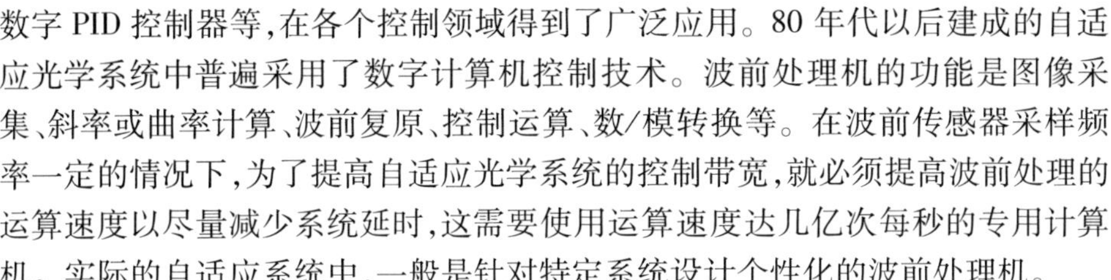
数字 PID 控制器等，在各个控制领域得到了广泛应用。80 年代以后建成的自适应光学系统中普遍采用了数字计算机控制技术。波前处理机的功能是图像采集、斜率或曲率计算、波前复原、控制运算、数/模转换等。在波前传感器采样频率一定的情况下，为了提高自适应光学系统的控制带宽，就必须提高波前处理的运算速度以尽量减少系统延时，这需要使用运算速度达几亿次每秒的专用计算机。实际的自适应系统中，一般是针对特定系统设计个性化的波前处理机。

1.4　自适应光学技术的应用

自适应光学系统能够实时测量并补偿受动态扰动所造成的波前畸变，使光学望远镜得到接近衍射极限的目标像，或者使激光发射系统有效地将激光束聚焦到目标上。自适应光学技术使光学系统具备自动适应外界条件变化，保持最佳工作状态的能力，从而使传统光学系统在环境干扰面前无能为力的被动工作模式得以彻底改变，极大地提高了光学系统的性能。自适应光学在空间观测和激光束大气传输方面的巨大应用潜力使它自诞生以来就受到世界各国的高度重视，并取得很大成功。近年来，自适应光学技术又被大力推向民用领域，许多国家努力发展自适应光学在天文和其他方面的应用。

1.4.1　用于天文观测的自适应光学系统

大口径的望远镜使用自适应光学系统改善系统的成像质量，这些系统采用了各种各样的变形镜、波前传感器等。2003 年，装备 Gemini North 的 ALTAIR 自适应光学系统使用 177 单元的变形镜和单独的倾斜镜，使用哈特曼波前传感器在可见光波段进行波前误差的探测，系统工作频率为 1kHz[43]，在 K 波段获得了 0.1″的分辨率[44]。而在 10m 口径的 KECK Ⅱ 望远镜上装备的自适应系统使用 349 单元变形镜配合哈特曼波前传感器，使得该望远镜在 0.85μm 和 1.65μm 波段分别获得了 0.022″和 0.04″的分辨率[45]。在 MaunaKea 山顶，Canada - France - Hawaii 3.6m 望远镜装配了 Hokupa'a 自适应系统[46,47]。该系统的特别之处在于使用了 36 单元的双压电片变形镜和 36 单元的曲率传感器，大大降低了自适应光学系统的成本。在早期的实际观测中，自适应光学系统使成像的峰值强度提高了 30 倍，在 0.936μm 的观测波段，校正后的 Strehl 比（SR）达 0.3。而在美国毛伊岛空军基地的 3.67m 的先进光电望远镜系统（Advanced Electro Optical System Telescope，AEOS），则是使用 941 单元的变形镜，主要用于空间目标识别[48]，系统规模极其庞大。

自适应光学也成为几乎所有大型太阳望远镜的重要组成部分。因为需要在更小的尺度上观测太阳的一些重要的基本物理过程，空间分辨力在太阳观测中也变得极为重要。目前，是否配备自适应光学系统逐渐成了衡量大口径（ >1m）

太阳望远镜的性能和竞争力的一项指标。

自适应光学技术成功应用于天文望远镜实现高分辨观测以后,更大口径的天文望远镜的研制和使用成为可能。目前已有 8 ~ 10m 口径的多台天文望远镜投入使用,30m 口径的天文望远镜已在研制之中,这些大型天文望远镜配有或正在研制自适应光学系统。

1.4.2 用于激光装置的自适应光学系统

采用自适应光学技术对激光光束进行光束净化,是提高激光器输出光束质量的重要手段,一般分为腔内自适应光学技术和腔外自适应光学技术。腔内自适应光学技术是将波前校正器置于激光谐振腔内,用来校正谐振腔的静态和动态像差,使激光谐振腔保持正确的谐振条件,改善激光的光强和相位分布,提高输出功率。腔外自适应光学技术是将波前校正器置于激光谐振腔外,利用波前补偿的原理改善激光器输出光束的相位分布,以达到提高远场能量集中度的目的[49]。

腔内自适应光学校正相对来说技术更为复杂,因为激光腔内模式的产生过程本身就很复杂,需要进行数值仿真来迭代分析[50]。早在 20 世纪 80 年代,就有一系列的针对非稳腔 CO_2 激光器进行校正的理论分析[51]和实验结果[52, 53]。但实验结果表明,很难取得良好的校正效果,而往往只能校正少量的人工引入的误差。90 年代以后,俄罗斯科研人员针对 Nd:YAG 激光开展校正工作,Cherezova 等人的论文总结了他们的研究结果[54]。他们成功地将多模光束的发散角压缩了 1/2,还发现某些变形镜的模式能够产生方形或三角形的模式结构。Kudryashov 和 Samarkin 采用水冷的双压电片变形反射镜对高能 CO_2 激光器进行腔内校正,研究表明通过改变变形镜的焦距能够调整谐振腔参数从而对输出强度分布进行调制[55]。

相比之下,腔外自适应光学系统更广为人知,典型的代表是惯性约束核聚变(ICF)和强激光武器系统。世界上主要的惯性约束核聚变系统,如美国的国家点火装置(NIF)[56, 57]、法国的兆焦耳激光装置(LMJ)[58]、日本的 GEKKO 装置[59]以及中国的神光装置[60]等采用了自适应光学技术来改善和控制激光光束质量。此外,美国军方将之前的研究成果进一步运用于战略和战术激光武器领域,2001 年在白沙靶场进行的车载固体战术激光武器系统拦截弹道导弹的试验成功[61],而机载激光武器(Air – Born Laser, ABL)计划更是把自适应光学技术作为核心技术之一[62, 63],虽然最终该系统未能实现预期战略目标于 2011 年宣告终止,但中期性能演示已经证明自适应光学技术在激光系统上成功应用。

自适应光学技术推动了激光合成技术的发展与应用。近年来的科研成果表明,激光光束合成是实现高功率密度、高光束质量激光束的一种有效途径,在激光大气传输、自由空间激光通信、激光雷达等领域有着广阔的应用前景。目前,固体板条激光器和光纤激光器已成为光束合成技术的首选光源。激光光束合成分为相干合成与非相干合成两种方式。激光相干合成是指通过控制多束合成激光的波长、相位、偏振态等使其步调一致，从而满足相干条件，需要利用自适应光学技术控制多束激光束的相位。相干合成能在大幅度提高输出光功率的同时保证好的光束质量，因此成为激光光束合成领域中最热门的部分。如果不考虑光束间的相位差以及光束的相干性问题，而只是单纯地将多个光束在远场进行能量上的叠加，就是非相干合成技术。它比相干合成更容易实现。该技术的关键是控制好每路光的光轴方向，使每路光保持一致的发射方向，这也可以利用自适应光学技术实现。

1.4.3 用于人眼像差操控的自适应光学系统[64-66]

眼睛是人类感知世界的“信息之窗”，80%～90%的外部信息经由视觉通道进入人类的意识世界。因此，对人眼的视觉分析特别是视网膜区域的高分辨力成像研究一直是国外生物医学方面的研究重点。实验表明，如果在7mm瞳孔直径的情况下能以衍射极限成像，就能用仪器看到视网膜上的感光细胞。但人眼由于角膜及晶状体结构的不完美使经过的光线产生波前误差，而且其大小和形式因人因时而变，不可能采用施加固定校正的方法解决。这使得一般的眼科成像系统无法达到衍射极限，也就无法实现高分辨力的眼科成像，自适应光学可以解决这样的问题。Liang等人使用217子孔径的哈特曼波前传感器配合37单元的变形反射镜在国际上首先实现了自适应光学的视网膜成像，横向空间分辨率达2μm，能够分辨视细胞。

此后，科学家又将光学相干层析技术（Optical Coherence Tomography，OCT）和激光共焦扫描检眼镜（Confocal Scanning Laser Ophthalmoscopy，CSLO）分别与自适应光学结合，使得纵向分辨率和横向分辨率达到了细胞水平，三维细胞分辨的视网膜成像成为可能。

自适应光学人眼像差操控技术经过近20年的发展，已成为眼科领域不可或缺的强有力的研究工具，同时可以发展为造福人类的眼科医疗装备，但目前国内外尚无真正服务于眼科临床的设备和装置，这成为未来该领域研究的重要努力方向。

1.4.4 用于激光通信的自适应光学系统[67-70]

大气光通信是指以激光作为信息载体、大气作为传输通道进行信息传输的通信系统，包括卫星与地面站之间以及地面站与地面站之间进行的通信。大气光通信结合了光通信与无线通信的优点，利用该技术可以进行大容量、高速的数据、话音、图像等信息传递并且无须任何有线通道。所以在卫星通信、本地宽带接入和军事通信领域具有极大的应用和发展潜力。巨大的应用需求直接促进了大气光通信技术的发展,但其中大气湍流对通信质量的影响同样给研究人员带来困扰。20 世纪 90 年代以来,许多研究人员尝试使用自适应光学技术降低大气湍流对通信质量的影响,无论是对相干激光通信还是非相干激光通信,都取得了一些重要的研究成果。研究和实验表明,自适应光学技术在星地链路方面校正的效果较好,但水平链路的传输由于大气的强闪烁等原因还没有获得十分理想的结果,有待进一步研究。可以预计,用于激光通信的自适应光学技术将成为未来研究热点之一。

1.4.5 用于激光加工的自适应光学系统[71-75]

激光是现代激光工业的基础。激光在工业应用上研究的深入、应用的拓宽和要求的提高,对激光性能提出了更高的特殊的要求。在高精度的激光打孔、激光切割、激光焊接等激光加工应用中,对激光的光束质量、相干性和光斑的形状提出了特殊要求。利用自适应光学技术可将光束整形为满足特定应用要求的光斑形状。如在激光光强外形转换系统中引入变形镜,在保持空间相干性情况下,成功地将圆形横截面高斯光束转换为方形横截面光束[71]。在激光光束整形系统中可以方便引入优化的变形镜控制算法,如遗传算法、模拟退火算法等[72,73]。对脉冲激光和高能激光也可以进行光束整形[74,75]。仅用一套调整光束焦点的自适应光学系统,就可以方便地实现对不平整板材的激光切割与焊接,大大降低激光加工对环境的要求。

1.4.6 自适应光学系统单元技术应用

由于自适应光学系统比较复杂,成本也比较高,因此通常用在一些大型的光学工程中。但是,在研究自适应光学技术的同时发展起来的单元技术已经在更多领域中获得应用。

1. 微位移驱动定位技术

在研制波前校正器驱动器的过程中发展起来的微位移驱动技术,可以产生几十微米级的位移、纳米级的位移分辨率和毫秒级的响应速度。这在许多需要精密定位的领域中是十分需要的技术,如激光器光腔的调整、制造大规模集成电路的光刻机精密定位、电子显微镜以及隧道显微镜中纳米级的定位、光纤与半导体激光器的精密对准等。

2. 能动光学器件的单元用途

自适应光学系统中的波前校正器包括系列变形反射镜、系列高速倾斜镜和系列精密光学平移器,可分别单独用于光学波面、光束方向和光程的精密调节,在多种激光和光学系统中可用于光腔调整、精密跟踪和快速扫描,以及其他需要精密波面调整的场合。

3. 哈特曼波前传感器用作光学检测

哈特曼波前传感器不仅是方便可靠的波前测量设备,还是一种性能非常好的光学测试仪器。它通过测量光斑的质心位置实现光波的相位测量,能够同时测量出光场强度的空间分布。而且由于哈特曼波前传感器的基准是事先标定的,在现场测试时不需要精确的基准,因而抗干扰性强。如果采用高帧频的CCD探测器,还可快速记录光场的时间变化。这样,哈特曼波前传感器可以同时记录下光场的强度和相位随时间变化的全部信息,全面评价激光器的光束质量,测量光学特性的动态变化,为分析被测系统提供完整的光场数据。因此,哈特曼波前传感器是光束诊断的有力工具。

目前,已经开发出了从紫外、可见到红外各个波段的哈特曼波前传感器:用于多种激光器的光束诊断,测量激光光束随时间和空间变化的情况;用于光学系统的现场质量检验,检测光学系统像差的变化情况;用于眼睛修复手术的检测仪器,检查眼睛在手术中的变化状况等。另外,哈特曼波前传感器可用作大气湍流参数的测量仪器。

参考文献

[1] 周仁忠,阎吉祥. 自适应光学[M]. 北京: 国防工业出版社, 1996.

[2] Babcock H W. The possibility of compensating astronomical seeing[J]. Astronomical Society of the Pacific, 1953, 65(386): 229 -236.

[3] Hardy J W. Active optics: a new technology for the control of light[J]. IEEE, 1978, 66(6): 651 -697.

[4] Hardy J W. Adaptive optics for astronomical telescopes[M]. New York, Oxford: Oxford University Press, 1998.

[5] 姜文汉. 自适应光学技术[J]. 自然杂志, 2006, 28(1): 7 -13.

[6] Hardy J W. Adaptive optics: a progress review[C]// SPIE, 1991: 1542: 2 -17.

[7] 张雨东, 姜文汉,等. 自适应光学的眼科学应用[J]. 中国科学, 2007, 37(增刊): 68 -74.

[8] 吴鑫基,温学诗. 现代天文学十五讲[M]. 北京: 北京大学出版社, 2005.

[9] 温学诗. 观天巨眼400年系列之五罗斯伯爵的“城堡”[J]. 太空探索, 2002, 23(5): 30 -32.

[10] Newton I. Optiks [M]. New York: Dover Publications, 1952.

[11] http://en. wikipedia. org/wiki/Reflecting_telescope.

[12] Babcock H. Deformable optical elements with feedback[J]. J. Opt. Soc. Am., 1958, 48(7): 500.

[13] 波尔·安德森. 宇宙过河卒[M]. 梁宇晗,译. 成都: 四川科学技术出版社, 2011.

[14] Cathey W, Hayes C, et al. Compensation for atmospheric phase effects at 10.6μm[J]. Appl. Opt., 1970, 9(3): 701 -707.

[15] Pearson J E. Thermal blooming compensation with adaptive optics[J]. Opt. Letters, 1978, 2(1): 7 -9.

[16] O'meara T. The multidither principle in adaptive optics[J]. J. Opt. Soc. Am., 1977, 67(3): 306 -314.

[17] Buffington A, Crawford F, et al. First observatory results with an image - sharpening telescope[J]. J. Opt. Soc. Am., 1977, 67(3): 304 -305.

[18] Kern P, Lena P, et al. Come - On: an adaptive optics prototype dedicated to infrared astronomy[C]. SPIE,

1989, 1114: 54 – 65.

[19] Rousset G, Fontanella J, et al. First diffraction – limited astronomical images with adaptive optics[J]. Astron. Astrophys, 1990, 230: L29 – L32.

[20] Sandler D G. Overview of adaptive optics with laser beacons[J]. Adaptive Optics in Astronomy, 1999, 1: 255.

[21] Humphreys R, Bradley L, et al. Sodium – layer synthetic beacons for adaptive optics[J]. The Lincoln Laboratory Journal, 1992, 5(1): 45 – 66.

[22] Duffner R W. Revolutionary imaging: air force contributions to laser guide star adaptive optics. Itea Journal of Test & Evaluation 2008, DTIC Document.

[23] Gaessler W, Takami H, et al. First results from the Subaru AO system[C]. SPIE, 2001, 4494: 4494 – 04.

[24] Rigaut F, Ellerbroek B L, et al. Comparison of curvature based and Shack Hartmann based adaptive optics for the Gemini telescope[J]. Appl. Opt., 1997. 36(13): 2856 – 2868.

[25] Herriot G, Morris S, et al. Progress on Altair: the Gemini North adaptive optics system[C]. SPIE, 2000, 4007: 115 – 125.

[26] Graves J E, Northcott M, et al. First light for Hokupa'a 36 on Gemini North[C]. SPIE, 2000, 4007: 26 – 30.

[27] Esposito S, Tozzi A, et al. First light adaptive optics system for large binocular telescope[C]. SPIE, 2003, 4839: 164 – 173.

[28] Martin H, Zappellini G B, et al. Deformable secondary mirrors for the LBT adaptive optics system[C]. SPIE, 2006, 6272: 6272 – 28.

[29] Rousset G, Lacombe F, et al. Status of the VLT Nasmyth adaptive optics system (NAOS)[C]. SPIE, 2000, 4007: 72 – 81.

[30] Gendron E, Coustenis A, et al. VLT/NACO adaptive optics imaging of Titan[J]. Astron. Astrophys, 2004, 417(1): 21 – 24.

[31] 姜文汉. 光电技术研究所的自适应光学技术[J]. 光电工程, 1995, 22(1): 1 – 13.

[32] 向银辉. 成都光电所自适应光学技术研究创新成果丰硕[J]. 中国科学院院刊, 2007, 22(4): 345 – 349.

[33] Jiang W, Huang S, et al. Hill – climbing wavefront correcting system for large laser engineering[C]. SPIE, 1988, 965: 266 – 272.

[34] 姜文汉, 李明全, 等. 星体目标自适应光学成象补偿[J]. 光电工程, 1995, 22(1): 23 – 30.

[35] Jiang W, Li M, et al. Adaptive optics image compensation experiment for star objects[C]. SPIE, 1993, 1920: 381 – 391.

[36] Jiang W, Li H, et al. A 37 – element adaptive optics system with HS wavefront sensor[C]. ESO Conference and Workshop Proceedings, 1994, 48: 127.

[37] Jiang W, Tang G, et al. 21 – element infrared adaptive optics system at 2.16 – m telescope[C]. SPIE, 1999, 3762: 142 – 149.

[38] 饶长辉, 姜文汉, 等. 云南天文台 1.2 m 望远镜 61 单元自适应光学系统[J]. 量子电子学报, 2010, 23(3): 295 – 302.

[39] 魏凯, 张学军, 等. 1.8 m 望远镜 127 单元自适应光学系统首次观测结果[J]. Chinese Optics Letters, 2010, 8(11): 1019 – 1021.

[40] Ling N, Zhang Y, et al. Small table – top adaptive optical systems for human retinal imaging[C]. SPIE, 2002, 4825: 99 – 108.

[41] Rao C H, Jiang W H, et al. A tilt – correction adaptive optical system for the solar telescope of Nanjing University[J]. Chinese Journal of Astron. Astrophys, 2009, 3(6): 576.

[42] Rao C, Zhu L, et al. 37 – element solar adaptive optics for 26 – cm solar fine structure telescope at Yunnan Astronomical Observatory[J]. Chinese Optics Letters, 2010, 8(10): 966 – 968.

[43] Herriot G, Morris S, et al. Innovations in Gemini adaptive optics system design[C]. SPIE, 1998, 3353: 488 – 499.

[44] Roy J R, Rigaut F, sheehan M. The Gemini adaptive optics program, overview, strару and history [R]. Gemini Focus – Newsletter of Gemini Obseratory, 2006, 12 – 19.

[45] Wizinowich P, Acton D, et al. First light adaptive optics images from the Keck Ⅱ telescope: a new era of high angular resolution imagery[J]. Publications of the Astronomical Society of the Pacific, 2000, 112 (769): 315 – 319.

[46] Graves J E, Northcott M J, et al. First light for Hokupa'a: 36 – element curvature AO system at UH[C]. SPIE, 1998, 3353: 34 – 43.

[47] Arsenault R, Salmon D, et al. The Canada – France – Hawaii telescope adaptive optics instrument adaptor [C]. SPIE, 1993, 1920: 364 – 370.

[48] Roberts Jr L C, Neyman C R. Characterization of the AEOS adaptive optics System1[J]. Publications of the Astronomical Society of the Pacific, 2002, 114(801): 1260 – 1266.

[49] 杨平. 固体激光器光束净化及其相关技术研究[D]. 成都:中国科学院光电技术研究所,2008.

[50] Sziklas E A, Siegman A. Mode calculations in unstable resonators with flowing saturable gain. 2: Fast Fourier transform method[J]. APPLIED OPTICS, 1975, 14(8): 1874 – 1889.

[51] Oughstun K E. Theory of intracavity adaptive optic mode control[C]. SPIE, 1983, 3762: 54 – 65.

[52] Oughstun K E, Spinhirne J, et al. Intracavity adaptive optics. 4: Comparison of theory and experiment[J]. Appl. Opt., 1984, 23(10): 1529 – 1541.

[53] Anafi D, Spinhirne J, et al. Intracavity adaptive optics. 2: Tilt correction performance[J]. Appl. Opt. 1981, 20(11): 1926 – 1932.

[54] Cherezova T, Kaptsov L N, et al. Cw industrial rod YAG: Nd3 + laser with an intracavity active bimorph mirror[J]. Appl. Opt., 1996, 35(15): 2554 – 2561.

[55] Kudryashov A V, Samarkin V V. Control of high – power CO_2 – laser beam by adaptive optical – elements [J]. Optics Communications, 1995, 118(3): 317 – 322.

[56] Sacks R, Auerbach J, et al. Application of adaptive optics for controlling the NIF laser performance and spot size[C]. SPIE, 1999, 3492: 344 – 354.

[57] Zacharias R A, Beer N R, et al. National Ignition Facility alignment and wavefront control[C]. SPIE, 2004, 5341: 168 – 179.

[58] Grosset – Grange C, Barnier J N, et al. Design principle and first results obtained on the LMJ deformable mirror prototype[C]. SPIE, 2007, 6584: 658403.

[59] Yoon G Y, Jitsuno T, et al. Development of a large – aperture deformable mirror for wavefront control[C]. SPIE, 1997, 3047: 777 – 782.

[60] 姜文汉, 杨泽平, 等. 自适应光学技术在惯性约束聚变领域应用的新进展[J]. 中国激光, 2009, 36 (7): 1625 – 1634.

[61] 胡绍云, 钟鸣, 等. 自适应光学在固体战术激光武器中的应用[J]. 激光与光电子学进展, 2006 (2): 25 – 28.

[62] Higgs C. Overview of the ABL – firepond active – tracking and compensation facility[C]. SPIE, 1998, 3381: 14 – 18.

[63] Billman K W, Breakwell J A, et al. ABL beam control laboratory demonstrator[C]. SPIE, 1999, 3706: 172 – 179.

[64] Liang J, Grimm B, et al. Objective measurement of wave aberrations of the human eye with the use of a Hartmann – Shack wave – front sensor[J]. J. Opt. Soc. Am. A, 1994,11(7):1949 – 1957.

[65] Liang J, Williams D R, et al. Supernormal vision and high – resolution retinal imaging through adaptive optics[J]. J. Opt. Soc. Am. A, 1997,14(11):2884 – 2892.

[66] Zawadzki R J, Jones S M, et al. Adaptive – optics optical coherence tomography for high – resolution and high – speed 3D retinal in vivo imaging[J]. OPTICS EXPRESS, 2005,13(21):8532 – 8546.

[67] Thompson C A, Kartz M W, et al. Free space optical communications utilizing MEMS adaptive optics correction[C]. SPIE, 2002,4821:129 – 138.

[68] Wilks S C, Morris J R, et al. Modeling of adaptive optics – based free – space communications systems[C]. SPIE, 2002,4821:121 – 128.

[69] 王英俭,王春红,等. 激光实际大气传输湍流效应相位校正一些实验结果[J]. 量子电子学报, 1998,15(2):164 – 169.

[70] 杨慧珍,李新阳,等. 自适应光学技术在大气光通信系统中的应用进展[J]. 激光与光电子学进展, 2007,501(10):61 – 68.

[71] Koshichi Nemoto, Takashi Fujii, Naohiko Goto, et al. Transformation of a laser beam intensity profile by a deformable mirror. Optics Letters, 1996,21(3):168 – 170.

[72] Koshichi Nemoto, Takuya Nayuki, Takashi Fujii, et al. Optimum control of the laser beam intensity profile with a deformable mirror. Applied Optics, 1997,36(30):7689 – 7695.

[73] El Agmy R, Bulte H, Greenaway A H, et al. Adaptive beam profile control using a simulated annealing algorithm. Optics Express, 2005,13(16):6085 – 6091.

[74] Nicolas Sanner, Nicolas Huot, Eric Audouard, et al. Programmable focal spot shaping of amplified femtosecond laser pulse. Optics Letters, 2005,30(12):1479 – 1481.

[75] Bahk S W, Fess E, Kruschwitz B E, et al. A high – resolution, adaptive beam – shaping system for high power lasers. Optics Express, 2010,18(9):9151 – 9163.

第2章 波前像差与激光光束质量

2.1 光学系统的波前像差[1-5]

2.1.1 波前像差概述

光学系统像差可以以几何光学和波动光学为基础进行描述。几何像差使用光线经过光学系统的实际光路相对于理想光路的偏离来描述像差，从而评价成像系统像质的优劣。但光线本身是抽象的近似概念，像质评价的问题常需要基于光的波动本质才能解决。几何光学中的光线相当于波动光学中波阵面（波前）的法线。

光学系统的波前像差是指通过光学系统后的实际波面与理想波面的偏离，由实际波面到像方参考点的光程减去理想波面到同一参考点的光程来度量。对于实际的光学系统，由于像差的存在，经光学系统形成的波面已不是球面，这种实际波面与理想波面的偏差称为波前像差。

2.1.2 波前像差的 Zernike 多项式描述

波前像差由一系列多项式的线性组合来表示。通常用来描述波前像差的多项式为 Zernike 多项式。光学系统像差、大气湍流像差等静态和动态像差都可以用 Zernike 多项式描述[1-4]。

Zernike 多项式是由荷兰科学家 Frederick Zernike 在 20 世纪初提出的，之后经过后人完善用来描述波前像差。Zernike 多项式中每项有明确的像差物理意义，并且在圆域内相互正交。由于 Zernike 多项式的上述特性，使其成为目前使用最广泛的光学波前像差的描述方法。该多项式序列在单位圆内完备正交，而极坐标在描述圆域空间比较方便。以下关于 Zernike 多项式的描述均在极坐标下进行。如果使用前 J 阶 Zernike 多项式描述畸变波前 $W_z(\rho,\theta)$，则其可表述为

$$W_z(\rho,\theta)=\sum_{j=1}^{J}a_j\times Z_j(\rho,\theta) \tag{2-1}$$

式中：a_j 为第 j 阶 Zernike 多项式 $Z_j(\rho,\theta)$ 的系数。

Zernike 多项式的具体表达如下：

$$Z_j(\rho,\theta)=\begin{cases}Z_{\mathrm{even}\_j}(\rho,\theta)=\sqrt{2(n+1)}R_n^m(\rho)\cos(m\theta) & \\ & m\neq 0\\ Z_{\mathrm{odd}\_j}(\rho,\theta)=\sqrt{2(n+1)}R_n^m(\rho)\sin(m\theta) & \\ Z_j(\rho,\theta)=\sqrt{(n+1)}R_n^0(\rho) & m=0\end{cases} \tag{2-2}$$

式中：m、n 分别为第 j 阶 Zernike 多项式 $Z_j(\rho,\theta)$ 的角向频率数和径向频率数，且满足 $m\leqslant n$，$n-|m|=$ 偶数。

$R_n^m(\rho)$ 的具体形式如下：

$$R_n^m(\rho)=\sum_{s=0}^{(n-m)/2}\frac{(-1)^s(n-s)!}{s!\,[(n+m)/2-s]!\,[(n-m)/2-s]!}\times\rho^{n-2s} \tag{2-3}$$

在归一化的极坐标系中有下式成立，即单位圆上任意两阶 Zernike 多项式之间满足完备正交：

$$\int_0^{2\pi}\int_0^1 1/\pi\cdot Z_j^*(\rho,\theta)\cdot Z_{j'}(\rho,\theta)\cdot\rho\mathrm{d}\rho\mathrm{d}\theta=\delta_{jj'} \tag{2-4}$$

式中：$Z_j^*(\rho,\theta)$ 为 Zernike 多项式 $Z_j(\rho,\theta)$ 的复共轭；$\delta_{jj'}$ 为狄拉克函数，$\delta_{jj'}=\begin{cases}1, j=j'\\0, j\neq j'\end{cases}$。

表 2－1 列出了前几阶 Zernike 多项式的表达式及其在光学波前误差中的物理意义。前面几阶 Zernike 多项式的形状见表 2－2（只显示了余弦项）。从表 2－2 可以看到角向和径向空间频率由低到高有规律变化的情况。Zernike 多项式中的第一项是常数项，表示光波波前的平均相位值，它不会影响光学系统的像质，也不能被哈特曼波前传感器、剪切干涉仪等波前传感器探测到，因此在自适应光学系统中通常不予考虑；但在多数激光相干合成、合成孔径成像等应用中非常重要。j 为 2、3（$n=1$）对应于倾斜项，分别反映了光波波前在 x 和 y 方向的整体倾斜，它们使像斑在像平面上漂移。j 为 4、5、6（$n=2$）分别对应于离焦和像散，j 为 7、8（$n=3$）对应于彗差项，这些高阶项反映了光波波前的变形，使所成的像斑扩展、模糊。

表 2－1　低阶 Zernike 多项式及其物理意义

n \ m	0	1	2	3
0	$Z_1=1$ 平移			
1		$Z_2=2\rho\cos\theta$ $Z_3=2\rho\sin\theta$ 倾斜		

（续）

n \ m	0	1	2	3
2	$Z_4=\sqrt{3}(2\rho^2-1)$ 离焦		$Z_5=\sqrt{6}\rho^2\sin2\theta$ $Z_6=\sqrt{6}\rho^2\cos2\theta$ 像散	
3		$Z_7=\sqrt{8}(3\rho^2-2\rho)\sin\theta$ $Z_8=\sqrt{8}(3\rho^2-2\rho)\cos\theta$ 彗差		$Z_9=\sqrt{8}\rho^3\sin3\theta$ $Z_{10}=\sqrt{8}\rho^3\cos3\theta$ 高阶彗差
4	$Z_{11}=\sqrt{5}(6\rho^4-6\rho^2+1)$ 球差		$Z_{12}=\sqrt{10}(4\rho^4-3\rho^2)\cos2\theta$ $Z_{13}=\sqrt{10}(4\rho^4-3\rho^2)\sin2\theta$ 五阶像散	

表 2－2　低阶 Zernike 多项式的例子

径向频率数 n	角向频率数 m					
	0	1	2	3	4	5
1						
2	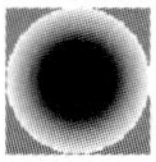		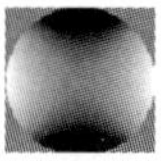			
3		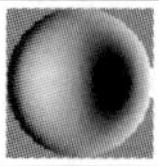				
4					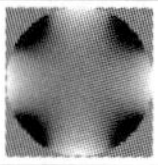	
5		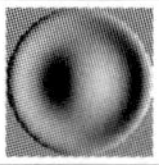				

2.2　激光的光束质量

2.2.1　激光光束质量评价方法[6－25]

自 20 世纪 60 年代初世界上第一台红宝石激光器诞生起，如何刻画和描述光束质量便是摆在人们面前的一个不能回避的问题。为了定量描述激光束的质量，人们提出了各种评价参数用于衡量实际激光系统的光束质量好坏。1960 年，Boyd 等人采用了光斑尺寸 ω_f 和远场发散角 θ 描述共焦腔的本征模。在其后的几十年内里，激光技术得到了蓬勃发展，各种新型激光器相继问世；但激光光束质量始终没有确切和统一的定义，也没能建立起标准的测量方法。直到 90 年代初，Siegman 对描述激光光束质量的光束传播因子 M^2 概念给出了较为完整的理论，M^2 成为通常情况下衡量激光光束质量的评价参数，国际光学界相继召开了多次关于光束描述和光束传输的专题会议，探讨光束质量问题，其中一些研究成果也被国际标准化组织（ISO）采纳。虽然 M^2 在理论上比较严格，但其作为激光光束质量的评价指标仍然存在诸多难以克服的问题。由于实际光束的复杂性和应用目的的多样性，到目前为止，衡量激光光束质量的评价指标仍不统一，国内外学者对该问题的普遍共识是各种评价指标均有其优缺点和适用场合，应该根据具体的应用目的选择一个或若干个评价参数并建立相应的光束质量评价体系来描述光束质量。

1. 聚焦光斑尺寸和远场发散角

聚焦光斑尺寸定义为在远场平面内，包含激光总能量 83.8% 或 86.5% 的焦斑半径（或直径）[7]。在实际中通常采用聚焦光学系统将待测激光束的远场移至聚焦系统的焦平面上，然后在焦平面上对其光斑参数进行测量。

远场发散角定义为实际光束的聚焦光斑尺寸与聚焦系统有效焦距 f 的比值，即

$$\theta = \frac{\omega_{\mathrm{f}}}{f} \tag{2-5}$$

聚焦光斑尺寸和远场发散角虽然能够比较简单直观地描述光束质量的好坏，但其大小与聚焦光学系统的具体参数有关，这不便于不同光学系统之间的横向比较，由此所得到的光束质量优劣的结论也容易引起争议。

2. 光束传播因子

光束传播因子广泛应用于评价高斯光束的质量，定义为实际光束的光束参数积（$\omega\theta$）与理想基模高斯光束的光束参数积（$\omega_0\theta_0$）二者的比值，即

$$M^2 = \frac{\omega\theta}{\omega_0\theta_0} \tag{2-6}$$

式中：$\omega_0\theta_0 = \lambda/\pi$ 为最小，故实际光束 $M^2 \geqslant 1$。

M^2 是基于光强度的二阶矩束宽定义的，同时考虑了光束近场（束腰宽度）及远场（发散角）的变化对激光光束质量的影响，且激光光束在通过理想无衍射、无像差光学系统时 M^2 是不变量，这就避免了只用聚焦光斑尺寸或远场发散角评价光束质量所带来的不确定性。因而，M^2 曾一度被认为是评价光束质量较好的参数。虽然 M^2 在一定程度上反映实际光束相对于理想基模高斯光束远场能量发散的程度，但随着对该问题认识的不断深入，人们逐渐认识到 M^2 并不是衡量实际光束质量的首选指标，它在理论及测量两个方面均存在难以克服的局限性。因此，M^2 在国内外大型激光装置实际评价中的应用并不多。

3. 峰值 Strehl 比

峰值 Strehl 比定义为实际光束远场轴上峰值光强 $I_{\max,\mathrm{real}}$ 与理想参考光束的远场轴上峰值光强 $I_{\max,\mathrm{ideal}}$ 之比[12]，即

$$SR = \frac{I_{\max,\mathrm{real}}}{I_{\max,\mathrm{ideal}}} \tag{2-7}$$

在考察波前像差影响因素的场合（如大气光学和自适应光学领域）SR 被广泛应用，$SR \leqslant 1$，SR 越接近 1，光束质量越好。SR 实际关心的是激光远场轴上峰值光强度，在一定程度上可以反映实际光束远场的可聚焦性；但由于该评价参数未提供任何其他位置的光强分布信息，因此不太适合于能量型应用的场合。

4. 环围能量 Strehl 比

环围能量 Strehl 比（SR_{ee}）定义为远场平面内实际光束在某一"光桶"内的功率 P_{real} 与理想参考光束在相同"光桶"内功率 P_{ideal} 的比值，即

$$SR_{\mathrm{ee}} = \frac{P_{\mathrm{real}}}{P_{\mathrm{ideal}}} \tag{2-8}$$

由于实际光束在规范桶内的功率少于理想参考光束在相同桶内的功率，故 $SR_{\mathrm{ee}} \leqslant 1$，$SR_{\mathrm{ee}}$ 越接近于 1，光束质量越好。SR_{ee} 适合于能量型应用场合，可反映实际光束在远场的能量集中度；不足在于参考光束和规范桶尺寸的定义均存在一些争议，这将导致人们在对同一激光束的光束质量进行评判时可能得出完全相反的结论。常见的规范桶尺寸[14]有 $0.53\lambda L/D$、$1.22\lambda L/D$、$2.23\lambda L/D$ 及 $3.24\lambda L/D$ 等（λ 为激光波长；L 为光束传输距离；D 为发射光束口径）。

5. 环围能量比

环围能量比（BQ）定义为远场平面内理想参考光束在某一"光桶"内的功率（或能量）P_{ideal} 与实际光束在相同"光桶"内的功率（或能量）P_{real} 比值的方根，即

$$BQ = \sqrt{\frac{P_{\mathrm{ideal}}}{P_{\mathrm{real}}}} \tag{2-9}$$

BQ 本质上与 SR_{ee} 是一致的。对于实际光束，$BQ \geqslant 1$，BQ 越接近于 1，光束质量越好。

6. 光束传输因子

为了在保证良好光束质量的前提下提高激光的输出功率，对多路激光阵列采取共相位技术实现相干合成光束输出是近些年研究的热点。光束传输因子（BPF）是国防科学技术大学的学者在近年来提出，并用于评价相干合成光束质量的评价参数。它定义为实际光束在远场平面环围半径 $1.22\lambda L/D$ 桶内的功率（或能量）与相同发射孔径的均强平面光束在远场相同环围半径桶内的功率（或能量）的比值，即

$$BPF = 1.19 \times \frac{P}{P_{\mathrm{total}}} \tag{2-10}$$

式中：P 为实际光束在远场环围半径 $1.22\lambda L/D$ 的桶中功率；P_{total} 为远场平面内的光斑总功率；比例系数 1.19 为理想参考光束的远场环围能量 83.8% 的倒数。

对实际光束，$BPF \leqslant 1$，BPF 越接近于 1，光束质量越好。BPF 适用于能量型的应用场合，可反映实际光束在远场的能量集中度和可聚焦能力，并且 BPF 的测量基于激光功率或能量的测量。现有的功率测量手段可保证测量的精度，但不足是由于提出该指标时间不长，应用范围还有待进一步推广。

7. 光束质量 β 因子

光束质量 β 因子定义为实际光束的远场发散角 θ_{real} 与理想参考光束的远场发散角 θ_{ideal} 的比值[17,18]，即

$$\beta = \frac{\theta_{real}}{\theta_{ideal}} \tag{2-11}$$

实际光束与理想参考光束的远场发散角均是基于远场平面内某一规范能量百分比定义的，对于实际光束，$\beta \geqslant 1$，β 越接近于 1，光束质量越好。光束质量 β 因子适用于能量型应用的场合，可反映实际光束在远场平面内的能量集中度和可聚焦性，但不足是理想参考光束及规范能量比的选择仍有争议，常见的规范能量比有 86.5%、83.8% 和 63.2% 等。此外，光束质量 β 因子在测量方面存在的最大问题是测量精度受探测器的噪声影响很大，不同的减阈值方法将得到不同的结果，阈值选取不当甚至会导致“超衍射极限”的错误结果。

8. 激光光斑能量密度

无论对于固体激光器、化学激光器或其他类型的激光器，无论是采用稳定腔结构还是采用非稳腔结构，无论对于单路激光束还是多路光束的合成光束，衡量实际光束远场能量集中度（或可聚焦能力）的标准是激光束传播至靶目标上的能量能否尽量多地集中在尽量小的桶内，即要求激光在靶目标上具有高的平均功率（或能量）密度。假设发射激光总功率为 P、发射波长为 λ、发射口径为 D、光束质量 β 因子为 β、光束传输因子为 BPF、规范桶半径 $r_0 = A \times \lambda L/D$（$A$ 为某常数）、理想光斑在该规范桶内的环围能量为 η_0、激光远距离传输效率（定义为激光到靶功率与激光出射总功率二者之比为 α）、传输距离为 L，则作用时间 t 内靶目标上的激光光斑能量密度为

$$E_t = \frac{\eta_0 \alpha P t}{\pi (\beta A \times \lambda L/D)^2} \tag{2-12}$$

如果只关心远场靶目标上给定大小桶内的能量密度，式（2-13）是对式（2-12）的补充：

$$E_t' = \frac{\eta_0 \alpha P t \times \mathrm{BPF}}{\pi (\beta A \times \lambda L/D)^2} \tag{2-13}$$

由上两公式可以看出，靶面能量密度除与激光发射总功率及光束质量 β 因子有关外，还与发射激光口径、波长、传输距离、传输损耗、作用时间等诸多因素

直接相关。从对目标的作用效果来看,只要满足在发射激光的有效作用时间 t 内,激光在靶目标上沉积的光斑能量密度大于对靶目标造成损伤的阈值 E_{th},便可以对靶目标形成有效的损伤效应。正是因为激光焦斑能量密度(等同于激光束亮度)具有明确的物理意义,才被国内外学者称为激光系统的核心特征量。对同一激光系统而言,采用该核心特征量分析各种误差源的影响时所得出的结论也将与光束质量 β 因子得到的结论一致;对不同的激光系统,该参量也可以客观评判不同系统间性能的优劣,具有很好的普适性。

2.2.2 激光光束质量测量的主要方法[26-52]

随着激光技术在国防及工业领域应用的不断深入,在大型复杂激光系统中需要对越来越多的激光参数进行测量,而激光光束质量是其中尤为重要的一项指标。由光束质量评价指标的定义,通过测量激光远场光强度分布或光斑宽度就可以进一步计算出光束质量评价参数的数值。经过近几十年来的发展,人们已经掌握了十分丰富的光束质量测量方法,最具代表性的有扫描法、阵列探测法、近场反演远场法。然而,基于扫描原理的光束测量方法存在实时性问题,对于时空特性呈快速变化的激光光束测量是不适用的。对脉冲激光和光束随机漂移较大的激光束而言,阵列探测技术的发展满足了激光诊断的需求,它包括CCD 探测技术和探测器阵列技术两种。

1. CCD 探测技术

由于 CCD 探测技术具有空间分辨率高、响应速度快、结构紧凑、光谱响应范围宽等优点,已经成为目前激光远场光斑强度测量和光束质量诊断的主要手段。在测量前需对 CCD 探测器的光电响应特性进行严格标定,目前比较常用的标定方法有基于小孔衍射、双缝衍射、正交尖劈组及衍射光栅的标定方法;在对激光进行探测时,根据 CCD 光电响应特性的标定结果选择适当的衰减装置对激光能量做衰减取样,使得进入 CCD 探测器的激光能量处于其线性测量范围内保证测量的可靠性,常见的取样方法有高透(或高反)光学元件取样、漫反射屏取样、小孔光栅取样等。

CCD 的背景噪声及非线性饱和效应会对激光光斑参数的测量结果带来误差,足够的探测信噪比是保证测量精度的必要前提。目前常用 CCD 探测器的测量动态范围是十分有限的,而实际远场光斑的中心和旁瓣强度差别比较悬殊,这就意味着待测光斑的大量旁瓣分布特征被测量仪器的噪声淹没而无法探测到,导致对光斑参数的错误评估和计算。从这个角度来看,高动态测量范围的 CCD 相机在准确测量激光远场焦斑能量分布方面是至关重要的。为此,提出纹影法、衍射光栅法、尖劈分束法、正交光楔法等远场测量的方法,采用特殊的焦斑重构技术可以复原重构出真实的远场光斑,使测量信噪比得到大幅度改善。

2. 探测器阵列技术

在进行高功率激光近场和远场强度分布测量时，大面积的阵列探测器可以满足测量要求，它是通过将若干分立式探测单元规则排布来探测激光束的强度分布。探测器材料的选取必须保证能经受激光的直接辐照。此外，在测量前同样需要对每一个探测单元的光电响应特性进行标定。与 CCD 探测技术相比，探测器阵列技术的显著缺点是很难做到高空间分辨率，因此比较适合探测较大尺寸的光斑。

3. 近场反演远场方法

由于激光近场与远场之间服从傅里叶变换关系，因此通过测量激光近场就可以获得光束质量的信息。目前，测量激光近场相位的方法有基于干涉原理的直接相位测量方法（如 Michelson、Twymann－Green、Fizeau、Mach－Zehnder 干涉仪等）、基于斜率测量恢复相位的哈特曼波前传感器、基于曲率测量复原波前相位的曲率波前传感器以及基于强度分布反演相位的 G－S 算法等。哈特曼波前测量技术是目前应用最广的一种激光波前测量方法，除能测量出激光的波前相位分布信息外，根据 CCD 所测得的光斑阵列计算各子孔径的能量，运用抽样定理也可拟合得到离散的光斑强度分布。因此，哈特曼波前传感器可同时获得激光近场的相位和振幅分布，通过近场可直接反演出待测量激光的远场光强分布。虽然哈特曼波前探测技术已经比较成熟，市场上已经有商业化产品出售，但仍然存在许多尚未完全解决的问题，如模式复原中的耦合混淆问题、CCD 噪声对质心探测精度和对波前测量精度的影响等。

2.3 波前像差与光束质量 β 因子的关系

2.3.1 静态 Zernike 像差与光束质量 β 因子的关系

在光学系统的设计和分析中，经常需要知道波前像差和光束质量 β 因子的关系。但波前像差与光束质量 β 因子之间的关系比较复杂，很难得到准确的解析结果。鲜浩等研究了波前像差和光束质量 β 因子的关系，认为光束质量 β 因子与波前像差的均方根值 W 基本呈二次曲线性关系，而且当 Zernike 的模式阶数不同时，β 与 W 具有不同的对应曲线[18]：

$$\beta_j = A_{2j}W^2 + A_{1j}W + 1 \tag{2-14}$$

表 2－3 列出了式（2－14）中 A_2、A_1 与 Zernike 模式阶数的对应关系。W 的单位为波长 λ，而且当 $W=0$ 时，$\beta=1$。由于整体倾斜不影响远场光斑的形状及强度，所以只计算了第 3～20 阶 Zernike 模式的情况。实际应用中发现，文献[13]给出的 β 因子近似计算公式在小像差条件下比较准确，在波前像差较大时存在一定误差。

表2-3 各阶Zernike模式阶数对应光束质量β因子的拟合系数[13]

Zernike 模式阶数 j	3	4	5	6	7	8	9	10	11
A_2	5.555	4.534	5.279	9.494	9.685	7.229	7.229	18.813	10.421
A_1	7.839	4.899	4.532	10.237	10.188	7.850	7.850	15.661	16.308
Zernike 模式阶数 j	12	13	14	15	16	17	18	19	20
A_2	31.775	9.867	9.506	35.9	36.521	48.558	48.558	16.017	16.02
A_1	12.166	11.005	10.929	14.317	14.264	12.848	12.848	12.865	12.865

李新阳人等从光学理论上分析波前像差对远场光斑扩展度的影响，研究了静态Zernike波前像差波面均方根值与光束质量β因子的关系，得到各阶静态Zernike像差与光束质量β因子的关系为[53]

$$\beta_{Sj}^2 = 1 + k_{Sj}\sigma_j^2 \tag{2-15}$$

式中：k_{Sj}为各阶Zernike像差静态拟合系数；σ_j为各阶静态Zernike像差的均方根。

通过大量的研究分析和实验证明，各阶正交的Zernike像差对光束质量β因子的影响是相互独立的。因此，对于包含多阶正交像差的组合像差而言，有

$$\beta_S^2 = 1 + \sum(\beta_{Sj}^2 - 1) = 1 + \sum k_{Sj}\sigma_j^2 \tag{2-16}$$

式(2-16)为各阶静态Zernike像差与光束质量β因子之间的解析关系式。

在单次瞬态情况下通过数值仿真研究各阶Zernike像差均方根与光束质量β因子的关系。依次分别设置3~65阶Zernike多项式系数由0到大渐变，产生一系列波前相位分布。对波面相位利用快速傅里叶变换(FFT)计算出对应的远场光强分布，计算出该像差下远场光斑的光束质量β因子，得到Zernike像差与远场光斑光束质量β因子的关系曲线如图2-1所示。

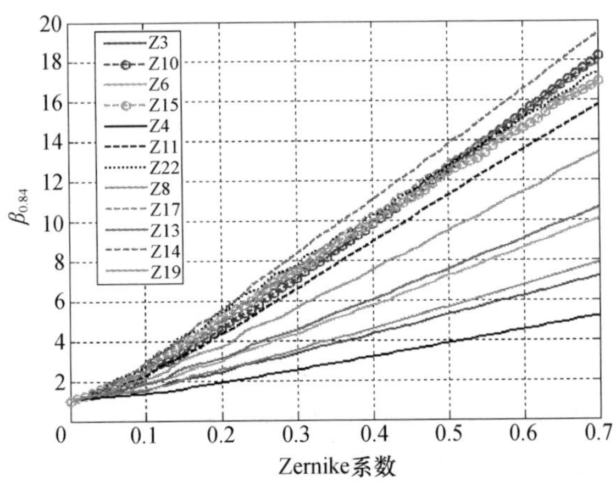

图2-1 Zernike像差与远场光斑光束质量β因子的关系曲线

根据式(2－15)得到了静态3－65阶Zernike静态像差对应的光束质量β因子拟合系数，见表2－4和图2－2中静态拟合系数。整体倾斜项(第1阶和第2阶Zernike像差)对单帧远场光斑光束质量无影响，并且具有相同的径向和角向空间频率仅方向不同的Zernike模式项的拟合系数相同。通过得到的各阶静态Zernike像差对应的光束质量β因子拟合系数可以看出，高阶像差对光束质量的影响也更大。

表2－4　各阶静态Zernike像差对应的光束质量β因子拟合系数

Zernike像差阶数	1,2	3	4,5	6,7	8,9	10	11,12	13,14	15,16	17,18	19,20	21
静态拟合系数 k_{Sj}	—	10.7	7.2	14.3	11.4	27.3	22.5	15.7	23.3	25.6	19.9	27.5
Zernike像差阶数	22,23	24,25	26,27	28,29	30,31	32,23	34,35	36	37,38	39,40	41,42	43,44
静态拟合系数 k_{Sj}	24.1	27.7	23.8	27.5	25.9	27.5	26.9	211.2	30.3	27.6	26.6	29.9
Zernike像差阶数	45,46	47,48	49,50	51,52	53,54	55	56,57	58,59	60,61	62,63	64,65	—
静态拟合系数 k_{Sj}	34.1	32.1	31.2	28.9	32.4	311.2	35.8	34.5	33.2	31.9	34.1	—

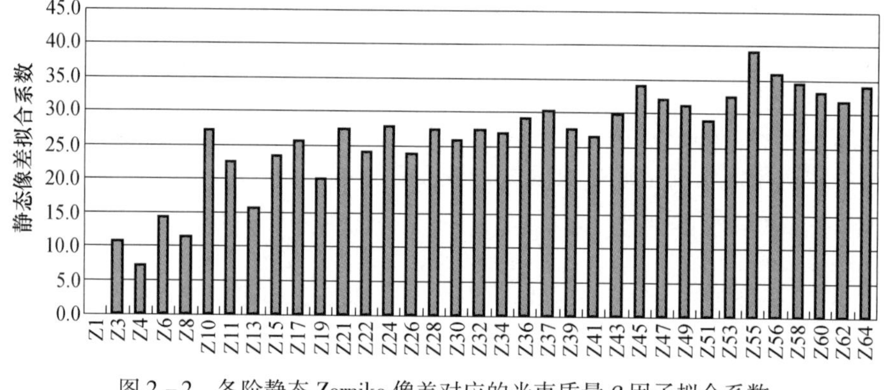

图2－2　各阶静态Zernike像差对应的光束质量β因子拟合系数

2.3.2　动态Zernike像差与光束质量β因子的关系[54]

在实际工作中，由于大气湍流或周围环境的影响，实际系统的像差中既有光学加工、装配等固定存在的静态像差，又有大气湍流等造成的动态随机像差。根据统计光学理论，大气湍流造成的动态像差是一组特定的零均值的Zernike像差组合，反映到Zernike系数分解上，像差的各阶Zernike系数是以服从正态分布的形式存在的。在实际测量中如果采用多次测量取平均的方法，则忽略动态像差对测量结果造成的影响。但动态像差是实际存在的，对长曝光光斑的光束质量影响也很大。而各阶Zernike像差系数动态误差与长曝光光斑的光束质量β因子之间的关系没有明确的研究结论。

将各阶Zernike像差对光学系统光束质量影响的问题分为两部分分别研

究[54]:以 Zernike 像差系数均值表示的静态像差对光束质量的影响,以及以 Zernike 像差系数标准差表示的动态像差部分(如大气湍流造成的零均值组合像差)对光束质量的影响。各阶 Zernike 像差动态误差对光束质量的影响相互独立,动态 Zernike 像差与长曝光斑的光束质量 β 因子的关系服从以下形式:

$$\beta_{\mathrm{D}j}^2 = 1 + (k_{\mathrm{D}j}\delta_j)^2 \tag{2-17}$$

式中:$k_{\mathrm{D}j}$ 为各阶 Zernike 像差动态拟合系数;δ_j 为各阶动态 Zernike 像差的均方根。

对于组合动态像差情况,有

$$\beta_{\mathrm{D}}^2 = 1 + \sum(\beta_{\mathrm{D}j}^2 - 1) = 1 + \sum(k_{\mathrm{D}j}\delta_j)^2 \tag{2-18}$$

同时认为,静态和动态 Zernike 像差对光束质量 β 因子的影响也是相互独立的。它可表示为

$$\beta^2 = 1 + (\beta_{\mathrm{S}}^2 - 1) + (\beta_{\mathrm{D}}^2 - 1) \tag{2-19}$$

式中:β_{S} 为静态 Zernike 像差下的光束质量 β 因子;β_{D} 为动态 Zernike 像差下的光束质量 β 因子。

综合以上分析结果,对于同时存在静态和动态 Zernike 像差的光学系统,各阶像差服从 $N(\sigma_j, \delta_j^2)$ 分布,其长曝光光斑的光束质量 β 因子假设为

$$\beta^2 = 1 + \sum(k_{\mathrm{S}j}\sigma_j)^2 + \sum(k_{\mathrm{D}j}\delta_j)^2 \tag{2-20}$$

式中:$k_{\mathrm{S}j}$ 为第 j 阶静态像差对应的拟合系数;$k_{\mathrm{D}j}$ 为第 j 阶动态像差对应的拟合系数。

以下将用数值仿真对式(2-20)进行检验,给出具体的拟合系数,并针对大气湍流畸变像差得到一些有用的推论。

依次分别设置 1~65 阶 Zernike 多项式系数服从正态分布 $N(Z_j, \delta_j^2)$,产生多帧的波前相位分布。首先对波面相位利用快速傅里叶变换计算出对应的远场光强分布,然后用多帧远场光斑平均后对长曝光斑进行光束质量 β 因子计算,根据式(2-20)得到了各项 Zernike 像差标准差 δ_j 对应的系数 $k_{\mathrm{D}j}$,第 3 阶、4 阶、10 阶、21 阶典型单阶动态 Zernike 像差的计算结果,如图 2-3 所示。其中:$\sigma_{\mathrm{S}} = 0$ 是仅存在动态像差的结果;$\sigma_{\mathrm{S}} = 0.5$ 和 $\sigma_{\mathrm{S}} = 1$ 是动态像差及静态像差与动态像差相结合情况下的计算结果。图 2-3 中点"·"为 FFT 仿真计算结果,实线为用公式拟合结果。由此可见,得到的拟合公式与仿真结果吻合得很好。动态拟合系数如表 2-5 和图 2-4 所示。

对多阶 Zernike 组合像差光束质量的解析计算结果与计算机仿真得到的光束质量 β 因子进行对比,取 10~15 阶 Zernike 像差系数为 0.1 作为静态组合像差,各阶动态像差与最终光束质量的关系如图 2-5 所示。由此可见,通过得到的各阶像差静态拟合系数和动态拟合系数计算得到的光束质量 β 因子与仿真得到的结果在很大程度上是一致的。这验证了静态拟合系数和动态拟合系数的准确性。

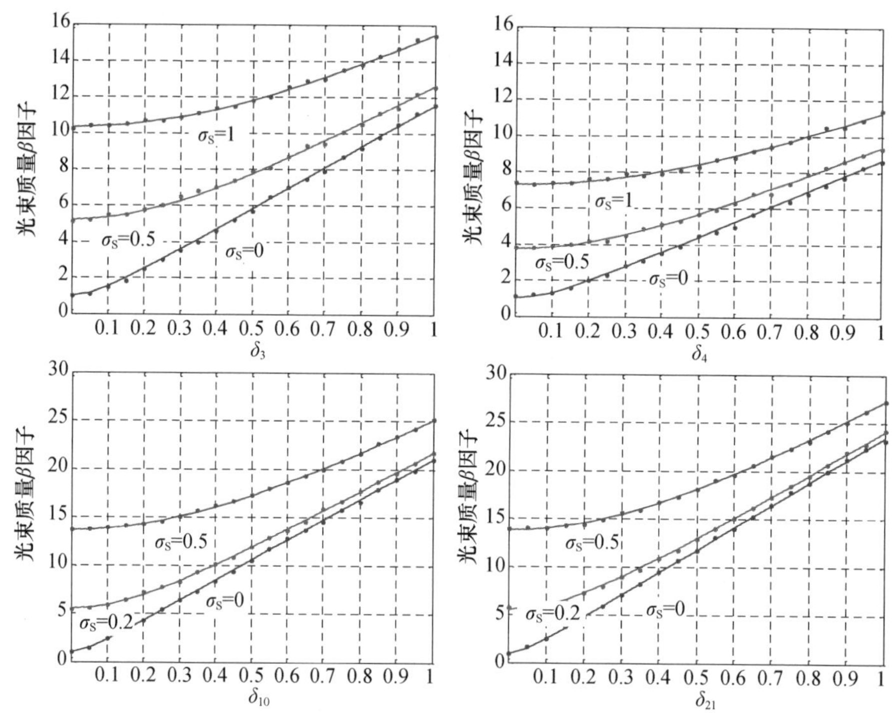

图 2-3　动态 Zernike 像差与光束质量 β 因子的关系

（图中点“·”为 FFT 仿真计算结果，实线为公式拟合结果）

表 2-5　各阶动态 Zernike 像差对应的光束质量 β 因子拟合系数

Zernike 像差阶数 i	1,2	3	4,5	6,7	8,9	10	11,12	13,14	15,16	17,18	19,20	21
动态拟合系数 k_{Dj}	4.4	11.5	8.3	14.8	11.4	19.8	17.6	14.2	21	20.3	16.5	26.8
Zernike 像差阶数 i	22,23	24,25	26,27	28,29	30,31	32,23	34,35	36	37,38	39,40	41,42	43,44
动态拟合系数 k_{Dj}	23.8	23.3	18	28	26.5	25.9	20	33.8	30.2	29.6	28	21.5
Zernike 像差阶数 i	45,46	47,48	49,50	51,52	53,54	55	56,57	58,59	60,61	62,63	64,65	—
动态拟合系数 k_{Dj}	32.5	33.7	33.5	30.5	22.5	40.6	37.2	35.8	35.7	32.2	22.7	—

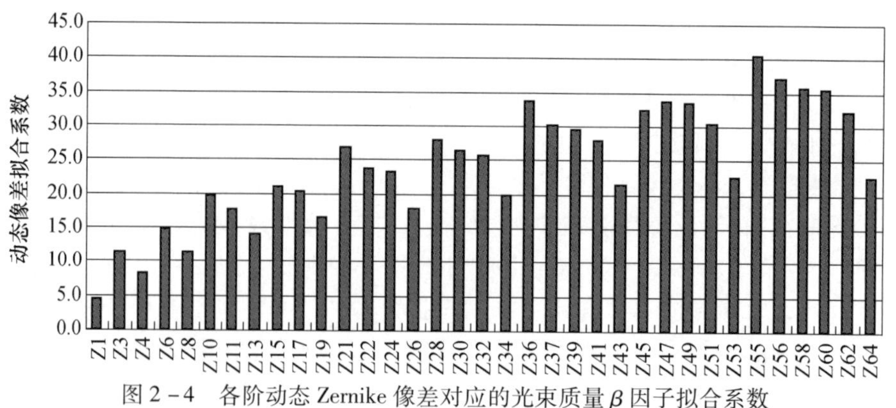

图 2-4　各阶动态 Zernike 像差对应的光束质量 β 因子拟合系数

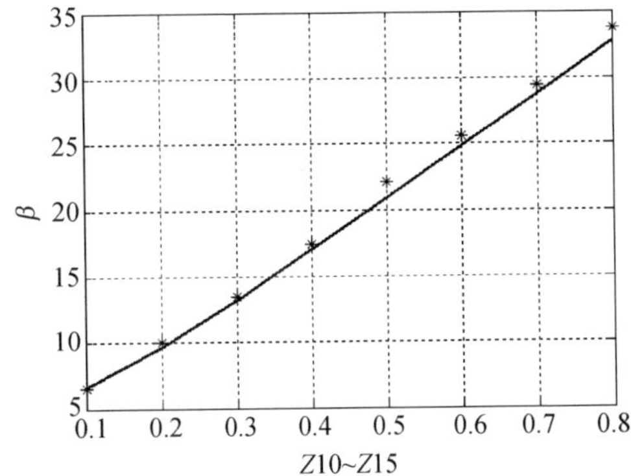

图 2-5 动态 Zernike 组合像差与光束质量 β 因子的关系
(图中星"*"为 FFT 仿真计算结果,实线为公式拟合结果)

由图 2-3 和图 2-4 可以看出,静态和动态的拟合系数随 Zernike 像差阶数的增加而变大。这意味着,同样大小的高阶 Zernike 误差比低阶 Zernike 误差对光束质量 β 因子的影响大。尤其是如第 10、21、36、55 阶等圆对称像差比其阶数附近的像差对光束质量 β 因子的影响更大。换言之,如果两个光学系统(一个以高阶像差为主,另一个以低阶像差为主)的像差大小相同,但高低阶 Zernike 模式分布不同,那么以高阶像差为主的光学系统的光束质量 β 因子将比低阶像差大,这个现象在实际工作中经常遇到。

参考文献

[1] Noll R. Zernike polynomials and atmospheric turbulence[J]. J O S A,1976(A),66:207-211.

[2] Wang Y. Modal compensation of atmospheric turbulence phase[J]. J O S A,1978,66:78-87.

[3] Cubalchimi R. Modal wavefront estimation from phase derivative measurements[J]. J O S A,1979,69:972-977.

[4] Wang Y. Wavefront interpretation with Zernike polynomials[J]. J O S A,1980(A)19:1510-1518.

[5] Freischelad K R. Modal wavefront estimation from phase difference measurements using the discrete Fourier transforms[J]. J O S A,1986(A):31852-1861.

[6] Siegman A E. New developments in laser resonators [J], Proc. SPIE,1990 (1224): 1-14.

[7] Siegman A E. High-power laser beams: defining, measuring and optimizing transverse beam quality [J]. Proc. SPIE, 1992 (1810):758-765.

[8] Weber H. Special issue on laser beam quality [J]. Opt & Quant Electron,1992,24 (9):861-1135.

[9] I SO11146-1-2005,Laser and laser-related equipment—Test methods for laser beam widths, divergence angles and beam propagation ratios—part 1:Stigmatic and simple astigmatic beams.

[10] Siegman A E. How to (Maybe) Measure Laser Beam Quality [J]. OSA Trends in Optics and Photonics series, 1998, 17(2):184-199.

[11] 吕百达,康小平. 对激光光束质量一些问题的认识[J]. 红外与激光工程, 2007, 36(1):47-51.

[12] 冯国英, 周寿桓. 激光光束质量综合评价的探讨[J]. 中国激光, 2009, 36(7): 1643-1653.

[13] 钱列加，范滇元，张筑虹，等. 有关光束质量的若干基本问题及其新进展[J]. 中国激光，1994，21(12):981 -987.

[14] 苏毅，万敏. 高能激光系统[M]. 北京:国防工业出版社，2003.

[15] 贺元兴，李新阳. 激光束远场能量集中度的评价指标探讨[J]. 激光与光电子学进展，2012 (49): 051403 -1 -051403 -10.

[16] 程晓锋. 圆环光束的光束质量评价标准分析[J]. 激光技术，1995，16(5): 209 -212.

[17] Mahajan V N. Strehl ratio for primary aberrations: some analytical results for circular and annular pupils [J]. J. Opt. Soc. Am. , 1982, 72(9): 1258 -1266.

[18] 鲜浩，姜文汉. 波前像差与光束质量指标的关系[J]. 中国激光,1999,26(5): 415 -419.

[19] 杜祥琬. 实际强激光远场靶面上光束质量的评价因素[J]. 中国激光,1997,24(4):327 -332.

[20] 刘泽金,周朴,许晓军. 高能激光光束质量通用评价标准的探讨[J]. 中国激光,2009,36(4): 773 -778.

[21] Zhou P, Liu Z, Xu X, et al. Numerical analysis of the effects of aberrations on coherently fiber laser beams [J]. Applied Optics, 2008, 47(18): 3350 -3359.

[22] 刘泽金，陆启生，赵伊君. 高能非稳腔激光器光束质量评价的探讨[J]. 中国激光，1998，25(3): 193 -196.

[23] Ross T S. Appropriate measures and consistent standard for high - energy Laser beam quality [J]. Journal of Directed Energy, 1998 (2):22 -58.

[24] He Y, Li X. Error analysis of laser beam quality measured with CCD sensor and choice of the optimal threshold[J]. Optics and Laser Technology, 2012.

[25] 杜祥琬. 影响高能激光系统核心特征量的要素[J]. 强激光与粒子束，2010，22 (5):945 -947.

[26] 雷甸. 大功率激光光束光斑质量检测技术的研究[D]. 北京:北京工业大学,2003:11 -14.

[27] 高卫，王云萍,等. 强激光光束质量评价和测量方法研究[J]. 红外与激光工程,2003,32(1):61 -64.

[28] Gilse J V, Koczera S, Greby D. Direct laser beam diagnostics [J]. SPIE, 1991, 1414:41 -54.

[29] 吕百达. 激光光学——光束描述、传输变换与光腔技术物理[M]. 北京:高等教育出版社，2003.

[30] 高卫,王云萍,李斌. 强激光光束质量评价和测量方法研究[J]. 红外与激光工程,2003,32(1):61 -63.

[31] 贺元兴，李新阳. 基于衍射光栅的远场焦斑测量新方法[J]. 中国激光，2012，39(2):0208001 -1 -0208001 -7.

[32] 贺元兴,李新阳. 一种基于正交光楔的激光远场焦斑测量新方法[J]. 强激光与粒子束，2012 (9).

[33] Duncan M D, Mahon R. Beam quality measurement using digitized Laser Beam images [J]. Applied Optics, 1989, 28(21):4569 -4575.

[34] Milster T D, Treptau J P. Measurement of laser spot quality [J]. SPIE, 1991 (1414):91 -96.

[35] 李恩德，段海峰，杨泽平,等. 电荷耦合器件光电响应特性标定研究[J]. 强激光与粒子束，2006，18(2):227 -229.

[36] 王淑青，段海峰，杨泽平,等. 双缝衍射用于 CCD 响应特性标定的模拟研究[J]. 光电工程，2001，28(4):19 -21.

[37] 谢旭东,陈波,刘华,等. CCD 系统线性动态范围的标定[J]. 强激光与粒子束，2000，12(s1): 182 -184.

[38] 贺元兴,李新阳. 基于衍射光栅的 CCD 相机标定方法[J]. 强激光与粒子束，2011，23(12):3183 -3187.

[39] Marquet L C. Transmission diffraction grating attenuator for analysis of high power laser beam quality [J]. Applied Optics, 1971, 10(4):960 -961.

[40] Wegner P J, Barker C E, Caid J A, et al. Third – harmonic performance of the beamlet prototype laser [C]. SPIE, 1996 (3047):370 – 380.

[41] Bouillet S, Chico S, Deroff L L, et al. Measuring a laser focal spot on a large intensity range – Effect of optical component laser damages on the focal spot [C]. SPIE, 2009 (7405): 74050W – 1 – W – 8.

[42] 程娟,秦兴武,陈波. 纹影法测量远场焦斑实验研究[J]. 强激光与粒子束, 2006, 18 (4):612 – 614.

[43] 谢旭东,陈波,何凌,等. 强激光远场焦斑重构算法研究[J]. 强激光与粒子束,2003, 15(3):237 – 240.

[44] 杨鹏翎, 冯国斌, 王振宝, 等. 测量中红外激光远场光斑的光电阵列靶斑仪[J]. 中国激光, 2010, 37(2):521 – 525.

[45] 贾养育, 任勐, 吕鸿鹏, 等. 基于探测器阵列的激光远场光斑测量系统[J]. 激光与红外, 2009, 39 (12):1324 – 1327.

[46] 姜文汉, 鲜浩, 杨泽平, 等. 哈特曼波前传感器的应用[J]. 量子电子学报, 1998, 15(2):228 – 235.

[47] Roddier F. Curvature sensing and compensation: a new concept in adaptive optics [J]. Applied Optics, 1988, 27(7):1223 – 1225.

[48] Gerchberg R W, Saxton W O. Phase determination from image and diffraction plane pictures in the electron microscope [J]. Optik, 1971, 34(3):275 – 284.

[49] Gerchberg R W, Saxton W O. A practical algorithm for the determination of phase from image and diffraction plane pictures [J]. Optik, 1972, 35(2):237 – 246.

[50] Herrmann J. Cross coupling and aliasing in modal wave – front estimation [J]. J. Opt. Soc. Am, 1981, 71 (8):989 – 992.

[51] 李新阳, 姜文汉. 哈特曼传感器对湍流畸变波前的 Zernike 模式复原误差[J]. 强激光与粒子束, 2002, 14(2):243 – 249.

[52] 姜文汉, 鲜浩, 沈锋. 哈特曼波前传感器的探测误差[J]. 量子电子学报, 1998, 15(2): 218 – 227.

[53] Wang Y. Modal compensation of atmospheric turbulence phase [J]. J O S A, 1978,66: 78 – 87.

[54] Cubalchimi R. Modal wavefront estimation from phase derivative measurements [J]. J O S A, 1979, 69: 972 – 977.

[55] Freischelad K R. Modal wavefront estimation from phase difference measurements using the discrete Fourier transforms [J]. J O S A, 1986 (A), 3:1852 – 1861.

[56] Wang Y. Wavefront interpretation with Zernike polynomials [J]. J O S A, 1980 (A), 19:1510 – 1518.

[57] Noll R. Zernike polynomials and atmospheric turbulence [J]. J O S A, 1976 (A), 66:207 – 211.

[58] 李新阳,鲜浩,等. 波前像差与光束质量 β 因子关系研究[J]. 中国激光,2005,32(6):798 – 802.

[59] 叶红卫,李新阳,鲜浩,等. 光学系统的 Zernike 像差与光束质量 β 因子的关系[J]. 中国激光,2009, 36(6),1420 – 1427.

第3章

波前校正器技术

3.1 波前校正器的早期发展

Babcock 于1953 年首次提出了自适应光学的概念[1],其设想是在光瞳面放置一个光学“校正器”,并且通过实时控制改变校正器的面形用以补偿大气引入的像差。Babcock 的开创性论述中所提出的波前校正器借鉴了当时刚出现不久的叫做“艾多福(Ediopher)”的电视投影系统的技术思路设想在反射镜面上覆盖一层薄的油膜,然后借由电子枪的轰击在油膜上面施加电荷,静电力使油膜根据电荷的空间分布产生相应的厚度变化,从而对入射的光线进行光程调制,这就是波前校正器的原型,如图 3 -1 所示。但在当时的技术条件下没能在自适应光学系统中真正实现这样的结构。之后随着激光技术的发明和应用以及军事研究的

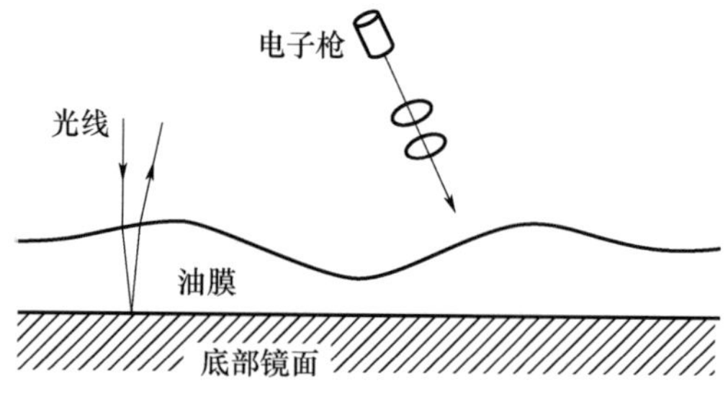

图 3 -1　巴布科克提出的波前校正器原理

刺激,波前校正器技术得以迅速发展,这也直接推动了自适应光学技术的发展。波前校正器的两种常用形式是可变形反射镜(Deformable Mirror,简称变形镜DM)以及高速倾斜反射镜(Fast Steering Mirror,简称快反镜 FSM,或 Tilt Mirror,简称倾斜镜 TM)。但在早期出于对复杂波前像差进行校正的直接需求,技术的发展主要是围绕变形镜。在美国军方的支持下,Itek 公司的 J. W. Hardy 等人于1974 年发明了整体式压电驱动变形镜用于空间目标观测系统[2,3]。1984 年,Itek 公司与 Bell 公司航空事业部门合作研制出 250 单元的电致伸缩冷却硅变形镜用于激光远距离传输[4]。美国 United Technologies 研究中心在 20 世纪 70 年代

中期研制成功了一系列用于高能激光的变形镜[5]。20 世纪 80 年代法国 Laserdot 公司研制成功 19 单元和 52 单元两种分立式压电变形镜,提供给欧洲南方天文台(ESO)的 Come – On 和 Come – On Plus 计划使用[6,7]。

3.2 常规变形镜

传统类型的变形镜是用驱动器产生一个力来推动薄的反射镜面。镜面可以是多块分立的小反射镜也可以是一整块薄的反射面;产生驱动力有很多种不同的方法,应用最多、最成功的是压电效应和电致伸缩效应等。变形镜有两个基本要素:驱动器和镜面。按照这样的方式可将变形镜大致分为 5 种结构,见表 3 –1。

表 3 –1 变形镜的 5 种结构

分立表面变形镜	分立式驱动器	单自由度驱动器	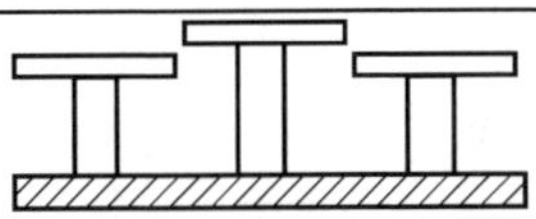
		多自由度驱动器	
连续表面变形镜	分立式驱动器	垂直驱动器	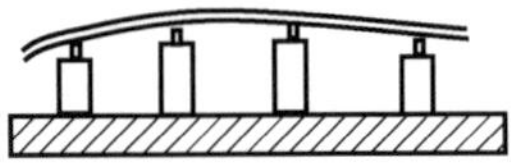
		弯矩驱动器	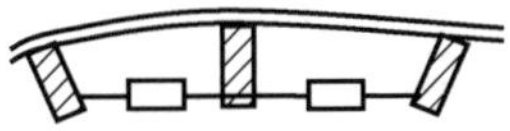
	整体式驱动器		

最常用的一类变形镜是连续镜面分立式驱动器类型,如图 3 –2 所示。整个结构分基底、驱动器、薄镜面三个主要部分。基底由刚度较高的材料构成,主要作用是支撑整个变形镜的结构并且在工作过程中作为固定基板。单个驱动器由压电材料或电致伸缩材料叠片组成,很多个这样的驱动器按一定的空间分布固定在基底上并在其顶端黏接连接镜面。薄镜面的可选材料有光学玻璃、硅、金属等。驱动器将电能转换为垂直方向上的位移,从而推动其上的镜面。不同的驱动器加上不同的电压,就能够使镜面产生各种复杂的变形。

尽管单个驱动器的外形看起来比较脆弱,但组装完成后的变形镜整体刚度很好,这就可以在装配完成后进一步对镜面进行光学加工以得到尽可能好的原始面形,一般能够达到 RMS 优于 $\lambda/50$,这对变形镜来说是非常重要的。此外,较高的刚度使其拥有较高的谐振频率,一般能够达到 2kHz 以上,即使对于需要

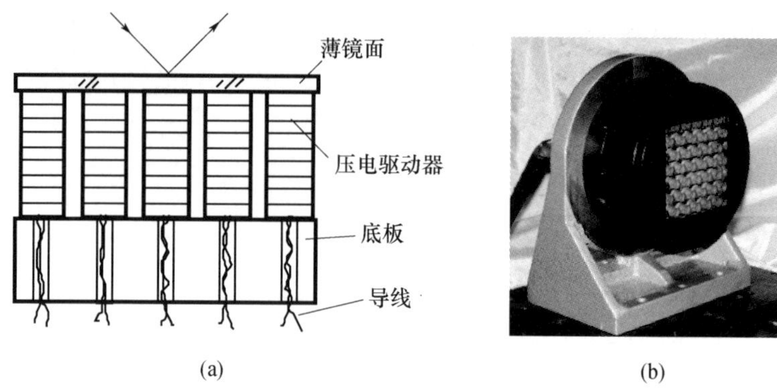

(a)　　(b)

图 3-2　连续镜面分立式驱动器变形镜的结构和实物
(a)结构;(b)实物。

校正动态大气湍流的自适应光学系统也是绰绰有余的。基于这样的优点,连续镜面层叠驱动器阵列变形镜能够满足绝大多数自适应光学系统的需求,所以应用也是最广泛的,技术也最为成熟。

3.3 常规变形镜的驱动技术

一般自适应光学系统的波前相位调制量达几微米,而且要求调制精度在纳米级。传统的机械式调节机构难以满足这样的要求,因而各种压电陶瓷等功能材料很快便被引入到变形镜的研制中来。

3.3.1 压电材料驱动器

1880 年居里兄弟发现电气石具有压电效应并通过实验验证了正、逆压电效应,得出了正、逆压电常数。1984 年,德国物理学家沃德马·沃伊特推论出只有具有 20 个非中心对称点群的晶体才可能具有压电效应。

当对压电材料施加压力时,材料体内的电偶极矩会因外力的作用而变短,此时压电材料为抵抗这种变化会在材料的两个相对的表面上产生等量的正、负电荷,这种由于应变而产生电极化的现象称为正压电效应。它实质上是将机械能转换为电能的过程。在压电材料表面施加电场时,材料内的电偶极矩会因电场的作用而被拉长,压电材料为抵抗变化也会沿着电场方向伸长,这种通过电场作用而产生形变的过程则称为逆压电效应。逆压电效应实质上是将电能转化为机械能的过程。

压电材料可以分成压电单晶体、压电多晶体(压电陶瓷)、压电聚合物和压电复合材料四种,其中压电陶瓷的应用最为广泛。最早被发现具有压电性质的压电陶瓷是钛酸钡,但是由于纯的钛酸钡烧结难度较大,并且在居里点(120℃左右)附近有相变发生,即使改变其掺杂特性,其压电性能仍然不是太高。1950

年左右发明的锆钛酸铅(Lead Zirconate Titanate,PZT)则是迄今为止使用最多的压电陶瓷,也是最早用做变形镜驱动器的材料。如今大多数的变形镜的驱动器阵列还是使用PZT,只是各个材料的组分和特性稍有不同。

压电陶瓷驱动器是利用压电陶瓷的逆压电效应进行工作的,即给压电陶瓷施加外电压,则会沿极化方向产生形变。压电晶体在不同的方向上有不同的压电系数。

在无外界应力的情况下,单片压电陶瓷在极化方向的变形量为

$$\Delta l_{PZT} = d_{33}V \tag{3-1}$$

式中:d_{33}为压电陶瓷的纵向压电系数,表示在极化方向上产生的应变与在该方向上施加的电场强度之比(pm/V);V为施加的外电压。

常用压电陶瓷的d_{33}一般为250~500pm/V,所以一个压电陶瓷片在几百伏的电压下只能产生0.1~0.2μm的变形,这对波前校正器来说是不够的。从式(3-1)可以看出,压电陶瓷的变形量与厚度无关,故可以选取较小的厚度,把多片压电陶瓷片叠加黏结并将正、负极并联来获得较大的驱动量,如图3-3所示。此时压电驱动器的总变形量为

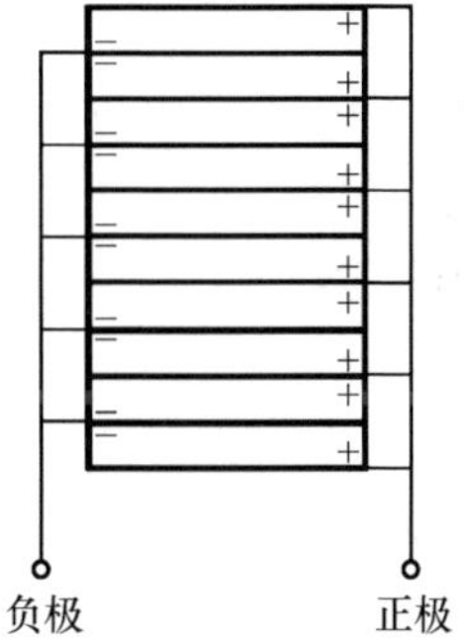

图3-3 压电层叠驱动器结构

$$\Delta L_{PZT} = n\Delta l_{PZT} = nd_{33}V \tag{3-2}$$

式中:n为压电陶瓷的片数。

100片PZT薄片组成的层叠驱动器能够在500V的电压下得到10μm以上的变形量,能够满足大多数自适应光学系统对波前校正量的需求。但是由于过高的反向电压会产生退极化现象甚至造成电击穿,破坏压电陶瓷的性能,所以一般情况下电场强度不能超过1000V/mm。因此给定厚度的压电材料的相对变形量$\Delta l/l$限制在10^{-4}量级。

除纵向压电效应以外,还有横向压电效应,其压电系数表示为d_{31},一般为-300~-100pm/V,符号为负表示在极化方向上施加同向的电压会导致压电陶瓷横向尺寸的收缩。双压电片变形镜就是利用压电陶瓷的横向压电效应。

压电陶瓷的位移输出(纵向和横向)与加载的电压呈线性关系,但也表现出迟滞和蠕变现象。对于采用闭环控制的波前校正器来说这个缺陷是容易进行弥补的。

近年来,随着压电材料研究的进展,压电单晶材料的制备工艺逐渐成熟,其表现出较高的压电系数。这意味着,同样的波前校正量要求下,使用压电单晶材料能够减小驱动器长度或者降低驱动的电压。这在民用自适应光学领域是很有吸引力的,但现阶段材料成本还是比较高的,产量也不能保证。此外,压电聚合物材料如PVDF及其共聚物、聚氟乙烯等表现出压电性能,但是一般强度较弱,适合用来制作压电传感器等,不适合作为传统波前校正器的驱动器材料。

3.3.2 电致伸缩材料驱动器

另一种与压电陶瓷驱动器类似的是电致伸缩驱动器。电致伸缩是一种材料所受应力时产生的应变与电场强度二次项相关的非线性现象,也称电致伸缩效应。在所有的电介质中都具有这种效应,不论是非压电晶体还是压电晶体,甚至一些聚氨基甲酸乙酯类的高分子聚合物以及钙钛矿类陶瓷材料也具有此类性质。只是与压电效应相比,一般状况下电致伸缩效应很弱几乎可以忽略。然而对于一些高介电性的压电材料以及温度略高于居里点的铁电材料而言,电致伸缩效应较为明显。通常把具有明显的电致伸缩效应特性的材料称为电致伸缩材料。

电致伸缩效应的特点是变形量与驱动电场的强度的平方成比例,即

$$\delta_{\mathrm{PMN}} = lm(V/l)^2 = mV^2/l \tag{3-3}$$

式中:l 为材料在电场方向上的厚度;V 为电压;m 为材料相关的系数。

与压电材料一样单片电致伸缩材料的变形量显得不足,所以多采用层叠驱动器的结构。层叠驱动器的总变形量为

$$\Delta L_{\mathrm{PMN}} = nmV^2/l \tag{3-4}$$

与压电陶瓷同样规格的电致伸缩材料驱动器可以用 0 ~ 150V 的电压产生 10μm 以上的行程,其优势是比较明显的。但由式(3-3)、式(3-4)也可以看出,其变形量与施加的电压之间成二次方关系,而且与每一层的厚度相关。这样的非线性的关系只有通过合适的驱动电路设计将其输出行程与输入电压进行线性化。

电致伸缩材料可以分为陶瓷类和聚合物类两种,陶瓷类电致伸缩材料的伸缩系数通常为 10^{-6} 量级,在较低的驱动场强下可以获得较大的形变量,因此对其材料特性的研究已获得广泛开展,其特性已非常清楚。而聚合物电致伸缩材料的电致伸缩系数通常为 10^{-8} 量级,因此需要较高的驱动场强,现阶段还不适合作为波前校正器的驱动器材料。实用的电致伸缩陶瓷主要有铌镁酸铅(PMN)、铌镁酸铅-钛酸铅(PMN-PT)、掺镧锆钛酸铅(PLZT,也称透明压电陶瓷)、掺钡锆钛酸铅(PBZT)等系统。

电致伸缩材料的优点是不需要像压电陶瓷那样进行极化,应变也比压电陶瓷大得多($\Delta l/l$ 达 10^{-3} 量级),在要求低工作电压、大应变、微型化的驱动功能器件应用中比压电材料具有更好的性能。但其显著缺点是电致伸缩效应的温度敏感性远比压电陶瓷大得多。这一点在需要温度大范围变化应用系统中谨慎考虑。

3.3.3 磁致伸缩材料驱动器

软磁体在外磁场中被磁化时,其长度和体积会发生变化,这种现象称为磁致伸缩效应。由于其最早由焦耳(J. P. Joule)于 1842 年发现,所以也称为焦耳效应。早期发现的镍、钴和铁氧体材料磁致伸缩率 $\Delta l/l$ 一般在 10^{-5} 以下,与其热膨胀系数相近,所以磁致伸缩效应应用远不如压电效应应用广泛。20 世纪 70

年代后，发现了某些稀土金属及其合金材料具有比传统材料大得多的磁致伸缩率，磁致伸缩效应才重新受到重视。稀土金属间化合物的伸缩率达 10^{-4} ~ 10^{-3}，这比金属合金和铁氧体材料的磁致伸缩率大1~2个数量级，因此称为超磁致伸缩材料（也称巨磁致伸缩材料）。

超磁致伸缩材料的应变普遍比PZT材料大5~8倍。极高的磁致伸缩性能使其在海洋工程的水声声纳方面已经完全超越了压电陶瓷材料。但如果作为变形镜的驱动器其结构稍显复杂，如图3-4所示。而且磁致伸缩从原理本质上看磁场和机械耦合关系比较复杂，不利于驱动器的线性化输出控制。取磁场强度为 H，磁致伸缩材料长度为 l，磁致伸缩系数为 λ，则驱动器伸长量满足

$$\Delta l = l\lambda H^2 = l\lambda\left(\frac{4\pi NI}{1000l_s}\right)^2 \tag{3-5}$$

式中：N 为线圈圈数；I 为电流；l_s 为线圈间距。

由式(3-5)可知，提高驱动电流是获得较大位移输出的主要方法。但这样必然导致发热量增加，温度变化也对材料磁致伸缩性能有较大的影响。散热是磁致伸缩材料驱动器（图3-4）需要解决的一个重要问题，一般磁致伸缩材料驱动器内部有冷却措施，这样一来单个驱动器的体积更是进一步增大。

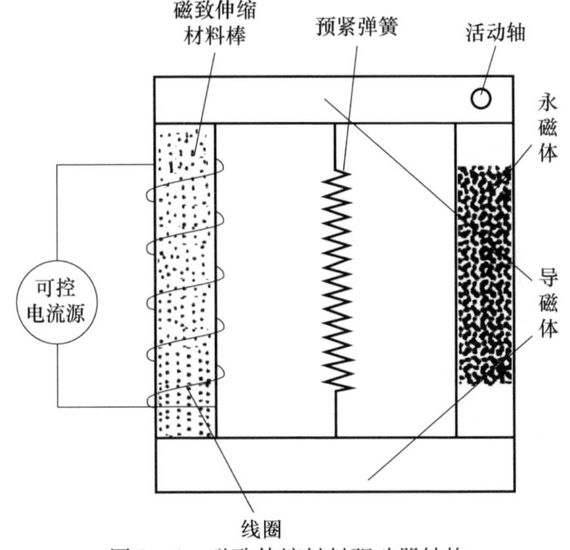

图3-4　磁致伸缩材料驱动器结构

但是磁致伸缩材料除应变较大外，其显著优点还有温度适应性：居里温度达380℃以上，工作温度达200℃以上（压电陶瓷普遍只能在150℃以下工作），能够适应更高温度的加工和使用环境。而且某些材料在极低温环境下还有很大的磁致伸缩效应，正好能够弥补压电陶瓷或电致伸缩材料在低温段的缺陷。所以作为未来自适应光学系统的潜在驱动器技术是极具研究价值的，在NGST和Gemini系统的前期预研项目里也确实有使用磁致伸缩驱动器的方案[8,9]。

3.4 变形镜的技术指标

作为光学元件除通光孔径和表面面形精度要求外,变形镜的主要性能指标包括:

(1) 控制单元:压电驱动器数量。

(2) 变形灵敏度:单位电压使变形镜产生的变形量。

(3) 响应时间:当施加外加电压时,变形镜从开始变形到结束的时间。

(4) 谐振频率:为了保证必要的控制工作带宽,变形镜本身所需的达到谐振点前的最低频率。

(5) 面形影响函数和交联值。

根据系统的要求变形镜的变形量一般为几微米,响应速度为毫秒量级,位移分辨力为几纳米。还有一个重要的指标是对不同空间频率波前像差的补偿能力,形象地描述就是变形镜能复原的波前的扭曲复杂程度。这与变形镜的单位面积驱动器数量是直接相关的,密度越高所能校正的波前就越复杂。如需进一步优化,同样的布局密度由于变形镜本身结构的不同校正能力也是不同的,这时需要引入"影响函数"的概念。

变形镜驱动器影响函数是指在单个驱动器上施加单位控制电压后变形镜面形变化的分布函数(图 3-5),测量出每个驱动器的影响函数就能根据线性叠加的原理大致计算出变形镜对各种波前像差的校正能力。典型的影响函数可以用超高斯方程来表示,即

$$f_i(x,y) = \exp[\ln\omega(\sqrt{(x-x_i)^2+(y-y_i)^2}/d)^\alpha] \tag{3-6}$$

式中:$f_i(x,y)$ 为第 i 个驱动器的位置;d 为驱动器间距;α 为高斯指数;ω 为驱动器交联值,即单个影响函数中加电的驱动器的变形量 δ_1 与相邻位置驱动器变形量 δ_2 的比值,$\omega=\delta_2/\delta_1$,为 5% ~20%。交联值越大波面变化越平缓,交联值越小波面变化越陡峭。不同的交联值也会严重影响变形镜校正波前相位的能力。

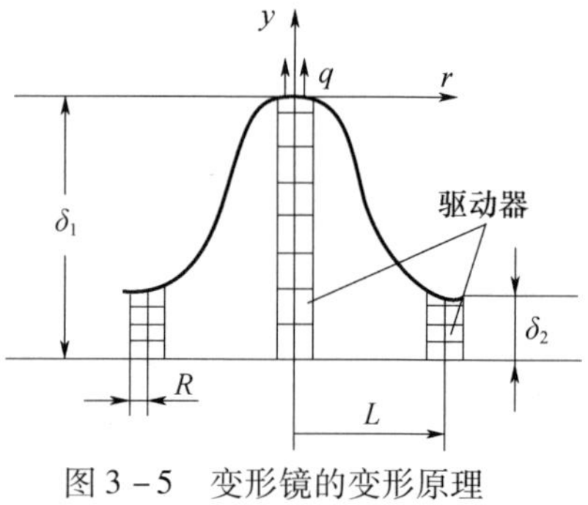

图 3-5 变形镜的变形原理

计算变形镜校正波前相位能力的过程,是将波前相位畸变 $\varphi(x,y)$ 用变形镜各个驱动器的影响函数 $f_i(x,y)$ 展开的过程,设输入信号 V_i 是加载于第 i 个驱动器上的电压,则有

$$\varphi(x,y) = \sum_{i=1}^{n} V_i \cdot f_i(x,y) \tag{3-7}$$

式中:n 为变形镜驱动器数;V_i 为各驱动器控制电压。

整个变形镜的面形可认为所有驱动器的影响函数在不同电压系数下的加权线性叠加，由此计算出的面形与要补偿的波面进行比较就能预估和评判变形镜的校正能力。

(6) 线性与滞后。当对变形镜任一点施加正、负循环电压时，其变形 - 电压特性曲线($\delta - V$ 曲线)为一封闭曲线，如图 3 -6 所示。从 $\delta - V$ 曲线可求得变形镜的变形量、灵敏度和非线性滞后。前者是需要知道的基本参数，后者是控制系统感兴趣的。从 $\delta - V$ 曲线可得到电压为 V 时的变形量 δ_M。变形镜的灵敏度是单位电压作用下的变形量，定义为 $D = \delta_M / V$。而变形镜的滞后量定义为

$$\eta = \frac{\delta_H}{\delta_M} \times 100\% \qquad (3-8)$$

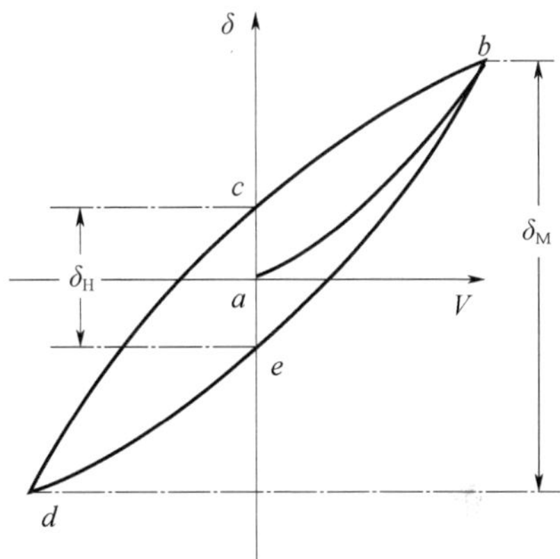

图 3 -6　压电变形镜的迟滞曲线

(7) 寿命及稳定性。因为变形镜的变形量是正负交替的，驱动器以几百次每秒甚至上千次每秒的速度工作，承受着巨大的循环应力。在这种情况下如驱动器很快损坏到失去变形能力或变形已不正常，整个变形镜就没有了足够的工作能力。更重要的也最为苛刻的要求是驱动器的静态稳定性和动态稳定性，它直接影响反射镜面形精度，稳定性差同样造成不能正常工作，面形精度太差通常认为已达到工作寿命的终点。而对于分立式变形镜，多个驱动器支持的薄镜面：一方面在不同的环境中放置后仍保持面形精度——静态稳定性；另一方面经过工作以后停止工作时面形又要恢复到原始精度——动态稳定性。这就要求几十个驱动器的热膨胀系数一致，在反复变形过程中产生的不可恢复变形极小。

3.5　其他结构形式的变形镜

压电陶瓷和电致伸缩材料作为变形镜的驱动器材料是基于叠片驱动器的结构。由于优质的材料本身价格昂贵，而且生产高刚度、高可靠性的叠片驱动器的工艺也很复杂，外加整个变形镜的集成技术的复杂性导致分立式变形镜的价格是非常惊人的。20 世纪 90 年代的变形镜价格按照驱动器个数折算甚至高达 3000 美元/单元，一个 100 单元的变形镜价格就在数十万美元。这对于军方的研究项目来说是没有问题的，但如果自适应光学系统要转入民用项目，这样的价格显然让大多数研究人员望而却步。这也是很长时间以来天文领域和其他民用领域即使装备自适应光学系统其规模也很有限的其中一个客观原因。被有限经费所局限的研究人员不得不转而寻求其他的变形镜制造技术，根本目的是寻求

传统变形镜的廉价而性能适中的替代品。强烈的需求结合技术的进步,多种不同结构原理的波前校正器逐渐出现。

3.5.1 静电驱动的薄膜变形镜

1976 年,Perkin – Elmer 公司的 M. Yellin 等人发明了用薄膜作为镜面,静电力驱动的变形镜[10],如图 3 – 7 所示。他们用蒸发镀膜的方式制作厚度 1.4μm、直径 50mm 的钛薄膜作为反射镜面,用集成电路板的工艺制作 53 单元蜂窝状排布的分立电极。然后将薄膜在圆周张应力下黏结到电极的上方。薄膜上方还有一层保护玻璃,并且二者之间维持 2Torr(1Torr = 1.33×10^2Pa)的真空度,目的是减小薄膜变形时空气的阻尼。他们从理论上详细分析了此种结构的变形特点,对初始面形、响应频率及变形量大小等的实测结果也表明样镜能够满足像差校正的要求。

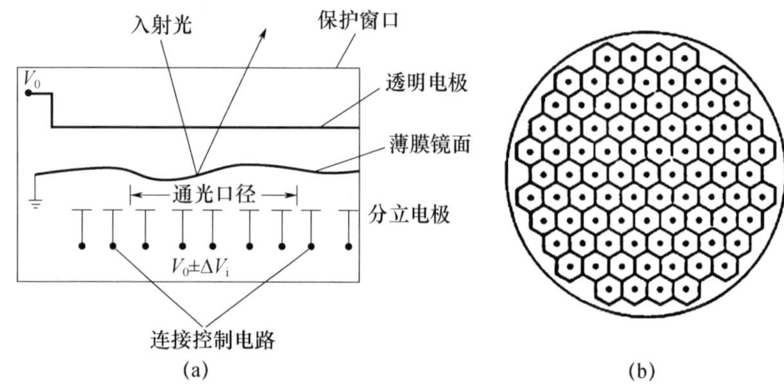

图 3 – 7 薄膜变形镜的原理及电极示意图

(a)原理;(b)电极分布。

这是变形镜领域的一个突破,相比与传统的压电变形镜来说简化了工艺,造价明显降低,只是薄膜的制备工艺和装配过程还需要技巧。

3.5.2 双压电片变形镜

由压电陶瓷片构成的双压电片结构作为驱动器在 20 世纪 60 年代就已经广为使用,但一般制作成长条状的悬臂梁结构。1975 年,NASA 的 R. S. Reynolds 等人制作了圆盘状的双压电结构来带动平面反射镜,实现了对用于空间光通信的 CO_2 激光器的光腔调谐,位移量大于 15μm[11]。同年,休斯公司的 J. E. Pearson 等人也在相干自适应光学系统(COAT)中采用 Bimorph 结构带动反射镜实现线性的相位调制[12]。1977 年,以色列理工大学 N. T. Adelman 意识到可以直接利用这种圆盘状的双压电片结构产生可变曲率的球面,应用于激光调腔和傅里叶光谱仪[13],他们设想用一片压电陶瓷和一片硅黏结起来,中间用圆柱支撑,结构如图 3 – 8(a)所示,在压电陶瓷两面施加电压就可以使结构产生不同曲率的球面。不久之后,同在以色列理工大学的 E. Steinhaus 和 S. G. Lipson 于 1978 年提出进一步把压电陶瓷的整体电极划分成不同的区域来产生更复杂的变形,这就可以用于自适应光学进行波前校正(这个主意来自于 S. G. Lipson,在 Itek 公司研制第一块变形镜的经历使他敏锐地认识到 Bimoph 结构能够制作变形镜),他们设计的结构如图 3 - 8(b)所示。他们计算了这种结构的变形情况并制作了样镜加以验证。这就成为大多数双压电片变形镜的基本结构形式。几乎在与 E. Steinhaus 和 S. G. Lipson 论文的同时,休斯公司的 S. A. Kokorowski 也独立推导了双压片电结构的理论变形公式,得到了两点重要的结论:①器件的灵敏度与结构层厚度密切相关;②器件的灵敏度与施加电压的空间频率的平方成反比。在此以后,关于双压电片变形镜的理论和应用研究迅速发展起来。

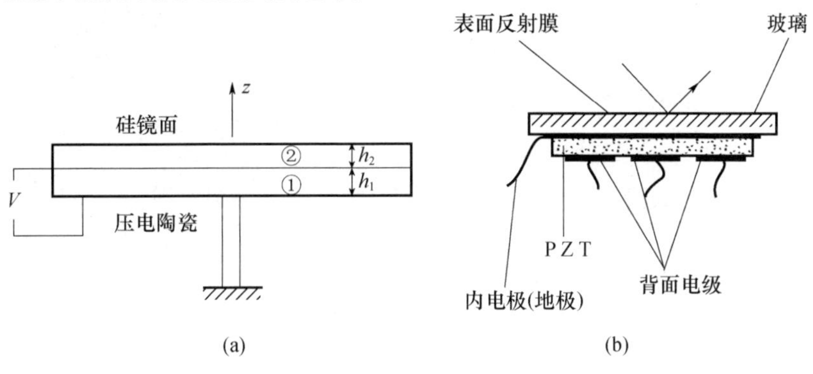

图 3 - 8　早期 Bimorph 变形镜结构

相比于其他类型的变形镜,双压电变形镜的优点是结构简单、变形量大。可以做到中等口径,既适合小型化设备的要求也满足较大口径系统的需求。双压电片的制造工艺比层叠驱动器的变形镜简单得多。不用制作成排的驱动器,只需将两片压电材料薄片沉积一定的电极图形,然后黏结并在这个“三明治”结构的两面沉积公共电极,最后再在两面都黏结一层光学平板。延续早期在激光器调腔技术上的成功应用,后来的 Bimorph DM 的一个很大的应用领域是在激光光束整形方面。20 世纪 80 年代,以俄罗斯激光科学技术研究中心的 A. V. Kudryashov 研究团队开始设计构造了用于校正激光器像差的 Bimorph DM,展示出了 Bimorph DM 在激光方面的巨大应用前景,后续的相关研究更是一直持续至今。1992 年开始,俄罗斯的 TURN 公司的 A. G. Safronov 等也开始类似的研究,在他 1996 年发表的一篇综述[14]中列举了相关工作。文中详细列举了实际使用的双压电片变形镜的各种参数,特别提到了所使用的各种不同的镜面材料以及曲率。他们采用的镜面材料包括各种玻璃、铜、硅、石英、钼等,还有真正的“双压电片”结构——只用两层 PZT,其中一层用做镜面。有些结构还有冷却通道,这在大功率激光的应用中被证明是非常有效的。

天文学领域,夏威夷大学的 F. Roddier 在发明曲率传感器后便开始 Bimorph

变形镜的研究并致力于将 Bimorph 变形镜和曲率传感器配合使用从而建造廉价的天文自适应光学系统,代表性的成果就是在他主导下的 CFHT 3.6m 望远镜项目的两代 19 单元和 36 单元曲率自适应光学系统——Hokupa 和 Hokupa'a。自 1999 年以来,欧洲南方天文台也为 VLT 装备了多套 60 单元的多用途曲率自适应光学系统(MACAO),并对取得了一系列的研究成果。1997 年开始建造的日本的 Subaru 望远镜也采用 188 单元 Bimorph - DM 作为波前校正器。

随着应用领域的扩展,Bimorph DM 也从实用化进一步走向产品化。俄罗斯的 NightN 公司和 TURN 公司、法国的 CILAS 公司、美国的 AOPTIX 公司、英国 BAE SYSTEMS 等相继推出 Bimorph DM 产品,如图 3 -9 所示。

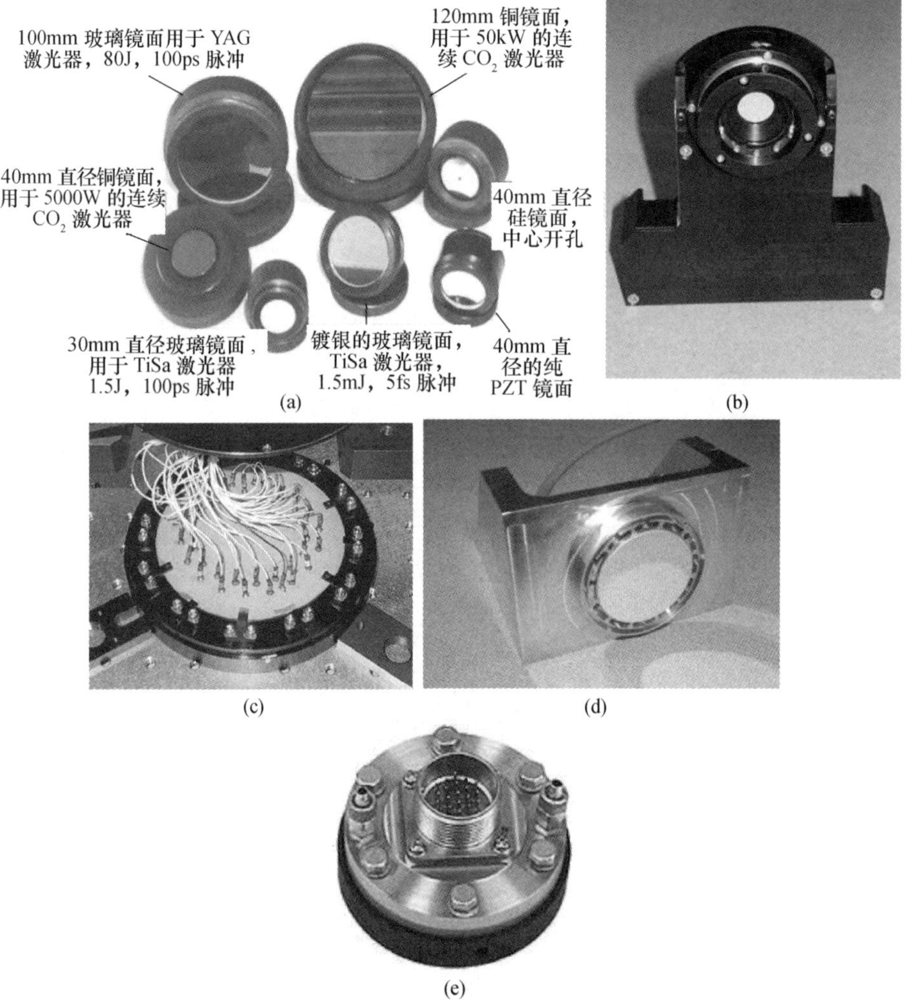

图 3 -9 实际使用的 Bimorph DM 产品

(a)俄罗斯 Night 公司的系列产品;(b)法国 CILAS 公司产品;(c)俄罗斯 TVRN 公司的产品;(d)美国 AopTIX 公司产品;(e)英国 BAE SYSTEMS 公司产品。

3.5.3 音圈电机驱动的变形镜

音圈电机因结构类似于喇叭的音圈而得名,具有高频响、高精度的特点。依据安培力原理,通电导体放在磁场中就会产生力,而力的大小取决于磁场强度和电流,以及磁场和电流的方向。如果共有长度为 L 的 N 根导线放在磁场中,则作用在导线上的力可表示为

$$F = kBLIN \tag{3-9}$$

式中:F 为产生的力;B 为磁场强度;I 为电流强度;k 为结构和材料相关的常数。

音圈电机的时间延迟短、响应快、能量转化率高,并且具有线性输出的特性。这些属性使音圈电机具有平滑可控性,成为各种形式的伺服模式中的理想装置。

第一块基于音圈电机驱动的变形镜由 TTC(ThermoTrex)公司于 1995 年制造,该变形镜由 25 个正方形排列的音圈电机驱动器驱动,在 SOR 完成了首次系统闭环实验。其基本原理是一个薄镜面“悬浮”于一个由一系列音圈驱动器产生的磁场上面,如图 3-10 所示。这个薄镜面背面黏结与音圈电机驱动器对应的永磁体所以能够被磁场支撑起来。音圈驱动器固定在一个较厚的金属圆盘上,这个圆盘同时作为散热器带走音圈驱动器所产生的热量。当电流通过音圈时就会产生一个局部磁场,磁场对镜面背部的磁铁施加力推动镜面产生变形。为了精确控制镜面的位置,每一个驱动器上有一个电容传感器,它实时测量区域内镜面背面与参考面的距离。

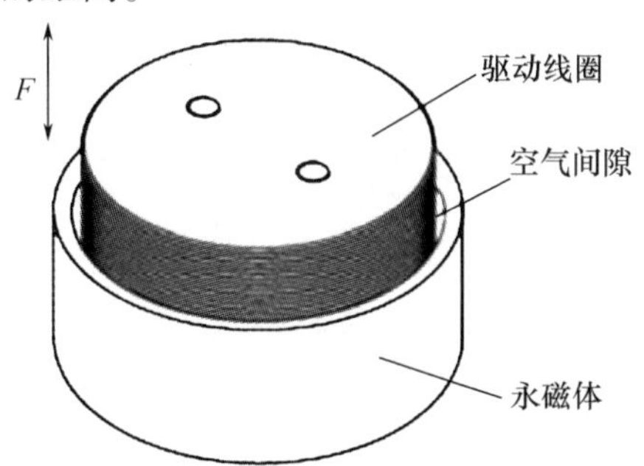

图 3-10 音圈电机驱动器原理示意图

参考面的一个重要作用是保证变形镜在工作过程中的动态和热稳定性。为了避免驱动器产生的磁场相互影响,驱动器间距一般比较大,达 30mm 以上,这也导致镜面口径相对较大,阻碍了变形镜在常规自适应系统上的应用。通常音圈驱动器主要用来制造大口径的可变形次镜,得益于音圈驱动器的高效率,可以获得 50μm 以上的行程同时校正倾斜像差和其他的高阶像差。其显著缺点是制造过程复杂,周期长且风险大。薄镜面和参考板是易碎的光学玻璃。在清洁、镀膜、转运等一系列操作过程中存在风险。但由于其技术上无可比拟的优势,著名的 MMT、LBT、VLT 等望远镜采用了音圈驱动器的变形次镜,E-ELT 也确定了

在第四镜上使用音圈电机驱动器的变形次镜[15]。图 3 - 11 是 LBT 次镜的样镜结构,下方可见附着于镜片上的磁性头阵列。

图 3 - 11　LBT 变形次镜样镜结构

3.5.4　基于 MEMS 技术的微变形镜

自 20 世纪 80 年代以来,在传统集成电路加工工艺基础上发展起来的微机电系统(Micro - Electro - Mechanical System,MEMS)技术迅速发展,在传统制造领域显现出了非凡的创造力和颠覆性。MEMS 技术具有许多吸引人的特性:器件尺寸在微米量级,便于仪器小型化;可以用集成电路工艺制作,易于批量生产,价格便宜;容易制成多阵列元件;产品性能重复性好,成品率高。基于 MEMS 技术的各种传感器和微机械成为当时的研究热点。图 3 - 12 为 Miller 最初的 MEMS 静电度形镜原理。

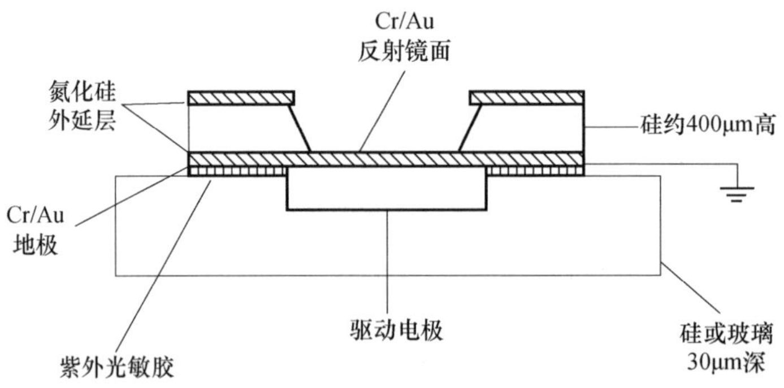

图 3 - 12　Miller 最初的 MEMS 静电变形镜原理

1983 年 TI 公司 L. J. Hornbeck 提出了 MEMS 技术制造可变形镜阵列器件用于光学信息处理和投影显示的构想[16],尽管正式产品在 1997 年被 TI 公司命名为“数字微镜”(Digital Micromirror Devices,DMD),但其最初的名字和基本思想已经足以激发自适应光学研究人员的强烈兴趣。1993 年,美国 L. M. Miller 等人受此启发提出制造基于 MEMS 技术的变形镜并制作了单点驱动的样镜[17]。1994 年,美国波士顿大学 T. G. Bifano 研究小组设计出了分立镜面和连续镜面的两种 MEMS 变形镜结构,并在 1997 年研制了 20×20 阵列的样镜[18]。在欧洲,荷兰德尔福特技术大学的 G. Vdovin 等人于 1995 年采用体硅加工工艺研制出了 37 通道、通光口径为 15mm、表面均方根误差达 $\lambda/20$、最大变形量为 10μm、带宽为 100Hz 的 MEMS 薄膜变形镜[19],随后荷兰 OKO 技术公司在此技术的基础上推出了商用 MEMS 薄膜变形镜产品。此后关于 MEMS 变形镜的研究成为 MEMS 研究领域的重点在世界范围内广泛开展起来。1998 年,O. Cugat 等人开始进行磁性变形镜的相关原理性研究[20]。具体的原理类似于音圈电机的驱动方式,只不过它用 MEMS 工艺将很多个微型的音圈电机分布作用于一个整体的薄镜面。这种结构利用电流通过线圈产生的电磁力驱动镜面的变形,能够实现很大的行程(几十微米)。最初的单个微线圈直径约为 6mm,厚度为 80μm。发展到现在已经能够制作直径为 300μm 的微线圈,也就意味着能够制造集成度更高、单元数更多的微变形镜。

采用 MEMS 技术制造的变形镜具有体积小、成本低、响应快以及集成度高等传统变形镜所不具备的特质,目前已经成为变形镜技术发展的一个非常重要的方向。现今世界上大量的科研机构和商业公司在进行基于 MEMS 技术的微变形镜的设计、加工和应用技术研究,其实现形式也是多种多样。已见报道的 MEMS 变形镜的结构和性质各不相同,几乎是完全将传统变形镜的各种方案做了缩微。这样就可以同样根据镜面面形、驱动器的驱动方式把它们分成几类:

1. 根据镜面分类

与传统变形镜类似,MEMS 变形镜也可以分为连续镜面和分立式镜面 MEMS 变形镜两类。连续镜面 MEMS 变形镜是在一块薄反射镜面下构造各种类型的微驱动器阵列,通过对微驱动器的控制使反射镜面产生局部变形。而分立式镜面 MEMS 变形镜则是由大量紧密排列的微变形镜单元组成,每个微镜单元则通过一个或多个微驱动器独立地控制,通过精确控制每一个微镜的空间位置,使微镜阵列构成校正的波前畸变所需的形状。

2. 根据驱动方式分类

MEMS 变形镜的微驱动器技术主要有静电驱动、电磁驱动两种。静电驱动是通过两个平板电极间的静电排斥力控制驱动器的运动,驱动力与电极的面积和电压的平方成正比。而电磁驱动器一般是由微细的导线绕成的微线圈构成,通过控制微线圈中电流的方向和大小来产生电磁场从而吸引或排斥微磁铁或磁性膜,驱动力与线圈的匝数和电流的平方成正比。

基于不同的驱动原理的 MEMS 变形镜表现出的特性是不同的。采用静电场驱动的,行程与施加的静电场强度的平方成比例,为了得到 5~8μm 的变形量需要施加高达 200V 的电场。线性化的工作可以直接在驱动电路中得以实现。

采用电磁场驱动的,行程与施加的电流强度是非线性关系,也需要线性化处理。采用电磁场驱动时一般施加 ±1V 的驱动电压就能产生高达 50μm 的低阶模式变形。两种驱动方式不存在迟滞现象,并且在常规的观测温度范围内不存在明显的温度敏感性。

3.5.5 液晶空间光调制器

液晶器件在近 20 年获得蓬勃发展,利用液晶电光效应制成的各种器件广泛应用于图像显示、光信息处理、光计算等领域。液晶是一种介于固态和液态之间的物质,是分子规则排列的有机化合物,按照分子排列不同分为近晶结构、向列结构和胆甾醇结构液晶三种。这三种液晶的物理特性各不相同,用于光束相位调制的主要是第二类向列结构液晶,称为液晶空间光调制器(Liquid Crystal Space Light Modulator,LC－SLM)。

LC－SLM 技术涉及光学、半导体、机电、化工、材料等各领域,由于采用集成电路的加工工艺,LC－SLM 空间分辨率很高,整体尺寸却很小,而且重量轻,驱动电压低(一般为 0～5V),驱动电路相对简单。LC－SLM 相位调制机理是根据液晶电控双折射效应,通过改变折射率实现相位调制,与变形镜机械位移的工作方式相比,具有工作可靠、寿命长等优点。另外,LC－SLM 已实现大规模生产,性能稳定、价格低。LC－SLM 用于自适应系统的不足之处是工作表面不连续,有能量损失,响应的实时性也有待提高。此外,LC－SLM 作为波前校正器(LC－DM)主要体现两点不足:

(1) 大多数 LC－DM 只能作用于偏振光,降低了信号光能的利用率,使其在天文学中的应用受到限制。针对这一问题,已有研究提出利用两长轴正交的 LC 组合来解除 SLM 对偏振光的限制,但器件本身的构造较为复杂。

(2) 相对于其他几种微 DM,LC－DM 的响应速度较慢,典型用时为几毫秒,因此不适用于校正大气湍流等引起的高频畸变成分。对此也有研究提出,当 LC－DM的相位校正范围限制在 2π 内时,其响应速度可以满足大气湍流相位畸变的校正要求,但这是以减小 LC－DM 的校正范围为代价的。

3.5.6 其他结构形式的变形镜

1992 年 C. M. Schiller 等人提出了光学寻址变形镜的构想[21]。其基本原理:将微机电薄膜变形镜和光敏基底耦合起来,当被光照射时,基底将光能转化为电能,再以静电或电容的方式驱动薄膜变形。这就为数千单元的无引线变形镜研制开辟了一条道路,但这项技术还处于非常原始的阶段[22]。

1994 年,R. Ragazzoni 等人提出了液体变形镜概念[23],其基本原理实质上与在 Babcock 的油膜变形镜的类似,只是将驱动方式改为电磁方式。该类型的变形镜后来也得到其他学者的发展,但同样仍处于原始的实验室演示阶段[24,25]。

3.6 变形镜的主要研制单位

世界上现在有上百家的科研机构和组织从事自适应光学的研究,但是能够独立研制变形镜的机构则远没有这么多。以下列出了国际上比较有名的变形镜的研制单位。

1. 美国 Xinetics 公司

Xinetics 公司由 M. Ealey 于 1993 年成立,从 Itek 公司独立出来的这家公司 2007 年被诺格集团并购,现在名叫 AOA - Xinetics 公司。从发明世界上第一块变形镜开始到现在,他们拥有超过 50 年的变形镜制造经验。基于技术上的不断进步,Xinetics 现在提供的商业产品基本上是基于低温共烧 PMN 工艺驱动器的分立式变形镜[26],极间距为 5mm 或 7mm,单元数达 1000 单元以上,行程达 8μm。除早期在军方项目的合同,他们的变形镜在 Keck 和 GEMINI 的自适应光学系统中也得以应用,而且已经为 JPL 的高对比度成像测试平台(HCIT)提供了两个极间距 1mm 的高密度变形镜,分别为 48 ×48 阵列和 64 ×64 阵列。可以说该公司的产品基本上代表了业界的最高水平。

2. 法国 CILAS 公司

CILAS(曾经叫做 Laserdot)公司是一家位于法国奥尔良的中型企业,与美国的 Xinetics 公司一起是变形镜领域的领跑者。近 35 年以来,CILAS 公司用 PZT 材料开发了层叠驱动器变形镜以及双压电片变形镜,并且在如 VLT、Subaru、GTC 和 Gemini 等大型望远镜中得以应用。CILAS 的商业产品有两种:①传统的层叠驱动器分立式变形镜,间距 3.5 ~10mm,行程大于 10μm,响应时间小于 1ms,单元数最高可达 41 ×41 阵列而且温度稳定性很好;②Bimorp 变形镜,现有的最大单元数为 188 单元,已经在日本的 SUBARU 望远镜上得到使用。另外有 MONO63 型号的商用 Bimorp 变形镜出售。此外,CILAS 公司也在研制间距 1mm 的超高密度分立式变形镜。

3. 美国 BMC 公司

BMC 公司成立于 1999 年,以波士顿大学作为技术支撑(该大学早在 1995 年就开始原理性的研究),技术总监 T. G. Bifano 是波士顿大学光子学研究中心的主任,并且公司的另外两位合作创立者是波士顿大学 MEMS 学科的权威研究人员。核心业务是为如天文领域、人眼视网膜成像、显微镜以及光束整形等领域提供基于 MEMS 技术的静电驱动的变形镜。其 MEMS 变形镜有连续镜面和分立镜面两种类型的产品,但以连续镜面为主,行程达 5.5μm,极间距为 300 ~450μm,最多可到 4092 单元(64 ×64 阵列)。他们的产品至今已经装备了 ViLLaGE 项目的 1m 望远镜、Subaru 的日冕成像仪、Gemini 的行星成像仪等。而且在民用方面有商业产品提供,是进行实验室内自适应光学系统研究的理想选择。该公司代表了静电驱动 MEMS 变形镜的最高水平。BMC 公司的商业产品见表 3－2。

表 3－2 BMC 公司的商业产品

（行数×列数）	Mini	Muti	Kilo	最高水平
除去边缘四角单元数	32（6×6）	140（12×12）	1020（36×36）	4092（64×64）
口径/mm	1.5,2.0,2.25	3.3,4.4,4.95	9.3	19.2
行程/μm	1.5,3.5,5.5	1.5,3.5,5.5	1.5	3.5
驱动电压/V	<300	<300	<300	<210
极间距/μm	300,400,450	300,400,450	300	400
反射膜	铝或金	铝或金	铝或金	—
表面 RMS/nm	<20	<20	<20	<10
迟滞	约 0	约 0	约 0	约 0
响应时间/μs	20,100,500	20,100,500	20	200

BMC 公司也在研究基于 MEMS 技术的倾斜镜，可见的样品是为 NASA 研制的一个由 331 个分块镜面拼接的 9.5mm 的六边形的“Tip－Tilt－Piston MEMS DM”。每个分块镜面有 3 个驱动器，总共 993 个独立的驱动器。单块镜面在 3 个驱动器的控制下能够实现 ±6mrad 的倾斜和 2μm 的平移。

4. 荷兰 OKO 公司

荷兰的 OKO 公司同时生产压电驱动变形镜和静电驱动的薄膜变形镜。他们最受欢迎的产品是一款叫做“OKO Mirror”，是口径 17mm、37 单元的 MEMS 静电驱动薄膜变形镜（MMDM）。其性能优良且价格适中，广泛应用于激光操控、实时大气校正、人眼视科学以及激光腔内校正等领域。OKO 公司还研制过用静电驱动器来改变液体表面面形而构成的液体变形镜，目前处于验证阶段。

5. 意大利 Microgate 和 ADS 公司

Microgate 和 ADS 公司在 1995 年一起提出利用非接触的音圈电机制造大口径可变形次镜的方法。到 2002 年，为 Steward 天文台的 MMT 移交了第一个产品 MMT336。从那以后，又分别为 LBT 和 MBT 提供了两个可变形次镜。为 VLT 研制的可变形次镜也于 2012 年底移交。这些可变形次镜的尺寸为 0.65～1.2m，驱动器为 336～1170 个，行程足以满足系统在恶劣的视宁情况下校正倾斜像差。他们也获得了 E－ELT 项目的 M4 变形镜的预研合同（直径 2.5m，驱动器多达 5316 个）；为 GMT 项目研制分块式次镜的项目也在设计论证中，预计 2018 年开始实际建造。

6. 法国 ALPAO 和 ImagineAO 公司

ALPAO 公司是从法国 Joseph Fourier 大学独立出来的公司，主要开发电磁场驱动的 MEMS 驱动器,应用领域包括天文领域以及眼科成像、显微成像以及自由空间光通信等。其研制的 MEMS 驱动器极间距为 1.5 ~2.5mm,驱动器最多达 277 个,行程达 15μm,而且响应时间小于 1ms。这种变形镜非常紧凑,没有迟滞而且驱动电压特别低(±1V)。ALPAO 公司的商用 MEMS 磁性变形镜见表 3 -3。

ImagineAO 公司致力于开发基于哈特曼波前传感器和自适应光学技术的眼科研究设备。最初的产品是波前像差测量仪,叫做 Ix3。2008 年,该公司发布了叫做 Mirao52 - e 的电磁驱动的变形镜,其有 52 个单元,直径为 15mm,能够校正 50μm 的倾斜像差,是最早应用于人眼像差领域的电磁场驱动的 MEMS 变形镜。

表 3 -3 ALPAO 公司的商用 MEMS 磁性变形镜

型号	DM52	DM88	DM241	Hi - Speed DM37
单元数	52	88	241	37
口径/mm	15	22.5	40	7.5
行程/μm	±50	±50	±100	±60
极间距/mm	2.5	2.5	2.5	1.5
反射膜	银	银	银	银
表面 RMS/nm	5	5	5	<10
迟滞/%	<2	<2	<2	<3
响应频率/Hz	200	160	—	1000
驱动电源	±2, ±1A	±2V, ±1A	±2V, ±1A	±2V, ±1A

相对于 BMC 的 MEMS 静电变形镜来说,磁性变形镜的优点在于其巨大的变形量,而缺点是响应速度稍慢。就单元数方面来说,磁性变形镜还有更进一步发展的空间。

7. 俄罗斯 TURN 和 NightN 公司

TURN 和 NightN 公司的主要产品是双压电片变形镜,分别由 G. Safronov 和莫斯科国立大学的 A. V. Kudryashov 领导,主要致力于双压电片变形镜在激光领域的应用。

3.7 国内变形镜发展概况

作为我国自适应光学领域的开创者,姜文汉、凌宁等人在学科创建之初就将发展变形镜和倾斜镜作为核心技术来重点攻坚。中国科学院光电技术研究所于 1979 年开始研制压电变形镜,1981 年研制成功我国第一块 4 单元整体压电变形镜,随后研制出 13 单元、21 单元、33 单元整体压电变形镜。自 1982 年起开始研制分立式压电变形镜,1986 年研制成功 19 单元分立式压电变形镜并应用于被誉为“神光”的激光核聚变光学系统,首次将变形镜用于校正激光核聚变光学系统的波前误差。随后研制出21单元、37单元、61单元等分立式压电变形镜应用于天文观测以及其他领域的自适应光学系统。此外，还研制成功微小型集成式压电变形镜。表3-4列出了中国科学院光电技术研究所变形镜技术发展过程。

表3-4　中国科学院光电技术研究所变形镜技术发展过程

年份	变形镜类型	单元数	最大变形量	备注
1979—1981	连续镜面整体压电变形镜	4,13,21,23	≈±1μm/±1000V	口径为φ24~50mm
1982—1986	连续镜面分立压电变形镜	19	±1.5μm/±700V	口径为φ78mm
1983—1988		21	±0.8μm/±700V	
1988—1994		37,55	±1.5μm/±400V	37控制+18辅助
1991—1992		69	±1.5μm/±400V	
1992—1993		73	±2.5μm/±450V	
1994—1997		61	±2.5μm/±450V	口径为φ150mm
1993—1998		21	±2.5μm/±650V	
1994—1999		61	±2.0μm/±450V	口径为φ120mm
1996—1998	微小型集成式压电变形镜	19	±1.0μm/±700V	口径为φ24mm
2001—2008	连续镜面分立压电变形镜	39	±10μm/±500V	口径360mm×360mm
2005—2008		595	±4μm/±500V	口径为φ290mm
2008—2010		913	±3.5μm/±500V	口径为φ290mm
2012—2016	连续镜面分立压电变形镜	77	±10μm/±500V	口径453mm×400mm
2012—2016	高密度压电变形镜	1085	±2.5μm/±500V	口径为φ105mm

随着自适应光学技术的发展，特别是在民用领域需求的推动下，变形镜开始朝低成本、小型化的方向发展，我国研究者也在这方面迎头赶上。

北京理工大学早在20世纪80年代就开展了对双压电片变形镜的研究，主要针对双压电片变形镜的理论建模和优化进行分析。中国科学院光电技术研究所微细加工国家重点实验室对表面工艺的静电排斥变形镜进行了研究，并成功制备了驱动器阵列，在200V电压下实现了1.7μm以上的行程，进一步改进表面质量的研究正在进行中。西北工业大学采用体硅工艺和表面工艺对微薄膜变形镜和分立式静电驱动的变形镜进行研究并成功制备出样镜，但与实用化还有一定的差距。华中科技大学对薄膜式静电变形镜开展研究，也研制出了变形镜样镜，但同样存在表面质量不佳问题。其他研究单位如国防科学技术大学、浙江大学、苏州大学等也在开展微小型变形镜的研究。中国科学技术大学微纳米工程实验室提出了基于压电厚膜的MEMS变形镜。采用湿法刻蚀对PZT减薄，获得了厚度20～100μm可控的硅基PZT片，并以此成功制备出了10×10阵列驱动器的变形镜样镜，测试结果显示其100V电压下变形量为3.8μm。但变形镜初始镜面平面度较差，无法满足波前校正的要求。中国科学院长春光学精密机械研究所也于近年陆续研制了21单元、97单元、137单元和961单元分离驱动器连续镜面变形镜。

3.8 高速倾斜镜技术

实际上，自适应光学系统中需要校正的像差有很大的成分是波前的整体倾斜，用变形镜有限的变形能力满足不了这样的需求。引入专门校正整体倾斜像差的波前校正器可以化解这个矛盾。倾斜镜用来校正波前倾斜，只需要将镜面进行偏摆扫描来补偿探测到的波面整体倾斜，剩余的相对复杂的波面留给变形镜进行校正。

3.8.1 倾斜镜的结构

倾斜镜通常为两维，镜面支撑在三个直角排列的支点上，x、y方向相交原点的支点是固定的，x、y方向的支点是压电驱动器，可分别推动反射镜在两个方向正、反转动，如图3-13所示。

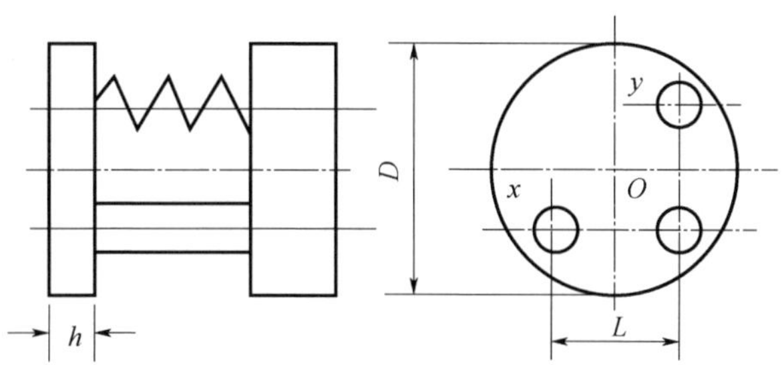

图3-13 倾斜镜的结构

3.8.2 倾斜镜的性能指标

自适应光学系统对倾斜镜提出的需求：有合适的摆角，即倾斜量，同时速度足够快，并且在扫摆过程中保持面形不变，以保证校正的是纯粹的倾斜像差而不会给变形镜带来额外的校正量。

1. 最大倾斜角

倾斜镜在x或y方向的最大转角为

$$\theta_{\max}=\delta_{\max}/L$$

式中：$\delta_{\max}$为x或y驱动器的位移量；L为x或y中心到固定支点中心的距离。

2. 谐振频率

倾斜镜要有足够的控制带宽。倾斜镜是由许多元件组成的光学器件，而多种元件又形成了许多不同的惯性——弹性系统，它们有不同的谐振模式，因而有不同的谐振频率。限制倾斜镜控制带宽的是其中某个最低的谐振频率值。驱动器的弹性和镜面的惯性所决定的谐振模式可能成为最低的谐振频率，这里对多种影响镜片驱动器系统谐振频率的因素分析如下：

反射镜应有足够的厚度以保证其刚度和面形，如简化之，将镜面看作中心固定周边自由的圆盘，其基模自振频率为

$$f=\frac{3.75}{2\pi}\sqrt{\frac{hE}{12(1-\mu^2)\rho V}} \tag{3-10}$$

式中：h 为反射镜的厚度，一般有 $h\approx D/10$，D 为反射镜的直径；E 为反射镜的弹性模量；μ 为反射镜的泊松比；ρ 为反射镜密度；V 为反射镜体积。典型的频率响应测试曲线如图 3－14 所示。

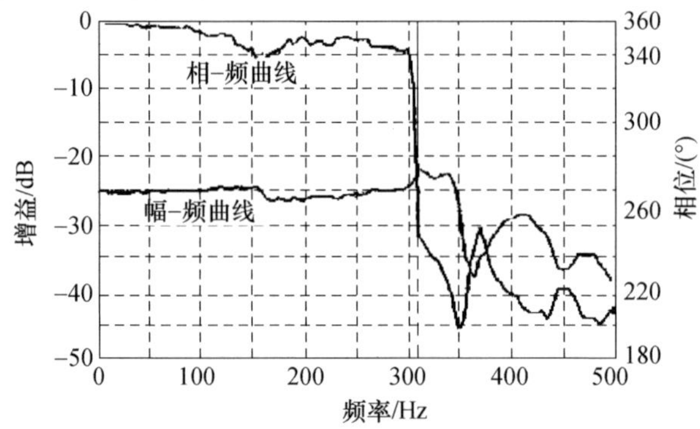

图 3－14　响应频率测试曲线

一般的自适应光学系统的要求高速倾斜镜的谐振频率为几百赫兹，当然随着口径的增大谐振频率会相应降低。随着大口径天文观测系统的需求，大口径的高速倾斜镜也是值得研究的课题。

3. 镜面的面形

倾斜镜要有较好的镜面光学质量，要求反射镜有足够的厚度（直径的 1/10 以上），以便在抛光或装夹时不变形。这也保证了倾斜镜在工作过程中不会给变形镜引入额外的面形误差。

3.8.3 新型倾斜镜

随着音圈电机在变形镜上的成功应用，倾斜镜中应用音圈电机的方案也是可行的，带来的益处是能够获得更大的倾斜行程，这在激光的发射系统中作为指向机构是非常有利的。有文献报道，在使用电容传感器等其他闭环手段之后音圈电机驱动的倾斜镜也能获得较高的工作带宽。另外，基于 MEMS 工

艺的倾斜镜也有成熟的技术。TI公司的DMD从原理上就可以认为是一种倾斜镜。BMC公司能提供多种规格MEMS倾斜镜,可在较小的面积上实现巨大的倾斜量。

3.9 波前校正器镀膜技术

波前校正器要实现光束控制的功能,一般需要在波前校正器反射面上镀制不同的光学薄膜,以满足光学系统对元件的功能要求。但这个镀膜过程与一般的传统光学元件的镀膜技术相比有其独特之处,值得在此单独强调。

3.9.1 镀膜要求

由于波前校正器在使用中时刻处于应变过程中,当波前校正器发生变形时,维持膜层的光学和物理特性不变是极其重要的。除关心其光学特性外,重要的是变形特性,由于波前校正器是一种组合元件,其中包含热敏感材料(如胶、引线等),所以镀膜过程中工件不能承受过高的温度(不超过100℃)。元件的几何尺寸较大,特别是厚度比普通镀膜件厚得多,所以在考虑其膜厚均匀性时要考虑特殊的工件转动方式,以保证整个镜面有良好的膜厚均匀性(±1%以内)。为实现这些要求,波前校正器薄膜必须满足如下要求:

(1) 波前校正器薄膜反射率应尽可能高。在自适应光学系统中包含很多反射元件,单件的反射率要求比较高。同时为了满足所需要求的激光能量,需要提高光源的输出功率,从而对所有相关光学系统中的光学元件的性能提出新的要求。

(2) 自适应光学系统要求光学元件的面形误差小于几十分之一波长,但是波前校正器在镀膜中产生的各种应力、薄膜厚度的不均匀性会影响波前校正器镜面面形精度,这限制了镀膜工艺参数的选择,大口径波前校正器使得这一问题更加突出。

(3) 波前校正器薄膜的均匀性应尽可能高,应力形变导致的双折射效应要小。光学薄膜内部的不均匀性带来的折射率不均匀性及应力导致的双折射是影响系统的波像差的要因素之一。

(4) 自适应光学系统中,要求波前校正器具有更大的口径,因此对薄膜提出了额外的要求:一方面,对于大口径波前校正器,采用热蒸发沉积技术,会产生光学元件边缘薄膜倾斜生长现象,由此将导致薄膜的双折射,继而影响波前校正器的反射质量;另一方面,对于大口径光学元件,由于入射角比较大,因此其不同偏振分量的反射/透射的振幅和相位将会发生分离。上面两点问题,必须从设计和制备两方面采取方法予以解决。

(5) 由于自适应光学系统装校及检测非常复杂,成本极高,因此波前校正器薄膜的稳定性要好,以满足长时间的工作需要。

3.9.2 波前校正器的膜系设计

首先根据自适应光学系统对反射率的要求选择合适的镀膜材料。波前校正器光学薄膜的光学性能直接依赖于各单层膜的光学常数和光学厚度，而各层膜光学性能和其他性能取决于沉积技术[27,28]。具体来说，波前校正器薄膜材料的选择要遵循一些基本原则：①每种材料的吸收要尽可能小；②高折射率材料与低折射率材料之间的折射率差较大；③膜层间应力的匹配。

从波前校正器的膜系设计的基本思路来看，必须充分考虑薄膜材料及制备工艺参数等因素，即膜系设计的合理有效性。也要充分考虑吸收、膜层数目以及应力三者之间的综合平衡，最终确定膜层的数目以及不同膜层的厚度。在有的自适应光学系统中，需要变形反射镜入射角达 30°左右。光线以过大的入射角入射到薄膜上时，其偏振态会改变，从而降低成像质量。图 3－15 为入射角 30°中心波长 1064nm 膜系反射率的影响计算结果。实际制备的薄膜中存在的双折射也能够影响薄膜的偏振态。因此，在变形反射镜远红外激光薄膜设计中，必须考虑薄膜的这些特性对偏振态的影响。

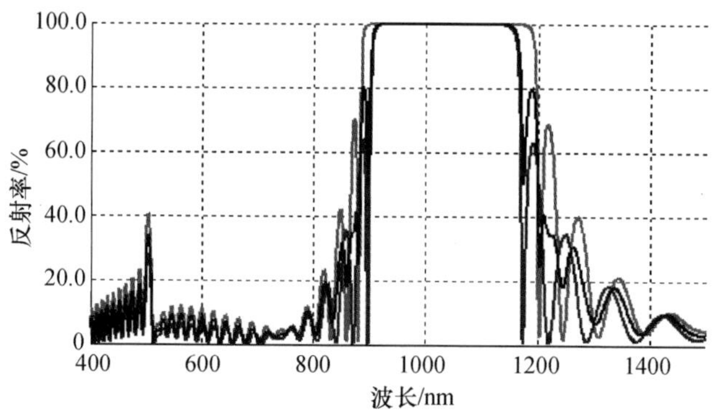

图 3－15　典型的膜系设计

3.9.3 波前校正器的薄膜制备

当薄膜采用的材料确定后，薄膜材料的特性几乎取决于制备工艺。波前校正器薄膜的沉积采用物理气相沉积（PVD）工艺，物理气相沉积分为蒸发和溅射两大类。蒸发包括蒸发舟蒸发和电子束蒸发，其中电子束蒸发包括有离子辅助和等离子体辅助两种。按照溅射源的不同，分为离子束溅射、磁控溅射以及直流溅射。其中由于离子束溅射镀膜技术制备的薄膜具有非常稳定的沉积速率、膜层在基片上的附着力强、膜层致密、各层膜的折射率偏离小、界面粗糙度低、基片温升低、损伤小等优点，可在高真空下采用双离子束源产生辅助离子源改善反应度，能够在较低的衬底温度下实现低损耗薄膜的制备。因此，波前校正器薄膜沉积方法的选择必须综合考虑所要沉积的薄膜种类、薄膜光学元件的应用需求及不同沉积工艺的特点。

对于波前校正器镀膜来说,基底温度、淀积速率和真空度是三个重要的制备参数。在薄膜制备过程中,需要对这些参数合理地确定和优化。

(1) 基底温度主要影响膜层结构、晶体生长、凝结系数和聚集密度,从而导致薄膜折射率、散射、几何厚度、应力、附着力、硬度和不溶性等变化。在红外薄膜镀制中,一般采用低熔点材料,所以,基板烘烤温度一般不宜太高,对波前校正器这种特殊元件要求,镀膜温度不能高于 80℃。

(2) 薄膜淀积过程是薄膜材料分子在基板上吸附、迁移、凝结和解吸的一个综合平衡过程。蒸发速率影响膜层的结构、气体的结合和凝聚时的反应。淀积速度较低时,吸附原子在其平均停留时间内能充分进行表面迁移,凝结只能在大的凝结体上进行,反蒸发严重,因此,膜层结构松散。反之,若淀积速率提高,则膜层结构较紧密,但会在薄膜表面产生大量的薄膜缺陷。图 3 - 16 为沉积速率过大时红外激光薄膜表面微结构缺陷。

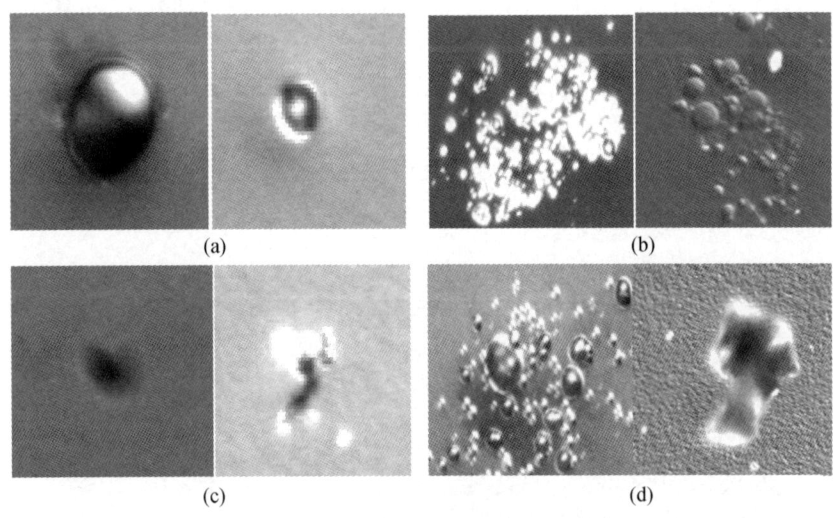

图 3 - 16　红外激光薄膜表面微结构缺陷

(a)节瘤缺陷;(b)节瘤缺陷;(c)陷穴缺陷;(d)杂质缺陷。

(3) 真空度的影响主要有气相碰撞使蒸发分子动能损失和蒸汽分子与残余气体之间的化学反应两方面。因此,残余气体的压强和成分必须严格控制,对于不需要的残余气体保持尽可能低的压力,即镀膜机内的真空度要求越高。需要强调的是,上述三个重要参数并非是独立的,在实际工作中必须注意彼此之间的制约作用。此外,除选择适当的制备参数外,在蒸发过程中,恒定制备参数则更困难,也更重要。这是因为制备参数的微小波动,将会导致膜层产生光学和机械不均匀特性[29]。

3.10 波前校正器的高压驱动技术

波前校正器为了产生所需的正、负变形量,需要给压电陶瓷驱动器施加双极性的电压幅值为几百伏甚至上千伏。因此,自适应光学系统中波前控制器(波前处理机)输出的低压控制信号需经高压放大后才能用于驱动波前校正器。

3.10.1 波前校正器高压驱动系统工作原理

变形镜和倾斜镜的高压驱动原理大致相同。下面以变形镜的高压驱动系统工作原理进行介绍。

变形镜驱动系统(Deformable Mirror Driver Subsystem,DMDS)其主要组成框图如图 3-17 所示。高压驱动器面板图如图 3-18 所示。

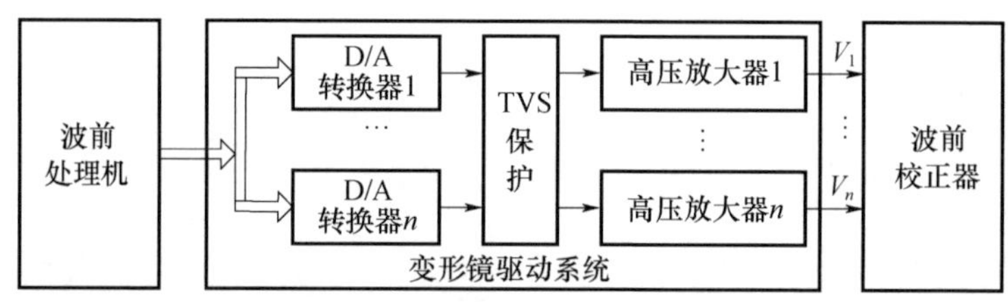

图 3-17　变形镜驱动系统主要组成框图

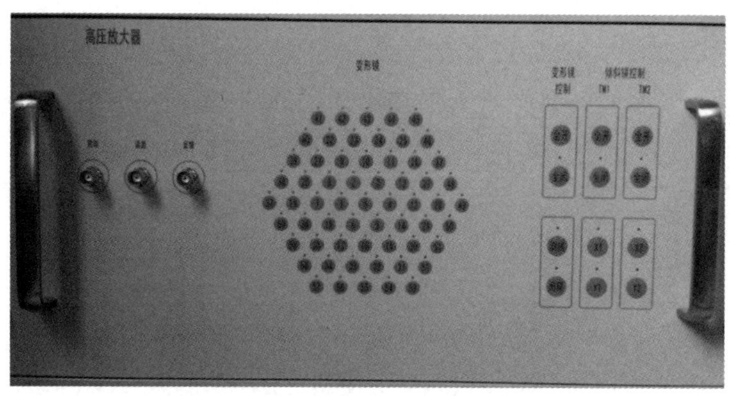

图 3-18　高压驱动器面板图

波前校正器高压驱动系统接收波前处理机传送的低压数字信号,输出高压模拟信号以驱动波前校正器工作。因此,波前校正器高压驱动子系统主要包含如下三部分功能:

(1) 多路并行 D/A 转换。通过对波前处理机的复原控制电压数字信号锁存分配实现多路 D/A 转换成低压模拟信号。为了减少系统环路时间延迟,多路

D/A 转换一般采用并行结构,同时转换成低压模拟信号。

(2) 瞬态电压抑制器(Transient Voltage Suppressor,TVS)电压保护。变形镜驱动器电压过大会击穿压电陶瓷驱动器,而对于连续镜面变形镜,若相邻驱动器间的相对变形量过大,就会导致变形镜镜面剪切撕裂损坏。为了及时保护变形镜,可以在高压放大模块前端或者后端加入模拟电压保护网络。由于在高压放大模块前端加入模拟电压保护网络需要较小功率的稳压器件,工程应用中电压保护网络一般加在高压放大模块前端。TVS 电压保护网络作用:在相邻驱动器电压支路中采用高功率、双向瞬态电压抑制器钳位电压幅值,从而避免相邻驱动器之间电压差过大造成变形镜镜面损坏。

(3) 高压放大。为了把 D/A 转换的低压小信号放大到上千伏的高压功率信号,一般采用高压放大电路。电压型高压放大电路可以直接采用集成的高压运算放大器,具有静态性能好、集成度高、结构简单等优点;但由于集成高压运算放大器输出电流小,电压低,限制了变形镜动态性能。在工程应用中,一般采用分离元件组成电压放大和功率放大两级电路以提高输出电压和驱动能力。

3.10.2 波前校正器高压驱动系统主要性能

对波前校正器高压驱动系统有一系列性能要求,主要体现在以下方面:

(1) 通道数,即高压放大器单元数,它与变形镜驱动器一一对应。随着单元数的增加,高压放大器功耗和体积也相应增加。

(2) 电压范围及分辨率。变形镜最大正、负变形量决定了需要的正、负双极性的电压幅值,因此,需要放大器具有较高的增益。D/A 转换器分辨率则与波前处理机输出的电压分辨率相对应,它决定了控制器对变形镜变形量的控制分辨率。

(3) 驱动能力及频率响应特性。变形镜驱动器为了增大位移和输出力,常采用叠堆型压电陶瓷驱动器。压电陶瓷驱动片在电路中等效为电容,而叠堆型压电陶瓷驱动器采用多片压电陶瓷片按一定方式叠加而成,其等效电容量也会相应地增加,因此需要放大电路具有很强的驱动能力,其单个驱动器电流须达几百毫安,瞬态电流甚至达到 1A 以上。放大器较强的驱动能力才能保证变形镜产生变形的动态性,而为了提高系统稳定性,在高频噪声段其增益应该很低。并且,高压放大电路还需要跟随性能好,即线性度好,失真小。

(4) 纹波系数。由于压电陶瓷驱动类变形镜为无摩擦系统,因此变形镜的最小可分辨变形量受放大器的噪声纹波影响,纹波系数越小越好。

参考文献

[1] Babcock H W. The possibility of compensating astronomical seeing[J]. Astronomical Society of the Pacific,

1953,65(386):229-236.

[2] Hardy J W. Adaptive optics for Astronomical Telescopes[M]. New York, Oxford: Oxford University Press, 1998.

[3] Feinleib J, Lipson S G. Monolithic piezoelectric wavefront phase modulator, 1975.

[4] Ealey M A. Deformable Mirrors at Litton-Itek: A Historical Perspective[C]. SPIE, 1989,1167: 48.

[5] Freeman R, Pearson J. Deformable mirrors for all seasons and reasons[J]. Appl. Opt., 1982,21(4): 580-588.

[6] Jagourel P, Gaffard J P. Active optics components in Laserdot[C]. SPIE, 1991,1543: 76-87.

[7] Gosselin P, Jagourel P, et al. Objective comparisons between stacked array mirrors and bimorph mirrors[C]. SPIE, 1993,1992: 81-90.

[8] Lee J H, Walker D D, et al. Adaptive secondary mirror demonstrator: design and simulation[J]. Opt. Eng., 1999,38(9): 1456-1461.

[9] 樊新龙. 1.8m望远镜变形次镜优化设计及测试技术研究[D]. 成都:中国科学院光电技术研究所,2012.

[10] Grosso R P, Yellin M. The membrane mirror as an adaptive optical element[J]. J. Opt. Soc. Am., 1977, 67(3): 399-406.

[11] McElroy J H, Thompson P E, et al. Laser tuners using circular piezoelectric benders[J]. Appl. Opt., 1975,14(6): 1297-1302.

[12] Pearson J E, Bridges W B, et al. Coherent optical adaptive techniques: design and performance of an 18-element visible multidither COAT system[J]. Appl. Opt., 1976,15(3): 611-621.

[13] Adelman N T. Spherical mirror with piezoelectrically controlled curvature[J]. Appl. Opt., 1977,16(12):3075-3077.

[14] Safronov A G. Bimorph adaptive optics: Elements, technology and design principles[C]. SPIE, 1996, 2774: 494-504.

[15] http://www.eso.org/public/announcements/ann12032/.

[16] Hornbeck L J. 128 × 128 deformable mirror device[J]. Electron Devices, IEEE Transactions on, 1983, 30(5): 539-545.

[17] Miller L M, Argonin M, et al. Fabrication and characterization of a micromachined deformable mirror for adaptive optics applications[C]. SPIE, 1993,1945: 421-430.

[18] Bifano T G, Perreault J, et al. Microelectromechanical deformable mirrors[J]. Selected Topics in Quantum Electronics, IEEE, 1999,5(1):83-89.

[19] Vdovin G, Sarro P. Flexible mirror micromachined in silicon[J]. Appl. Opt., 1995,34(16):2968-2972.

[20] Divoux C, Cugat O, et al. Deformable mirror using magnetic membranes: application to adaptive optics in astrophysics[J]. Magnetics, IEEE Transactions on, 1998,34(5): 3564-3567.

[21] Schiller C M, Horsky T N, et al. Charge-transfer-plate deformable membrane mirrors for adaptive optics applications[C]. ISOP, 1992:120-127.

[22] Haji-saeed B, Kolluru R, et al. Photoconductive optically driven deformable membrane under high-frequency bias: fabrication, characterization, and modeling[J]. Appl. Opt., 2006,45(14): 3226-3236.

[23] Ragazzoni R, Marchetti E. A liquid adaptive mirror[J]. Astron. Astrophys, 1994,283: L17-L19.

[24] Laird P R, Bergamasco R, et al. Ferrofluid-based deformable mirrors: a new approach to adaptive optics using liquid mirrors[C]. SPIE, 2003,4839: 733-740.

[25] Brousseau D, Borra E F, et al. A magnetic liquid deformable mirror for high stroke and low order axially symmetrical aberrations[J]. Opt. Express, 2006,14(24): 11486-11493.

[26] Oppenheimer B R, Palmer D, et al. Investigating a xinetics Inc. deformable mirror[C]. SPIE, 1997, 3126: 569-579.

[27] 严一心, 林鸿海. 薄膜技术[M]. 北京:兵器工业出版社, 1994.

[28] 黄伟. 中远红外激光薄膜技术研究[D]. 成都:四川大学, 2005.

[29] 曲喜善. 薄膜物理[M]. 上海:科学技术出版社, 1986.

第4章 波前传感器技术

4.1 波前传感器的工作原理

4.1.1 概述

波前传感器是自适应光学系统的重要组成部分。要对不断变化的波前畸变进行实时校正,必须对波前畸变进行实时探测。波前传感器在系统中的作用:探测动态波前畸变信息,经波前处理机处理后得到控制波前校正器的驱动信号[1,2]。

在传统的光学波前误差检测技术中,所测波前误差是静态的,利用的光源强度也可根据需要做适当调整。自适应光学中被测波前畸变是随机变化的,动态波前误差测量的难度要大得多。波前传感器的空间分辨率和时间分辨率应分别与波前扰动的空间尺度和时间尺度相匹配,因此传感器的空间分辨率不能太小和积分时间不能太大。

动态波前传感器需要用光电探测器将光信号转变成电信号。由于波前传感器的子孔径尺寸和探测积分时间受限制,因此对光电探测器的要求十分苛刻,即采样频率和量子效率高,噪声小。因此波前传感器要同时具有高速、高精度。

动态波前畸变探测的另一特点是无法提供一个与探测光相干的平面波前作为参考基准,因此不能用光学检验中常用的一般干涉方法直接测量波前相位。自适应光学技术中通常采用的方法是:探测波前畸变的一阶导数(波前斜率)或二阶导数(波前曲率),再通过波前复原算法计算出波前相位。斜率法中比较成功并实际用于自适应光学系统的有动态交变剪切干涉法和哈特曼法。曲率法在美国夏威夷大学的自适应光学系统中得到了采用。另外,有基于强度测量反演相位的波前测量技术。

4.1.2 波前传感器的分类及工作原理

波前测量是自适应光学中的核心单元技术,是自适应光学系统闭环工作中的重要环节;波前测量的精度直接决定了自适应光学系统的闭环校正精度。波前探测一直伴随着自适应光学技术发展而发展,并得到不断的丰富和更新。近30年来,已经提出很多种波前测量方法,下面就自适应光学中比较成熟的波前测量方法做简短介绍。

1. 基于干涉的波前传感器技术

基于干涉原理的波前传感器技术就是利用两束光干涉形成的干涉条纹中包含的相位信息,再利用相关复原算法获取待测波前。波前横向剪切干涉原理如图4-1所示,用分振幅方法将一束光分成完整的两束光并互相错开一段距离 s,在两束光重叠区域内的每一点分别与两个错开波前上相距为 s 的两点相对应。对于没有波前畸变的光束,各对应点间的相位差是相同的,因此重叠区内两束光相互干涉产生的光强分布是均匀的。如入射波前有相位畸变,各对应点间的相位差不同,因此会产生明暗干涉条纹。干涉条纹所反映的相位差 θ 对应于入射波前中相距 s 的两点间的波前的差值 Δw,等于该两点间的波前平均斜率乘以剪切距离 s。

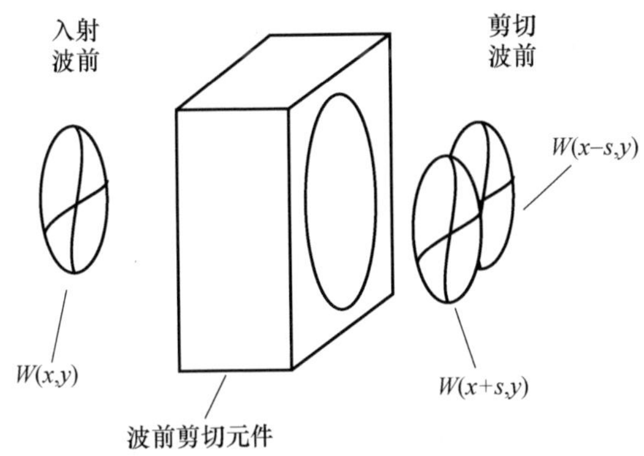

图4-1 波前横向剪切干涉原理

为了测量随时间变化的波前像差,采用动态交变剪切干涉,其基本原理如图4-2所示。当入射光束用透镜会聚到周期为 d_0 的明暗宽度相同的径向光栅(也称径向朗奇光栅)上时,由于光栅的衍射作用,经过光栅后的光束就被衍射成不同级次的波前形状相同的多个光束,其0级与±1级衍射光束之间夹角为 λ/d_0,剪切距离为 $f\lambda/d_0$。在光束重叠部分同样会出现干涉条纹。这种方法可直接用于静态入射波前质量的检验。但为了能实现动态波前检测,还需将光栅旋转起来,这时干涉场的光强分布将受到旋转光栅的调制。如果在干涉场内放置一组光电探测器就可以得到一组被调制的光电信号,其基频频率等于旋转光栅切割聚焦光束的频率,而相位正比于与光电探测器受光面积相对应区域内的波前平均斜率。只要能探测出调制光电信号的相位,就可以实现波前斜率探测。

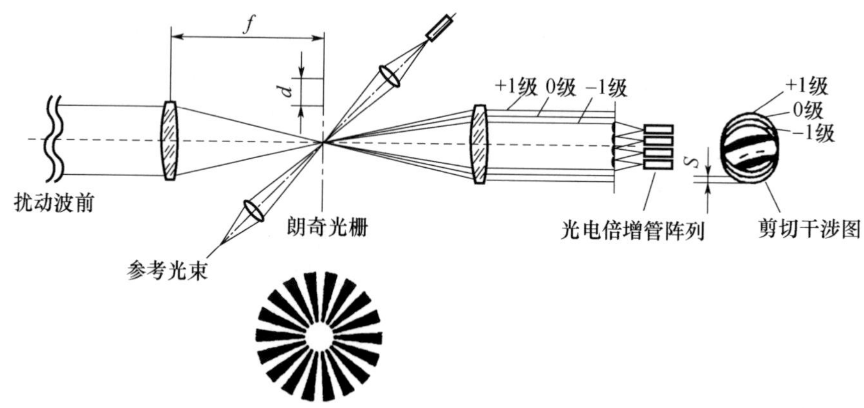

图4-2　动态交变剪切干涉波前传感器原理

通常在光束重叠区域内放一阵列透镜，每个透镜确定一个子孔径，并将调制的光强分别会聚到各自对应的光电倍增管的光阴极面上，这样就可以探测到被调制的各子孔径光电信号。为了获得绝对相位值，在剪切干涉光路中还引入了另外一束稳定的无波前畸变的参考光束，并投射在与信号光相同的光栅区域，经光栅调制后，用一个光电倍增管接收，此信号经选频放大后所得到的正弦信号可以用作相位基准信号。用这一基准信号与各子孔径的光电信号进行相位比较，得到的相位差信号就对应于各个子孔径的平均波前斜率。对于星体目标，可用于波前探测的光能量通常十分有限，光以离散的光子形式到达探测器。光电倍增管也以光子脉冲序列的形式输出脉冲信号。

在动态交变剪切干涉波前传感器中，每个子孔径的光电倍增管接收到的调制光强基频信号为

$$i(x,y,t) = i_0[1 + \gamma\sin(\omega t + \theta)] \tag{4-1}$$

式中：ω 为调制频率；γ 为调制信号的对比度；θ 为相位角，正比于入射波前斜率。

为了实现波前相位角的测量，通常把参考信号分成 A、B、C、D 四个相等的时间段，然后用可逆计数器对$(A-C)$、$(B-D)$进行计数。于是有

$$P = \int_{-T/S}^{T/8} i\mathrm{d}t/e + \int_{T/8}^{3T/8} i\mathrm{d}t/e + \int_{3T/8}^{5T/8} i\mathrm{d}t/e + \int_{5T/8}^{7T/8} i\mathrm{d}t/e \tag{4-2}$$

式中：e 为电子电荷。

或表示为

$$P = A + B + C + D \tag{4-3}$$

将式(4-3)代入式(4-2)中，可得到

$$A = p\left(\frac{1}{4} + \frac{\sqrt{2}\gamma}{2\pi}\sin\theta\right) \tag{4-4a}$$

$$B = p\left(\frac{1}{4} + \frac{\sqrt{2}\gamma}{2\pi}\cos\theta\right) \tag{4-4b}$$

$$C = p\left(\frac{1}{4} + \frac{\sqrt{2}\gamma}{2\pi}\sin\theta\right) \tag{4-4c}$$

$$D = p\left(\frac{1}{4} + \frac{\sqrt{2}\gamma}{2\pi}\cos\theta\right) \tag{4-4d}$$

根据以上四式可以推出

$$\tan\theta = \frac{A-C}{B-D} \tag{4-5}$$

$$\theta = \tan\frac{A-C}{B-D} \tag{4-6}$$

一个方向的波前剪切只能探测到波前在一个方向的斜率分布,为实现两个方向的波前斜率探测需要分别在相互正交的两个方向实现波前剪切和斜率探测,以获得波前相位分布的全部信息。

2. 基于曲率测量的波前测量技术

F. Roddier 提出了一种新颖的波前曲率传感器[3],它通过测量光波经透镜聚焦的两个等距离焦面上的光强分布,获取波前的曲率和相位分布。从几何光学的观点看:若入射波前无像差,即波前各点曲率为常数,则两个离焦面上的强度分布相同;若入射波前有像差,即波前各点曲率不同,则两个离焦面上的强度分布不再相同,一个离焦面的点强度增加,另一个离焦面对应点的强度就会减弱。由傅里叶光学理论可以导出两个离焦面对应点强度之差与入射波前曲率分布及光瞳边缘波前的法向斜率之间的关系。由于曲率传感器的输出信号可以直接控制双压电变形反射镜或薄膜变形反射镜,无须解耦运算,因此响应速度快。目前,波前曲率传感器也已应用于天文望远镜自适应光学系统中,对它的研究也在不断地深入发展。曲率传感器的优点是结构简单、实时性好,对波前空间频率的低频像差测量精度较高,但对于中、高频像差测量精度较低。因此,曲率传感器适用于低阶像差校正的自适应光学系统,测量精度限制了其在高分辨率自适应系统中的应用。

3. 基于强度测量反演相位的波前测量技术

几乎所有的波前传感器是通过光电转换,通过强度分布信息获取相关的测量数据,进而求解出波前像差。从一个或多个强度分布图像相位重构是实现自适应光学波前传感器的潜在技术,开展基于强度测量的非干涉式波前测技术有着非常诱人的前景。针对不同的应用场合,目前有几种技术和反演算法。

1972 年,Gerchberg 和 Saxton 提出了一种由已知像平面与衍射平面(出射光瞳)的强度分布反演光波相位分布的 GS 算法[4,5],引起很多学者的兴趣,并对算法的唯一性、收敛性进行了研究[6-8]。GS 算法原理如下:

设成像系统入瞳与焦平面光场函数分别为 U_1、U_2:

$$U_1(x_1,y_1) = |U_1(x_1,y_1)|\exp[\mathrm{i}\varphi_1(x_1,y_1)] \tag{4-7a}$$

$$U_2(x_2,y_2)=|U_2(x_2,y_2)|\exp[\mathrm{i}\varphi_2(x_2,y_2)] \tag{4-7b}$$

式中：$|U_1(x_1,y_1)|$、$|U_2(x_2,y_2)|$为光场振幅，光强分布是振幅分布的平方；$\varphi_1(x_1,y_1)$、$\varphi_2(x_2,y_2)$为相位分布。

根据傅里叶光学理论，两光场函数满足傅里叶变换与反变换的关系：

$$U_2(x_2,y_2)=F(U_1(x_1,y_1)) \tag{4-8a}$$

$$U_1(x_1,y_1)=F^{-1}(U_2(x_2,y_2)) \tag{4-8b}$$

这种相位重构是非线性的，因此采用迭代算法，根据两个面的光强分布，通过傅里叶变换与反变换，迭代逼近光束的相位分布。迭代步骤如下：

（1）给定待测光场的相位初始值$\varphi_1^0(x_1,y_1)$，与根据光强分布求得的光场振幅$|U_1(x_1,y_1)|$构成光场函数$|U_1^0(x_1,y_1)|$，进行傅里叶变换，获得焦平面光场函数U_2'，根据光强分布求得的光场振幅$|U_2(x_2,y_2)|$替换U'_2的振幅，得到焦平面光场函数U_2^0。

（2）将U_2^0进行傅里叶反变换，获得瞳面光场函数U_1'，用$|U_1(x_1,y_1)|$替换U_1'的振幅，得到瞳面光场函数U_1^0。

（3）重复步骤（1）、（2），直到误差控制量小于给定值：

$$\varepsilon=\sum[|U_1^n(x_i,y_i)|-|U_1^{n'}(x_i,y_i)|]^2/\sum|U_1^n(x_i,y_i)|^2 \tag{4-9}$$

1973年，Misell根据GS算法的思想，由两个离焦像平面上的强度分布计算光场函数相位（Misell算法），并详细讨论了计算中遇到的各种问题。顾本源、杨国桢从更一般情形下，采用严格的数学推导，指出只要成像系统任意两个平面上波函数之间的变换是通过一个幺正算符实现的，则根据它们的振幅分布，就可以应用GS算法求得相位分布。GS算法的优点是直接由强度反演相位，空间分辨率高，可以测量高频像差。不足之处：它采用迭代法降低了实时性，光能损失对重构精度影响较大。

4. 基于Zernike相衬法的波前测量技术

Zernike相衬技术将光场的相位分布转化为强度分布，既不降低实时性又实现高分辨率测量。根据阿贝成像理论和Zernike相衬法理论推导[7]，若相衬板对零级谱的调制为

$$A=k\mathrm{e}^{\mathrm{i}\alpha} \tag{4-10}$$

式中：k为透过率；α为相位延迟。

则物平面的光场$U(x,y)$经成像系统后在像平面的强度分布为

$$I(x',y')=|c|^2|A+U(x,y)-1|^2 \tag{4-11}$$

式中：c为常系数。

当光场为振幅分布均匀的相物体时，式（4-11）可表示为

$$I(x',y')=|c|^2\{k^2+2[1-k\cos\alpha-\cos\varphi(x,y)+k\cos(\alpha-\varphi(x,y))]\} \tag{4-12}$$

根据式(4－12)可确立经过相衬板滤波后的波前像面强度分布与相位分布的函数关系。Zernike 相衬法具有结构简单、测量分辨率高等优点,已成功应用于早期的自适应光学系统闭环实验。但相衬法的相衬板制作、光路装调难度较高,而且相衬法对倾斜像差、外界环境振动等因素造成的光路失调适应能力差,影响测量结果。Leonid 以铁电液晶空间光调制器作为相衬板,通过寻址控制焦面0级谱位置液晶像元的相位实现 Zernike 相位调制,具有简单方便等优点[10,11]。

5. 像清晰化波前相位测量技术

像清晰化测量技术是一种间接的波前相位畸变测量技术,它不是测量入射光束波前的斜率或曲率,而是测量波前相位扰动对像质的影响,即像清晰度函数。当波前相位误差为0,像清晰度函数达到极值。

可以有很多种方法定义像清晰化函数,最简单的像清晰度函数是通过焦面上小孔的光能量。对于点目标成像系统,显然波前畸变越小,焦斑的能量越集中,通过焦斑中心一定直径小孔的能量也就越大。另一种适合与扩展目标的像清晰度函数定义是焦斑每一个点光强的平方(或高次方)之和。成像越清晰,该项指标越高。还有其他很多种像清晰度函数。一个好的像清晰度函数应具有高的灵敏度和宽的动态范围,同时必须在工程上易于测量和处理,以满足实时性要求[2]。

6. 哈特曼波前测量技术

哈特曼波前传感器作为目前最常用的波前传感器之一,具有结构紧凑、光能利用率高和能工作于连续或脉冲目标光等多种优点,因此在自适应光学系统中取得了广泛而成熟的应用[1]。哈特曼波前传感器是根据几何光学原理测定光学元件面形误差的传感器,很早就应用于光学车间检验,经改进后,哈特曼波前传感器的光阑被换成透镜阵列,既可提高光斑中心坐标的测量精度,又可提高光能利用率。哈特曼波前传感器由微透镜阵列和光电探测器(目前多用 CCD)组成,用于测量入射光束波前在每个微透镜孔径内的平均斜率,其工作原理如图4－3所示。

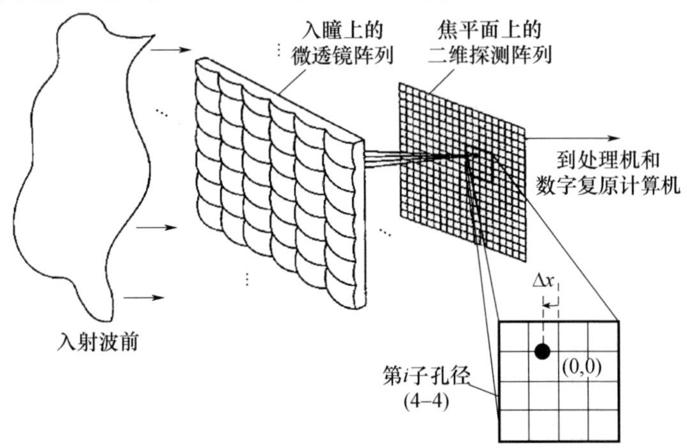

图4－3　哈特曼波前传感器工作原理

在图 4－3 中，入射光瞳被微阵列透镜分隔成许多子孔径，每个子孔径内的子透镜将入射到它上面的光聚焦到面阵列探测器的靶面上形成光斑。如果入射波前为理想平面波前，则每个子透镜所形成的光斑将准确落在各子透镜的焦点上。如果入射波前有相位畸变，则每个子透镜所形成的光斑将在其焦平面上偏离其焦点。被测波前相对参考波前的子孔径光斑偏移量反映了子孔径内入射波前瞬时平均波前斜率，经计算机处理可得子孔径内 x、y 两个正交方向上的平均斜率，由各子孔径平均斜率就可恢复出入射波前相位。由哈特曼波前传感器的工作原理可知，哈特曼波前传感器的波前探测精度主要取决于光斑的质心探测精度。

由于哈特曼波前传感器的理论和应用非常丰富，将在第 5 章中专门分析和讨论哈特曼波前传感器的测量原理、误差和标定方法等。本章仅讨论一些非哈特曼波前传感器的波前测量方法。

4.2 基于干涉原理的波前传感技术

干涉仪是评价光学元件、光学系统和光束质量的一种重要检测手段，其检测的灵敏度可以达到千分之一波长量级。近代激光器的问世使得干涉现象和原理得到极大应用，云纹干涉、散斑干涉、全息干涉等相继问世。随着数字化光电探测器的迅猛发展，并得益于对干涉图数字图像处理技术的进步，测量干涉仪已经摆脱精度低、灵敏度低等劣势。目前，基于干涉原理的光学干涉仪具有高精度、高灵敏度、非接触等特点，广泛应用于光学表面检测、实验力学等领域。对于一些以光学检测等应用为主的干涉仪，必须提供一个标准参考球面波或平面波，当它们被用于大口径波前畸变检测时，加工标准镜面的费用会迅速上升，对于一些大口径的标准镜面加工甚至是无法完成的，或者精度达不到要求。另外，在自适应光学等应用领域，传统需要标准参考镜的干涉仪将无法用来对包含畸变波前的光束进行诊断，干涉仪在光束诊断领域的应用一度受到限制，这也使得另一种新的干涉仪——自参考干涉仪应运而生。自参考干涉仪顾名思义，是利用待诊断光束自身经过一定结构产生的与自身光束有关或无关的光束作为参考光束，与待测光束发生干涉并产生干涉条纹。按照参考光束产生方式的不同，可以分为点衍射干涉仪和剪切干涉仪。

4.2.1 基于干涉原理的相位提取方法

相位提取方法是指从干涉条纹强度分布信息提取相位差信息。根据干涉图的数量又可以分为单帧干涉图相位提取方法和移相相位提取方法。单帧干涉图相位提取方法主要包括空间载频移相法、空间载频 FFT 法、虚拟光栅移相莫尔条纹法、条纹追踪法等。移相相位提取方法主要包括两步移相、三步移相、四步移相等方法。

1. 空间载频相移相位提取方法

设点衍射干涉仪或剪切干涉仪等自参考干涉仪中形成干涉图的两束光之间相位差分布为 $\Delta\varphi$，根据双光束干涉原理，可以得到干涉图的强度分布为

$$I(x,y)=a(x,y)+b(x,y)\cos[\varphi(x,y)] \tag{4-13}$$

式中：$a(x,y)$、$b(x,y)$ 分别为与两束相干光强度分布有关的直流和调制分量。

当两光束间引入适当的线性载频 f 后，对应干涉条纹强度分布为

$$I(x,y)=a(x,y)+b(x,y)\cos[2\pi fx+\Delta\varphi(x,y)] \tag{4-14}$$

假设待测光束的强度分布和相位分布缓变，则干涉图中相邻三个位置 $(x-1,y)$、(x,y)、$(x+1,y)$ 可以认为具有相同的直流分量、调制度和相位。于是有

$$\begin{cases} I(x-1,y)=a(x-1,y)+b(x-1,y)\cos[2\pi f(x-1)+\Delta\varphi(x-1,y)] \\ \qquad\qquad =a(x,y)+b(x,y)\cos[2\pi fx+\Delta\varphi(x,y)-2\pi f] \\ I(x+1,y)=a(x+1,y)+b(x+1,y)\cos[2\pi f(x+1)+\Delta\varphi(x+1,y)] \\ \qquad\qquad =a(x,y)+b(x,y)\cos[2\pi fx+\Delta\varphi(x,y)+2\pi f] \end{cases} \tag{4-15}$$

从这两个表达式看出，干涉图中相邻位置之间存在一个固定的相位差 $2\pi f$。通过使用合适的载频 f 可以使得这个固定相位差 $2\pi f$ 等于 $\pi/2$，于是可得

$$2\pi fx+\Delta\varphi=\arctan\frac{I_1+I_3-2I_2}{I_1-I_3} \tag{4-16}$$

式中：I_1、I_2 和 I_3 分别为沿负方向错位固定位置的干涉强度分布、未错位的干涉强度分布和沿正方向错位固定位置的干涉强度分布。进一步消除倾斜项 $2\pi fx$ 后可以得到被测相位分布[12]。

图4-4显示了空间载波移相法的模拟结果[13]：原始波前显示于图4-4(a)，由此产生的干涉条纹如图4-4(b)所示，通过引入线性载频使得相邻像素间的相位差等于 $\pi/2$；图4-4(c)表示空间载波移相法的重建结果，图4-4(a)与图4-4(c)之间的残余相位显示于图4-4(d)。

传统空间载波移相法要求相邻两点的相位差准确等于 $\pi/2$，即 $f=1/4$。也就是说，对于 $N\times N$ 采样率的干涉图，其干涉条纹数应等于 $N/4$。该方法除应用条件苛刻外，所要求的干涉条纹也很密，这使得它很难在实际应用中推广。为此，又陆续提出一些新的算法，如改进的三点算法、五点算法、最小二乘迭代算法等，然而精度有限、应用条件苛刻等原因仍然限制空间载波移相法在普通光学系统中的应用。

2. 空间载频傅里叶变换相位提取方法

空间载波移相相位提取方法是在空域中对载波干涉条纹进行处理以获得波前相位，而空间载频傅里叶变换相位提取方法则是一种频域处理方法。

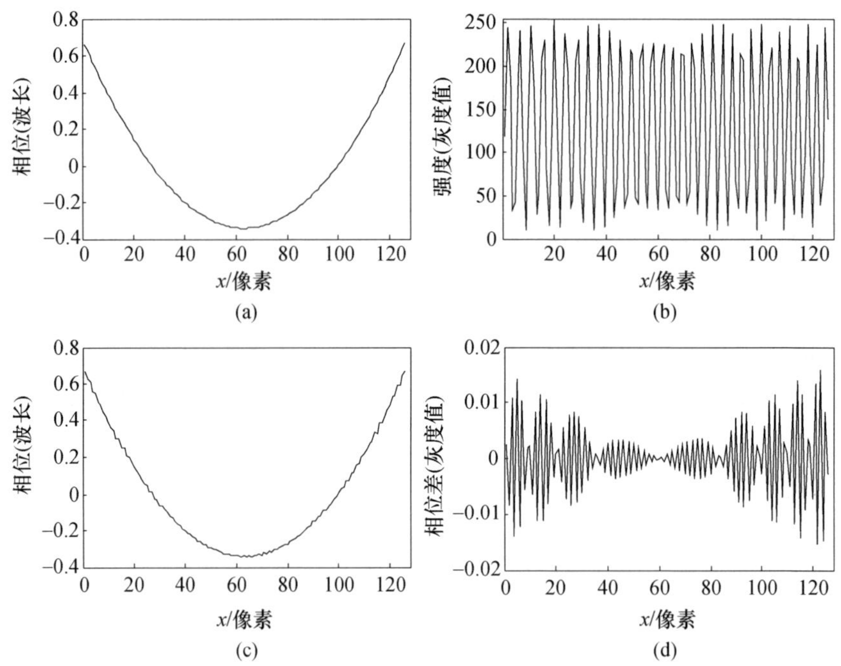

图 4-4　空间载波移相法模拟结果

(a)原始波前;(b)干涉条纹;(c)重建结果;(d)残余相位。

空间载频傅里叶变换相位提取算法的本质在于:首先在两束相干光中增加倾斜像差,使得干涉条纹上增加一个空间载频;然后对增加空间载频的干涉条纹进行傅里叶变换得到其频谱分布,这样,相位谱和直流分量在频域空间内就分离开了;采用适当的滤波窗口滤除直流分量和一部分相位谱,然后对剩余的正一级相位谱进行傅里叶反变换,并将获得的数据进行反正切运算,得出的结果就是提出的缠绕相位;经过相位解缠绕后,就可以得到最终提取相位信息[14]。

现在给相干两束光中一束施加一个倾斜像差,像差斜率为常数 $g=2\pi f_0$, f_0 为干涉条纹频率。这样有

$$I(x,y)=a(x,y)+b(x,y)\cos(2\pi f_0+\Delta\varphi(x,y)) \tag{4-17}$$

式(4-17)可以写成指数表达形式,即

$$I(x,y)=a(x,y)+c(x,y)\exp(2\pi f_0)+c^*(x,y)\exp(-2\pi f_0) \tag{4-18}$$

式中

$$c(x,y)=\frac{1}{2}b(x,y)\exp(\mathrm{i}\Delta\varphi(x,y)) \tag{4-19}$$

对式(4-19)进行傅里叶变换,可得

$$I(f_1,f_2)=A(f_1,f_2)+C(f_1-f_0,f_2-f_0)+C^*(f_1+f_0,f_2+f_0) \tag{4-20}$$

式中:$A(f_1,f_2)$ 为 0 级谱分布,$C(f_1-f_0,f_2-f_0)$ 为 +1 级谱分布;$C^*(f_1-f_0,f_2-f_0)$ 为 -1 级谱分布。

图 4 -5 显示了空间载波傅里叶变换相位提取过程的模拟结果。其中：图 4 -5(a)为在原干涉图上引入随机载频后的干涉条纹图；图 4 -5(b)为对图 4 -5(a)所示的干涉图进行 FFT 后得到的空间频谱分布。从图中可以看出，图 4 -5(b)中 0 级分量即为式(1 -8)中所示的 $A(f_1, f_2)$，+1 级和 -1 级分量分别对应 $C(f_1 - f_0, f_2 - f_0)$ 和 $C^*(f_1 - f_0, f_2 - f_0)$。

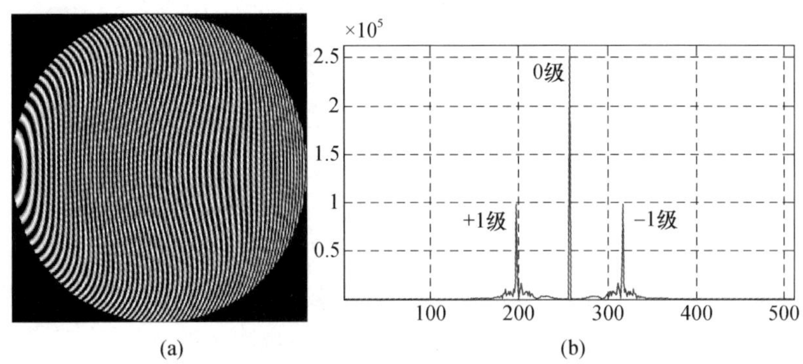

图 4 -5 空间载频干涉图及 FFT 频谱一维示意图
(a)干涉图；(b)FFT 频谱一维示意图。

对空间载频干涉图的频谱分布进行高通滤波后可获得相位 +1 级频谱 $C(f_1 - f_0, f_2 - f_0)$，从而实现将相位 +1 级频谱从背景信号中提取出来。将分离出来的 +1 级频谱移至频谱中央并进行傅里叶反变换，可获得不含背景信号和相位调制信息的干涉光强为

$$c(x,y) = \mathrm{FFT}^{-1}\{C(f_1, f_2)\} \tag{4-21}$$

最终通过反正切运算获得相位提取结果，即

$$\Delta\varphi(x,y) = \arctan\{\mathrm{Re}(c(x,y))/\mathrm{Im}(c(x,y))\} \tag{4-22}$$

从应用上来说：这种方法主要存在运算速度低、相位提取精度相对较低等问题；这种方法能够实现相位提取的前提是光强分布和相位分布空间缓变，这在一定程度上限制了径向剪切干涉仪等仪器的应用范围。

3. 条纹追踪法提取相位分布

条纹追踪法的核心是根据干涉条纹分布趋势对条纹进行简化，最终通过一定的函数关系反演出相位分布信息。条纹法的主要工作是提取干涉条纹上的条纹信息，即确定干涉条纹的中心位置和干涉级次，主要包括二值化处理、条纹细化处理、修像、标记及采样 5 个步骤。二值化处理主要目的是对干涉灰度图像进行压缩，将干涉图变成黑白二值灰度图。条纹细化处理主要目标是使二值化后的黑白条纹变细，便于提取条纹的中心位置。修像的主要目的是去除细化后的干扰信息，主要包括无效条纹及断裂条纹。标记的目的是对各个细化后的条纹进行几次标注，使得计算机能够分辨不同级次的条纹信息。

条纹法处理过程如图 4 -6 所示。

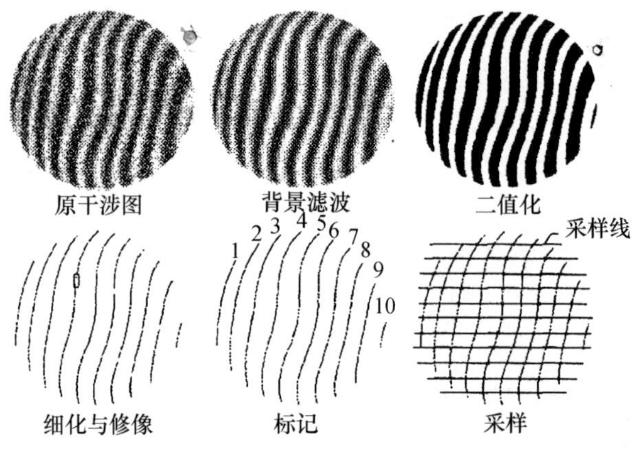

图 4－6　条纹法处理过程

相对而言,条纹追踪法存在的问题主要是最终精度较低,而且仅能够处理干涉条纹规则且密集的情况,对于随机相差形成的不规则干涉条纹,尤其是不连续干涉条纹,其提取精度较低,误差较大。

4. 虚光栅移相莫尔条纹法

虚光栅移相莫尔条纹法是一种结合了移相技术、莫尔技术、虚光栅技术和载频技术的波前相位重建方法。

对于一帧引入线性载频的待测干涉图,其光强表达式为

$$I = a + b\cos[2\pi fx + \Delta\varphi(x,y)] \tag{4-23}$$

再模拟一帧与待测干涉图相对应的参考干涉图,其光强表达式为

$$I_r = 1 + \cos[2\pi f_r x + \Phi_r] \tag{4-24}$$

式中:f_r为参考载频;Φ_r为已知相位。

将式(4－23)和式(4－24)所示的实测干涉图与模拟干涉图进行乘法叠加运算后可以得到新的条纹图,即莫尔条纹图,对应光强分布为

$$\begin{aligned} I_m = a &+ \frac{1}{2}b\cos[2\pi(f-f_r)x + (\Delta\varphi(x,y) - \Phi_r)] + \\ &\frac{1}{2}b\cos[2\pi(f+f_r)x + (\Delta\varphi(x,y) + \Phi_r)] + \\ &a\cos(2\pi f_r x + \Phi_r) + b\cos(2\pi fx + \Delta\varphi(x,y)) \end{aligned} \tag{4-25}$$

根据式(4－25),莫尔条纹图中包含有多种频率分量,前两项的频率最低。如果采用合适的滤波器,滤掉高频分量后可以提取出含有待测信息的莫尔信息,即

$$I'_m = a + \frac{1}{2}b\cos[2\pi(f-f_r)x + (\Delta\varphi(x,y) - \Phi_r)] \tag{4-26}$$

分别模拟 Φ_r为 0、$\pi/2$、π 和 $3\pi/2$ 时所对应的莫尔条纹图,可以得到四帧新的条纹图像。光强分布分别为

$$\begin{cases} I_{m1} = a + \frac{1}{2}b\cos[2\pi(f-f_r)x + \Delta\varphi(x,y)] \\ I_{m2} = a + \frac{1}{2}b\cos[2\pi(f-f_r)x + \Delta\varphi(x,y) - \pi/2] \\ I_{m3} = a + \frac{1}{2}b\cos[2\pi(f-f_r)x + \Delta\varphi(x,y) - \pi] \\ I_{m4} = a + \frac{1}{2}b\cos[2\pi(f-f_r)x + \Delta\varphi(x,y) - 3\pi/2] \end{cases} \tag{4-27}$$

式(4－27)所示结果实际上为经典四步移相算法所对应的四帧干涉图强度分布。因此可以根据四步移相算法从干涉图中提取出相位分布，即

$$2\pi(f-f_r)x + \Delta\varphi(x,y) = \arctan\left(\frac{I_{m2} - I_{m4}}{I_{m1} - I_{m3}}\right) \tag{4-28}$$

上述计算结果去除倾斜项后，即可以得到对应的相位分布。特殊情况下取 $f_r = f$，式(4－28)的计算结果就是待测波前。

虚光栅移相莫尔条纹法的处理过程如图 4－7 所示。一帧模拟实测干涉图 I 以及参考干涉图 I_r 分别如图 4－7(a)与图 4－7(b)所示；两干涉图相乘后得到莫尔条纹图 I，并且让参考相移 Φ_r 分别等于 0、$\pi/2$、π 和 $3\pi/2$，这样一共可以得到四帧 $\pi/2$ 相移步长的莫尔条纹图；对四帧莫尔条纹图分别进行傅里叶变换，使用高斯滤波器提取每一频谱的低频分量，然后进行逆傅里叶反变换，可以得到四帧滤波后的干涉图 I_{m1}、I_{m2}、I_{m3} 和 I_{m4}，如图 4－7(c)所示；应用四步移相算法计算对应的相位分布，并消除倾斜项后得到待测波前，图 4－7(d)和图 4－7(e)分别表示模拟相位分布和从模拟干涉图中提取的结果，二者之间的残余相位显示于图 4－7(f)。

该方法由于在使用过程中也需要进行傅里叶变换，因此其与傅里叶变换方法类似，对高频相差，尤其在边界处的相位提取误差较大。

5. 相移法提取相位信息

移相干涉技术是 20 世纪 70 年代发展起来的技术，其基本原理：在干涉仪的参考臂上通过移相器增加一定的光程差，使得参考光束和待测光束之间的光程差发生改变，条纹的位置也相应地移动，干涉图任意位置的光强也呈余弦函数变化；这样，通过不同时间或空间位置的安排，使得探测器能够探测出不同光程差条件下的光强，利用相应的算法，最终可以从干涉图中获得相位信息。自 Bruning 等人提出数字波面测量干涉仪，特别是 80 年代以来，由于相位调制技术的引入，干涉条纹处理由计数条纹的级次发展为计数条纹的相位，从而使测量精度得到了极大提高。在近代光干涉技术中的波前相位求解算法中，移相干涉法是使用最普遍、计算最简单、稳定性最好的相位提取方法。

采用相移法提取相位分布，需要根据不同的算法，采集不同的干涉图。双光束移相干涉图光强分布可表示为

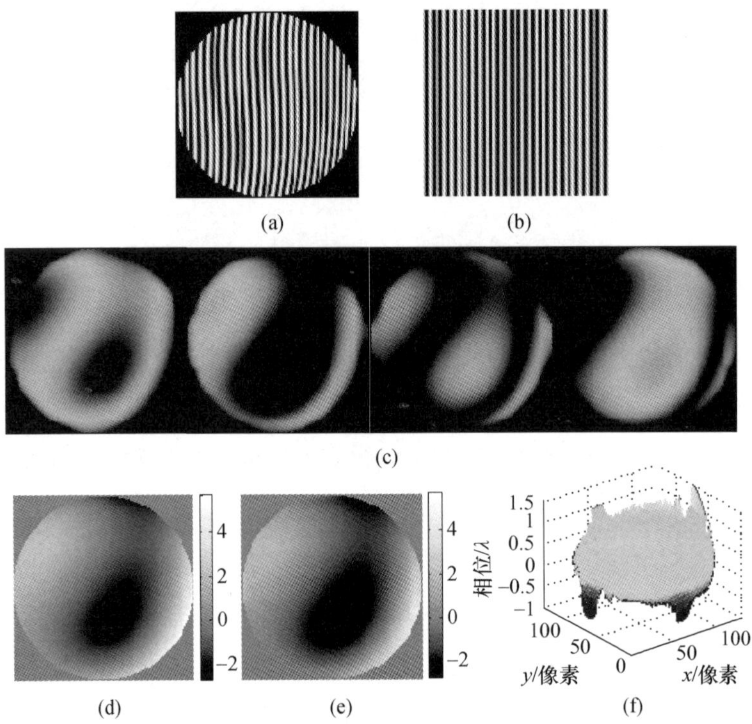

图 4－7　虚光栅移相莫尔条纹法处理过程

(a)模拟实测干涉图；(b)参考干涉图($\Phi_r=0$)；(c)I_{m1}、I_{m2}、I_{m3}、I_{m4}；(d)模拟相位；(e)提取相位；(f)残余相位。

$$I_n(x,y)=a(x,y)+b(x,y)\cos[\Delta\varphi(x,y)-\delta_n] \tag{4-29}$$

式中：$I_n(x,y)$为第 n 帧干涉图；δ_n 为第 n 帧干涉图的相移量。

根据需要移相的步数，相移法又可以分布 2 步移相、3 步移相、4 步移相等。对于 N 次移相，一般需要在一个条纹周期内完成，即单步相移量为

$$\delta_n=\frac{(n-1)2\pi}{N},n=1,2,\cdots,N \tag{4-30}$$

根据式(4－30)，并经过适当的数学变换，可以得到 N 步移相算法相位提取公式，即

$$\Delta\varphi(x,y)=\arctan\left[\frac{\sum_{n=1}^{N}I_n(x,y)\sin\delta_n}{\sum_{n=1}^{N}I_n(x,y)\cos\delta_n}\right] \tag{4-31}$$

这是最基本的移相算法，也称 N 帧算法，由此可直接推导出经典的 3 帧、4 帧以及多帧移相算法。下面给出常用 3 帧、4 帧及 5 帧算法。

3 步移相算法：

$$\Delta\varphi = \arctan \frac{\sqrt{3}(I_3 - I_2)}{2I_1 - I_2 - I_3} \tag{4-32}$$

4 步移相算法：

$$\Delta\varphi = \arctan \frac{I_4 - I_2}{I_1 - I_3} \tag{4-33}$$

5 步移相算法：

$$\Delta\varphi = \arctan \frac{2(I_4 - I_2)}{I_1 - 2I_3 + I_5} \tag{4-34}$$

与单帧相位提取方法相比较，相移法无论在运算速度还是计算精度上均占有很大优势，如干涉场不需形成明显的条纹结构就可以测量整个被测区域上的波前畸变，而且整个测量区域上能实现等精度测量；直接测量出波前相位，并且相位值是一个均匀分布的正交网格上点的测值，测点与探测器阵列一一对应，有利于进一步的信号处理等。当然，相移法需要测量多帧干涉图，其结构相对复杂。随着基础科学的发展，尤其是微光学技术的发展，利用微小光学结构实现多帧相位提取或微小移相结构的进步很大，并正应用于干涉测量领域。

4.2.2　点衍射干涉波前探测技术

点衍射干涉仪（PDI）本质上与传统干涉仪类似（图 4-8），都需要一个绝对平面或球面波前作为参考，不同的是点衍射干涉仪的参考源是待测光束本身，因此可以用于光束诊断及自适应光学波前探测领域中。

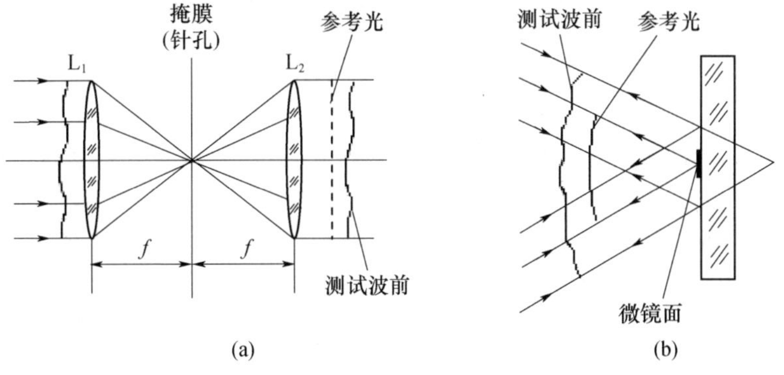

图 4-8　点衍射干涉仪原理
（a）透射式；（b）反射式。

传统 PDI 一般采用共光路设计，这样的结构将拥有更大的稳定性[15]。当针孔直径很小时，由针孔衍射形成的参考波近似于一个理想球面波，而穿过半透明平板的波前则包含被测畸变波前信息，通过分析两个波前产生的干涉条纹可以得到入射波前相位。然而，共光路 PDI 的主要缺点之一是相位测量困难。由于参考波与测试波几乎保持相同的几何光轴，产生的干涉图中通常包含极少的干涉条纹，因此不能采用快速傅里叶变换法提取畸变波前信息。尽管采用移相方法可能是最佳的选择，但在两束同光轴光束间较难引入相移。一些将移相技术引入 PDI 的光学结构也被提出。

比较典型的基于移相原理的共光路点衍射干涉仪结构如图 4－9 所示。该光路首次由 Millerd 提出[16]。该光路结构中最为重要的器件为偏振点衍射模板，结构如图 4－10 所示。该模板中心区域与外围环带区域均为线偏振器件，二者偏振方向相互垂直。一束待测光束经过成像透镜会聚并通过偏振点衍射模板后，就会形成两束偏振方向相互垂直的光束：一束光经过中心小孔内的偏振片，形成偏振方向沿水平方向的参考光束；另一束光则具有与待测光束相同的波前相位分布但偏振方向沿竖直方向。一个快轴沿 45°方向的 $\lambda/4$ 波片放置于参考光和待测光束的光路中，并将二者的偏振状态转换成方向相反的圆偏振光。最终利用不同起偏方向的微偏振片组成的偏振片阵列实现对参考光束和待测光束之间相位差的调制，形成四步移相干涉图，并根据四步移相算法获取待测光束波前。

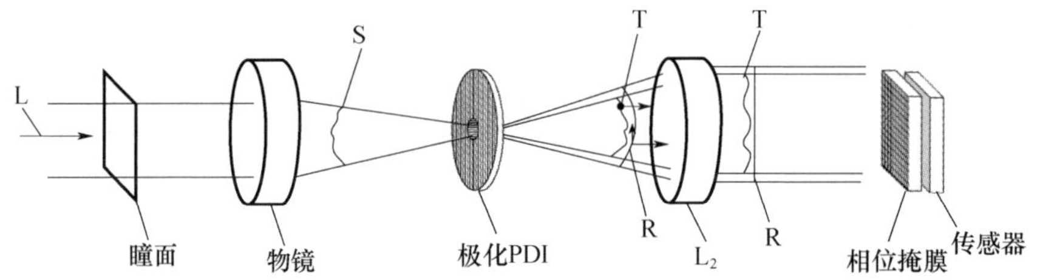

图 4－9　基于移相原理的共光路点衍射干涉仪结构

在国内，点衍射干涉仪也得到了足够的重视。白福忠等对基于 Mach－Zehnder 干涉仪结构（图 4－11）的点衍射干涉仪进行了深入研究，并提出一种移相干涉仪中的 $n\pi/2$ 相移标定方法，该标定方法不需要任何关于移相器或者干涉图的先验知识（如要求线性移相器或整数条纹等），对干涉图相位结构以及不均匀背景或调制度的不敏感使得它无须考虑光学元件质量而能够实现高精度的标定；同时分析了针孔直径大小对点衍射干涉仪波前测量精度以及自适应光学闭环控制能力的影响，对点衍射干涉仪的发展和应用提供了有效的参考[17]。

点衍射干涉仪不需要标准参考波，因而可以在自适应光学系统中进行波前探测。在点衍射干涉仪中，一个大小适当的针孔对畸变波前进行滤波后便可得到高质量的参考波，于是重建的光程差便可近似作为待测波前，因而它可以直接得到待测波前信息。点衍射干涉仪的主要不足之处在于：针孔滤波器的光能利用率较低，尤其是针对待测光束强度分布或相位分布空间频率较高时，在针孔滤波器上的能量较分散，光能利用率较低，且降低干涉条纹对比度。

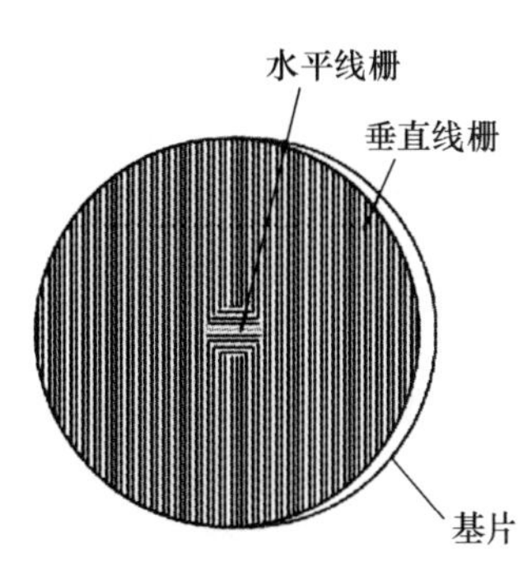

图4-10 偏振点衍射模板结构

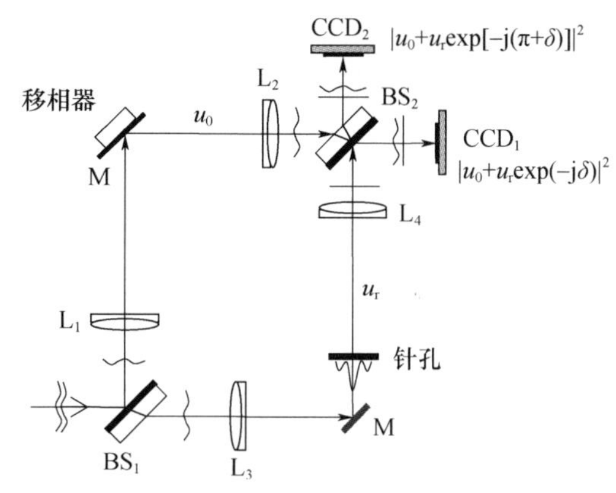

图4-11 基于Mach-Zehnder结构的点衍射干涉仪示意图

4.2.3 剪切干涉波前探测技术

剪切干涉仪是将待测光束自身和与自身有关的光束发生干涉,并形成干涉条纹的波前探测仪器。剪切干涉仪与点衍射干涉仪不同,其参考光束波前不是绝对平面或球面,而是与待测光束波前存在一定的关系。根据参考光束与待测光束之间关系的不同,剪切干涉仪又可分成横向剪切干涉仪、径向剪切干涉仪和旋转剪切干涉仪等。横向剪切干涉仪是通过将待测光束用适当的光学系统分裂成两束波前相位与待测光束相同的光束,并最终使得二者在观测屏上相互错开适当位置,在重叠区域形成干涉条纹的仪器。径向剪切干涉仪则是通过适当的光学系统分别将待测光束以相同或不同比例分别进行缩放,并再次将缩放后形成的光束沿同一方向出射,最终在重叠区域形成干涉条纹的干涉测量仪器。旋转剪切干涉仪则是通过将待测光束适当旋转后再与待测光束发生干涉,并形成干涉条纹的干涉测量仪器。相对而言,旋转剪切干涉仪对旋转对称的波前相差不敏感,因此在光束诊断和自适应光学等领域应用较少。下面仅介绍应用较为广泛的横向和径向剪切干涉仪。

1. 横向剪切干涉波前探测技术

横向剪切干涉仪结构简单,常使用一块平行平板或具有一定角度的楔板即可完成,且干涉条纹稳定,抗外界干扰能力较强。作为一种简单、稳定性好的干涉检测技术,横向剪切干涉仪在光学元件表面检测、温度场诊断、非球面检测和激光光束诊断等领域得到了较多应用。

实现横向剪切干涉有多种途径,最简单的是采用单平板横向剪切干涉仪。自单平板作为激光横向剪切干涉仪以来,这种干涉仪在技术、理论以及应用上已经有了很大的进展。由于这种干涉仪简单、方便,既可用来评价光束性能和测量光束参数,又可利用这种原理检测干涉元件本身或其他光学元件质量,因而,它在光学检测及其他测量技术中的重要性及其应用的广泛性越来越被人们重视。横向剪切干涉仪原理如图 4-12 所示。

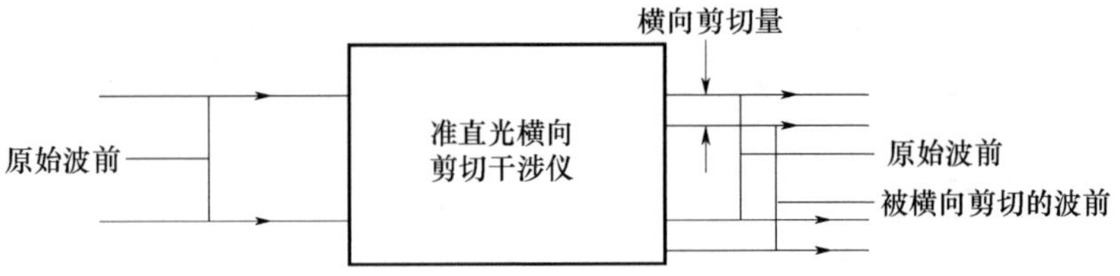

图 4-12　横向剪切干涉仪原理

入射光经横向剪切干涉仪后,出射的两束光在空间位置上产生横向错位,在重叠区域,两光束发生相互干涉,并最终形成干涉条纹。通过一定的相位提取方法,可以从干涉条纹中获取待测波前与自身错位波前之间的相位差,即波前差,最后复原出原始待测波前。以单平板横向剪切干涉仪为例,其光学原理如图 4-13 所示。入射光束经平行平板上、下两表面反射产生两个相互错开 s_x 的两束光束,并在接收屏上的共同区域发生干涉形成干涉条纹,这些干涉条纹就是横向剪切干涉条纹。

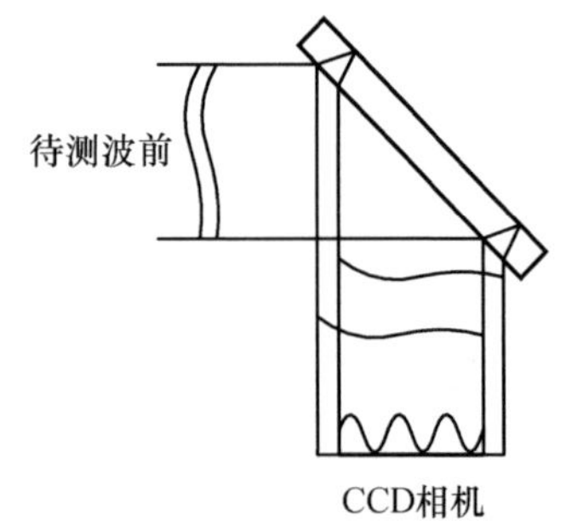

图 4-13　单平板横向剪切干涉仪原理

设待测光束复振幅分布为

$$U(x,\ y)=a(x,\ y)\exp[\mathrm{i}\varphi(x,\ y)]P(x,\ y)$$

式中:$a(x,y)$、$\varphi(x,y)$、$P(x,y)$分别为待测光束振幅分布、相位和对应的孔径光阑。

对于一束口径为 d、波长为 λ 的光束,以入射角 φ 入射到一个折射率为 n、厚度为 D 的平行平板上,经过平板前后表面的反射将会形成两束反射光,并在接收屏上形成横向剪切干涉条纹。二者的横向偏移量,即剪切量可以表示为

$$s_x=\frac{D\sin 2}{\sqrt{n^2-\sin^2\varphi}} \tag{4-35}$$

对应干涉条纹光强分布为

$$I_x(x,y)=a(x,y)+b(x,y)\cos(\Delta\varphi(x,y)) \tag{4-36}$$

式中:$a(x,\ y)$为直流分量;$b(x,\ y)$为调制分量;$\Delta\varphi(x,\ y)$为横向剪切相位差。

若平板的两个反射表面之间存在夹角 θ,则会在两相干反射光之间引入一个定量的倾斜像差,干涉条纹光强分布为

$$I_x(x,y)=a(x,y)+b(x,y)\cos(\Delta\varphi(x,y)+k\theta x) \tag{4-37}$$

通过采用不同的相位提取方法,即可以从横向剪切干涉条纹中提取处相位差信息,并最终经过波前复原得到待测光束波前相位分布。

2. 径向剪切干涉波前探测技术

径向剪切干涉仪原理如图4－14所示。

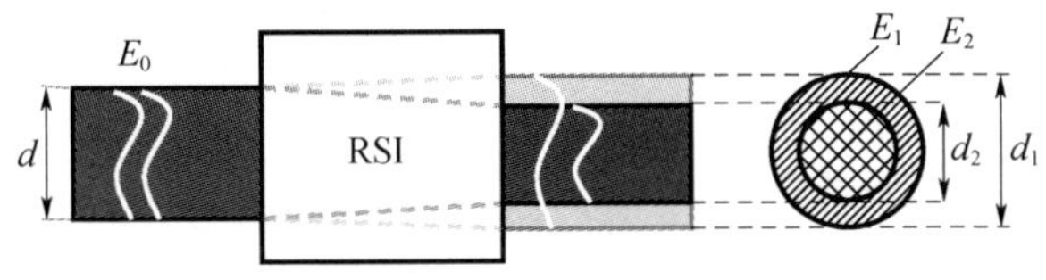

图4－14　径向剪切干涉仪原理

入射光经径向剪切干涉仪后分光镜或类似光学器件分成两束光：一束光经过由透镜等光学元件组成的扩束系统，原始待测光束被扩束后形成与待测光束具有相同光场分布但口径被放大的扩束光束出射；另一束光经过相应的缩束系统，此时原始待测光束被缩束后形成与待测光束具有相同光场分布但口径被缩小的缩束光束出射。如图4－14所示，被缩束和扩束后的光束在相互重叠区域内形成干涉条纹。径向剪切干涉仪波前探测的本质是通过对两束相干光束的干涉条纹进行解释，最终复原出原始待测波前畸变，可对平行光束和会聚光束进行波前测量。当待测畸变光束入射到径向剪切干涉仪后，会分离成扩束和缩束的两束光束，并在某一位置形成同心光束对。因此，该光束对在相互重叠区域将会相互干涉，并形成干涉条纹。

Brown于1959年首先对径向剪切干涉仪展开了研究，设计出的干涉仪与Jamin干涉仪类似[18]。1961年Hariharan和Sen设计了第一台环路径向剪切干涉仪，如图4－15所示[19]。它利用入射平行光从不同方向进入4*f*系统其放大和缩小的功能不同来实现系统对待测光束的等比例缩放，并最终实现径向剪切干涉。1964年，Murty提出一种基于开普勒望远镜系统的环路径向剪切干涉仪对径向剪切干涉仪后来的发展具有非常重要的意义[20]。Murty所提出的光路结构如图4－16所示。至此，径向剪切干涉仪的结构设计已经趋近成熟，并成为后来发展的基石。近年来，径向剪切干涉仪已经应用到很多领域，如光学面形检测、人眼角膜地形图测量、自适应光学波前探测和激光光束质量诊断等领域。

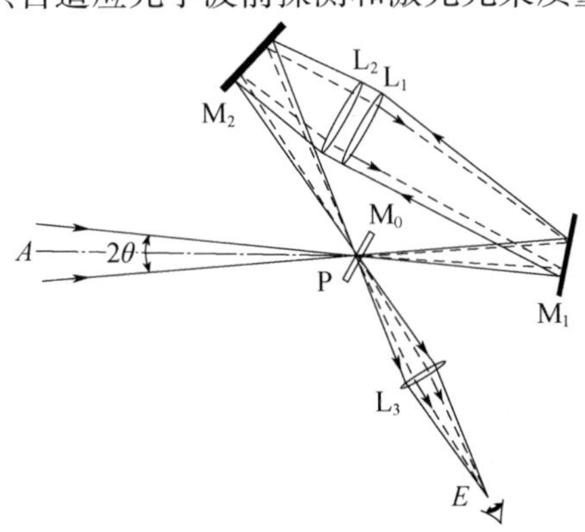

图4－15　最早的环路径向剪切干涉仪原理

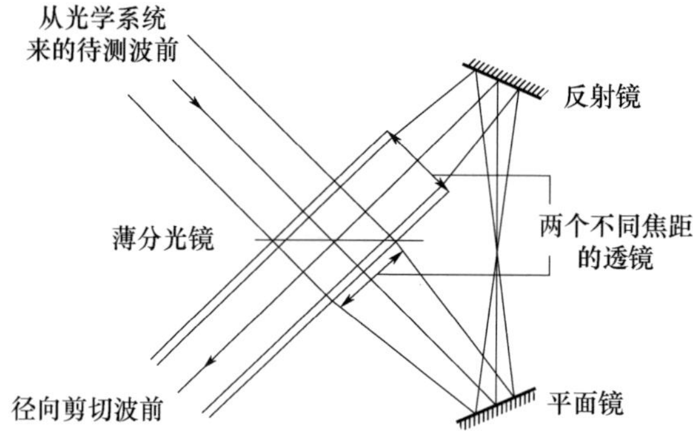

图 4-16　基于开普勒望远镜结构的径向剪切干涉仪原理

相对其他种类的干涉仪而言,径向剪切干涉仪一般采用共光路结构设计,干涉条纹稳定,抗干扰能力较强。另外,径向剪切干涉仪不需要设置专门的参考光路,光能利用率较高。

目前较常用的径向剪切干涉仪结构为环路径向剪切干涉仪,其基本原理如图 4-17 所示[21]。

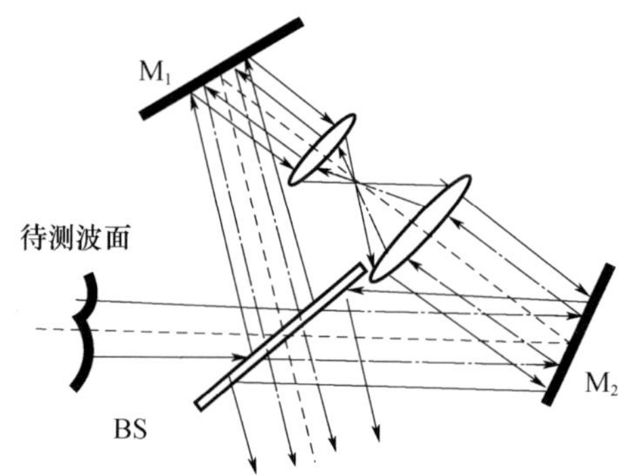

图 4-17　环路径向剪切干涉仪原理

一束包含待测波前畸变的光束进入径向剪切干涉仪后,被分光镜 BS 分为透射光束和反射光束。设入射光束的复振幅为

$$E_0(x,y)=A_0(x,y)\exp\left(-\mathrm{i}\frac{2\pi}{\lambda}\varphi_0(x,y)\right) \tag{4-38}$$

式中:$A_0(x,\ y)$为振幅分布;$\varphi_0(x,\ y)$为待测光束相位分布。

透射光束经过透镜 L_1 和透镜 L_2 组成的 $4f$ 缩束系统后,光束口径被缩小,缩束比 $s=f_2/f_1$。同理,反射光束经过透镜 L_2 和透镜 L_1 组成的 $4f$ 扩束系统后,光束口径被扩大,扩束比 $s=f_2/f_1$。由此,可以得到缩束和扩束后的光束复振幅分布,分别设为 $E_1(x,y)$ 和 $E_2(x,y)$,具体表达式为

$$\begin{cases} E_1(x,y) = E_0(x/s,y/s) \\ \qquad = A_0(x/s,y/s)\exp(-\mathrm{i}\varphi_0(x/s,y/s)) \\ \qquad = A_1(x,y)\exp(-\mathrm{i}\varphi_1(x,y)) \\ E_2(x,y) = E_0(xs,ys) \\ \qquad = A_0(xs,ys)\exp(-\mathrm{i}\varphi_0(xs,ys)) \\ \qquad = A_2(x,y)\exp(-\mathrm{i}\varphi_2(x,y)) \end{cases} \tag{4-39}$$

式中:$A_1(x,y)$、$\varphi_1(x,y)$分别为扩束光束的振幅分布和相位分布;$A_2(x,y)$、$\varphi_2(x,y)$分别为缩束光束的振幅分布和相位分布。

它们与原始待测光束的振幅和波前之间的关系可表示为

$$\begin{cases} A_1(x,y) = A_0(x/s,y/s),\varphi_1(x,y) = \varphi_0(x/s,y/s) \\ A_2(x,y) = A_0(xs,ys),\varphi_2(x,y) = \varphi_0(xs,ys) \end{cases} \tag{4-40}$$

这样,形成的干涉条纹光强分布可表示为

$$I(x,y) = I_1(x,y) + I_2(x,y) + 2\sqrt{I_1(x,y)I_2(x,y)}\cos(\Delta\varphi(x,y)) \tag{4-41}$$

式中:$I_1(x, y)$为扩束光束在干涉区域内的光强分布,$I_2(x, y)$为缩束光束光强分布;$\Delta\varphi(x, y)$为缩束光束与干涉区域内扩束光束之间的相位差分布。

如图4-18所示,原始待测波前为图中$\varphi_0(x, y)$,经过径向剪切干涉仪后,分别形成扩束和缩束光束,其波前分别为图中$\varphi_1(x, y)$和$\varphi_2(x, y)$。缩束光束波前$\varphi_2(x, y)$所在的区域为干涉区域。由此,相位差分布$\Delta\varphi(x, y)$可表示为

$$\begin{aligned} \Delta\varphi(x,y) &= \varphi_2(x,y) - \varphi_1(x,y) \\ &= \varphi_0(xs,ys) - \varphi_0(x/s,y/s),(x,y) \in \mathrm{circle}(d) \end{aligned} \tag{4-42}$$

式中:circle(d)为干涉区域所在的范围。

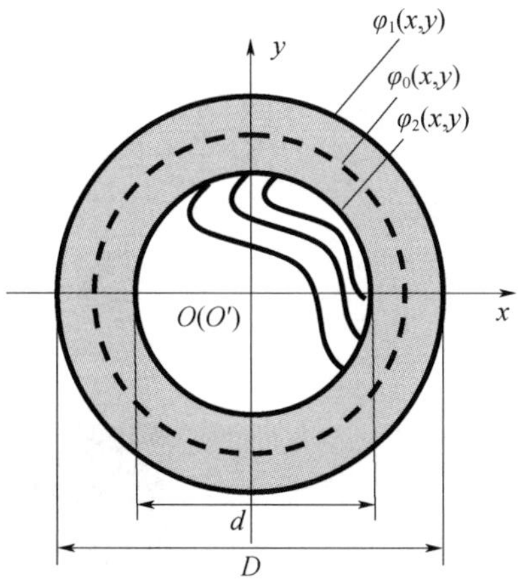

图4-18 径向剪切干涉图干涉区域

径向剪切干涉仪的相位提取算法与 4.1 节中描述的方法基本类似,可以分为单帧相位提取方法和多帧移相相位提取方法。对于径向剪切干涉仪而言,共光路特点使得干涉仪能够对共模振动免疫,但同时也使得在相干两束光中增加定量相移变得困难。1985 年,P. K. Mahendra 等人首次提出基于时间偏振移相结构的径向剪切干涉仪[22],用以提高径向剪切干涉仪镜面测量精度和速度,其原理如图 4-19 所示。

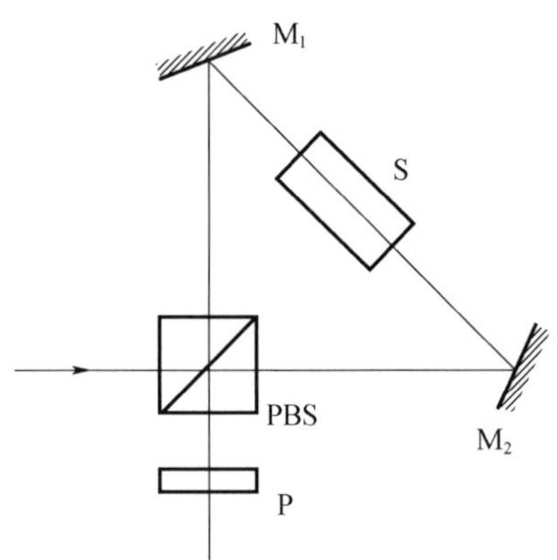

图 4-19　基于时间偏振移相结构的径向剪切干涉仪原理

基于时间移相的干涉仪结构,在波前测量实时性以及对高时间频率的光束诊断等领域无法应用。有研究者也提出了基于四步空间偏振空间移相结构的径向剪切干涉仪,在利用了径向剪切干涉仪的抗干扰性等优点的基础上,引入空间移相结构,回避了径向剪切干涉仪在数据处理以及测量精度上的不足[23,24]。基于四步空间偏振移相结构的径向剪切干涉仪光路原理如图 4-20 所示。

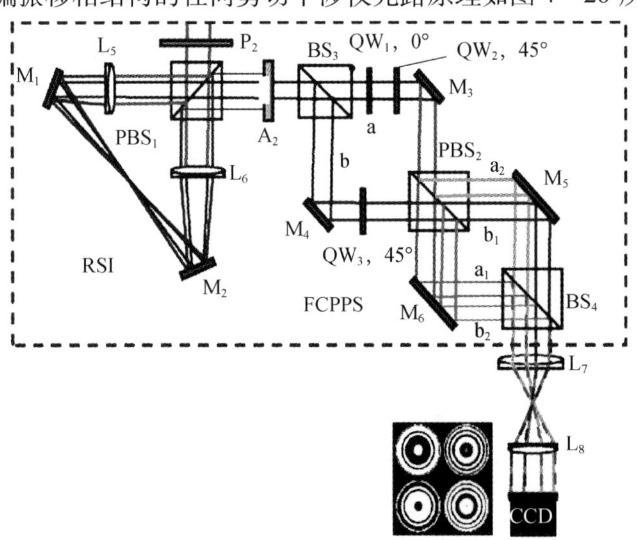

图 4-20　基于四步空间偏振移相结构的径向剪切干涉仪原理

将四步移相结构引入径向剪切干涉仪中，保证了径向剪切干涉仪的共光路特性，使其能够抑制环境共模振动的干扰，同时降低了相位提取的复杂度，提高了相位提取精度。

将经典移相算法引入剪切干涉仪中，简化相位提取复杂度的同时提高相位提取精度，已经成为径向剪切干涉仪发展的趋势。可以预见，未来高精度径向剪切干涉仪的发展应是以各种移相算法为基础，并通过对移相器的结构进行简化，从而设计出更小、更紧凑的高速、高精度径向剪切干涉仪。

在径向剪切干涉仪中，由于扩束波前一般不为平面波前，因此提取出的相位差信息 $\Delta\varphi(x,\ y)$ 不能直接看做待测光束的波前畸变，而是与原始待测波前 $\varphi_0(x,\ y)$ 存在一定隐函数关系，需要进一步复原和计算。径向剪切仪中波前复原方法主要分为无波前复原方法、迭代法波前复原和模式法波前复原。

无波前复原方法主要通过增大径向剪切干涉仪剪切比，直到扩束波前能够被近似看成平面波前，从而近似认为相位差分布与原始待测波前近似相同，无须波前复原。基于这一思想，美国 NIF 装置原型机 Beamlet 激光系统的近场与远场输出光束进行了波前诊断，其使用的径向剪切比分别为4倍和16倍。HELEN 2TW Nd：Glass 强激光系统输出光束也采用类似径向剪切干涉仪进行了波前诊断，其使用的径向剪切比接近10倍。

迭代算法过程：将从干涉图中提取出的相位分布信息作为复原结果的初始数据，然后将该提取出的信息中一部分数据进行插值、放大后与初步数据叠加，作为新的复原结果，此时，将放大和插值后的数据再次插值、放大，并再次与上次复原结果累加作为新的复原结果。如此重复，直到被放大的波前接近于平面时为止。此时的复原结果将无限逼近真实结果。

设径向剪切比为 s，且 $M=s^2$，根据径向剪切干涉仪原理，有

$$\Delta W(r/s,\varphi)=W(r/s,\varphi)-W(rs,\varphi) \tag{4-43}$$

在式(4-43)中等式两边的变量因子 r 分别乘以系数 M，可得

$$\Delta W(rs,\varphi)=W(rs,\varphi)-W(rs^3,\varphi) \tag{4-44}$$

对式(4-44)做同样的操作，可得

$$\Delta W(rs^3,\varphi)=W(rs^3,\varphi)-W(rs^5,\varphi) \tag{4-45}$$

如此重复 n 次，可得

$$\begin{cases}\Delta W(rs^{2n-3},\varphi)=W(rs^{2n-3},\varphi)-W(rs^{2n-1},\varphi)\\ \Delta W(rs^{2n-1},\varphi)=W(rs^{2n-1},\varphi)-W(rs^{2n+1},\varphi)\end{cases} \tag{4-46}$$

将式(4-44)~式(4-46)等号两边对应相加并合并后，可得

$$\sum_{i=1}^{n}\Delta W(rs^{2i-1},\varphi)=W(r/s,\varphi)-W(rs^{2n+1},\varphi) \tag{4-47}$$

当 $n\to\infty$ 时，$W(rs^{2n+1},\varphi)$ 趋于平面波，该项对波前复原的贡献可以忽略。这样，式(4-47)可写为

$$W(r/s,\varphi) = \sum_{i=1}^{n} \Delta W(rs^{2i-1},\varphi) \tag{4-48}$$

式(4-48)等号左边实际上是原始待测波前在更小区域内的相位分布,其直接与原始待测波对应,可看成原始待测波前。

综合来看,迭代复原算法对于空间高频信息复原能力较强,实际应用价值较高。但也正因为此,这种算法对噪声和环境影响较为敏感,造成的复原误差也较大。同时,剪切比较大时,中心区域扩束和插值部分很快趋于平面,复原结果快速稳定,但累加间隙过大将导致复原结果不准确。

模式复原算法主要指基于 Zernike 多项式和其他模式为基底,对待测波前畸变或待测镜面面形进行模式拟合,用以分析像差类型和大小。这在面形检测和自适应光学波前测量等领域应用较广。

在基于 Zernike 多项式的模式复原方法中,将波前相位用 Zernike 多项式表示,即

$$\varphi_0(x,y) = a_0 + \sum_{k=1}^{n} a_k Z_k(x,y) + \varepsilon \tag{4-49}$$

式中:$Z_k(x, y)$为第 k 阶 Zernike 多项式函数;a_k 为相应第 k 阶模式系数。

2007 年,Tae Moon Jeong 等人提出基于 Zernike 多项式的波前模式复原算法[25]。基本思路:首先从干涉条纹中提取径向剪切相位差信息,并用干涉区域内的正交 Zernike 多项式对该相位差信息进行模式拟合,获得各阶模式系数;其次假定各阶 Zernike 多项式为待测波前,计算经过特定剪切比的径向剪切干涉仪后形成的相位差多项式,并推导二者之间的关系矩阵;再次根据关系矩阵和径向剪切相位差模式分解系数,通过一次矩阵运算反演出待测畸变光束的各阶 Zernike 模式系数;最后将这些模式系数代入对应阶数 Zernike 多项式中,即可复原出原始待测波前。

首先设定系数矢量$\boldsymbol{\mu}_k$、$\boldsymbol{\nu}_k$ 和 $\boldsymbol{u}_k$ 分别为待测光束经过径向剪切干涉仪后形成的缩束和扩束光束在干涉区域内波前的 Zernike 正交模式分解系数,即

$$\begin{cases} \phi_1(\rho,\varphi) = \sum_{n,m} \mu_n^m Z_n^m(\rho,\varphi) \\ \phi_2(\rho,\varphi) = \sum_{n,m} \nu_n^m Z_n^m(\rho,\varphi) \\ \Delta\phi(\rho,\varphi) = \sum_{n,m} u_n^m Z_n^m(\rho,\varphi) \end{cases} \tag{4-50}$$

在干涉区域内,式(4-50)可写为

$$\sum_{n,m} (\nu_n^m - \mu_n^m) Z_n^m(\rho,\varphi) \sum_{n,m} u_n^m Z_n^m(\rho,\varphi) \tag{4-51}$$

根据上面描述,首先通过对径向剪切相位差 $\Delta\Phi(\rho,\varphi)$ 进行 Zernike 正交模式分解,获得相应的模式分解系数矢量 $\boldsymbol{u}_k$。根据扩束光束在干涉区域内的各阶 Zernike 多项式与标准正交 Zernike 多项式之间的函数关系,计算出$\boldsymbol{\mu}_k$和 $\boldsymbol{\nu}_k$之间

的系数矩阵 $\boldsymbol{M}$。矢量 $\boldsymbol{\nu}_k$ 与 $\boldsymbol{\mu}_k$ 的关系为标准 Zernike 多项式与剪切 Zernike 多项式对比如表 4－1 所列。

$$\begin{bmatrix} \nu_2^{-2} \\ \nu_2^0 \\ \nu_2^2 \\ \vdots \end{bmatrix} = \begin{bmatrix} M_{44} & M_{45} & M_{46} & \cdots \\ M_{54} & M_{55} & M_{56} & \cdots \\ M_{64} & M_{65} & M_{66} & \cdots \\ \vdots & \vdots & \vdots & \ddots \end{bmatrix} \begin{bmatrix} \mu_2^{-2} \\ \mu_2^0 \\ \mu_2^2 \\ \vdots \end{bmatrix} \tag{4-52}$$

表 4－1 标准 Zernike 多项式和部分 Zernike 多项式数学表达

径向阶数	标准 Zemike 多项式	剪切 Zernike 多项式
0	$R_0^0(\rho)=1$	$R_0^0(\alpha\rho)=R_0^0(\rho)$
1	$R_1^1(\rho)=2\rho$	$R_1^1(a\rho)=aR_1^1(\rho)$
2	$R_2^0(\rho)=\sqrt{3}(2\rho^2-1)$	$R_2^0(a\rho)=a^2R_2^0(\rho)$
	$R_2^2(\rho)=\sqrt{6}\rho^2$	$R_2^2(a\rho)=a^3R_2^2(\rho)$
3	$R_3^1(\rho)=\sqrt{8}(3\rho^3-2\rho)$	$R_3^1(a\rho)=a^3R_3^1(\rho)+\sqrt{8}a(a^2-1)R_1^1(\rho)$
	$R_3^3(\rho)=\sqrt{8}\rho^3$	$R_3^3(a\rho)=a^3R_3^3(\rho)$
4	$R_4^0(\rho)=\sqrt{5}(6\rho^4-6\rho^2+1)$	$R_4^0(a\rho)=a^4R_4^0(\rho)$ $+\sqrt{15}a^2(\alpha^2-1)R_2^0(\rho)$ $+\sqrt{5}(2a^4-3a^2+1)R_0^0(\rho)$
	$R_4^2(\rho)=\sqrt{10}(4\rho^4-3\rho^2)$	$R_4^2(a\rho)=a^4R_4^2(\rho)+\sqrt{15}a^2(a^2-1)R_2^2(\rho)$
	$R_4^4(\rho)=\sqrt{10}\rho^4$	$R_4^4(a\rho)=a^4R_4^4(\rho)$

结合式(4－51)和式(4－52),可以得到最终解的形式为

$$\begin{bmatrix} \mu_2^{-2} \\ \mu_2^0 \\ \mu_2^2 \\ \vdots \end{bmatrix} = \begin{bmatrix} 1-M_{44} & -M_{45} & -M_{46} & \cdots \\ -M_{54} & 1-M_{55} & -M_{56} & \cdots \\ -M_{64} & -M_{65} & 1-M_{66} & \cdots \\ \vdots & \vdots & \vdots & \ddots \end{bmatrix}^{-1} \begin{bmatrix} u_2^{-2} \\ u_2^0 \\ u_2^2 \\ \vdots \end{bmatrix} \tag{4-53}$$

采用这种方法能够有效抑制噪声等外界因素的移相,对空间频率较低的波前畸变能够准确测量。这种基于 Zernike 多项式的模式复原方法对空间频率较高的像差则无能为力。

此外,在使用各种类型径向剪切干涉仪进行波前测量时,容易出现扩束光束与缩束光束之间位置偏移的情况,并导致波前复原结果不准确。针对这一问题,文献[26,27]分别采用迭代算法和模式算法对扩束光束与缩束光束间位置偏移引起的位置误差进行了修正,提高了径向剪切干涉仪的适应性。

4.3 基于焦面成像的波前传感技术

4.3.1 基于焦面成像的相位反演技术

基于焦面成像的波前探测器技术最早起源于对测量得到的波前的强度分布求波前相位分布的思考,1972 年由 Gerchberg 和 Saxton 提出:由已知像平面和衍射平面(出射光瞳)上的光强分布,计算出两个平面上的相位分布(简称 GS 算法)。关于 GS 算法的具体推导过程可以参考文献[28-31]。GS 算法实施过程可以简单地用图 4-21 描述。

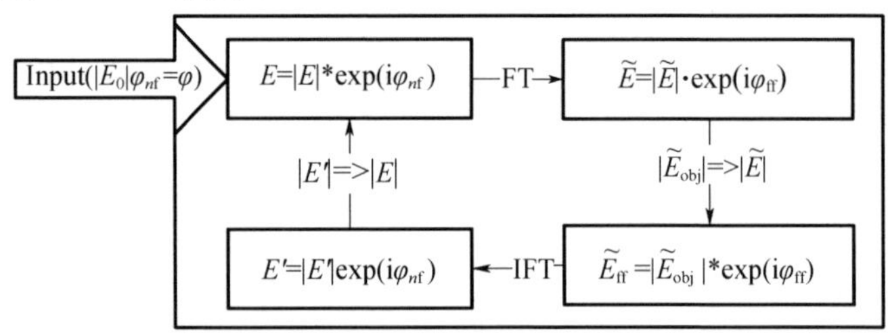

图 4-21 传统 GS 算法步骤框图

从图 4-21 可以看到,GS 算法是一迭代过程,在这个迭代过程中,传统 GS 算法利用了两个可被测定的约束条件,即透镜入射前的振幅分布和透镜后焦面上远场振幅分布。算法开始于一个对光波(含振幅 $|E|$ 和一个任意的初始相位分布 φ)的快速傅里叶变换,得到远场 $\tilde{E}$,保留远场 $\tilde{E}$ 的相位 φ_{ff} 而将远场振幅 $|\tilde{E}_0|$ 替换成实际测量的远场振幅 $|\tilde{E}_{\mathrm{obj}}|$,得到修正后的远场 $\tilde{E}_{\mathrm{ff}}$,然后通过对远场 $\tilde{E}_{\mathrm{ff}}$ 进行傅里叶变换又得到近场 E',同样只保留相位 φ_{nf} 而将振幅替换成 $|E|$,得到修正后的近场并作为第二次迭代的初始条件循环下去,以使计算得到的近场和远场的振幅分布不断地逼近实测的。当计算得到的远场振幅分布与实际测量所得到的结果达到预先设定的近似程度时,就输出迭代的相位 φ_{nf}。第 k 次传统 GS 算法的迭代过程可表达为

$$\begin{cases}\tilde{E}_k(f_x,f_y) = |\tilde{E}_k(f_x,f_y)|\exp[\mathrm{i}\varphi_{\mathrm{ff}_k}(f_x,f_y)] = \mathrm{FT}\{E_k(x,y)\} \\ \tilde{E}_{\mathrm{ff}_k}(f_x,f_y) = |\tilde{E}_{\mathrm{obj}}(f_x,f_y)|\exp[\mathrm{i}\varphi_{\mathrm{ff}_k}(f_x,f_y)] \\ E'_k(x,y) = |E'_k(x,y)|\exp[\mathrm{i}\varphi_{nf_k}(x,y)] = \mathrm{FT}^{-1}\{\tilde{E}_{\mathrm{ff}_k}(f_x,f_y)\} \\ E_{k+1}(x,y) = |E(x,y)|\exp[\mathrm{i}\varphi_{nf_{k+1}}(x,y)] = |E(x,y)|\exp[\mathrm{i}\varphi_{nf_k}(x,y)]\end{cases} \tag{4-54}$$

式中：E'_k、$\tilde{E}_k$ 为第 k 次迭代得到的近场和远场；E_{k+1}、$\tilde{E}_{\mathrm{ff}_k}$分别为第 k 次迭代时得到约束条件加强后的近场和远场；$|E|$、$|\tilde{E}_{\mathrm{obj}}|$分别为近场和远场的约束条件；$\varphi_{\mathrm{nf}_k}$和 φ_{ff_k}分别为第 n 帧计算得到的近场和远场的相位；x、y 为近场坐标分布；f_x、f_y为远场坐标分布，且 $f_x = x/\lambda z$，$f_y = y/\lambda z$（λ 为光波波长；z 为光波传输距离，这里是透镜焦距）；FT{ }和 FT^{-1}{ }分别为傅里叶正、反变换；式(4－54)的第二个等号表示第 k 次迭代得到的相位将成为第 $k+1$ 次迭代的初始相位。

这种最早的基于焦面成像的波前探测器技术在实际应用中限制很多，对待测像差大小、像差类型有特别的要求，并且受噪声影响很大，在大多数场合无法得到正确的输出结果。因而，陆续出现了许多针对该算法的改进，其中最为典型的是 Yang－Gu 等提出的 YG 算法，这些算法在一定条件下能反演出相位，尤其是 YG 算法作为 GS 算法的一般化，由于没有常规 GS 算法中旁轴近似的限制，因此收敛结果好于传统 GS 算法[32]。

4.3.2 基于焦面成像的相位差反演技术

基于焦面成像的相位差反演技术不再利用单帧光强数据进行相位反演，而是采用两帧或者多帧光强分布信息进行相位反演，由于反演运算过程中光强信息增加了，反演结果的准确性、精度等均有明显的提高。

1973 年，Misell 提出从两个离焦平面上的强度分布，计算出两个离焦平面上的相位分布，这是最早的基于焦面成像的相位差反演探测技术。1988 年，J. R. Fienup 等人提出利用一副离焦面和一副焦平面上的光强分布计算入射光束相位分布的方法，并且明确了相位差反演探测技术概念[33,34]。

基于焦面成像的相位差反演技术可以用类似于 GS 算法描述，如图 4－22 所示。

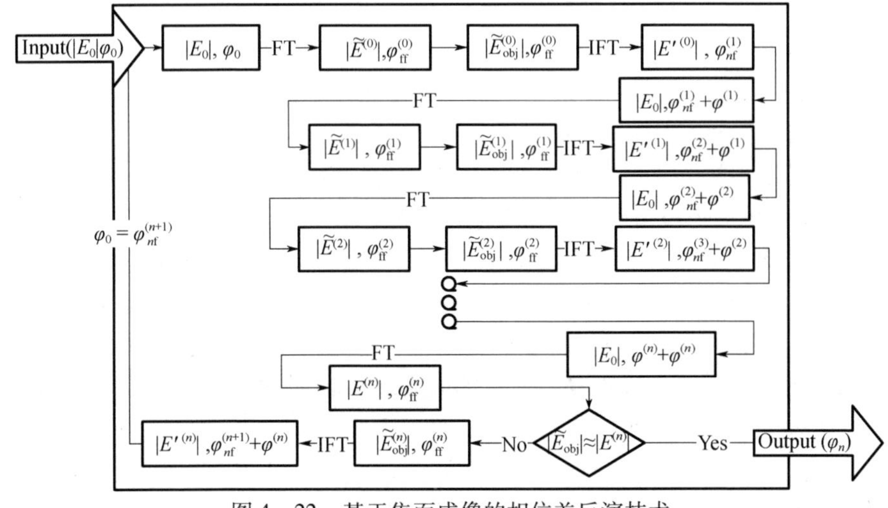

图 4－22　基于焦面成像的相位差反演技术

基于焦面成像的相位差反演技术算法流程下：含振幅$|E_0|$和一个任意的初始相位分布φ_0的场强在经单循环的传统GS算法后，得到近场相位$\varphi_{nf}^{(1)}$；接着叠加入相位$\varphi^{(1)}$，构成算法第一帧的初始相位$\varphi_{nf}^{(1)}+\varphi^{(1)}$，结合第一帧远场和近场的实测振幅$|\tilde{E}_{obj}^{(1)}|$与$|E_0|$；再次进入单循环的传统GS算法，输出近场相位$\varphi_{nf}^{(2)}+\varphi^{(1)}$。此时，减去输出相位中的$\varphi^{(1)}$再加上新相位$\varphi^{(2)}$，又构成第二帧的初始相位$\varphi_{nf}^{(2)}+\varphi^{(2)}$，反复同样的过程，直至叠加入第$\varphi^{(n)}$像差并输出远场$|\tilde{E}^{(n)}|$。这时，判断$|\tilde{E}^{(n)}|$与测量得到的远场$|\tilde{E}_{obj}^{(n)}|$的差别，如果差别值低于预先设定的阈值则输出迭代像差$\varphi_{nf}^{(n)}$；否则，傅立叶反变换得相位$\varphi_{nf}^{(n+1)}+\varphi^{(n)}$。以像差$\varphi_{nf}^{(n+1)}$为初始相位并回到第0帧，而这一循环即完成了一次基于焦面成像的相位差反演探测技术的迭代。

虽然基于焦面成像的相位差反演技术算法流程变化不大，但是算法形式在过去几十年里有较大的变化。如Nakajima提出利用两个不同处理过程的光强分布进行反演，CCD传感器记录经过和未经过指数滤波器的远场强度分布；然后根据这些远场光强再配以相应的运算可以较准确地反演出待测像差[35-37]。还有Tae Moon Jeong等人提出的利用不同口径所产生的光斑变化获得待测相位信息[38]，以及Percival Almoro等发表在*Applied Optics*中，利用多个不同离焦量的光强信息进行相位探测的方法等[39]。

在这些新的算法中，有几种高效的基于焦面成像的相位差反演技术，下面逐一描述。

4.3.3 新型基于焦面成像的相位差反演技术

1. 基于多帧光强的相位反演技术

基于多帧光强的相位反演技术（图4-23）原理上与相位差反演探测技术类似，不同的是这种方法无须限制第二幅光强分布为离焦面上的光强，可以是叠加了任意面形后的远场光强分布。

根据基于多帧光强的相位反演技术可以通过叠加任意面形后远场进行相位求解的思路，在实际自适应光学工程应用中采用了可以直接获取的变形镜影响函数作为叠加面形。由于变形镜影响函数可以预先通过干涉仪或哈特曼波前传感器测定，并且影响函数可以重复准确生成，而不需再利用相位传感器进行现场测定，扩展了文献[40]中算法的使用领域。这里需要说明的是，多帧GS算法也能利用可预先测量并准确重复的面形加以实现，如多个影响函数叠加后的面形。下面给出叠加单个影响函数的情况。

按照图4-24所示的光学系统，实验实现了多帧GS算法。实验中的参数：入射光波波长为0.65μm，入射光斑直径为20mm，透镜焦距为1120mm，实验采

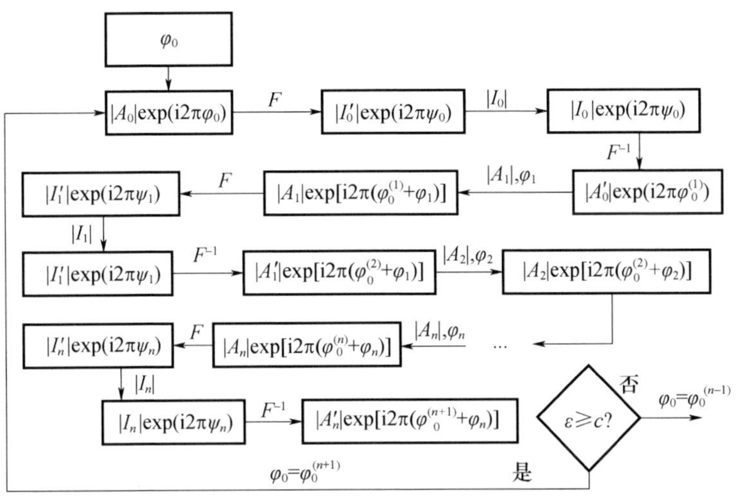

图4－23　基于多帧光强的相位反演技术

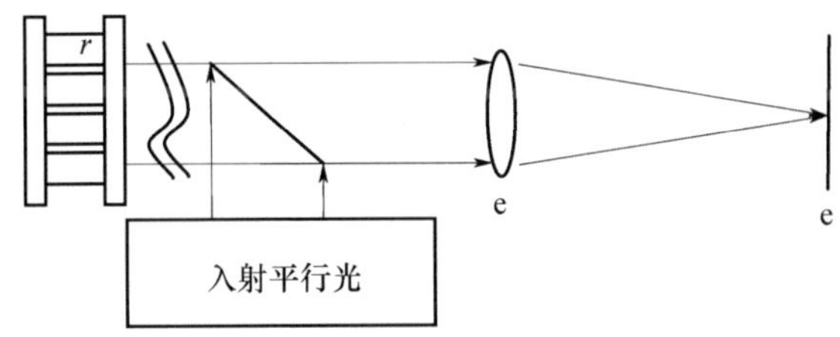

图4－24　多帧GS算法验证模型

用14位Cascade camera，像素大小为7.4μm×7.4μm，曝光时间设定为0.5s，计算时截取CCD中心256×256像素。

入射波面含图4－25所示相位，该相位由子孔径数为10×10的哈特曼波前传感器测得，并用前65阶Zernike像差重构而成。

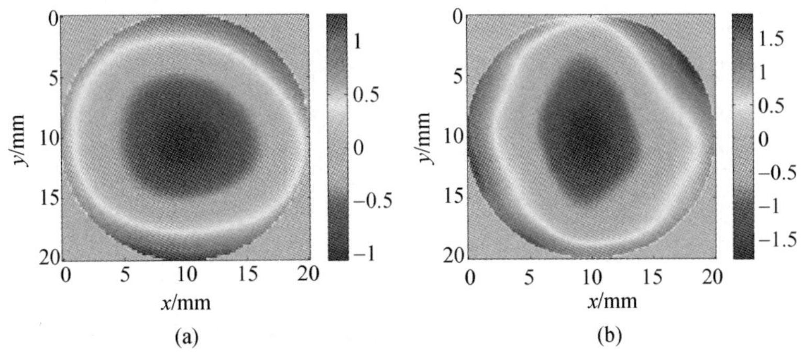

图4－25　待反演像差

图4－26给出了迭代的结果，其中左图为反演的像差，中间图为残余像差，

右图是控制误差曲线。表 4 - 2 列出了待反演像差和反演像差的 RMS 值及反演误差等。图 4 - 25(a) 和(b) 分别对应图 4 - 25(a) 和(b) 的反演结果,计算得到两次反演误差 η 分别为 0.1580、0.1649。

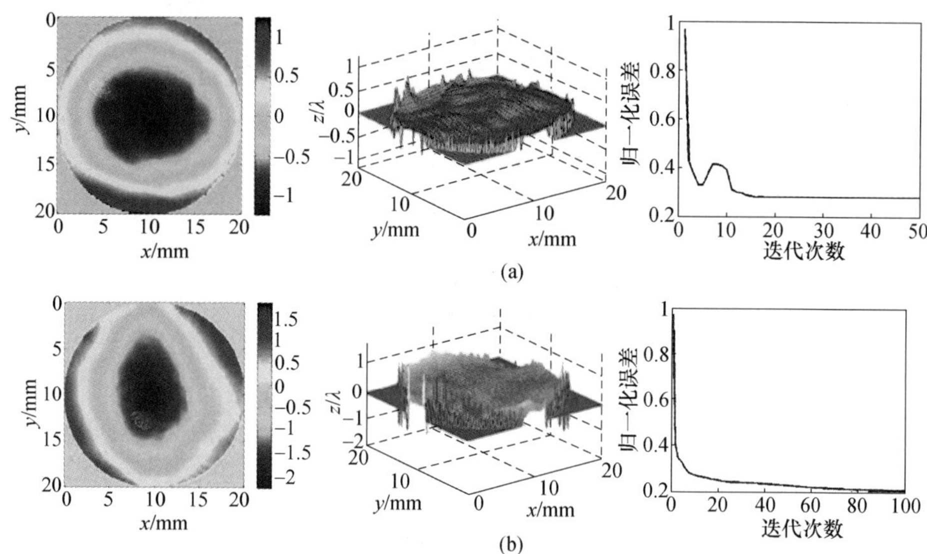

图 4 - 26 对应反演的像差、残差及误差控制曲线

(a) 针对图 4 - 25(a);(b) 针对图 4 - 25(b)。

表 4 - 2 不同像差反演结果比较

待反演像差	待反演像差 RMS	反演像差 RMS	残差 RMS	反演误差
图 4 - 25(a)	0.572λ	0.5694λ	0.09037λ	0.1580
图 4 - 25(b)	0.9065λ	0.8639λ	0.1494λ	0.1649

从反演结果可以看到,算法可以较准确地反演出待测像差,但是与仿真结果相比仍然存在较大的误差。造成误差的主要原因:①远场测量中存在噪声,其掩盖了很多有用的信息;②决定远场光斑形状的像差除了像差板本身外还可能有气流引起的像差和半透半反镜、透镜等的像差,这些因素也导致了反演误差的增加;③相位解缠绕算法也引入了部分像差[40],主要表现在边缘较大的突变上,如图 4 - 26 所示的残差图。

2. 基于光栅的修正相位探测技术[41]

光栅型 PD 波前传感器的成像原理如图 4 - 27 所示。图 4 - 27 中入射光束经光栅后被分为振幅不等、相位一致的多束光,经透镜成像于 CCD 靶面上,为光强大小不等的一列光斑。

以一维光栅为例说明焦面和离焦面光强分布图像。设一维光栅的透射率函数为

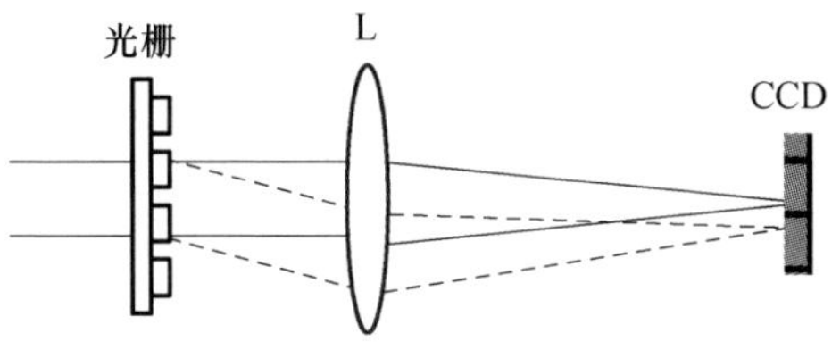

图4-27 光栅成像原理

$$t(\boldsymbol{r})=\left[\frac{1}{2}+\frac{m}{2}\cos(2\pi f_0\cdot x)\right]\mathrm{rect}\left(\frac{x}{2L}\right)\mathrm{rect}\left(\frac{y}{2L}\right) \tag{4-55}$$

式中:二维矩形函数表示该光栅位于一个边长为 $2L$ 的正方形孔径中;m 为透射率函数峰值的变化范围;f_0为光栅的空间频率。

假设有一束口径为 $2a(a<L/2)$ 的单位振幅单色光垂直照射于光栅表面,光栅前表面的复振幅分布为

$$U(\boldsymbol{r})=\mathrm{circ}\left(\frac{\boldsymbol{r}}{a}\exp[\mathrm{i}\varphi(\boldsymbol{r})]\right) \tag{4-56}$$

式中:$\varphi(\boldsymbol{r})$为相位分布函数。

经光栅衍射后的光场复振幅分布为

$$U_{\mathrm{t}}(\boldsymbol{r})=U(\boldsymbol{r})\cdot t(\boldsymbol{r})=\left[\frac{1}{2}+\frac{m}{2}\cos(2\pi f_0\cdot x)\right]\cdot\mathrm{circ}\left(\frac{\boldsymbol{r}}{a}\right)\exp[\mathrm{i}\varphi(\boldsymbol{r})] \tag{4-57}$$

在像平面处,由光栅引起的夫琅禾费衍射图样的复振幅分布为

$$U_{\mathrm{g}}(\boldsymbol{\rho})=\Im\{U_{\mathrm{t}}(\boldsymbol{r})\}=\Im\left[\frac{1}{2}+\frac{m}{2}\cos(2\pi f_0\cdot x)\right]*\Im\left\{\mathrm{circ}\left(\frac{r}{a}\right)\exp[\mathrm{i}\varphi(\boldsymbol{r})]\right\} \tag{4-58}$$

式中:$\boldsymbol{\rho}$ 为焦面上一点在极坐标系下的位置矢量;U_{g} 为光栅在焦面的衍射光场复振幅分布;“ * ”为卷积符号。

根据圆孔夫琅禾费衍射公式[38],当入射光束为理想平面波($\varphi(\boldsymbol{r})=0$)时,有

$$h(\boldsymbol{\rho})=\Im\left\{\mathrm{circ}\left(\frac{\boldsymbol{r}}{a}\right)\right\}=\exp\left[\mathrm{i}\left(kf+\frac{k\boldsymbol{\rho}^2}{2f}\right)\right]\times\frac{\pi a^2}{\mathrm{i}\lambda f}\left[\frac{2J_1(ka\boldsymbol{\rho}/f)}{ka\boldsymbol{\rho}/f}\right] \tag{4-59}$$

式(4-57)中产生衍射级的因子为

$$\begin{aligned}G(f_u,f_v)&=\Im\left\{\frac{1}{2}+\frac{m}{2}\cos(2\pi f_0\cdot x)\right\}\\&=\frac{1}{2}\delta(f_u,f_v)+\frac{m}{4}\delta(f_u+f_0,f_v)+\frac{m}{4}\delta(f_u-f_0,f_v)\end{aligned} \tag{4-60}$$

式中:$f_u=u/\lambda f,f_v=v/\lambda f$,$(u,v)$为焦面上一点在空域笛卡儿坐标系下的坐标值。

综合以上公式,焦面衍射光场的复振幅分布 U_{g} 在笛卡儿坐标下可表示为

$$U_{\mathrm{g}}(\boldsymbol{w})=G(\boldsymbol{w})*h(\boldsymbol{w}) \tag{4-61}$$

由公式计算得到理想平面波经光栅衍射后,焦面夫琅禾费衍射图样的光强

分布为

$$I_g(u,v)=|U_g(u,v)|^2\approx\frac{1}{4}|h(u,v)|^2+\frac{m^2}{16}|h(u-\lambda f\cdot f_0,v)|^2+\frac{m^2}{16}|h(u+\lambda f\cdot f_0,v)|^2 \tag{4-62}$$

在计算光强分布 $I_g(u,v)$ 时，$|U_g(u,v)|^2$ 的展开式中共有 9 项，由于交叉相乘的两个 $h(u,v)$ 函数之间不存在交叠，因此 $|U_g(u,v)|^2$ 的其余 6 个交叉项可近似为 0，从而得到了光强分布图像。同理，可以推得含相位畸变的入射光束经光栅衍射后，焦面和离焦面的光强分布图像。由式(4-62)可知，相对于无光栅的像面光斑分布图像，经光栅衍射后的像面光强分布中 0 级衍射光斑和 ±1 级衍射光斑分布仅仅只发生了坐标位置的平移和光强峰值的减弱，其光斑分布形状不变。其中，0 级衍射光斑和 ±1 级衍射光斑的峰值光强之比 η 仅与光栅的透射率函数有关，由此可知 $\eta=4/m^2$。

一维光栅将原本像面上的单个远场光斑分为几个强度不等但光强分布相同的衍射光斑。经光栅分束后的 0 级、±1 级光斑在 CCD 靶面的分布如图 4-28 所示。

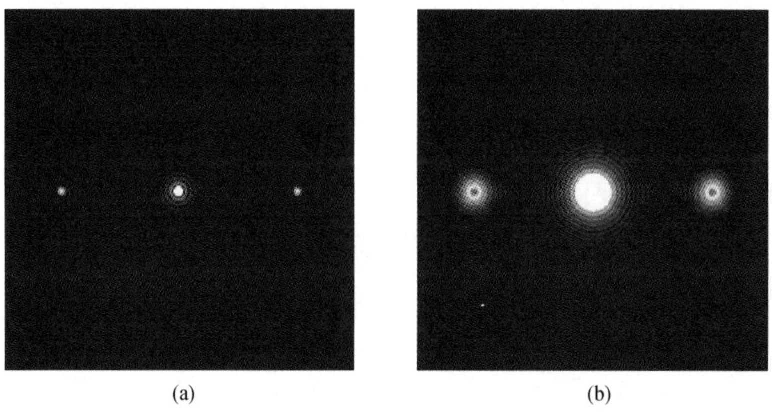

(a)　　(b)

图 4-28　经光栅分光后的 0 级、±1 级光斑在 CCD 靶面的分布图
(a)焦面光强分布图像；(b)离焦面光强分布图像。

由图 4-28 可知，像面光斑被分为强度不相等的三个光斑：位于中心位置且光强最强的光斑为 0 级光斑，位于 0 级光斑两侧且光强较弱的为 ±1 级光斑。由于 0 级光斑光强与 ±1 级光斑光强之比为 η，将 ±1 级光斑相加乘以 $\eta/2$ 得到新的光强分布，记为 I_{g1}。0 级光斑 I_{g0} 的饱和部分用 I_{g1} 中相应位置的光强值代替，得到的光强分布记为 I_g。CCD 探测器的动态范围可提高至原来的 η 倍，通过改变光栅的参数可以调整 η 的大小，选择所需的最佳动态范围，改善 CCD 探测器输出图像的信噪比。将图像处理后得到的光强分布 I_g 作为 PD 波前检测方法的焦面和离焦面光强分布图像用于复原待测畸变波前，可提高传感器的检测精度。

在 CCD 探测器的成像透镜前放置一个光栅对入射光束进行分光，采集焦面和离焦面处光栅的衍射光斑图像，根据两个或多个光栅衍射光斑并利用相应的图像拼接方法计算出光斑的光强分布，复原得到待测的波前畸变信息。在实际实验中，CCD 探测器的靶面调节至焦平面处，拍摄获得焦面衍射光斑的光强分布图像。然后在液晶上叠加离焦像差，CCD 探测器位置不变，拍摄获得离焦面衍射光斑的光强分布图像。

待测像差由前 15 阶 Zernike 多项式随机组合而成，其 RMS = 0.3λ，PV = 2.16λ（λ = 0.632μm），如图 4－29 所示。

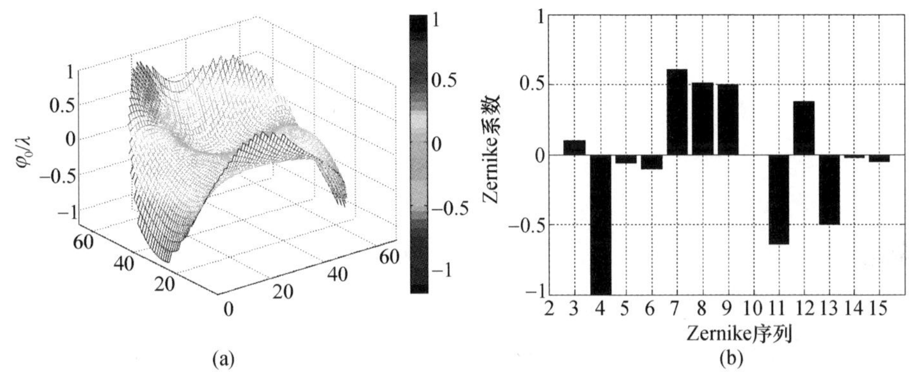

图 4－29　待测像差及待测像差各阶 Zernike 多项式系数

CCD 成像探测器采集到的光强图像以及合成的光强图像如图 4－30 所示。

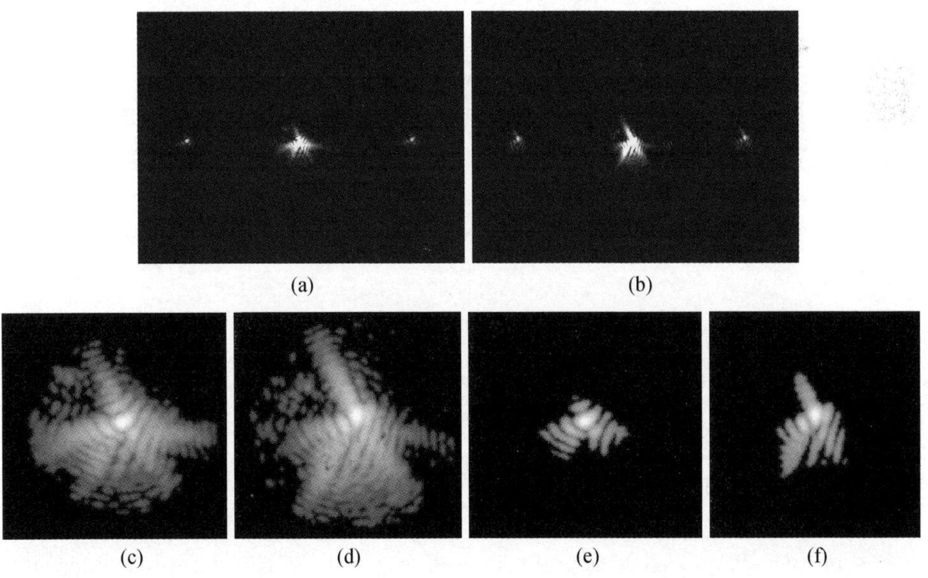

图 4－30　光强图像

（a）、（b）光栅型相位差波前传感器 CCD 采集到的光强分布；（c）、（d）合成的焦面和离焦面光强分布；（e）、（f）传统型相位差波前传感器 CCD 采集到的光强分布。

根据光强分布图像复原得到的待测相位分布以及残余波前如图 4－31 和表 4－3 所列。

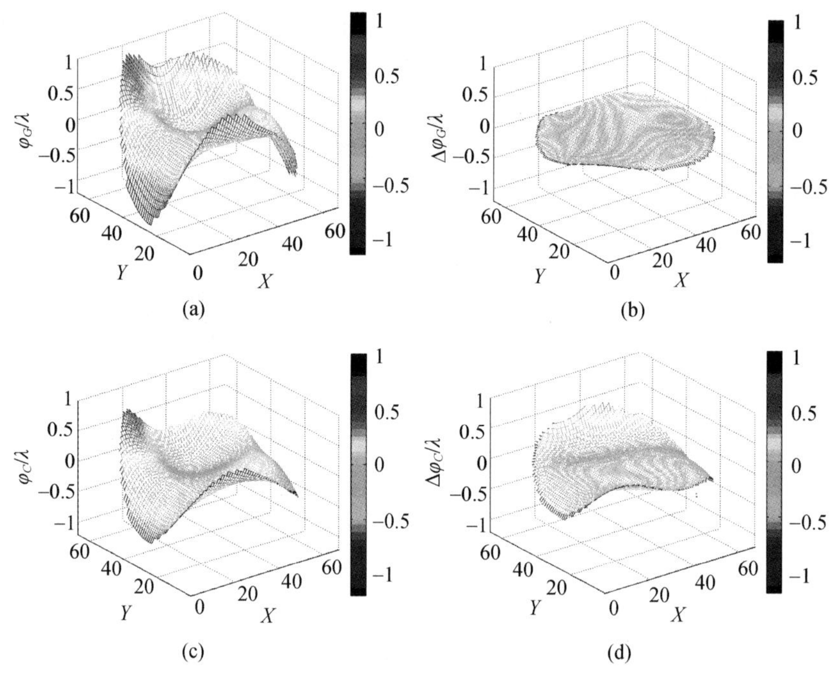

图 4－31　基于光栅的修正相位探测技术与传统相位差法结果

(a)、(b)利用光栅的修正相位复原结果和残差；(c)、(d)利用传统复原算法的复原结果和残差。

表 4－3　基于光栅的修正相位探测技术和传统相位差法实验结果

波前误差		G－PDWFS	C－PDWFS
待测波前	RMS	0.3λ	
	PV	2.16λ	
复原波前	RMS	0.289λ	0.213λ
	PV	2.08λ	1.50λ
残余波前	RMSE	0.0308λ	0.106λ
	PV	0.220λ	0.891λ

3. 线性相位反演技术

通常，相位反演问题是如何从焦平面上的光强分布得到入射孔径上光束相位分布的信息。一般认为这是一个非线性问题，无法直接求解。但研究表明，在一定条件下，焦平面上的光强分布与入射孔径上光束的相位分布间存在线性关系，可以线性求解。由于线性运算的速度很快，因此存在一种利用焦平面上的光强分布快速反演入射波前相位的方法，称为线性相位反演算法。其基本原理简述如下：

入射孔径和成像焦平面上的复振幅分布可以用二维傅里叶变换关系表示,即

$$w(u,v)=F[A\exp[\mathrm{i}\varphi(x,y)]] \tag{4-63}$$

在焦平面上有一个成像探测器记录光强分布,即

$$I(\boldsymbol{u})=|w(\boldsymbol{u})|^2 \tag{4-64}$$

在入射孔径的相位分布 $\varphi(\boldsymbol{x})$ 上施加一个微小的扰动项 $\Delta\varphi(\boldsymbol{x})$,利用指数函数的近似关系,得到这时成像面上的复振幅分布为

$$\hat{w}(\boldsymbol{u})=F\{A\exp[\mathrm{i}\varphi(\boldsymbol{x})+\mathrm{i}\Delta\varphi(\boldsymbol{x})]\}\approx F\{A\exp[\mathrm{i}\varphi(\boldsymbol{x})]\cdot[1+\mathrm{i}\Delta\varphi(\boldsymbol{x})]\} \tag{4-65}$$

焦平面上复振幅分布的微扰量 $\Delta w(\boldsymbol{u})$ 与相位分布微扰量 $\Delta\varphi(\boldsymbol{x})$ 间存在线性关系,即

$$\Delta w(\boldsymbol{u})=w(\boldsymbol{u})-w(\boldsymbol{u})=F\{\mathrm{i}\Delta\varphi(\boldsymbol{x})\cdot A\exp[\mathrm{i}\varphi(\boldsymbol{x})]\} \tag{4-66}$$

施加相位微扰后焦平面上的光强分布也存在一个微扰量为

$$I(\boldsymbol{u})+\Delta I(\boldsymbol{u})=[w(\boldsymbol{u})+\Delta w(\boldsymbol{u})]^*\cdot[w(\boldsymbol{u})+\Delta w(\boldsymbol{u})] \tag{4-67}$$

$$\begin{aligned}\Delta I(\boldsymbol{u})=&w(\boldsymbol{u})^*\cdot\Delta w(\boldsymbol{u})+w(\boldsymbol{u})\cdot\Delta w(\boldsymbol{u})^*+\\&\Delta w(\boldsymbol{u})^*\cdot\Delta w(\boldsymbol{u})\approx 2\mathrm{Re}[w(\boldsymbol{u})^*\cdot\Delta w(\boldsymbol{u})]\end{aligned} \tag{4-68}$$

式中:星号“ * ”为复数的共轭;Re[·]为复数项的实部。

综合以上各式,得到结果:

$$\Delta I(\boldsymbol{u})\approx 2\mathrm{Re}\{F\{A\exp[\mathrm{i}\varphi(\boldsymbol{x})]\}^*\cdot F\{\mathrm{i}\Delta\varphi(\boldsymbol{x})\cdot A\exp[\mathrm{i}\varphi(\boldsymbol{x})]\}\} \tag{4-69}$$

说明焦平面上光强分布的微扰量与入射孔径上相位分布的微扰量间存在近似线性关系。这种线性关系可以用矩阵形式表示为

$$\Delta\boldsymbol{I}=\boldsymbol{H}\cdot\Delta\varphi \tag{4-70}$$

式中:$\boldsymbol{H}$ 为 $N^2\times M^2$ 的线性矩阵。

光强分布微扰量 $\Delta\boldsymbol{I}$ 为 $N^2\times 1$ 维的矢量,是把 $N\times N$ 的焦平面像素点展开为单列矢量而成。相位分布微扰量 $\Delta\varphi$ 为 $M^2\times 1$ 维的矢量,是把入射孔径上 $M\times M$ 的二维相位点阵列展开为单列矢量而成。

线性关系近似成立的条件是相位畸变量 $\Delta\varphi(\boldsymbol{x})$ 相对相位于初始相位 $\varphi(\boldsymbol{x})$ 足够小。如果待测的相位畸变有一定大小,那么初始相位 $\varphi(\boldsymbol{x})$ 必须足够大。在光学成像系统中插入具有一定大小的固有像差可以满足这个条件。

基于成像探测的线性相位反演算法,被测波前的模式系数与成像面上光强分布的关系可以用一对线性响应矩阵描述:

波前畸变用一系列波前模式的线性叠加表示为

$$\varphi(x,y)=\sum_{i=1}^{P}a_iM_i(x,y) \tag{4-71}$$

式中:a_i 为模式系数;$M_i(x,y)$ 为波前模式,如常用的 Zernike 多项式等;P 为模

式阶数。

波前相位分布的微扰量与各阶波前模式系数的微扰量 Δa_i 间存在线性关系：

$$\Delta\varphi(x,y) = \sum_{i=1}^{P} \Delta a_i M_i(x,y) \tag{4-72}$$

式(4-72)可以用矩阵形式表示为

$$\Delta\varphi = \boldsymbol{D} \cdot \Delta\boldsymbol{a} \tag{4-73}$$

式中：$\Delta\boldsymbol{a}$ 为 $P\times 1$ 维的矢量；$\boldsymbol{D}$ 为 $2M\times P$ 的长方矩阵。

易得各阶波前模式系数的微扰量与焦平面上光强分布微扰量间也存在线性关系：

$$\Delta\boldsymbol{I} = \boldsymbol{HD} \cdot \Delta\boldsymbol{a} = \boldsymbol{R} \cdot \Delta\boldsymbol{a} \tag{4-74}$$

从光强分布微扰量反演计算波前模式系数微扰量的过程为

$$\Delta\boldsymbol{a} = \boldsymbol{R}^{+} \cdot \Delta\boldsymbol{I} \tag{4-75}$$

式中：$\boldsymbol{R}^{+}$ 为长方矩阵 $\boldsymbol{R}$ 的伪逆矩阵，一般可以通过奇异值分解（SVD）的方法求解。

线性相位反演算法测量波前的系统结构如图 4-32 所示，主要包括成像系统、实现线性相位反演算法的波前处理机、标定系统用的参考平面波。测量入射波前之前，首先利用参考平面波标定成像系统的像差 $\boldsymbol{S}(\boldsymbol{x},\boldsymbol{y})$（记作系统像差），即记录参考平面波入射时的 CCD 信息 $\boldsymbol{I}_{\text{sys}}$（记作参考光强）；然后测量或计算线性矩阵 $\boldsymbol{H}$。测量入射波前像差 $\Delta\varphi(\boldsymbol{x},\boldsymbol{y})$ 时，首先将分光镜移开，然后波前处理机读取光强数据 $\boldsymbol{I}$ 并计算出 $\boldsymbol{I}$ 相对于参考光强 $\boldsymbol{I}_{\text{sys}}$ 的变化量 $\Delta\boldsymbol{I} = \boldsymbol{I} - \boldsymbol{I}_{\text{sys}}$，最后计算出入射波前像差 $\Delta\varphi(\boldsymbol{x},\boldsymbol{y})$。

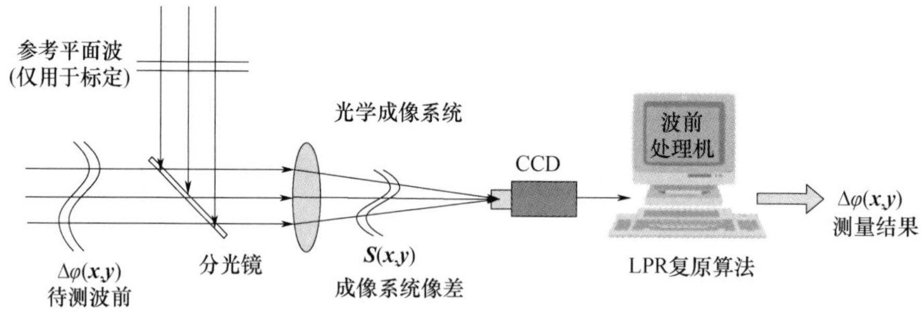

图 4-32 线性相位反演算法测量波前的系统结构

使用液晶空间光调制器（Liquid-Crystal Variable Retarder，LCVR）作为大气湍流相位屏，搭建了一个基于线性相位反演算法的波前测量系统，同时利用哈特曼波前传感器进行测量结果的对比。测量结果如图 4-33 所示。

实验结果表明，线性相位反演传感器对大气湍流像差是可以复原的，但只能针对小像差复原。

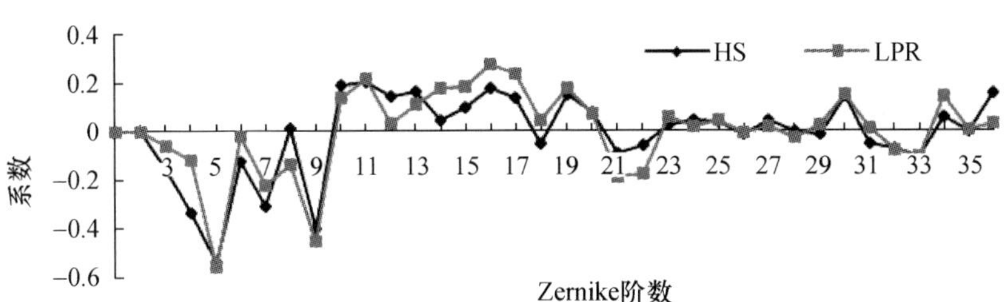

图4-33 采用HS和LPR方法得到的波前测量结果对比

4.3.4 棱锥波前传感器技术

1. 棱锥波前传感器发展

1996年,意大利的Ragazzoni首先提出利用四棱锥进行波前探测的思想[42],如图4-34所示。其基本原理:光束聚焦在棱锥顶点后进行四束分光,然后通过探测面上四个子光瞳像之间的强度差异来建立探测信号与波前的对应关系。与传统的哈特曼波前传感器一样,四棱锥波前传感器也是一种以波前斜率测量为基础的波前探测装置。与哈特曼波前传感器相比,棱锥波前传感器具有一些优点:①由于入射光束经过四棱锥以后在CCD探测面上形成四个子瞳像,每个子瞳像的光能量为入射波能量的1/4,所以其对光能的利用率更高;②棱锥波前传感器可以通过改变成像透镜的焦距,方便实现对空间采样率的调整;③在闭环工作情况下,随着调制幅度的降低,棱锥波前传感器的探测灵敏度要明显高于哈特曼波前传感器[43-45]。作为一种具有上述明显优势的新型波前传感器,棱锥波前探测技术从提出到现在虽然仅仅经历了10余年的时间,但其已经在理论分析和实际应用中均得到了快速发展。意大利的3.5m TNG(Telescopio Nazionale Galileo)望远镜系统在世界上率先采用了棱锥波前传感器作为波前畸变探测装置,并取得了实际观测效果[46-48];3.5m的Calar Alto望远镜系统也采用棱锥波前系统[49-52],LBT望远镜也将棱锥波前探测列入研究范畴[53]。另外,在人眼成像领域也采用了棱锥波前传感器,研究结果表明这种新型波前传感器通过更精确的波前探测,能够更有效地改善像差波前补偿[54]。

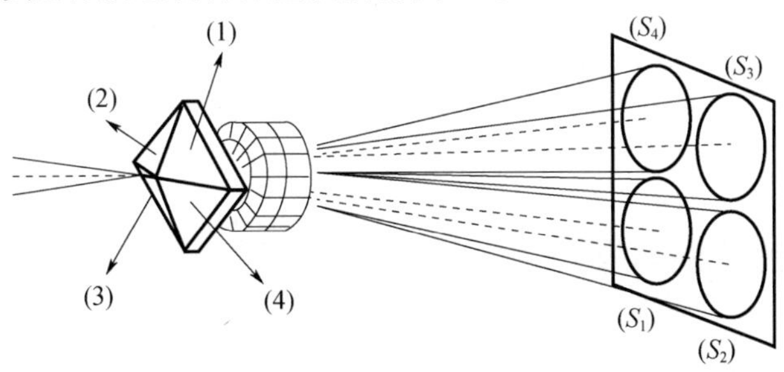

图4-34 棱锥波前传感器基本原理

2. 棱锥波前传感器工作原理

棱锥波前传感器在工作时一般采用调制的工作模式，既可以采用倾斜调制镜进行调制的工作方式，也可以采用棱锥自身调制运动的工作方式，目的都是为了让光线在棱锥的顶点处做圆周扫描运动，如图 4－35 所示。在扫描过程中，入射瞳面上 P 点的畸变光线会依次扫描通过棱锥的各个透射面，这样保证了 P_1 和 P_2 点有一定数量的光子被积分探测，即这两点可以探测到光强分布，从而避免了某一点明亮而某一点完全黑暗的情况，即避免信号饱和现象的出现。P_1 和 P_2 点的光强差中包含波前倾斜信息，因此从探测子瞳像的光强分布差异中可以恢复波前的斜率信息，进而利用波前重建算法得到波前畸变相位信息。

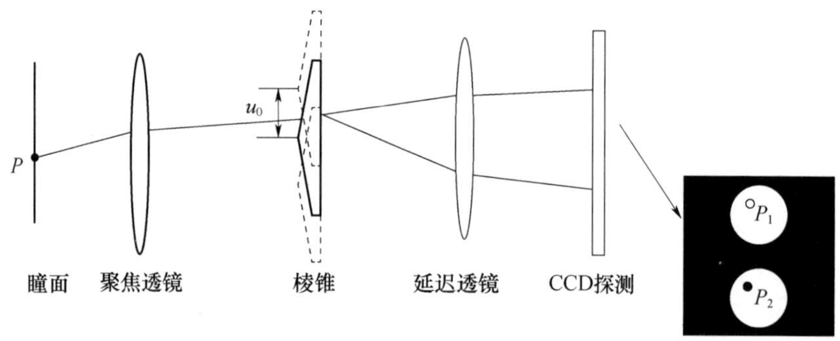

图 4－35　棱锥波前传感器在调制工作示意图

无调制时，P 点出射光线在焦平面 X 方向上的初始偏移量为 $f\cdot \mathrm{d}W(x)/\mathrm{d}x$。调制开始以后，设定棱锥的最大调制范围为 u_0，那么在一个调制周期内，P_1 和 P_2 点的强度 $I(P_1)$、$I(P_2)$ 与波前误差存在如下比例关系：

$$\frac{\mathrm{d}W(x)}{\mathrm{d}x}\propto u_0\cdot\frac{I(P_1)-I(P_2)}{I(P_1)+I(P_2)} \tag{4-76}$$

显然，调制幅度能够改变信号探测的动态范围。实际操作中，可以通过调整调制幅度范围改变探测的动态范围。

将上述结果推广至四棱锥形式，对应的图像光强分布如图 4－36 所示，此时对应的波前畸变相位在 X 和 Y 两个方向上的计算关系式为

$$\frac{\partial W(x,y)}{\partial x}\propto u_0\cdot\frac{I(P_1)+I(P_4)-I(P_2)-I(P_3)}{I(P_1)+I(P_2)+I(P_3)+I(P_4)} \tag{4-77}$$

$$\frac{\partial W(x,y)}{\partial x}\propto u_0\cdot\frac{I(P_1)+I(P_2)-I(P_3)-I(P_4)}{I(P_1)+I(P_2)+I(P_3)+I(P_4)} \tag{4-78}$$

3. 棱锥波前传感器的关键技术

1）棱锥角度分析

光束经过棱锥波前传感器的角度分布如图 4－37 所示。瞳面直径为 D，焦距为 f，对应焦比 $F=f/D$，则对应角度为

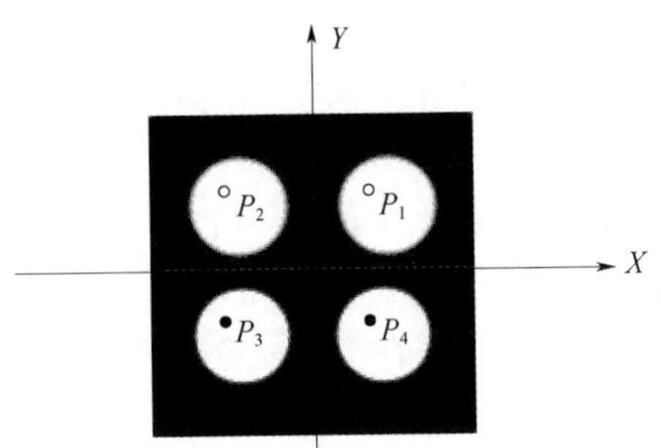

图4-36 四棱锥波前传感器图像光强分布

$$\gamma \approx \frac{D}{2f} = \frac{1}{2F} \tag{4-79}$$

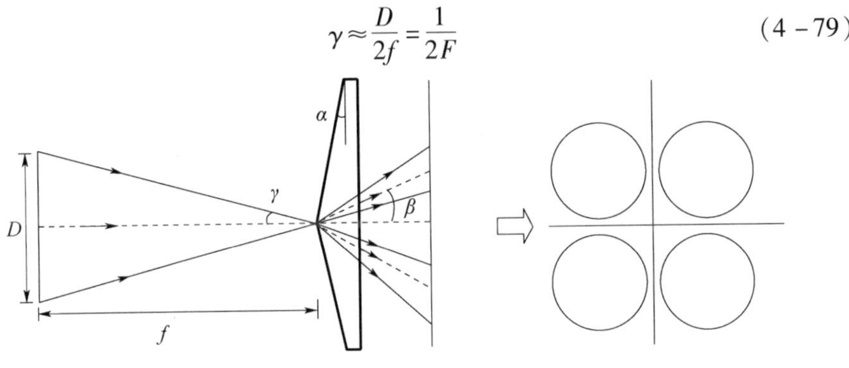

图4-37 棱锥波前传感器角度示意图

棱锥对光线的偏离作用可以用偏离角 β 表示，其与棱锥底面角 α 的对应关系为

$$\beta = (n-1) \cdot \alpha \tag{4-80}$$

式中：n 为棱锥对入射光的折射率。

如图4-40所示，为了避免CCD探测器上四个子瞳像相互覆盖，需要满足

$$\beta > \sqrt{2} \cdot \gamma \tag{4-81}$$

从而得到对棱锥底面角的约束条件为

$$\alpha > \frac{\sqrt{2}}{2(n-1) \cdot F} \tag{4-82}$$

当棱锥加工出来以后，其对应的底面角也随之确定，此时如果利用该棱锥作为波前传感器，则系统焦比需要满足

$$F > \frac{\sqrt{2}}{2(n-1) \cdot \alpha} \tag{4-83}$$

2）棱锥边缘和顶点要求

棱锥制造过程中一个难以避免的误差是边缘和顶点出现“平台”现象。如图4-38(a)表示棱锥边缘和顶点完善的情况，图(b)阴影区域则表示边缘制造

中引入的“平台”误差，特别是中央区域会出现一个矩形的顶点“平台”(假设四个棱锥侧面具有相同的“平台”误差尺度)。衍射极限情况下，在棱锥顶点处的聚焦光斑半径为 $1.22\lambda f/D$，试中，f 为系统成像焦距，D 为系统孔径尺寸，一般应用棱锥波前传感器时以能量损失 20% 作为棱锥制造误差的容限范围。例如，对于可见光中心波长 0.55 μm、成像焦比为 60 的系统，衍射斑尺寸为 40 μm，那么棱锥顶点和边缘的制造误差要保证在 10 μm 范围内。为了提高顶点制造精度，已经出现了一些其他的加工方法，如采用组合棱锥形式。

3）棱锥探测线性范围与调制的关系说明

棱锥波前传感器工作时，需要通过调制方式增大探测线性范围，如图 4－39 所示。无调制时棱锥波前探测的线性区间非常小，当调制逐渐增大过程时，则探测线性区间也随之得到提高。

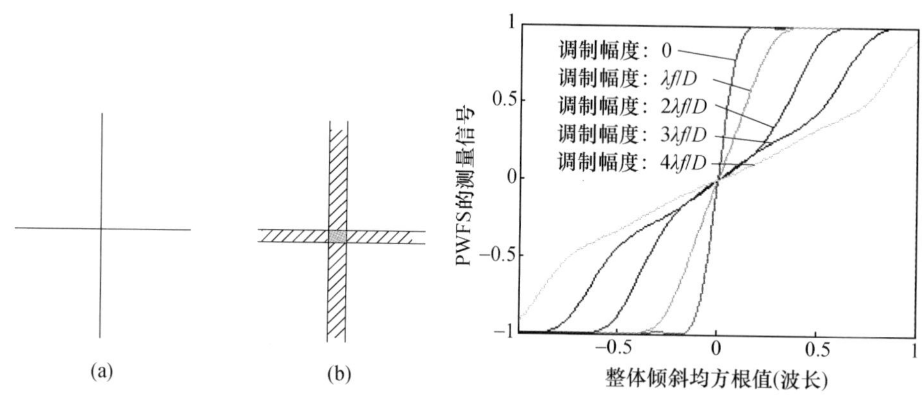

图 4－38　棱锥边缘和顶点“平台”误差示意图　图 4－39　调制幅度与探测信号的关系曲线

参考文献

[1] 周仁忠. 自适应光学[M]. 北京:国防工业出版社,1996.

[2] 姜文汉. 自适应光学技术. 成都:中国科学院光电技术研究所,2004.

[3] Roddier F, Curvature sensing and compensation:a new concept in adaptive optics[J]. Apply Optics, 1988, 27: 1224－1225.

[4] Gerchberg R W, Saxton W O. Phase determination for image diffraction plane pictures in the electron microscope[J]. Optik, 1971, 34: 275－284.

[5] Gerchberg R W, Saxton W O. A practical algorithm for the determination of phase from image and diffraction plane pictures[J]. Optic, 1972, 35: 227－246.

[6] Ximen J Y, Yan J W. Numeration examples of retrieving phase from electron microscope image and diffraction intensity[J]. Physics Journal, 1983, 32(6): 762－769.

[7] Gonsalves R A. Phase retrieval from modulus data[J]. J. Opt. Soc. Am., 1976, 66(9): 961－964.

[8] Foley J T, Butts R R. Uniqueness of phase retrieval from intensity measurements[J]. J. Opt. Soc. Am., 1981, 71(8): 1008－1013.

[9] 波恩 M,沃耳夫 E. 光学原理[M]. 北京:科学出版社,1978.

[10] Fisher A D, Warde C. Technique for real – time high – resolution adaptice phase compensation[J]. Optics Letters, 1983, 8(7):354 –355.

[11] Freischlad K, Koliopoulos C L. Wavefront reconstruction from noisy slope or difference data using the discrete Fourier transform[C]. SPIE, 1985,551: 74 –80.

[12] 钱克矛,续伯钦,伍小平. 光学干涉计量中的相位测量方法[J]. 实验力学,2001,16(3):339 –349.

[13] 白福忠. 基于自参考波前传感器与液晶空间光调制器的自适应光学系统[D]. 成都:中国科学院光电技术研究所,2008.

[14] 顾乃庭. 波前传感器与校正器自动对准及径向剪切干涉波前探测技术[D]. 成都:中国科学院光电技术研究所,2012.

[15] Smartt R N, Steel W H. Theroy and application of point – diffraction interferometer[J]. Jpn. J. Appl. Phys,1975, 14: 351 –356.

[16] Millerd James, Brock Neal, Hayes John, et al. Pixelated phase – mask dynamic interferometer[C]. SPIE, 2004,5531, 304 –313.

[17] Bai Fuzhong, Rao Changhui, Phase – shifts $n\pi/2$ calibration method for phase – stepping interferometry[J]. Optics Express, 2009, 17(19): 16861 –16868.

[18] Brown D S. Radial shear interferometry [J]. J. Sci. Instrum. , 1962, 39: 71,72.

[19] HariHaran P, Sen D. Radial shearing interferometer [J]. J. Sci. Instrum, 1961, 38(11): 71,72.

[20] Murty M V R K. A compact radial shearing interferometer based on the law of refraction [J]. Applied Optics, 1964, 3(7): 854 –857.

[21] Malacara D. Mathemacal interpretation of radial shearing interferometer [J]. Applied Optics, 1974, 13 (8): 1781 –1784.

[22] Kothiyal M P, et al. Shearing interferometer for phase shifting interferometry with polarization phase shifter [J]. Applied Optics, 1985, 24(24):4439 –4442.

[23] 顾乃庭,白福忠,刘珍,等. 环形共光路点衍射干涉仪[J]. 光学技术,2014(5):421 –424.

[24] Gu Naiting, Huang Linhai, Yang Zeping, et al. A single – shot common – path phase – stepping radial shearing Interferometer for wavefront measurement[J]. Optics Express, 2011, 19(5):4703.

[25] Jeong Tae Moon, Ko Do – Kyeong. Method of reconstructing wavefront aberrations by use of Zernike polynomials in radial shearing interferometers [J]. Optics Letters, 2007, 32(3):232 –235.

[26] Li D, Wen F, Wang Q, et al. Improved formula of wavefront reconstruction from a radial shearing interferogram [J]. Optics Letters, 2008,33: 210 –212.

[27] Gu Naiting, Huang Linhai, Yang Zeping, et al. Modal wavefront reconstruction for radial shearing interferometer with lateral shear[J]. Optics Letters, 2011, 36(18):3693 –3695.

[28] Gerchberg R W, Saxton W O. A pratical algorithme for the determination of phase from image and diffraction plane pictures[J]. Optik, 1972,35:237 –246.

[29] 李新阳,李敬. 一种线性相位反演波前测量方法的原理和性能初步分析[J]. 光学学报,2007,27 (7):1211 –1216.

[30] Fienup J R. Phase retrieval algorithms: A comparison[J]. Appl. Opt. 1982,21:2758 –2769.

[31] Cederquist J N. Wavefront estimation from Fourier intensity[J]. JOSA. A,1989,6:1020 –1026.

[32] Yang Guo zhen, Dong Bizhen, Gu Ben yuan. Gerchberg – Saxton and Yang – Gu algorithmsfor phase retrieval in a nonunitary transformsystem: a comparison[J]. Applied Optics, 1994, 33: 209 –218.

[33] Paxman R G, Fienup J R. Optical Misalignment Sensing and Image Reconstruction Using PhaseDiversity[J]. J. Opt. Soc. Am,1989, A 5:914 –923.

[34] Paxman R G, Schulz T J,Fienup J R. Joint Estimation of Object and Aberrations Using PhaseDiversity[J]. J. Opt. Soc. Am,1992, A 9:1072 – 1085.

[35] Bolcar M R,Fienup J R. Method of phase diversity in multi – aperture systems utilizing individual sub – aperture control[C]. In Unconventional Imaging, Proc. SPIE,2005.

[36] Nakajima Nobuharu. Reconstruction of phase objects from experimental far field intensities by exponential filtering[J]. Applied Optics, 1990,29: 3369 – 3374.

[37] Jeong Tae Moon, Ko Do – Kyeong, Leel Jongmin. Method of reconstructing wavefront aberrationsfrom the intensity measurement[J]. Optics Letters, 2007,32:3507 – 3509.

[38] Jeong Tae Moon, Ko Do – Kyeong, Lee Jongmin. Method of reconstructing wavefront aberrationsfrom the intensity measurement December[J]. 15, 2007 / Vol. 32, No. 24 / Optics Letters 2007, 32(24).

[39] Almoro Percival, Pedrini Giancarlo, Osten Wolfgang. Complete wavefront reconstruction using sequential intensity measurements of a volume speckle field 8596 Applied Optics 2006,45(34).

[40] 敖明武，杨平，杨泽平. ICF 系统全光路像差测量与校正方法[J]. 强激光与粒子束，2008, 20(1): 91 –95.

[41] Luo Qun,Huang Lin – Hai,Gu Nai – ting,et al. Experimental studying on Advanced Phase Diversity wavefront sensing with a diffraction grating[J]. Optics Express, 2012, 20(11):12509 – 66.

[42] Ragazzoni Roberto. Pupil plane wavefront sensing with an oscillating prism[J]. Journal of Modern Optics. 1996, 43(2): 289 – 293.

[43] Ragazzoni R, Farinato J. Sensitivity of a pyramidic wave front sensor in closed loop adaptive optics[J]. Astron Astrophys,1999, 350:L23 – L26.

[44] Iglesias Ignacio, Ragazzoni Roberto, Julien Yves, et al. Extended source pyramid wave – front sensor for the human eye[J]. Optics Express. 2002, 10(9): 419 – 428.

[45] Vérinaud C, Louarn M Le, Korkiakoski V, et al. Adaptive optics for high – contrast imaging: pyramid sensor versus spatially filtered Shack – Hartmann sensor[J]. Mon. Not. R. Astron. Soc. 2005, 357: L26 – L30.

[46] Ragazzoni Roberto Esposito Simone, Ghedina Adriano, et al. The pyramid wavefront sensor aboard AdOpt @TNG and beyond: a status report[C]. SPIE, 2002, 4494: 181 – 187.

[47] Ghedina A W Gaessler, Cecconi M, et al. Latest developments on the loop control system of AdOpt@ TNG [C]. SPIE, 2004, 5490: 1347 – 1355.

[48] Cecconi M, Ghedina A, Bagnara P, et al. Status progress of AdOpt@ TNG and offer to the international astronomical community[C]. SPIE, 6272: 6272G1 – 6272G8.

[49] Costa Joana Buechler,Hippler Stefan,Feldt Markus, et al. PYRAMIR: A near – infrared pyramid wavefront sensor for the Calar Alto Adaptive Optics System[C]. SPIE, 2003, 4839: 280 – 287.

[50] Costa Joana Büchler,Feldt Markus, Wagner Karl, et al. Status report of PYRAMIR – a near – infrared pyramid wavefront sensor for ALFA[C]. SPIE. 2004, 5490: 1189 – 1199.

[51] Ligori Sebastiano, Grimm Bernhard, Hippler Stefan. Performance of PYRAMIDR detector system[J]. SPIE, 2004, 5490: 1278 – 1285.

[52] Feldt M,Peter D,Hippler S, et al. PYRAMIR: first on – sky results from aninfraredpyramid wavefront sensor[C]. SPIE, 2006, 6272: 627218.

[53] Esposito S,Tozzi A,Ferruzzi D, et al. First light adaptive optics system for Large Binocular Telescope[C]. SPIE, 2003, 4839: 164 – 173.

[54] Chamot Stéphane R,Dainty Chris. Adaptive optics for ophthalmic applications using a pyramid wavefront sensor[J]. Optics Express. 2006, 14(2): 518 – 526.

第5章 哈特曼波前传感器技术

5.1 哈特曼波前传感器工作原理

哈特曼波前传感器由微透镜阵列和放置在微透镜阵列焦平面上的光电探测器组成，大多数情况下光电探测器使用的是 CCD 相机，如图 5-1 所示。微透镜阵列作为波前分割元件，对入射波前进行子孔径分割，并且将每个子孔径内的入射波前聚焦于微透镜的焦平面上，CCD 相机作为光探测器件记录下每个子孔径内聚焦光斑在焦平面处的光能分布状况[1,2]。

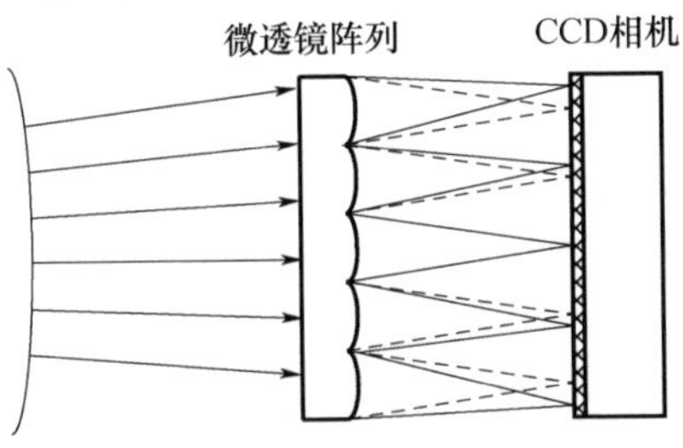

图 5-1 哈特曼波前传感器的基本结构

其工作原理可以通过几何光学的方法来解释，如图 5-1 所示。入射到哈特曼波前传感器光瞳面上的波前被微透镜阵列进行子孔径分割，在每个子孔径的小区域内光波前被微透镜聚焦并且成像在 CCD 相机上。在子孔径分割的过程中，子孔径内的光波前被等效为带有倾斜的平面波前，如图 5-2 所示。

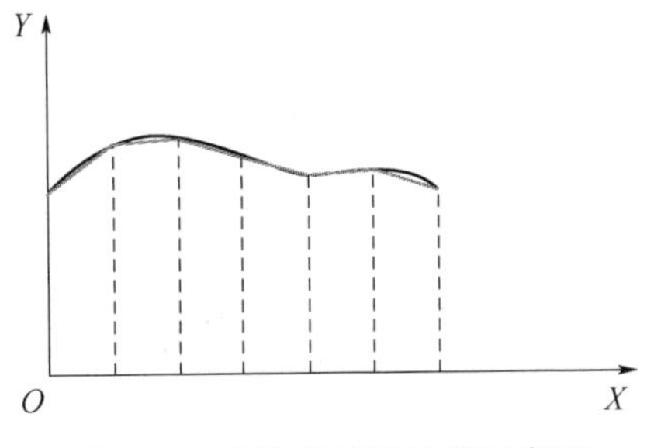

图 5-2 子孔径采样波前示意图

与 XZ 平面成 θ 角的平面波前入射到微透镜上后,其聚焦光斑会偏离微透镜的焦点,聚焦于微透镜的焦平面上并且与焦点距离为 ΔY(图 5－3)。那么距离 ΔY 与偏角 θ 的数量关系满足

$$\tan\theta = \frac{\Delta Y}{f} \tag{5-1}$$

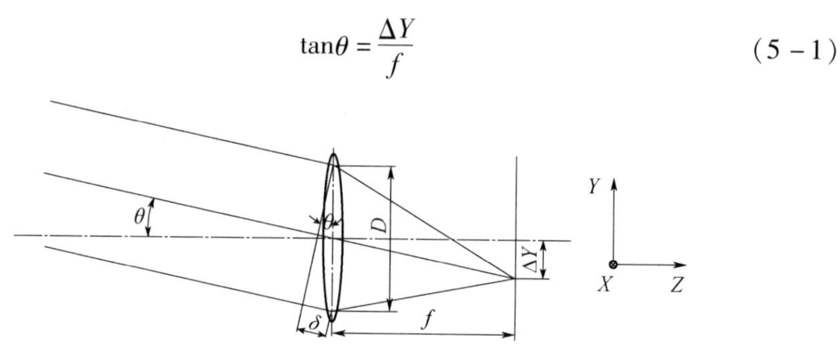

图 5－3 微透镜成像原理

由于对于已知的微透镜阵列其微透镜的焦距 f 为已知,或者通过标定的方法将其精确确定。光斑相对于微透镜焦点的偏移量 ΔY 可以通过光斑质心计算获得的光斑坐标计算出来。那么,入射波前对应到每个子孔径上的局部斜率可以通过光斑的相对偏移量获得。

入射波前的波前局部波前斜率可表示为

$$K = \tan\theta \approx \sin\theta = \frac{\delta}{D} \tag{5-2}$$

式中:D 为子孔径的口径;δ 为对应到子孔径上的波前误差。

综合式(5－1)、式(5－2),只要计算出由于波前误差导致的聚焦光斑相对于微透镜焦点的偏移量 ΔY,就可以得到波前的局部斜率。在已知通光孔径和微透镜阵列的子孔径大小的情况下,对应到孔径上的波前误差同样可以获得。以上是仅对 Y 方向上的波前误差的计算方法进行了详细的讲解。同理,只要得到光斑相对于微透镜的焦点在 X 方向上的偏移量 ΔX,就可以得到波前在 X 方向上的波前误差。

根据式(5－2)的描述,可以获得波前在 X、Y 方向上的二维局部斜率,设入射波前为 $W(X,Y)$,那么入射波前的二维局部斜率可表示为

$$\frac{\delta W(X,Y)}{\delta X} = \frac{\Delta X}{f} \quad \frac{\delta W(X,Y)}{\delta Y} = \frac{\Delta Y}{f} \tag{5-3}$$

式(5－3)建立了入射波前与局部斜率的数量关系,只要通过一定的波前复原算法,就可以获得入射到传感器光瞳面上的畸变波前。

5.2 哈特曼波前传感器波前复原方法

经过以上对哈特曼波前传感器工作原理的介绍之后,可知哈特曼波前传感

器是通过测量波前局部斜率来复原入射波前的。本节将详细讲述整个波前复原的全过程，有多种波前复原的方法，如模式法、区域法等[3-5]。

波前复原的整个复原过程包括质心计算、斜率计算和波前复原三个步骤。

质心计算是哈特曼波前传感器进行波前复原中首先要做的工作，从以上的讲述可以知道，哈特曼波前传感器在工作前需要标定，也就是找到微透镜的焦点位置从而计算波前的局部斜率。哈特曼波前传感器的波前复原中，主要是根据下式计算光斑的位置(x_i, y_i)，从而探测全孔径的波面误差信息：

$$\begin{cases} x_i = \dfrac{\sum\limits_{m=1}^{M}\sum\limits_{n=1}^{N} x_{nm} I_{nm}}{\sum\limits_{m=1}^{M}\sum\limits_{n=1}^{N} I_{nm}} \\ y_i = \dfrac{\sum\limits_{m=1}^{M}\sum\limits_{n=1}^{N} y_{nm} I_{nm}}{\sum\limits_{m=1}^{M}\sum\limits_{n=1}^{N} I_{nm}} \end{cases} \tag{5-4}$$

每个子孔径焦面的探测区域为 $M \times N, m = 1 \sim M, n = 1 \sim N$ 为子孔径映射到CCD光敏靶面上对应的像素区域，I_{nm} 为CCD光敏靶面上第(n, m)个像素接收到的信号，x_{nm}、y_{nm}分别为第(n, m)个像素的 x 坐标和 y 坐标。

根据下式计算入射波前的波前斜率：

$$\begin{cases} g_{xi} = \dfrac{\Delta x}{f} = \dfrac{x_i - x_0}{f} \\ g_{yi} = \dfrac{\Delta y}{f} = \dfrac{y_i - y_0}{f} \end{cases} \tag{5-5}$$

式中：(x_0, y_0)为标定光波前形成的光斑阵列图像的质心位置；(x_i, y_i)为测量波前形成光斑阵列图像的质心位置；i 为对应的子孔径序号；f 为微透镜阵列的焦距。

以测量斜率为基础的波前传感器只能直接测量出各子孔径的波前平均斜率数据，但自适应光学系统校正的是波前相位误差，所用的方法是在波前校正器的每个驱动器上施加校正电压以直接引入波前相位补偿。为了将波前传感器所测的量转化为波前相位误差或驱动器上的校正量，必须用一种算法来建立测量值和校正值之间的联系。这种算法称为波前复原算法。

波前复原算法是自适应光学中的关键技术问题之一，人们对此进行了广泛的研究并提出了多种算法，主要有区域法、模式法和直接斜率法。前两种是复原出波前误差，而直接斜率法则是直接求出每一个驱动器上应施加的电压。

5.2.1 区域法

波前上任意两点之间的相位存在下面关系：

$$\varphi(\rho) = \int_c \nabla\varphi \mathrm{d}s + \varphi(\rho_0) \tag{5-6}$$

式中：∇为哈密顿算子；c 为积分路径，此积分与路径无关。

当存在测量噪声的情况下，上一积分与路径有关，这就需要寻找更合适的关系式。

设测量得到的波前梯度为 $g(x,y)$，其中包括波前真正的梯度$\nabla\varphi$ 和噪声 $n(x,y)$，即

$$g(x,y) = \nabla\varphi + n(x,y) \tag{5-7}$$

在最小二乘意义上，有

$$\int(\nabla\varphi - g)^2 \mathrm{d}x\mathrm{d}y = \min \tag{5-8}$$

这是一个变分问题，它满足欧拉方程

$$\nabla^2\hat{\varphi} = \nabla g \tag{5-9}$$

式中：$\hat{\varphi}$ 为在最小二乘意义上对 φ 的估计。

式(5－9)是一椭圆微分方程。在波前相位估计的情况下梯度是已知的，所以变为纽曼(Neumann)边界值问题。在波前估计问题上存在着唯一解。

最小二乘解的误差为

$$\varepsilon = \hat{\varphi} - \varphi \tag{5-10}$$

式(5－9)同样满足式(5－10)，即

$$\nabla^2\varepsilon = \nabla n \tag{5-11}$$

在每个子孔径上波前相位可以离散化，可以用 N 个点取代连续面。这样一个完整波前被细分成$(N-1)^2$子区间(子孔径)。现在的问题是，如何利用子孔径边界上测量的波前梯度或相位差数据重构整波前相位，这种方法称为区域法估计相位波前。

根据测量参数的性质(梯度或相位差)和重构波前相位的位置，以及重构的算法不同，可以由许多具体的重构波前方法。按照相位测量点与重构点的相对位置不同，有(Hudgin 休晋)模型、(Fried 弗雷德)模型、(Shouthwell 绍斯威尔)模型三种重要的重构模型。如图 5－4 所示。

1. Hudgin 模型

测量数据是栅格点间的相位差，重构相位的点在栅格点上。对于任一子孔径来说，因为 h 很小，可以认为

$$\begin{cases}\Delta\varphi_x = \varphi_{i+1,j+1} - \varphi_{i,j+1} = \varphi_{i+1,j} - \varphi_{i,j} \\ \Delta\varphi_y = \varphi_{i+1,j+1} - \varphi_{i+1,j} = \varphi_{i,j+1} - \varphi_{i,j}\end{cases} \tag{5-12}$$

设子孔径内各处的波前斜率相同，则

$$\begin{cases}g_x = \Delta\varphi_x/h = \varphi_{i+1,j} - \varphi_{i,j} \\ g_y = \Delta\varphi_y/h = \varphi_{i,j+1} - \varphi_{i,j}\end{cases} (i=1\sim(N-1);j=1\sim N) \tag{5-13}$$

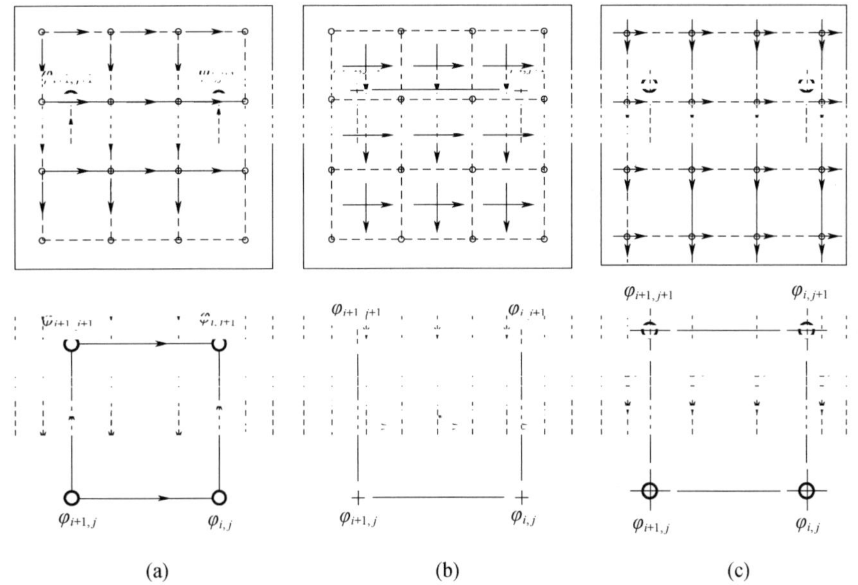

图5-4　重构网点模型(○表示带估计的相位点;方向箭头→↓表示测量数据的位置和方向)
(a)Hudgin 模型;(b)Fried 模型;(c)Shouthwell 模型。

式(5-13)表明,在区域内斜率是连续的,但在边界上不连续,区域内的相位按线性规律变化。

2. Fried 模型

设待定相位点位置在栅格点上,测量斜率的位置在区域的中心。在计算区域中央的斜率时,取边界相位的平均值,即

$$\begin{cases} g_x = \dfrac{1}{h}\left[\dfrac{1}{2}(\varphi_{i+1,j+1} + \varphi_{i+1,j}) - \dfrac{1}{2}(\varphi_{i,j+1} + \varphi_{i,j})\right] \\ g_y = \dfrac{1}{h}\left[\dfrac{1}{2}(\varphi_{i+1,j+1} + \varphi_{i,j+1}) - \dfrac{1}{2}(\varphi_{i+1,j} + \varphi_{i,j})\right] \end{cases} \tag{5-14}$$

这一模型的波前斜率在区域内也是连续的,相位仍是线性变化的,在边界上也同样不连续。

3. Shouthwell 模型

此时测量数据和待估计的相位均在栅格点上,可以认为,相邻栅格点的相位差与邻栅格点间中点的斜率对应,即

$$\begin{cases} \dfrac{1}{2}(g^x_{i+1,j} + g^x_{i,j}) = \dfrac{1}{h}(\varphi_{i+1,j} - \varphi_{i,j}) \\ \dfrac{1}{2}(g^y_{i,j+1} + g^x_{i,j}) = \dfrac{1}{h}(\varphi_{i,j+1} - \varphi_{i,j}) \end{cases} \quad (i=1\sim(N-1);j=1\sim N) \tag{5-15}$$

按照这一模型,区域内部的斜率是连续线性变化的,所以待估计的相位将按抛物线规律变化,这将有利于精确估计相位。除去以上三个方程外,还可以用样

条函数内插获得更精确的结果。上述三个方程可以用矩阵表示,即

$$\boldsymbol{G}=\boldsymbol{A}\boldsymbol{\Phi} \tag{5-16}$$

式中:$\boldsymbol{G}$ 为 M 维梯度矢量;$\boldsymbol{\Phi}$ 为 K 维相位矢量;$\boldsymbol{A}$ 为 $M\times K$ 矩阵。

在归一化情况下,$\boldsymbol{A}$ 是由 +1、0 和 -1 等元素组成,由于计算区域的相位只利用子孔径边界上的测量数据,所以 $\boldsymbol{A}$ 是稀疏矩阵。

5.2.2 Zernike 模式波前复原算法

当被测波前在圆域内时,通常采用一组 Zernike 多项式描述:

$$\Phi(x,y)=a_0+\sum_{k=1}^{n}a_kZ_k(x,y)+\varepsilon \tag{5-17}$$

式中:a_0为平均相位波前;a_k为第 k 项 Zernike 多项式系数;Z_k为第 k 项 Zernike 多项式;ε 为波前相位测量误差。

通过斜率测量值求出波前误差的各个模式系数后,就可以得到整个波前的表达式,进而求出每个控制点的波前误差。例如,对于哈特曼波前传感器,子孔径内的斜率数据与 Zernike 多项式系数的关系为

$$\begin{cases} G_X(i)=\sum\limits_{k=1}^{n}a_k\dfrac{\iint\limits_{S_i}\dfrac{\partial Z_k(x,y)}{\partial x}\mathrm{d}x\mathrm{d}y}{S_i}+\varepsilon_x=\sum\limits_{k=1}^{n}a_kZ_{xk}(i)+\varepsilon_x \\ G_Y(i)=\sum\limits_{k=1}^{n}a_k\dfrac{\iint\limits_{S_i}\dfrac{\partial Z_k(x,y)}{\partial y}\mathrm{d}x\mathrm{d}y}{S_i}+\varepsilon_y=\sum\limits_{k=1}^{n}a_kZ_{yk}(i)+\varepsilon_y \end{cases} \tag{5-18}$$

式中:ε_x、ε_y 为波前相位测量误差;n 为模式阶数;S_i为子孔径的归一化面积。

m 个子孔径斜率 n 项 Zernike 系数的关系用矩阵表示为

$$\begin{bmatrix} G_x(1)\\ G_y(1)\\ G_x(2)\\ G_y(2)\\ \vdots\\ G_x(m)\\ G_x(m) \end{bmatrix}=\begin{bmatrix} Z_{x1}(1) & Z_{x2}(1) & \cdots & Z_{xn}(1)\\ Z_{y1}(1) & Z_{y2}(1) & \cdots & Z_{yn}(1)\\ Z_{x1}(2) & Z_{x2}(2) & \cdots & Z_{yn}(2)\\ Z_{y1}(2) & Z_{y2}(2) & \cdots & Z_{yn}(2)\\ \vdots & \vdots & & \vdots\\ Z_{x1}(m) & Z_{x2}(m) & \cdots & Z_{xn}(m)\\ Z_{y1}(m) & Z_{y2}(m) & \cdots & Z_{yn}(m) \end{bmatrix}\begin{bmatrix} a_1\\ a_2\\ \vdots\\ a_n \end{bmatrix}+\begin{bmatrix} \varepsilon_1\\ \varepsilon_2\\ \varepsilon_3\\ \varepsilon_4\\ \vdots\\ \varepsilon_{2m-1}\\ \varepsilon_{2m} \end{bmatrix} \tag{5-19}$$

记为

$$\boldsymbol{G}=\boldsymbol{D}\boldsymbol{A}+\boldsymbol{\varepsilon} \tag{5-20}$$

Zernike 函数偏导数的不完全正交性以及在有限的采样点上函数的非正交性都有可能使矩阵 $\boldsymbol{D}$ 的秩不完备,且方程的条件数也不一样。对于任意的 $2m$ 和 n,上述方程的最小二乘解可用广义逆 $\boldsymbol{D}^+$ 表示:

$$\boldsymbol{A}=\boldsymbol{D}^{+}\boldsymbol{G}+(\boldsymbol{I}-\boldsymbol{D}^{+}\boldsymbol{D})\boldsymbol{Y} \tag{5-21}$$

式中：$\boldsymbol{Y}$ 为任意矢量。

当 $Y=0$ 时，方程在最小二乘 $\|\boldsymbol{D}^{+}\boldsymbol{D}-\boldsymbol{A}\|=\min$ 和最小范数 $\|\boldsymbol{A}\|=\min$ 意义下的解为

$$\boldsymbol{A}=\boldsymbol{D}^{+}\boldsymbol{G} \tag{5-22}$$

式中：$\|\cdot\|$ 为欧几里得范数。

这样，只要求出 $\boldsymbol{D}$ 的逆矩阵 $\boldsymbol{D}^{+}$，即可以求出 Zernike 系数 a_k，计算出波前相位。计算 $\boldsymbol{D}$ 的逆矩阵 $\boldsymbol{D}^{+}$ 的方法通常有普通最小二乘法、Gram－Schmidt（格兰－史米特）正交化法和奇异值分解法三种。

1. 最小二乘解

直接对式(5－22)应用最小二乘法，其正则方程为

$$\boldsymbol{D}^{\mathrm{T}}\boldsymbol{D}\boldsymbol{A}=\boldsymbol{D}^{\mathrm{T}}\boldsymbol{G} \tag{5-23}$$

如果 $\boldsymbol{D}$ 为列满秩矩阵，则 $\boldsymbol{D}^{\mathrm{T}}\boldsymbol{D}$ 是一个对称正定矩阵，因而正则方程组存在唯一解，其解是式(5－22)的最小二乘解。

由于 Zernike 多项式大部分低阶偏导数的正交性，所以系数 $\boldsymbol{A}$ 可以独立的通过斜率的加权和得以确定。另外，Zernike 多项式部分低阶项不正交，则 $\boldsymbol{D}^{\mathrm{T}}\boldsymbol{D}$ 不再是对角阵，直接构造的正则方程将出现病态，从而引入计算误差。

2. Gram－Schmidt 正交解

由于直接求 $\boldsymbol{D}^{\mathrm{T}}\boldsymbol{D}$ 的计算误差可能导致矩阵奇异，同时解的条件数会大大增加，故引入 Gram－Schmidt 方法。先给定正交函数 q，用 q 展开波前相位 φ，再通过最小二乘法求得展开系数 $\boldsymbol{B}$，最后根据 $\boldsymbol{B}$ 与 Zernike 多项式展开系数 A 之间的关系，求得系数 $\boldsymbol{A}$。

设正交函数 $q_i(\rho)$ 对全部数据是正交的，即

$$\sum_{i=1}^{N} q_u(\rho_i)q_r(\rho_i)=\delta_{ur} \tag{5-24}$$

式中：δ_{ur} 为克罗内克符号。

用 $q_i(\rho)$ 展开波前相位，有

$$\varphi(\rho_i)=\sum_{j=1}^{N} b_j q_j(\rho_i) \tag{5-25}$$

使

$$\sum_{i=1}^{M}\left[\varphi(\rho_i)-\sum_{j=1}^{N} b_j q_j(\rho_j)\right]^2=\min$$

便得到最小二乘解

$$\boldsymbol{B}=(\boldsymbol{Q}^{\mathrm{T}}\boldsymbol{Q})^{-1}\boldsymbol{Q}^{\mathrm{T}}\boldsymbol{G} \tag{5-26}$$

式中：$\boldsymbol{Q}$ 为列间正交，则

$$\boldsymbol{Q}^{\mathrm{T}}=\boldsymbol{Q}^{-1}$$

$$B = Q^{\mathrm{T}}G \tag{5-27}$$

将(5-23)的矩阵 D 分解为 $D = QR$,其中 R 为 $n \times n$ 阶上三角矩阵,于是

$$R = Q^{-1}D = QTD$$

因为 $G = QB = DA$ 则

$$B = RA \tag{5-28}$$

有了新函数系 b_j 和三角矩阵 R,再利用矩阵求逆法,即可求得 Zernike 函数的系数 A。因为 R 是三角矩阵,R^{-1} 易于求解,故

$$A = R^{-1}B \tag{5-29}$$

3. 奇异值分解法

使用一系列选主元的豪斯荷德(Householder)变换和带原点移位的 QR 分解方法对矩阵 A 实行奇异值分解:

$$A = USA^{\mathrm{T}} \tag{5-30}$$

式中:$U(m \times r)$、$V(n \times r)$ 为次酉矩阵(r 个标准正交列矢量并排构成的矩阵);U、V 分别为矩阵 A 的左右奇异值矢量;$S(r \times r)$ 为含有矩阵 A 奇异值的对角矩阵,即

$$S = \mathrm{diag}(\sigma_1, \sigma_2, \cdots, \sigma_r), r = \min(2m, n), \sigma_1 \geqslant \sigma_2 \geqslant \cdots \geqslant \sigma_r \geqslant 0 \tag{5-31}$$

于是描述方程的最小二乘最小范数解的广义逆有如下形式:

$$A^{+} = VS^{+}U \tag{5-32}$$

奇异值分解法是一种数值稳定性相当好的算法,不论矩阵条件数如何,用奇异值分解方法得到的广义逆求解方程,在最小二乘最小范数意义下都能得到稳定解。

5.3 哈特曼波前传感器性能参数

评定哈特曼波前传感器性能常用的指标有绝对精度、重复精度、动态范围、灵敏度。生产哈特曼波前传感器的厂家如 WaveFront Sciences、Imagine Optic、Spotoptics,也主要是从其中一个或几个方面来评价。

1. 绝对精度

绝对精度定义为探测器测量一个已知波前的能力。其本质是衡量实际输入波前和测量得到的波前的差异。影响绝对精度的因素很多,如果针对哈特曼波前传感器的固有误差源,可以把绝对精度分为微观精度和宏观精度。

微观精度和质心算法计算的光斑坐标与真实的透镜主光线在 CCD 上的聚焦的光斑位置之间的差别有关。这个问题可分为两方面讨论:一方面只有当光斑具有旋转对称的情况下,主光线聚焦的位置就是质心算法得到的光斑位置。只要存在其他像差,如彗差,二者就不再一致。另一方面确定光斑真实质心的不确定性。一般说来,覆盖越多像素的光斑的质心位置通过质心算法得到的也越

准确。但是,已经有文献证明了光斑范围超过4个像素时,通过质心算法得到的光斑质心位置就足够准确。

宏观精度可以认为是由于有限数目的透镜阵列对波前进行采样时而引入的误差。一般说来,透镜阵列越密集,复原波面的精度也就越高。对于二者之间的关系不能推导一个普适的关系式,因为两者之间的关系和具体的入射波前有关。我们提出一种新的确定哈特曼波前传感器空间采样率的一种方法,发现在复原波面时,并不是透镜阵列越密集复原精度就越高,而是透镜阵列密集到一定程度后复原精度就不会再随着透镜阵列数目的增加而明显提高[6]。

2. 重复精度

对于一个给定的不变波前,重复精度是指对不变的入射波前测量结果的起伏。影响传感器重复精度的因素很多,如CCD读出的噪声、信噪比等随机的或与时间有关的一些因素。它反映了随机误差对探测结果的影响程度[7]。

3. 动态范围

关于动态范围的定义或描述有很多,从本质上可看成测量到的最大的波前倾斜。

动态范围取决于单个子透镜可以测量的最大角度和透镜总数。其中:

$$\theta_{\max}=\frac{\frac{d}{2}-\rho}{f}=\left(\frac{N_{\mathrm{Fr}}}{2}-1\right)\frac{\lambda}{d} \tag{5-33}$$

$$N_{\mathrm{Fr}}=\frac{d^2}{f\lambda} \tag{5-34}$$

故式(5-33)变为

$$\theta_{\max}=\frac{d}{2f}-\frac{\lambda}{d} \tag{5-35}$$

对于一个子透镜可以测量的最大波前为

$$W_{\max,1}=\theta_{\max}d \tag{5-36}$$

整个哈特曼波前传感器可以测得的最大波前取决于所测波前畸变的类型以及子透镜可以测得的最大波前。对由于倾斜造成的波前畸变,整个透镜阵列可以测得的最大波前为 $W_{\max,1}\times N_1$。对于 n 阶 Zernike 畸变的波前,最大可以测量的波前 $W_{\max,1}=\frac{N_{\mathrm{Fr}}N_1\lambda}{4n}$。故可以通过用一个短焦距的透镜阵列和增加子透镜数目增大动态范围。但是短焦距会使得每个焦斑所占的像素数目大大减小,从而降低探测精度。所以增加动态范围和提高测量精度不能兼得的,在设计哈特曼波前传感器时,会根据实际要求来对它们进行取舍[8]。

4. 灵敏度

灵敏度定义为能够探测到的最小波前斜率。灵敏度对能探测一个非常小的光斑偏移量并把它变换成一个波前的变化非常关键。能够探测到的最小斜率可表达成光斑偏移量和透镜阵列焦距的比值。因此灵敏度能表达成探测到的最小的光斑偏移量 Δx。最小的偏移量一般用 CCD 像素的尺寸 S 表示。因而,Δx 可表示为 Sq。其中,q 表示光斑偏移的像素个数[6]。

最小能够探测到波面斜率可以表示为像素尺寸 S 和透镜阵列焦距 f 的比值,即

$$\theta_{\min} = \frac{Sq}{f} \tag{5-37}$$

5.4 哈特曼波前传感器的标定

5.4.1 哈特曼波前传感器的标定概述

根据哈特曼波前传感器的基本原理可知,哈特曼波前传感器在实际的测量工作之前,需要先确定一幅原始的光斑点阵图像,对该图像通过质心计算获得波前局部斜率计算必需的参考点坐标。这个采集原始光斑点阵图像的环节就是传感器的标定。当然,标定的内容不仅仅限制于采集原始光斑点阵图像。传感器的标定要达到的目的:一是通过采集已知标定光束在传感器上形成的标定光斑点阵图像,以此光斑点阵的中光斑质心作为参考点,计算像差波前形成的光斑阵列中对应光斑相对于该光斑的质心偏移,从而消除哈特曼波前传感器中各个元件的加工及其装配误差[9];二是确定哈特曼波前传感器中各个元件的物理参数,从而确定波前复原的比例系数[10]。

哈特曼波前传感器作为光学波前的测量仪器,其测量结果是被测波前相对于标定参考波前的误差,参考波前的误差不能通过标定或者其他办法消除,该误差将直接带入波前复原结果。由此可见,参考波前的波前误差情况在某种程度直接影响传感器波前复原的精度。传统上,参考波前的选取是通过滤波准直方法获得的平行光,但是高精度的平行光束,特别是大口径的平行光束的获得是很困难的,这样对于高精度波前测量来说使用平行光标定的方法显得无能为力。相对于高精度的平面波前而言,高精度的球面波前获得要容易得多。使用球面波前作为参考波前复原被测波前可以作为传统标定方法的替代方法。

而对于测量哈特曼波前传感器中各个元件的物理参数,在传统的标定方法并不对各个参数分别求解,而是通过对比同一相位板在干涉仪上的测量结果与哈特曼波前传感器上的测量结果,然后以干涉仪的测量结果为准修订哈特曼波前传感器的波前复原系数。因为通常情况下使用的哈特曼波前传感器对测量精度要求并不高,这种标定方法在大多数场合下使用的哈特曼波前传感器是可以满足要求的。但是,随着哈特曼波前传感器的应用范围不断扩大,在高精度测量领域哈特曼波前传感器的使用越来越广泛,并且逐渐得到了认可[11]。下面详细

介绍使用球面波标定哈特曼波前传感器的基本原理。

5.4.2 球面波前标定哈特曼波前传感器的基本原理

如图5-5所示,位于$X_0O_0Y_0$平面内的任意点光源$S(X_0,Y_0)$发出的发散球面波前,在光场中任意平面XOY上所产生波前相位$\Phi(X,Y)$可表示为

$$\Phi(X,Y)=\frac{1}{2Z}[(X-X_0)^2+(Y-Y_0)^2] \tag{5-38}$$

式中:Z为光源到平面XOY的距离。

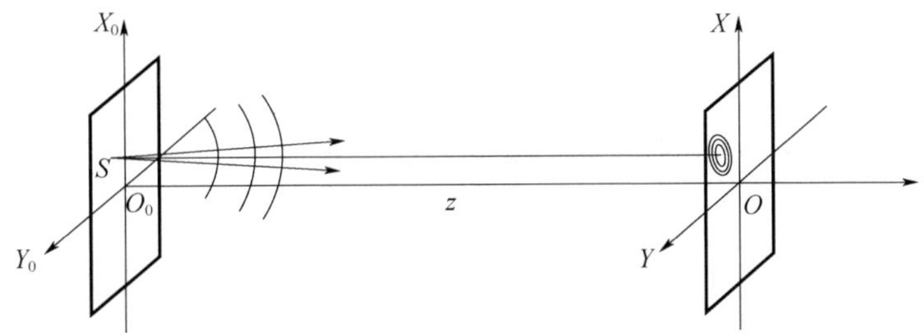

图5-5 点光源所在的坐标平面$X_0O_0Y_0$与其形成球面波前在所在坐标平面XOY示意图

对于哈特曼波前传感器而言,入射到微透镜阵列平面上的波前$\varphi(X,Y)$经过微透镜阵列的作用聚焦在CCD上,各个子孔径内的焦斑质心相对于对应的微透镜光轴在X和Y方向上的偏移量分别为$\sigma(X)$、$\sigma(Y)$。那么,偏移量的大小等于子孔径内入射波前的斜率与微透镜焦距f的乘积,即

$$\begin{cases}\sigma(X)=f\dfrac{\partial\Phi(X,Y)}{\partial X}\\[2ex]\sigma(Y)=f\dfrac{\partial\Phi(X,Y)}{\partial Y}\end{cases} \tag{5-39}$$

结合式(5-38)、式(5-39),球面波导致的子孔径内的焦斑质心偏移分别为

$$\begin{cases}\sigma(X)=f\dfrac{\partial\Phi(X,Y)}{\partial X}=\dfrac{f}{Z}(X-X_0)\\[2ex]\sigma(Y)=f\dfrac{\partial\Phi(X,Y)}{\partial Y}=\dfrac{f}{Z}(Y-Y_0)\end{cases} \tag{5-40}$$

对于$M\times N$方形排布的微透镜阵列,处于i行j列的子孔径(i,j)在X、Y方向上相对于对应微透镜光轴的偏移量分别为

$$\begin{cases}\sigma(X_{i,j})=f\dfrac{\partial\Phi(X,Y)}{\partial X_{i,j}}=\dfrac{f}{Z}(X_{i,j}-X_0)\\[2ex]\sigma(Y_{i,j})=f\dfrac{\partial\Phi(X,Y)}{\partial Y_{i,j}}=\dfrac{f}{Z}(Y_{i,j}-Y_0)\end{cases} \tag{5-41}$$

假设微透镜阵列的子孔径中心间距为 P，那么相邻子孔径内的光斑在 X、Y 方向上的距离分别为

$$\begin{cases} D_x = [iP + \sigma(X_{i,j})] - [(i-1)P - \sigma(X_{i-1,j})] = P + f\dfrac{1}{Z}(X_{i,j} - X_{i-1,j}) = fP\dfrac{1}{Z} + P \\ D_y = [iP + \sigma(Y_{i,j})] - [(j-1)P - \sigma(Y_{i,j-1})] = P + f\dfrac{1}{Z}(Y_{i,j} - Y_{i,j-1}) = fP\dfrac{1}{Z} + P \end{cases} \tag{5-42}$$

式(5－42)建立了球面波曲率半径 Z 和微透镜阵列参数 f、P 之间的关系。通过测量不同曲率半径的球面波，并且根据等式建立起方程组就可以得到哈特曼波前传感器的物理参数从而完成哈特曼波前传感器的标定。

5.5 哈特曼波前传感器的误差分析

5.5.1 哈特曼波前传感器的误差组成

如图 5－6 所示，哈特曼波前传感器波前测量误差有阵列透镜对波前分割采样带来的空间采样误差和在计算各子孔径光斑质心坐标的过程中引入的质心测量误差。空间采样误差直接影响到波前测量的精度，而质心测量误差则是通过重构矩阵的误差传递系数间接影响波前测量精度。因此，在哈特曼波前传感器的误差分析中，首先考虑空间采样误差，然后根据光斑质心测量的采样误差和随机误差确定光斑质心测量误差，最后根据重构矩阵的误差传递系数将光斑质心测量误差转换为波前测量误差，如图 5－7 所示。

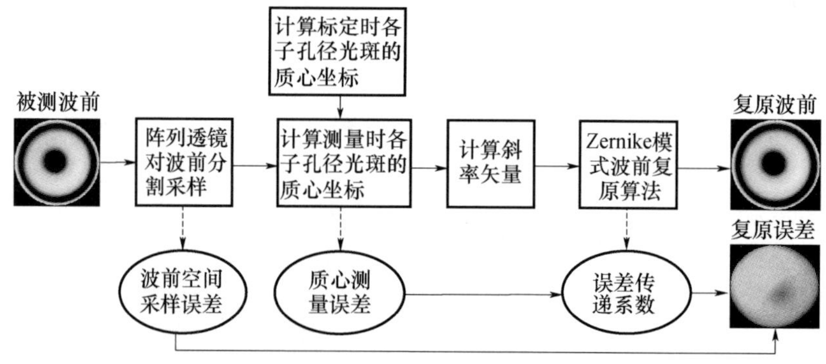

图 5－6　哈特曼波前传感器波前测量误差的组成

5.5.2 微透镜阵列对波前的空间采样误差

受微透镜阵列数的限制，微透镜阵列只能对被测波面实现有限的空间采样，如图 5－8 所示。对于高阶像差来说，由于其空间频率较高，所以微透镜阵列数

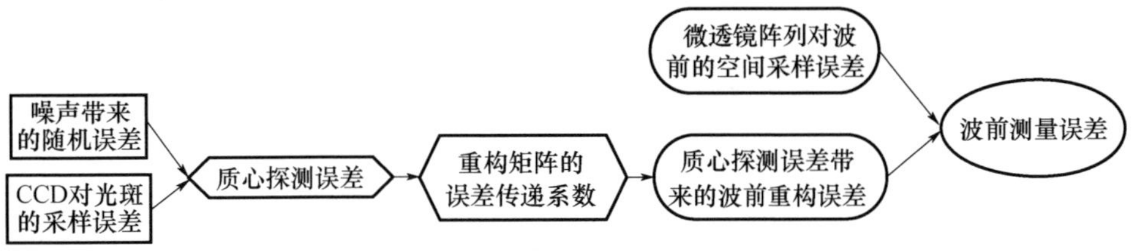

图5-7 哈特曼波前传感器波前测量误差的分解

越多,对被测波前的空间采样率越高,复原波前也就越接近原始波前。

图5-8 微透镜阵列只能对被测波前实现有限的空间采样

由于采样误差是一种原理性误差,所以,根据哈特曼波前传感器的原理可知,在计算采样误差时,首先需要根据微透镜波前斜率公式计算每个子孔径内波前在两个方向上的斜率,波前斜率公式为

$$\begin{cases} Z_{xk} = \dfrac{\displaystyle\iint_S \dfrac{\partial Z_k(x,y)\,\mathrm{d}x\mathrm{d}y}{\partial x}}{S} \\ Z_{yk} = \dfrac{\displaystyle\iint_S \dfrac{\partial Z_k(x,y)\,\mathrm{d}x\mathrm{d}y}{\partial y}}{S} \end{cases} \tag{5-43}$$

式中:Z_{xk}、Z_{yk}为第k项Zernike多项式所代表的像差在该子孔径处x方向上和y方向上的平均斜率;S为子孔径的归一化面积;$Z_k(x,y)$为第k项Zernike多项式。

将计算得到的斜率矢量与重构矩阵相乘得到复原波前,并根据复原波前与理论波前的残差计算出为微透镜阵列对波前的空间采样误差,如图5-9所示。

由图5-9可得,微透镜阵列对波前的空间采样误差是系统误差,被测波前的空间起伏越剧烈,空间采样误差越大,因此,空间采样误差是一种相对误差。

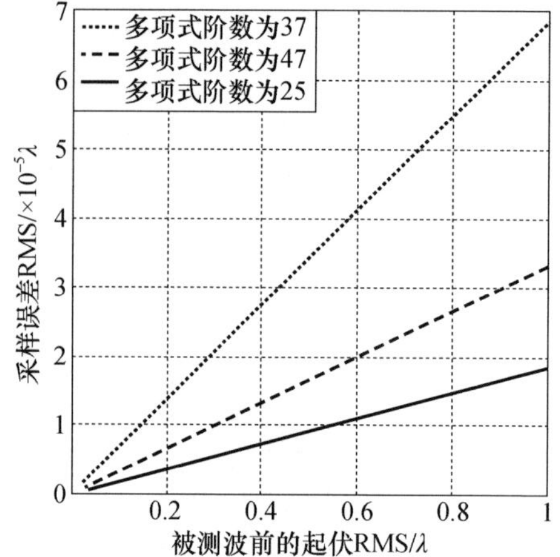

图 5-9　微透镜阵列对波前的空间采样误差随被测波前起伏关系

图 5-10 表明了不同微透镜阵列数条件下的空间采样误差。显然：当被测波前的像差一定时，微透镜阵列数越大，空间采样误差越小；当微透镜阵列数一定时，被测波前的高阶像差的采样误差大于低阶像差的采样误差。在实际哈特曼波前传感器的设计中，要根据被测像差的构成来选择合适的微透镜阵列数。

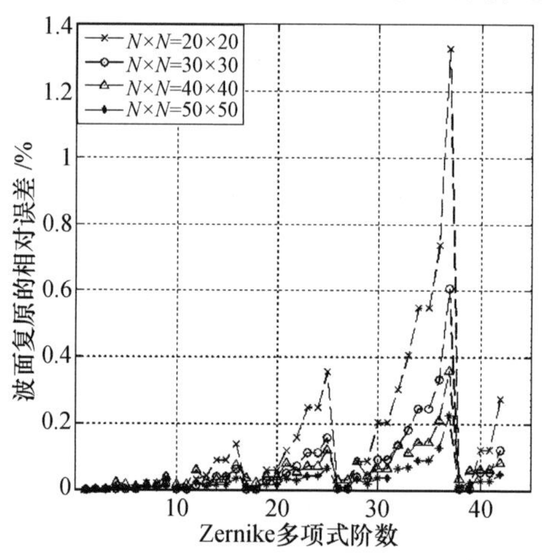

图 5-10　不同微透镜阵列数对波前的空间采样误差

5.5.3　重构矩阵的误差传递系数

通过对 Zernike 模式波前复原算法的介绍可知：在实际测量中，被测波面的相位信息是通过对每个子孔径质心测量结果计算得到的，质心探测误差会通过重构矩阵传递到重构波面，成为波面的重构误差，该误差的传递中介是重构矩阵，所以，误差传递系数与重构矩阵有关。在设计哈特曼波前传感器时，为了保

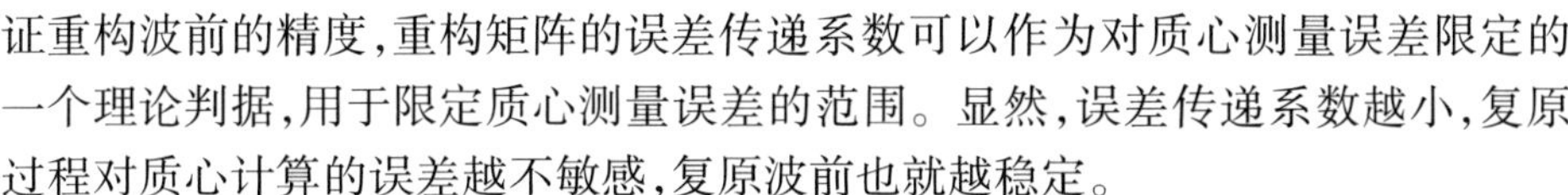

证重构波前的精度,重构矩阵的误差传递系数可以作为对质心测量误差限定的一个理论判据,用于限定质心测量误差的范围。显然,误差传递系数越小,复原过程对质心计算的误差越不敏感,复原波前也就越稳定。

采用 Zernike 模式法复原波前时,重构波前的误差为

$$\Delta\varphi = \varphi_0 - \varphi = \sum_{j=1}^{P}(a_{0j} - a_j)Z_j = \sum_{j=1}^{P}\Delta a_j Z_j \tag{5-44}$$

式中:$\Delta\varphi$ 为波前重构误差;φ_0 为待测波前;φ 为重构波前;P 为总的 Zernike 模式阶数;a_{0j}为待测波前的第 j 阶 Zernike 系数;a_j 为复原波前的第 j 阶 Zernike 系数;Z_j 是第 j 阶 Zernike 多项式。

根据 Zernike 模式复原算法的原理,重构波前误差的方差为

$$\sigma_\varphi^2 = \sum_{j=1}^{P}\left(\frac{\sigma_c}{f}\cdot f_0\right)^2 \cdot K(j,Q) \tag{5-45}$$

式中:$K(j,Q) = \sum_{k=1}^{Q}(e_{j,2k-1} + e_{j,2k})^2$,与子孔径分割数和子孔径分布特征相关;$f_0$ 为真实斜率和单位圆斜率对应的归一化因子,$f_0 = \frac{D}{2\lambda}$(D 为子孔径直径,λ 为被测波前的波长)。

由质心测量误差引起的波前重构误差的均方根值为

$$\sigma_\varphi = \frac{\sigma_c \cdot N}{d_A}\left[\sum_{j=1}^{P}\sum_{k=1}^{Q}(e_{j,2k-1} + e_{j,2k})^2\right]^{\frac{1}{2}} \tag{5-46}$$

式中:σ_c 为质心探测误差(像素);d_A 为爱里斑直径(像素);N 为哈特曼波前传感器的微透镜阵列数。

所以,重构矩阵的误差传递系数为

$$K_h = \frac{\sigma_\varphi}{\sigma_c} = \frac{N}{d_A}\left[\sum_{j=1}^{P}\sum_{k=1}^{Q}(e_{j,2k-1} + e_{j,2k})^2\right]^{\frac{1}{2}} \tag{5-47}$$

式中:K_h 为重构矩阵的误差传递系数(λ/像素),表示质心探测误差与波前重构误差之间的关系。

可得重构矩阵的误差传递系数 K_h 与子孔径阵列数 N、爱里斑直径 d_A 和重构矩阵有关,而重构矩阵由子孔径阵列数决定,所以,重构矩阵的误差传递系数仅与子孔径阵列数 N 和爱里斑直径 d_A 有关。

5.5.4 质心探测误差分析

5.5.3 节对哈特曼波前传感器的介绍中,指出了哈特曼波前传感器通过测量每个子孔径上光斑质心位移矢量来重构波前,质心探测误差会通过重构矩阵形成波前重构误差,所以对质心探测误差的讨论是十分必要的。目前应用在哈特曼波前传感器中的质心探测器件多为 CCD 相机,所以在本节重点讨论 CCD 相机对点源目标的质心探测误差和如何减小该误差。同时对阈值的选取做了深

入的讨论。由于质心探测误差的误差源还可以通过选取合适的阈值来消除,所以在本章中还对阈值的选取做了深入的讨论。

1. 质心探测方法及主要误差源

CCD 相机探测光斑质心位置的原理如图 5-11 所示,质心计算公式为

$$\begin{cases} x_c = \dfrac{\sum_{ij}^{L,M} x_{ij} N_{ij}}{\sum_{ij}^{L,M} N_{ij}} \\ y_c = \dfrac{\sum_{ij}^{L,M} y_{ij} N_{ij}}{\sum_{ij}^{L,M} N_{ij}} \end{cases} \tag{5-48}$$

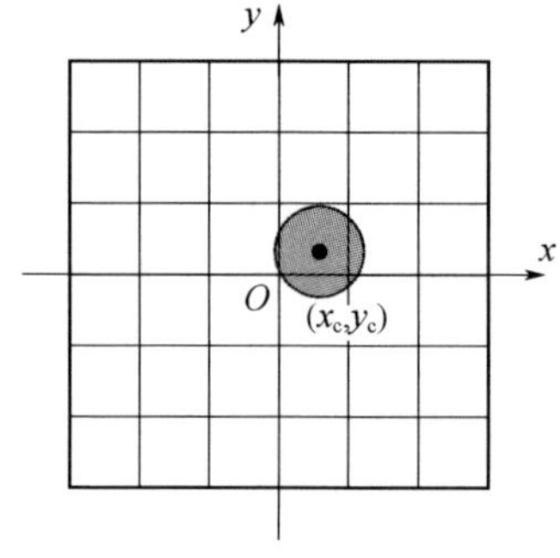

图 5-11　CCD 质心探测示意图

式中:(x_c, y_c)为质心坐标;x_{ij}、y_{ij}为像素位置;N_{ij}为子孔径内坐标(i,j)处的像素点接收到的总光子数;L、M 为子孔径窗口大小。

由于光学系统参数在 x、y 两个方向上对称,所以,可以只讨论在 x 方向的情况,y 方向与此相似。

在下面的讨论中,利用 U、V 来简化公式,其中

$$U = \sum_{ij}^{L,M} x_{ij} N_{ij}, V = \sum_{ij}^{L,M} N_{ij}$$

则

$$x_c = \frac{U}{V}$$

表 5-1 列出了质心探测的主要误差源及分布类型。

表 5-1　质心探测误差的误差源及分布类型

误差源	分布类型
信号光子噪声	泊松分布,方差 $\sigma_{pij}^2 = \overline{N_{Sij}}$
背景光子噪声	泊松分布,方差 $\sigma_{bij}^2 = \overline{N_{bij}}$
CCD 相机的读出噪声	零均值的高斯分布,方差 $\sigma_{rij}^2 = \sigma_r^2$
CCD 相机的背景暗电平	没有起伏,方差为 0
CCD 相机的离散采样误差	与光斑大小相关
注:$\overline{N_{Sij}}$为第(i,j)个像素接收到的平均信号光子数;$\overline{N_{bij}}$为第(i,j)个像素接收到的平均背景光子数;σ_r为 CCD 的读出噪声	

理论上,入射波前通过方形子孔径后在 CCD 相机处衍射光斑的形状为二维的 sinc 函数,但是受到 CCD 相机对光斑采样率的影响,当 CCD 相机处光斑的直

径较小（<3像素）时，衍射光斑可以近似为高斯光斑；而当CCD相机处光斑直径较大（>3像素）时，由于明显存在光斑衍射环，高斯光斑近似会带来较大的误差，所以需要直接讨论sinc函数光斑。由于哈特曼波前传感器在自适应光学中得到了广泛的应用，所以本章的重点放在高斯光斑质心探测误差上。

2. 质心探测误差的理论推导

为了保证点源目标探测的动态范围，信号光斑的高斯宽度必须远小于窗口的大小，所以可以将误差源分为两部分。

1）对窗口内所有像素点作用一致的误差源

对窗口内所有像素点作用一致的误差源包括、背景暗电平和读出噪声，可以将其统称为第一类误差源。背景光噪声一般服从泊松分布；但是当背景光光子数的均值大于10时，背景光噪声可以看作均值和方差为平均值的高斯分布；背景暗电平可以看作直流偏置；读出噪声服从零均值的高斯分布。所以在单个像素上的第一类误差源 $N_{Bij}=N_{bij}+N_{dij}+N_{rij}$ 可以看作均值 $\bar{N}_{Bij}=\bar{N}_{bij}+\bar{N}_{dij}+\bar{N}_{rij}$、方差 $\sigma_B^2=\sigma_r^2+\overline{N_{bij}}$ 的高斯噪声。

2）只作用在光斑区域的误差源

只作用在光斑区域的误差源包括信号光子噪声和采样误差，这部分误差只作用在光斑所在的小部分区域。式（5-48）中 N_{ij} 是由信号光子数 N_{Sij}、背景光子数 N_{bij}、读出噪声 N_{rij} 和背景暗电平 N_{dij} 构成的，即

$$N_{ij}=N_{Sij}+N_{bij}+N_{rij}+N_{dij}=N_{Sij}+N_{Bij} \tag{5-49}$$

所以 N_{ij} 是信号光子数 N_{Sij} 与第一类误差源 N_{Bij} 之和。

当设 $U_S=\sum_{ij}^{L,M}x_iN_{Sij}$、$U_B=\sum_{ij}^{L,M}x_iN_{Bij}$、$V_S=\sum_{ij}^{L,M}N_{Sij}$、$V_B=\sum_{ij}^{L,M}N_{Bij}$ 时，有

$$U=\sum_{ij}^{L,M}x_iN_{ij}=\sum_{ij}^{L,M}x_i(N_{Sij}+N_{Bij})=U_S+U_B \tag{5-50}$$

$$V=\sum_{ij}^{L,M}N_{ij}=\sum_{ij}^{L,M}(N_{Sij}+N_{Bij})=V_S+V_B \tag{5-51}$$

探测得到的质心位置为

$$x_c=\frac{U}{V}=\frac{U_S+U_B}{V_S+V_B}=\frac{V_S}{V}x_s+\frac{V_B}{V}x_B \tag{5-52}$$

式中：x_s 为无背景光噪声和读出噪声时探测得到的信号光斑质心位置，$x_s=\frac{U_S}{V_S}$；x_B 为第一类误差源的质心位置，$x_B=\frac{U_B}{V_B}$。

受采样误差的影响，x_s 并不是光斑的真实质心位置。当采样误差为 σ_S，光斑的真实质心位置为 x_p 时，有

$$x_s=x_p+\sigma_S \tag{5-53}$$

3）高斯光斑质心探测的偏移误差

质心偏移误差 σ_p 是光斑的真实质心位置 x_p 与探测得到的光斑质心位置 x_c 之差，即

$$\sigma_p = \frac{V_B}{V}(x_s - x_B) - \sigma_S \tag{5-54}$$

其中

$$\sigma_S = \frac{\sum_{i=0}^{L-1}\left\{\left[\mathrm{erf}\left(\frac{i+1-x_p}{\sqrt{2}\sigma_A}\right) - \mathrm{erf}\left(\frac{i-x_p}{\sqrt{2}\sigma_A}\right)\right](i+0.5)\right\}}{\mathrm{erf}\left(\frac{L-x_p}{\sqrt{2}\sigma_A}\right) - \mathrm{erf}\left(\frac{x_p}{\sqrt{2}\sigma_A}\right)} - x_p \tag{5-55}$$

式中：i 为像素点的位置；σ_A 为光斑的高斯宽度；erf(·)为误差累积函数，$\mathrm{erf}(x) = \frac{2}{\sqrt{\pi}}\int_0^x \mathrm{e}^{-t^2}\mathrm{d}t$。

4）高斯光斑质心探测的抖动误差

CCD 相机噪声的随机性会带来光斑质心探测的抖动误差，根据误差理论可得质心抖动方差为

$$\sigma_{x_c}^2 = \frac{U^2}{V^4}\sigma_V^2 + \frac{1}{V^2}\sigma_U^2 = \frac{2U}{V^3}\sigma_{UV} \tag{5-56}$$

所以，质心抖动方差由以下三个部分组成：

（1）信号光光子噪声引起的质心抖动方差；

（2）读出噪声引起的质心抖动方差；

（3）背景光光子噪声引起的质心抖动方差。

综合起来，可得到 CCD 相机对高斯光斑质心探测的抖动方差为

$$\sigma_{x_c}^2 = \frac{(\sigma_r^2 LM + V_B)}{V^2}\left(\frac{L^2-1}{12} + x_c^2\right) + \frac{V_S\sigma_A^2}{V^2} + \frac{1}{V_S}x_s^2 - \frac{1}{V}x_c^2 \tag{5-57}$$

5）高斯光斑质心探测的误差公式

CCD 相机对高斯光斑质心探测的总体误差的方差为质心偏移误差的方差和质心抖动误差的方差之和，即

$$\begin{aligned}\sigma_x^2 &= \sigma_p^2 + \sigma_{x_c}^2 \\ &= \frac{(\sigma_r^2 LM + V_B)}{V^2}\left(\frac{L^2-1}{12} + x_c^2\right) + \frac{V_S\sigma_A^2}{V^2} + \frac{1}{V_S}x_s^2 - \frac{1}{V}x_c^2 + \left[\frac{V_B}{V}(x_s - x_B) - \sigma_S\right]^2\end{aligned} \tag{5-58}$$

由于 CCD 的输出信号是灰度值（ADU），则 V、V_S、V_B 和 σ_r 可以用 ADU 来表示。定义 CCD 的光电响应系数 κ 为一个光子事件导致的 ADU 数，式（5-58）可改写为

$$\sigma_x^2=\frac{(\sigma_r^2 LM+V_B)}{V^2}\left(\frac{L^2-1}{12}+x_c^2\right)+\frac{\kappa V_S\sigma_A^2}{V^2}+\frac{\kappa}{V_S}x_s^2-\frac{\kappa}{V}x_c^2+\left[\frac{V_B}{V}(x_s-x_B)-\sigma_S\right]^2 \tag{5-59}$$

5.5.5 高斯光斑质心探测阈值的选取

如果设定的阈值为 T,在计算质心坐标时,每个像素的读出值减去一个 T 并将负值置0。显然采用阈值可以降低第一类噪声源质心探测误差的影响,但是过低的阈值不能有效地降低各噪声对质心探测精度的影响;而阈值过高,会损失过多的有效信号,从而降低了质心探测精度。因此存在一个最佳阈值,在该阈值处质心探测的误差最小。为了确定阈值 T 对点源目标的质心探测精度影响,需要分别讨论 V_S、σ_A^2、V_B、σ_B^2、x_c、x_s、x_B 和 σ_S 关于阈值 T 的函数。

1. 阈值对第一类误差源的影响

1)阈值对 V_B 的影响

由于单个像素上第一类误差源 N_{Bij} 可以看作是均值 $\overline{N_B}=\overline{N_b}+\overline{N_d}+\overline{N_r}$、方差 $\sigma_B^2=\sigma_r^2+\overline{N}_b$ 的高斯噪声。所以,当阈值为 T 时,单个像素上第一类误差源的均值为

$$\overline{N}_{Bij}(T)=\int_T^{\infty}[(N_{Bij}-T)\cdot P(N_{Bij})]\mathrm{d}N_{Bij} \tag{5-60}$$

2)阈值对 σ_B^2 的影响

当阈值为 T 时,单个像素上第一类误差源的均值 $\overline{N}_{Bij}(T)$ 的二阶矩为

$$\overline{N}_{Bij}^2(T)=\int_T^{\infty}[(N_{Bij}-T)^2\cdot P(N_{Bij})]\mathrm{d}N_{Bij} \tag{5-61}$$

所以单个像素上第一类误差源起伏的方差为

$$\sigma_B^2(T)=\int_T^{\infty}[(N_{Bij}-T)^2\cdot P(N_{Bij})]\mathrm{d}N_{Bij}-\left\{\int_T^{\infty}[(N_{Bij}-T)\cdot P(N_{Bij})]\mathrm{d}N_{Bij}\right\}^2 \tag{5-62}$$

3)阈值对 x_B 的影响

由于点源目标的视场较小,因此可以认为背景光均匀照射到 CCD 上,当取子孔径的中心为坐标原点时,$x_b=0$;由于每个像素点的背景暗电平是一固定值,所以 $x_d=0$;由于读出噪声是零均值高斯分布的,所以 $V_r=0$,可以不考虑。所以当 $T<\overline{N_B}-3\sigma_B$ 时,$x_B=0$。

当 $\overline{N_B}-3\sigma_B\leqslant T\leqslant\overline{N_B}+3\sigma_B$ 时,在光斑所在区域噪声的均方根值为 σ_B,其余区域的和值为 $V_B(T)$。而在光斑区域第一类误差源质心的位置 $x_B=x_s$,所以

$$x_B=\frac{lm\sigma_B}{V_B(T)+lm\sigma_B}x_s$$

式中:l、m 为光斑所在区域(像素)。

当 $T>\overline{N_B}+3\sigma_B$ 时，N_{Bij} 在除光斑外的所有区域均为0。如果不考虑采样误差的影响，此时的第一类误差源质心位置与测量得到信号光斑的质心重合，即 $x_B=x_s$。

所以，第一类误差源的质心位置为

$$x_B(T)=\begin{cases}0 & (T<\overline{N_B}-3\sigma_B)\\ x_B=\dfrac{lm\sigma_B}{V_B(T)+lm\sigma_B}x_s & (\overline{N_B}-3\sigma_B\leqslant T\leqslant\overline{N_B}+3\sigma_B)\\ x_s & (T>\overline{N_B}+3\sigma_B)\end{cases}\tag{5-63}$$

2. 阈值对第二类误差源的影响

1）阈值对 V_s 的影响

$T\leqslant\overline{N_B}$ 时，信号光子数不会随着阈值的增加而改变；当 $T>\overline{N_B}$ 时，信号光子数随着阈值 T 的增加而减少。

所以信号光子数 $V_s(T)$ 与 T 的关系为

$$V_s(T)=\begin{cases}V_s & (T\leqslant\overline{N_B})\\ \sum\limits_{i,j=1}^{L,M}\text{check}[N_S-T+\overline{N_B}] & (T>\overline{N_B})\end{cases}\tag{5-64}$$

其中：$y=\text{check}(f)$ 表示，$y=\begin{cases}0(f<0)\\ f(f\geqslant 0)\end{cases}$。

2）阈值对 x_s 和 σ_S 的影响

当 $T>\overline{N_B}$ 时，信号光斑的光强分布开始变化，并且不再呈高斯分布。所以，信号光斑质心 x 轴坐标的计算公式为

$$x_s(T)=\frac{\sum\limits_{ij}^{L,M}x_{ij}\text{check}(N_S-T+\overline{N_B})}{\sum\limits_{ij}^{L,M}\text{check}(N_S-T+\overline{N_B})}\tag{5-65}$$

当 $\overline{N_B}<T<V_{\text{Gauss}}+\bar{N}_B$ 时（V_{Gauss} 表示在信号光斑的高斯宽度内单个像素CCD采集得到最小光子数）。并设：

$$\text{STR}=\frac{\sum\limits_{ij}^{L,M}N_S}{\sum\limits_{ij}^{L,M}(T-\overline{N_B})},\quad x_T=\frac{\sum\limits_{ij}^{L,M}[x_i\cdot(T-\overline{N_B})]}{\sum\limits_{ij}^{L,M}(T-\overline{N_B})}$$

时，式（5－65）变为

$$x_s(T)=\frac{\text{STR}}{\text{STR}-1}x_p-\frac{1}{\text{STR}-1}x_T\tag{5-66}$$

所以采样误差与阈值的关系为

$$\sigma_{S}(T)=x_{p}-x_{c}(T)=\frac{1}{STR-1}(x_{T}-x_{p}) \tag{5-67}$$

3）光斑自身抖动方差与阈值的关系当 $T>\overline{N_B}$ 时，由于 T 没有起伏，所以光斑抖动方差为

$$\sigma_{\hat{x}_c}^2=\left(\frac{STR}{STR-1}\right)^2\sigma_{x_p}^2 \tag{5-68}$$

式中：$\sigma_{x_p}^2$ 为光斑自身的抖动方差。

当认为光斑的能量主要集中在 $l\times m$ 像素区域时，$x_{x_p}^2$ 可以由下式计算：

$$\sigma_{x_p}^2=\frac{lm(\sigma_r^2+\overline{N_B})}{V_s(T)^2}\left[\frac{l^2-1}{12}-x_c^2(T)\right]+\frac{\kappa\sigma_A^2}{V_s(T)} \tag{5-69}$$

3. 质心探测误差与阈值的关系

根据前面讨论可知，应将阈值与探测误差的关系分为以下三个阶段讨论：

（1）当 $T<\overline{N_B}$ 时，仅有第一类误差源随 T 的变化而变化，此时质心探测误差的计算公式为

$$\sigma_{xa}^2=\frac{lm\sigma_B^2(T)}{[V_S+V_B(T)]^2}\left[\frac{L^2-1}{12}+x_c^2(T)\right]+\frac{\kappa V_S\sigma_A^2}{[V_S+V_B(T)]^2}+\frac{\kappa x_s^2}{V_S}-\frac{\kappa x_c^2(T)}{V_S+V_B(T)}+\left\{\frac{V_B(T)}{V_S+V_B(T)}[x_s-x_B(T)]-\sigma_S\right\}^2 \tag{5-70}$$

（2）当 $\overline{N_B}\leqslant T<\overline{N_B}+3\sigma_B$ 时，除第一类误差源随 T 的变化而变化外，信号光斑开始变化，此时质心探测误差的计算公式为

$$\sigma_{xb}^2=\frac{lm\sigma_B^2(T)}{[V_S(T)+V_B(T)]^2}\left[\frac{L^2-1}{12}+x_c^2(T)\right]+\frac{\kappa V_s(T)\sigma_A^2}{[V_S(T)+T_B(T)]^2}+\frac{\kappa x_s^2(T)}{V_S}-\frac{\kappa x_c^2(T)}{V_S(T)+V_B(T)}+\left\{\frac{V_B(T)}{V_S(T)+V_B(T)}[x_s(T)-x_B(T)]-\sigma_s(T)\right\}^2 \tag{5-71}$$

（3）当 $\overline{N_B}+3\sigma_B\leqslant T<V_{Gauss}+\overline{N_B}$ 时，第一类误差源的均值和起伏均为0，采样误差随 T 的增大而增大，并且分布在光斑区域的噪声对光斑质心的抖动影响不可忽略。此时质心探测误差的计算公式为

$$\sigma_{x_c}^2=\frac{1}{(STR-1)^2}(x_T-x_p)+\frac{lm(\sigma_r^2+\overline{N_B})}{V_S(T)^2}\left[\frac{l^2-1}{12}-x_c^2(T)\right]+\frac{\kappa\sigma_A^2}{V_S(T)} \tag{5-72}$$

光斑在不同位置的质心探测误差随 T 的变化如图5-12所示。图中：窗口大小为6×6像素；CCD的光电响应系数为1ADU/光子；信号光之和为2000ADU；信号光斑的高斯宽度为0.5像素；背景暗电平为100ADU/像素；背景噪声为300ADU/像素；读出噪声为20ADU/像素。

由图5-12可知，T 的作用对子孔径内每个像素是平等的，所以：当 $T<\overline{N_B}$ 时，T 可以减少第一类误差源的均值，从而修正质心偏移误差。当 $\overline{N_B}\leqslant T<\overline{N_B}+$

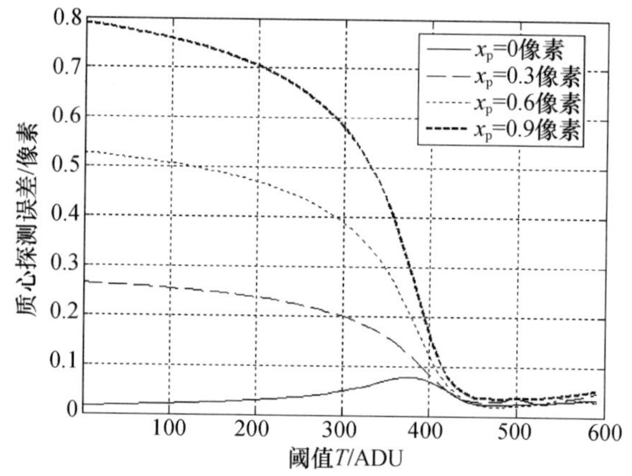

图 5-12　质心探测误差随 T 变化曲线

$3\sigma_B$ 时，T 在减小第一类误差源的起伏的同时会“砍掉”一部分信号光。由于对质心探测有效的信号光主要集中在高斯宽度内，而第一类误差源在整个子孔径内都有分布，所以可以“牺牲”部分信号光来换取更小的质心探测误差。当 $T \geqslant \overline{N_B}+3\sigma_B$ 时，第一类误差源已经完全为 0，此时阈值越大对信号光的损害越大，质心探测误差会随着 T 的增大而增大。最佳阈值应取 $T=\overline{N_B}+3\sigma_B$。

5.6　哈特曼波前传感器技术的应用和未来发展

哈特曼波前传感器作为一种光波前的测量仪器，由于其自身所具有的特点，已经在不同领域得到了成功应用。

1. 自适应光学

哈特曼波前传感器最早应用于天文领域。在通过地基天文望远镜进行天文观测时，大气由于温度、风速、空气密度、气压的变化，其折射率同样会随时间剧烈变化，从而导致由被观测星体发出光的波前相位、强度随时间剧烈变化。为了获得观测对象的稳定图像，必须对大气扰动带来光波前误差进行实时的探测和校正，这就是自适应光学的基本思想。哈特曼波前传感器作为最早应用于自适应光学系统的波前传感器，目前仍然是自适应光学系统中应用最广泛的波前传感器[12-23]。自适应光学目前已经不仅仅局限于天文观测领域，在激光光束质量净化、眼底观测[24,25]、惯性约束核聚变(ICF)等领域自适应光学技术同样得到了广泛应用[26-33]。

2. 激光光束诊断

激光器在科学前沿研究、激光通信、高技术产业等领域有着极为广阔的应用前景。激光器输出高光束质量和较高功率的激光光束是人们追求的目标；但激光器谐振腔内存在热透镜效应、热致双折射效应、增益介质的非均匀性、泵浦非均匀、衍射效应、机械结构不稳定以及谐振腔腔镜的对不准等因素，对激光器输出激光的光束质量产生不可忽略的影响。对于不同的应用场合而言，对激光光束质量也有不同的要求。因此，激光光束质量诊断在有些场合显得必不可少。哈特曼波前传感器能够利用一帧激光光束曝光图像获得激光光束的强度分布、相位分布和 M^2 因子，因此对于激光光束尤其是脉冲激光光束质量诊断是一项十分有效的技术[34]。

3. 光学面形检测

在光学加工领域，干涉仪作为光学面形检测的传统手段一直被普遍应用。但是，由于干涉仪对外界环境变化敏感，面形检测对环境条件的要求相对苛刻，对提高光学加工的效率产生了影响。而哈特曼波前传感器可以进行提前标定，对环境的要求相对宽松。目前世界上哈特曼波前传感器生产厂商开发有自己的各类光学元件面形测量仪。而且，哈特曼波前传感器已经逐渐在光学面形检测领域取得了可观的成果[35-38]。

4. 投影曝光光学系统像差检测

投影光刻机作为目前大规模集成电路制造的核心设备，其加工、装调和检测已接近或者达到物理极限。那么，环境的微小变化就可能导致对光刻机的系统像差产生巨大的影响。目前，在 ArF 投影曝光光学系统中，哈特曼波前传感器用于检测光刻机系统像差随时间的变化，检测精度已达 1nm[39-41]。在这种条件下，对传感器而言测量精度不再是唯一需要考虑的因素，光能量的利用同样是必须注意的问题。

当然，哈特曼波前传感器的应用也不仅仅局限于以上列举，随着哈特曼波前传感器的应用越来越广泛，一些新的应用也在不断被开发。近年来，随着哈特曼波前传感器在人眼像差测量上的成功应用，将哈特曼波前传感器的应用扩展到了眼科光学测量的领域，体现出哈特曼波前传感器在人眼测量上应用的广阔前景[42-46]。

参考文献

[1] Neal Daniel R, Copland James, Neal David. Shack - Hartmann wavefront sensor precision and accuracy[C]. Proc. of SPIE 2002, 4779:148 - 160.

[2] Primot Jerome. Theoretical description of Shack - Hartmann wave - front sensor[J]. Optics Communications, 2003, 222: 81 - 92.

[3] Canovas Carmen, Ribak Erez N. Comparison of Hartmann analysis methods[J]. Applied Optics, 2007, 46(10):1 - 6.

[4] Talmi Amos, Ribak Erez N. Direct demodulation of Hartmann - Shack patterns[J]. J. Opt. Soc. Am. A, 2004, 21(4):632 - 639.

[5] Soloviev Oleg, Vdovin Gleb. Hartmann - Shack test with randommasks for modal wavefrontreconstruction[J].

Optics Express, 2005, 13(23): 9570 – 9584.

[6] Curatu Costin, Curatu George, Rolland Jannick. Fundamental and specific steps in Shack – Hartmann wavefront sensor design[C]. SPIE, 2006, 6288:6201 – 6300.

[7] Neal Daniel R, Copland James, Neal David. Shack – Hartmann wavefront sensor precision and accuracy[C]. SPIE, 2002, 4779:148 – 160.

[8] Neal D R, Topa M, Copland James. The effect of lenslet resolution on the accuracy of ocular wavefront measurements[C]. SPIE. Proc,2001, 4245:78 – 91.

[9] 叶红卫,鲜浩,张雨东. 对 Hartmann – Shack 波前传感器平移误差的研究[J]. 光电工程,2003, 30(2): 1 – 10.

[10] Smith Daniel G, Goodwin Eric. Calibration Issues with Shack – Hartman Sensorsfor Metrology Applications [C]. SPIE,2004,5252: 372 – 380.

[11] Chernyshov Alexander, Sterr Uwe, Riehle Fritz, et al. Calibration of a Shack – Hartmann sensor forabsolute measurements of wavefronts[J]. Applied Optics, 2005, 44(30): 6419 – 6425.

[12] Hardy J W, Adaptive optics for astronomical telescope [M]. Oxford University Press, 1998.

[13] 姜文汉. 自适应光学技术[J]. 自然杂志, 2006, 28(1): 7 – 13.

[14] Jiang Wenhan, Adaptive optical technology[J]. Chinese journal of Nature, 2006, 28(1): 7 – 13.

[15] 张翔,王春鸿,鲜浩,等. 用 H – S 波前传感器测量穿过超声速流场的激光像差特性[J]. 强激光与离子束, 2005, 17(7): 1005 – 1007.

[16] Cao Genrui, Yu Xin. Accuracy analysis of a Hartmann – Shack wvefront sensor operated with a faint object [J]. Optical Engineering, 1994, 33: 2321 – 2335.

[17] Jiang Wenhan, Xian Hao, Shen Feng. Detecting error of Shack – Hartmann wavefront sensor [C]. SPIE, 1997, 3126, 535 – 544.

[18] Rao C H, Jiang W H, Ling N. Atmospheric characterization with Shack – Hartmann wavefront sensors for non – Kolmogorov turbulence[J]. Optical Engineering,2002, 41(2): 535 – 541.

[19] Ma Xiaoyu, Rao Changhui, Zheng Hanqing. Error analysis of CCD – based point source centroid computation under the background light[J]. Opt. Exp. , 2009, 17(10): 8526 – 8541.

[20] Neal D R, Copland J,Neal D A. Shack – Hartmann wavefront sensor precision and accuracy[C]. SPIE, 2002, 4779:148 – 160.

[21] Li Chaohong, Xian Hao, Jiang Wenhan, et al. Wavefront errorcaused by centroid position random error[J]. Journal of Modern Optics, 2007,11(7):367 – 372.

[22] 胡新奇,俞信. 自适应光学系统的带宽及稳定性[J]. 光学技术, 2001, 127(13):209 – 213.

[23] 陈涉,严海星,李树山. 自适应光学系统的数值模拟:噪音和探测误差的效应[J]. 光学学报, 2001, 21(5): 545 – 551.

[24] Fernando D_1'az – Douto'n, Antonio Benito, Jaume Pujol,et al. Comparison of the retinal image quality with a Hartmann – Shack wavefront sensor and a Double – Pass instrument[J]. Investigative Ophthalmology & Visual Science, 2006, 47(4): 1710 – 1716.

[25] 凌宁,张雨东,饶学军,等. 用于活体人眼视网膜观察的自适应光学成像系统[J]. 光学学报, 2004,24(9): 1153 – 1158.

[26] Ve'ran Jean – Pierre,Herriot Glen. Centroid gain compensation in Shack – Hartmannadaptive optics systemswith natural or laser guide star[J]. J. Opt. Soc. Am. A, 2000, 17(8):1430 – 1439.

[27] Goncharov Alexander V,Christopher J. Compact multireference wavefront sensor design dainty[J]. Optics Letters, 2005, 30(20): 2721 – 2723.

[28] Wöger Friedrich,Rimmele Thomas. Effect of anisoplanatism on the measurement accuracyof an extended –

source Hartmann – Shackwavefront sensor[J]. Applied Optics, 2009, 48(1): 35 –46.

[29] Poyneer Lisa A, Gavel Donald T, Brase James M. Fast wave – front reconstruction in largeadaptive optics systemswith use of the Fourier transform[J]. J. Opt. Soc. Am. A, 2002, 19(10): 2100 –2111.

[30] Nicolle M, Fusco T, Rousset G, et al. Improvement of Shack – Hartmann wave – front sensormeasurement for extreme adaptive optics[J]. Optics Letters, 2004, 29(23): 2743 –2745.

[31] van Dam Marcos A. Measuring the centroid gain of a Shack – Hartmannquad – cell wavefront sensor by using slopediscrepancy[J]. J. Opt. Soc. Am. A, 2005, 22(8): 1509 –1514.

[32] Seifert Lars, Tiziani Hans J, Osten Wolfgang. Wavefront reconstruction algorithms for the adaptiveShack – Hartmann sensor[J]. Proc. of SPIE, 2005, 5856: 544 –553.

[33] 陈笠，俞信. 哈特曼波前传感器子孔径合并的理论研究[J]. 光学学报，2000，20(12).

[34] Neal Daniel R, Alford W J, Gruetzner James K. Amplitude and phase beam characterization using a two – dimensionalwavefront sensor[C]. SPIE, 1996, 2870: 72 –82.

[35] Artznery Guy. Aspherical wavefront measurements: Shack – Hartmannnumerical and practical experiments [J]. Pure Appl. Opt., 1998, 7 : 435 –448.

[36] Rockt M, Tiziani H J. Limitations of the Shack – Hartmann sensor for testing optical aspherics[J]. Optics & Laser Technology, 2002, 34: 631 –637.

[37] Daniel Malacara – Hernández , Victor Manuel Durán – Ramírez, Daniel Malacara – Doblado. Measuring aspheric wavefronts with high accuracy using hartmann test[C]. SPIE, 5776: 524 –526.

[38] Nealt D R, Armstrong D J, Turner W T. Wavefront sensors for control and process monitoring inoptics manufacture[C]. SPIE, 1997, 2993: 211 –220.

[39] Toru Fujii, Kosuke Suzuki, Yasushi Mizuno, Naonori Kita. Integrated projecting optics tester for inspection of immersion ArFScanner[C]. Proc. of SPIE, 6152: 1 –7.

[40] Toru Fujii, Naonori Kita, Yasushi Mizuno. On board polarization measuring instrument for high NA ExcimerScanner[C]. SPIE, 5752: 846 –852.

[41] Torn Fujii, Jun Kougo, Yasushi Mizuno, Hiroshi Ooki, Masato Hamatani. Portable phase measuring interferometer using Shack – Hartmannmethod[C]. Proc. of SPIE, 5038: 726 –732.

[42] Rammage R R, Neal D R, Copland R J. Application of Shack – Hartmann wavefront sensing technologyto transmissive optic metrology[C]. SPIE, 4779: 161 –172.

[43] Brooks Aidan F, Kelly Thu – Lan, Veitch Peter J, et al. Ultra – sensitive wavefront measurementusing a Hartmann sensor[J]. Optics Exppess, 2007, 15(16) 10370 –10375.

[44] Lee Jin – Seok, Yang Ho – Soon, Hahn Jae – Won. Wavefront error measurement of high – numerical – apertureoptics with a Shack – Hartmann sensor and a point source[J]. Applied Optics, 2007, 46(9): 1411 –1415.

[45] Starikov F A, Kochemasov G G, Kulikov S M, et al. Wavefront reconstruction of an optical vortex by a Hartmann – Shack sensor[J]. Optics Letters, 2007, 32(16): 2291 –2293.

[46] Barbero S, Rubinstein J, Larry N. Thibos. Wavefront sensing and reconstruction fromgradient and Laplacian datameasured with a Hartmann – Shack sensor[J]. Optics Letters, 2006, 31(12): 1845 – 1847.

第6章 自适应光学信号处理与控制技术

6.1 自适应光学信号处理与控制的任务[1,2]

自适应光学技术是光学技术与控制技术相结合的产物。自适应光学在传统光学中引入了实时探测和实时校正的自动控制原理，构成以光学波前为对象的自动控制系统。信号处理与控制部分的任务是根据波前传感器测量的波前误差信号，经过变换和控制计算，输出波前校正器的数字控制电压，所以波前控制是联系自适应光学系统各个部分的枢纽。

自适应光学波前信号处理与控制的技术难点主要体现在计算量巨大和实时性要求高。根据前面的介绍，自适应光学系统是几十路到几千路的并行控制系统，要求波前信号处理部分必须从波前传感器输出的图像信号中提取几十路到几千路的波前斜率信号，并且复原出几十路到几千路驱动器的控制电压，计算量十分巨大，并且这种计算还要求在极短的时间内完成，以保持波前探测和波前控制的实时性，以及系统达到一定控制带宽。

波前信号处理的计算量和计算速度对波前信号处理系统的性能提出了严格要求，通用的微型计算机不能满足这种实时性要求。所以，必须根据自适应光学系统数据处理的特点研制专用的高速波前信号处理系统，这是波前控制技术的主要难点。采用合理的控制算法，能够充分发挥出整个自适应光学系统的潜能，使控制带宽达到最优状态，所以控制算法也是波前控制技术中的研究重点之一。

由于波前信号处理的输入信号是波前传感器的输出信号，因此不同的波前传感器，波前处理机的信号处理流程并不完全相同：①当波前传感器采用曲率传感器时，波前处理机的主要工作是计算波前的曲率变化，经过放大后叠加到薄膜变形镜上，通过自动求解泊松方程，实现波前重构以及波前校正；②当波前传感器采用剪切干涉仪时，波前处理机的主要工作是接收光子脉冲，计算波前相位并重构波面误差；③当波前传感器采用哈特曼波前传感器时，波前处理机的工作首先是计算波前斜率，然后根据波前斜率重构变形镜驱动电压。由于哈特曼波前传感器具有光能利用率高、控制简单的特点,目前自适应光学系统通常采用哈特曼波前传感器。在此条件下,波前处理机的组成如图6-1所示。

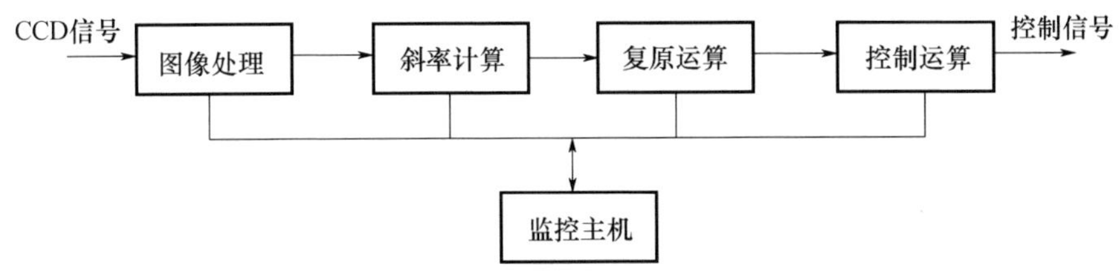

图6-1 波前处理机的组成

图像采集:实时采集波前传感器中CCD相机输出的数据,完成A/D转换,并将有效子孔径的数据分配到波前处理机中对应的波前斜率计算单元。

斜率计算:实时计算所有子孔径的波前斜率,得到几路到几百路的斜率矢量。

复原运算:实时完成波前复原运算,得到波前误差矢量。波前复原运算一般都体现为一个矩阵运算形式。

控制运算:实时完成控制算法,得到几十路到几千路的控制电压矢量。

6.2 自适应光学的图像处理和斜率计算

6.2.1 图像处理技术[3,4]

质心探测精度是衡量哈特曼波前传感器最重要的参数之一,它表征了哈特曼波前传感器探测波前斜率或相位畸变的能力。由于哈特曼波前传感器是通过探测子孔径的会聚光斑的强度分布来计算质心位置的,因此凡是影响子孔径的光斑强度分布的随机因素(如大气强度闪烁、湍流扰动强弱和天空背景光等)以及探测器件本身的噪声都将影响子光斑的质心探测精度。图像预处理的工作可尽量减少背景噪声对质心探测精度的影响。

由于自适应光学系统要求波前信号处理必须具有很高的实时性,而波前传感器的采样频率通常为几百赫兹到几千赫兹,因此自适应光学信号处理中采用的图像预处理算法主要采用实时性高、运算量小的空间域图像处理算法。针对不同的应用背景,图像预处理的算法也很多,考虑到图像处理算法的实时性,在自适应光学系统中成熟应用的主要分为以下四种。

1. 阈值法

通过对波前探测误差的分析得出,阈值法是减小波前探测误差非常有用的图像处理方法。阈值法主要处理目标背景、杂散光以及CCD电噪声等原因引起的均匀背景噪声以及由于温度引起的缓慢变化的CCD暗背景噪声。目前常用的阈值法主要有全局阈值法、自适应局部阈值法等。全局阈值法是指整个 CCD 靶面上所有像素均减掉同一个阈值，自适应局部阈值法是指 CCD 靶面上不同区域的像素减去不同的阈值。阈值法的计算公式为

$$f(i) = \begin{cases} g(i) - t(i) & g(i) \geqslant t(i) \\ 0 & g(i) \leqslant t(i) \end{cases} \tag{6-1}$$

式中：$g(i)$ 为 CCD 相机输出的原始像素值；$t(i)$ 为设置的阈值；$f(i)$ 为预处理后的像素值。

2. 中值滤波法

波前传感器进行波前测量时，由于光子噪声引起的脉冲噪声无法用阈值法进行降噪处理，因此在波前图像处理中又引入了中值滤波法用于对脉冲噪声进行处理，中值滤波法是一种邻域运算，将邻域中的像素按灰度级进行排序，然后选择该组的中间值作为输出像素值。中值滤波器与均值滤波器以及其他线性滤波器相比，中值滤波器能够很好地滤除脉冲噪声，又能够保护目标图像边缘。其计算公式为

$$g(x,y) = \text{median}\{f(x-i, y-j)\}, (i,j) \in S \tag{6-2}$$

式中：$g(x,y)$、$f(x,y)$ 为像素灰度值；S 为模板窗口。

3. 窗口法

除使用中值滤波算法对脉冲噪声进行滤波外，还可以使用窗口法降低远离光斑的中心脉冲噪声对质心计算的影响。窗口法的原理：当光斑尺度远小于子孔径的情况下，在子孔径内适当选取一个较小的区域，但包含光斑全部或主要部分，仅计算该区域内光斑的质心位置。采用窗口法进行图像滤波的关键在于窗口位置和窗口大小的选取：窗口位置的选取有基于动态跟踪原理的窗口法、窗口位置迭代法等；窗口大小的选取首先是根据一定算法得到光斑大小，然后根据光斑大小选择合适的窗口大小。

4. 形态学滤波法

其原理是利用形态学进行滤波降噪处理。根据噪声特点，选用一定结构元对图像进行腐蚀处理可以滤除噪声，然后用同一结构元进行膨胀，就可以恢复目标区域而去掉其他区域的噪声。这个操作过程称为开运算。图像通过开运算可以滤除其他区域噪声而仅保留目标区域。

6.2.2 斜率提取算法

大多数自适应光学系统的探测目标是点目标，因此斜率提取算法通常采用质心算法提取待测目标的质心，然后与理想光斑的质心位置相减得到待测光斑的斜率。

目前通用的实时质心计算公式通常采用一阶矩质心算法，其表达式为

$$\begin{cases} S_{xx} = \dfrac{\sum_i \sum_j T_{xj} I_{ij}}{\sum_i \sum_J I_{ij}} \\ S_{yy} = \dfrac{\sum_i \sum_j T_{yi} I_{ij}}{\sum_i \sum_j I_{ij}} \end{cases} \tag{6-3}$$

式中：T_{xj}、T_{yj}为光斑在X和Y方向的坐标值；I_{ij}为光斑的灰度值；S_{xx}、S_{yy}分别为光斑在X和Y方向的质心位置。

除一阶矩质心算法外，为提高质心计算的抗干扰能力，又提出质心计算的高阶矩方法，高阶矩算法的表达式为

$$\begin{cases} S_{xx} = \dfrac{\sum_i \sum_j T_{xj} I_{ij}^{\alpha}}{\sum_i \sum_j I_{ij}^{\alpha}} \\ S_{yy} = \dfrac{\sum_i \sum_j T_{yi} I_{ij}^{\alpha}}{\sum_i \sum_j I_{ij}^{\alpha}} \end{cases} \tag{6-4}$$

式中：$\alpha = 1, 2, \cdots, N$为高阶矩的阶数。

6.2.3 高速实时波前斜率的实现

斜率计算的输入量为波前传感器的图像，输出为几十个到几千个斜率矢量。斜率计算部分的输入/输出特点是输入带宽要求高、输出带宽要求低，算法特点是计算规则简单、计算精度确定。根据斜率计算的特点，大多数波前信号处理系统引入专用并行斜率计算单元作为波前信号处理的加速器，以提高波前信号处理系统的实时性。

目前的专用斜率计算单元主要有如下几种类型。

1. 单指令流多数据流（SIMD）阵列

这类斜率处理器利用多个斜率处理单元同步并行完成多个子光斑的斜率计算，各斜率处理单元均带有本地存储系统用于缓存子光斑的图像，根据式（6-4）可知，斜率计算中大部分计算量是乘累加和运算，而除法运算量较少，资源耗费大，延迟较长，因此采用多个斜率计算单元完成乘累加和运算，采用一个或两个除法运算单元完成除法运算。这类结构的优点是控制简单，缺点是资源耗费太大，通常用于单元数较小的自适应光学系统。其结构框图如图6-2所示。

2. 多指令多数据流（MIMD）阵列

这类斜率处理器利用多个斜率处理单元异步并行完成多个子光斑的斜率计算，图像数据从图像预处理部分流出后直接流向各斜率处理单元，无须局部存储器缓存图像信号。这类斜率处理器各斜率单元采用不同的控制指令，其资源耗

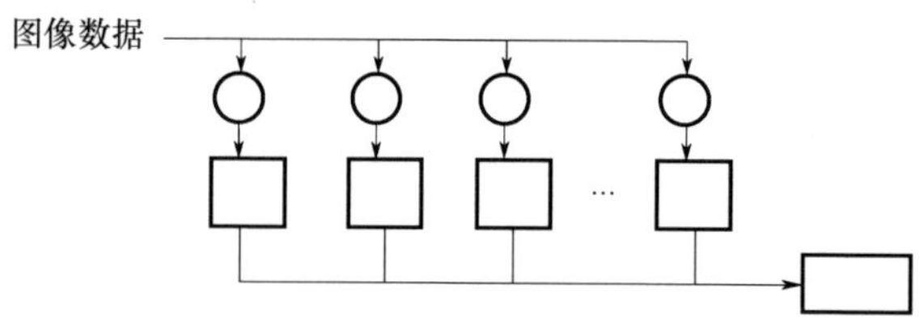

图 6－2　基于 SIMD 阵列的斜率计算单元结构框图

费量依然较大，但是由于各斜率计算单元执行不同的指令，可以对各不同光斑执行不同的斜率计算算法。常用于某些特殊应用场合的自适应光学系统中。其结构框图如图 6－3 所示。

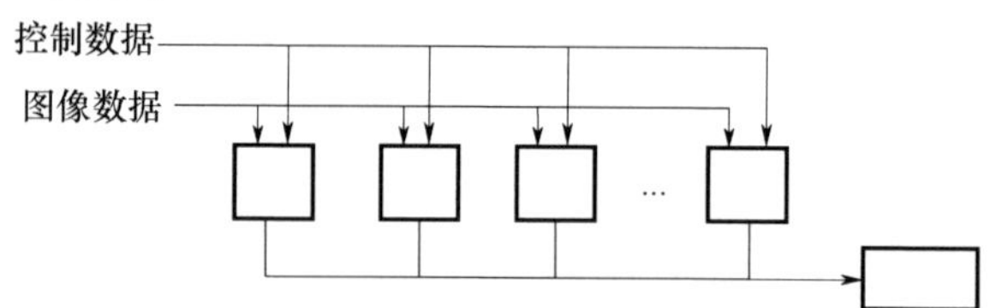

图 6－3　基于 MIMD 阵列的斜率计算单元结构框图

3. 单处理器流水线结构

自适应光学系统通常采用逐行逐像素顺序输出图像的图像传感器，而波前图像预处理算法为了满足实时性要求，采用的图像预处理算法也是基于点像素信息的空域图像处理算法，因此经过图像预处理后的图像也是以逐行逐像素的方式顺序流入斜率计算部分。根据这个特点，可采用单处理器流水线结构完成波前斜率计算。这种结构采用一个斜率计算单元通过分时复用的方法完成多个子光斑的斜率计算，通过控制指令确定输入的图像数据属于哪个子光斑，并附加该子光斑信号的计算式信息。相较前面的两种方式而言，单处理器流水线结构具有结构简单、资源耗费少、可对不同子光斑适用不同的算法，只需要一个局部存储器存储各子光斑的阶段乘累加和信息；但是控制相对较复杂。通常用于单元数较多的自适应光学系统。其结构框图如图 6－4 所示。

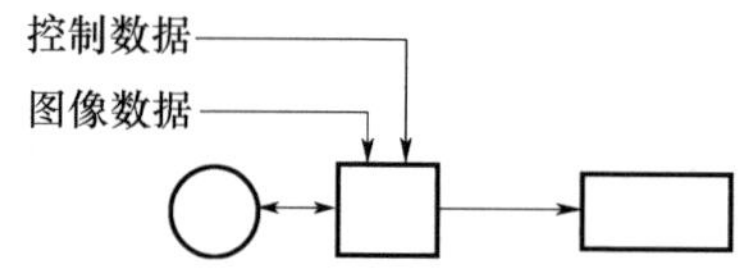

图 6－4　单处理器流水线结构的斜率计算单元框图

6.3　自适应光学的实时波前复原技术[5－8]

以测量斜率为基础的波前传感器只能直接测量出各子孔径的波前平均斜率

数据,但自适应光学系统校正的是波前相位误差,所用的方法是在波前校正器的每个驱动器上施加校正电压以直接引入波前相位补偿。为了将波前传感器所测的量转化为波前相位误差或驱动器上的校正量,必须用一种算法来建立测量值和校正值之间的联系。这种算法称为波前复原算法。

6.3.1 实时波前复原的算法

波前复原算法是自适应光学中的关键技术问题之一,主要有区域法、模式法和直接斜率法等算法。区域法和模式法是复原出波前误差,在波前探测技术中已经阐述过。直接斜率法则是直接求出每一个驱动器上应施加的电压,在自适应光学系统的实时波前复原中应用广泛,在此详细介绍。

通常自适应光学系统中并不需要知道波前相位的具体值,只需要得到波前校正器各个驱动器需要的控制电压。当哈特曼波前传感器作为传感器单独使用时,可以用区域法、Zernike 模式法等前面介绍的几种波前复原算法,从测量的子孔径斜率得到畸变波前。当哈特曼波前传感器与变形镜、处理机等一起构成自适应光学实时波前补偿系统时,需要从哈特曼波前传感器的子孔径斜率快速、准确地计算出变形镜需要的控制电压。这种实时波前复原计算,需要考虑哈曼特波前传感器各个子孔径与波前校正器各个驱动器的关系。对连续表面变形镜来说,各个驱动器引起的变形范围常常要扩展到相邻驱动器的中心,即各个驱动器之间存在一定交联作用。用以上两种方法求出波前误差之后,还要进行一次解耦运算才能求出各个驱动器应加的控制电压。解耦运算将增加波前处理机的计算量。

采用我国首先提出的直接斜率波前复原算法可以免去两次矩阵运算的缺点,它以各个驱动器的控制电压作为波前复原的计算目标。可以根据各个驱动器施加单位电压时对各个子孔径斜率的影响,建立驱动器电压与子孔径斜率之间的关系矩阵,用这个矩阵的逆矩阵就可以直接从斜率测量值求出控制电压,这样计算工作量比前两种方法少。

设输入信号 V_j 是加在第 j 个驱动器上的控制电压,由此产生哈特曼波前传感器子孔径内的平均波前斜率量为

$$\begin{cases} G_x(i) = \sum_{j=1}^{t} V_j \dfrac{\iint_{S_i} \dfrac{\partial R_j(x,y)}{\partial x} \mathrm{d}x\mathrm{d}y}{S_i} = \sum_{j=1}^{t} V_j R_{xj}(i), (i=1,2,3,\cdots,m) \\ G_y(i) = \sum_{j=1}^{t} V_j \dfrac{\iint_{s_i} \dfrac{\partial R_j(x,y)}{\partial y} \mathrm{d}x\mathrm{d}y}{S_i} = \sum_{j=1}^{t} V_j R_{yj}(i) \end{cases} \tag{6-5}$$

式中：$R_j(x,y)$为变形镜第j个驱动器的影响函数；t为驱动器数量；m为子孔径数量；S_i为子孔径i的归一化面积。

控制电压在合适的范围内时，变形镜的相位校正量与驱动器电压近似呈线性，并满足叠加原理，子孔径斜率量也与驱动器电压呈线性关系，且满足叠加原理。式（6-5）写成矩阵形式，即

$$\boldsymbol{G} = \boldsymbol{R}_{xy}\boldsymbol{V} \tag{6-6}$$

式中：$\boldsymbol{R}_{xy}$为变形镜到哈特曼波前传感器的斜率响应矩阵，可以通过理论计算求得，但实验测得的斜率响应矩阵更能准确反映系统的真实情况。

设$\boldsymbol{G}$为需要校正的波前像差斜率测量值，用广义逆可得使斜率余量最小且控制能量也最小的控制电压为

$$\boldsymbol{V} = \boldsymbol{R}_{xy}^{+}\boldsymbol{G} \tag{6-7}$$

由于传递矩阵$\boldsymbol{R}_{xy}$随时都可由哈特曼波前传感器来测量，而求其逆矩阵的方法也很容易实现，所以在实际自适应光学系统中，这种方法很实用，效果也较好。国内自适应光学系统通常采用直接斜率波前复原算法。

需要说明的是，自适应光学系统的工作稳定性和误差传递与所采用的波前复原算法紧密相关，而波前复原算法又必须以波前传感器子孔径位置和波前校正器驱动器位置的映射关系，即系统布局为基础。因此系统布局和复原算法的优劣决定自适应光学的校正效果，在实际工作中需要对系统布局进行仔细设计。

6.3.2 高速实时波前复原的实现

波前复原是自适应光学波前处理中运算量最大的部分，是计算密集型和I/O密集型的任务，随着系统规模的增加，运算量也大大增加，对于直接斜率法其运算量成$O(n^3)$增加。如果能缩短波前复原的计算延时，则有利于提高系统的实时性，因此对如何提高波前复原的运算速度进行了广泛研究。随着数字信号处理理论和超大规模集成电路的发展，为解决上述问题提供了有效的工具和手段。

高速实时波前复原的实现是自适应光学系统应用中的关键技术之一，从波前复原处理任务的特点来看，波前复原主要是基于脉动阵列的实时波前复原处理，根据实现的难度和占用资源等方面又分为单向实时脉动阵列、双向实时脉动阵列、基于控制流的实时脉动阵列等实现方法。

1. 基于脉动阵列的波前复原处理

随着 VLSI 技术的发展，脉动阵列应运而生。1978 年美国 Carnegin - Mellon 大学的 H. T. Kung 等人在研究算法实现与专用芯片体系结构的关系时首先提出了脉动阵列的概念。它是由一组处理单元（Processing Element，PE）按一定拓扑结构组成的阵列处理器，每个 PE 完成一些简单的运算，如乘法、累加及锁存（图6-5）。每个单元有自己独立的存储单元，而且每个单元只与最近的相邻单元连接。阵列内所有的处理单元受同一个时钟控制。运算时，数据在阵列结构

内的各个处理单元间沿各自的方向同步地向前推进，就像人体内血液受心脏有节奏的搏动而在各条血管中同步地向前流动一样，因此形象地称为脉动阵列。

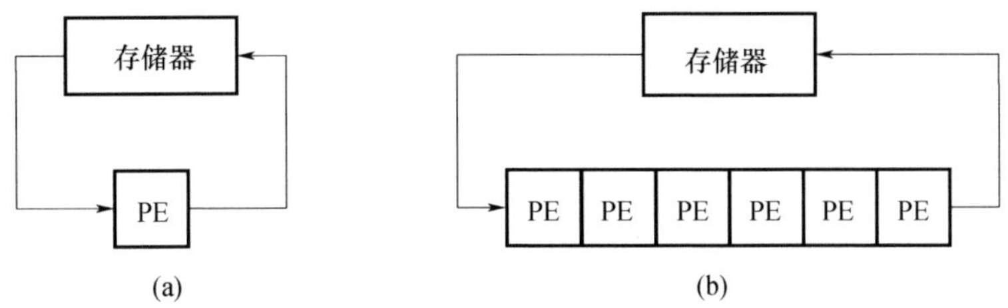

图6-5　处理机模型

(a)传统处理机；(b)脉动阵列处理机。

图6-6为线性单向流水脉动阵列进行复原运算的阵列结构，由 M 个 PE 线性排列，每个 PE 完成乘累加操作，复原运算的每一行数据经过适当延时后顺序流入各个 PE 参与运算。这种结构的特点：只有斜率矢量在阵列中流动，而计算结果不在阵列中流动。脉动阵列处理器与外部进行通信的 I/O 通路数为 m，当单元数增大时，系统的输出带宽易成为系统瓶颈。

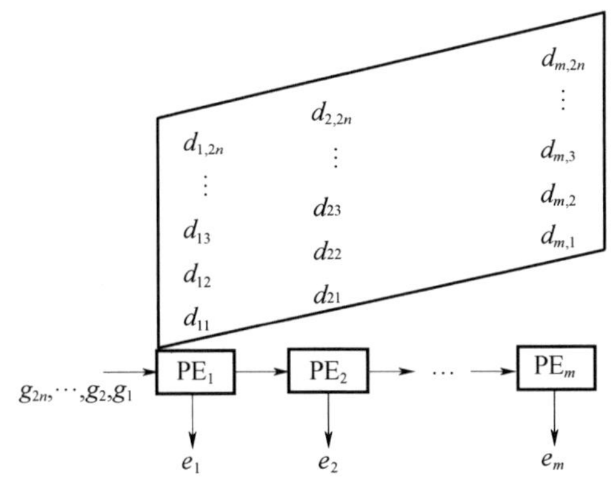

图6-6　单向流水脉动阵列结构图

2. 双向流水脉动阵列实现波前复原

为了使计算结果在阵列中流动，可以改变复原矩阵的存储方式及流入阵列的顺序，如图6-7所示。复原矩阵以倾斜的方式存储，且输入的数据之间需插入一个空格。这是一种线性双向流水脉动阵列，由 $2n+m-1$ 个 PE 组成，每个 PE 由一个乘法器、一个累加器和本地存储器构成。这种线性双向流水脉动阵列特点：阵列中存在两条相向的数据流，斜率值从左向右流动，误差值从右向左流动，并从阵列最左端的 I/O 口顺序流出计算结果。在流水线填满以后，每两个流水节拍从流水线流出一个结果，计算延时为 $2m-1$。这种阵列结构处理单元的利用率相对较低。

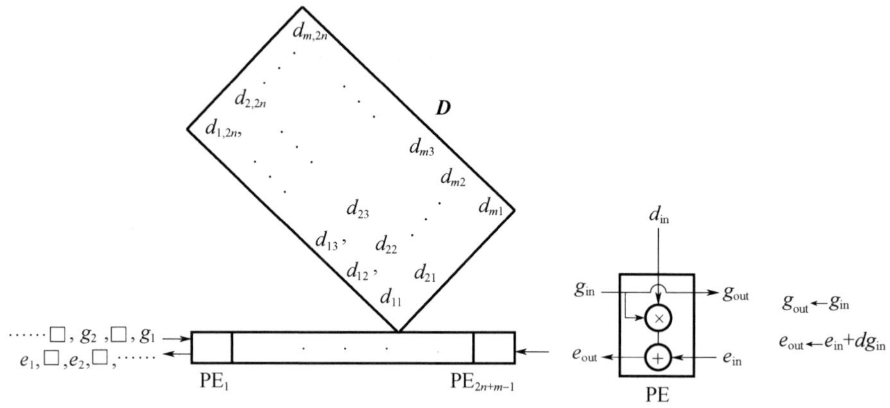

图 6－7　双向流水脉动阵列结构图

为提高阵列的利用率,可以将普通矩阵先进行数据重构成带状阵再进行计算,分为以矩阵的行或列进行数据重构的 PRT(Partial Row Translation)和 PCT(Partial Column Translation)两种类型。但经过变换后虽然提高了阵列的利用效率,但会导致矩阵的规模大幅增加,给系统的存储带来巨大的压力。

3. 基于控制流的实时波前复原脉动阵列

为在系统计算研制和处理所需资源进行平衡,基于控制流的实时波前复原脉动阵列(图 6－8)结合波前复原算法的特点,采用时域并行和空域并行的方式,结合系统的排布对复原矩阵进行变换,变换中多出的元素值做零值化处理。

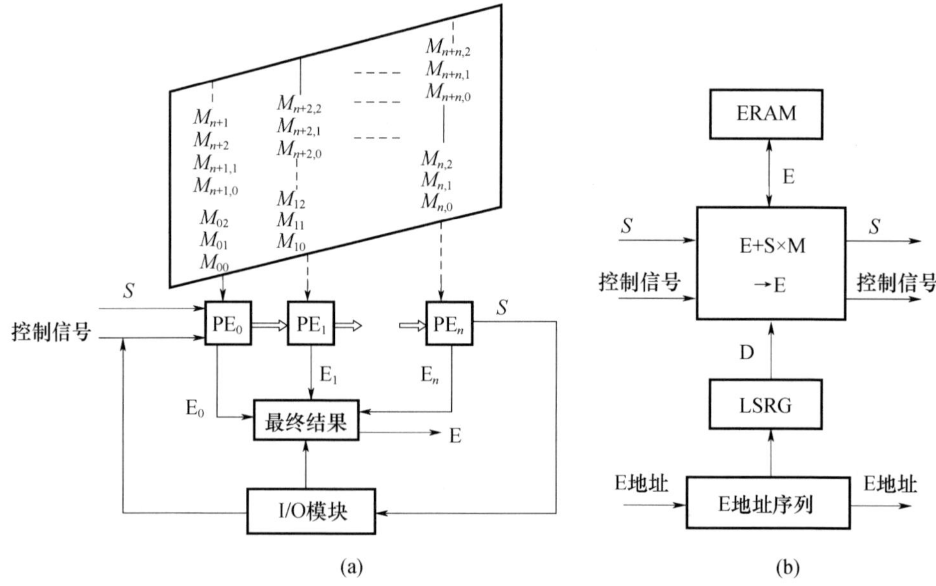

图 6－8　基于控制流的波前复原脉动阵列

(a)改进 CDSP 处理机结构;(b)PE 的结构。

这种方法的特点是结合单向脉动阵列和矩阵变换的特点，在实时性和系统使用资源之间进行平衡。

随着信号处理和集成电路的发展，近年来，利用 GPU 和 CPU 进行波前复原处理也进行了一定的研究。

6.3.3 实时波前复原处理平台选取

低延时的波复原处理是由高效率的处理单元来完成的。处理单元通过相互之间的通信与协作共同完成设计的算法任务，因此作为并行处理的执行部件，高性能的处理单元可以提高系统性能、减少系统体积和功耗、降低结构复杂性并提高系统的可维护性。目前，高性能的处理执行单元主要分为以下四种。

1. 中央处理单元

中央处理单元(CPU)可以分为控制单元、逻辑单元、存储单元三大部分，三部分协同工作完成需要执行的任务。目前，制约 CPU 发展主要因素是内存瓶颈，CPU 处理的数据都是存放在内存中的，但由于 CPU 的运算速度比内存快得多，导致 CPU 的性能受限于内存的速度。为了解决这个问题，在 CPU 与内存间放置高速 Cache，用于存储 CPU 频繁使用的数据和指令，以提高数据的传输速度，但由于 Cache 的容量不可能太大，在高性能科学计算领域，计算节点甚至有超过 95% 的时间内处于空闲等待状态。因此内存带宽是制约 CPU 性能的主要原因。

2. 数字信号处理芯片

数字信号处理(DSP)芯片在结构上采用了许多专门的技术和措施来提高处理速度，所以具有高速数字处理能力。其主要特点：①采用改进的哈佛结构，程序和数据具有独立的存储空间，而且有各自独立的程序总线和数据总线，同时数据总线和程序总线之间采用局部交叉连接的结构；②内部操作采用流水线结构，且芯片内部配置了硬件乘法器，能实现指令乘法运算和变址运算超长指令字(VLIW)结构，多个功能单元并发工作，所有的功能单元共享寄存器堆。DSP 分为定点产品和浮点产品两大类。DSP 是专门的微处理器，适用于条件进程，特别是较复杂的多算法任务。另外，灵活的寻址方式能够满足处理复杂算法的要求，而且具有软件更新速度快的特点；但在运算上受到串行指令流的限制。

3. 现场可编程逻辑器件

现场可编程逻辑器件(Field Programmable Gate Array，FPGA)是一种将门阵列的通用结构与可编程器件的现场可编程性结合于一体的新型器件，使得 FPGA 既有门阵列的高逻辑密度和通用性，又有可编程逻辑器件的用户可编程性。FPGA 在实现小型化、集成化和高可靠性的同时，减少了风险，降低了成本，缩短了开发周期。FPGA 将软件串行执行转化为硬件并行执行，通过构建良好的并行结构，可以在较低的频率工作下得到比软件方式几十到几百倍的加速比。同时,FPGA 片内集成了丰富的数学运算 IP 资源,比较适合数据量大、处理速度要求高但运算结构相对比较简单的算法。FPGA 内部不支持真正的浮点运算操作,虽然可以采用逻辑实现浮点的定点化,但要占用大量的资源,而且浮点数据放大的过程导致运算的精度降低。

4. 图形处理器

1999 年,NVIDIA 公司发布 GeForce256 图形处理芯片时,首先提出图形处理器(Graphic Processing Unit,GPU)的概念,最初只用于计算机的图形处理,近年来逐渐应用到其他领域的大规模并行计算。GPU 的并行计算能力相当强大,其内部具有快速存储获取系统,NVIDIA 的 8800 有 128 个处理器。此外,GPU 的硬件设计能够管理数千个并行线程,这数千个线程全部由 GPU 创建和管理而不需要开发人员进行任何编程与管理。但 GPU 的强大并行处理能力都是针对大量平行数据而言的,主要针对运算的数据量大、运算不复杂且具有类似性,计算性强但逻辑性不强的任务。GPU 进行计算时数据传输是最大的瓶颈。

过去这几种执行部件的发展相对独立,但随着用户对系统性能、体积、灵活性等方面的要求越来越高,已经呈现出交叉的趋势。

6.4 自适应光学的实时控制技术

6.4.1 基于波前传感器的实时控制技术[9,10]

自适应光学系统可看作连续系统(模拟系统)与离散系统(数字系统)的结合,系统的控制器一般用数字控制器的方法设计,有许多种算法,如比例积分、希望特性和最小拍等方法是自适应光学系统中常用的控制算法。不同的控制算法必须满足没有阶跃响应静态残差,有尽可能高的带宽、闭环系统稳定、不产生振荡等要求。

1. 自适应光学系统的控制模型

自适应光学系统通常在负反馈的方式下闭环工作,波前传感器测量的是变形镜校正后的波前误差。这种闭环负反馈工作方式可以减小对波前传感器动态范围的要求,克服系统中的变形镜滞后等非线性效应,保证系统的稳定工作。典型自适应光学系统的信号流程框图如图 6 - 9 所示。波前传感器(WFS)测量波前畸变,在高速数字计算机中进行波前复原计算(WFC)和控制计算(CC),得到的控制电压信号经过数/模转换器(DAC)和高压放大器(HVA),使变形镜(DM)和倾斜镜(TM)产生出需要的补偿波前。整个自适应光学系统是一个数字 - 模拟混合控制系统。波前控制运算的任务是把复原出的残余电压经过控制算法,得到驱动器控制电压。在控制理论中通常采用拉普拉斯传递函数分析控制系统的特性和设计控制算法。

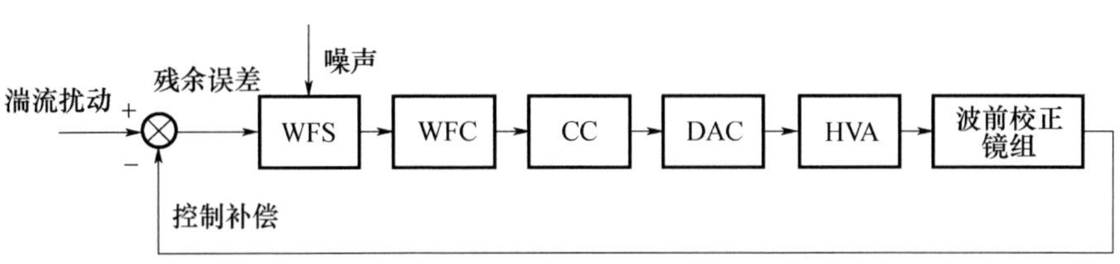

图6-9 典型自适应光学系统的信号流程框图

在自适应光学系统的控制器设计和分析中,使用开环传递函数、闭环传递函数和误差传递函数(图6-10)表示系统的控制特性和控制带宽大小。令$r(s)$表示受动态扰动的光学波前信号,$y(s)$表示波前补偿信号,$e(s)$表示补偿后残余波前信号,$n(s)$表示各种系统内部噪声在波前传感器上的综合响应信号,$G_0(s)$表示自适应光学系统自身的传递函数,$C(s)$表示控制器的传递函数。其中$s=\mathrm{j}2\pi f$是拉普拉斯算子。三种传递函数分别定义如下:

开环传递函数为

$$G(s)=\frac{y(s)}{e(s)}=G_0(s)\cdot C(s) \tag{6-8}$$

闭环传递函数为

$$H(s)=\frac{y(s)}{r(s)}=\frac{G(s)}{1+G(s)} \tag{6-9}$$

误差传递函数为

$$E(s)=\frac{e(s)}{r(s)}=\frac{1}{1+G(s)} \tag{6-10}$$

误差传递函数直接反映自适应光学控制系统对动态误差的抑制能力。开环传递函数和闭环传递函数也从不同方面反映控制器的好坏。在自适应光学控制技术中,相应地使用开环带宽、误差带宽和闭环带宽(图6-10)来全面表示控制器的水平。

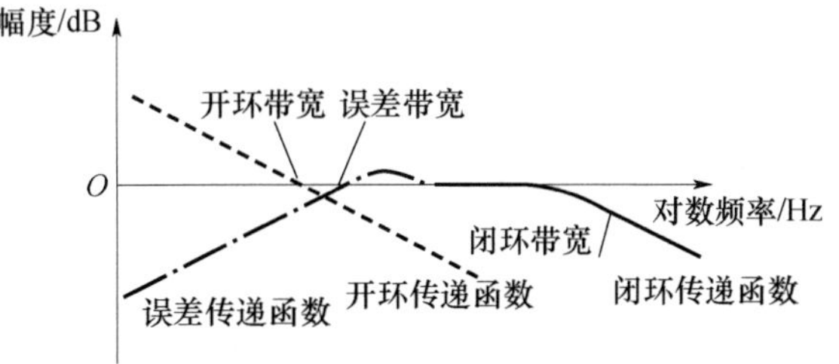

图6-10 三种传递函数和三种控制带宽

闭环带宽定义为控制系统的闭环传递函数增益-3dB时的频率,即

$$|H(f_{3\mathrm{dB}})|^2=1/2 \tag{6-11}$$

开环带宽 f_g 和误差带宽 f_e 分别定义为控制系统的开环传递函数和误差传递函数增益 0dB 时的频率,即

$$\begin{cases} |G(f_g)|^2 = 1 \\ |E(f_e)|^2 = 1 \end{cases} \tag{6-12}$$

对用 CCD 相机读出的哈特曼波前传感器,系统中 CCD 相机的光能积分、信号读出和波前处理机的计算时间造成的延迟大致为 3 倍 CCD 采样周期,即时间延迟 $\tau \approx 3T$。当采用简单的比例 - 积分控制器时,自适应光学系统的开环带宽 f_g,误差带宽 f_e 和闭环带宽 f_{3dB} 与采样频率和系统等效时间延迟和采样频率 f_s 的关系为

$$\begin{cases} f_g \leqslant \dfrac{1}{12\tau} \approx \dfrac{f_s}{36} \\ f_e \leqslant \dfrac{1}{10.6\tau} \approx \dfrac{f_s}{31.8} \\ f_{3dB} \leqslant \dfrac{1}{5.7\tau} \approx \dfrac{f_s}{17.1} \end{cases} \tag{6-13}$$

由此可见,系统的有效控制带宽主要与时间延迟有关。当时间延迟 $\tau = 3T$,系统的闭环带宽约为采样频率的 1/20,而开环带宽和误差带宽约为采样频率的 1/30。误差传递函数直接反映自适应光学系统对波前误差的抑制能力,因此自适应光学系统带宽应该是误差抑制带宽,有的文献把闭环带宽甚至采样频率当作系统带宽显然是不对的。

2. 控制算法设计

自适应光学系统控制器设计的难点是解耦和时间延迟问题。由波前传感器输出的上百路信号与施加到波前校正器上的上百路信号并不是唯一对应的,它们之间存在耦合。在有的系统设计中,如用直接斜率法的波前复原计算中就已经解耦,给控制器的设计带来方便。由于自适应光学系统中的波前探测的速度和波前处理的速度有限,因此系统中总存在一定的时间延迟。即自适应光学系统是一类时间延迟控制对象。时间延迟过程是一类难以控制的对象,因为时间延迟使得控制器的相位滞后随着频率的加大迅速增加,很快就使校正信号的相位与扰动信号的同相位,控制系统的负反馈结构被破坏,控制器进入正反馈而振荡崩溃。为了避免正反馈的出现,必须使控制器有一定的相位稳定裕量。这样一来,系统的控制带宽受到限制。自适应光学系统中采用高帧频 CCD 作波前传感器的光电探测器和高速处理机等先进技术的目的是,减小时间延迟以提高带宽。在时间延迟一定的情况下要求系统采用合理的控制算法,以减小这种对带宽的限制。

目前,常用模拟补偿器法或数字补偿器法设计控制器。设计的控制器最终转化成数字控制计算机上所用的差分方程的形式。对控制器的设计要求应满

足：①闭环稳定，避免闭环控制超调引起振荡；②系统开环低频增益足够高，以充分抑制动态扰动的低频部分；③误差带宽高，在较大频率范围内，使系统校正后的残余误差尽量小；④闭环带宽与误差带宽之比不要太高，以尽量减少控制系统引入的高频探测噪声。

积分－比例－微分（PID）控制算法是一种经典的控制算法，它的设计思想明确、控制器设计简单，只是调整比较困难。尽管自适应光学系统的控制模型近似纯延迟过程，是一种难以控制的对象，但只要采用简单的比例－积分控制器，就可以基本满足控制要求。比例－积分控制器传递出数为

$$C(s) = \frac{K_C}{s} \tag{6-14}$$

比例－积分型控制器具有对阶跃响应稳态无静差的优点，可以满足准确跟踪的要求。用直接 z 变换法将控制器 $C(s)$ 离散化为适合在数字处理机上实现的形式 $C(z)$：

$$C(z) = \frac{P}{1 - z^{-1}} \tag{6-15}$$

控制器在 Z 平面上有一个零点 $z=0$，一个极点 $z=1$。与连续比例－积分控制器的情况一样，这一个零极点对将造成90°的相位滞后。根据实验情况，适当调整比例－积分控制器的增益 P，可以使得控制系统的校正带宽达到最大并且满足稳定性要求。所以目前国际上大多数自适应光学系统采用这种简单的控制算法。但积分控制器的相位滞后较大，加剧了自适应光学系统稳定相位裕量不足的矛盾。

另一类经典控制算法是相位超前－滞后校正控制算法，即通常所说的希望特性控制算法。它是在简单的积分控制器的基础上加入相位超前－滞后校正环节，即

$$C(s) = \frac{K}{s} \cdot \frac{T_1 s + 1}{T_2 s + 1} (T_1 = aT_2, a \approx 1.5 \sim 20) \tag{6-16}$$

这种控制算法能够在保留积分控制器优点的基础上对控制器的相位做一定调整，以减小相位滞后，提高稳定相位裕量。一个补偿器不够时，可以同时加入两个以上的超前校正环节，即

$$C(s) = \frac{K}{s} \cdot \frac{T_1 s + 1}{T_2 s + 1} \cdot \frac{T_3 s + 1}{T_4 s + 1_4} (T_1 > T_2,\ T_3 > T_4) \tag{6-17}$$

控制参数 T_1、T_2、T_3、T_4的选择是一个工程设计问题，一般没有理论解析解，只能凭经验选取，并且要在实际现场确定。设计的连续控制器 $C(s)$ 要离散化为 $C(z)$ 才能在数字计算机上实现。常用的连续－离散法有双线性（预畸变）变换法，直接 Z 变换法，零阶保持器变换法等。采用这种控制算法后，带宽能够比简单比例－积分控制算法有所提高。

还有一种纯滞后补偿控制算法，可以减小相位滞后对闭环控制带宽的影响。常规的纯滞后补偿控制器结构如图6－11所示。

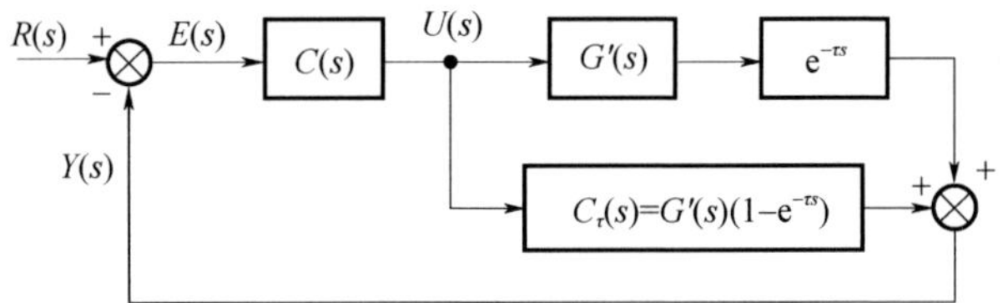

图6－11　常规纯滞后补偿控制器结构

有纯延迟的控制对象可以表示为

$$G_0(s) = G'(s)\mathrm{e}^{-\tau s} \tag{6-18}$$

式中：$G'(s)$为对象中不含纯延迟的部分。

构造补偿器：

$$C_\tau(s) = G'(s)(1-\mathrm{e}^{-\tau s}) \tag{6-19}$$

使广义对象中不再含有纯延迟：

$$\frac{Y(s)}{U(s)} = G'(s) \tag{6-20}$$

因此，控制器$C(s)$可以按照没有纯延迟的情况设计，如常用的PID控制器。这种纯滞后补偿控制算法设计比较复杂，对控制器的结构有严格要求，使用十分不便；并且应用于具体的控制对象时必须加以调整，才可以取到较好的效果。

以上介绍的几种连续域控制器必须采用连续域到离散域的变换，得到离散域的控制器形式后，才能应用到数字控制计算机上。由于变换后有一定的误差，因此最后得到的离散控制器与设计的连续控制器有一定差异。因此，采用离散域数字控制器直接设计方法，如最小拍控制器设计法等。

最小拍控制器设计法是一种面向闭环传递函数的直接数字控制器设计法。对有纯延迟的控制对象，要求控制器输出在延迟之后以最小的控制次数（拍）跟踪上输入信号。这种控制器也称为大林（Dahlin）控制器，对纯延迟的系统有较好的校正能力。

设对象为

$$G_0(s) = K'\mathrm{e}^{-\tau s}, \tau \approx 3T \tag{6-21}$$

式中：τ为对象总时间延迟；T为系统采样周期。

式（6－21）离散化为

$$G_0(z) = Kz^{-3} \tag{6-22}$$

期望的闭环传递函数是理想的RC滤波器形式：

$$H(s) = \frac{\mathrm{e}^{-\tau s}}{T_\mathrm{M}s+1}, f_{3\mathrm{dB}} = \frac{1}{2\pi T_\mathrm{M}} \tag{6-23}$$

式(6-23)经离散化后为

$$H(z) = z^{-3}\frac{(1-a)}{1+az^{-1}} \tag{6-24}$$

式中:T_M为 RC 滤波器时间常数;$a = e^{-T/T_M}$为数字滤波器系数,它决定了期望的闭环带宽f_{3dB}。

数字控制器可以直接得到为

$$C(z) = \frac{H(z)}{G_0(z)[1-H(z)]} = \frac{(1-a)/K}{1-az^{-1}-(1-a)z^{-3}} \tag{6-25}$$

控制器在 Z 平面上有三个极点和一个三阶零点 $z=0$。其中,零极点对$z=1$,$z=0$ 保证控制器中含有一个积分环节,即保证了高的低频增益,能有效抑制大气湍流扰动。两个靠近虚轴的复极点与 $z=0$ 的零点组成了相位超前校正器,提供相位补偿。

离散域数字控制器直接设计方法还有自适应控制算法、自寻优控制算法等。这些控制算法利用数字控制计算机灵活、智能、快速的特点,与自适应光学系统结构复杂、存在非线性和时变部分、校正对象复杂多变的特点十分符合。因为算法的复杂性等方面原因,目前这种控制算法还没有广泛应用到实际的自适应光学系统中,但这是波前控制技术的发展方向。

6.4.2 无波前探测实时控制技术[11-39]

1. 无波前探测自适应光学系统

基于波前探测的自适应光学技术已在天文成像、激光传输等领域得到了广泛应用。但是该技术需要进行波前重构,而且系统结构较为复杂,限制了其在一些领域的应用。理论研究表明,在较强的振幅起伏情况下,光束波前将产生不连续性,常规自适应光学技术不能正确复原光束相位,进而无法实现闭环补偿。C. A. Primerme 等人在强闪烁条件下的实验结果表明,当光束振幅起伏达到饱和时,信标光会出现明显的暗区,给波前测量带来严重影响,因此导致基于波前探测的自适应光学补偿效果显著受限。Lukin 等人的研究结果也表明,强湍流环境下,波前传感器不能正确地探测出畸变波前。国内王英俭等人的实验结果也表明,在强闪烁条件下自适应光学系统不能实现稳定闭环。同时,系统的复杂性也限制了波前探测自适应光学技术的应用,例如,在校正激光腔内像差时,激光器的工作原理以及激光腔内有限的空间使得波前传感器难以工作。此外,随着自适应光学技术向民用领域的拓展,小型化和低成本成为必然。正是在上述背景下,无波前探测自适应光学技术得到了发展。

与常规自适应光学技术相比,无波前探测自适应光学系统结构简单,不需要进行波前测量和波前重构,而是把波前校正器的控制信号作为系统目标函数的参数,通过寻优算法(如遗传算法)直接优化系统目标函数,由此得到波前校正器的控制信号。典型的像清晰化、无波前探测自适应光学系统如图 6－12 所示。系统根据远场图像计算性能指标(清晰度函数),然后利用寻优算法进行迭代,最终实现对入射波前畸变的补偿。

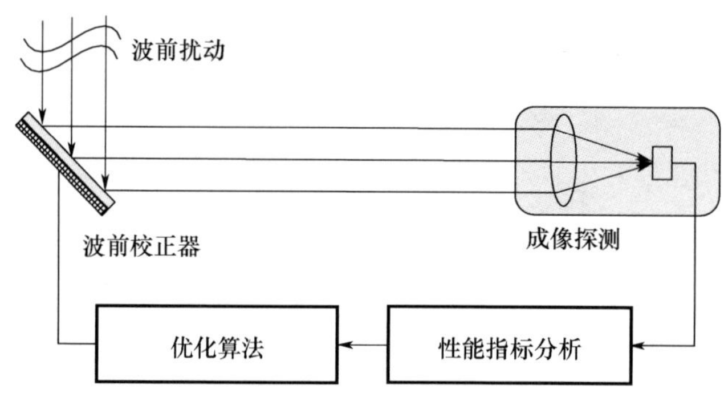

图 6－12　典型的像清晰化、无波前探测自适应光学系统

无波前探测自适应光学技术发展大致可分为 20 世纪 60—80 年代末和 90 年代至今两个阶段。20 世纪 60—80 年代末,无波前探测自适应光学系统大多采用爬山法和多元高频振动技术[11]。爬山法的基本思想:首先初始化控制参数,并确定控制参数的迭代步长;闭环时,给某一控制通道施加一正扰动(控制参数向正方向前进一个步长),若多元函数向期望的方向变动,则表示扰动方向正确,否则向相反方向前进一个步长;如果正、反扰动均未成功,就保持不变;按这种方式依次对每个控制参数进行扰动,各自前进了一个步长(或保持原位不动),一个周期后再进行新的循环,使多元函数逐步接近极值。对于上述顺序扰动方法,波前控制的信噪比以及控制精度独立于控制通道个数 N。中国科学院光电技术研究所于 1985 年研制的用于校正“神光Ⅰ”激光核聚变装置的 19 单元自适应光学系统,采用的是爬山法。在激光核聚变装置长达几十米的激光放大光路中设置一个 19 单元变形反射镜,在该装置的末端聚焦后的焦点上设置小孔,用光电倍增管探测小孔后的能量,采用串行工作方式给变形镜的每个驱动器依次施加扰动,实现爬山法优化。

由于爬山法的各控制参数顺序调整,收敛速度非常慢,难以适用于实时系统,因此提出了多元高频振动技术。多元高频振动可看作常规顺序扰动的并行模拟实现。扰动 $\delta u_j=\alpha\sin(\omega_j t)$ 以谐波信号的形式并行施加到所有的控制通道上,不同的 δu_j 具有不同的振动频率,α 是一个小的振幅值;然后使用同步探测器将每一个控制通道的回波信号与本机振动信号 ω_j 进行同步检测并低通滤波,完成对性能指标斜率分量的估计;最后更新校正信号。多元高频振动并行调整各参数,在一定程度上解决了爬山法的耗时问题,但它本身的实现方式带来了其他问题。为提供有效的信号解调,随着控制通道数量的增加,系统带宽的要求也相应地提高,尤其是对波前校正器的带宽要求更为严格[6]。另外,随着 N 的增加信噪比显著降低，且硬件实现复杂。

爬山法的耗时以及多元高频振动对系统的带宽要求高、信噪比低且硬件实现复杂的缺点使得无波前探测自适应光学技术被搁浅10多年。进入20世纪90年代后，随着各种随机优化算法的发展，研究人员开始尝试将一些新的寻优算法应用于无波前探测自适应光学中。以色列的Technion - Israel Institute of Technology用硬件实现了模拟退火算法，并应用于视觉自适应光学。研究结果表明，利用硬件实现的模拟退火算法基本能满足实时视觉校正所需要的0.5s的校正时间。英国的Heriot - Watt University将模拟退火算法用于激光光束整形自适应光学系统中，研究结果表明该系统能够按照要求自适应地产生高斯或超高斯光束剖面。R. Mukai等人将基于遗传算法的自适应光学技术用于激光通信领域。中国科学院光电技术研究所采用了遗传算法进行了固体激光器光束净化以及光束整形等应用研究。爱尔兰国立大学应用光学实验室对单纯形法，国防科学技术大学采用模式提取算法分别进行了理论和应用研究。此外，还有函数近似法(Functional Approximation Method，FAM)、随机并行扰动梯度下降(Stochastic Parallel Gradient Descent，SPGD)算法等。

这些优化算法与爬山法以及多元高频振动技术相比，具有控制参数并行计算、实现较为容易的特点。这些算法使得无波前探测自适应光学技术越来越受到国内外的重视，尤其是随着自适应光学向民用领域的拓展，结构简单、价格低廉的无波前探测自适应光学技术重新成为国内外的研究热点。

2. SPGD算法的原理与研究现状

SPGD算法是美国陆军研究实验室的M. A. Vorontsov等人于1997年在并行扰动随机近似(Simultaneous Perturbation Stochastic Approximation，SPSA)算法的基础上，首先提出的一种无波前探测优化算法[12]。经过近10年的研究，SPGD算法的效率和优越性已经得到验证。

1) SPGD算法基本原理

无波前探测的N单元自适应光学系统，波前校正器面形对光束波前相位的影响$m(r,t)$可以用各个驱动器影响函数的线性组合表示，令$u_j(t)$表示波前校正器上的控制信号，$S_j(r)$表示相应驱动单元的影响函数。因此，系统的优化性能指标J可看作控制信号u的函数，即$J = J(u)$。自适应光学系统的目标是借助寻优算法通过迭代寻找到合适的控制信号，使得系统的性能指标J达到最优。

$$u(r,t) = \sum_{j=1}^{N} u_j(t) S_j(r) \tag{6-26}$$

如果能够准确得到性能指标J对每个控制信号$u_j(t)$的斜率信息J'_j，进行迭代就能够找到合适的控制信号。但通常情况下斜率信息J'_j难以准确得到，因此，在实际应用中首先依次给每个控制通道施加小的扰动$\{\delta u_j\}$，然后使用实际

测量出的梯度数据 $\bar{J}'_j \approx \delta J \delta u_j$ 代替斜率信息 J'_j 进行迭代。

$$u_j^{(n+1)} = u_j^{(n)} - \gamma J'_j(u_1^{(n)},\cdots,u_N^{(n)}) \tag{6-27}$$

对于一个多单元自适应光学系统，如果采用顺序扰动的方法估计每个控制通道的斜率信息，显然非常耗时，效率非常低，难以满足实时要求。因此，M. A. Vorontsov 等人根据 SPSA 算法的思想，引入随机并行扰动测量梯度的方法。扰动 $\{\delta u_j\}$ $(j=1,\cdots,N)$ 并行施加到波前校正器的 N 个驱动器上，系统性能指标产生的相应变化 $\delta J^{(n)}$，使用 $\{\delta J^{(n)}\delta u_j\}$ 估计斜率分量 $\{J'_j\}$，即 $J'_j \approx \delta J^{(n)}\delta u_j$，然后进行迭代，那么

$$\delta J^{(n)} = J(u_1^{(n)} + \delta u_1,\cdots u_j^{(n)} + \delta u_j,\cdots u_N^{(n)} + \delta u_N) - J(u_1^{(n)},\cdots u_j^{(n)},\cdots,u_N^{(n)}) \tag{6-28}$$

可写成

$$u_j^{(n+1)} = u_j^{(n)} - \gamma \delta J^{(n)} \delta u_j^{(n)} \tag{6-29}$$

事实上，将式(6-28)用泰勒级数展开，可得

$$\bar{J}'_j \approx \delta J \delta u_j = \frac{\partial J}{\partial u_j}(\delta u_j)^2 + \sum_{k\neq j}^{N} \frac{\partial J}{\partial u_k}\delta u_k \delta u_j + \cdots \tag{6-30}$$

如果施加的各扰动 $\{\delta u_j\}$ 之间是随机数且相互统计独立，式(6-29)中的第二项在均值意义下就为 0，即式(6-30)可近似为

$$\bar{J}'_j \approx \partial J \partial u_j \approx (\partial J/\partial u_j)(\delta u_j)^2$$

即斜率与一个常数的乘积，因此使用 $\{\delta J^{(n)}\delta u_j\}$ 估计斜率分量 $\{J'_j\}$ 是可行的。数学证明，随机并行梯度下降的各扰动的随机特性可退化至伯努利分布，且不影响收敛，即扰动的幅值相等 $|\delta u_j| = \sigma$，概率分布 $P(\delta u_j = \pm\sigma) = 0.5$。在实际应用中，为了提高 $\{\delta J^{(n)}\delta u_j\}$ 估计的精确度，通常采用双边扰动算法，即分别施加正扰动 $\{+\delta u_j\}$ 和负扰动 $\{-\delta u_j\}$，然后测量相应的 J^+ 和 J^-，那么 $\delta J = J^+ - J^-$，$\bar{J}'_j = \delta J \delta u_j$。

2）SPGD 算法的研究现状

SPGD 算法自 1997 年提出后立即成为国内外的研究热点，并在实际系统中得到应用，其中美国在该方面的研究始终走在最前列。

美国陆军研究实验室的 M. A. Vorontsov 等人，在 1997 年首次建立了基于 SPGD 算法的无波前探测自适应光学系统，对扩展目标进行了自适应清晰化校正。系统结构如图 6-13 所示，使用了两个 127 单元的液晶空间光调制器，一个用于产生波前畸变，另一个用于校正波前畸变。研究结果表明，SPGD 算法是一种很好的自适应光学控制算法，其收敛速度明显优于串行扰动梯度下降法（爬山法）以及多元高频振动技术等。

为了提高 SPGD 算法的迭代速度，美国陆军研究实验室与约翰霍普金斯大学于 1999 年联合研制成功了利用模拟超大规模集成电路实现的 SPGD 算法控制器，如图 6-14 所示，然后利用该控制器进行了一系列实验研究。该控制器的

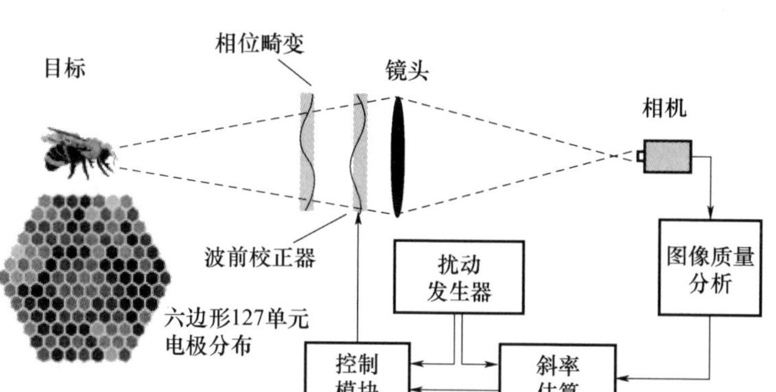

图 6 - 13　基于 SPGD 算法的扩展目标清晰化自适应校正系统结构

成功研制,表明与遗传算法等其他算法相比,SPGD 算法一个重大优势就是算法简单,易于 VLSI 硬件实现。

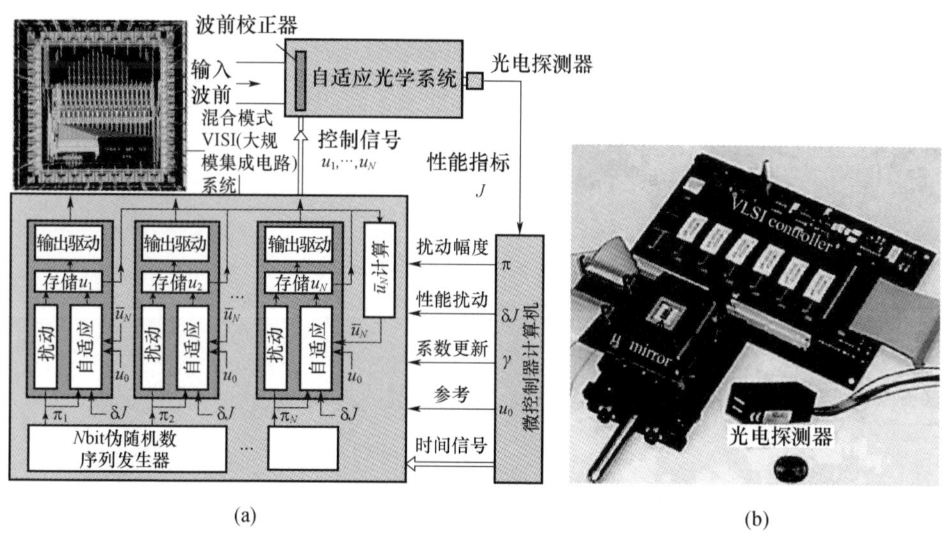

(a)　　(b)

图 6 - 14　SPGD VLSI 控制器

作为一种优化算法,SPGD 算法尽管比其他算法有明显的优势,但是算法的收敛速度仍然是影响其广泛应用的主要瓶颈。为提高 SPGD 算法的收敛速度以适应高分辨率校正器件,M. A. Vorontsov 等人先后提出了几种解决方法(图 6 - 15),其中比较重要的是 1998 年提出的模式法和自适应扰动法(图 6 - 15),以及 2002 年提出的解耦 SPGD (Decoupled Stochastic Parallel Gradient Descent, D - SPGD)算法(图 6 - 16)。仿真结果表明,这些方法能够有效地提高 SPGD 算法的收敛速度。但是由于这些方法较为复杂,实现较为困难,因此后续的实用报道较少。

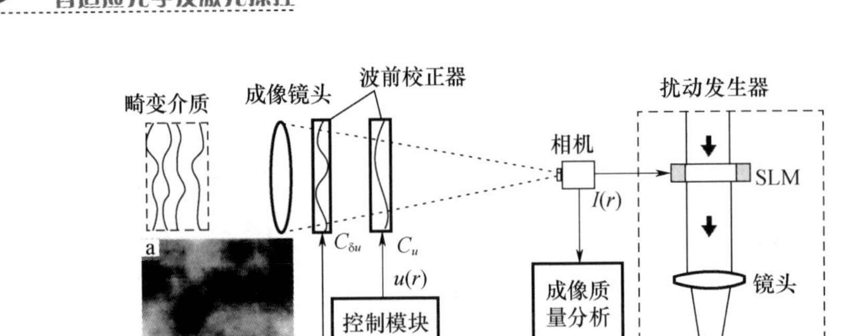

图 6－15　具有自适应扰动的 SPGD 闭环模型

同时，SPGD 算法在实际系统中得到广泛的应用，如人眼像差校正、自由空间光通信、激光传输、光束相干合成以及高能激光等方面。美国陆军研究实验室于 2003 年左右建立了基于 SPGD 算法的 A－LOT（Atmospheric Laser Optics Test－bed）实验系统（图 6－17），并于 2003 年前后进行了大量的激光传输等方面的实验研究。同期，美国多家研究单位联合建立了基于 SPGD 算法的高能激光系统 APPLE（Adaptive Photonics Phase－locked Elements），如图 6－18 所示，该系统可以同时完成激光锁相和低阶畸变补偿。

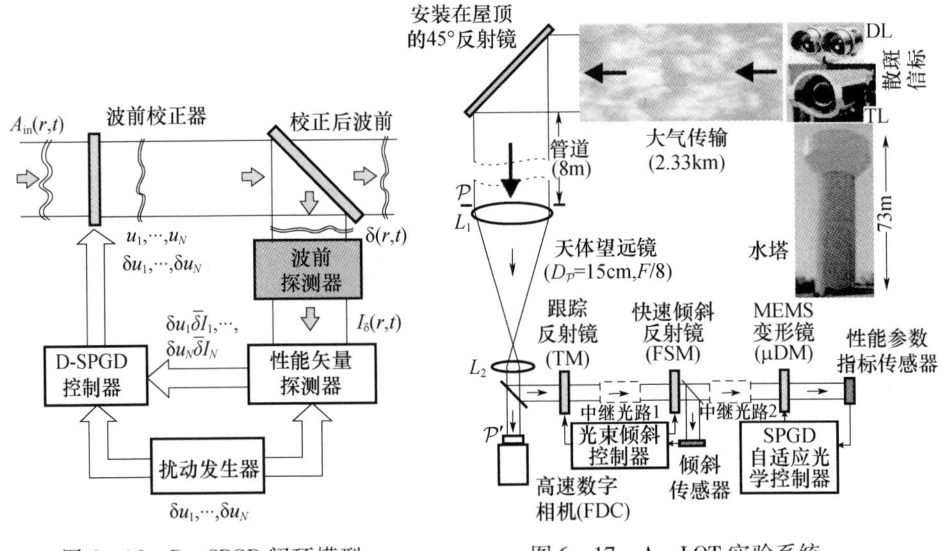

图 6－16　D－SPGD 闭环模型

图 6－17　A－LOT 实验系统

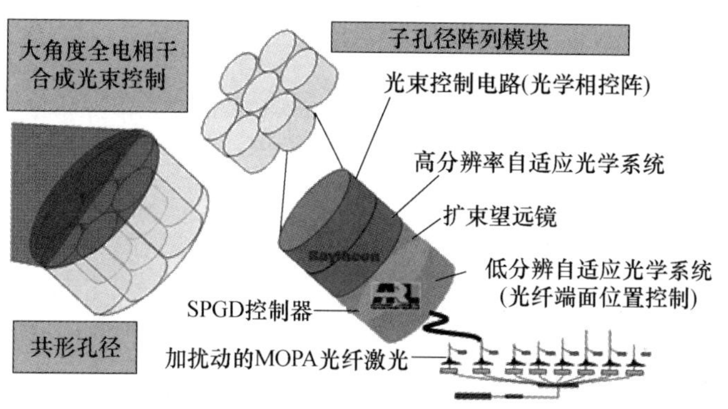

图6-18 APPLE系统结构示意图

除上述研究单位,国内外很多单位也积极开展了SPGD算法以及在各种领域中的应用研究,如以色列Technion - Israel Institute of Technology、新墨西哥州立大学光电研究实验室、英国的Heriot - Watt Universit、中国科学院光电技术研究所及国防科学技术大学等。中国科学院光电技术研究所成功研制了基于FPGA的SPGD控制器,并开展了激光光束净化、激光通信相干合成等方面的研究[32-37]。目前,基于SPGD算法的自适应光学系统已经在眼科、自由空间光通信、高能激光等领域得到了广泛应用。同时,基于SPGD算法的无波前自适应光学也顺应了自适应光学小型化、廉价化的趋势,得到深入研究。

3. SPGD算法收敛速度与校正器单元数的关系[36]

基于SPGD算法的自适应光学能够有效地校正静态波前像差。算法最主要的问题是收敛速度较慢,难以应用于实时性要求较高的场合。

基于双边扰动SPGD算法的自适应光学校正过程:第m次迭代后N单元校正器的电压$\boldsymbol{u}^{(m)}=\{u_I,\cdots,u_j,\cdots u_N\}$,系统的性能指标值为$J(\boldsymbol{u}^{(n)})$;第$m+1$次迭代时,首先产生一组服从伯努利分布的随机扰动电压矢量$\delta\boldsymbol{u}=\{\delta u_I,\cdots,\delta u_j,\cdots,\delta u_N\}$,即$\delta\boldsymbol{u}$中各分量$\delta u_j$相互独立,幅值相等$|\delta u_j|=\sigma$,概率分布$\Pr(\delta u_j=\pm\sigma)=0.5$;然后向校正器并行施加电压矢量$\boldsymbol{u}^{+}=\boldsymbol{u}^{(m)}+\delta\boldsymbol{u}$,计算系统性能指标$J(\boldsymbol{u}^{+})$,接着向校正器并行施加电压矢量$\boldsymbol{u}^{-}=\boldsymbol{u}^{(m)}-\delta\boldsymbol{u}$,计算系统性能指标$J(\boldsymbol{u}^{-})$;最后利用下式计算性能指标变化量$\delta J$,使用$\delta J\delta\boldsymbol{u}$作为第$m+1$次迭代的梯度估计,即

$$\delta J=J(\boldsymbol{u}^{+})-J(\boldsymbol{u}^{-}) \tag{6-31}$$

并利用下式更新校正电压,即

$$\boldsymbol{u}^{(m+1)}=\boldsymbol{u}^{(m)}+k\delta J\delta\boldsymbol{u} \tag{6-32}$$

式中:$\boldsymbol{u}^{(m+1)}$为第$m+1$次迭代后波前校正器上的校正电压;k为调整迭代步长的系数,当性能指标向极大值优化时取正数,反之为负数。

由校正电压更新公式可知,由随机扰动引起的$|\delta J|$越大,电压更新步长越大,

所以性能指标收敛越快。因此，可以通过分析 $|\delta J|$ 大小分析算法的收敛速度。

为了便于分析，对校正器做假设：①对于 N 单元校正器，由于每个单元上的随机扰动幅度相等 $|\delta u_j|=\sigma$，因此每个驱动器引起的性能指标扰动的幅度相等，记为 $1/N$；②各校正单元之间没有耦合或耦合较小，那么性能指标变化量 δJ 可以近似描述为各单元的影响因子的线性组合。

每次迭代中，总存在一个最佳扰动矢量 $\Delta\boldsymbol{u}=\{\Delta u_1,\cdots\Delta u_j,\cdots,\Delta u_N\}$，使得 $|\delta J|$ 最大。闭环中，如果实际产生的扰动分量 δu_j 与最优分量 Δu_j 相同时，该校正单元对性能指标的影响为 $1/N$，反之为 $-1/N$。因此，$\delta\boldsymbol{u}$ 引起 $|\delta J|$ 的可表示为

$$
\begin{aligned}
|\delta J| &= |J(u^{+})-J(u^{-})| \\
&= \left|\left(J(\boldsymbol{u}^{(m)})+\sum_{j=1}^{N}\left(\frac{\delta u_j}{\Delta u_j}\frac{1}{N}\right)\right)-\left(J(\boldsymbol{u}^{(m)})+\sum_{j=1}^{N}\left(\frac{-\delta u_j}{\Delta u_j}\frac{1}{N}\right)\right)\right| \\
&= \left|\sum_{j=1}^{N}\left(\frac{\delta u_j}{\Delta u_j}\frac{1}{N}\right)-\sum_{j=1}^{N}\left(\frac{-\delta u_j}{\Delta u_j}\frac{1}{N}\right)\right| = \frac{2}{N}\sum_{j=1}^{N}\left|\frac{\delta u_j}{\Delta u_j}\right|
\end{aligned}
\tag{6-33}
$$

闭环中，当实际产生的随机扰动矢量 $\delta\boldsymbol{u}$ 和最佳扰动矢量 $\Delta\boldsymbol{u}$ 中符号不一致的个数为 M 时，计算得到的 $|\delta J|$ 记为 $|\delta J_M|$。

$$
|\delta J_M| = \frac{2}{N}\left|\sum_{j=1}^{N}\frac{\delta u_j}{\Delta u_j}\right| = \frac{2}{N}|N-2M| \tag{6-34}
$$

由式(6-33)和式(6-34)可以看出，当实际扰动矢量 $\delta\boldsymbol{u}$ 和最佳扰动矢量 $\Delta\boldsymbol{u}$ 完全一致($M=0$)或正好相反($M=N$)时，计算得到的 $|\delta J|$ 最大，性能指标收敛最快。

对于 N 单元波前校正器，由于各个单元的扰动相互独立，因此出现 $|\delta J_M|$ 的概率($\delta\boldsymbol{u}$ 和 $\Delta\boldsymbol{u}$ 中符号不一致的个数为 M 的概率)为

$$
P(|\delta J_M|) = \frac{1}{2^N}\boldsymbol{C}_N^M \tag{6-35}
$$

根据分析，对于 N 单元波前校正器，$\delta\boldsymbol{u}$ 引起的 $|\delta J|$ 的数学期望为

$$
E_N(|\delta J|) = \sum_{M=0}^{N}P(|\delta J_M|)\,|\delta J_M| = \frac{2}{2^N N}\sum_{M=0}^{N}C_N^M|N-2M| \tag{6-36}
$$

由式(6-36)可以看出，随着校正单元数 N 的增加，$E_N(|\delta J|)$ 明显减小。假设当 $N=1$ 时性能指标经过 m_1 次闭环迭代后收敛，那么当校正器单元数为 N 时，根据式(6-36)，性能指标收敛需要的迭代次数 m_N 与 m_1 的关系近似为

$$
\frac{m_N}{m_1} \approx \frac{E_1(|\delta J|)}{E_N(|\delta J|)} \tag{6-37}
$$

国外相关研究表明，随着校正器单元数目 N 的增加，SPGD 算法的收敛速度以 $\sqrt{N}$ 显著变慢，可以近似描述为

$$
\frac{m_N}{m_1} \approx \sqrt{\boldsymbol{N}} \tag{6-38}
$$

式(6－37)和式(6－38)描述的关系分别如图6－19中的曲线1和曲线2所示。可以看出:随着校正器单元数目 N 增加,曲线1和曲线2的趋势基本一致,但是曲线1表示的 m_N 与 m_1 的比值增幅较大。在前面分析中,假设各个校正单元相互之间没有耦合,而且各单元随机扰动对性能指标的影响幅度相等,这与实际使用的波前校正器相比有一定的误差。对于实际系统中经常用到的分立压电变形镜、液晶等波前校正器,相邻驱动器之间通常存在耦合,而且有些驱动器位于有效通光口径的边缘,因此影响因子不完全相等。这些因素导致了我们的分析结果与国外的结果(曲线2)有一定的差异。但是在光纤激光相干合成等领域,各校正单元互不相关,因而本节的分析较为适用。

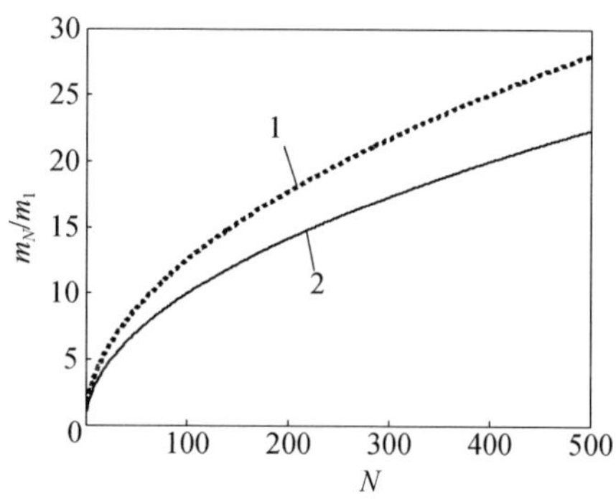

图6－19 收敛所需迭代次数 m_N/m_1 与校正器单元数目 N 的关系

4. SPGD算法的实验研究[34]

本节通过实验方法分析算法收敛速度与校正单元数的关系。实验系统如图6－20所示,以61单元变形镜作为波前校正器。变形镜驱动器排布如图6－21所示,有效通光口径120mm,驱动器间距16.4mm,最大变形量±3μm。

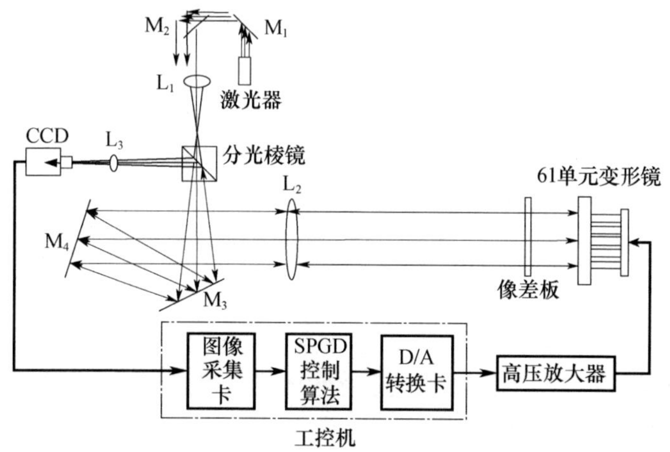

图6－20 实验系统示意图

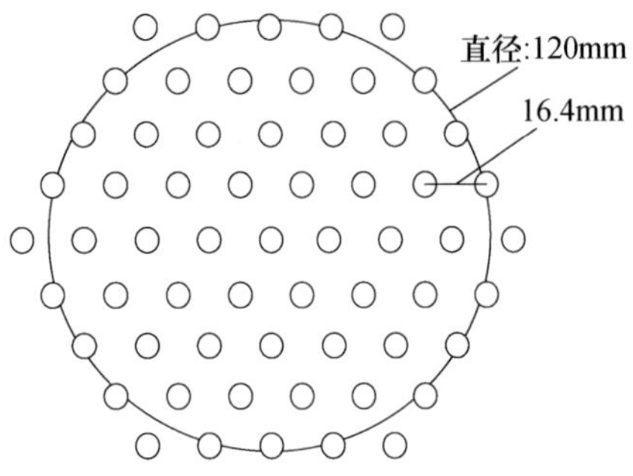

图 6－21　61 单元变形镜驱动器排布

实验采用了三种性能指标,通过遮拦分别利用变形镜中间 7 个、19 个、37 个及 61 个驱动器进行闭环校正,由此研究算法的收敛速度与单元数之间的关系。利用性能指标值从初始值上升或下降到收敛值的 80% 所需要的迭代次数(记为上升时间 T_r)衡量收敛速度。

三种性能指标:

$$J_1 = \iint I^2(x,y)\,\mathrm{d}x\mathrm{d}y \tag{6-39}$$

$$J_2 = \frac{\iint \sqrt{(x-x')^2+(y-y')^2}\,I(x,y)\,\mathrm{d}x\mathrm{d}y}{\iint I(x,y)\,\mathrm{d}x\mathrm{d}y} \tag{6-40}$$

$$J_3 = \iint_R I(x,y)\,\mathrm{d}x\mathrm{d}y \tag{6-41}$$

式中:$I(x,y)$为远场光强分布,即实验系统中 CCD 采集到的图像,实验中以质心为中心截取 256×256 像素大小进行计算;(x',y')为光强分布的质心;R 为理想衍射的爱里斑区域,实验中为了便于计算,R 采用以爱里斑直径为长度的方形区域;J_1为像清晰度函数, J_1越大校正效果越好;J_2 为平均半径,当 J_2 越小校正效果越好;J_3 为环围能量,J_3 越大校正效果越好。当取 J_1、J_3 作为性能指标时式(6－32)中的 k 取正数,取 J_2 作为性能指标时 k 取负数。

有效驱动器数量分别为 7 个、19 个、37 个和 61 个时,J_1、J_2 和 J_3作为性能指标的上升时间 T_r见表 6－1。可以看出,随着驱动器个数的增加,三种性能指标的收敛速度显著变慢。

表 6－1　三种性能指标的上升时间 T_r　　单位:帧

性能指标	7 单元	19 单元	37 单元	61 单元
J_1	30	54	105	145
J_2	6	15	20	25
J_3	33	57	79	123

根据上一节的分析，随着驱动器数目 N 增加，SPGD 算法收敛过程需要的迭代次数至少以$\sqrt{N}$的速率增加，即收敛过程需要的迭代次数与驱动器数目的平方根$\sqrt{N}$约成正比关系。因此，对表 6-1 中的数据利用$\sqrt{N}$的一阶多项式进行最小二乘拟合，得到结果：当 J_1 作为性能指标时，上升时间 $T_r \approx 19.9\sqrt{N} - 18.48$；当 J_2 作为性能指标时，上升时间 $T_r \approx 3.6\sqrt{N} - 2.3$；当 J_3 作为性能指标时，上升时间 $T_r \approx 16.9\sqrt{N} - 15.6$。图 6-22 为根据上述拟合结果得出的三种性能指标的上升时间 T_r 与驱动器个数 N 之间的关系曲线。从图 6-22 可以看出，拟合曲线和实验数据有一定的误差，但是随着驱动器个数的增加，三种性能指标的收敛速度都显著变慢，实验结果与理论分析结果基本一致。

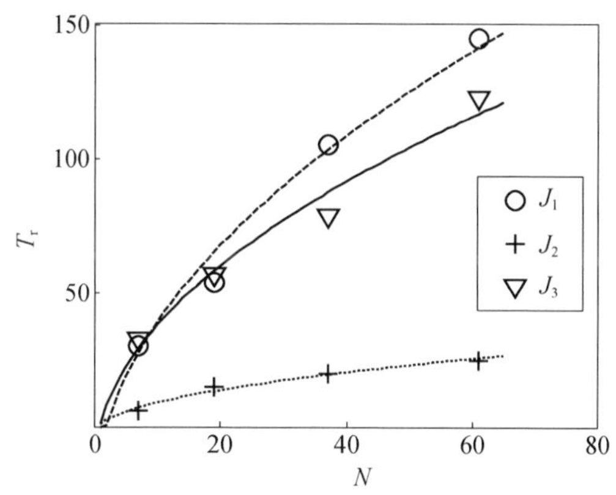

图 6-22　驱动单元数目与性能指标上升时间的关系

5. 基于 SPGD 算法的自适应光学校正带宽分析

与常规基于波前探测的自适应光学相比，基于 SPGD 算法的自适应光学由于算法的随机特点，难以建立准确的系统传递函数等数学模型，因此很难使用常规的方法分析其带宽。利用 FPGA 硬件电路设计了 SPGD 算法高速控制器，在此基础上建立了一个高帧频的自适应光学实验系统，然后通过动态波前校正实验来分析系统的校正带宽。

1. 高速自适应光学实验系统

高速 SPGD 自适应光学实验系统如图 6-23 所示，主要由入射平行光束（包括光源及扩束系统）、倾斜镜、61 单元变形镜、成像系统（包括高帧频 CCD）、高速处理机（包括 FPGA 控制器和 D/A 信号转换卡）和高压放大器组成。各组成部分的参数为：入射激光光束直径为 120mm，由光源及扩束系统产生；倾斜镜是由中国科学院光电技术研究所自行研制，有效口径为 180mm；成像系统中的 CCD 型号为 DALSA-CA-D1，64×64 像素，帧频 2900Hz；FPGA 控制器采用 Xilinx 公司的 XC2V3000-4bga728FPGA 实现；D/A 信号转换卡有 63 个输出通道，其中 61 路用于控制变形镜，其余 2 路用于控制倾斜镜，输出电压范围为 ±5V。

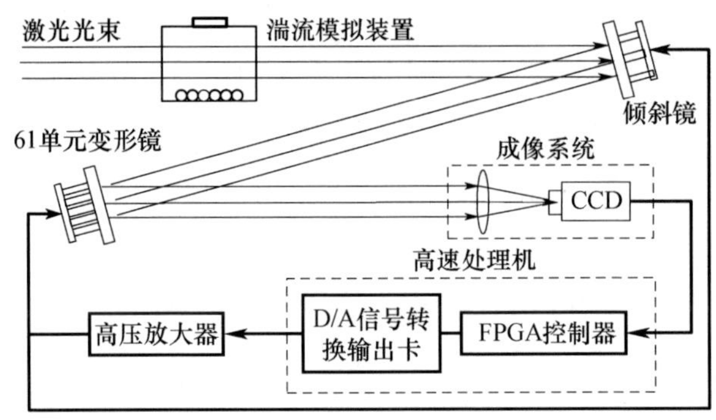

图 6－23　高速 SPGD 自适应光学实验系统

实验系统的工作原理：入射光束经过湍流模拟装置后引入动态波前像差；然后经过倾斜镜和变形镜反射后进入成像系统聚焦成像；FPGA 控制器读取 CCD 数据计算性能指标，根据 SPGD 算法计算出变形镜校正信号，并根据图像质心位置和比例－积分控制算法计算出倾斜镜校正信号，然后通过 D/A 信号转换卡输出；校正信号由高压放大器放大后驱动变形镜和倾斜镜完成对动态湍流的补偿。由于主要关心 SPGD 算法控制变形镜的带宽，因此下面对 FPGA 控制器实现 SPGD 算法的流程作介绍，关于倾斜镜的控制在此不作介绍。

实验采用的 CCD 是帧转移型，特点是 CCD 曝光和数据输出是一个流水结构，当前曝光的图像数据需要在下一帧转移并输出。FPGA 控制器完成一次 SPGD 迭代的流程如图 6－24 所示：FPGA 控制器在 T_1 内输出正扰动信号 $\boldsymbol{u}^{(n)}+\delta\boldsymbol{u}^{(n)}$，然后 CCD 在 T_2 内曝光；FPGA 控制器在 T_3 内输出负扰动信号 $\boldsymbol{u}^{(n)}-\delta\boldsymbol{u}^{(n)}$，然后 CCD 在 T_4 内曝光，同时 CCD 输出上一帧曝光的图像，即对应于 $\boldsymbol{u}^{(n)}+\delta\boldsymbol{u}^{(n)}$ 的图像数据；FPGA 控制器在 T_5 内计算出性能指标 $J_+^{(n)}$；在 T_6 内

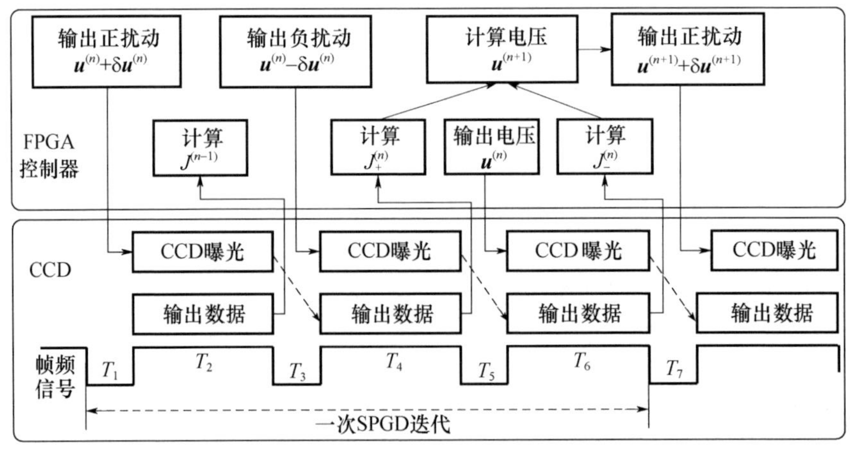

图 6－24　FPGA 控制器完成一次 SPGD 迭代的流程

CCD 输出上一帧曝光的图像，即对应于 $\boldsymbol{u}^{(n)}+\delta\boldsymbol{u}^{(n)}$ 的图像数据；在 T_7 内 FPGA 控制器计算出 $J_{-}^{(n)}$ 和 $\boldsymbol{u}^{(n+1)}$，并输出正扰动 $\boldsymbol{u}^{(n+1)}+\delta\boldsymbol{u}^{(n+1)}$，完成一次迭代。

根据上边的分析并结合图 6-24 可知，FPGA 控制器完成一次 SPGD 迭代需要 3 帧图像。CCD 的帧频为 2900Hz，因此 SPGD 算法的迭代频率为 $2900/3\approx 967$(Hz)。

实验中采用的湍流模拟装置利用加热器、风扇等产生垂直于光束传输方向的横向风，模拟湍流产生的动态波前畸变[40]。通过改变电压可以改变发热温度和风速大小，从而调节湍流的强弱。研究表明，该实验装置能产生基本符合大气统计理论的湍流。

2. 动态波前校正实验结果与分析

采用像清晰度函数作为性能指标进行优化。实验时，首先将湍流模拟装置的电压恒定在 50V，预热一段时间后，使其内部温度基本保持恒定；然后进行多次开、闭环重复实验。每次实验完成迭代 8192 步，用时为 8.47s。通过对比开、闭环情况下的性能指标平均值 $<J>$、性能指标归一化标准差 $\sigma_J=\langle[J(m)-\langle J\rangle]^2\rangle^{1/2}/\langle J\rangle$ 和远场光强的峰值来评价系统的闭环效果。

图 6-25 为 20 次重复实验得到的开、闭环性能指标的平均值 $<J>$ 曲线。从图 6-25 可以看出：在前 2000 次闭环校正中性能指标迅速上升，在这个阶段系统以校正静态像差为主；2000 次闭环校正后，由于动态湍流的影响，性能指标有一定的起伏，与开环相比，闭环的性能指标提高约 30 倍。由此可见，系统能够有效校正静态像差。

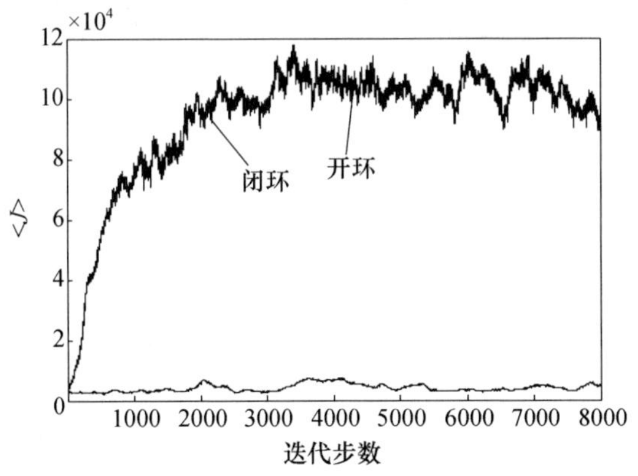

图 6-25　20 次重复实验得到的开、闭环性能指标的平均值 $<J>$ 曲线

性能指标归一化标准差 σ_J 可以反映系统性能指标的起伏程度，在此利用它评价系统闭环对湍流起伏的抑止作用。20 次重复实验得到的开、闭环性能指标的归一化标准差 σ_J 如图 6-26 所示。从图 6-26 可以看出，与开环相比，2000 次闭环校正后，性能指标归一化标准差 σ_J 明显减小。由此可以说明，闭环系统

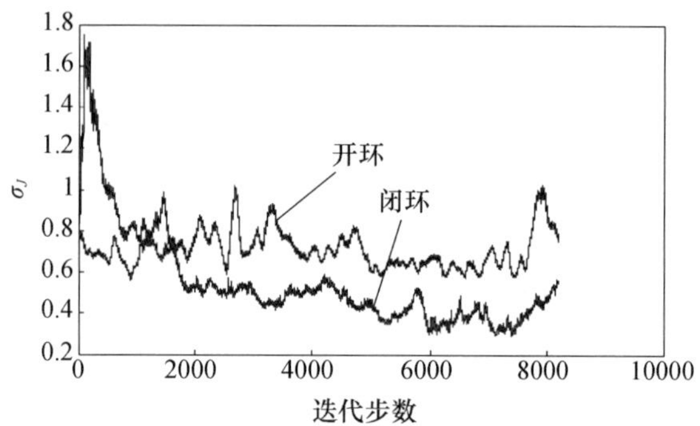

图 6 - 26　20 次重复实验得到的开、闭环性能指标归一化标准差 σ_J 曲线

能够有效克服动态湍流引起的波前起伏。

图 6 - 27 为 20 次重复实验得到的开、闭环远场光强均值，即长曝光图像。由图 6 - 27 可以看出，闭环校正后远场光强的能量集中度明显提高，中心峰值由校正前的 10.6 提高到校正后的 107.15，提高约 10 倍。

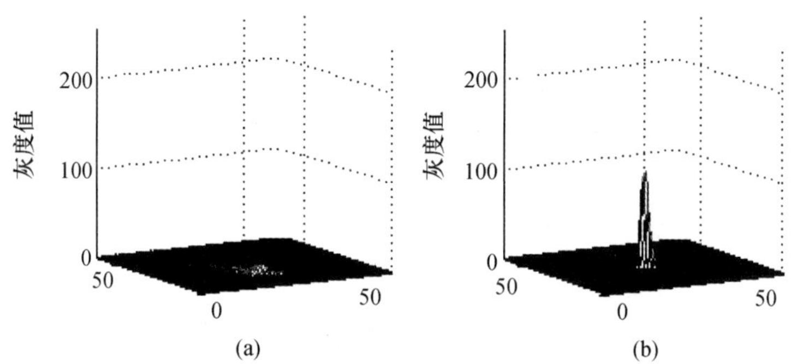

图 6 - 27　开环和闭环情况下远场的长曝光图像

(a) 开环；(b) 闭环。

3. 闭环实验系统的校正带宽分析

根据上面的动态校正实验结果可以看出，该高速 SPGD 自适应光学实验系统能够有效克服动态湍流引入的波前像差，校正后光束质量等得到显著提高。为定量分析该系统对动态扰动的抑止能力，将根据上面的实验数据分析系统的闭环校正带宽。

从开环性能指标和闭环性能指标中选取 4096 个样点（闭环性能指标选取校正静态像差后的数据，即 2000 次闭环迭代后的数据），然后对它们做 FFT 运算，计算开、闭环性能指标的功率谱。利用上述方法，对 10 次实验得到的功率谱做一个平均。需要说明的是，由图 6 - 27 可以看出，开、闭环性能指标的幅度不一样，因此开、闭环性能指标的功率谱总能量不一样。为了便于比较，将计算得到

的功率谱通过除以各自的总能量进行了归一化处理，记为 S_J。这样，比较的就是开、闭环情况下各频率成分在总能量中所占的比例。

根据上述方法得到的开、闭环性能指标功率谱如图6－28所示。从图6－28可以看出，与开环相比，闭环性能指标的低频分量明显较小。为了能够精确确定闭环功率谱与开环功率谱的交叉点，利用闭环功率谱曲线除以开环功率谱曲线，然后对比值取对数运算，得到的结果如图6－29所示。从图6－29可以看出，当频率小于10Hz时，功率谱值小于0dB，即闭环性能指标小于10Hz的频率成分所占的比例明显小于开环情况。

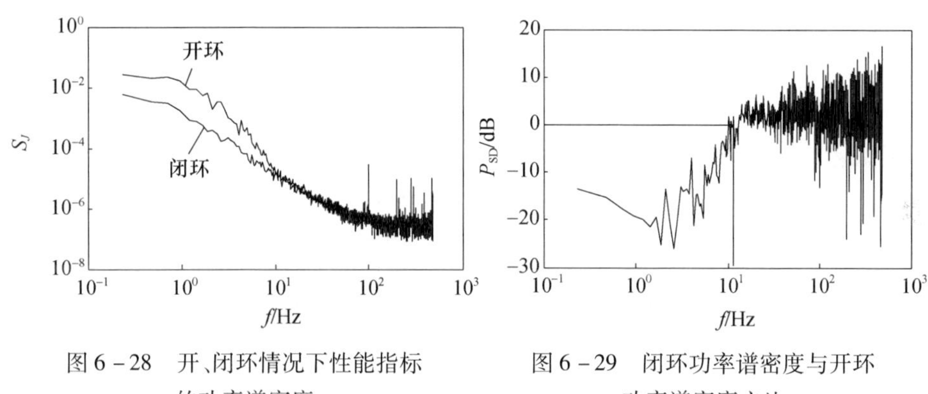

图6－28 开、闭环情况下性能指标的功率谱密度

图6－29 闭环功率谱密度与开环功率谱密度之比

对于自适应光学系统而言，由于运算速度的限制，通常能够有效地校正低于某一频率的扰动。因此，与开环情况下相比，闭环情况下低频分量所占的比例应当较低，而高频分量所占的比例应该较高，这个交叉点就可以认为是系统的校正带宽。结合上面的分析结果，该实验系统的控制带宽约为10Hz。

对于常规自适应光学系统，时间延迟是限制控制带宽的决定性因素。由哈特曼波前探测器、数字波前处理机组成的自适应光学系统，一般存在2～3倍CCD采样周期的时间延迟，从而使得系统的有效带宽大致在CCD帧频的1/30～1/20。对于基于SPGD算法的自适应光学系统而言，算法的收敛速度慢，成为限制系统带宽的决定性因素。根据SPGD迭代算法原理可知，性能指标是所有校正单元共同作用的结果，正是这种校正单元之间的相互耦合，使得算法的收敛速度较慢，最终限制了系统的带宽。

如果SPGD控制系统只有一个校正单元：一方面，性能指标只是这一个单元的作用结果，不存在耦合；另一方面，每次迭代中的实际扰动电压 $\delta\boldsymbol{u}$（非正即负）和最佳扰动 $\Delta\boldsymbol{u}$（非正即负）完全一致或相反，结合算法的特点可知校正电压始终沿着最佳扰动迭代。对于常规的波前探测自适应光学，校正电压每次按照计算得到残差电压进行迭代，即校正电压始终沿着最佳方向迭代。从这一点上来说，一单元的SPGD自适应光学与常规波前探测自适应光学收敛速度基本相当，所以校正带宽比较接近。

SPGD 算法每完成一次迭代需要采样 3 帧，延迟为 3 帧。因此 1 单元的 SPGD 算法 AO 系统可等效于 3 帧时间延迟的常规 AO 系统，其带宽约为 CCD 帧频的 1/30，即 96.7Hz 左右（使用的 CCD 帧频为 2900Hz）。同时，根据前面的分析结果和国外的研究结果，对于 N 单元的 SPGD 算法自适应光学，其收敛速度与 $\sqrt{N}$成反比。因此，估算 61 单元 SPGD 自适应光学系统的有效带宽为 $96.7/\sqrt{61} \approx 12$Hz。结合这一推论，表明实验达到的 10Hz 左右的带宽是合理的。

根据上面分析，对于一个基于 SPGD 算法的 N 单元自适应光学系统，如果完成一次 SPGD 迭代需要 3 个 CCD 采样周期，那么系统的校正带宽 f_s 为

$$f_s \leqslant \frac{f_c}{30\sqrt{N}} \tag{6-42}$$

式中：f_c 为 CCD 的帧频。

根据式（6-42），一方面可以指导我们设计出满足实际应用的 SPGD 自适应光学系统，另一方面可以估计 SPGD 自适应光学系统的校正能力。

6.5 自适应光学信号处理技术的发展趋势[41-46]

到目前为止，波前处理机主要经历了四个发展阶段，下面分别对这四个阶段进行介绍。

1. 20 世纪 70 年代

70 年代初，由于数字电路处理芯片尚未得到发展，而 CPU 主频也比较低，此时的波前信号处理电路通常由模拟网络构建而成。模拟网络具有实时性高，但在精度、集成度、稳定性、灵活性及体积方面具有很大的局限性。

2. 20 世纪 80 年代

这一期间的实时波前处理机通常采用定制的数字芯片构建而成，如美国的短波长自适应光学技术（SWAT）就是采用专用的 WFS 处理电路进行质心计算并提供相机原始数据转换到斜率时的修正系数，用专用的数字矩阵乘法器完成相位计算。欧洲南方天文台的 UV1m 级望远镜和 IR3m 级望远镜系统中的自适应光学波前信号处理也是采用了专用的斜率计算芯片提取波前斜率，然后用专用数字矩阵乘法器完成波前相位计算。

3. 20 世纪 90 年代

1）基于通用 CPU 搭建的波前信号处理系统

商用 CPU 的主频在这一期间得到了飞速发展，利用多片商用 CPU 搭建而成的嵌入式并行计算机在天文观测领域的自适应光学系统中得到了广泛应用，如加利福尼亚大学 Lick 观察站的 1m 和 3m 望远镜上配置的自适应光学系统波前信号处理就采用了 4 片 Intel i860 型号 CPU 进行计算，用 1 片 Force Sparce-2

型 CPU 作为主控组成一种单板并行计算机结构，该并行计算机采用了 UNIX 操作系统。夏威夷岛上的 Gemini North 望远镜系统配置的自适应光学系统波前处理机也是采用多块 CPU 构建成嵌入式并行计算机完成波前信号计算。由于商用 CPU 具有一定的定制性，受技术及进出口限制，我国的波前处理机很少采用这种形式进行波前信号处理。

2）基于 DSP 搭建的波前信号处理系统

由于 DSP 具有稳定性强的特点，国外应用于军事领域的自适应光学系统均采用 DSP 搭建波前处理机，如 Palomar 山上的 PALAO 自适应光学系统，采用了 10 片 TI 的 C40 搭建而成一个嵌入式并行处理系统完成波前信号计算。此外，许多自适应光学系统采用多片 DSP 搭建成的嵌入式并行处理系统完成波前信号处理，在此不一一列举。我国的自适应光学系统在此期间也得到了飞速发展，由于基于商用 CPU 搭建并行计算机的途径不适合我国的发展情况，因此我国采用 DSP 搭建波前处理机。中国科学院成都光电技术研究所的多套自适应光学系统均采用 DSP 搭建波前处理机。此外，国防科学技术大学、北京理工大学等的自适应光学系统也采用 DSP 搭建波前处理机。

4. 2000 年至今

其间与 20 世纪 90 年代的一个最主要区别是波前处理机的组成与实现更加多样化，除了延续 90 年代基于多个 CPU 搭建的嵌入式波前处理机以及基于多 DSP 搭建的实时并行波前处理机外，还出现了基于 FPGA + DSP 结构的波前处理机、基于纯 FPGA 实现的波前处理机以及基于多核商用 PC 实现波前运算的多种形式。

1）基于多片 CPU 搭建成的嵌入式波前处理器

位于加拿大的北双子星座望远镜中的 Altair 自适应光学系统采用多片 CPU 搭建成基于 CPU 的实时波前处理器完成波前运算，该自适应光学系统的单元数为 177，其波前处理机采用两块处理板完成实时控制计算，每块板上有 4 个 CPU 搭建成的 CPU 簇，两块板通过 VME 总线进行通信，第三块板上的一片 CPU 用于进行控制管理，波前处理机的计算延时小于 400μs。此外，加拿大的南双子星座望远镜中的多层共轭自适应光学系统（MCAO）也采用了多片 CPU 搭建成实时波前处理器的方法完成波前运算。

2）基于多片 DSP 搭建而成的嵌入式波前处理器

20 世纪 90 年代以来，DSP 凭借其在速度、稳定性、灵活性上的优势一直成为大多数实时波前处理机的首选芯片，尽管进入 2000 年后随着 FPGA 的迅猛发展，基于纯 DSP 搭建的波前处理器数量稍有下降，但是仍有大量的自适应光学系统采用基于纯 DSP 搭建的波前处理器进行波前信号计算。其中，JPL 在 Hale 望远镜系统上装备的 PALAO 系统就采用了 10 片 TI 公司的 TMS320C40DSP 搭建而成波前处理器，完成采样频率为 500Hz，变形镜单元数为 349 的自适应光学波前信号计算。随后,该实验室又设计出基于多片 TI 公司的 TMS320C6701DSP 的新型波前处理板,该处理板采用模块化设计,通过增加处理单板完成更高采样率以及更多单元数自适应光学的波前运算。除 JPL 的自适应光学系统外,还有部分自适应光学系统采用了多片 DSP 搭建波前处理机的方法进行波前计算,如 Mt. Wilson 100 英尺 Hooker 望远镜的 ADOPT 自适应光学系统等。

3)基于 FPGA + DSP 结构的嵌入式波前处理器

现场可编程门阵列是由掩模可编程门阵列(MPGA)和可编程逻辑器件(PLD)演变而来的,将它们的特性结合在一起,使得 FPGA 既有门阵列的高逻辑密度和通用性,又有可编程逻辑器件的用户可编程特性。尤其 2000 年后,FPGA 的集成度和性能飞速提高,集成度已经攀升到千万门级以上,同时 FPGA 的外部 I/O 口具有非常优良的兼容性,无须转换芯片就能与多种标准的信号接口。FPGA 的这些特性使其迅速在数字信号处理领域占有有利的位置,结合 FPGA 实时性和 DSP 灵活性的优点搭建而成的波前信号处理机是进入 2000 年后波前处理机的一个主流趋势,国内外在这一期间研制了数种基于 FPGA + DSP 构架的波前处理机。中国科学院光电技术研究所的自适应光学系统采用了这种架构的波前处理机。美国空军实验研究室(AFRL)3.5m 望远镜系统配置的 941 单元自适应光学系统采用了这种架构的波前信号处理系统,欧洲南方天文台(ESO)近年来为 4 个 VLT 望远镜项目更新时涉及的 AO 项目均采用 FPGA 完成波前信号处理中的高速低延迟部分,用 DSP 完成其低速高延迟部分。

4)基于 FPGA 群结构的嵌入式波前处理机

随着深亚微米技术的发展推动 FPGA 系统设计进入片上可编程系统(SOPC)的新纪元,芯片朝着高密度、低压、低功耗方向挺进,采用 SelectI/O,同时支持多种电压和信号标准,兼容 66MHz/64bitPCI 和 CompactPCI 接口,并集成了许多满足系统级设计要求的新性能,突破了传统 FPGA 密度和性能限制,使 FPGA 不仅仅是逻辑模块而成为一种系统元件。虽然 DSP 等 CPU 器件近年来也在飞速发展,但是随着未来极大望远镜(ELT)对实时波前控制的要求越来越苛刻,而 FPGA 在资源、灵活性以及通信协议上的迅猛发展,使得基于 FPGA 群搭建而成的波前信号处理系统也成为 2000 年以后波前信号处理硬件平台的一个新的尝试。

参考文献

[1] 蒋咏梅,陈严,孔铁生. 自适应光学波前实时处理机结构设计[J]. 国防科学技术大学学报,1996,18(3):90-94.

[2] Zhou Luchun, Wang Chunhong, Li Mei, et al. Design and analysis of real-time wavefront processor[C]. SPIE,2004,5639,193-198.

[3] 姜文汉,鲜浩,杨泽平,等.哈特曼波前传感器的应用[J]. 量子电子学报, 1998,15:228-235.

[4] 沈锋,姜文汉. 提高 Hartmann 波前传感器质心探测精度的阈值方法[J]. 光电工程,1997,24(3):1-8.

[5] Lane G, Tallon M. Wave-front reconstruction using a Shack-Hartmann sensor[J]. Applied Optics, 1992, 31(32): 6902-6908.

[6] 王彩霞,李梅,王春鸿,等. 用脉动阵列实现实时波前复原处理[J]. 光电工程,2004,31(3):1-3,15.

[7] 郑文佳,王春鸿,姜文汉,等. 基于线性双向脉动阵列的自适应光学波前复原[J]. 红外与激光工程,2007,36(6)936-940.

[8] 周璐春,王春鸿,李梅,等. 基于控制流的实时波前复原脉动阵列[J]. 光电工程,2008,35(4)39-42,52.

[9] 李新阳,姜文汉. 自适应光学控制系统的有效带宽分析[J]. 光学学报,1997,17(12):1697-1702.

[10] 李新阳. 自适应光学系统模式复原算法和控制算法的优化研究[D]. 成都:中国科学院光电技术研究所, 2000.

[11] 姜文汉, 黄树辅, 吴旭斌. 爬山法自适应光学波前校正系统[J]. 中国激光,1988,15(1):17-21.

[12] Vorontsov M A, Carhart G W. Adaptive phase-distortion correction based on parallel gradient descent optimization[J]. Optics Letters, 1997, 22(12):907-909.

[13] Carhart G W, Ricklin J C, Sivokon V P, et al. Parallel perturbation gradient descent algorithm for adaptive wavefront correction[C], SPIE, 1997, 3126:221-227.

[14] Primmermen C A, Price T R, Humphreys R A, et al. Atomopheric-compensation experiments in strong-scintillation conditions[J]. Appl. Opt., 1995,34(2):2081-2088.

[15] Lukin V P, Fortes B V. Phase correction of an image turbulence broading under condition of strong intensity fluctuations[C]. SPIE, 1999, 3763:61-72.

[16] Agmy R E, Bulte H, Greenaway A H, et al. Adaptive beam profile control using a simulated annealing algorithm [J]. Opt. Express, 2005, 13(16): 6085-6091.

[17] Mukai R, Wilson, K, Vilnrotter V. Application of genetic and gradient descent algorithms to wave-front compensation for the deep-space optical communications receiver[R]. The Interplanetary Network Progress Report, 2005,42-161.

[18] Yang Ping, Ao Mingwu, Liu Yuan, et al, Intracavity transverse modes control by an genetic algorithm based on Zernike mode coefficients[J]. Optics Express, 2007, 15:17051-17062.

[19] Vorontsov M A, Carhart G W, Cohen M, et al. Adaptive optics based on analog parallel stochastic optimization: analysis and experimental demonstration[J]. J. Opt. Soc. Am. A, 2000, 17:1440-1453.

[20] 杨慧珍. 无波前探测自适应光学随机并行优化控制算法及其应用研究[D]. 成都:中国科学院光电技术研究所,2008.

[21] Vorontsov M A. Adaptive wavefront correction with self-organized control system architecture[C]. SPIE, 1998, 3432:68-72.

[22] Vorontsov M A, Sivokon V P. Stochastic parallel gradient descent technique for high-resolution wavefront phase distortion correction[J]. J. Opt. Soc. Am. A, 1998, 15: 2745-2758.

[23] Carchart G W, Vorontsov M A, Cohen M, et al. Adaptive wavefront correction using a VLSI implementation of the parallel gradient descent algorithm[C]. SPIE, 1999, 3760:61-66.

[24] Vomntsov M A. Decoupled stochastic gradient descent optimization for adaptive optics: integrated approach for wave-front sensor information fusion[J]. J. Opt. Soc. Am. A, 2002, 19: 356-368.

[25] Banta M, Vorontsov M A, Vecchia M D, et al. Adaptive system for eye-lens aberration correction based on stochastic parallel gradient descent optimization[C]. SPIE, 2002, 4493:191-197.

[26] Weyrauch T, Vorontsov M A, Gowens J W, et al. Fiber coupling with adaptive optics for free-space opti-

cal communication[C]. SPIE, 2002, 4489:177 - 184.

[27] Weyrauch T, Vorontsov M A. Mitigation of atmospheric - turbulence effects over 2. 4 - km near - horizontal propagation path with 134 control - channel MEMS/VLSI adaptive transceiver system[C]. SPIE, 2003, 5162:1 - 13.

[28] Carhart G W, Simer G J, Vorontsov M A. Adaptive compensation of the effects of non - stationary thermal blooming based on the stochastic parallel gradient descent optimization method[C]. SPIE, 2003, 5162: 28 - 36.

[29] Vorontsov M. Adaptive photonics phase - locked elements(APPLE): system architecture and wavefront control concept[C]. SPIE, 2005, 589501 - 1 - 589501 - 10.

[30] Lachinova Svetlana L, Vorontsov Mikhail A. Performance analysis of an adaptive phase - locked tiled fiber array in atmospheric turbulence conditions[C]. SPIE, 2005, 58950O:1 - 14.

[31] Vorontsov M A, Carhart G C, Banta M, et al. Atmospheric laser optics tested(A - LOT): atmospheric propagation characterization, beam control, and imaging results[C]. SPIE, 2003, 5162:37 - 48.

[32] 杨慧珍,李新阳,姜文汉. 自适应光学技术在大气光通信系统中的应用进展[J]. 激光与光电子学进展,2007,44(10):61 - 68.

[33] 杨慧珍,李新阳,姜文汉. 自适应光学系统几种随机并行优化控制算法比较. 强激光与粒子束[J],2008,20(1):11 - 16.

[34] 杨慧珍,陈波,李新阳,等. 自适应光学系统随机并行梯度下降控制算法实验研究[J]. 光学学报,2008,28(2):205 - 210.

[35] 杨慧珍,陈波,李新阳,等. 无波前传感自适应光学技术及其在大气光通信中应用分析[J],中国激光,2008,35(5):680 - 684.

[36] 陈波,杨慧珍,张金宝,等. 点目标成像随机并行梯度下降算法性能指标与收敛速度[J]. 光学学报,2009,29(5):1143 - 1148.

[37] 张金宝,陈波,李新阳. 基于 FPGA 的多路伪随机序列的生成方法及其应用[J]. 微计算机信息,2009, 25(10): 153 - 155.

[38] Piatrou Piotr, Roggemann Michael. Beaconless stochastic parallel gradient descent laser beam control: numerical experiments[J]. Applied Optics,2007, 46(27): 6831 - 6842.

[39] Yu Miao, Vorontsova Mikhail A. Bandwidth estimation for adaptive optical systems based on stochastic parallel gradient descent optimization[C]. SPIE, 2004, 5553:189 - 199.

[40] 张慧敏,李新阳. 热风式大气湍流模拟装置的哈特曼测量[J]. 光电工程,2004,31:5 - 7.

[41] Duncan Terry S, Voas Joshua K. Low - latency adaptive optical system processing electronics[C]. Proc, SPIE, 2003, 4839:923 - 934.

[42] Fedrigo Enrico, Donaldson Robert, et al. SPARTA, the ESO standard platform for adaptive optics real time applications[C]. SPIE, 2006, 627210:1 - 10.

[43] Goodsell S J, Fedrigo E. FPGA developments for the SPARTA project[C]. SPIE, 2005,59030G:1 - 12.

[44] Goodsell S J, Geng D, et al. FPGA developments for the SPARTA project: Part 2[C]. Proc, SPIE, 2006, 627241:1 - 12.

[45] Geng Deli, Goodsell Stephen J, et al. FPGA cluster for high performance AO real - time control system [C]. SPIE, 2006, 627240:1 - 9.

[46] Goodsell S J, Dipper N A. DARTS: a low - cost high - performance FPGA implemented real - time control platform for adaptive optics[C]. SPIE, 2005, 59030E:1 - 9.

第7章 惯性约束聚变激光系统中的光束控制

7.1 惯性约束聚变激光系统中光束控制的特点和需求

7.1.1 惯性约束聚变系统概述[1-3]

聚变能是理想的清洁能源,而且地球上蕴藏有丰富的核聚变物质,仅地球上表层海水所含的氘氚就可供人类使用数千年,因此,聚变能是未来满足人类能源需求的希望。实现可控核聚变的主要技术途径有两种:一种是用托卡马克装置开展磁约束聚变,如国际热核聚变实验堆(ITER)计划;另一种是惯性约束聚变(ICF)。当前,ICF 是利用高功率固体激光器提供能量,使含有氘氚聚变燃料的靶丸发生内爆压缩和热核点火燃烧,释放高增益的聚变能。ICF 研究除应用于聚变能源外,还应用于基础科学研究等领域。

典型的 ICF 激光驱动器结构如图 7-1 所示。由激光前端产生的激光束经过预放大级进行能量放大后注入主放大级,在主放大级中多次往返再次进行能量放大后进入传输光学系统,并经过三倍频转换后聚焦到靶点。通常,ICF 激光驱动器包含几十束甚至更多束激光(如美国国家点火装置 NIF 包含 192 束激光),在靶点根据系统设计的驱动方式对靶球进行压缩,最终实现聚变反应。

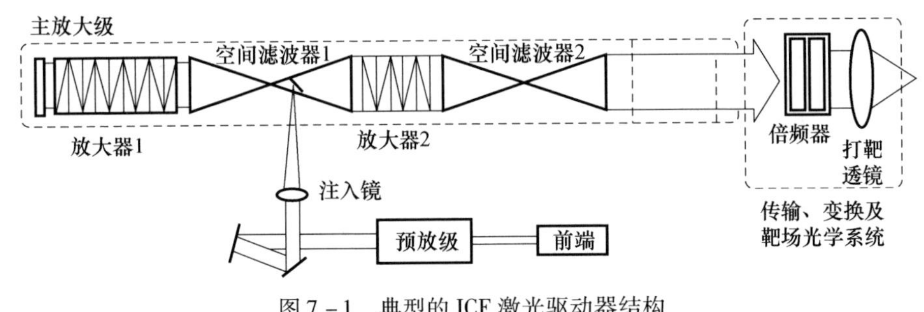

图 7-1 典型的 ICF 激光驱动器结构

驱动上述聚变反应的方式有直接驱动和间接驱动两种,如图 7-2 所示。直接驱动方式(图 7-2(a))是将激光束直接均匀地辐照到氘氚靶丸表面,以获得靶丸内爆的对称性和高的增益。这是一种高效率的驱动方式,可以通过较少的能量实现聚变点火。但是该驱动方式对靶丸辐照的均匀度的要求十分苛刻,要求驱动光束在 4π 立体角内极为均匀地照射靶表面,且均方差为 1%~2%,这是极其困难的。间接驱动(图 7-2(b))是将氘氚靶丸放在由高 Z 向热箍缩材料制成的靶腔内,脉冲激光照射到包围靶丸的柱形空腔外壳内壁,产生 X 光辐射,X 光经输运热化后再加热氘氚靶丸表面。间接驱动方式降低了对激光驱动的均匀性和对称性要求,但是由于 X 光辐射输运过程降低了激光能量的利用率,实现点火目标需要的激光能量更高;特别是由于高强度激光束进靶时,由于激光旁瓣的存在,光束与靶孔边缘相互作用激发产生的等离子体将高速向靶孔中心膨胀,形成一道等离子体屏障,阻碍后续激光进入靶腔,造成等离子体堵口效应,因此需要最大限度地抑制焦斑主瓣周围的旁瓣,以提高激光能量注入效率。

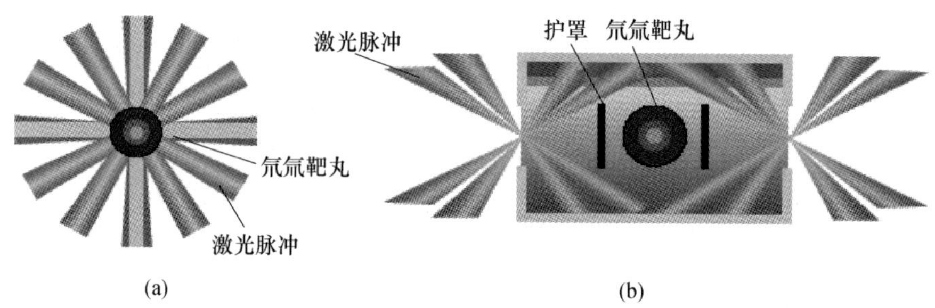

图 7-2 惯性约束聚变反应的方式
(a)直接驱动;(b)间接驱动。

上述点火模型成为中心点火模型。可以看到,在这种模型下,无论是采用直接驱动方式还是采用间接驱动方式,对激光装置的要求都非常苛刻。因此,人们又提出了快点火模型。快点火原理如图 7-3 所示。

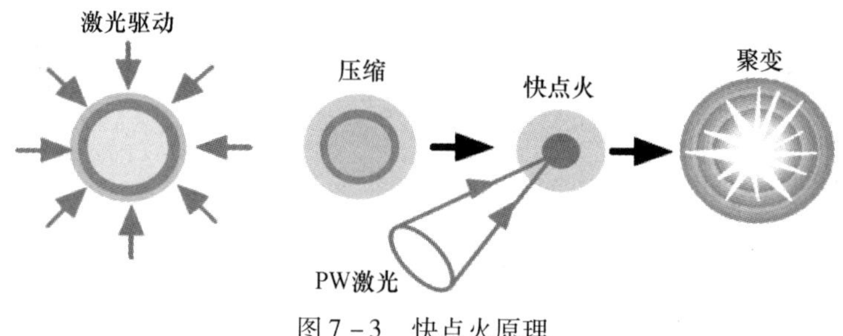

图 7-3 快点火原理

不同于中心点火模型,快点火模型中内爆压缩和点火是分开进行的。先用激光压缩氘氚到极高密度,然后一束超短脉冲超高强度激光在等离子体中传播,产生大量 1MeV 以上的超热电子,在极高密度的氘氚内部边缘处形成热斑点火,并扩展到整个体积。

从聚变点火实现的角度看,每一种点火模型给激光系统带来的难度都不一样:中心点火模型中,直接压缩方式要求用于压缩的光束具有极其一致的均匀性,间接压缩方式下存在由于光束质量下降带来的等离子体堵孔问题;在快点火方式下,要求一束近衍射极限的超短超强激光脉冲来实现点火。从激光装置的角度看,输出实现聚变点火所需要的高质量及高能量激光也对激光装置本身提出了很高的要求。

7.1.2 惯性约束聚变激光驱动器中的光束控制需求

用于ICF驱动器的高功率激光装置属于巨型复杂激光系统,仅仅大口径光学元件就多达数千片。光学元件的生产、装校过程可能给系统带来显著的静态像差。光学材料本身的缺陷也会导致经过系统传输的光束质量下降。同时,在激光器工作过程中由于热效应的存在(如材料对激光辐射的吸收、对泵浦光残余能量的吸收等),也会进一步带来激光波前畸变。由于这样的激光系统采用了多次通光的工作方式,在激光束多次穿过放大器的过程中,这些畸变的叠加将使得最终输出波前上的畸变更加严重。

最初把激光用作惯性约束聚变的驱动器是基于其产生高能量低发散度短脉冲的能力。在ICF系统的研究过程中,根据聚变点火的方式不同,又对激光聚焦时焦斑的能量分布形态提出了要求。无论追求什么样的焦斑能量分布,存在于激光束上的波前畸变都是导致光束聚焦特性偏离预期的理想分布的根本因素。

激光光束质量的下降会给ICF系统带来多方面的影响:首先,它将直接导致光束聚焦时焦斑上的能量发散,进而导致系统工作过程中的等离子体堵孔问题,使放大器产生的能量无法完全到靶。其次,光束质量下降会对激光传输过程造成影响。在用作ICF驱动器的高功率固体激光装置中,需要严格控制传输过程,尤其是中高频相位分量在激光系统中的传输,以免给激光器带来破坏性的影响。为过滤存在于激光波前中的高频信息,在激光放大系统的不同位置上采用了一系列的空间滤波器来抑制高频。空间滤波器在过滤高频信息的同时,也有可能导致波前中的有用部分被滤波器截止,从而带来光束近场能量调制,而这可能给系统带来破坏性影响。同时,光束质量的下降还可能导致系统三倍频系统的效率大大下降。总之,激光光束的波前畸变严重影响着激光近场光束质量,对装置的输出能力和运行安全性造成影响,降低光束的三倍频转换效率以及聚焦性能。

在受元器件加工、装校水平限制以及由激光装置的工作原理不可避免地导致波前畸变等因素的作用下,自适应光学光束波前控制技术是目前最有效的实现装置对光束质量要求的基本手段。通过波前校正,改善光束质量,可以实现采用其他方法难以达到的结果：

（1）通过波前校正，可以优化激光放大器中各级空间滤波器小孔上的焦斑分布，保证激光系统工作过程中光束顺畅地穿过各级空间滤波器小孔，确保装置运行安全。

（2）通过控制装置输出光束波前，改进光束的聚焦性能，实现装置的光束质量指标，包括能量集中度指标、焦斑能量分布指标等，满足光束进靶的要求。

（3）补偿激光介质工作过程中产生的动态波前畸变，缩短发射间隔，提高装置运行效率。

（4）为激光装置特定部分提供满足要求的输入波前。比如，满足激光传输放大系统对波前的要求，满足三倍频系统对输入波前的要求，满足 CPP 系统对波前的要求等。对短脉冲系统，还可以通过对波前的控制满足脉冲展宽和压缩系统对波前的要求。

（5）平衡光束质量指标和光学元件生产能力之间的关系。在现有的光学元器件加工、装校工艺水平限制下，适当分解对加工和校正指标的要求，可以有效提高 ICF 激光器这种巨型激光装置的建设效率。

7.2 ICF 固体激光装置中光束控制的关键技术

7.2.1 ICF 固体激光装置中的波前控制方式

从光束质量控制的角度看，ICF 激光驱动器不仅需要为聚变点火提供达到一定水平的驱动能量，激光装置输出的能量还要满足特定的空间分布要求；同时，在激光装置高功率发射的过程中还要保证装置自身安全、高效率地运行。

保证激光装置安全运行要求对系统中的光束波前进行适当控制，以保证光束正常穿过尺寸受到严格限制的空间滤波器小孔。由于激光装置中大量大口径光学元件的存在，装置中不可避免地存在较大的静态波前畸变，这些畸变可能导致焦斑变差，光束被空间滤波器小孔非正常截止，引起近场能量分布严重不均匀，并可能导致具有较强破坏性的非线性效应。图 7 -4(a) 显示了较大的波前畸变下空间滤波器出光束的过孔情况。光斑的一小部分被小孔截止，从而导致近场能量分布局部出现严重不均(图 7 -4(b))，这可能给系统运行时带来安全隐患。当装置中静态波前畸变较大时，保证光束正常穿过激光系统是激光驱动器中波前控制的主要目标之一，此时波前控制的主要目标是过孔，其次才是光束质量本身。

保证装置高效率的运行要求。对激光工作过程中由于氙灯泵浦产生的动态波前畸变进行有效控制，确保由于热效应产生的波前畸变不对装置的安全运行

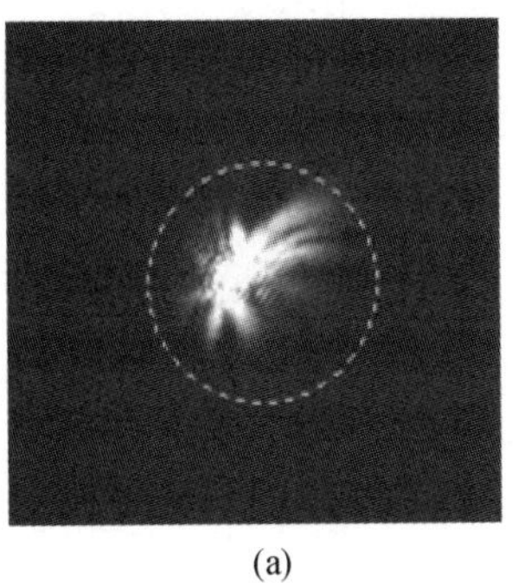
(a)

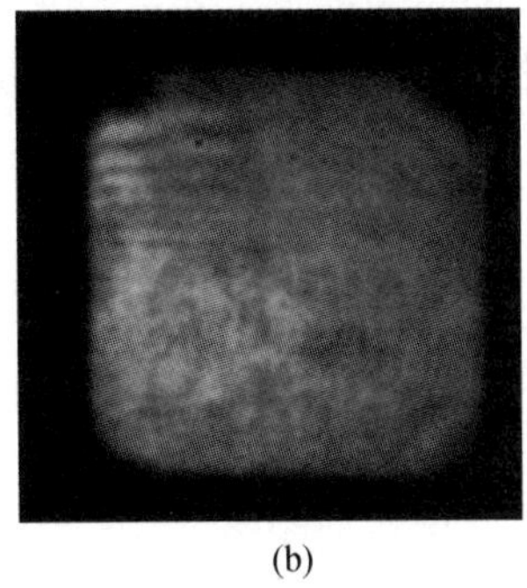
(b)

图7－4 空间滤波器处的光束过孔状态及其对光束近场强度分布的影响
(a)空间滤波器处的焦斑;(b)装置输出的光束近场分布。

产生影响。由于热效应而引入的波前畸变包括两部分:①氙灯泵浦瞬间产生的瞬时动态波前畸变。根据激光装置结构、泵浦能量水平等不同,这部分畸变通常达到数个波长的大小不等。这部分动态畸变对装置的影响类似于前述静态波前的影响,需要通过预先校正的方式进行控制。②由于热沉积和激光发射之间的热积累而形成的动态畸变。研究表明,如果不采取有效措施对这种波前畸变进行控制,系统恢复时间就可以达到 12h 以上,此即激光系统的打靶间隔时间;如果采取更有效的冷却手段,如泵浦腔内送入液氮流或气流等主动冷却后就可能实现每 4h 打一次靶。即便如此,仍然可以通过对热效应的校正来实现更高的运行效率。图7－5 显示了某装置一次激光发射后的波前畸变恢复过程。在激光发射后的 10min,由于泵浦引入的波前畸变恢复到 50% 以下的水平,然后进入漫长的平稳恢复期,从而可以在波前进入缓变期后进行波前校正,缩短装置发射间隔,提高装置运行效率。

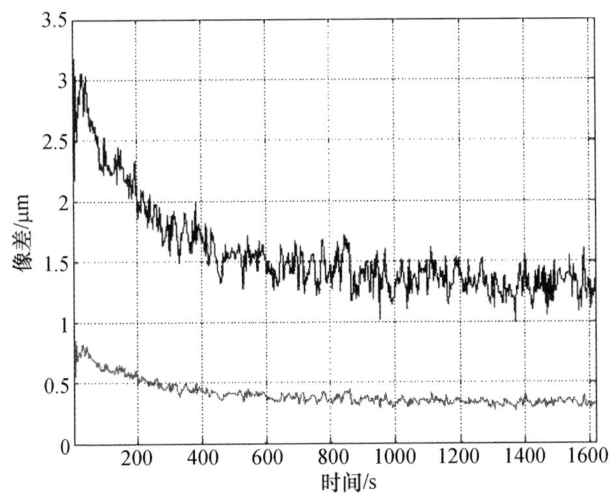

图7－5 激光发射后的动态波前畸变恢复过程

满足装置对焦斑能量分布的要求属于更高一级的控制目标，通常激光装置有对能量集中度的基本要求，而不同的驱动方式、不同点火方式下对光束质量的要求也不一样，需要采取不同的校正方式来达到系统目标。

根据光学加工水平、点火方式等不同，各国的ICF激光装置波前控制系统设计所考虑的侧重点不尽相同。NIF装置由于自身的静态像差较小，波前控制系统主要用来校正激光器泵浦过程中的热效应引入的动态波前畸变，目前对放大器输出后的光学系统的像差没有采用主动手段进行控制。该装置采用了一块大口径变形镜在腔镜处控制波前。OMEGA EP装置则采用了两块大口径变形镜，一块变形镜用于校正脉冲压缩池之前的波前，另一块变形镜用来校正传输光学系统和压缩池引入的波前畸变。其他系统如FIREX则采用了三块变形镜控制波前。本章主要介绍间接驱动中心点火情况下的波前控制。

ICF激光驱动器通常由几束至数百束激光器组成。图7-6为典型的单束激光装置结构（受具体实现方式的不同，激光器结构也有所不同）。其中，腔镜CM、放大器AMP1(9)和AMP2(7)、空间滤波器(CSF和TSF)组成了主放大系统。系统还包括三倍频模块(FCU)、光束取样(BSG)和连续相位板(CPP)等。来自预放大器(PAM)的光束在主放大系统中经过多次放大，经三倍频模块实现频率转换后聚焦到靶点。

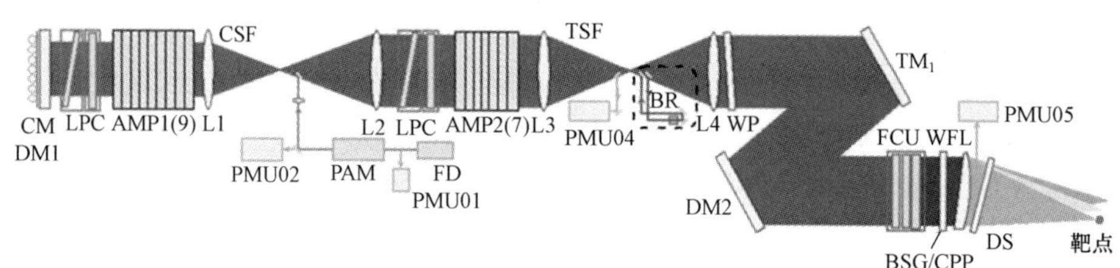

图7-6　单路ICF激光装置示意图

图7-6中：用于波前控制的变形反射镜可以根据需要放置与预放大器(PAM)出口处、腔镜(CM、DM1)处以及靶场投射镜DM2处；用于主放大系统静态和泵浦过程引入的动态波前畸变测量的波前传感器（通常用哈特曼波前传感器，HS1）放置在参数诊断单元PMU04中。根据所采用的校正方式的不同，位于靶场的传感器可以为哈特曼波前传感器(HS2)，也可以是焦斑传感器(FS)。当采用哈特曼波前传感器时，用于获取靶场段（主放大器输出之后的光学系统）的波前信息；当采用焦斑传感器时，直接用于获取系统的焦斑信息。变形镜DM1用来校正主放大系统中的静态波前畸变和氙灯泵浦过程中产生的动态波前畸变，确保光束正常穿过主放大系统。变形镜DM2用来校正变形镜DM1校正后残留的波前畸变以及主放大系统之外的波前畸变，以满足装置对靶场焦斑能量分布的要求。

7.2.2　基于远场优化的光束波前控制技术

基于远场优化的光束控制方法有很多种，如爬山法[4]、遗传算法、随机并行优化算法等[5,6]。各种优化方法的不同在于迭代实现过程的差异，本质上没有区别。在不同的优化方法的实现中，基本思路均为：通过对远场焦斑进行优化，逐步逼近最佳波前，实现最优的远场能量分布。它们的主要区别在于：不同的算法基于不同的迭代公式、不同的迭代过程以及不同的实现途径。

通常，基于远场优化的算法迭代周期较长、速度较慢，较难适应需要实时控制的对象。然而，ICF 激光驱动器中，其像差主要构成：一是由于光学加工和光学机械系统安装过程引入的静态像差；二是激光装置高功率发射过程中由于氙灯泵浦的热效应而引起的光学元器件的热沉积，这些热沉积导致元器件变形而产生相应的波前畸变，这一类像差具有准静态的特性。因此，基于优化的光束波前控制技术可以很好地适应 ICF 激光装置上的波前控制需要。这里主要介绍爬山法。

世界上第一个用于 ICF 激光装置波前控制的自适应光学系统采用了基于爬山算法的远场优化控制方法。爬山法控制系统通过在控制单元上施加实验扰动，检测被控参数变化的大小和方向，用它来判断在控制单元上应加的校正量方向，在此方向上不断施加校正，直到被控参数达到极大值。对基于爬山法的自适应光学系统，控制单元是变形反射镜各驱动器的变形量，用它改变经过镜面反射后的波前相位。被控参数是远场的光能量。波前误差被校正得越完善，焦斑越接近衍射极限，远场的峰值能量就越高，因此可以用此参量作为检验波前误差的间接指标。

在爬山法中，把光学系统的口径划分成 N 个区域，每个区域 n 上有各自对应的波前相位值 β_n，且每个区域具有相应的波前控制单元，如图 7－7 所示，光学系统的远场分布为 $I(x,y)$。

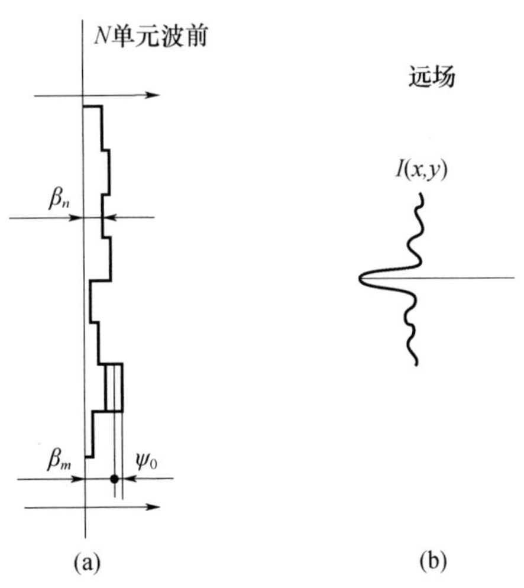

图 7－7　爬山法自适应光学系统控制元件示意图

图 7-7 中,如果给第 m 个单元施加正弦相位扰动 $\psi_0\sin\overline{\omega}t$,且设各个孔径上的光振幅为 A_i,则在远场 O 点上的光强为

$$\begin{aligned} I &= \Big\{\sum_{\substack{n=1\\n\neq m}} A_n\exp(\mathrm{i}\beta_n) + A_m\exp[\mathrm{i}(\beta_m + \psi_0\sin\overline{\omega}t)]\Big\}^2 \\ &= \{A_{ms}\exp(\mathrm{i}\beta_{ms}) + A_m\exp[\mathrm{i}(\beta_m + \psi_0\sin\overline{\omega}t)]\}^2 \\ &= A_{ms}^2 + A_m^2 + 2A_{ms}A_m\cos(\beta_{ms} - \beta_m - \psi_0\sin\overline{\omega}t) \end{aligned} \tag{7-1}$$

式中:$A_{ms}\exp(\mathrm{i}\beta_{ms})$ 为出孔径 m 外的其他孔径光扰动的矢量和(图 7-8),A_{ms}、β_{ms} 可分别表示为

$$\begin{cases} A_{ms} = \Big[\Big(\sum\limits_{\substack{n=1\\n\neq m}}^{N} A_n\cos\beta_n\Big)^2 + \Big(\sum\limits_{\substack{n=1\\n\neq m}}^{N} A_n\sin\beta_n\Big)^2\Big]^{1/2} \\ \beta_{ms} = \arctan\dfrac{\sum\limits_{\substack{n=1\\n\neq m}}^{N} A_n\sin\beta_n}{\sum\limits_{\substack{n=1\\n\neq m}}^{N} A_n\cos\beta_n} \end{cases} \tag{7-2}$$

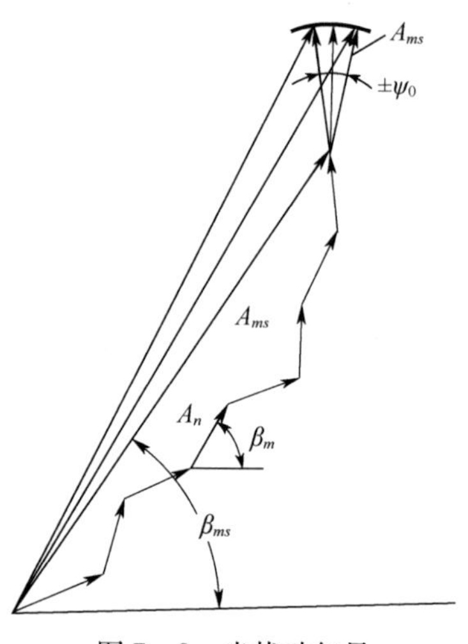

图 7-8　光扰动矢量

用贝塞尔-傅里叶级数对前面的 I 进行展开,可得

$$\begin{aligned} I = A_{ms}^2 + A_m^2 + 2A_{ms}A_m\{&\mathrm{J}_0(\psi_0)\cos(\beta_{ms} - \beta_m) - 2J_1(\psi_0)\sin(\beta_{ms} - \beta_m)\sin\omega t + \\ &2\mathrm{J}_2(\psi_0)\cos(\beta_{ms} - \beta_m)\cos2\omega t + \cdots\} = I_- + I_\sim \end{aligned} \tag{7-3}$$

式中:$\mathrm{J}_i(\psi_0)$ 为 ψ_0 的 i 阶贝塞尔函数;I_- 和 $I_\sim$ 分别为

$$\begin{cases} I_- = A_{ms}^2 + A_m^2 + 2A_{ms}A_m\mathrm{J}_0(\psi_0)\cos(\beta_{ms} - \beta_m) \\ I_\sim = -4A_{ms}A_m[\mathrm{J}_1(\psi_0)\sin(\beta_{ms} - \beta_m)\sin\omega t - \mathrm{J}_2(\psi_0)\cos(\beta_{ms} - \beta_m)\cos2\omega t + \cdots] \end{cases} \tag{7-4}$$

即在光强 I 中包含有直流成分 I_{-} 和交流成分 $I_{\sim}$。在 $I_{\sim}$ 中，基频 $\overline{\omega}$ 的调制振幅为

$$I_{\sim 1} = -4A_{ms}A_m\mathrm{J}_1(\psi_0)\sin(\beta_{ms} - \beta_m)\sin\omega t \tag{7-5}$$

当 $\beta_m = \beta_{ms} \pm k\pi$ 时，$I_{\sim 1} = 0$，I_{-} 达到极值，同时二次谐波的峰值也达到极值。

如果将探测到的光强信号与正弦扰动的驱动信号进行同步检测，则可取出其基频成分，即

$$U_\omega \propto -\mathrm{J}_1(\psi_0)\sin(\beta_{ms} - \beta_m) \tag{7-6}$$

将此信号反馈，推动第 m 单元驱动器使 β_m 趋近与 β_{ms}，从而使 I_{-} 达到极值。对各个控制单元顺次爬山，经过 N 次迭代，可实现各控制单元的光学相位 β_n 同相，即消除波前误差，实现自适应光学波前校正。

通过这种方法，在我国“神光”-Ⅰ激光装置的波前校正过程中，把远场峰值能量提升了3倍，如图7-9所示。这也是世界上首次实现ICF激光驱动器中的自适应光学波前控制。它首次验证了在此类激光装置上进行主动波前控制的可行性，在随后建立的世界各主要ICF激光装置中，自适应光学系统已经成为装置的标准组成部分。

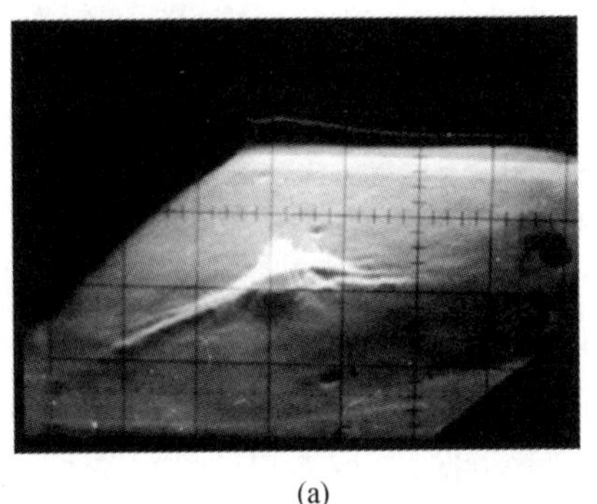

(a)

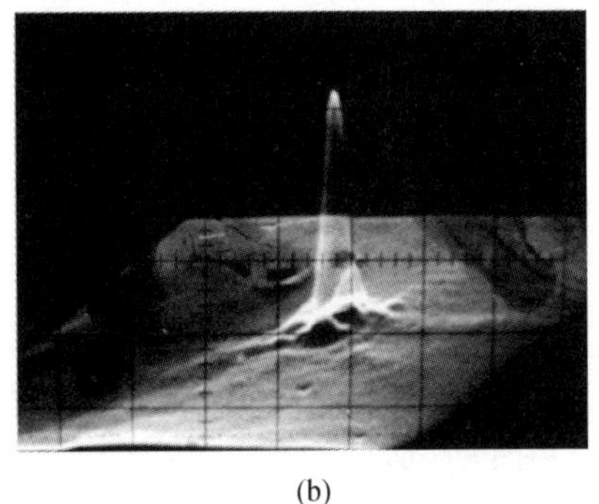

(b)

图7-9　爬山法校正前后的远场焦斑
(a)开环；(b)闭环。

如图7-6所示，在激光靶点很容易放置一个远场传感器，这个传感器可以被激光驱动器的所有激光束分时共享，无须额外的光学系统（远场传感器直接位于打靶透镜的焦点位置处），并且调整方便，从而大大简化靶点的系统结构。这是基于远场优化的波前控制方法在ICF激光装置中最大的优势。

7.2.3　基于波前相位的光束波前控制技术

尽管各种基于远场优化的波前控制算法在近年来成为研究热点，但基于波前相位的控制方法仍然是最精确、最直接、最有效并得到广泛应用的方法，在ICF激光驱动器中同样如此。

如前所述，在用作惯性约束聚变驱动器的高功率固体激光装置中，波前畸变的主要来源：由于光学加工和光学装校过程引入的静态像差，以及激光装置高功率发射过程中由氙灯泵浦引入的动态像差。其中，动态像差部分在同等激光发射条件下具有重复性，可视为准静态像差。基于 ICF 装置中静态波前畸变相对稳定、动态波前畸变根据激光发射功率等条件也具有按相应规律稳定分布的特点，可以预先对动态发射时的波前畸变进行预先测量，在后续激光发射中进行预先校正。基于这一特点，建立如图 7－10 所示的波前校正系统，实现对装置的静态和动态波前校正[7]。

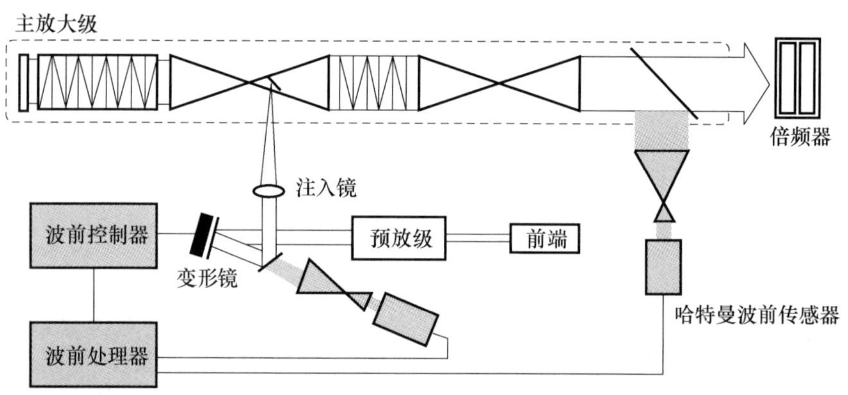

图 7－10　基于哈特曼波前传感器的 ICF 激光装置波前校正系统

在图 7－10 中，位于激光放大系统注入端的变形镜和位于主放大系统输出端的哈特曼波前传感器构成了主放大级波前校正系统。主放大器工作过程中由氙灯泵浦引入的动态波前畸变 s_d 由哈特曼波前传感器预先测量，并用作后续激光发射时的预校正波前。针对不同的激光发射条件，需要通过哈特曼波前传感器预先获取不同状态下的动态波前数据。主放大系统的静态波前畸变则由哈特曼波前传感器测量并校正。

图 7－11(a)显示了用于校正的驱动器布局，包含了 45 个有效驱动单元。图 7－11(b)显示了对前 16 项 Zernike 模式像差的相对校正残差。可以看出，一个基于 45 单元变形镜的自适应光学波前校正系统，对 10 项以内的 Zernike 像差具有良好的校正能力，对更高阶的像差同样具备一定的校正效果。

在高功率激光发射前，哈特曼波前传感器和变形镜之间的传递函数矩阵 $\boldsymbol{H}_1$ 预先测量并存储下来，当哈特曼波前传感器测量到系统的波前斜率分布 s_1 时，可以得到变形镜的控制电压 $v = H_1^+(s_1 + s_d)$，即实现了对主放大系统中静态和动态波前的校正[8－10]。

对于一个良好设计并实现的波前校正系统，其校正性能可以达到接近理论极限的水平，这使得在立项条件下能可靠地预测校正效果，因此，在可以实现的

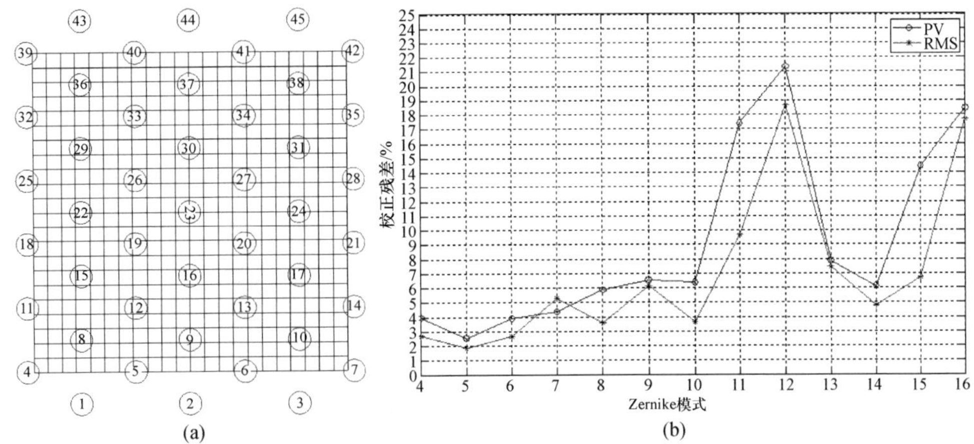

图7-11 用于波前校正系统的变形镜布局及其校正能力

(a)变形镜驱动器布局;(b)对前16项Zernike模式像差的校正能力。

情况下,基于相位的波前校正系统仍然是优先选择。图7-12显示了对6块相位板的理论计算和实际校正结果的比较。

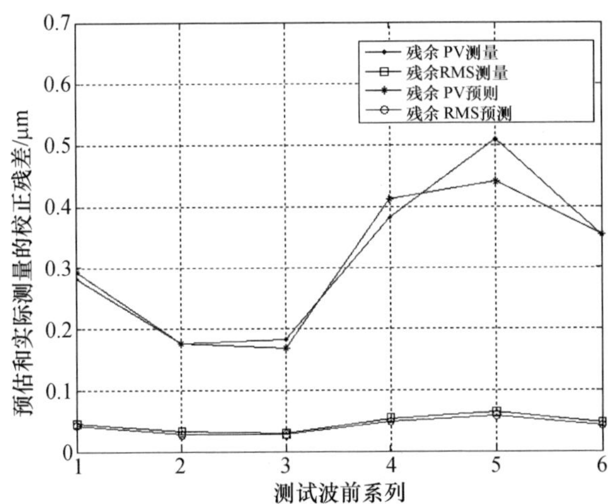

图7-12 对6块相位板的理论计算和实际校正结果的比较

图7-12为在我国"神光"-Ⅲ原型装置上的波前校正结果。在闭环条件下,通过对激光波前的相位控制,远场光斑的峰值能量提高了约5倍。

7.2.4 哈特曼波前传感器与变形镜自动对准技术[11,12]

哈特曼波前传感器和变形镜之间的匹配关系是自适应光学系统设计时考虑的重点之一。一个良好设计并实现的系统,不仅要根据校正对象的特点设计出最佳匹配关系,还要在系统中实现这种关系,这样才能达到最好的校正效果。在

ICF激光驱动器这样的大规模并行运行的自适应光学系统中,需要有效的自动控制方法来实现传感器和变形镜之间设计的匹配关系。

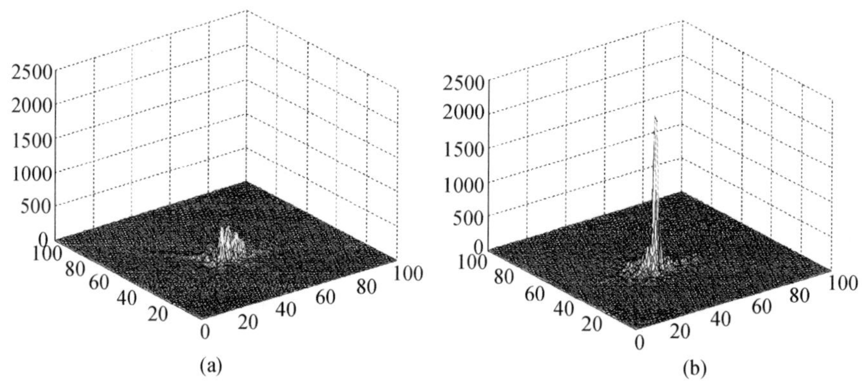

图7-13　ICF激光装置上波前校正前后的远场能量分布
(a)开环远场;(b)闭环远场。

不同类型的像差对传感器和变形镜失配的敏感性也不一样。图7-11(a)为传感器和变形镜匹配关系示意图。图7-14显示了存在传感器和变形镜位置关系失配情况下,用Strehl比表征的校正效果和失配量之间的关系[11,12]。

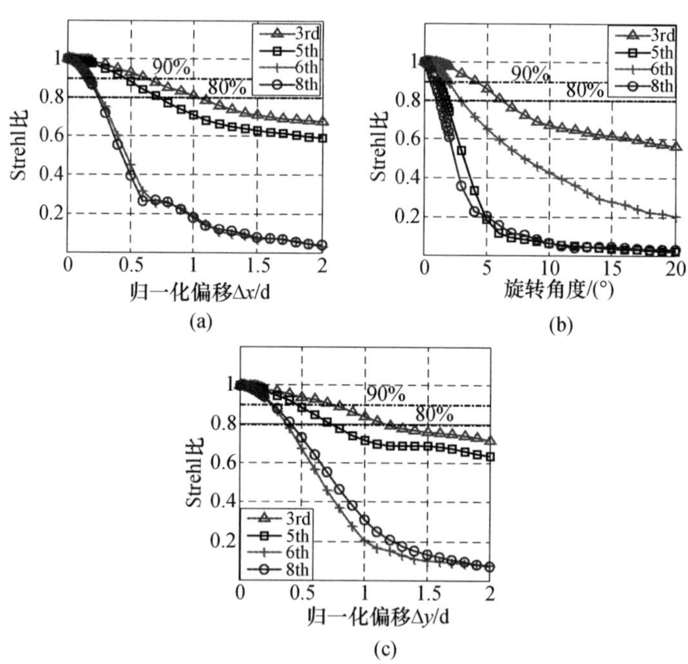

图7-14　不同类型像差对应波前校正能力随失配量大小变化
(a)沿 x 方向平移失配;(b)沿 y 方向平移失配;(c)绕 z 轴旋转失配。

从图7－14可以看出，当哈特曼波前传感器与变形镜之间位置失配增大时，自适应光学系统的波前校正能力像缓慢下降，然后快速下降；同时，不同类型的像差对失配关系的敏感程度有很大差异。

通过对变形镜不同位置驱动器施加电压，使之引起镜面变形，并通过哈特曼波前探测器测量这一变形，最终根据下面的算法获取二者的位置匹配状况。

如图7－15所示，变形镜所处位置状态由三个任选驱动器来唯一标识，如图中A、B、C所示。当给其中任意一个驱动器施加一定电压后，其将改变变形镜镜面面形，然后通过哈特曼波前传感器准确探测该变形，并进一步确定该驱动器的中心位置。这样，当三个驱动器位置都确定后，也就唯一确定了变形镜的位置。

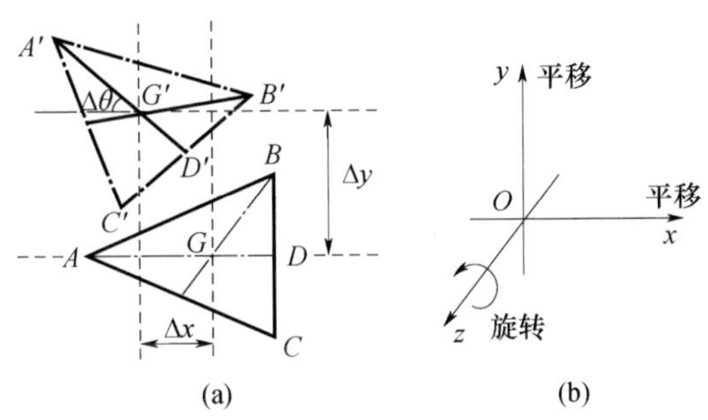

图7－15　HS与DM位置失配及坐标定义规则

(a) HS与DM位置失配；(b)坐标定义规则。

注：(A, B, C)为理想对准条件下三个被标记驱动器的中心位置；(A', B', C')为失配后被标记驱动器的位置。

在图7－15中，当哈特曼波前传感器与变形镜在理想对准情况下时，三个驱动器位于设计位置，并组成$\triangle ABC$，G为$\triangle ABC$的中心位置；当变形镜与哈特曼波前传感器相对位置发生平移和旋转失配时，各标记驱动器位置分别移动到A'、B'、C'中质心位置也相应地移动到G'位置。对于参数一定的自适应光学系统而言，哈特曼波前传感器与变形镜满足相应的位置匹配关系，被标记用于表征变形镜位置的三个驱动器A、B、C映射到哈特曼波前传感器中的坐标位置为设计时的最佳位置坐标。驱动器影响函数的斜率质心算法可写为

$$\begin{cases} x_{\mathrm{c}} = \dfrac{\sum\limits_{c=1}^{M}\sum\limits_{p=1}^{N} x(c,p)\,|\,g_x(c,p)\,|^{l}}{\sum\limits_{c=1}^{M}\sum\limits_{p=1}^{N} |\,g_x(c,p)\,|^{l}} \\ y_{\mathrm{c}} = \dfrac{\sum\limits_{c=1}^{M}\sum\limits_{p=1}^{N} y(c,p)\,|\,g_y(c,p)\,|^{l}}{\sum\limits_{c=1}^{M}\sum\limits_{p=1}^{N} |\,g_y(c,p)\,|^{l}} \end{cases} \tag{7-7}$$

式中：$g_x(c,p)$、$g_y(c,p)$分别为驱动器影响函数沿 x 方向和沿 y 方向的斜率分布；c、p 分别为离散数据所在的行数和列数；$x(c,p)$、$y(c,p)$分别为第 c 行和第 p 列所在位置的坐标；M、N 分别为最大行数和最大列数。

设被标记三个驱动器 A、B、C 的设计坐标分别为(x_{a0},y_{a0})，(x_{b0},y_{b0})和(x_{c0},y_{c0})，当发生位置失配后被标记驱动器移至 A'、B'、C'，坐标变为(x_a,y_a)，(x_b,y_b)，(x_c,y_c)。失配发生前后标记驱动器组成两个三角形，分别为$\triangle ABC$、$\triangle A'B'C'$，G、G'分别为二者的中心位置，其坐标可以分别表示为

$$\begin{cases} x_G = (x_{a0} + x_{b0} + x_{c0})/3, \\ y_G = (y_{a0} + y_{b0} + y_{c0})/3 \\ x_{G'} = (x_a + x_b + x_c)/3 \\ y_{G'} = (y_a + y_b + y_c)/3 \end{cases} \tag{7-8}$$

这样，可以计算出发生位置失配前后变形镜相对哈特曼波前传感器沿 x 方向和 y 方向的平移失配量：

$$\begin{cases} \Delta x = x_G - x_{G'} \\ \Delta y = y_G - y_{G'} \end{cases} \tag{7-9}$$

当一个系统确定之后，也就确定了变形镜各个驱动器对应的中心坐标，此时 x_G、y_G 为一常数。因此，计算出失配后的被标记驱动器位置，就可以获得变形镜相对于哈特曼波前传感器的沿水平和竖直方向的平移位置失配。

对于变形镜相对于哈特曼波前传感器的旋转失配，通过被标记驱动器组成的三角形中线的角度旋转来计算。其原理图如图 7－16 所示。

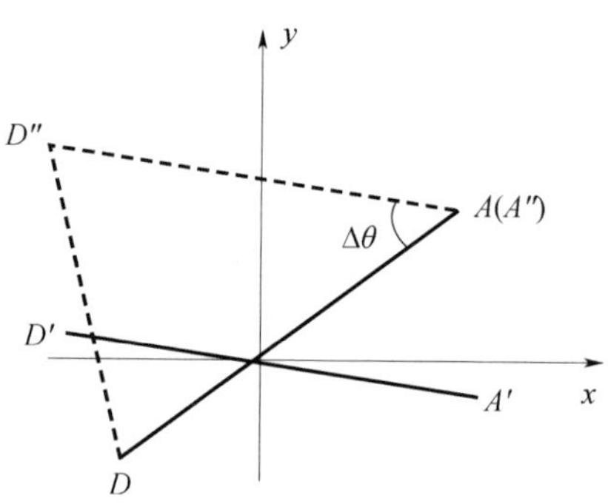

图 7－16　变形镜和哈特曼波前传感器旋转失配算法原理

不难得出

$$\Delta\theta = \arccos[R_x(2x_a - x_b - x_c) + R_y(2y_a - y_b - y_c)] \tag{7-10}$$

只要测量当前各被标记驱动器的中心位置，利用式(7－13)即可以解出变形镜相对哈特曼波前传感器的相对旋转角度。在计算时，也可以利用三条中线分别计算，并取平均值作为最终结果，以降低外界因素对测量结果的影响。至此，可以根据标记驱动器法测量变形镜与哈特曼波前传感器的对准误差。

7.3 ICF激光驱动器波前控制的应用和未来发展

在用作惯性约束聚变驱动器的高功率固体激光装置中,激光放大系统、三倍频系统、束匀滑以及束靶耦合等系统的运行对光束波前有一定的要求。存在于激光系统中的像差带来波前畸变,从而可能导致放大系统运行中光束难以正常穿过空间滤波器、三倍频效率下降等,并对束匀滑以及束靶耦合效率带来不利影响。在ICF激光驱动器的研究过程中,也产生了各种改善光束质量的方法。自中国科学院光电技术研究所于1985年在我国“神光”-Ⅰ激光装置上成功实现了对装置静态波前校正以来,世界上用作ICF驱动器的各大型激光装置中,除我国的“神光”-Ⅱ激光装置外,都采用了自适应光学技术来进行光束控制,校正系统中的像差,以满足装置安全运行和光束聚焦能力的需要。目前,自适应光学技术已经成为各大激光驱动器的标准组成部分,是这些激光装置控制激光波前、满足技术要求的最有效的主动控制手段。

在ICF激光驱动器多年的发展过程中,波前控制技术得到了长足的发展,人们探索了各种波前控制手段,包括采用不同的器件、不同的技术途径等。实践表明,大口径变形反射镜仍然是最有效的控制ICF激光装置波前的器件,基于大口径变形镜的自适应光学技术为装置输出合格的激光束提供了基础技术保证。

ICF激光驱动器中未来的光束控制问题主要包括:①针对特定装置的实际情况,如何实现光束控制技术与装置的最佳结合,最大化激光驱动器上自适应光学技术的效益;②光束控制技术如何为物理实验提供帮助,即波前控制技术是仅用来实现装置的光束质量指标,还是有可能进一步提升物理实验的效能,这反过来又可能对波前控制系统提出新的要求。

ICF技术本身在不断发展,也在给波前控制技术提出新的要求。近年来,随着驱动器建设的发展,人们又开始了ICF驱动器中束间光束控制技术的研究。随着人们对聚变点火认识的不断深化,波前控制技术也将随之向前发展。

参考文献

[1] Sacks R, et al. Application of adaptive optics for controlling the NIF laser performance and spot size, UCRL-JC-130028, 1998.

[2] Zacharias R A, et al. The national ignition facility wavefront control system, Solid State Laser for Application to Inertial Confinement Fusion Conference, Monterey, CA, vol. 3492, July 1998.

[3] Hartley R, Kartz M, Behrendb W, et al. Wavefront correction for static and dynamic aberrations to within 1 second of the system shot in the NIF Beamlet demonstration facility, UCRIFJC-1Z4SSS, 1996.

[4] Jiang Wenhan, et al. Hill-climbing wavefront correction system for large laser engineering, SPIE Proc. 1988, 965: 266-272.

[5] 杨慧珍,李新阳,姜文汉. 自适应光学系统几种随机优化控制算法比较[J]. 强激光与粒子束. 2008, 20(1): 11 -16.

[6] Vorontsov M A, Carhart G W. Adaptive optics based on analog parallel stochastic optimization: analysis and experimental demonstration[J]. J. Opt. Soc. Am. A., 17(8):1440 -1453.

[7] Jiang Wenhan, Zhang Yudong, Xian Hao, et al. A wavefront correction system for inertial confinement fusion, Proceeding of the second international workshop on adaptive optics for industry and medicine, 1999, Durham, England.

[8] Yang Zeping, Guan Chunlin, Li Ende, et al. Adaptive optical systems for the Shenguang – Ⅲ prototype facility, Adaptive Optics for Industry and Medicine, Imperial College Press, 2007.

[9] Zhang Yudong, Yang Zeping, Duan Haifeng. Characteristics of wavefront aberration in the single beam principle prototype of the next generation ICF system, Proceedings of SPIE, 2002, 4825:249 -256.

[10] Zhang Yudong, Yang Zeping, Guan Chunlin, et al. Dynamic aberration correction for ICF laser system, Proceeding of the 4rd international workshop on adaptive optics for industry and medicine, 2003, Muenster, Germany.

[11] Gu Naiting, Yang Zeping, Huang Linhai, Rao Changhui. Measurement method of the misalignment between the Hartmann sensor and the deformable mirror in an adaptive optics system[J]. Journal of Optics, 2010, 12(095504):1 -8.

[12] 顾乃庭,杨泽平,黄林海,等. 自适应光学系统中哈特曼传波前感器与变形镜对准误差测量方法[J]. 红外与激光工程,2011, 2:1287 -1292.

第8章 化学激光的光束稳定和光束净化

8.1 化学激光操控的特点和需求

化学激光是指通过化学反应直接产生非玻耳兹曼分布的激发态粒子(原子、分子、自由基等)而得到的激光。广义地说,是指激活介质的粒子束反转通过释能化学反应实现的激光系统,即在放能的化学反应过程中,直接或间接地形成粒子束反转而运转的激光,都可称作化学激光。目前,有氟化氘/氟化氢化学激光(HF/DF)化学激光、氧碘化学激光(COIL)、泛频 HF 化学激光等,这些激光器的基本原理是相同的,不同的是它们的分子结构不同而引起的能级跃迁和波长不同。这些化学激光就其波长而言均属于近红外—中红外化学激光。激光器的亮度关系式为

$$B \propto \frac{PD^2}{\lambda L^2 \beta^2} \text{或} B \propto \frac{PD^2}{\lambda L^2} Sr \tag{8-1}$$

式中,B 为激光器亮度;P 为激光功率;λ 为激光波长;D 为激光发射孔径;L 为激光传输距离;光束质量 β 因子和 Sr 表征激光系统的光束质量。从式(8-1)可知,激光亮度与激光波长的平方成反比,缩短波长大大有利于提高激光亮度。

一般来讲,化学激光器是大能量高功率非稳腔激光器。在化学激光器研究过程中,一直围绕输出功率和光束质量进行努力。研究初期主要突出"量"的概念,力求功率水平的提高,当功率输出达到一定水平后,光束质量的研究就成为关键问题。为了使化学激光器输出良好的光束质量,需要高度精细地解决模式控制和光学设计问题。尽管科学家想尽办法提高化学激光的光束质量,但由于化学激光是一种低增益强激光器,要使这种低增益激光器的光束质量达到衍射极限是相当困难的。另外,常规非稳腔硬边的边缘效应,在靠近镜边缘的衍射带内,一部分光辐射通过衍射反馈回谐振腔中心,激发高阶横模,从而使光束质量变坏。此外,强光条件下的镜面畸变很难克服,这也是导致化学激光输出光束质量变差的原因。

上述是化学激光器光束质量变差的主要原因。因此,想得到高光束质量的输出光束,最好的技术是使用自适应光学对化学激光进行校正。这种技术称为光束净化。

另外,在化学激光运行过程中,由于各种流体泵和化学气流的作用,激光输出光束会发生快速抖动,以及镜面热效应等导致的光束慢速漂移。光束抖动和漂移对化学激光光束质量有很大影响。在很多应用场合需要采取光束稳定技术,抑制激光束的抖动和漂移。

8.2 激光的光束净化技术

自适应光学系统进行化学激光畸变波前校正前,首先用哈特曼波前传感器或者其他方法对需要校正的像差波前的特性进行先验分析,从而了解光束像差的特性,以便确定使用哪种特征的波前校正器对其进行校正。常规自适应光学系统使用一个倾斜镜和一个变形镜对畸变波前进行校正[1]。这种提高化学激光光束质量的自适应光学系统,称为单级校正光束净化技术。当一个变形镜不能完全校正除倾斜以外的像差时,有必要使用两个或多个变形镜对其进行校正,每个变形镜根据自己的特征校正不同的像差。比如,大行程变形镜用于校正低阶像差,高空间频率的小行程变形镜用于校正高阶像差,这样有利于针对像差的特征设计不同的变形镜,以更好地对不同的像差实现校正,这种技术称为两级校正光束净化技术。但由于两级校正光束净化系统中存在两个变形镜,如果系统中这些变形镜之间的像差解耦不好,相互之间的耦合会造成系统工作的不稳定,并且影响系统的校正性能。因此,两级校正光束净化技术的核心是两个变形镜之间的解耦分离方法。

8.2.1 单级校正光束净化技术

单级校正光束净化技术除电控系统外,包括一个倾斜镜、一个变形镜以及若干个分光镜和反射镜。其中:倾斜镜针对化学激光的倾斜像差进行校正;变形镜针对化学激光中的其他高阶像差进行校正。一级校正光束深化系统结构如图 8-1 所示。

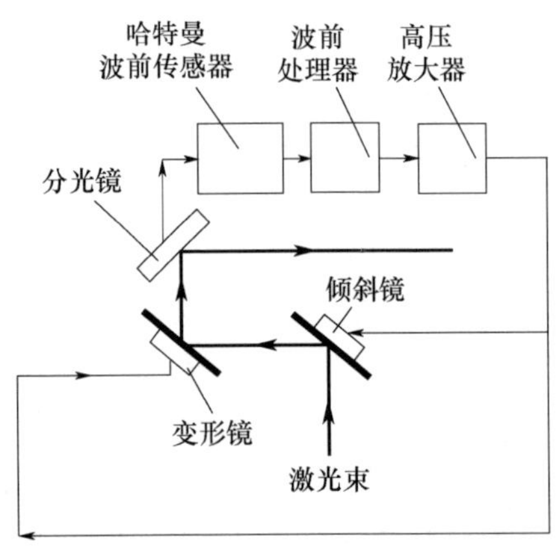

图 8-1 单级校正光束净化系统结构

化学激光的像差变化较快,一般采用直接斜率法[2,3]对光束进行校正。直接斜率法中哈特曼波前传感器探测的斜率矢量 $\boldsymbol{G}$ 与斜率响应矩阵 $\boldsymbol{R}$ 的关系为

$$G = RV \tag{8-2}$$

式中:V为变形镜驱动器电压。

这种方法是常规的自适应光学校正方法。

8.2.2 两级校正光束净化技术

当单套自适应光学系统对同时包含大的低阶像差和高阶像差的光束校正时,要求变形镜同时具有大行程和高空间频率两个特征,这将极大地增加变形镜的制作难度。此时,单级校正光束净化系统或许不能完全校正化学激光的像差,需要考虑使用两级校正光束净化技术。这种系统除电控部分外,还包括两个波前传感器和两个变形镜,或一个波前传感器和两个变形镜。

对于两个或多个自适应光学系统共同作用于一个目的研究,文献[4]分析了低空间分辨率系统和高空间分辨率系统联合使用,以提高整个系统的空间校正能力,文献[5]分析了两个自适应光学系统串联校正以提高整个系统控制效果的方法,而 Michael C. Roggemann 等人提出用两个变形镜来校正激光大气传输中的闪烁效应[6],T. J. Karr 则讨论了利用双变形镜方案避免热晕相位校正不稳定性问题[7],F. Y. Kanev 等人研究了双变形镜系统对湍流闪烁校正问题[8]。

对于化学激光相位的补偿,按照文献[4, 5]所述的方法用两个完整的自适应光学系统串联使用来提高激光光束质量是可行的,但这将极大地提高成本,增加系统的体积。因此,考虑在一套自适应光学系统中用两个分别具有较大行程和较高空间频率的变形镜来分别校正大的低阶像差和高阶像差,以防止两个变形镜对像差的重复校正或校正不全。这种系统包括两级串联校正光束净化技术和单波前传感器双变形镜光束净化技术两种情况。

8.2.2.1 两级串联校正光束净化技术

串联校正是将两个自适应光学系统串联起来对畸变波前进行校正。前一个系统对畸变波前的校正残差作为下一个系统的输入信号,即第二个变形镜校正第一个变形镜校正后的波前残差。这种方法需要有两个波前传感器,分别实现对扰动像差和第一个变形镜校正后残差的探测。其主要校正对象为包含较大低阶像差和较小高阶像差的待校正像差波前 φ_0。系统可以设置成图 8-2所示的结构。前一套自适应光学系统的变形反射镜具有较大行程和相对较低的空间频率,主要校正扰动像差的大量,该套系统校正后的残余像差波前为 φ;后一套自适应光学系统主要针对前一套系统校正后的残差 φ 进行控制,其中的变形反射镜可以具有较高的空间频率,但不要求具有较大行程,只要其行程能够校正前一套系统校正后的残差即可。以上系统可以满足同时包含较大的低阶像差和相对较小的高阶像差的校正,实际上是两套常规自适应光学系统的串联。

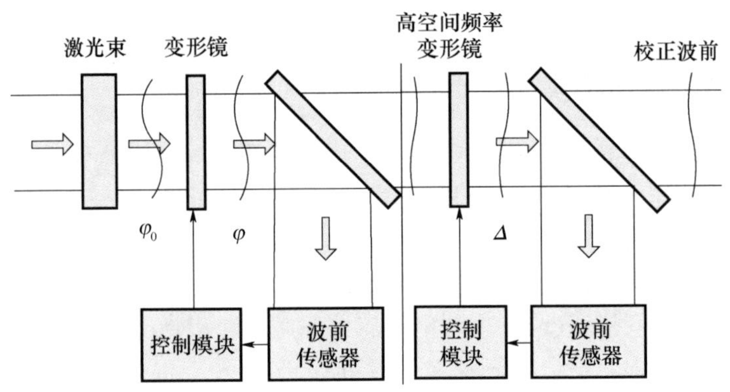

图 8-2 两级串联校正自适应光学系统结构

8.2.2.2 单波前传感器双变形镜光束净化技术

由于两级串联校正技术是两套自适应光学系统的叠加,尽管能够满足大像差化学激光光束净化的要求,但系统相对庞大。因此,本节着重阐述一个波前传感器、两个变形镜的光束净化技术。两个变形镜中的一个具有较大行程,另一个具有较高空间频率,两个变形镜分别用于校正化学激光中大的低阶像差和小的高阶像差,其结构如图 8-3 所示。本节将详细分析两个具有不同特征的变形镜如何分别校正低阶像差和高阶像差,以防止两个变形镜对像差的重复校正或校正不全。

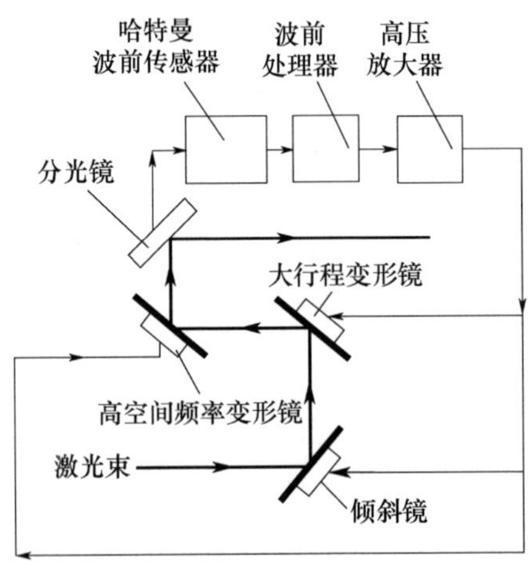

图 8-3 双变形镜自适应光学系统结构

1. 分离模式系数校正算法原理

该方法基于 Zernike 模式法。这里先介绍 Zernike 模式波前复原算法。

1）Zernike 模式波前复原算法

在 Zernike 模式法[9, 10]中,波前相位可以用 Zernike 多项式表示。利用测量的斜率数据,先求出畸变波前的 Zernike 系数,由此求得畸变波前,再利用直接控制或解耦算法求出驱动控制电压。

模式法波前相位重构和控制中,得出控制电压需要波前重构和电压解耦两步。由于解耦控制矩阵是离线计算出来的,在实际系统中由于外部因素的变化可能导致实际系统与理论计算结果不吻合,因此对光路的调节要求较高。

入射光束的波前相位畸变 $\varphi(x,y)$ 可用模式函数系列 $Z_k(x,y)$ 展开:

$$\varphi(x,y)\sum_{k=1}^{l}a_kZ_k(x,y) \tag{8-3}$$

式中:l 为模式数;a_k为待定的各模式系数。

模式法波前重构的实质:建立起模式函数系列 $Z_k(x, y)$ 与波前传感器测量的波前相位斜率间的关系,以求解各个模式系数 a_k。波前传感器测量的第 j 个子孔径内的入射光束波前相位平均斜率为

$$G_{jx}=\frac{1}{s_J}\iint_{s_j}\left[\frac{\partial\phi(x,y)}{\partial x}\right]_j\mathrm{d}x\mathrm{d}y=\sum_{k=1}^{l}\left(\frac{a_k}{s_j}\right)\iint_{s_j}\left[\frac{\partial Z_k(x,y)}{\partial x}\right]_j\mathrm{d}x\mathrm{d}y=\sum_{k=1}^{l}a_kZ_{jkx} \tag{8-4}$$

$$G_{jy}=\frac{1}{s_j}\iint_{s_j}\left[\frac{\partial\phi(x,y)}{\partial y}\right]_j\mathrm{d}x\mathrm{d}y=\sum_{k=1}^{l}\left(\frac{a_k}{s_j}\right)\iint_{s_j}\left[\frac{\partial Z_k(x,y)}{\partial x}\right]_j\mathrm{d}x\mathrm{d}y=\sum_{k=1}^{l}a_kZ_{jky} \tag{8-5}$$

式中:s_j为第 j 个子孔径的面积。

并且有

$$Z_{jkx}=\frac{1}{s_j}\iint_{s_j}\left[\frac{\partial Z_k(x,y)}{\partial x}\right]_j\mathrm{d}x\mathrm{d}y \tag{8-6}$$

$$Z_{jky}=\frac{1}{s_j}\iint_{s_j}\left[\frac{\partial Z_k(x,y)}{\partial y}\right]_j\mathrm{d}x\mathrm{d}y \tag{8-7}$$

假设波前传感器有 M 个子孔径,取模式函数系列 $Z_k(x, y)$ 的前 l 项进行波前重构,则有

$$\begin{bmatrix}G_{1x}\\G_{1y}\\G_{2x}\\G_{2y}\\\vdots\\G_{Mx}\\G_{My}\end{bmatrix}=\begin{bmatrix}Z_{11x}&Z_{12x}&\cdots&Z_{1lx}\\Z_{11y}&Z_{12y}&\cdots&Z_{1ly}\\Z_{21x}&Z_{22x}&\cdots&Z_{2lx}\\Z_{21y}&Z_{22y}&\cdots&Z_{2ly}\\\vdots&\vdots&&\vdots\\Z_{M1x}&Z_{M2x}&&Z_{Mlx}\\Z_{M1y}&Z_{M2y}&&Z_{Mly}\end{bmatrix}\cdot\begin{bmatrix}a_1\\a_2\\\vdots\\a_l\end{bmatrix} \tag{8-8}$$

式(8－8)可以表示成矩阵形式,即

$$\boldsymbol{G}=\boldsymbol{Z}\boldsymbol{A} \tag{8-9}$$

式中:$\boldsymbol{G}$ 为波前相位斜率矢量,包括波前传感器测量的入射光束波前相位在所有子孔径内 x 和 y 方向的平均斜率;$\boldsymbol{Z}$ 为波前重构矩阵;$\boldsymbol{A}$ 为待定的模式函数系数矢量。

由波前传感器测得波前相位斜率矢量 $\boldsymbol{G}$ 后,利用奇异值分解法求出波前重构矩阵 $\boldsymbol{Z}$ 的广义逆 $\boldsymbol{Z}^+$,就可以得到模式函数系数矢量 $\boldsymbol{A}$ 在最小二乘意义下的最小范数解,即

$$\boldsymbol{A}=\boldsymbol{Z}^+\boldsymbol{G} \tag{8-10}$$

将式(8－10)计算得到的模式函数系数矢量 $\boldsymbol{A}$ 代入式(8－9),就可以得到完整的波前相位展开式。

2）分离模式系数校正算法

假设被校正像差波前 ϕ 包含低阶像差 ϕ_1 和高阶像差 ϕ_2，即 $\phi=\phi_1+\phi_2$，ϕ、ϕ_1 和 ϕ_2 对应的 Zernike 多项式系数矢量分别为 $\boldsymbol{A}$、$\boldsymbol{A}_1$ 和 $\boldsymbol{A}_2$,因此有

$$\boldsymbol{A}=\boldsymbol{A}_1+\boldsymbol{A}_2 \tag{8-11}$$

直接斜率法[11,12]中哈特曼波前传感器探测的斜率矢量 $\boldsymbol{G}$ 与斜率响应矩阵 $\boldsymbol{R}$ 之间的关系为

$$\boldsymbol{G}=\boldsymbol{R}\boldsymbol{V} \tag{8-12}$$

式中:$\boldsymbol{V}$ 为变形镜驱动器电压。

由式(8－9)和式(8－12)可得

$$\boldsymbol{Z}\boldsymbol{A}=\boldsymbol{R}\boldsymbol{V} \tag{8-13}$$

所以

$$\boldsymbol{V}=\boldsymbol{R}^+\boldsymbol{Z}\boldsymbol{A} \tag{8-14}$$

式中:$\boldsymbol{R}^+$ 为 $\boldsymbol{R}$ 的广义逆矩阵。

因此,φ_1、φ_2 对应的电压分别为

$$\begin{aligned}\boldsymbol{V}_1&=\boldsymbol{R}_1^+\mathbf{Z}_1\mathbf{A}_1\\ \boldsymbol{V}_2&=\boldsymbol{R}_2^+\mathbf{Z}_2\mathbf{A}_2\end{aligned} \tag{8-15}$$

式中:$\boldsymbol{R}_1^+$、$\boldsymbol{R}_2^+$ 分别为哈特曼波前传感器针对两个变形镜测量的斜率响应矩阵 $\boldsymbol{R}_1$、$\boldsymbol{R}_2$ 的广义逆矩阵。

这种方法可以任意选定两个波前校正器要校正的模式阶数。两个波前校正器可以是一个倾斜镜与一个变形反射镜的组合,也可以是一个倾斜镜与两个变形镜的组合。前者为常规自适应光学系统的结构,后者则是本节要重点讨论的双变形镜自适应光学系统。对于一个倾斜镜与一个变形镜组成的常规自适应光学系统,倾斜像差与其他像差需要解耦,即倾斜像差由倾斜镜校正,其余像差由变形镜校正。在这种情况下,倾斜像差与其他像差的 Zernike 多项式系数为

$$
\begin{aligned}
\boldsymbol{A}_1 &= [a_1 \quad a_2 \quad 0 \quad \cdots \quad 0] \\
\boldsymbol{A}_2 &= [0 \quad 0 \quad a_3 \quad \cdots \quad a_n]
\end{aligned}
\tag{8-16}
$$

把式(8－16)所示的待校正像差的 Zernike 多项式系数代入式(8－15),即可得到倾斜反射镜与变形反射镜的控制电压。

假如一个变形镜的行程不足以校正除倾斜以外的像差时,就需要由两个或以上的变形反射镜共同校正。本节讨论图 8－3 所示的双变形镜自适应光学系统,即除倾斜像差外,其余像差由两个变形镜共同校正,这两个变形镜一个具有大行程特征,另一个具有高空间频率特征。假定大行程变形镜(LSDM)校正离焦,高空间频率变形反射镜(HSFDM)校正除离焦以外的高阶像差,此时有

$$
\begin{aligned}
\boldsymbol{A}_1 &= [0 \quad 0 \quad a_3 \quad 0 \quad \cdots \quad 0] \\
\boldsymbol{A}_2 &= [0 \quad 0 \quad 0 \quad a_4 \quad \cdots \quad a_n]
\end{aligned}
\tag{8-17}
$$

把式(8－17)代入式(8－15),即可求得两个变形反射镜的控制电压。

这种方法还可以推广至多个变形反射镜的情况。

2. 限定校正算法原理

在模式法中,双变形镜的像差解耦可以通过选取两个变形镜要校正的模式阶数来实现,但这种方法耗费的计算时间较多,一般不用于变化较快的化学激光实时波前控制。本节从直接斜率法的角度对双变形镜限定校正像差解耦原理[13, 14]进行分析。

直接斜率法中哈特曼波前传感器测量得到的斜率矢量与斜率响应矩阵的关系为

$$
\boldsymbol{G} = \boldsymbol{RV} \tag{8-18}
$$

假定图 8－3 中哈特曼波前传感器测量的 LSDM 和 HSFDM 的斜率响应矩阵分别为 $\boldsymbol{R}_1$、$\boldsymbol{R}_2$,波前传感器探测的像差斜率矢量为 $\boldsymbol{G}$。为实现两个变形镜分别校正低阶像差和高阶像差,假定 HSFDM 满足限定条件 Rm 而不校正低阶像差,即

$$
\sum_{i=1}^{m_2} \boldsymbol{V}_i \boldsymbol{R} m_i = 0 \tag{8-19}
$$

式中:m_i为 HSFDM 驱动器的个数;$\boldsymbol{V}_i$为第 i 个驱动器电压。

此时变形镜 HSFDM 的扩展斜率响应矩阵为

$$
\boldsymbol{R}'_2 = \begin{bmatrix} \boldsymbol{R}_2 \\ \boldsymbol{R}m \end{bmatrix} \tag{8-20}
$$

对 $\boldsymbol{R}_2$ 求广义逆 $\boldsymbol{R}_2^+$,即可得到变形镜 HSFDM 的控制电压为

$$
\boldsymbol{V}_2 = \boldsymbol{R}'_2 \begin{bmatrix} \boldsymbol{G} \\ \boldsymbol{0} \end{bmatrix} \tag{8-21}
$$

从式(8－21)可知,变形镜 HSFDM 根据限定条件校正的高阶像差的斜率矢

量为

$$\boldsymbol{G}_2 = \boldsymbol{R}_2\boldsymbol{V}_2 \tag{8-22}$$

所以,剩余低阶像差的斜率矢量为

$$\boldsymbol{G}_1 = \boldsymbol{G} - \mathbf{G}_2 \tag{8-23}$$

因此,变形镜 LSDM 校正的电压矢量为

$$\boldsymbol{V}_1 = \boldsymbol{R}_1^{+}\mathbf{G}_1 \tag{8-24}$$

从以上分析可知,只要求得限定项 $\boldsymbol{R}m$,高空间频率变形镜和大行程变形镜就能够按照各自的特征行使相应职责。所以,问题的关键在于限定项的求解。以下详细推导限定项的求解算法。

1) 限定校正算法

待校正波前 φ 包含的某一种较大的低阶像差 φ_1 和相对较小的高阶像差 φ_2 都可以由在圆域内正交的 Zernike 多项式[15, 16](或 K – L 等其他正交的多项式)表示:

$$\varphi_1 = a_k Z_k \tag{8-25}$$

式中:k 为第 k 阶 Zernike 多项式;a_k 为第 k 阶的 Zernike 多项式系数。

$$\varphi_2 = \sum_{n=1}^{l} a_n Z_n (n \neq k) \tag{8-26}$$

式中:a_n 为 Zernike 多项式系数;l 为选定的 Zernike 阶数。

令 HSFDM 有 m_2 个驱动器,第 i 个驱动器的位置坐标为$(x_i,\ y_i)$,影响函数为 $R2_i(x,\ y)$,驱动电压为 V_i。所以 HSFDM 校正的像差为

$$\varphi_2 = \sum_{n=1}^{l} a_n Z_n = \sum_{i=1}^{m_2} R_{2_i}(x,y) V_i (n \neq k) \tag{8-27}$$

由于 Zernike 多项式在单位圆域内正交,所以

$$\iint \varphi_1\varphi_2 \mathrm{d}x\mathrm{d}y = \iint a_k Z_k \sum_{n=1}^{l} a_n Z_n \mathrm{d}x\mathrm{d}y = \iint a_k Z_k \sum_{i=1}^{m_2} R_{2_i}(x,y) V_i \mathrm{d}x\mathrm{d}y = 0 (n \neq k) \tag{8-28}$$

式中:a_k 为常数。

所以

$$\iint Z_k \sum_{i=1}^{m_2} R_{2_i}(x,y) V_i \mathrm{d}x\mathrm{d}y = 0 \tag{8-29}$$

即

$$\sum_{i=1}^{m_2} V_i \iint Z_k R_{2_i}(x,y) \mathrm{d}x\mathrm{d}y = 0 \tag{8-30}$$

令 $Rm_i = \iint Z_k R_{2_i}(x,y)\mathrm{d}x\mathrm{d}y$,则式(8 – 30)成为

$$\sum_{i=1}^{m_2} Rm_i V_i = 0 \tag{8-31}$$

式中：Rm_i为求得的限定项。

将 Rm_i代入式(8－20)，即可得到 HSFDM 的扩展斜率响应矩阵，即

$$\boldsymbol{R}_2{}' = \begin{bmatrix} R_2 \\ Rm \end{bmatrix} \tag{8-32}$$

求得 HSFDM 的扩展斜率响应矩阵后，即可按照前述的方法分别求得两个变形镜的校正电压，以实现低阶像差和高阶像差的解耦。

2）基于实际变形镜的限定校正算法

由限定校正算法可知，令高空间频率变形反射镜不校正某一低阶像差的方法是在高空间频率变形反射镜的斜率响应矩阵中加入限定矢量。在仿真计算中，高空间频率变形反射镜的每一个驱动器对同一电压的影响函数可以按照同样的高斯指数和交联值进行计算。实际上，变形镜每个驱动器由于选材和加工原因对同一电压的响应均存在差别，系统中的限定矢量不能按照理论模型计算出的矢量代入斜率响应矩阵中进行计算。

为了解决实际变形反射镜驱动器对同一电压响应不一致的问题，仍然从 Zernike 多项式的角度出发进行分析。

高空间频率变形反射镜的影响函数 $R2_i(x, y)$实际上是第 i 个驱动器对某一电压的响应函数，表征的是波前形状，不妨假定这个波前为 φ。φ 可以用 Zernike 多项式分解如下：

$$R_{2_i}(x,y) = \sum_{n=1}^{l} a_{in} Z_n(x,y) \tag{8-33}$$

式中：Z_n为第 n 阶 Zernike 多项式；a_{in}为第 n 阶 Zernike 多项式的系数；l 为选定的 Zernike 多项式的阶数。

因此，限定项 Rm_i可表示为

$$Rm_i = \iint_D R_{2_i}(x,y) Z_k \mathrm{d}x\mathrm{d}y = \iint_D \sum_{n=1}^{l} a_{in} Z_n(x,y) Z_k \mathrm{d}x\mathrm{d}y (k < l) \tag{8-34}$$

由于 Zernike 多项式在单位圆内是正交的，因此 Rm_i可简化为

$$Rm_i = a_{ik} \iint_D Z_k^2 \mathrm{d}x\mathrm{d}y = Ca_{ik} (k < l) \tag{8-35}$$

式中：C 为常数。

从式(8－33)～式(8－35)可知，限定矢量是由每一个驱动器的影响函数用 Zernike 多项式分解后，第 k 阶的 Zernike 多项式系数组成的矢量。

3）实际变形反射镜限定校正算法仿真验证

为了验证前述算法的有效性，首先按照高斯函数理论模型仿真变形镜的影响函数，然后对每一个影响函数用 Zernike 多项式进行分解，得到每一个影响函数的 Zernike 多项式系数矢量，最后把需要限定像差的系数从这些 Zernike 多项式系数矢量中提取出来组成限定像差矢量，把该矢量代入高空间频率变形反射

镜的斜率响应矩阵中,实现双变形镜自适应光学系统闭环。

61 单元变形反射镜各驱动器的影响函数表征的波前用前 35 阶 Zernike 多项式分解。按照式(8-35)由分解得到的 Zernike 多项式系数组成的限定矢量如图 8-4 所示。

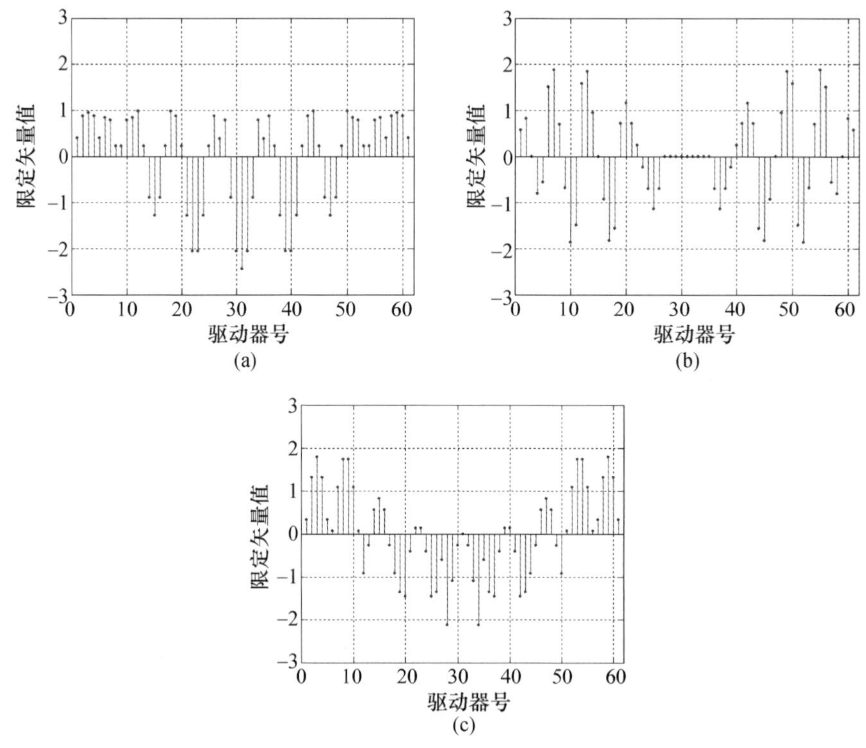

图 8-4 不同像差的限定矢量

(a) 离焦限定矢量;(b) x 方向像散限定矢量;(c) y 方向像散限定矢量。

为了验证这些限定矢量加入高空间频率变形反射镜后是否对各自的像差具有限定能力,进行了相应的仿真。本节仅验证这些分离出来的矢量是否能够限定高空间频率变形反射镜不校正相应的像差。不妨以离焦为例。由于实验系统采用两个 61 单元的变形反射镜分别作为大行程变形反射镜和高空间频率变形反射镜,所以,本节的仿真也是建立在两个 61 单元变形反射镜组成的双变形镜自适应光学系统之上。假定待校正原始像差波前为环状波前,其面形以及去掉离焦后的原始面形如图 8-5 所示。

两个 61 单元变形反射镜组成的双变形镜自适应光学系统中 LSDM 和 HSFDM 对图 8-5(a)所示的像差校正面形如图 8-6 所示,原始像差波前的 Zernike 多项式系数以及大行程变形反射镜校正的像差波前的 Zernike 多项式系数如图 8-7 所示。

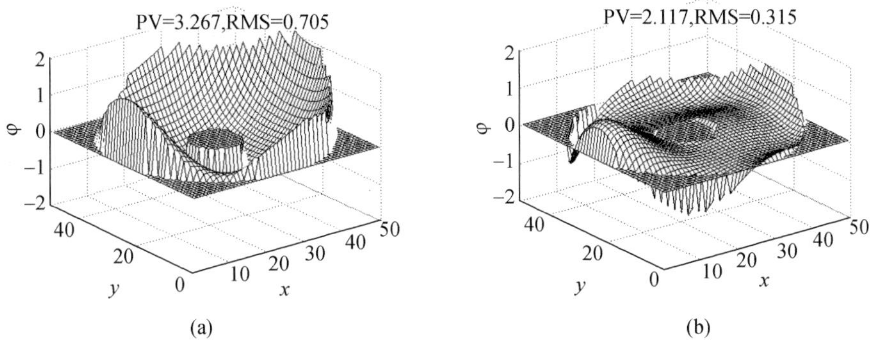

图8-5 原始像差波前和去掉离焦后的像差波前
(a) 原始像差波前;(b) 去掉离焦后的像差波前。

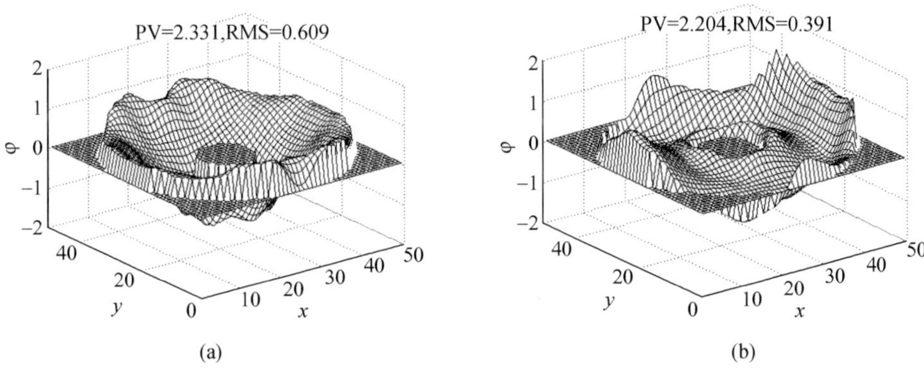

图8-6 LSDM 和 HSFDM 校正的像差
(a) LSDM 校正的像差;(b) HSFDM 校正的像差。

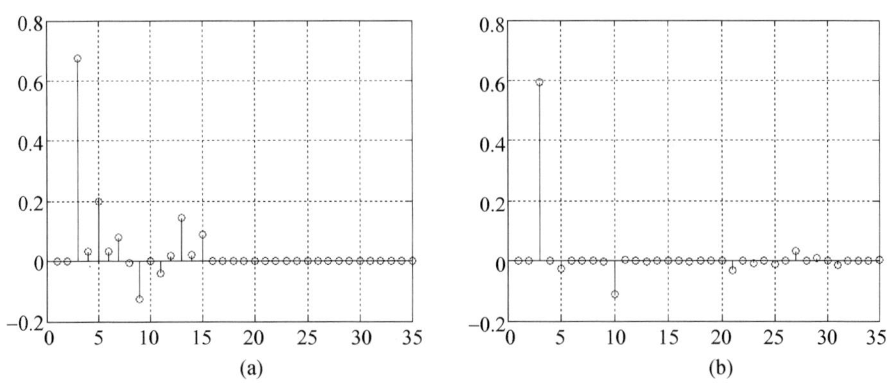

图8-7 原始待校正像差波前和 LSDM 校正像差波前的 Zernike 多项式系数
(a) 原始待校正像差波前的 Zernike 多项式系数;(b) LSDM 校正像差波前的 Zernike 多项式系数。

从图 8-6 和图 8-7 可以看出,由变形反射镜影响函数分解后得到的限定矢量可以对待校正像差较好的解耦。至此,从仿真的角度验证了限定算法的有效性。以下将从实际系统的角度对其进行验证。

4）实际高空间频率变形反射镜限定矢量的获取

变形反射镜各个驱动器影响函数是指在单个驱动器上施加单位控制电压后,变形反射镜镜面变化的分布函数。为了得到实际变形反射镜的影响函数,可以对其施加一定电压后,在 WYKO 干涉仪上进行测量。实验采用的双变形反射镜自适应光学系统使用的变形镜由两个 61 单元变形反射镜组成,其中的一个变形反射镜作为大行程变形反射镜,另一个作为高空间频率变形反射镜。

将高空间频率 61 单元变形反射镜放在 WYKO 干涉仪上测量其影响函数,然后用 Zernike 多项式对每一个影响函数进行分解。分解得到的 Zernike 多项式系数按照式(8-35)组成限定矢量,如图 8-8 所示。

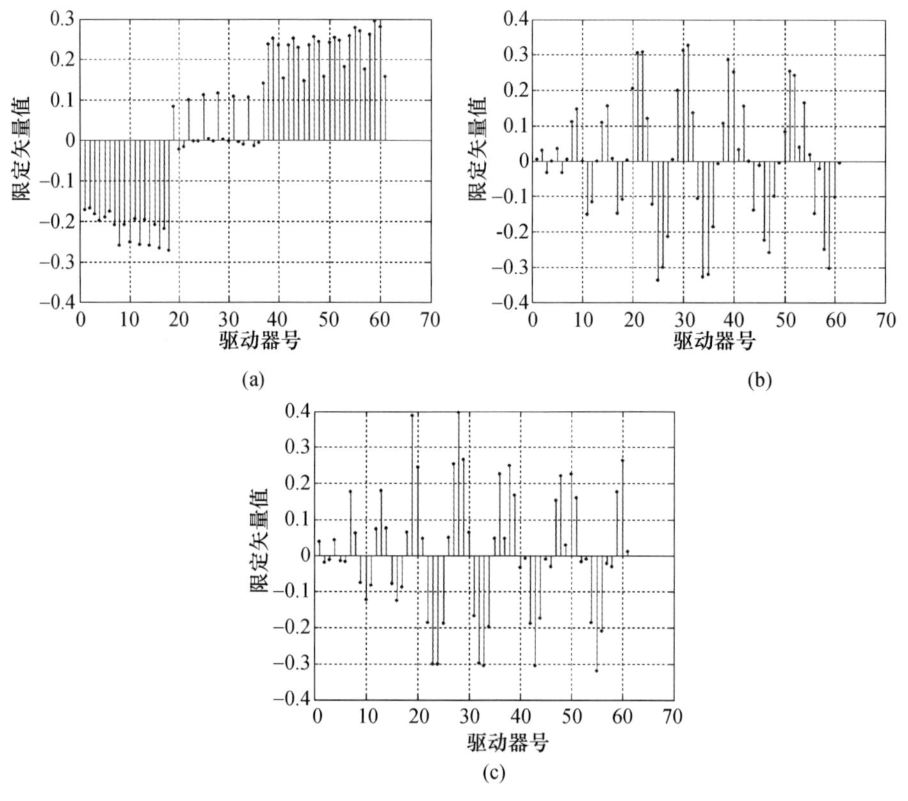

图 8-8　实际 HSFDM 不同像差的限定矢量

(a) 离焦限定矢量;(b) x 方向像散限定矢量;(c) y 方向像散限定矢量。

为了验证这些限定矢量加入高空间频率变形反射镜后是否对各自的像差具有限定能力,将在实验中进行验证,其中包括离焦限定和 y 方向像散限定。

5）限定矢量对高空间频率变形反射镜的限定

搭建了如图8－9所示的双变形镜自适应光学系统。将离焦限定矢量和 y 方向像散限定矢量分别加入高空间频率61变形反射镜的斜率响应矩阵中，以验证高空间频率变形反射镜不校正对应的像差[17]。

图8－9　双变形镜自适应光学系统

（1）离焦限定。假定开环波前及其Zernike多项式系数如图8－10所示，去掉倾斜后的波前及其Zernike多项式系数如图8－11所示，其中离焦系数 $a_3 = -0.545$。将离焦限定矢量加入高空间频率变形反射镜的斜率响应矩阵中后，只让高空间频率变形反射镜工作，以便明确高空间频率变形反射镜是否校正了低阶像差。此时，高空间频率变形反射镜校正开环波前后的残余像差及其Zernike多项式系数如图8－12所示，其中离焦系数 $a_3 = -0.481$。

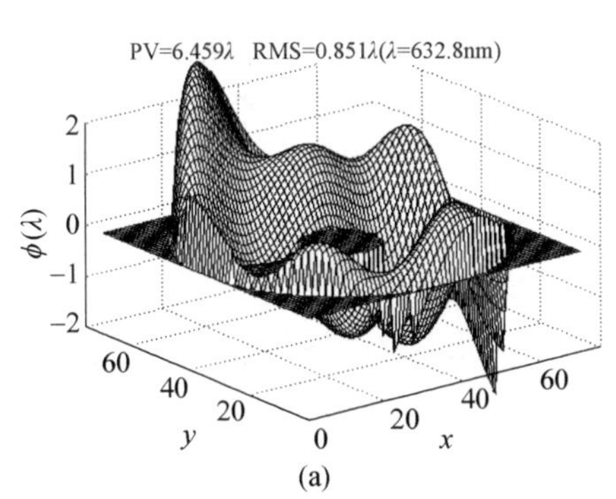

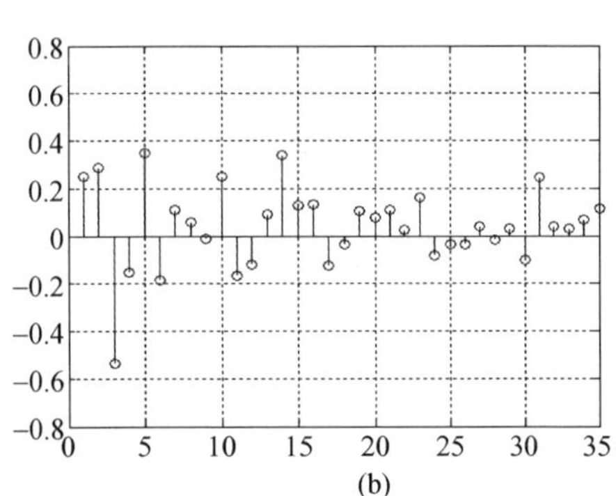

图8－10　开环波前及其Zernike多项式系数

（a）开环波前；（b）开环波前Zernike多项式系数。

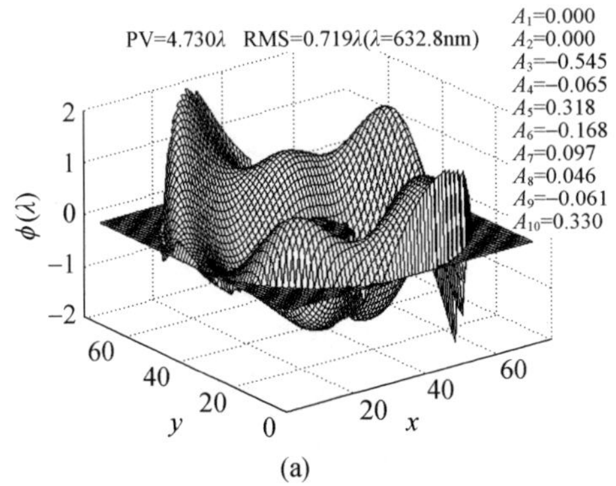

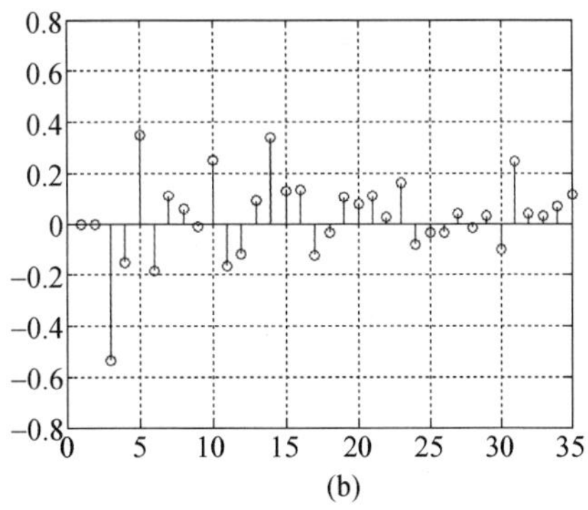

图8－11　去掉倾斜后的原始开环波前和去掉倾斜后的原始开环波前的Zernike多项式系数

（a）去掉倾斜后的原始开环波前；（b）去掉倾斜后的原始开环波前的Zernike多项式系数。

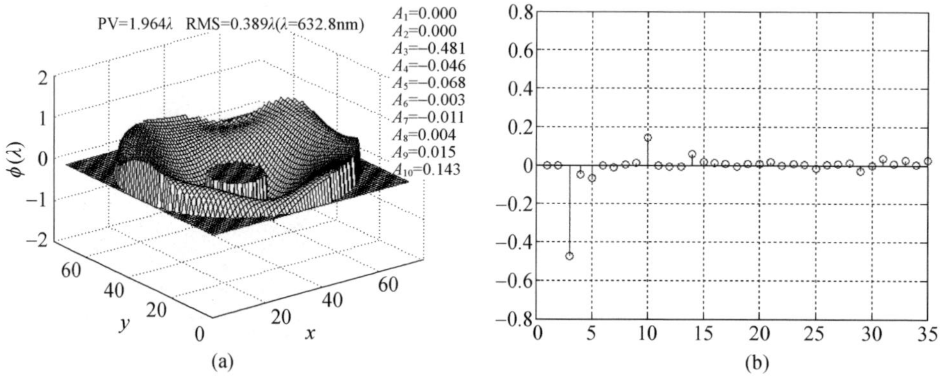

图 8-12 加入离焦限定矢量后高空间频率变形反射镜校正开环波前后的残余像差及其 Zernike 多项式系数

(a) 残余像差;(b) 残余像差 Zernike 多项式系数。

从图 8-12 可知,在 HSFDM 的斜率响应矩阵中加入离焦限定矢量后,高空间频率变形反射镜校正后的剩余像差主要为离焦像差,限定矢量对高空间频率变形镜的限定作用是明显的。由于第 10 阶 Zernike 多项式为球差,其与离焦像差有相似之处,所以,球差与离焦存在一定的交联。

(2) y 方向像散限定。假定开环波前及其 Zernike 多项式系数仍然如图 8-10 所示,其中 y 方向像散系数 $a_5=0.318$。把 y 方向像散限定矢量加入高空间频率变形反射镜的斜率响应矩阵中后,只让高空间频率变形反射镜工作,以便明确高空间频率变形镜是否校正了 y 方向像散。此时,高空间频率变形反射镜校正开环波前后的残余像差及其 Zernike 多项式系数如图 8-13 所示,其中 y 方向像散系数 $a_5=0.347$。

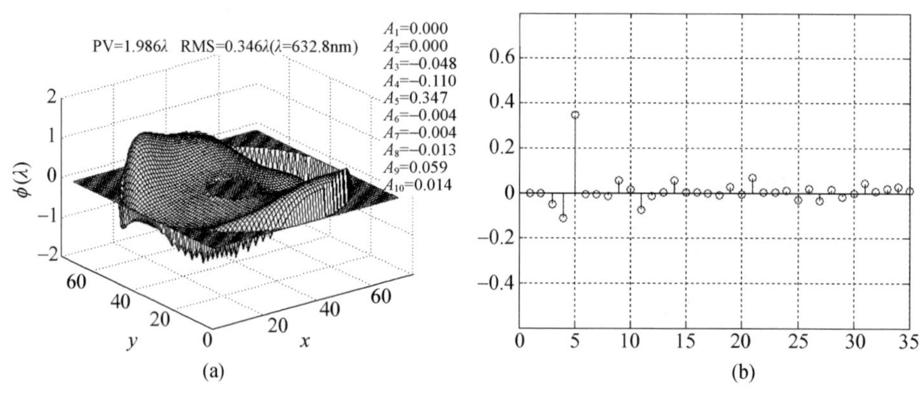

图 8-13 加入 y 方向像散限定矢量后高空间频率变形反射镜校正后的残余像差及其 Zernike 多项式系数

(a) 残余像差;(b) 残余像差 Zernike 多项式系数。

从图8－13可知，在HSFDM的斜率响应矩阵中加入离焦限定矢量后，高空间频率变形反射镜校正后的剩余像差主要为y方向像散像差，限定矢量对高空间频率变形镜的限定作用也是明显的。

6）全系统校正效果评价

仍然选择图8－10(a)所示的开环波前，为了比较全系统的校正效果，首先需要明确常规单变形镜自适应光学系统对开环波前的校正效果，然后确定双变形镜自适应光学系统的校正效果。常规单变形镜自适应光学系统使用的变形镜与双变形镜自适应光学系统使用的高空间频率变形镜是同一个变形镜，并且其行程足够校正开环波前。系统的开环远场光斑如图8－14所示。

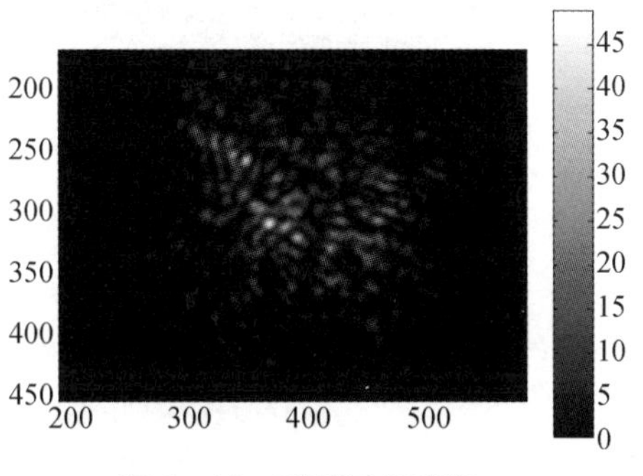

图8－14 开环远场光斑

常规单变形镜自适应光学系统实验可以在图8－9所示的双变形反射镜自适应光学系统上进行，此时，大行程变形反射镜仅作为反射镜使用，高空间频率变形反射镜作为常规自适应光学系统的变形反射镜使用。常规自适应光学系统对图8－10(a)所示的开环波前校正后，其残余像差及远场光斑分别如图8－15(a)、(b)所示，残余像差的PV＝0.535λ(λ＝0.6328μm)，RMS＝0.088λ。然后，在双变形反射镜自适应光学系统的高空间频率变形反射镜的斜率响应矩阵中加入离焦限定矢量，使双变形反射镜自适应光学系统全系统对开环波前闭环，闭环后的残余像差和远场光斑如图8－16(a)、(b)所示，残余像差的峰谷值PV＝0.460λ，RMS＝0.067λ。

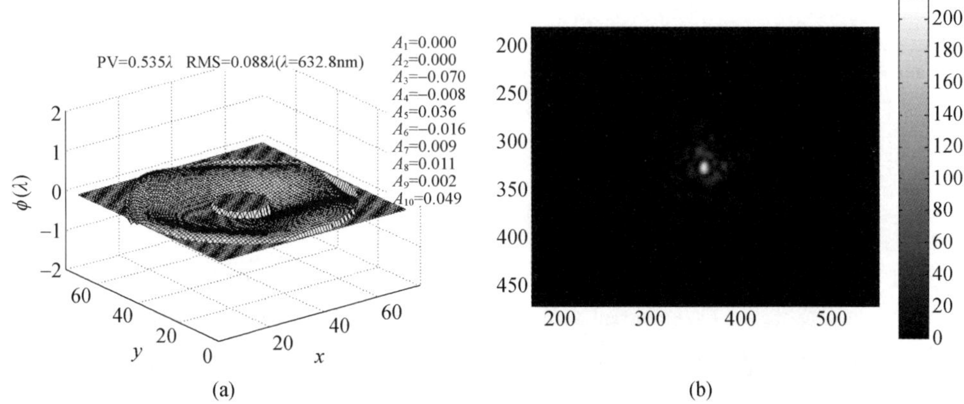

图8－15 常规自适应光学系统校正后的残余像差及其校正后的远场光斑

(a) 常规自适应光学系统校正后的残余像差；(b) 常规自适应光学系统校正后的远场光斑。

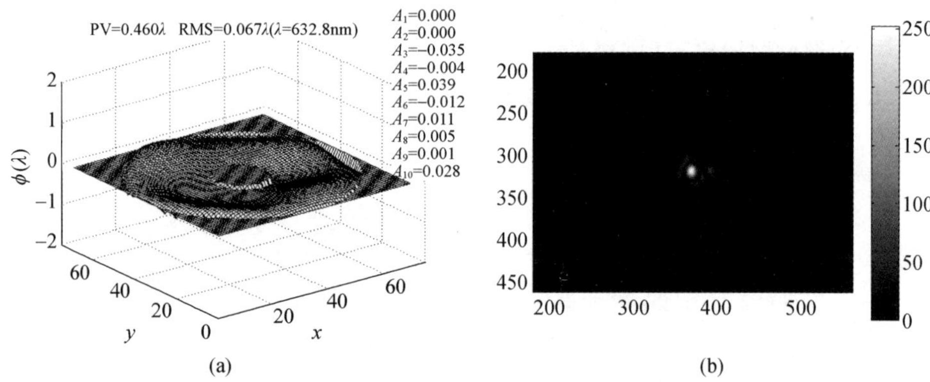

图 8－16　双变形反射镜自适应光学系统校正后的残余像差及校正后的远场光斑

（a）双变形反射镜自适应光学系统校正后的残余像差；

（b）双变形反射镜自适应光学系统校正后的远场光斑。

为了更直观地了解双变形反射镜自适应光学系统的校正效果，对开环远场光斑、常规单变形镜自适应光学系统校正后的远场光斑，以及双变形镜自适应光学系统校正后的远场光斑，用环围能量曲线以及衍射极限倍数进行了评价，如图 8－17所示。开环远场光斑的衍射极限倍数 $\beta=10.6$，常规自适应光学系统校正后的远场光斑的衍射极限倍数 $\beta=5.1$，双变形反射镜自适应光学系统校正后的远场光斑的衍射极限倍数 $\beta=4.8$。

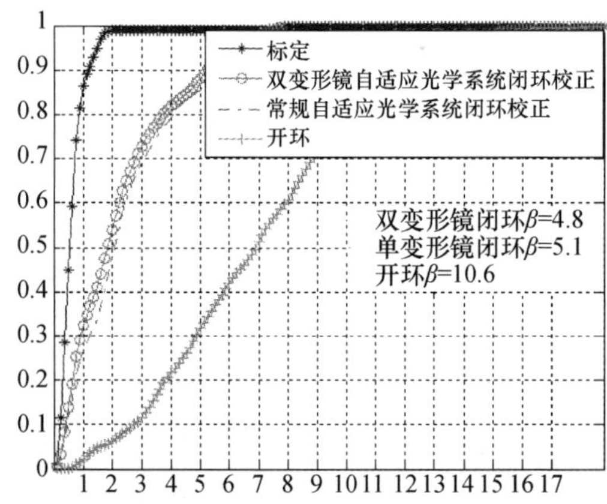

图 8－17　开环远场光斑、常规自适应光学系统校正后的远场光斑、双变形反射镜自适应光学系统校正后的远场光斑的环围能量曲线及衍射极限倍数

由残余像差的 PV、RMS 值，以及远场光斑的环围能量曲线和衍射极限倍数可知，双变形反射镜自适应光学系统的校正效果与行程足够校正待校正像差的常规自适应光学系统的校正效果基本相当。

需要说明的是，双变形反射镜自适应光学实验系统采用的高空间频率变形反射镜的行程足以校正待校正像差,所以在常规自适应光学系统中采用了高空间频率变形反射镜作为其波前校正器。本节使用两个变形反射镜验证了像差解耦算法的有效性,如果常规自适应光学系统中的变形反射镜的行程不足以校正待校正像差,那么双变形反射镜自适应光学系统将是最好的选择。并且,如果几种低阶像差都比较大时,还可以采用两个大行程变形反射镜或更多的大行程变形反射镜。

8.3　激光的光束稳定控制技术

光束稳定是指通过一定的手段进行光束指向检测以后,控制系统将光束指向误差发送给校正器,并驱动校正器工作以消除该指向误差的闭环控制技术。图8-18为光束稳定控制的光路示意图。

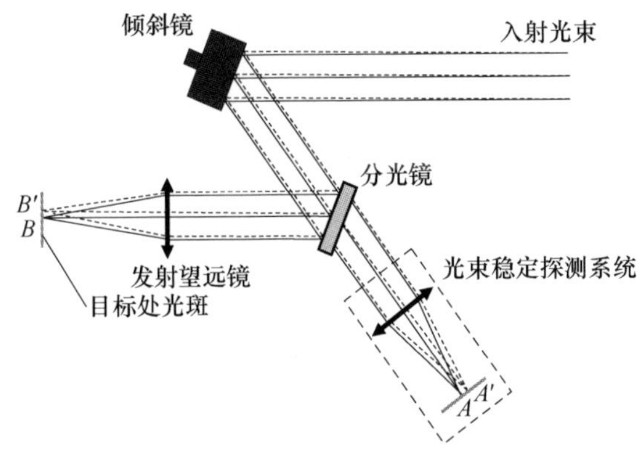

图8-18　光束稳定控制的光路示意图

入射光束经过倾斜镜反射以后,其绝大部分能量通过分光镜反射出去,并经发射望远镜发射到目标,而其中极小一部分能量通过分光镜透射进入光束稳定探测系统。光束稳定探测系统由聚焦透镜组和探测CCD组成。

如图8-18所示,实线部分是理想的光路传输示意图,这样,进入光束稳定探测系统的光束就在探测CCD的A点聚焦,而发射出去的光束则在目标靶面的B点聚焦。如果在光束入射方向有任何原因造成光束的漂移,即发射光束会沿着虚线所示进行传输,那么光束经光束稳定探测系统后会在探测CCD的A'点聚焦,同时,发射出去的光束会在目标靶面的B'点聚焦。

设分光镜、光束稳定探测系统和发射望远镜位置均不发生变化,根据几何光学知识可知,光束经过分光镜反射和透射以后聚焦所成的远场像点是共轭的,即光束稳定探测系统中的聚焦光斑A所反映出的入射光束角度变化大小和方向与发射至目标处的聚焦光斑B所反映出的角度变化大小和方向是一致的。这就是光束稳定系统能够工作的原理性前提。这样,当光束稳定探测系统探测到

聚焦光斑 A 的位置发生改变(如改变到 A' 位置),则会通过控制系统控制倾斜镜进行角度偏移,以补偿这种改变,直到光斑回到 A 的位置。这样,理论上就能保证经发射望远镜发射到目标的光斑稳定在 B 的位置。

自适应光学光束稳定控制技术依靠高速倾斜反射镜实现,高速倾斜反射镜利用分辨率达纳米量级的压电驱动器驱动一块小面积的反射镜,能使光束产生快速、小角度的倾斜变化。与传统的电动机驱动机构相比,高速倾斜反射镜具有运动惯性小、响应速度快、角分辨精度高等显著优点[18,19]。倾斜反射镜在自适应光学中用于校正畸变波前的整体倾斜像差,当波前的畸变速度较快时,对倾斜反射镜的控制带宽要求很高[20]。一般情况下,自适应光学系统的控制带宽是由采样频率和信号处理速度决定的[21]。但由于倾斜反射镜固有的弹性结构,当控制信号的频率较高时,反射镜的镜面会发生机械谐振现象,严重时将影响控制系统的稳定性,限制了控制带宽。根据这种机械谐振现象发生的频率、大小相对固定的特点,可考虑运用滤波的方法来全部或部分抑制倾斜镜的机械谐振。

8.3.1 高速倾斜反射镜的机械谐振现象

倾斜反射镜一般由一个大的镜座基底、一定厚度和刚度的镜面、两个直角排列的压电驱动器和一个固定支柱组成。倾斜反射镜的镜面可看作支撑在一个弹性结构上的刚体。据相关文献分析,这个弹性系统存在多个谐振模式,但对倾斜镜控制稳定性影响最大的是机械谐振频率最低的一个,其谐振圆频率为

$$\omega = \frac{8\alpha}{D^2}\left(\frac{sL}{\theta h}\right)^2 \qquad (8-36)$$

式中:$\omega=2\pi f$;D 为镜面直径;h 为镜面厚度;θ 为镜面的倾斜角;L 为驱动器间距;s 为驱动器面积;α 为材料的特性常数。

一般有 $h\approx D/10$,所以镜面直径越大谐振频率越低。由于自适应光学系统中所用的变形反射镜的口径较大,与之匹配的倾斜镜口径也都较大,因而倾斜镜的谐振频率低,对控制稳定性和控制带宽的影响就很大。

8.3.2 机械谐振的数学模型

倾斜镜的机械谐振现象:在正常工作状态下,倾斜镜的响应量与控制信号呈线性关系;在谐振频率处,倾斜镜的实际响应量比相应的控制信号放大或缩小很多,在频率响应特性上存在的每一对峰谷值,对应倾斜镜的一个机械谐振模式,式(8-36)仅分析了最低频率的谐振模式。对频率响应特性的测量和分析表明,倾斜镜的每一个机械谐振模式都可以近似看作一个双二阶振荡模型,第 k 个谐振模式的传递函数为

$$F_k(s) = \frac{s^2 + 2\xi_{zk}\omega_{zk}s + \omega_{zk}^2}{s^2 + 2\xi_{pk}\omega_{pk}s + \omega_{pk}^2} \quad (k=1,2,\cdots) \qquad (8-37)$$

式中：$s=j\omega$；ξ_{zk}、ξ_{pk}分别为传递函数零点和极点的振荡因子；ω_{zk}、ω_{pk}分别为传递函数零点和极点的振荡圆频率，其对应机械谐振的峰谷值频率。

振荡因子越小，机械谐振峰谷值越大，式(8－37)分母二次项的极小值对应谐振峰值；分子二次项的极小值对应谐振谷值。整个倾斜镜的振荡特性是各个振荡模式的综合效果：

$$F_{FSM}(S) = F_1(S) \cdot F_2(S) \cdot F_3(S) \cdots \qquad (8-38)$$

8.3.3　机械谐振对控制带宽和控制稳定性的影响

自适应光学系统中，一般对倾斜镜采用负反馈积分控制。系统的开环带宽，即开环传递函数的增益过零频率越大，对整体倾斜像差的校正效果越好[21]。保证倾斜镜控制稳定性有两个条件：一个是在开环带宽处有足够的相位裕量，保证闭环控制不会发生振荡；另一个是在开环带宽之后，开环传递函数的相位将逐渐变成反相，即系统从负反馈变为正反馈，这时系统开环传递函数的增益应低于0dB，否则信号将发生激烈的振荡直到饱和使系统不能工作。对于没有机械谐振的系统，一般第一个条件满足后第二个条件也能满足。但存在机械谐振时情况就不同。如图 8－19 所示，在开环带宽f_0之后积分控制的开环传递函数增益按 20dB/dec 下降，如果在谐振频率f_s处存在峰值为 G_s 的机械谐振，将使增益曲线上抬。再考虑为稳定工作保留增益裕量 G_a，那么系统开环带宽限制为

$$f_0 \leqslant f_s \cdot 10^{-(G_s+G_a)/20} \qquad (8-39)$$

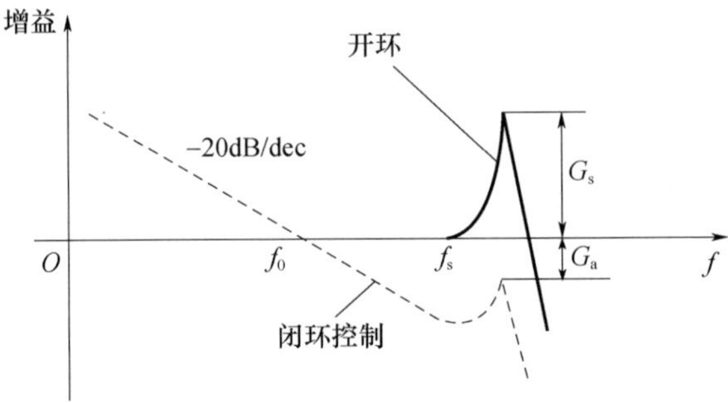

图 8－19　倾斜镜机械谐振控制带宽示意图

8.3.4　抑制机械谐振的网络滤波方法

1. 低通滤波器的方法

倾斜镜在小于谐振频率的低频段线性很好，仅在高于谐振频率的高频段发生机械谐振现象，而对倾斜镜的控制要求主要是低频效果好且高频不出现振荡。根据这些特点，可以采取低通滤波的方法。具体做法是在高压放大器前对倾斜镜驱动器控制信号进行低通滤波。例如，一阶低通滤波器(LPF)的传递函数为

$$F_{\mathrm{LPF}}(s) = 2\pi f_{\mathrm{LPF}}(s + 2\pi f_{\mathrm{LPF}})^{-1} \tag{8-40}$$

式中:f_{LPF}为低通滤波器的带宽。

频率比f_{LPF}低的控制信号几乎不受影响,而频率比f_{LPF}高的控制信号将衰减,减少机械谐振发生的可能,从而可以得到比不加滤波略高的开环控制带宽和控制稳定性。如果一阶低通滤波器不能满足要求,可以采用二阶或高阶低通滤波器。低通滤波的方法简单易实现,对带宽以上的高频谐振模式抑制效果较好。但低通滤波器的相位特性将使控制系统的开环相位裕量减小,控制稳定性下降,这是其主要缺点。另外,它对低频谐振模式的抑制不彻底。

2. 双二阶网络滤波器的方法[22]

根据前面的分析,倾斜镜的每个谐振模式都是一个双二阶特性。如果能够精确测量出谐振的传递函数,然后让控制信号经过一个与之互补的双二阶网络滤波器(DSF),就可以完全抵消谐振。第k个双二阶网络滤波器的传递函数为

$$F_{\mathrm{DSF}k(s)} = \frac{1}{F_k(s)} = \frac{s_2 + 2\xi_{pk}\omega_{pk}s + \omega_{pk}^2}{s^2 + 2\xi_{zk}\omega_{zk}s + \omega_{zk}^2}, k = 1,2,\cdots \tag{8-41}$$

双二阶网络滤波器传递函数的分子、分母与倾斜镜机械谐振模式的传递函数相反,因而倾斜镜的谐振峰谷值与双二阶网络的谐振峰谷值互相抵消。如果倾斜镜含有多个振荡模式,那么可以用多个一一对应的双二阶网络串联校正:

$$F_{\mathrm{DSF}}(s) = F_{\mathrm{DSF1}}(s) \cdot F_{\mathrm{DSF2}}(s) \cdot F_{\mathrm{DSF3}}(s)\cdots \tag{8-42}$$

双二阶网络方法的优点在于校正较干净并且不影响开环相位裕量,但双二阶网络调整复杂。并且这种方法有一个重要的限制条件,即式(8-37)的所有零点和极点的实部必须为负数,保证双二阶网络滤波器在物理上是可实现的。

8.3.5 激光光束稳定控制实验

1. 实验系统描述和建模

在61单元自适应光学系统中进行提高倾斜镜控制稳定性的实验,系统结构如图8-20所示。波前探测器(WFS)探测波前校正残余像差,经过波前复原计算(WRC)得到残余整体倾斜像差,经控制计算(CC)得到控制信号,控制信号经数/模转换(DAC)和网络滤波(NET)后,再经高压放大器(HVA)驱动快速倾斜反射镜(FSM),对大气湍流扰动引起的整体倾斜像差进行实时补偿。该套系统中采用每秒2900帧的Shack-Hartmann型WFS和每秒8亿次浮点运算的波前处理机的速度都足够快,高压放大器的带宽和驱动能力也足够,如果不考虑倾斜反射镜的机械谐振对控制稳定性和控制带宽的影响,根据文献[5]估算,期望的倾斜镜开环控制带宽为80~100Hz。但实际上当控制器的带宽降到40Hz左右,倾斜镜的闭环控制仍有振荡,只能把倾斜镜积分控制的增益取得更小,使控制带宽更低才能稳定工作。

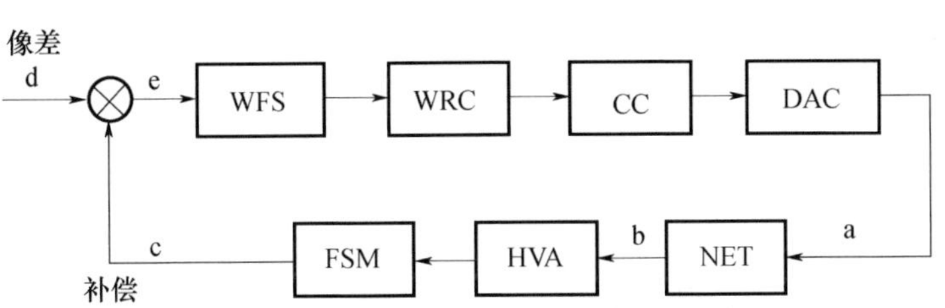

图8-20 自适应光学系统中倾斜镜控制框图

61单元自适应光学系统中所用的两维高速倾斜反射镜的口径是140mm，X轴和Y轴方向各有一个驱动器。利用TD4020型双通道频率响应分析仪来测量系统中两点间的频率特性。在图8-20的b、c两点间测量的反射镜X轴的机械谐振频率特性如图8-21(a)所示，在1kHz内有4个谐振峰值和4个谐振谷值，最低的谐振频率在255Hz，谐振峰值13dB。根据式(8-39)，如果考虑要为稳定性保留约6dB的增益裕量，最大可能的开环带宽仅为29Hz，远低于期望的带宽值。对测量的倾斜镜频率响应按4个双二阶网络进行拟合的结果(图8-21(a)中实线)与测量结果(图8-21(a)中的点)很符合。图8-21(b)是倾斜镜机械谐振频率特性的零极点分布图，可见所有零极点都分布在左半平面，有可能用一个实际电路网络来完全模拟或抵消倾斜镜的机械谐振动态特性。

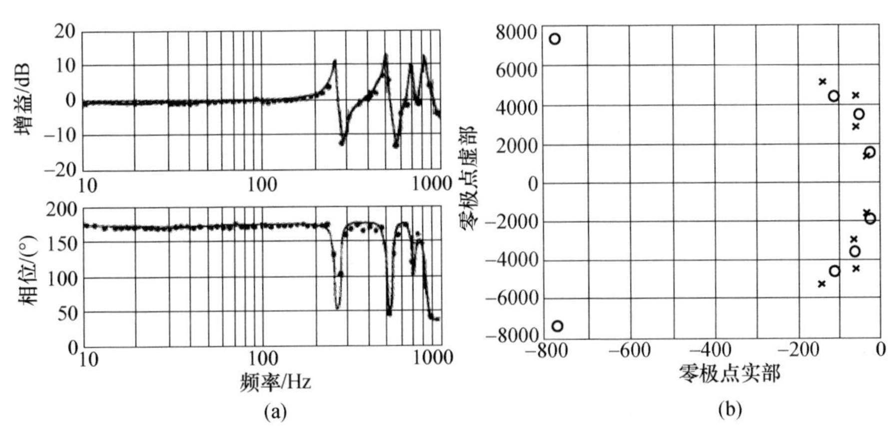

图8-21 倾斜镜X轴机械谐振频率特性
(a)波德图；(b)双二阶网络拟合结果的零极点实部与虚部分布。

2. 倾斜反射镜的稳定控制

根据以上测量结果，用模拟运算放大器和电阻电容器件构造了一个两级双二阶网络滤波器，串联在数/模转换和高压放大器之间[22-24]。网络滤波器自身频率特性如图8-22(a)所示(在图8-20的a、b两点间测量)。经双二阶网络滤波后倾斜反射镜的频率特性测量结果如图8-22(b)所示(在图8-20的a、c两点间测量)。可见：在低频255Hz、493Hz的两个机械谐振模式已经被双二阶网络抑制，无论是振幅和相位都得到了补偿；在高频 690Hz 和 815Hz 的两个机械谐振模式依然存在，但其对控制带宽的影响已经不大。为了进一步提高控制稳定性，在双二阶模拟网络滤波的基础上，又在控制计算机上构造数字低通滤波器，低通滤波器的带宽选择为 400Hz 左右，主要抑制残留的高频机械谐振。

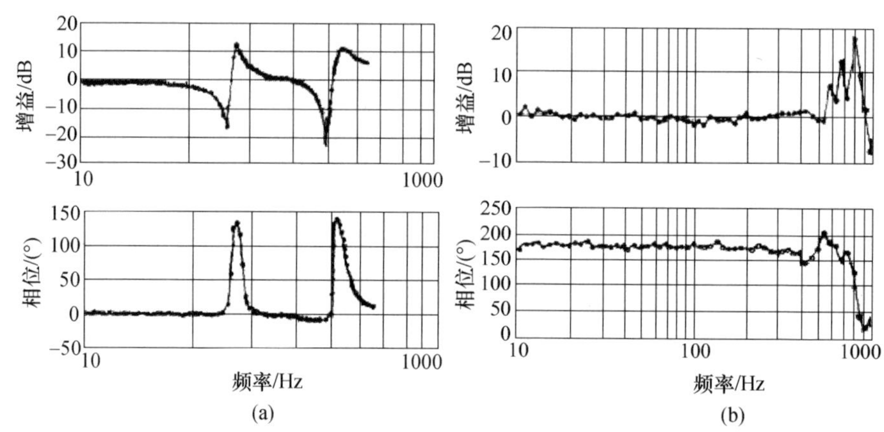

图 8-22 频率特性测量结果

（a）双二阶网络滤波器；（b）经双二阶网络滤波后倾斜反射镜 X 轴。

经以上两种网络滤波后，倾斜反射镜的控制稳定性得到很大提高。这时允许对倾斜镜采用更高增益的积分控制算法。经过控制参数调整后，系统的控制带宽得到了大幅提高。图 8-23 是调整后倾斜反射镜 X 轴的开环、闭环和误差控制传递函数特性，其中开环、闭环和误差分别是在图 8-20 的 ce、cd、ed 间的测量结果。开环带宽和误差有效带宽大约为 80Hz，闭环带宽大约为 180Hz，闭环控制稳定，与期望的带宽水平一致。曲线中低频附近的抖动是测量误差所致，曲线在 200Hz 以后存在的小幅振荡是由于对机械谐振抑制不干净所致，这对控制稳定性和带宽已经没有影响。

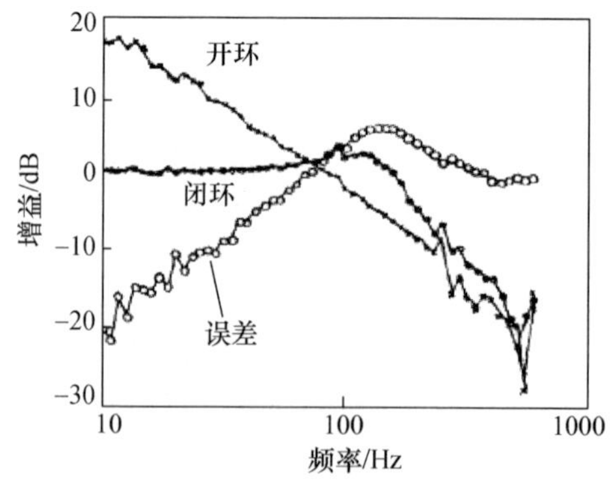

图 8-23 经网络滤波后倾斜反射镜 X 轴的开环、闭环和误差控制传递函数的测量结果

在自适应光学中的倾斜反射镜由于固有的弹性机械结构而存在谐振现象。倾斜反射镜的这种固有机械谐振模式的频率响应特性可以用一系列双二阶网络来拟合。机械谐振使倾斜镜控制系统的稳定性变差,控制带宽限制在很低的水平,谐振严重时使控制系统不能正常工作。采用对控制信号滤波的方法可以提高倾斜镜控制的稳定性。其中低通滤波器的方法对高频谐振模式抑制效果好,结构简单,调整方便,通用性强。但低通滤波器对低频谐振模式抑制不彻底并会使相位裕量降低,对控制稳定性和控制带宽的改善不大。双二阶网络滤波器的方法可以把需要抑制的谐振模式校正掉并且不影响开环相位裕量。但双二阶网络结构复杂,应用时有一些限制条件。分析和实验说明,对于自适应光学系统中谐振模式很多的倾斜镜,把双二阶网络滤波器和低通滤波器结合起来使用,可以有效地提高控制稳定性,从而可以得到较高的控制带宽。

8.4 化学激光操控的应用和未来发展

化学激光操控技术可以应用于很多需要高光束质量的领域,例如,车载、机载或舰载强激光系统等军事领域,以及激光加工等民用领域。随着技术的发展,化学激光的功率越来越高,出光时间越来越长。由于各种原因,光轴漂移和像差随着时间的增长也越来越大。因此,利用自适应光学技术对其进行光束稳定和光束净化是必然趋势。单级校正光束净化系统由于变形镜的行程与驱动器密度之间的矛盾,或许不能完全校正化学激光的像差,因此,采用两级校正光束净化技术或多极校正光束净化技术是未来的发展方向。

参考文献

[1] 姜文汉. 自适应光学技术[J]. 自然杂志:2006,28(1):7-13.

[2] Jiang Wenhan, Li Huagui. Hartmann-Shack wavefront sensint and wavefront control algorithm[C]. Proc. SPIE, 1990, 1271:82-89.

[3] 李新阳. 自适应光学系统模式复原算法和控制算法的优化研究[D]. 成都:中国科学院光电技术研究所,2000.

[4] Sivokon V P, Vorontsow M A. High-resolution adaptive phase disturtion suppression based solely on intensity information[J]. J. Opt. Soc. Am, 1998, 15(1):234-247.

[5] 李新阳,姜文汉. 两个自适应光学系统串联校正的控制性能分析[J]. 光学学报,2001,21(9):1059-1064.

[6] Roggemann Michael C, Lee David J. Two-deformable-mirror concept for correcting scintillation efforts in laser beam projection through the turbulent atmosphere[J]. Appl Opt,1998,37:4577-4585.

[7] Karr T J. Instabilities of atmospheric laser propagation[C]. SPIE,1990,1221:26-55.

[8] Kanev F Y, Lukin V P. Amplitude-phase beam control in a two-mirror adaptive system[J]. Atmos Opt, 1991,4:1273-1279.

[9] Herrmann J. Least – squres wavefront errors of minimum morm[J]. J. Opt. Soc. Am. A., 1980, 70(4): 587 – 594.

[10] 鲜浩, 李华贵,姜文汉,等. 用 Hartmann – Shack 传感器测量激光光束的波前相位[J]. 光电工程, 1995,22(3): 46 – 49.

[11] 李华贵. 动态 Hartmann 法波前误差测量及计算机校正[D]. 成都: 中国科学院光电技术研究所, 1990.

[12] Jiang Wenhan, Li Huagui. Hartmann – Shack wavefront sensint and wavefront control algorithm[C]. SPIE, 1990, 1271:82 – 89.

[13] Hu Shijie, Xu Bing, Zhang Xuejun, et al. Double deformable mirrors adaptive optics sysetem for phase compensation[J]. Applied Optics, 2006, 45(12): 2638 – 2642.

[14] 胡诗杰,许冰,吴健,等. 自适应光学系统中双变形镜解耦控制分离研究[J]. 光学学报,2005, 25(12):1687 – 1692.

[15] Dai Guangming. Modal compensation of atmospheric turbulence with the use of Zernike polynomials and Karhunen – Loeve function[J]. J. Opt. Soc. Am. A, 1995, 12(12):2182 – 2193.

[16] Dai Guangming. Modal wavefront reconstruction with Zernike polynomials and Karhunen – Loeve function [J]. J. Opt. Soc. Am. A, 1996, 13(10):1218 – 1225.

[17] Hu Shijie, Chen Shanqiu, Xu Bing, et al. Experiment of double deformable mirrors adaptive optics system for phase compensation[C]. Proc. Of SPIE, 2007, 6467: 64670K – 1 – 64670K – 9.

[18] 凌宁,陈东红,官春林,等. 两维高速压电倾斜反射镜[J]. 光电工程,1995,22(1):5 – 60.

[19] 凌宁,陈东红,余继龙,等. 大口径大角位移的两维高速压电倾斜反射镜[J]. 量子电子学报,1998, 15(2):206 – 211.

[20] Tyson R K. Principles of adaptive optics san diego[M]. CA USA: Academic Press NC,1991.

[21] Tyler G A. Bandwidth consideration for tracking through turbulence[J]. J Opt Soc Am, 1994, ll(1): 358 – 367.

[22] 李新阳,姜文汉. 自适应光学控制系统的有效带宽分析[J]. 光学学报,1997,12(12):1697 – 1702.

[23] 傅承毓,姜凌涛,任戈,等. 快速反射镜成像跟踪系统[J]. 光电工程,1994,21(3):1 – 8.

[24] 李新阳,凌宁. 自适应光学系统中高速倾斜反射镜的稳定控制[J]. 强激光与粒子束,199,11(1): 31 – 36.

第 9 章 固体激光的光束操控

9.1 固体激光光束操控的特点和需求

固体激光器是以固体激光材料作为增益介质的激光器，具有体积小、重量轻、效率高和寿命长等优点，在医疗、科研等领域得到了广泛应用。固体激光器的工作物质一般通过在基质材料中掺杂激活离子来制备，常用的基质材料主要有玻璃、氧化物（蓝宝石、石榴石等）、磷酸盐、硅酸盐、氟化物和陶瓷等，掺杂的激活离子主要有稀土离子（Nd、Er、Ho、Cr、Tm 等）、锕系离子和过渡金属等。掺钕的钇铝石榴石（Nd:YAG）因其增益高、力学和热特性良好，是固体激光器中常用的工作物质[1-3]。

固体激光器通常采用光泵浦的方式。泵浦光源主要有气体放电灯（包括闪光灯和连续弧光灯）以及半导体激光器两种。气体放电灯的主要缺点是电光转换效率较低（一般不超过 15%），寿命通常也只有数百小时。由于固体增益介质仅能吸收很窄谱段的光，而气体放电灯的辐射光谱从紫外波段延伸到红外波段，与固体激光器工作物质的吸收谱特性不匹配，最终大量的辐射光能转化为热，造成了严重的热效应，光光转换效率也很低。与气体放电灯泵浦相比，半导体激光器泵浦具有明显的优势：一是，半导体激光器的电光效率能达到 50% 以上，明显高于气体放电灯，使用寿命和可靠性也明显高于气体放电灯；二是，半导体激光器的波长可以调整至与激光工作物质的吸收波长匹配，因而光光转换效率也较高，转化成热能的泵浦功率相对较少，所以工作物质的热效应也比气体放电灯泵浦小。随着相关技术的发展，半导体激光器的可靠性、寿命和功率不断提高，尺寸不断减小，成本日愈降低，已成为固体激光器最有效的主流泵浦源[1-5]。

传统的固体激光器通常采用棒状增益介质，其主要优点是结构简单、便于加工，缺点是热效应较为严重。棒状增益介质的热效应主要表现为热透镜效应和热致应力双折射。热透镜效应是由于棒状增益介质的散热在表面上进行，所以增益介质中心的温度高于散热表面，导致折射率与到圆柱中心的距离成二次方的关系，所以沿棒轴传输的光束出现二次方的相位变化，相当于通过球面透镜。

热致双折射是指激光工作物质温度不均匀导致的热应力使折射率发生变化，原本的各向同性材料变为各向异性，或者使各向异性材料原有的双折射特性发生变化。棒状增益介质热效应会造成基模体积减小、光束波面畸变、方向性变差等后果，降低了固体激光器的输出功率和光束质量。棒状增益介质热效应的负面影响很早就得到了重视，并开展了相应的研究工作。为了补偿增益介质的热效应，通常的方法是在谐振腔中插入位置固定或可变的凹透镜、将激光棒的端面研磨为凹面、置入可调节的伽利略望远镜等。然而利用这些方法完全补偿激光棒的热透镜效应是难以实现的，主要原因：①热透镜的焦距取决于激光器的工作条件，随着泵浦功率和重复频率而变化；②折射率的改变与应力有关，导致热透镜是双聚焦的；③不均匀泵浦会导致高阶像差的产生，不能简单地由透镜补偿。

棒状增益介质固体激光器受到热效应的限制，难以满足对光束质量和输出功率日益增长的要求，于是又提出了板条形和盘片形增益介质固体激光器的概念，并且得到了广泛应用。板条激光器工作物质的截面形状为矩形。与棒状工作物质相比，板条激光器工作物质的冷却面积更大，因而在宽度方向的温度梯度可以减少两个数量级，而窄边方向的热透镜效应可以通过让激光束在工作物质中以之字形(Zig - Zag)传输来补偿[6]。理论上若板条增益介质泵浦均匀，工作物质侧面无限大，则之字形板条固体激光器工作物质的温度梯度为严格垂直于泵浦面的一维分布，其中的热效应可以完全补偿。但实际上，有限尺寸的板条存在因侧面绝热不彻底而造成的侧向温度梯度问题，以及因板条侧面与板条中心应力分布不同而导致的热聚焦等问题。所以虽然板条状的工作物质具有相对较好的热特性，但如果不解决热管理和泵浦的均匀性问题，仍然不可能获得良好的光束质量。此外，即使均匀泵浦，若介质中增益分布不均匀，仍然会造成波前畸变。

固体激光器受多种因素的影响，包括腔镜倾斜、腔镜像差、增益介质缺陷、增益介质热畸变、泵浦不均匀等，所以光束质量和输出功率常不太理想。自适应光学可以自动校正固体激光器的腔镜倾斜和腔镜像差、补偿增益介质的热效应、控制输出光束的模式，是改善固体激光器光束质量的有效手段。按照波前校正器放置位置不同，用于固体激光的自适应光学系统可以分为腔内和腔外两种。

腔内自适应光学系统是指将波前校正器置于激光器谐振腔内部。在这类系统中，通常将变形镜作为谐振腔的全反射腔镜或折叠腔镜使用。与常见的自适应光学系统不同，其不直接改变光束的相位分布，而是通过改变谐振腔的结构特征来影响光束的模式结构。运用腔内自适应光学系统的主要问题在于波前校正器的控制信号在很多情况下难以直接解算，往往要利用优化算法来求得合适的控制信号，速率较慢，制约了该类系统的性能。

腔外自适应光学系统是指波前校正器置于激光器谐振腔外部。这类系统利用波前校正器直接对激光束的相位分布进行调制，达到校正光束像差、提升光束质量的目的。腔外自适应光学系统无需考虑激光器谐振腔内部各种复杂因素对输出光束的影响,波前校正器的控制信号可以通过激光束的波前信息直接解算,控制较为容易。腔外自适应光学系统的主要问题在于不能改变光束的模式结构,所以一般要求输入的光束为基模光束或者单一模式的高阶模光束。

9.2　固体激光光束操控的关键技术

9.2.1　腔内自适应光学技术

1. 腔镜倾斜补偿技术

在影响固体激光器光场分布的诸多因素中,腔镜倾斜是最简单的一种,也是影响最严重的一种。激光器的光束质量、输出功率与谐振腔是否精确调整密切相关。腔镜倾斜会增加谐振腔的衍射损耗,改变模式间隔,使激光器输出光束的模式结构发生变化,光束的振幅和相位分布也随之改变。腔镜倾斜严重时甚至无法输出激光。即使腔镜已做了精确调整,在外部环境中的温度变化、振动、冲击等因素的影响下,腔镜失调仍然会不可避免地发生。为获得稳定的光束质量和输出功率,首先需要对激光器的腔镜倾斜进行自动补偿。

自动补偿激光器腔镜失调的难点在于:如何探测腔镜是否失调,以及确定腔镜的偏转方向。目前已有数种自动校正腔镜倾斜方法的报道[7-11],这些方法往往只适用于非稳腔,对于固体激光系统不太适用,而且往往需要引入调腔光,对谐振腔的主光路有较大干扰,个别方法采用的装置甚至需要在激光器启动前拆除,所以在激光器的运行过程中难以发挥作用。本节给出一种通过测量腔镜上光斑位置的变化实现自动校正腔镜倾斜的方法,可以克服现有技术结构复杂和影响激光器正常工作的不足。应用这一方法不需要引入调腔参考光,不需要改变激光器的基本结构,也不需要从激光器输出的光束中分光,可以在激光器运转时工作。

这种方法的基本原理:腔镜倾斜会导致光束发生横向位移,从而使腔镜上的光斑偏离腔镜调节良好时的位置。定义腔镜调节良好时光斑的位置为基准位置。将光斑相对基准位置的偏移作为表征腔镜倾斜的指标,通过控制腔镜的偏转角度,使光斑回到基准位置,就可达到校正腔镜倾斜的目的。[12]

为更进一步地明确腔镜倾斜对光束分布的影响,以平行平面腔为例,利用Fox－Li迭代法分别计算了未发生腔镜倾斜和高反射率腔镜倾斜时光束的强度分布。Fox－Li迭代法在谐振腔中引入一个任意的初始光场分布,使其在谐振腔中不断往返传输,当传输的次数足够多后就能形成一种稳定的场分布[13]。这种场分布通常是谐振腔中损耗最低模式的分布。光场在谐振腔中传输的过程可利用基于角谱的衍射计算公式得到。光场$U(x, y)$传输距离d后得到的场分布

$U_0(x_0, y_0)$为[14]

$$U(x,y) = F^{-1}\{F\{U_0(x_0,y_0)\} \cdot \exp[ikd\sqrt{1-(\lambda f_x)^2-(\lambda f_y)^2}]\} \tag{9-1}$$

式中:F、F^{-1}分别为傅里叶变换和傅里叶逆变换;$\lambda = 1064\text{nm}$;k 为波数;f_x、f_y为空间频率。平行平面腔的腔长取0.8m,输出耦合腔镜与高反射率腔镜的口径均为20mm。当高反射率腔镜倾斜0.5mrad时,Fox – Li 迭代法计算得到的光束强度分布如图9 – 1所示。从图9 – 1可以看出:腔镜没有倾斜时,光束的强度分布是对称的,强度的峰值出现在光束中心位置;当高反射率腔镜倾斜后,光束的强度分布不再对称,强度峰值的位置也会离开光束的中心位置,向光束的边缘移动。此外,仿真结果还表明,光斑质心位置的偏移量随着高反射率腔镜的偏转角度单调增加,因而可以利用光斑偏移量的大小来反映腔镜的倾斜程度。

图9 – 1 利用 Fox – Li 迭代法获得的平行平面腔的光束强度分布
(a) 未发生腔镜倾斜;(b) 高反射率腔镜发生倾斜。

2. 模式控制技术

许多应用场合希望固体激光器能够输出基模光束,然而固体激光器受到腔镜像差、增益介质的静态像差和热效应的影响,即使谐振腔做了精心的设计,最终得到的也不一定是基模光束。由于光束在谐振腔内往复传输,而且光束的相位和振幅分布在增益介质的传输过程中是渐变的,所以难以利用波前传感器的测量结果直接解算变形镜的面形。在基于腔内自适应光学技术的固体激光器模式控制中,往往采用无波前传感器的结构,将激光器输出光束的评价指标作为优化对象。

在无波前传感腔内自适应光学系统中,遗传算法是较早得到应用的控制算法之一[15]。遗传算法基于自然选择和基因遗传学原理,将达尔文"适者生存"的进化理论引入计算过程,不依赖被控对象或过程的数学模型,可用于解决高度复杂的工程问题。利用遗传算法控制变形镜的过程:首先随机产生由一定数量个体组成的初始种群,每个个体对应于一个变形镜面形;其次采用实数编码的方式，直接利用每个驱动器的电压值作为编码后个体对应的染色体的一个基因值。对种群中的面型个体编码后，计算个体的适应度。根据适应度函数的大小进行选择操作，采用最优保留策略的比例选择方法，个体被选中进入到下一代的概率与其适应度大小成正比，前一代种群中适应度最大的个体不参与后期的交叉和变异，直接保留下来进入下一代。经过不断地迭代，遗传算法总能搜索到合适的电压值，使适应度达到最优，最终获得基模光束。遗传算法的流程如图 9－2 所示。

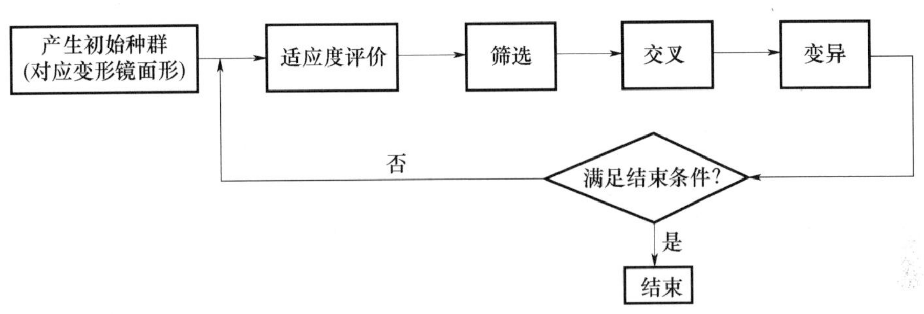

图 9－2　用于激光器模式控制的遗传算法流程

遗传算法的主要问题在于速度较慢。遗传算法的收敛速度与变量个数直接相关。上述基于遗传算法的控制系统以变形镜每个驱动器的电压作为变量，控制 37 单元变形镜就需要有 37 个变量。为了提高遗传算法的收敛速度，需要尽量减少变量个数。为此可以改进控制系统，不再直接优化变形镜驱动器的电压值，而是优化变形镜面形对应的前几阶 Zernike 模式系数[16]。由于变量个数明显减少，控制系统的速度可以得到一定提升。

遗传算法受到其内部机制的限制，收敛速度的进一步提升非常困难。影响遗传算法效率的一个重要因素是群体规模。当规模太小时，搜索空间不充分，优化结果一般不佳。而群体越大，每一代需要的计算量也就越多，这可能会导致无法接受的慢收敛。在实际系统中，为了保证控制系统有效，选取的样本规模不能太小，这就导致了计算规模比较大，耗时较长。为了进一步改善腔内自适应光学系统的速度，无波前传感的腔内自适应光学系统转向采用随机并行梯度下降(SPGD)算法[17]。SPGD 算法是一种基于梯度估计的优化算法，收敛速度快，过程简单，易于实现。其基本思想：同时向各控制通道施加互相独立的随机扰动，通过探测系统评价指标的变化即可估计出评价指标的梯度；令各通道的控制信号沿梯度方向变化，系统的评价指标 J 就能不断趋近极值。如果波前校正器有 N 个控制通道，控制信号为 $u_i(i=1, 2, \cdots, N)$，系统评价指标 J 就是这 N 个控制信号的函数。实验中，随机扰动 δu_i 的分布取为伯努利分布，δu_i 具有相同的幅值 ε，符号为正和为负的概率 P 相同。可用公式表示为

$$P(\delta u_i = +\varepsilon) = P(\delta u_i = -\varepsilon) = 0.5 \tag{9-2}$$

在 SPGD 算法的第 k 次迭代中，首先向所有控制通道同时施加正向扰动，控制信号变为 $u_i(k) + \delta u_i(k)$，记录 J 的变化 $J^+(k)$；随后向所有控制通道同时施加负向扰动，控制信号变为 $u_i(k) - \delta u_i(k)$，记录 J 的变化 $J^-(k)$。则下一次迭代中的控制信号为

$$u_i(k+1) = u_i(k) - \gamma[J^+(k) - J^-(k)]\delta u_i(k) \tag{9-3}$$

其中，γ 为确定控制信号变化步长的系数。γ 为负数时，J 向极大值方向变化，γ 为正数时，J 向极小值方向变化。

9.2.2 腔外自适应光学技术

1. 基于波前传感器的腔外自适应光学技术

用于固体激光器的有波前传感器自适应光学系统的基本结构和控制方法与应用在天文观测、化学激光系统等方面的自适应光学系统是一致的，主要区别在于哈特曼波前传感器的背景去除方法。由于固体激光器输出光束的强度分布不均匀，所以如果各个子孔径内减去相同的背景会造成部分子孔径内的光斑完全消失，导致测量得到的光束波面也不正确。解决这一问题的常用方法有各子孔径单独计算阈值、图像二值化等。利用这些方法进行处理后，基本可以保证各个子孔径内都有光斑[18]。此外，其他领域中的自适应光学系统中光束的形状通常是圆形、环形和正方形等规则形状，可以方便地采用模式法复原波面；而板条激光器输出的光束是条形，模式法不太适用，一般用区域法来复原波面[19]。

2. 无波前传感的腔外自适应光学技术

在无波前传感的腔外自适应光学系统中，采用的控制算法与腔内自适应光学相同，已经在前面的章节中予以介绍，在此不再赘述。本节主要讨论系统中的远场探测问题。在无波前传感器的自适应光学系统中，大多用透镜聚焦光束，由相机采集光束的聚焦光斑作为远场，将其评价指标作为控制算法的反馈来控制变形镜校正光束的像差。所以远场探测的准确性对无波前传感器自适应光学系统而言至关重要。对于图 9－3所示的光学系统，薄透镜前焦面的复振幅分布 $U_0(x_0, y_0)$ 和后焦面的复振幅分布 $U_1(x_1, y_1)$ 之间的关系为

$$U_1(x_1,y_1) = \frac{\exp\left[\mathrm{i}\frac{k}{2f}(x_1^2+y_1^2)\right]}{\mathrm{i}\lambda f}\iint U_0(x_0,y_0)\exp\left[-\mathrm{i}\frac{2\pi}{\lambda f}(x_0x_1+y_0y_1)\right]\mathrm{d}x_0\mathrm{d}y_0 \tag{9-4}$$

而夫琅禾费衍射中远场复振幅 $U_2(x_2, y_2)$ 与入射光的复振幅 $U_0(x_0, y_0)$ 之间的关系为[20]

$$U_2(x_2,y_2) = \frac{\exp(\mathrm{i}kz)\exp\left[\mathrm{i}\frac{k}{2f}(x_2^2+y_2^2)\right]}{\mathrm{i}\lambda z}\iint U_0(x_0,y_0)\exp\left[-\mathrm{i}\frac{2\pi}{\lambda z}(x_0x_2+y_0y_2)\right]\mathrm{d}x_0\mathrm{d}y_0 \tag{9-5}$$

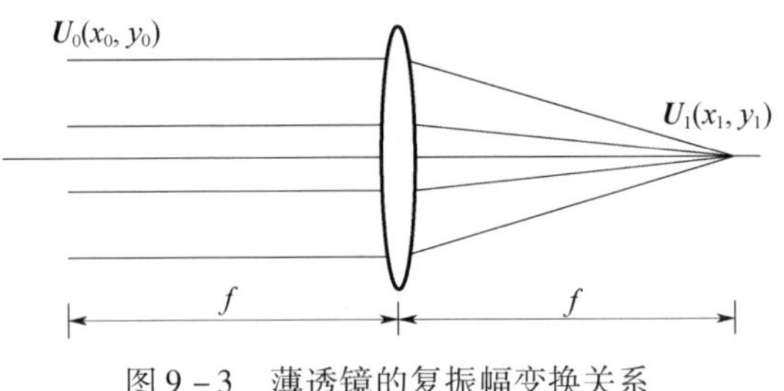

图9－3　薄透镜的复振幅变换关系

由于式(9－4)和式(9－5)具有相似的形式,只差 exp(ikz)一项,相当于光束相位的整体平移,所以薄透镜后焦面处的光束复振幅分布可以看作前焦面处复振幅传输到远场的结果。

由上述分析可知,在无波前传感器的自适应光学系统中,只有将相机放置在透镜的后焦面处,探测到的光斑才能认为是激光束的远场强度分布。由于无波前传感器自适应光学系统的直接目的通常是使相机探测到的光斑最小,能量最集中,所以相机位置有偏差时,变形镜将产生离焦来改变光束会聚的位置。在这种情况下即使相机探测到的光斑达到了衍射极限,光束还是包含离焦像差光束质量,β 因子仍然大于1。表9－1列出了相机偏移不同的位置后,变形镜使相机上光斑尺寸最小需要引入光束离焦像差的幅值以及光束的实际光束质量 β 因子。计算中选用的透镜是焦距750mm的理想透镜,口径为56mm,光束波长为1064nm。图9－4给出了相机偏离后焦面1mm后变形镜将引入的离焦像差。图9－5给出了相同情况下光束远场的PIB曲线。计算结果表明,相机位置偏移对无波前传感器自适应光学系统的校正效果影响很大,理论上必须将相机图像传感器置于透镜焦面位置,实际系统的容差可根据实际选用的透镜参数来计算。

表9－1　相机位置偏移后,变形镜引入的离焦PV以及光束质量 β 因子

相机位置偏移/mm	引入离焦PV	光束质量 β 因子
0.5	0.33λ	1.5
1.0	0.65λ	2.3
1.5	0.98λ	3.2
2.0	1.31λ	4.1
2.5	1.64λ	5.0
3.0	1.96λ	5.9

在实际系统中,往往要在相机前插入中性密度滤光片和分光镜来调整相机采集的光斑强度,所以在使用这些器件前有必要了解对远场探测的影响。下面以焦距1200mm的双凸透镜为例进行分析。该透镜聚焦平行光的PIB曲线如

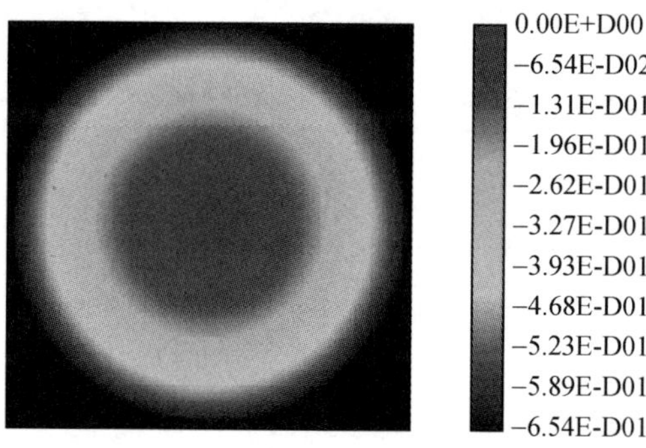

图 9-4　相机偏离理想透镜后焦面 1mm 后变形镜将引入的离焦像差（PV = 0.65λ，RMS = 0.19λ）

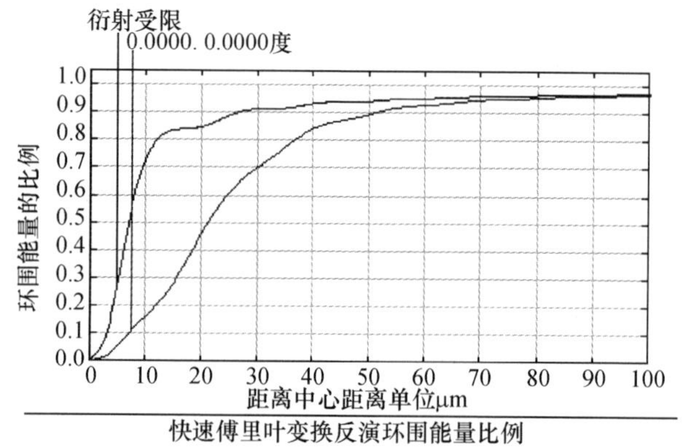

图 9-5　相机偏离理想透镜后焦面 1mm 后实际光束远场的 PIB 曲线（下）与衍射极限（上）的对比

图 9-6所示。平行光被该透镜聚焦后，光束质量 β 因子为 1.05，比较接近衍射极限。随后在像面前 60mm 处放置 3 片厚度分别为 3mm 的中性密度滤光片，滤光片之间的距离也为 3mm，假设中性密度滤光片的表面是理想平面。图 9-7 给出了该模型聚焦平行光的远场 PIB 曲线。计算结果表明，插入 3 片中性密度滤光片后，光束质量 β 因子由 1.05 升至 1.08，所以对于该透镜而言，中性密度滤光片置于相机和透镜之间对远场探测的影响几乎可以忽略。随后在此模型中继续在第一片中性密度滤光片前方 100mm 处插入一片厚度 8mm 的 45°分光镜，假设分光镜的表面也是理想平面。图 9-8 给出了该模型聚焦平行光的远场 PIB 曲线。分析结果表明，插入 45°分光镜后，光束质量 β 因子由 1.08 升至 1.86，引入的像差过大，所以 45°分光镜置于相机和透镜之间是不可行的。有两种解决方法：一是将 45°高反镜放置在透镜前；二是将 45°高反镜改为具有较低透过率的分光镜，将前表面反射的弱光引入相机。

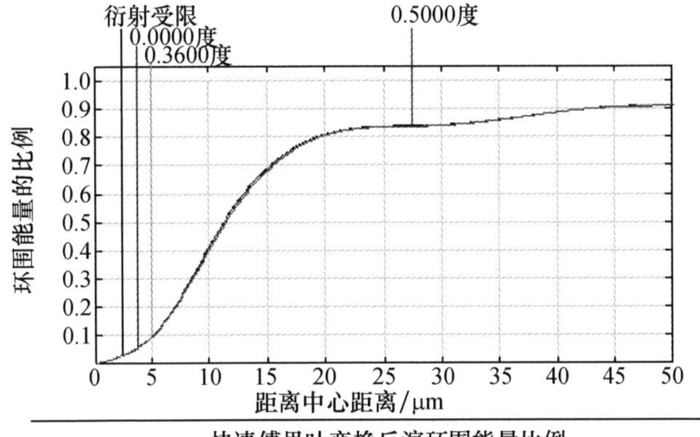

图 9-6　平行光通过焦距 1200mm 的透镜组后聚焦光斑的 PIB 曲线

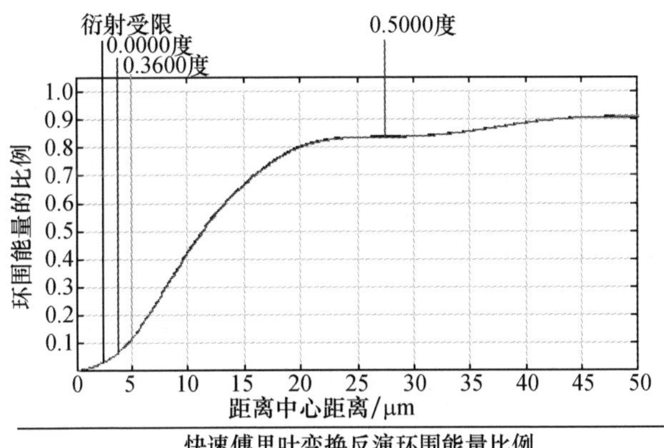

图 9-7　焦距 1200mm 的平凸透镜和相机之间插入 3 片中性密度滤光片后平行光聚焦光斑的 PIB 曲线

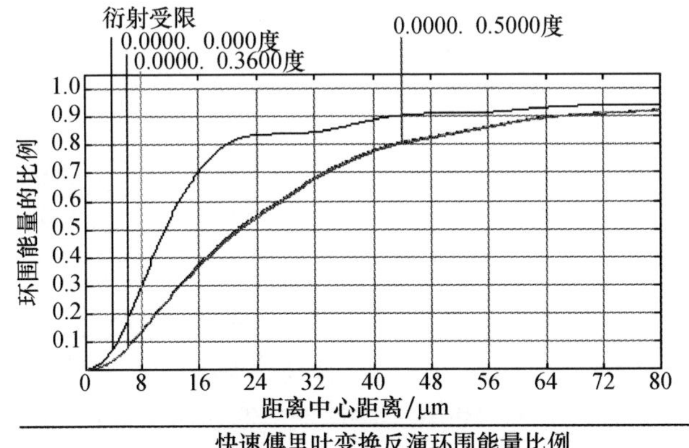

图 9-8　焦距 1200mm 的平凸透镜和相机之间插入 3 片中性密度滤光片和 1 片 45°高反镜后平行光聚焦光斑的 PIB 曲线

9.3 固体激光光束操控的典型应用结果

9.3.1 腔内自适应光学的应用

1. 腔镜倾斜补偿

基于光斑位置的自动调腔方法具有广泛的适用性。以一台准连续棒状增益介质 Nd:YAG 激光器为例开展了原理实验,如图 9-9 所示。系统中激光器的输出耦合腔镜为平面镜,高反射率腔镜由一块倾斜镜代替,倾斜镜的镜面为平面,两个腔镜构成一个平行平面腔。输出耦合腔镜和倾斜镜的距离约为 0.8m,输出耦合腔镜口径为 20mm,倾斜镜口径约为 60mm。倾斜镜镜面背后有三个压电驱动器,可分别接收 X 和 Y 方向的控制信号,使镜面在相应的方向偏转。镜面偏转的角度与输入的电压信号成正比。倾斜镜可以产生或补偿腔镜倾斜。倾斜镜侧面放置了一台安装了镜头的高速 CMOS 相机,用于探测倾斜镜镜面上的光斑。光斑位置由光斑的质心位置表示。计算机采集 CMOS 相机的图像,计算出倾斜镜镜面上的光斑位置,然后向高压放大器输出倾斜镜的控制信号。高压放大器将接收到的信号线性放大,最后输出到倾斜镜。发送到高压放大器的电压信号为 5V 时,倾斜镜的偏转角度约为 0.5mrad。激光器的输出功率由功率计测量。

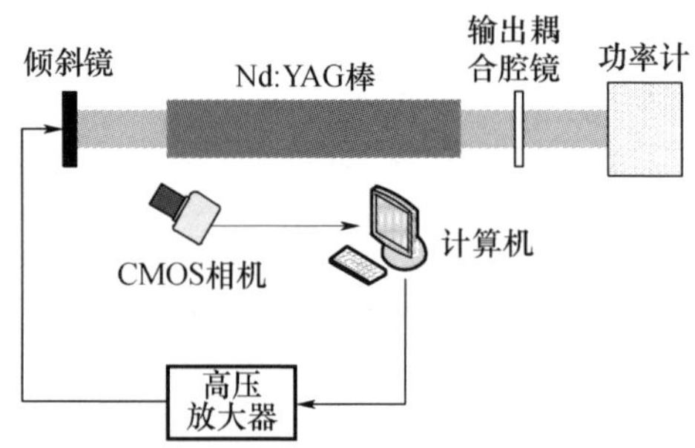

图 9-9 基于光斑位置的自动调腔方法实验装置结构

首先利用该实验装置测定光斑位置偏移和输出功率与腔镜倾斜角度的关系。手工将腔镜调整良好后,用 CMOS 相机探测倾斜镜上的光斑,计算其质心位置(x_0, y_0)作为基准位置,然后向高压放大器输出一系列不同的电压,测量光斑相对基准位置的偏移量和激光器的输出功率。实验中仅向高压放大器 X 通道加电压,相应的光斑偏移也在同一方向。由于谐振腔的对称性,在其他方向施加电压可得到类似结果。图 9-10 给出了归一化的光斑偏移量与发送到高压放大器上电压之间的关系。图 9-11 为测得的归一化的激光器输出功率与发送到高压放大器的电压信号的关系。由于高压放大器对输入的信号线性放大并输出给倾斜镜,而且倾斜镜的偏转角度与接收到的电压信号成正比,因而倾斜镜镜面的偏转角度与输出到高压放大器的电压也成正比，所以以上测量结果同时表征了归一化的光斑偏移量和输出功率与腔镜偏转角度之间的关系。实验结果表明，光斑的偏移量随腔镜倾斜角度单调增加，而且光斑偏移的方向与腔镜倾斜方向相同，与仿真结果基本一致，因而利用光斑偏移量来反映腔镜倾斜量是合理的。此外，激光器的输出功率随腔镜倾斜的角度单调下降，而且校正腔镜倾斜的一个重要目的是保持激光器的输出功率稳定，所以可以通过将自动校正腔镜倾斜后激光器的输出功率与谐振腔调整良好时的输出功率相比较来评价自动调腔的效果。

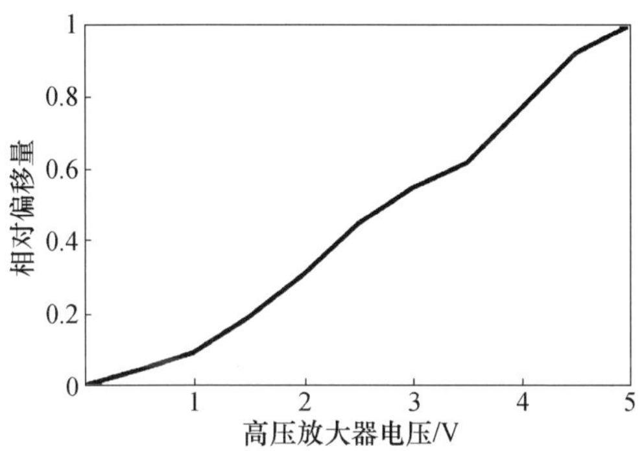

图 9-10　归一化的光斑质心位置偏移量与发送到高压放大器的电压之间的关系

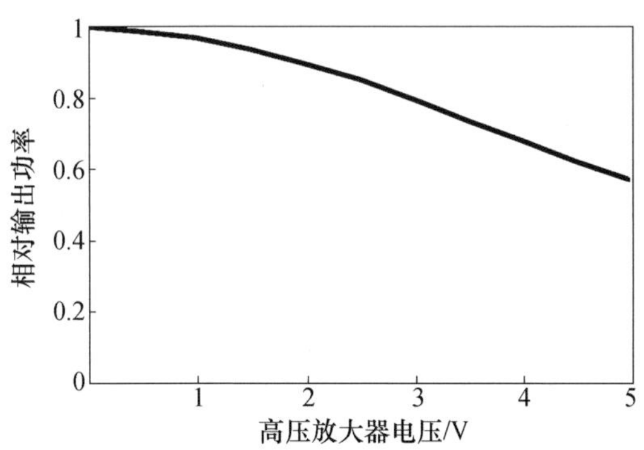

图 9-11　归一化的激光器输出功率与发送到高压放大器的电压的关系

在对腔镜倾斜进行的自动校正过程中，倾斜镜由计算机实现的数字 PID 控制器控制。PID 控制器的优点在于其对大多数控制系统的适用性，特别是当被控对象的数学模型不知道，且不能利用解析设计方法时，PID 控制仍然可以达到很好的效果。在工业控制领域，PID 控制器及其变形在 50% 以上的系统中得到了应用[21]。PID 控制器的传递函数为[22]

$$G(s) = K_1 + \frac{K_2}{s} + K_3 s \tag{9-6}$$

式中：K_1 为比例项；K_2/s 为积分项；$K_3 s$ 为微分项。

z 域的传递函数为

$$G(z) = \frac{C(z)}{R(z)} = K_1 + \frac{K_2 Tz}{(z-1)} + K_3 \frac{(z-1)}{Tz} \tag{9-7}$$

式中：T 为采样周期。

式(9-7)的差分方程形式为

$$C(k) = \left(K_1 + K_2 T + \frac{K_3}{T}\right) r(k) + K_3 Tr(k-1) + K_2 r(k-1) \tag{9-8}$$

当 $K_3=0$ 时，得到 PID 控制器的简化 PI 控制器，相应的差分方程为

$$C(k) = (K_1 + K_2 T) C(k-1) + K_2 r(k) \tag{9-9}$$

实验中运用了 PI 控制器，分别以 X 和 Y 方向光斑位置的偏移作为控制器的反馈，其差分方程可简写为

$$u_{\mathrm{tm}x}(k) = A \cdot u_{\mathrm{tm}x}(k-1) + B \cdot (x_{\mathrm{c}} - x_0) \tag{9-10}$$

$$u_{\mathrm{tm}y}(k) = A \cdot u_{\mathrm{tm}y}(k-1) + B \cdot (y_{\mathrm{c}} - y_0) \tag{9-11}$$

式中：$u_{\mathrm{tm}x}$、$u_{\mathrm{tm}y}$分别为输出到高压放大器 X 通道和 Y 通道的控制信号；$(x_{\mathrm{c}}, y_{\mathrm{c}})$ 为相机当前时刻探测到的光斑质心坐标，(x_0, y_0) 为腔镜调整良好后相机探测到的光斑质心位置；A、B 为现场调节的参数。

激光器在工作过程中，可能是高反射率腔镜或输出耦合腔镜中的一个发生倾斜，也可能是两个腔镜发生倾斜。针对这几种可能性分别进行了自动校正腔镜倾斜的实验。首先测试了仅倾斜镜镜面发生倾斜时的自动校正腔镜倾斜的效果。倾斜镜的镜面倾斜通过向倾斜镜输出预设的电压来产生。激光器手动调整好后，激光器的输出功率为 20.5W。CMOS 相机采集此时倾斜镜上的光斑图像，计算机计算其质心位置作为基准位置。CMOS 相机的 ROI 设为 128×128 像素，这样只有光斑及其周围很小的区域被相机拍摄到，没有将倾斜镜边框等背景包括在内，避免了旨在识别光斑区域的图像处理。向高压放大器 X 通道输出随机电压后，激光器的输出功率降为 15.8W。自动校正腔镜倾斜完成后，激光器的输出功率恢复到 20.4W。实验过程中相机采集到的倾斜镜上的光斑图像如图 9-12所示。由图 9-12 可以发现：当腔镜调整良好时，光斑的强度分布较为对称，而且峰值光强大体出现在光斑中心；当倾斜镜镜面发生倾斜后，出现峰值光强的位置更靠近光斑的边缘，与图 9-2 中计算的结果具有相似的规律。

随后测试了向高压放大器 X 和 Y 通道都加预设电压，使倾斜镜镜面在两个方向都产生倾斜时自动校正腔镜倾斜的效果。倾斜镜镜面发生偏转后，激光器的输出功率降至 8.2W。计算机控制倾斜镜镜面偏转，完成自动校正腔镜倾斜后，激光器输出功率恢复到 20.3W。实验过程中相机采集到的倾斜镜镜面上的光斑图像如图 9-13 所示。

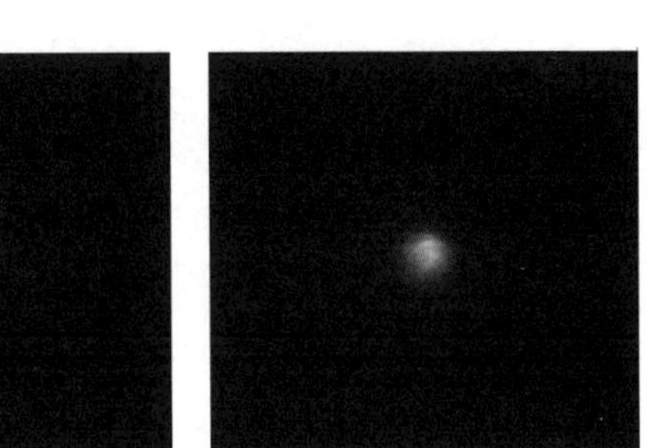

(a) (b) (c)

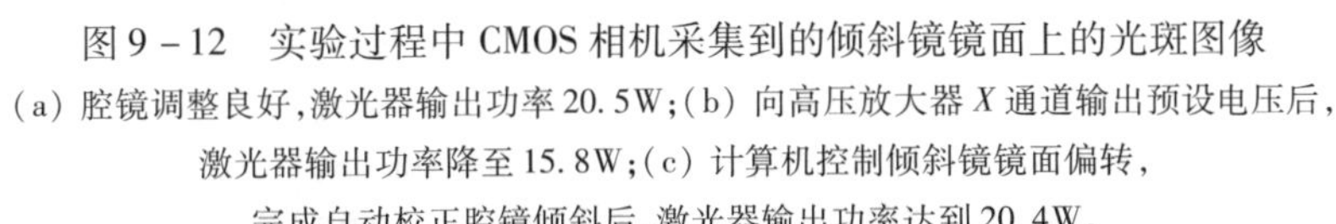

图 9 - 12 实验过程中 CMOS 相机采集到的倾斜镜镜面上的光斑图像
(a) 腔镜调整良好,激光器输出功率 20.5W;(b) 向高压放大器 X 通道输出预设电压后,激光器输出功率降至 15.8W;(c) 计算机控制倾斜镜镜面偏转,完成自动校正腔镜倾斜后,激光器输出功率达到 20.4W。

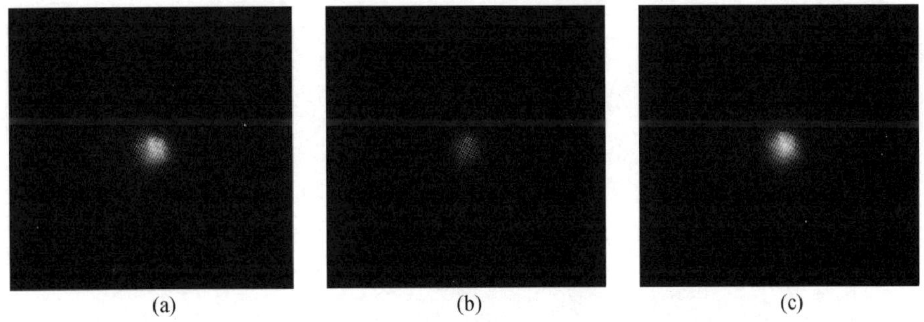

(a) (b) (c)

图 9 - 13 实验过程中 CMOS 相机采集到的倾斜镜镜面上的光斑图像
(a) 腔镜调整良好,激光器输出功率为 20.5W;(b) 向高压放大器 X 和 Y 通道输出预设电压后,激光器输出功率降至 8.2W;(c) 计算机控制倾斜镜镜面偏转,完成自动校正腔镜倾斜后,激光器输出功率达 20.3W。

此外,测试了仅输出耦合腔镜倾斜时自动校正腔镜倾斜的效果。手动偏转输出耦合腔镜后,激光器的输出功率降至 12.1W。计算机控制倾斜镜镜面偏转,完成自动校正腔镜倾斜后,激光器的输出功率恢复到 20.2W。实验过程中相机采集到的倾斜镜镜面上的光斑图像如图 9 - 14 所示。

最后测试了倾斜镜和输出耦合腔镜发生倾斜时自动校正腔镜倾斜的效果。倾斜镜镜面的倾斜由预先向高压放大器 X 和 Y 通道输出随机电压产生,输出耦合腔镜的倾斜通过手工调整产生。两个腔镜都发生倾斜后,激光器的输出功率降至 10.5W。计算机控制倾斜镜镜面偏转,完成自动校正腔镜倾斜后,激光器的输出功率恢复到 20.3W。实验过程中相机采集到的倾斜镜镜面上的光斑图像如图 9 - 15 所示。

在以上各种情况下,当腔镜倾斜后,本方法都可以通过探测倾斜镜镜面上光斑位置的偏移来控制倾斜镜镜面偏转,将激光器的输出功率几乎恢复到了腔镜

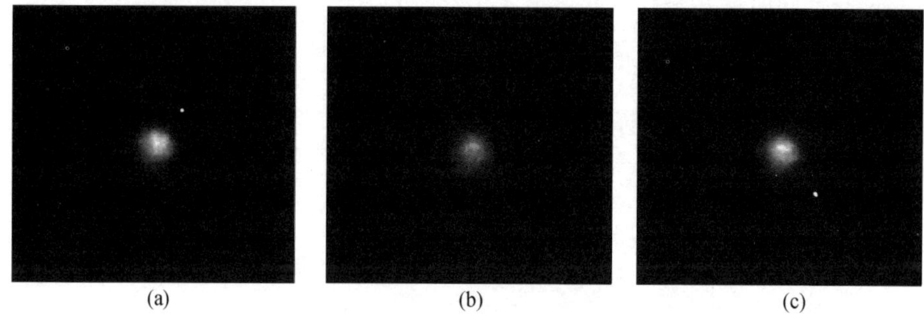

图 9 - 14 实验过程中 CMOS 相机采集到的倾斜镜镜面上的光斑图像
(a) 腔镜调整良好,激光器输出功率为 20.5W;(b) 手动调节输出耦合腔镜后,激光器的输出功率降至 12.1W;(c) 计算机控制倾斜镜镜面偏转,完成自动校正腔镜倾斜后,激光器输出功率达到 20.2W。

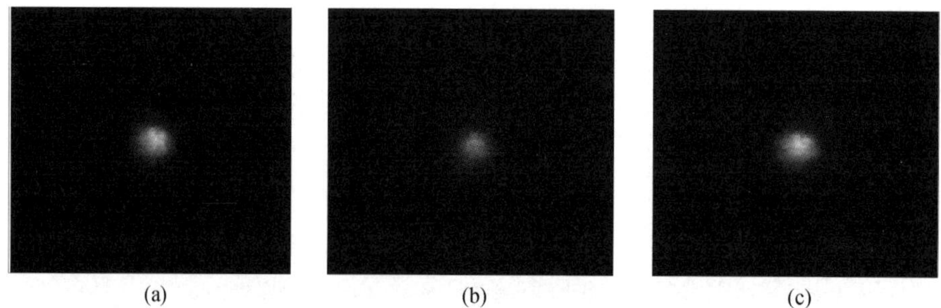

图 9 - 15 实验过程中 CMOS 相机采集到的倾斜镜镜面上的光斑图像
(a) 腔镜调整良好,激光器输出功率为 20.5W;(b) 向高压放大器 x 和 y 通道输出随机电压,并且手动调节输出耦合腔镜后,激光器的输出功率降至 10.5W;(c) 计算机控制倾斜镜镜面偏转,完成自动校正腔镜倾斜后,激光器输出功率达到 20.3W。

调节良好时的状态,说明腔镜倾斜得到了有效的校正,取得了良好的效果。虽然实验中运用的激光器是闪光氪灯泵浦的连续 Nd:YAG 激光器,谐振腔为平行平面腔,但是这种方法对激光器的类型和谐振腔的结构没有特殊要求,只要可以探测腔镜上光斑位置即可,因而可以推广到许多其他类型的激光系统中。

2. 模式控制

固体激光器模式控制方法对于棒状增益介质的固体激光器比较适用。针对一台 10W 级准连续 Nd:YAG 激光器开展了基于遗传算法的模式控制实验,实验装置如图 9 - 16 所示[23]。变形镜作为谐振腔的全反腔镜使用,望远镜用于扩大光束在变形镜上的尺寸。激光器输出光束被衰减后,再被分光镜 1 分光,其中一束依次经过 1064nm 窄带滤波片和透镜入射到 CCD 相机,另一束再分成两束分别供功率计测量和监视器观测。CCD 相机采集到的光斑的环围能量作为遗传算法的适应度。工控机采集 CCD 相机的光斑图像,将通过遗传算法计算得到的控制信号经数/模转换和高压放大器放大后发送到的变形镜上。该实验系统成功地将多种高阶模光束转化成为基模光束。实验中采用的压电驱动器变形镜如图 9 - 17 所示。图 9 - 18 给出了其中一组实验结果。控制系统启动前,激光器输出功率为 2.5W 的 TEM_{20} 模光束。利用变形镜进行校正后,光束的模式转化为 TEM_{00} 模,输出功率为 2.1W。整个过程耗时大约 5min。

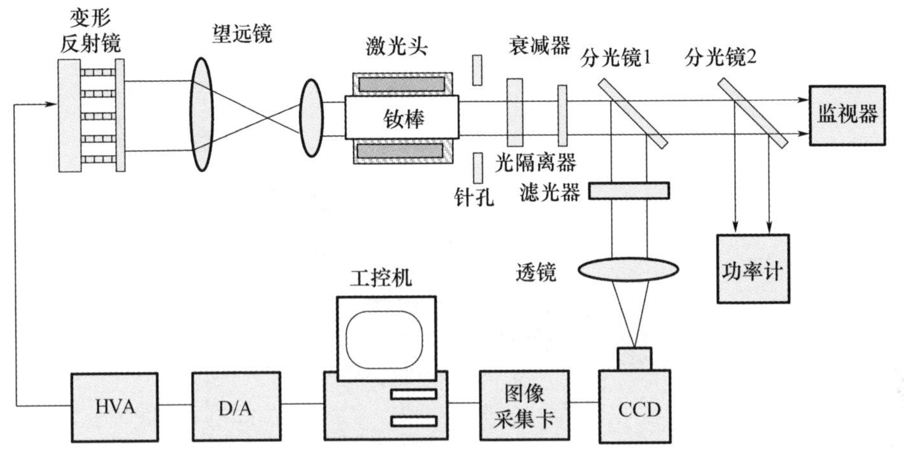

图 9 - 16 基于遗传算法的固体激光器腔内模式控制实验原理图

图 9 - 17 实验中采用的压电驱动器变形镜

图 9 - 18 光束聚焦光斑
(a) 校正前;(b) 校正后。

由于遗传算法的收敛速度与变量个数密切相关，为了进一步提高控制算法的收敛速度，将遗传算法的变量由变形镜 39 个驱动器的电压改为变形镜面形的前 10 阶 Zernike 系数，明显减少了变量个数，重新开展了针对 Nd:YAG 激光器的模式控制实验。图 9－19 给出了实验结果。从图 9－19 可以看出，从 TEM_{11} 模到 TEM_{00} 模的转化只需要大约 100s，收敛速度明显高于优化电压时的结果。

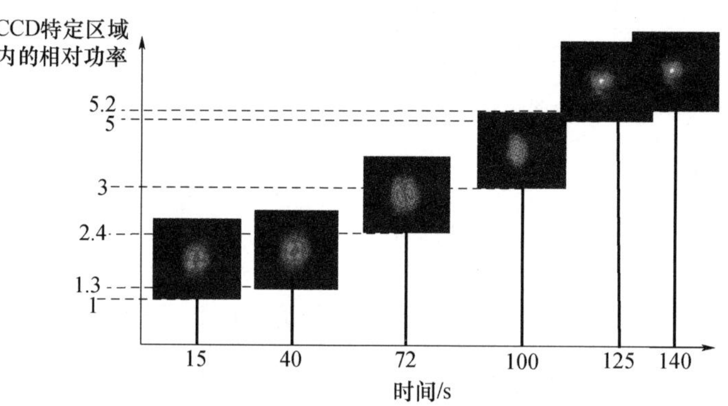

图 9－19　利用基于 Zernike 系数的遗传算法对光束模式的优化过程

遗传算法受其数理机制的限制，速度难以进一步提升。为了进一步改善腔内自适应光学系统的速度，选择采用 SPGD 算法。由于模式控制旨在使光束在远场中达到更高的能量集中度，而环围能量值越大，远场能量越集中，所以，环围能量是一个反映系统校正能力的敏感量。因而评价指标 J 选用相机探测到的远场环围能量。图 9－20 给出了利用 SPGD 算法控制腔内变形镜的实验结果[24]。从图 9－20 可见，变形镜成功地将光束的模式由 TEM_{30} 模转化为基模。整个过程耗时大约仅 20s，与遗传算法相比，收敛速度得到了显著提升。

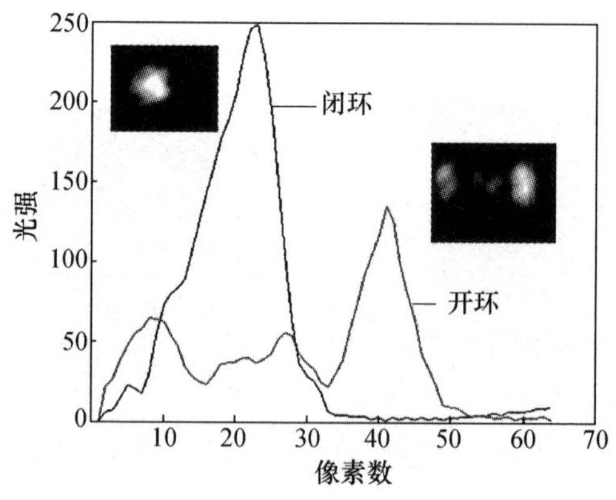

图 9－20　利用 SPGD 算法控制腔内变形镜优化光束远场分布的结果

前述实验中采用的是分立压电驱动器变形镜。这种变形镜的主要优点是空间分辨率较高,可以生成比较复杂的面形。但是受到工艺水平和结构特性的限制,这类变形镜往往尺寸较大,成本较高。中国科学院光电技术研究所于2008年公开了国内首套双压电变形镜。与压电驱动器的变形镜相比,双压电变形反射镜具有更大的行程、更小的尺寸,更好的低阶像差校正效果和更低的成本。将20单元双压电变形镜作为Nd:YAG激光器的腔镜,搭建了一套腔内自适应光学系统。该变形镜的镜面是表面抛光镀膜的玻璃,驱动器由两层材料和尺寸完全相同的压电薄片构成。每层压电薄片的上、下表面镀有金属电极。电极层e_1是一整片离焦电极,e_2上分布着剩余19个电极。向驱动器加电压后,驱动器会沿着平行于镜面的方向伸长或收缩,带动与其黏接的镜面弯曲,从而改变镜面的面形。实验中运用的20单元双压电变形镜如图9-21和图9-22所示。

图9-21 20单元双压电变形镜实物

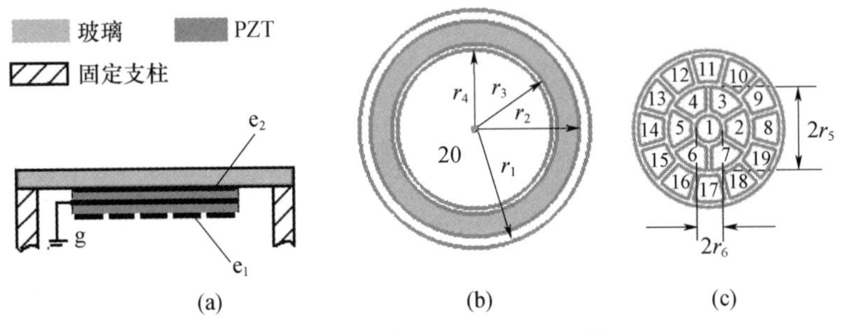

图9-22 20单元双压电变形镜

(a) 结构剖面;(b) 电极排布;(c) e_1上19个电极的排布。

为验证本套腔内自适应光学系统的效果,进行了一系列实验。首先将激光器腔镜调整良好,变形镜的所有电极电压置0,此时激光器输出多模光束。由于该变形镜设计之初强调通用性,所以镀膜选用了宽带反射膜,导致1064nm下的反射率没有达到激光器全反腔镜的要求,获得的输出功率明显低于理论设计功率(只有0.39W)。相机采集到的聚焦光斑如图9-23(a)所示。光斑中包含了若干较暗子瓣,而且光斑散布的范围较大。利用计算机执行SPGD算法控制变形镜完成对远场强度分布的优化后，聚焦光斑中出现了一个较亮的主瓣，峰值光强与优化前相比提高了超过6倍，激光器输出功率降至0.29W。相机采集到的光斑如图9－28(b)所示。优化前后的远场光斑强度分布的轮廓如图9－24所示，优化后聚焦光斑的能量集中度得到了明显提升。输出功率的下降是因为双压电变形镜增加了高阶模的损耗，抑制了高阶模成分。

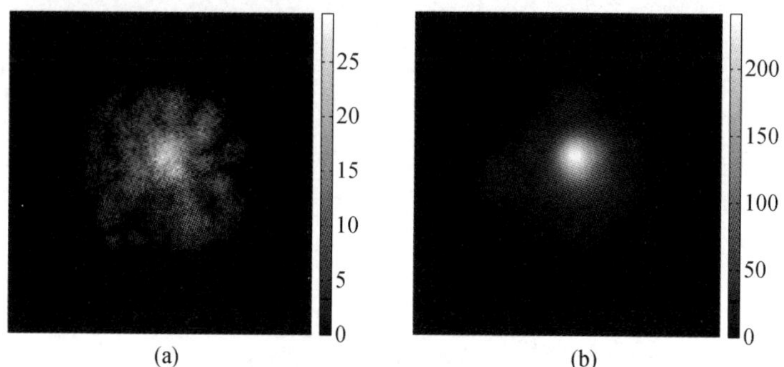

图9－23　CMOS相机采集到的激光器输出光束的聚焦光斑图像

(a) 优化远场强度分布前；(b) 优化远场强度分布后。

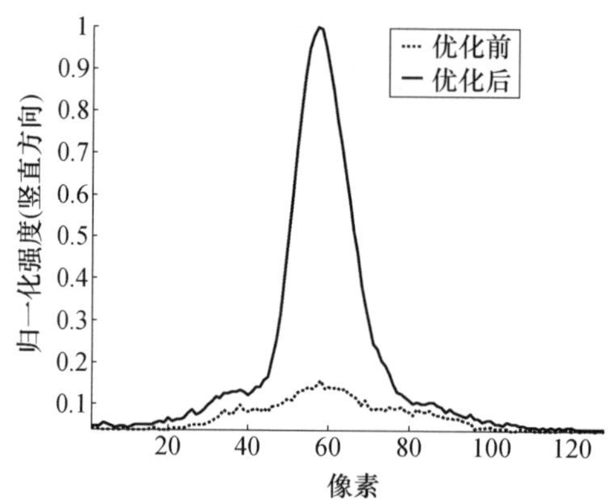

图9－24　优化前后激光器输出光束聚焦光斑轮廓的对比

最后为了验证双压电变形反射镜大行程的优势，对输出耦合腔镜做了更大幅度的偏转。调整后激光器输出功率极不稳定，功率计读数在0.006～0.051W之间快速跳动。相机在某些时候已经无法探测到光斑图像。图9－25(a)为相机能探测到光斑图像时的一帧聚焦光斑图像。利用计算机控制变形镜完成优化后，在远场光斑中获得一个亮度明显提升、尺寸明显减小的主瓣，峰值光强与优化前相比提高了约5倍。输出功率提升至0.33W。此时相机采集到的聚焦光斑如图9－25(b)所示。优化前后的聚焦光斑强度分布的轮廓如图9－26所示，可以发现优化后光斑的能量集中度得到了明显提升。

以上结果表明，本套基于20单元双压电变形反射镜的腔内自适应光学系统可有效地改变多模激光器输出光束的远场光斑分布，将弥散的多瓣结构光斑转

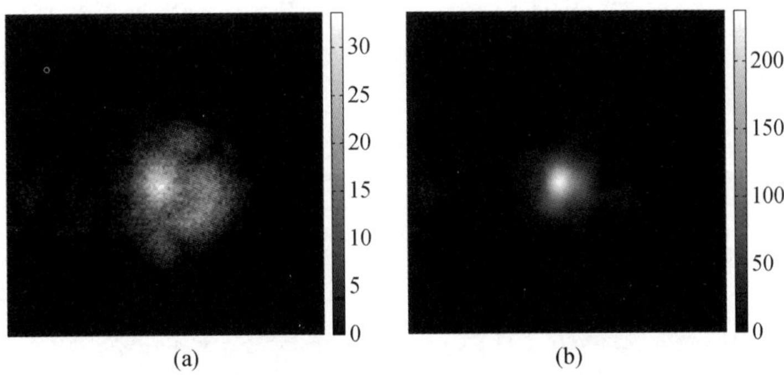

图9-25 CMOS相机采集到的激光器输出光束的聚焦光斑图像
(a) 优化远场强度分布前;(b) 优化远场强度分布后。

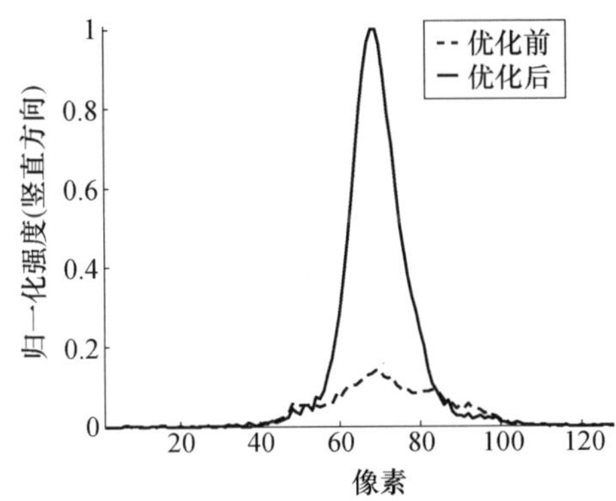

图9-26 优化前后激光器输出光束聚焦光斑轮廓的对比

化为尺寸较小的单个亮斑,并且有效地提高能量的集中程度。得益于SPGD算法较快的收敛速度,上述实验的整个优化过程是在20s内完成的。

9.3.2 腔外自适应光学的应用

腔外自适应光学系统主要适用于基模光束或单一高基模光束的校正。本节将分别给出腔外自适应光学系统校正这两种光束的例子。

1. 板条激光器光束净化

板条增益介质的热效应明显小于传统的棒状增益介质固体激光器,有利于获得较高的光束质量和输出功率,受到了普遍的重视。许多板条激光系统采用了主振荡-功率放大(MOPA)的结构,将低功率的高质量光束作为激光链路的种子光,通过多个板条放大器放大,最终获得功率满足需求的激光束。种子光是基模光束时,通过放大器放大后的光束也是基模光束。这就为腔外自适应光学系统的应用创造了条件。

针对一套传导冷却端面泵浦(CCEPS)的MOPA结构板条激光器开展了光

束净化实验,如图9－27所示。该激光器中,单频Nd:YAG种子激光器发出的光束经过单模光纤耦合输出后进入法拉第光学隔离器。法拉第光学隔离器限制光束逆向传播,避免逆向回光进入种子光谐振腔,保证了种子功率和频率稳定性。随后光束通过光束整形系统,整形后经过狭缝和偏振片,然后进入板条放大器沿之字形光路传播进行第一次放大。第一次放大后激光由反射镜和透镜组成的像传递系统折转回到板条内进行第二次放大,然后经过透镜和高反镜后返回,完成第三次和第四次放大,光束两次穿过1/4波片由s偏振态变为p线偏振光,第四次放大后被偏振片反射输出。该激光器中使用透镜导管将泵浦光耦合到板条端面上,泵浦光经过板条斜面反射沿板条长度方向传输。板条两个侧面上用微通道热沉冷却。激光束利用全反射沿之字形光路传输,进一步降低了增益介质热效应的影响。

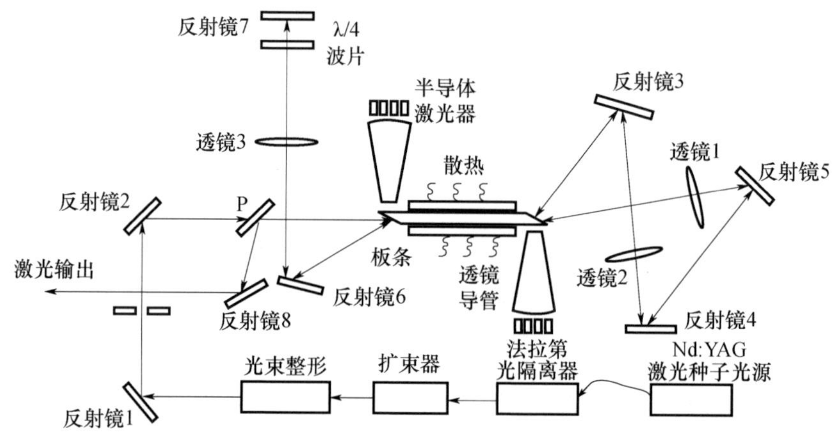

图9－27　半导体激光器泵浦的MOPA结构板条激光器结构

由于板条激光器输出光束在水平方向宽度只有2mm,为了扩大光束覆盖的变形镜驱动器数目,实验选用柱面反射式扩束系统对光束进行单向扩束,如图9－28所示。为了抑制衍射效应,在激光器的输出端口和柱面镜扩束系统之间放置了像传递系统。自适应光学系统中采用37单元变形镜来校正光束的像差,如图9－29所示。利用SPGD算法生成双压电片变形镜的驱动电压,以光束远场的归一化桶中功率作为SPGD算法的系统性能评价指标。归一化桶中功率(NPIB)的定义是所关心桶中能量与总能量的比值:

$$\mathrm{NPIB} = \frac{\int_0^r \int_0^{2\pi} I(r,\varphi) r\mathrm{d}r\mathrm{d}\varphi}{\int_0^\infty \int_0^{2\pi} I(r,\varphi) r\mathrm{d}r\mathrm{d}\varphi} \tag{9-12}$$

实验系统中高反镜将光束分为两束,高功率的一束进入功率计完成功率测量。该高反镜对反射光和透射光的相位影响很小,透射的低功率光束波前和强度分布信息与反射光束基本一致。计算机接收相机拍摄的光束远场光斑图像，计算 NPIB，利用 SPGD 算法计算控制电压。高压放大器接收控制计算机发出的控制电压信号，将其放大后输出到变形镜和倾斜镜。

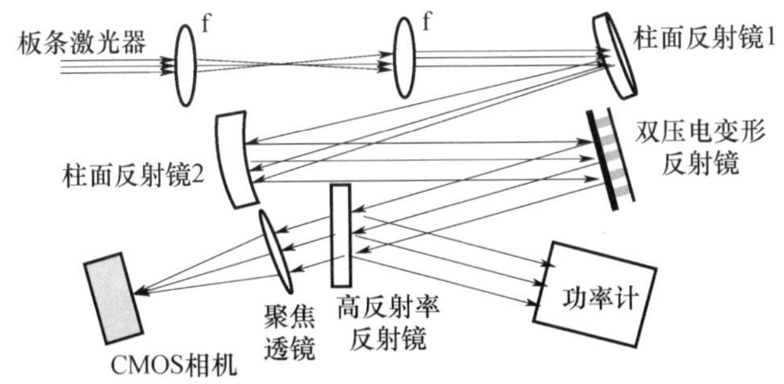

图 9-28　基于 37 单元双压电片变形镜的板条激光光束净化系统

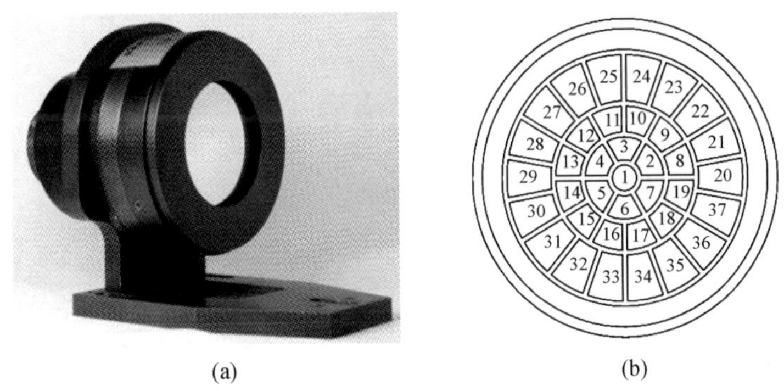

图 9-29　37 单元双压电片变形镜外形与电极排布

(a) 外形；(b) 电极排布。

首先启动种子激光器，分别在放大级不加电（输出功率为 1.1W）、放大级泵浦电流为 40A（输出功率为 26W）和放大级泵浦电流为 80A（输出功率为 208W）的情况下开展了光束净化实验。实验中以 4 个像素作为归一化桶中功率的桶半径。校正前后归一化桶中功率分别由 0.22、0.21、0.28 提高到 0.54、0.51 和 0.51，如图 9-30 所示。校正后光束的半径明显减小，峰值亮度和归一化桶中功率提高到校正前的 2～3 倍。

2. 高阶模光束校正

如果固体激光器输出的光束不是基模光束，但是只包含一种高阶模式，腔外自适应光学系统也能发挥作用。下面给出利用腔外自适应光学系统校正高阶模光束的结果。

高阶模光束通常可以用厄米特-高斯光束和拉盖尔-高斯光束来表示。TEM_{mn} 模厄米特-高斯光束可以表示为[1]

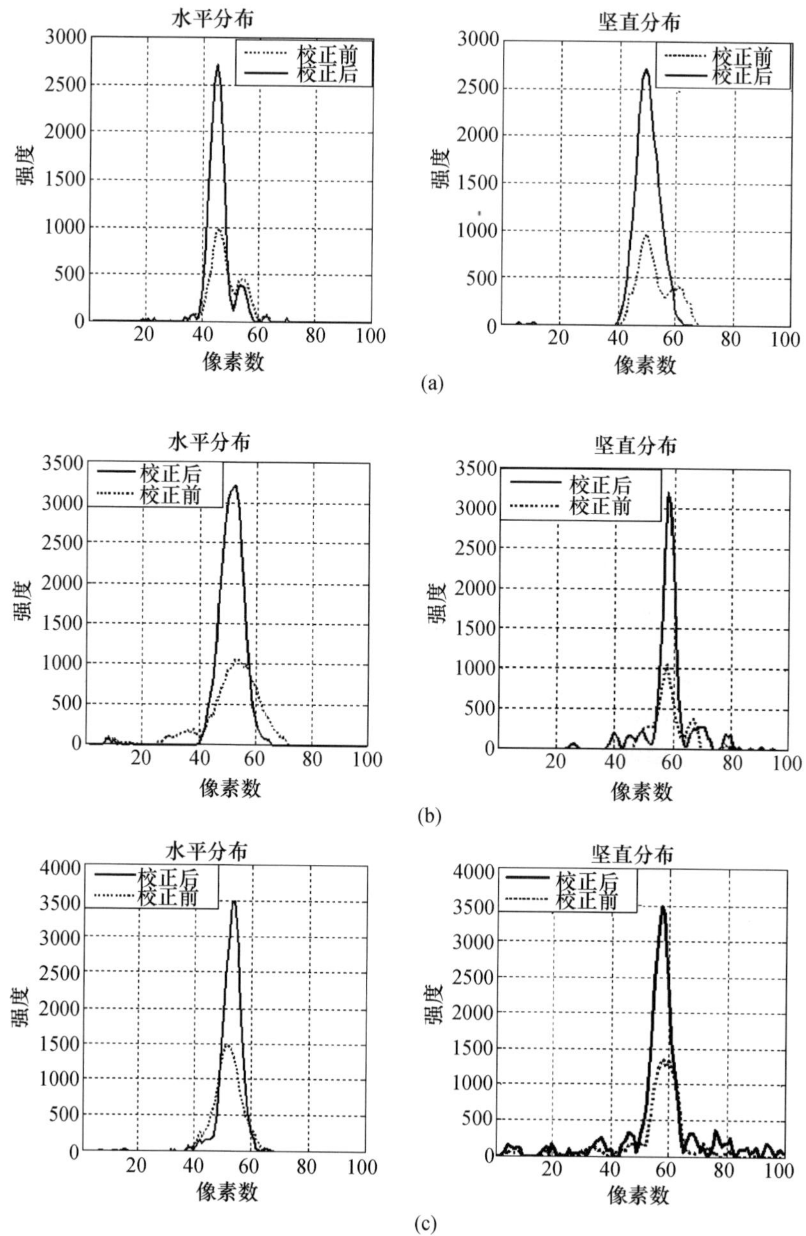

图 9-30　光束净化前后远场强度轮廓

(a) 放大级不加电；(b) 放大级泵浦电流为 40A；(c) 放大级泵浦电流为 80A。

$$u_{mn}(x,y,z) = C_{mn}\frac{1}{\omega(z)}H_m\left[\frac{\sqrt{2}}{\omega(z)}x\right]H_n\left[\frac{\sqrt{2}}{\omega(z)}y\right]\cdot \mathrm{e}^{-\frac{r^2}{\omega(z)^2}}\cdot \mathrm{e}^{-\mathrm{i}\left[k\left(z+\frac{r^2}{2R}\right)-(m+n+1)\arctan\left(\frac{\lambda z}{\pi\omega_0^2}\right)\right]} \tag{9-13}$$

式中：C_{mn}为常数，表征光束的实际强度；ω_0 为高斯光束的束腰半径；λ 为光束的波长；f 为腔镜的焦距；$k=2\pi/\lambda$；$H_m(\cdot)$和 $H_n(\cdot)$分别为 m 和 n 阶的厄米特多项式；$r^2=x^2+y^2$；R 为波面的曲率半径，可表示成

$$R=z+\frac{f^2}{z} \tag{9-14}$$

由式(9-14)可见，波面的曲率半径随传播距离而变化。m 阶厄米特多项式的定义为[24]

$$H_m(X)=(-1)^m \mathrm{e}^{X^2}\frac{\mathrm{d}^m}{\mathrm{d}X^m}\mathrm{e}^{-X^2}=\sum_{k=0}^{[m/2]}\frac{(-1)^k m!}{k!(m-2k)!}(2x)^{m-2k}, m=0,1,2,\cdots \tag{9-15}$$

式中：$[m/2]$为 $m/2$ 的整数部分。

$H_m(\cdot)$有 m 个零点，因而 TEM_{mn}模厄米特-高斯光束的振幅分布在 X 和 Y 方向分别有 m 和 n 条节线。图 9-31 给出了几种不同模式的厄米特-高斯光束的振幅分布。

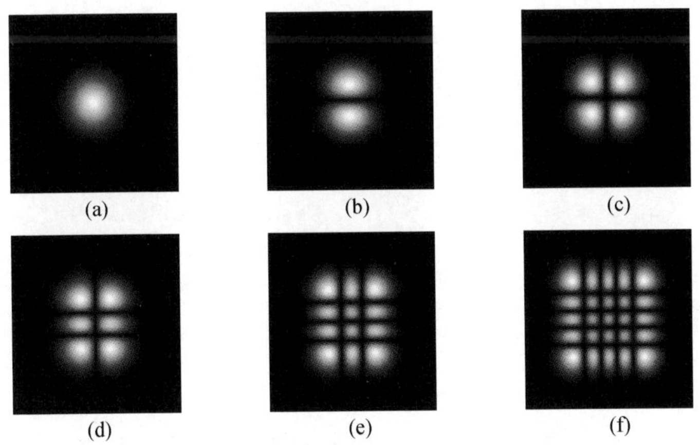

图 9-31 几种模式的厄米特-高斯光束的振幅分布

(a) TEM_{00}模；(b) TEM_{01}模；(c) TEM_{11}模；(d) TEM_{12}模；(e) TEM_{23}模；(f) TEM_{44}模。

TEM_{pl}模拉盖尔-高斯光束可以表示为[1]

$$u_{pl}(r,\theta,z)=C_{pl}\left(\frac{\sqrt{2}r}{\omega(z)}\right)^l L_p^l\left(\frac{2r^2}{\omega(z)^2}\right)\cdot \mathrm{e}^{-\frac{r^2}{\omega(z)^2}}\cdot \mathrm{e}^{-\mathrm{i}\left[k\left(z+\frac{r^2}{2R}\right)-(2p+l+1)\arctan\left(\frac{\lambda z}{\pi\omega_0^2}\right)\right]}\cdot \mathrm{e}^{-\mathrm{i}l\theta} \tag{9-16}$$

由于 $\mathrm{e}^{-\mathrm{i}l\theta}$和 $\mathrm{e}^{\mathrm{i}l\theta}$通常同时出现[25]，因而更常用的形式为

$$u'_{pl}(r,\theta,z)=C_{pl}\left(\frac{\sqrt{2}r}{\omega(z)}\right)^l L_p^l\left(\frac{2r^2}{\omega(z)^2}\right)\cdot \mathrm{e}^{-\frac{r^2}{\omega(z)^2}}\cdot \mathrm{e}^{-\mathrm{i}\left[k\left(z+\frac{r^2}{2R}\right)-(2p+l+1)\arctan\left(\frac{\lambda z}{\pi\omega_0^2}\right)\right]}\cdot \cos(l\theta) \tag{9-17}$$

式中：C_{pl}为常数，表征光束的实际强度；$L_p^l(\cdot)$为拉盖尔多项式，定义为

$$L_p^l(X) = \sum_{k=0}^{p} \frac{(p+l)!(-x)^k}{(k+l)!k(p-k)!}, p = 0,1,2,\cdots \tag{9-18}$$

TEM_{pl}模拉盖尔－高斯光束的振幅分布沿径向有 p 个节线圆，沿辐角方向有 l 条节线。图 9－32 给出了几种不同模式的拉盖尔－高斯光束的振幅分布。

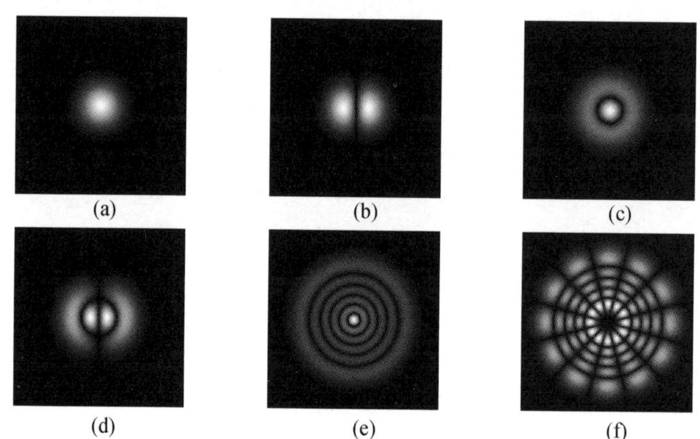

图 9－32　几种模式拉盖尔－高斯光束的振幅分布

(a) TEM_{00}模；(b) TEM_{01}模；(c) TEM_{10}模；(d) TEM_{11}模；(e) TEM_{50}模；(f) TEM_{46}模。

式(9－13)中的拉盖尔－高斯光束的相位 $\varphi_{mn}(x, y, z)$ 可以表示为

$$\varphi_{pl}(x,y,z) = k\left(z + \frac{r^2}{2R}\right) - (m+n+1)\arctan\left(\frac{\lambda z}{\pi\omega_0^2}\right) \tag{9-19}$$

对于给定的位置 z，式(9－19)中 kz 和 $(m+n+1)\arctan(\lambda z/\pi\omega_0^2)$ 两项为常数，对相位的起伏没有影响，因而可以去掉，得

$$\varphi_{mn}(x,y) = \frac{kr^2}{2R} \tag{9-20}$$

式(9－20)对应的是球面波面，会导致远场光斑弥散，可以很方便地利用透镜或透镜组去除。为获得更高的能量集中度，将其去掉后得

$$u_{mn}(x,y,z) = C_{mn}\frac{1}{\omega(z)}H_m\left[\frac{\sqrt{2}}{\omega(z)}x\right]H_n\left[\frac{\sqrt{2}}{\omega(z)}y\right]\cdot e^{-\frac{r^2}{\omega(z)^2}} \tag{9-21}$$

同理，式(9－17)可转化为

$$u'_{pl}(r,\theta) = C_{pl}\exp\left(-\frac{r^2}{\omega^2}\right)\left(\frac{\sqrt{2}r}{\omega}\right)^l L_p^l\left(\frac{2r^2}{\omega^2}\right)\cos(l\theta) \tag{9-22}$$

无论是高阶模厄米特－高斯光束还是拉盖尔－高斯光束，振幅分布的每两瓣之间都有半波长的相位跃变。由于高阶模光束自身与自身相干，而且光束的每瓣都可视为一个子光束，可以将高阶模光束的远场光斑视为各个子光束相干合成的结果。以下考虑最简单的两束光相干合成的情况。设两束相干光的复振幅分别为 $u_1 = a_1\exp(\mathrm{i}\varphi_1)$ 和 $u_2 = a_2\exp(\mathrm{i}\varphi_2)$，其中，$a_1$、$a_2$ 分别为两束光的振幅，

φ_1、φ_2 分别为两束光的相位。两束光叠加后得到的复振幅为

$$u_c = a_1 e^{i\varphi_1} + a_2 e^{i\varphi_2} \tag{9-23}$$

强度分布为

$$I_c = |u_c|^2 = a_1^2 + a_2^2 + 2a_1 a_2 \cos(\varphi_1 - \varphi_2) \tag{9-24}$$

当两束光的相位差被充分补偿时（$\varphi_1 - \varphi_2$ 为0或 $\pm 2m\pi$，$m = 1,2,\cdots$），可以取得 I_c 的极大值。若 a_1 和 a_2 具有相同的分布（$a_1 = a_2$），则合成后光束的峰值光强为 $4a_1^2$，即单个子光束峰值光强的4倍。

TEM_{01} 模拉盖尔－高斯光束是高阶模拉盖尔－高斯光束中最简单的形式。以下以 TEM_{01} 模拉盖尔－高斯光束为例进一步说明。TEM_{01} 模拉盖尔－高斯光束的振幅分为两个对称的瓣，两瓣之间存在着为半波长的相位跃变，如图9－33(a)、(b)所示。振幅分布中两个对称的瓣可视为两个子光束，其中一个子光束的振幅分布如图9－33(c)所示。通过计算可以得到，子光束在两个方向的 M^2 因子分别为 $M_x^2 = 1.17$ 和 $M_y^2 = 1$，与基模高斯光束的 M^2 因子非常接近，因而 TEM_{01} 模拉盖尔－高斯光束传输到远场后与两束基模高斯光束相干合成的结果类似。由于两个子光束之间存在半波长的相位跃变，TEM_{01} 模拉盖尔－高斯光束的远场光斑中存在两个对称的亮斑，如图9－33(d)所示。若相位跃变可以被充分补偿，则远场强度分布中只有单个亮斑，如图9－33(e)所示。图9－33(f)给出了单个子光束、有相位跃变时两个子光束和无相位跃变时两个子光束归一化的远场强度分布剖面图。从图中可以看到，当两个子光束之间没有相位跃变时，远场峰值强度达到了单个子光束的4倍，与相干合成中的讨论结果是一致的。因而为了在远场获得更高的峰值光强，有必要补偿各瓣之间的相位跃变。虽然以上讨论针对的是 TEM_{01} 模拉盖尔－高斯光束这种最简单的情况，讨论结果对其他更复杂的高阶模拉盖尔－高斯光束和厄米特－高斯光束也是适用的。由于相位跃变的存在，高阶模光束的远场光斑中存在若干瓣状和环状结构，导致能量分布不如基模光束集中，而且峰值光强较弱。在许多需要利用激光束能量的场合中，希望光束能具有较高的能量集中度，因而有必要对相位跃变进行补偿。虽然A. E. Siegman指出补偿高阶模光束的相位跃变并不能改变其 M^2 因子，但是补偿相位跃变被后仍能明显改善远场小范围内的能量集中度[26]。

目前使用的补偿相位跃变的装置有相位框、多块反射镜和分光镜组成的系统以及干涉器件等[27-30]。这些装置都得到了成功的运用，然而只能针对某种特定的模式结构有效。一旦模式结构发生变化，就需要重新设计制作器件。如果需要用这些器件补偿较复杂模式的相位跃变，如 TEM_{32} 模，由于要求镜面或分光镀膜边界的形状与激光束各瓣的形状吻合，制作相应的器件将比较困难。此外，这类器件不能对高阶模光束的像差进行校正，不可能在补偿相位跃变的基础上进一步提升光束质量。与上述装置或器件相比，变形镜最大的优势在于可以在行程和空间分辨率允许的范围内，根据需要快速改变面形。同一个变形镜可以

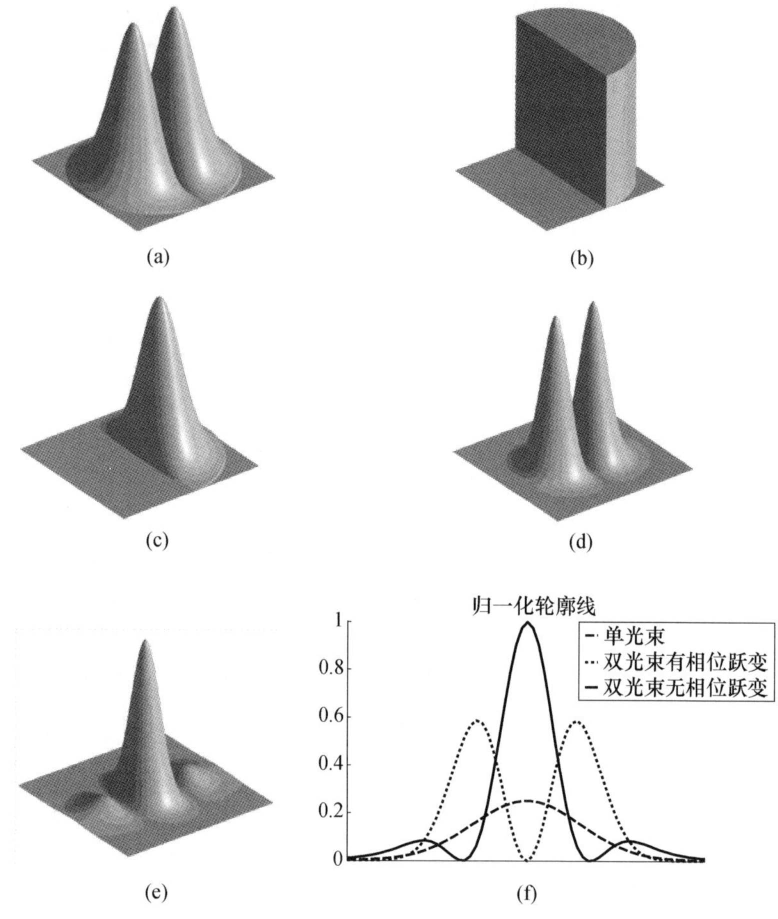

图 9-33　TEM_{01} 模拉盖尔-高斯光束校正原理

(a) TEM_{01} 模拉盖尔-高斯光束的振幅分布;(b) TEM_{01} 模拉盖尔-高斯光束两个瓣之间半波长的相位差;(c) TEM_{01} 模拉盖尔-高斯光束一个子光束的振幅分布;(d) TEM_{01} 模拉盖尔-高斯光束的远场强度分布;(e) 无相位跃变的 TEM_{01} 模拉盖尔-高斯光束的远场强度分布;(f) 单个子光束、有相位跃变时两个子光束和无相位跃变时两个子光束归一化的远场强度分布剖面图。

通过改变控制信号来生成不同的面形以补偿不同模式的光束。此外,变形镜还可以补偿激光器内部或传输过程中的因素引入的像差。因而变形镜用于补偿高阶模光束的相位跃变和像差具有明显的优点。

在有波前传感器的腔外自适应光学系统中,常将哈特曼波前传感器探测到的波面信息作为控制系统的反馈信号。但是利用哈特曼波前传感器探测相位跃变存在一定困难。本节中结合哈特曼波前传感器探测 TEM_{01} 模拉盖尔-高斯光束相位跃变的三种典型情况,通过数值仿真来说明这一问题。这三种情况分别对应于实际测量中相位跃变发生在两列子孔径交界处、一列子孔径正中和一列子孔径内偏离中心位置的情形。

仿真用的哈特曼波前传感器的微透镜阵列包含 10×10 个子孔径，TEM_{01}模拉盖尔-高斯光束的口径相当于 8 个子孔径的尺寸。当微透镜阵列的中心与光束中心重合时，微透镜阵列各子孔径与光束的相对位置关系如图 9-34(a)所示。其中每个正方形框代表哈特曼波前传感器微透镜阵列中的一个子孔径，圆圈代表 TEM_{01}模拉盖尔-高斯光束，圆圈中灰色部分相位为 π，白色部分相位为 0，相位跃变发生在两列子孔径交界处。对应的微透镜阵列焦平面位置光斑图像的计算结果如图 9-34(b)所示。微透镜阵列：左侧 5 列中有光部分的相位一致，相当于平面波入射；右侧 5 列中有光部分的相位也一致，也相当于平面波入射。因而对于哈特曼波前传感器而言，这种相位分布对应的光斑图像与平面波入射时的光斑图像是一致的。图 9-34(c)为振幅分布与上述光束完全相同，波面为平面的 TEM_{01}模拉盖尔-高斯光束在相同位置入射时，微透镜阵列焦平面位置光斑图像的计算结果。通过比较可以发现，两种波面对应的光斑图像完全一致，表明在这种情况下哈特曼波前传感器无法区分具有相位跃变和平面波面的 TEM_{01}模拉盖尔-高斯光束。

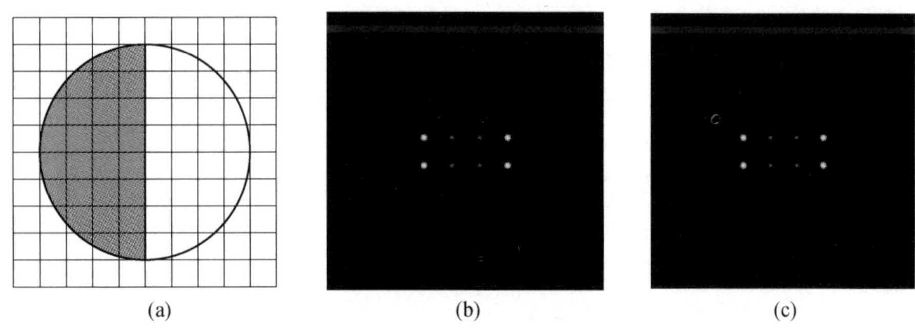

图 9-34　微透镜阵列的中心与光束中心重合

(a) 微透镜阵列与光束的相对位置关系；(b) 微透镜阵列焦平面位置光斑图像的计算结果；(c) 与前述光束振幅分布相同，波面为平面的光束在相同位置入射时，微透镜阵列焦平面位置光斑图像的计算结果。

当微透镜阵列的中心与光束中心偏离，且相位跃变发生在一列子孔径的正中时，微透镜阵列各子孔径与光束的相对位置关系如图 9-35(a)所示。与上一种情况类似，在没有发生相位跃变的子孔径区域内，相位分布没有起伏，相当于平面波入射；在发生相位跃变的子孔径内，聚焦光斑包含两个主瓣。对应的微透镜阵列焦平面位置光斑图像的计算结果如图 9-35(b)所示。图 9-35(c)为振幅分布与上述光束完全相同，波面为平面的 TEM_{01}模拉盖尔-高斯光束在相同位置入射时，微透镜阵列焦平面位置光斑图像的计算结果。通过比较可以发现，两幅光斑图像在没有发生相位跃变的子孔径内完全一致。在发生相位跃变的一列子孔径中，虽然后者每个子孔径中的聚焦光斑只有一个主瓣，然而计算结果表明，二者的质心位置是相同的。因而通过子孔径内光斑质心位置的偏移计算斜率进而复原波面时，两幅光斑图像的计算结果是相同的。这表明，在这种情况下哈特曼波前传感器仍然无法区分具有相位跃变和平面波面的 TEM_{01} 模拉盖尔－高斯光束。

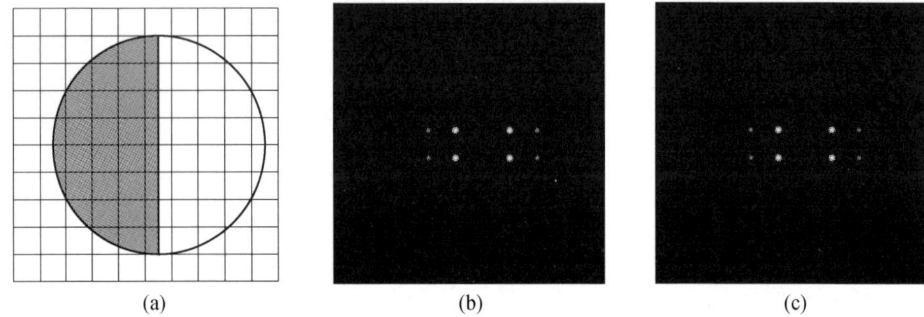

图 9－35　微透镜阵列的中心与光束偏离，且相位跃变发生在一列子孔径的正中
（a）微透镜阵列与光束的相对位置关系；（b）微透镜阵列焦平面位置光斑图像的计算结果；
（c）与前述光束振幅分布相同，波面为平面的光束的在相同位置入射时，
微透镜阵列焦平面位置光斑图像的计算结果。

当微透镜阵列的中心与光束中心偏离，且相位跃变发生在一列子孔径的距左侧 1/4 子孔径长度位置时，微透镜阵列各子孔径与光束的相对位置关系如图 9－36（a）所示。这种情况下相位跃变位置两侧每个子孔径与光束的重合部分不再关于该位置对称，因而微透镜阵列焦平面位置光斑的分布也不再相对于该位置对称。与前两种情况类似，在没有发生相位跃变的子孔径区域内，相位分布没有起伏，也相当于平面波入射；在发生相位跃变的子孔径内，聚焦光斑包含两个瓣。对应的微透镜阵列焦平面位置光斑图像的计算结果如图 9－36（b）所示。图 9－36（c）为振幅分布与上述光束完全相同，波面为平面的 TEM_{01} 模拉盖尔－高斯光束在相同位置入射时，对应的微透镜阵列焦平面位置光斑图像的计算结果。比较图 9－36（b）、（c）可以发现，光斑图像在没有发生相位跃变的子孔径内完全一致。在发生相位跃变的一列子孔径中，虽然聚焦光斑的形态不同，然而通过计算发现，二者的质心位置是相同的。因而利用基于子孔径内光斑质心位置的偏移计算斜率进而计算波面时，两幅光斑图像计算得到的波面是相同的。这表明，在这种情况下哈特曼波前传感器依然无法区分具有相位跃变和平面波面的 TEM_{01} 模拉盖尔－高斯光束。

综上所述，哈特曼波前传感器难以区分出有相位跃变和具有平面波面的高阶模拉盖尔－高斯光束，所以无法将哈特曼波前传感器的探测结果作为反馈信号来控制变形镜，将相位跃变补偿为接近平面波。因而选择基于 SPGD 算法的无波前传感器腔外自适应光学系统，对高阶模拉盖尔－高斯光束的远场强度分布进行变换。

SPGD 算法的细节已经在前面的章节中给出。当目标是将光束的波前校正为平面，尽可能地提高远场中能量集中度时，通常选用的评价指标有环围能量

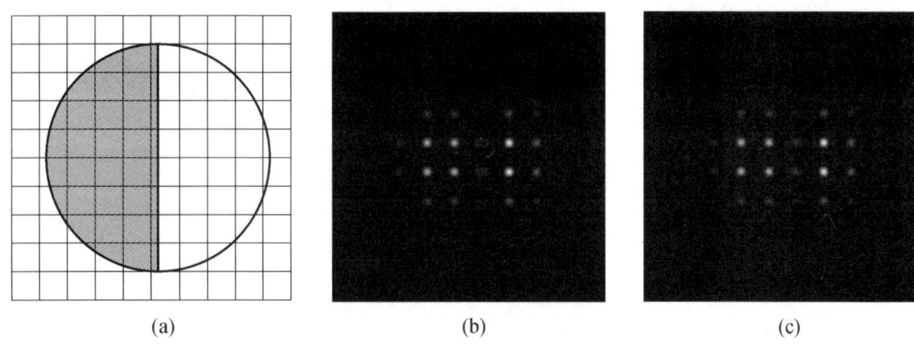

图9－36 微透镜阵列的中心与光束偏离，且相位跃变发生在一列子孔径的距左侧1/4子孔径长度位置

（a）微透镜阵列与光束的相对位置关系；（b）微透镜阵列焦平面位置光斑图像的计算结果；（c）与前述光束振幅分布相同，波面为平面的光束在相同位置入射时，微透镜阵列焦平面位置光斑图像的计算结果。

（EE）、斯特列尔比以及强度平方和（QSI）等。为考察这三种评价指标，分别计算了它们的值与TEM_{01}、TEM_{10}和TEM_{22}模拉盖尔－高斯光束相位跃变幅值的关系[31]。计算结果如图9－37～图9－39所示。由图中可见，对于这三种光束，EE的值均随着相位跃变的幅值单调下降。EE的值越小，相位跃变的幅值越大。因而EE的值可以有效地表征这三种光束相位跃变的幅值。SR的值随着TEM_{01}和TEM_{10}模拉盖尔－高斯光束相位跃变的幅值单调下降，但对于TEM_{22}模拉盖尔－高斯光束，当相位跃变的幅值超过0.4倍波长时，SR的值又随着相位跃变幅值的增大而上升，因而SR的值不能有效地反映TEM_{22}模拉盖尔－高斯光束相位跃变的幅值。但是在相位跃变的幅值较小时，SR仍然是一个有效的光束质量评价指标。虽然QSI的值均随着三种光束的相位跃变的幅值增加而单调减小，然而当相位跃变的幅值达到0.4倍波长时，QSI的值变化很小。鉴于QSI的值对大幅值的相位跃变不敏感，因而也不适合用于反映相位跃变的幅值。最终选定EE作为SPGD算法的评价指标。

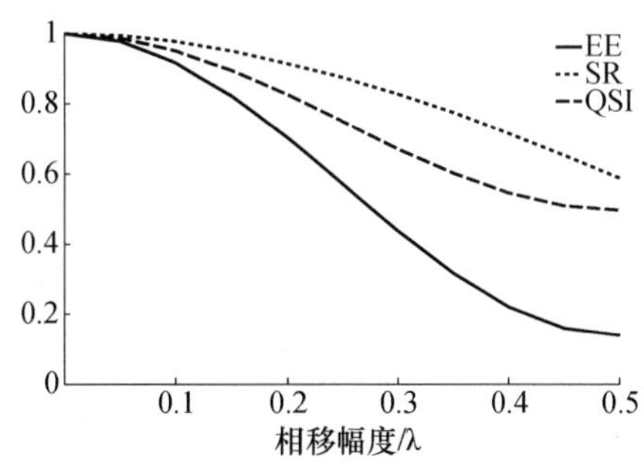

图9－37 归一化的三种评价指标的值与TEM_{01}模拉盖尔－高斯光束相位跃变幅值的关系

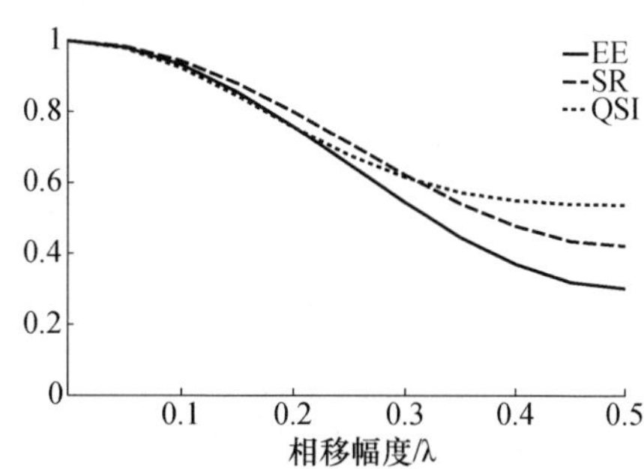

图9－38 归一化的三种评价指标的值与TEM_{10}模拉盖尔－高斯光束相位跃变幅值的关系

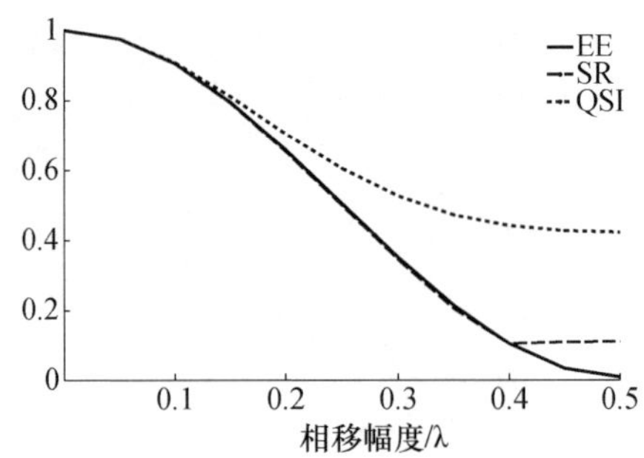

图 9－39　归一化的三种评价指标的值与 TEM_{22} 模拉盖尔－高斯光束相位跃变幅值的关系

图 9－40 给出了利用自适应光学系统校正高阶模光束的实验系统。高阶模光束由一台 LD 侧面泵浦棒状增益介质激光器产生。激光器的两个平面腔镜构成了平行平面腔。平行平面腔对腔镜倾斜比较敏感，所以可以通过偏转腔镜来输出高阶模光束。激光器输出的高阶模光束由分光镜（BS）分为两束：一束再次被另外一个分光镜分成两部分，分别被激光功率计和相机 a 接收；另一束被扩束系统扩大尺寸，以便与变形镜的镜面匹配。被变形镜校正后的高阶模光束由透镜进行聚焦，最后被相机 b 接收。计算机采集相机 b 探测到的远场信息，执行 SPGD 算法生成变形镜的控制电压，经高压放大器放大后发送到变形镜上。实验中运用的 39 单元压电驱动器变形镜的通光孔径为方形，驱动器排布如图 9－41 所示。压电驱动器变形镜对输入电压的响应线性度较好，可以利用驱动器的影响函数来解算变形镜的面形。

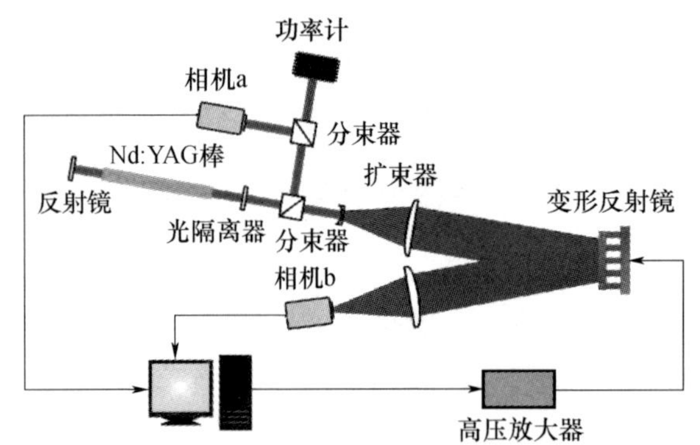

图 9－40　高阶模光束校正实验系统

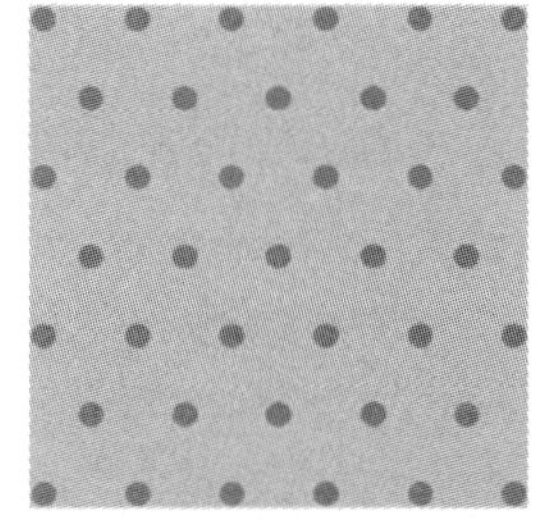

图 9－41　39 单元压电驱动器变形镜驱动器排布方式（每个圆点代表一个驱动器）

首先通过偏转腔镜使激光器输出 TEM_{10} 模光束。图 9－47(a) 给出了相机 a 采集到的近场强度分布，包含 2 个子瓣。远场聚焦光斑也包含类似的结构。在校正过程中，计算环围能量 EE 的区域中心固定选为激光器的光轴，并且该区域

的尺寸随着迭代次数不断缩小。完成校正后,远场中得到了单个稳定的亮斑,峰值强度比校正前提高了140%以上,如图9-47(c)所示。图9-47(b)给出了利用变形镜驱动器影响函数计算得到的变形镜面形。从图中可以发现,变形镜不仅产生了相位跃变,而且还补偿了其他的像差。

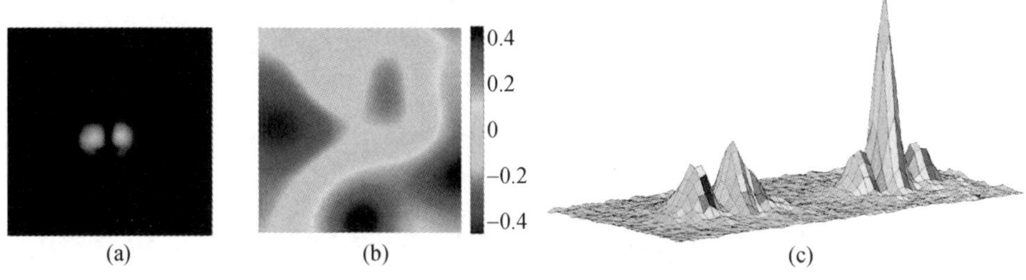

图9-42 校正TEM_{10}模光束的实验结果

(a) TEM_{10}模光束的近场强度分布;(b) 利用影响函数计算得到的变形镜面形(单位:μm);(c) 校正前(左侧)后(右侧)的光束远场强度分布对比。

此外,针对其他几种模式的高阶模光束开展了校正实验。图9-43和图9-44给出了校正TEM_{20}和TEM_{30}模光束的实验结果。在这几种情况下,自适应光学系统都能有效地将远场中的多个瓣转化为单一主瓣,而且从变形镜的面形中可以分辨出相位跃变和其他像差。以上实验结果验证了自适应光学系统校正高阶模光束的效果。受到变形镜空间分辨率的限制,这两种模式的光束校正后效果比TEM_{00}模的效果略差。

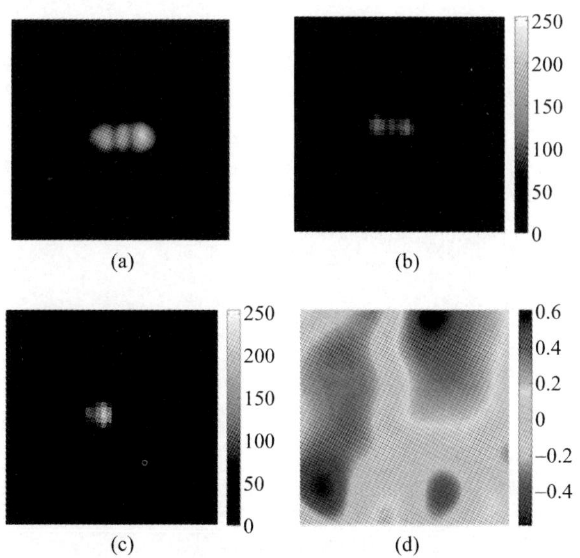

图9-43 校正TEM_{20}模光束的实验结果

(a) TEM_{20}模光束的近场强度分布;(b) 校正前的远场强度分布;(c) 校正后的远场强度分布;(d) 利用影响函数计算得到的变形镜面形(单位:μm)。

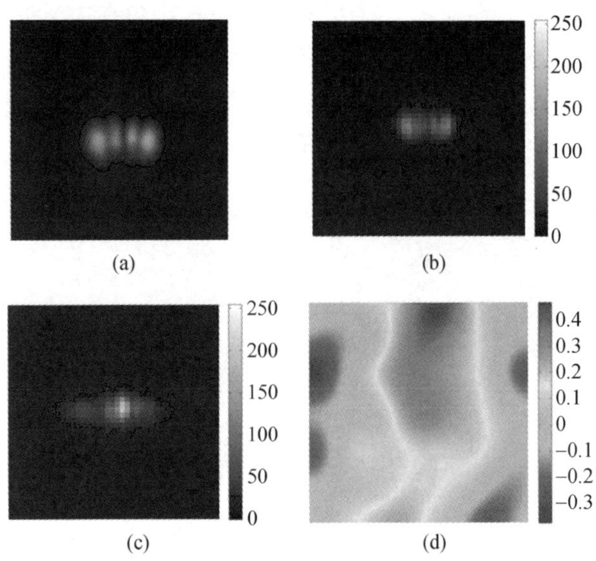

(a) (b) (c) (d)

图 9-44 校正 TEM_{30}模光束的实验结果

(a) TEM_{30}模光束的近场强度分布;(b) 校正前的远场强度分布;
(c) 校正后的远场强度分布;(d) 利用影响函数计算得到的变形镜面形(单位:μm)。

参考文献

[1] 周炳琨,高以智,陈倜嵘,等. 激光原理[M]. 5 版. 北京:国防工业出版社,2007.

[2] 李湘银,姚敏玉,李卓,等. 激光原理技术及应用[M]. 哈尔滨:哈尔滨工业大学出版社,2004.

[3] Koechner Walter, Bass Michael. Solid state lasers: a graduate text[M]. New York: Springer - Verlag, 2003.

[4] Koechner Walter. Solid - State Laser Engineering[M]. 5th edition[M]. Berlin: Springer, 1999.

[5] 姚建铨,徐德刚. 全固态激光及非线性光学频率变换技术[M]. 北京:科学出版社,2007.

[6] Hodgson Norman, Dong Shalei, Lu Qitao. Performance of a 2.3 - kW Nd:YAG slab laser system[J]. Optics Letters, 1993 (18): 1727 - 1729.

[7] Chao S L, Schnurr A D. Unstable resonator alignment using off - axis Gaussian beam propagation[J]. Applied Optics, 1984 (23): 2115 - 2121.

[8] Ferguson T R, Ploor M D. Unstable resonator alignment study using off - axis injection[J]. Applied Optics, 1991 (30): 4302 - 4309.

[9] 张翔,许冰. 正支共焦非稳腔腔内像差探测系统及调腔方法[P]. 中国专利,ZL200510011491.0,2009.

[10] Zhang Xiang, Xu Bing, Yang Wei. Theoretical analysis of intracavity tilt perturbation and aberration correction for unstable laser resonators[J]. Optical Engineering, 2006 (45): 104203.

[11] 刘文广,张文静,刘泽金,等. 采用自准直反馈光路的非稳腔自动调腔系统及调腔方法[P]. 中国专利,ZL200710035292.2, 2009.

[12] Dong Lizhi, Liu Wenjin, Yang Ping, et al. A simple method for automatic cavity alignment of a solid - state laser[J]. Optics Communications 2011, 284, 2003 - 2006.

[13] Fox A G, Li T. Resonant modes in a maser interferometer[J]. Bell Sys. Tech. J., 1961 (40): 453 - 488.

[14] Goodman J W. Introduction to Fourier Optics[M]. 2nd edition. New York: McGraw - Hill, 1996.

[15] Yang Ping, Liu Yuan, Yang Wei, et al, Adaptive mode optimization of a continuous - wave solid - state laser using an intracavity piezoelectric deformable mirror[J]. Optics Communications, 2007, 278: 377 - 381.

[16] Yang Ping, Ao Mingwu, Liu Yuan, et al. Intracavity transverse modes control by an genetic algorithm based on Zernike mode coefficients[J]. Optics Express, 2007, 15: 17051 - 17062.

[17] Vorontsov M A, Sivokon V P. Stochastic parallel - gradient - descent technique for high - resolution wave - front phase - distortion correction[J]. J. Opt. Soc. Am. A, 1998, 15: 2745 - 2758.

[18] Hartmann Wavefront Analyzer Tutorial. http://www. spiricon. com.

[19] 雷翔,董理治,杨平,等. 基于哈特曼传波前感器的板条增益介质畸变诊断方法[J]. 强激光与粒子束, 2012(24).

[20] 郁道银,谈恒英. 工程光学[M]. 2 版. 北京,机械工业出版社,2006.

[21] Ogata Katsuhiko. Modern Control Engineering[M]. 4th edition. New York: Prentice Hall, 2002.

[22] Dorf Richard C, Bishop Robert H. Modern control systems [M]. 9th edition. New York: Prentice Hall, 2001.

[23] Yang P, Lei X, Yang R, et al. Fast and stable enhancement of the far - field peak power by use of an intracavity deformable mirror[J]. Applied Physics B: Lasers and Optics, 2010, 100: 591 - 595.

[24] 陈铭清,王静环. 激光原理[M]. 杭州:浙江大学出版社,1992.

[25] Oron Ram, Danziger Yochay, Davidson Nir, et al. Discontinuous phase elements for transverse mode selection in laser resonators[J]. Applied Physics Letters, 1999 (74): 1373 - 1375.

[26] Siegman A E. Binary phase plates cannot improve laser beam quality[J]. Optics Letters, 1993 (18): 675 - 677.

[27] Ishaaya Amiel A, Davidson Nir, Machavariani Galina, et al. Efficient selection of high - order laguerre - gaussian modes in a q - switched Nd:YAG Laser[J]. IEEE Journal of Quantum Electronics, 2003 (39): 74 - 82.

[28] Ishaaya Amiel A, Davidson Nir, Friesem Asher A. Very high - order pure Laguerre - Gaussian mode selection in a passive Q - switched Nd:YAG laser[J]. Optics Express, 2005 (13): 4952 - 4962.

[29] Machavariani Galina, Ishaaya Amiel A, Shimshi Liran, et al. Efficient mode transformations of degenerate Laguerre - Gaussian beams[J]. Applied Optics, 2004 (43): 2561 - 2567.

[30] Ishaaya A A, Machavariani G, Davidson N, et al. Conversion of a high - order mode LG beam into a nearly Gaussian beam by use of a single interferometric element[J]. Optics Letters, 2003 (28): 504 - 506.

[31] Dong L, Yang P, Xu B, et al. High - order mode Laguerre - Gaussian beam transformation using a 127 - actuator deformable mirror: numerical simulations[J]. Applied Physics B: Lasers and Optics, 2011, 104: 725 - 733.

第 10 章 基于自适应光学的激光光束合成

10.1 激光光束合成简介

自激光器诞生以来,科研人员一直在为实现功率密度高、光束质量优的激光束而努力。当前,以固体板条激光器、光纤激光器为代表的全固态激光器件在功率水平、光束质量等方面都取得了长足的进步,并在工业、民用和国防等领域获得了广泛应用。固体板条激光器是以固体板条材料作为增益介质的激光器,具有体积小、重量轻、效率高和寿命长等优点。光纤激光器是以掺杂光纤作为增益介质的激光器,通常采用主振荡 - 功率放大结构来实现高功率的激光输出,具有光束质量好、电光效率高、激光柔性输出、体积小、重量轻、维护简单等优点,是未来激光发展的主流方向之一。

近年来的科研成果表明,激光光束合成是实现高功率密度、高光束质量激光束的一种有效途径,在激光大气传输、自由空间激光通信、激光雷达等领域有着广阔的应用前景。目前,固体板条激光器和光纤激光器已成为光束合成技术的首选光源。激光光束合成主要可分为相干合成与非相干合成两种方式。

10.2 激光相干合成技术

相干合成能在大幅度提高输出光功率的同时保证好的光束质量。因此,相干合成技术成为激光光束合成领域中最热门的部分,关于它的研究与报道也最多。激光相干合成,是指通过控制多束合成激光的波长、相位、偏振态等使其步调一致,从而满足相干条件。

近年来,中国科学院光电技术研究所在相干合成核心器件研制、相位差探测、控制算法等方面都展开了卓有成效的研究。

10.2.1 用于相干合成的自适应光学校正器

在激光相干合成技术中,需要对阵列光束的波前进行操控,这就需要用到像差校正器件。中国科学院光电技术研究所针对相干合成的特点研制了多种自适应光学器件,可实现对单元光束波前平移和倾斜像差的操控。

1. 分块反射镜

分块反射镜可以分别或同时补偿光束的平移和倾斜像差,与连续表面变形镜最大的不同在于,其各个子镜的镜面是刚性的,子镜只能做整体的平移或倾斜运动。因此,分块反射镜只能校正低阶像差,不适用于高阶像差的校正。分块反射镜的结构简单,可适用于多种光源的激光相干合成[1-5]。

1)分块反射镜结构

中国科学院光电技术研究所研制的一种7单元分块反射镜如图10-1所示。各子镜之间紧密排布,尺寸相同,均为直径16 mm的圆形反射镜。每个子镜都由三个呈正三角形排布的驱动电极驱动。驱动电极由压电陶瓷堆构成,其行程约为±2 μm,在行程范围内具有较高的线性度,响应频率在1 kHz以上。三个驱动电极可以独立控制,因此每个子镜都有三个自由度,即镜面沿轴线(Z轴)的平移活塞运动以及沿X、Y轴的旋转,分别对应于校正入射光束的平移像差以及X、Y方向的倾斜像差。

2)平移像差校正原理

分块反射镜校正光束的平移像差时,是通过前后平移运动来补偿光束传播方向的光程长度而实现的,如图10-2所示。由于反射作用,补偿的光程差与镜面的平移距离有2倍的关系,因此称光束相位改变2π时对应的驱动电压为半波电压$V_{\lambda/2}$。在压电陶瓷的正常工作范围内,压电陶瓷伸长或缩短的距离与电极上所加的电压成高度近似的线性关系,将改变的平移相位表示为

$$\Delta\varphi = -2\pi V/V_{\lambda/2} \tag{10-1}$$

式中:V为电极上所加的电压。一般加正电压时压电陶瓷会伸长,因此导致光程减小,平移相位减小,所以二者成反向变动关系。通常参数$V_{\lambda/2}$需要实验测定。

图10-1 呈圆对称排布的分块变形镜实物

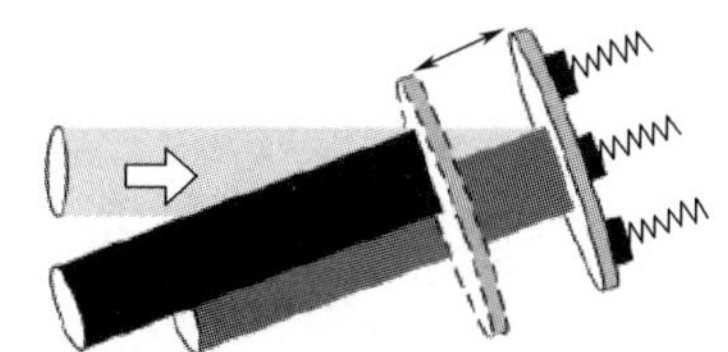

图10-2 子镜平移运动补偿平移相位的示意图

3)倾斜像差校正原理

分块反射镜校正光束的倾斜像差时,是以子镜的倾斜运动实现的,如图10-3所示。此时,子镜的功能等价于倾斜镜,可以按倾斜镜的分析方法来分析子镜的

运动。

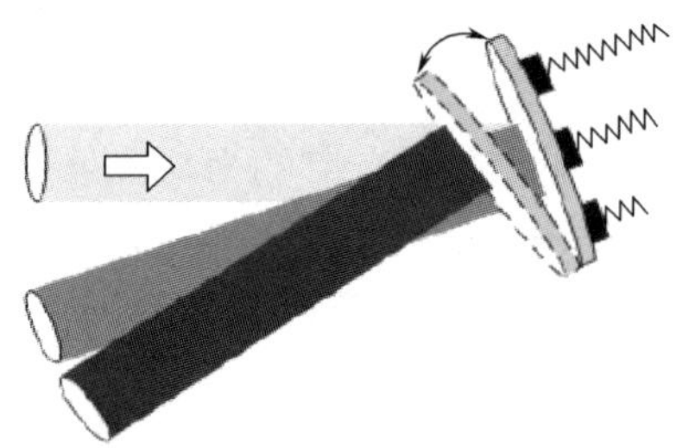

图 10 – 3　子镜校正倾斜的示意图

图 10 – 4(a)是子镜电极分布的示意图,实际中各子镜的电极分布位置需要通过实验测定的方法确定。定义电极位置 $P_N(N=1,2,3)$到正三角形外接圆圆心 O 的矢量为该电极对应的电极矢量 $\boldsymbol{R}_N$。若固定两个电极 P_2、P_3并给第三个电极 P_1加驱动电压,在远处的观测屏上会看到光束的中心在矢量 $\boldsymbol{R}_1$方向上移动。这个规律对 P_2 或 P_3也一样成立。而且,各驱动电极的移动矢量 $\boldsymbol{R}_N$与电极上所加的电压 V_N之间可近似为线性关系 $\boldsymbol{R}_N = V_N \cdot \boldsymbol{r}_N (N=1, 2, 3)$,用分解形式表示为

$$\begin{cases} x_N = V_N \cdot x_{0N} \\ y_N = V_N \cdot y_{0N} \end{cases} \tag{10 - 2}$$

式中:$\boldsymbol{r}_N(x_{0N}, y_{0N})$为驱动电极 N 上加单位电压所产生的单位电极矢量。总的倾斜效果是各电极矢量的矢量叠加 $\boldsymbol{R} = \boldsymbol{R}_1 + \boldsymbol{R}_2 + \boldsymbol{R}_3$,即

$$\begin{cases} x = V_1 \cdot x_{01} + V_2 \cdot x_{02} + V_3 \cdot x_{03} \\ y = V_1 \cdot y_{01} + V_2 \cdot y_{02} + V_3 \cdot y_{03} \end{cases} \tag{10 - 3}$$

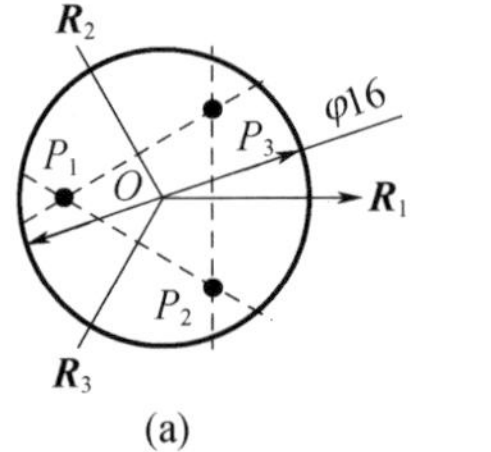

(a)

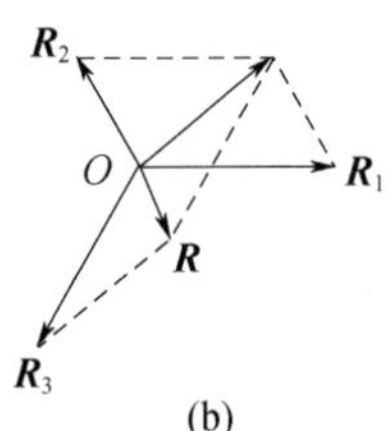

(b)

图 10 – 4　子镜电极分布的示意图
(a)子镜电极分布;(b)电极矢量。

(x, y)为目标偏移矢量 $\boldsymbol{R}$,如图 10 – 4(b)所示。此外,$\boldsymbol{r}_N$之间还有一个约束

$$\begin{cases} r_{+} r_2 + r_3 = 0 \\ x_{01} + x_{02} + x_{03} = 0 \\ y_{01} + y_{02} + y_{03} = 0 \end{cases} \tag{10 - 4}$$

代入式(10－3)可得

$$\begin{cases} V_1 = \dfrac{y_{02}x - x_{02}y}{x_{01}y_{02} - y_{01}x_{02}} + V_3 \\ V_2 = \dfrac{y_{01}x - x_{01}y}{x_{02}y_{01} - y_{02}x_{01}} + V_3 \end{cases} \tag{10-5}$$

V_3是多余的自由度,只校正倾斜时可令$V_3=0$,实验中只需要测得 1、2 号电极的单位电极矢量(x_{01},y_{01})、(x_{02},y_{02})和目标偏移矢量(x,y)就可以得到 1、2 号电极上应该施加的电压。当$V_3 \neq 0$时,说明除倾斜外镜子还产生一个整体的平移,此时就是平移像差与倾斜像差同时校正的情况,如图 10－5 所示。

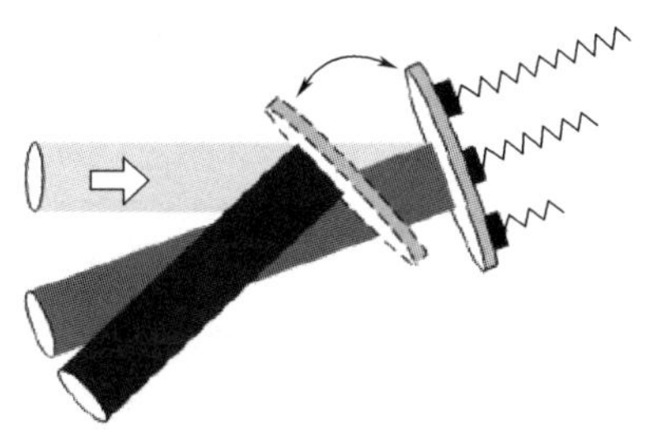

图 10－5　子镜同时校正平移与倾斜像差的示意图

2. 压电环光纤相位调制器

在光纤激光相干合成中,最常用的锁相器件是铌酸锂相位调制器。但是,由于铌酸锂相位调制器具有破坏阈值低、插入损耗大、价格昂贵等缺点,其使用存在诸多不便。基于压电陶瓷环的光纤相位调制器结构简单、破坏阈值高(全光纤结构)、插入损耗低、价格相对低,是一种理想的锁相器件并在相干合成中得到了应用[6]。压电环光纤相位调制器利用逆压电效应,压电陶瓷环在电场的作用下发生径向形变,使缠绕在其上的光纤拉伸变形,改变了光纤内激光的光程,达到调节出射激光相位的目的。目前,普通商用的压电环光纤相位调制器的工作带宽已达到 100kHz,而公开报告的百瓦量级光纤放大器的相位起伏特征频率小于 100Hz。因此,压电环光纤相位调制器的工作带宽已经足够补偿光纤放大器引入的相位噪声,并有望在高功率光纤激光相干合成领域得到广泛应用。

1)相移系数分析

压电环光纤相位调制器的结构如图 10－6 所示。一段光纤缠绕在压电陶瓷环上,当陶瓷环受到沿径向的调制电压 V 作用时,逆压电效应引起环壁厚度的变化,从而改变缠绕在其上的光纤长度,即改变光纤中传播的光信号的光程,达到相位调制的目的。

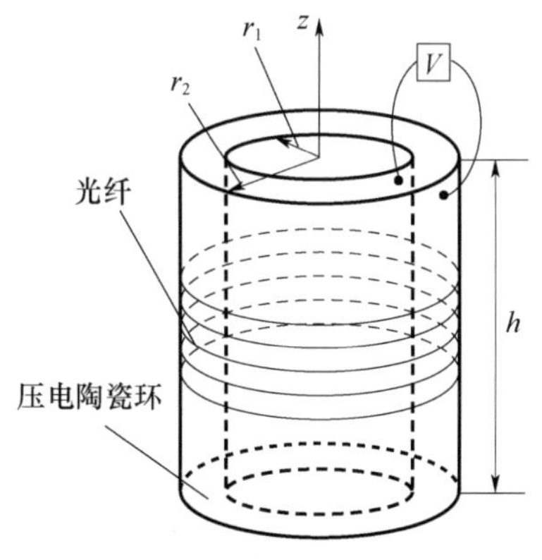

图 10－6　压电环光纤相位调制器的结构

压电环光纤相位调制器的相移系数是光纤中传播光相位改变量与压电陶瓷激励电压的比值,即

$$k = \frac{\Delta\varphi}{\Delta V} = \frac{2\pi n\xi}{\lambda} \times \frac{2\pi k_{dp} r_2 N d_{33}}{r_e \ln(r_2/r_1)(1+v)(1+A_E)} \tag{10-6}$$

式中：λ 为光波长；r_1、r_2 和 r_e 分别为压电陶瓷环的内、外半径和平均半径；d_{33} 为压电陶瓷环的径向压电应变系数；v 为材料的泊松比；n、ξ 分别为光纤纤芯的有效折射率和光纤应变系数；N 为光纤的缠绕圈数；k_{dp} 为负载系数（考虑到光纤在压电陶瓷环上的应变不一致及滑动带来的灵敏度下降），一般为 0.1～1；A_E 为与压电陶瓷环的材料和形状有关的常数，可表示成

$$A_E = \frac{[(1-v)r_2^2 + (1+v)r_1^2]k_{fn}N}{u(r_2^2 - r_1^2)r_2 h} \tag{10-7}$$

其中：h 为压电陶瓷环的高度；u 为压电陶瓷的弹性模量；k_{fn} 为光纤刚度。

一般地，$A_E \ll 1$，即 $1 + A_E \approx 1$，故式（10-6）可简化为

$$k = \frac{\Delta\varphi}{\Delta V} \approx \frac{8\pi^2 n\xi k_{dp} N r_2 d_{33}}{\lambda(r_1 + r_2)\ln(r_2/r_1)(1+v)} \tag{10-8}$$

由式（10-8）可知，压电环光纤相位调制器的相移系数与光波长、压电陶瓷环的内外半径、光纤缠绕圈数、压电应变系数等因素有关。可通过增加光纤缠绕圈数 N 或选择应变系数 d_{33} 较大的压电材料等方法使调制器的相移系数增大。

2）相移系数测量方法

中国科学院光电技术研究所提出了一种基于杨氏双缝干涉原理的相移系数测量方法，如图 10-7 所示。光源产生的激光耦合进光纤，经分束器分为两路，一路接压电环光纤相位调制器。两路光分别从光纤出射，其交叠区域照射在 CCD 相机上，形成干涉条纹，通过计算干涉条纹的移动量和加载于相位调制器上调制电压的关系即可求得调制器的相移系数。

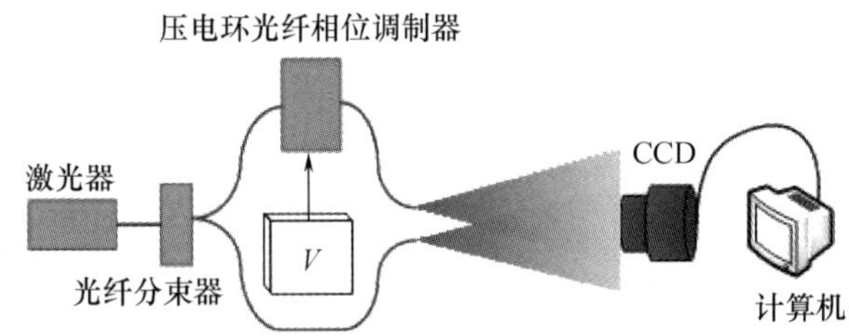

图 10-7 基于杨氏双缝干涉的相位调制器相移系数测量方法

该测量方法中，从光纤出射的两束光在 CCD 相机处的干涉情况如图 10-8 所示。其中，激光沿 Z 轴传输，S_1 和 S_2 分别为两光纤的出射端，t 为两出射端的间距，l 为光源中心到 CCD 相机的距离，NA 为光纤的数值孔径。

由几何关系知，两束激光在 CCD 相机靶面上的重合宽度为

$$w = 2\text{NA} \cdot l - t \tag{10-9}$$

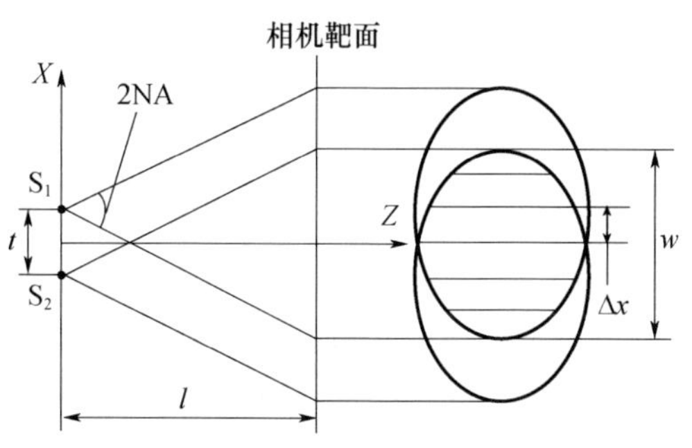

图 10-8　两束激光的干涉条纹示意图

重合宽度随着光源到 CCD 距离 l 的增大而线性增加。

根据杨氏双缝干涉原理可知，CCD 上干涉条纹的间距为

$$\Delta x = \frac{1}{t}\lambda \tag{10-10}$$

由式(10-10)可知，条纹间距与光源到 CCD 的距离以及激光波长成正比，与两出射端的间距 t 成反比。而在加载于相位调制器上的激励电压 V 的作用下，当 CCD 上的干涉条纹移动一个条纹间距时，对应着光纤中光信号的相位 φ 改变了 2π。这样，通过记录干涉条纹的移动量和加载于相位调制器上的激励电压的变化，就可以算得光纤中激光的相位改变量 $\Delta\varphi$ 与激励电压变化量 ΔV 的比值，即获得了相位调制器的相移系数。

3）相移系数实验验证

自行研制了一个压电环光纤相位调制器，外径、径向厚度和高度分别为 42mm、25mm 和 35mm。由式(10-8)算得相移系数为 0.903rad/V。用同样的方法对该相位调制器的相移系数进行了测试，$\Delta\varphi - V$ 曲线如图 10-9 所示。由拟合曲线可知相移系数为 0.924rad/V，与理论值之间存在 2.3% 的偏差，有较好的一致性。

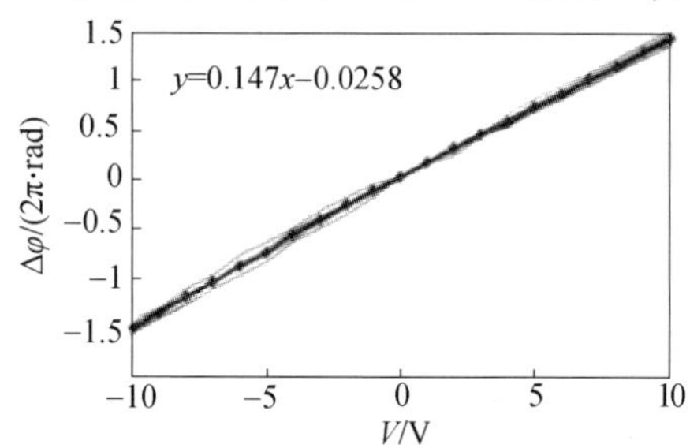

图 10-9　自制的压电环光纤相位调制器的 $\Delta\varphi - V$ 实测曲线

3. 自适应光纤准直器

在激光的定向能传输、相干合成、自由空间光通信等领域中，普遍需要用到一种能使光束受控地产生快速、小角度变化的器件。控制光束倾斜的传统方法

是使用高速倾斜反射镜。倾斜镜的机械谐振频率相对较低，在对控制带宽要求较高的情况下不容易实现。2005 年，美国陆军研究实验室的 L. Beresnev 等研制的自适应光纤准直器(Adaptive Fiber – Optics Collimator，AFOC)是控制光纤光束倾斜的新型自适应光学器件。自适应光纤准直器直接驱动光纤尖端，运动惯性小，机械谐振频率高，结构上更紧凑，有利于阵列化集成。相关实验研究表明，自适应光纤准直器可以很好地用于光学相控阵系统中校正光束间的倾斜像差。中国科学院光电技术研究所于 2008 年也展开了对该器件的研究工作[7-13]。

1）自适应光纤准直器原理

自适应光纤准直器由基座、两对双压电驱动器、柔性十字梁和准直透镜组成，如图 10 – 10 所示。其中，由基座、双压电驱动器和柔性十字梁组成的光纤端面定位器是整个器件的核心。光纤端面固定于十字梁的中心，由在 X、Y 方向布置的两对双压电驱动器驱动，在焦平面内平移。出射光束经透镜准直后产生方向上的变化。准直透镜的焦距为 f，光纤端面在焦平面内沿 X 轴偏移 Δx，则出射激光相对于光轴偏转角度 $\varphi = \arctan(\Delta x/f)$，由于偏转角度很小，所以 $\varphi \approx \Delta x/f$。当准直透镜的焦距确定后，偏转角 φ 的大小将取决于光纤端面的偏移量。因此，提高光纤端面的偏移量和偏转速度显得十分关键，而这主要取决于双压电驱动器及柔性十字梁的结构参数。

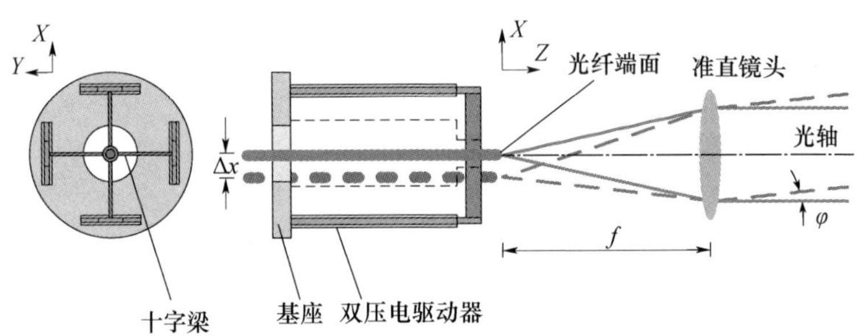

图 10 – 10　自适应光纤准直器组成

2）光纤端面定位器模态分析

对自适应光纤准直器中的光纤端面定位器进行了模态分析。光纤端面定位器底部固定，计算了第 1 ~ 3 阶的振型，如图 10 – 11 所示。其中，前两阶振型与其实际工作时的形态一致。

3）自适应光纤准直器性能测试

对于自适应光纤准直器，主要关心的性能参数是出射准直光束的偏转量大小以及器件的频率响应特性。图 10 – 12 为中国科学院光电技术研究所研制的一种光纤端面定位器的电压—偏移量实测曲线。器件在 –400 ~ 400V 电压范围内的实测结果与理论分析存在约 5% 的偏差，一致性较好。选用焦距为 60mm 的准直透镜，可获得 ±2mrad 的出射光束偏转角。

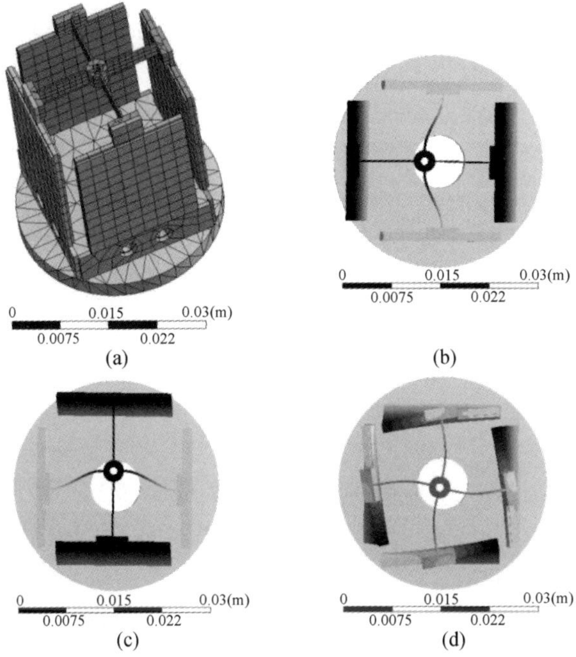

图 10－11　光纤端面定位器的模态分析

(a)网格划分;(b)～(d)第 1～3 阶振型。

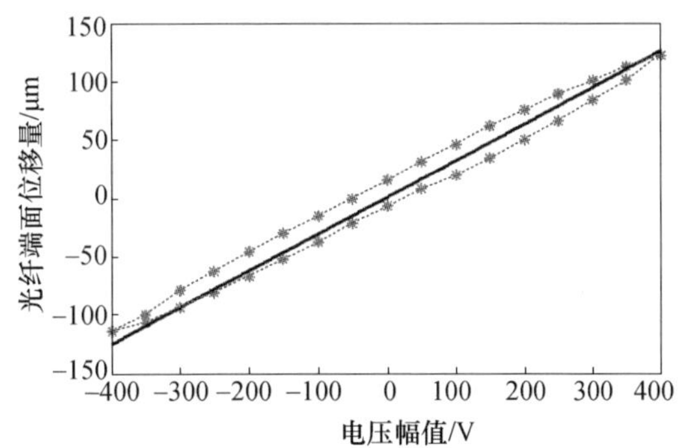

图 10－12　光纤端面的电压—偏移量曲线(实线为理论值,'＊'为实测值)

实验测试了光纤端面定位器的频响特性曲线,如图 10－13 所示,第 1 阶谐振频率约为 800Hz。可通过提高双压电驱动器的刚度,减小其长度的方法提高谐振频率。

4）一种可同时调整光程和光束倾斜的自适应光纤准直器

中国科学院光电技术研究所研制了一种可同时调整光程与光束倾斜的自适应光纤准直器,包括锁相模块和倾斜校正模块,其工作原理如图 10－14 所示。光纤端面固定于十字梁中心,在准直透镜的焦平面内平移,激光准直输出。

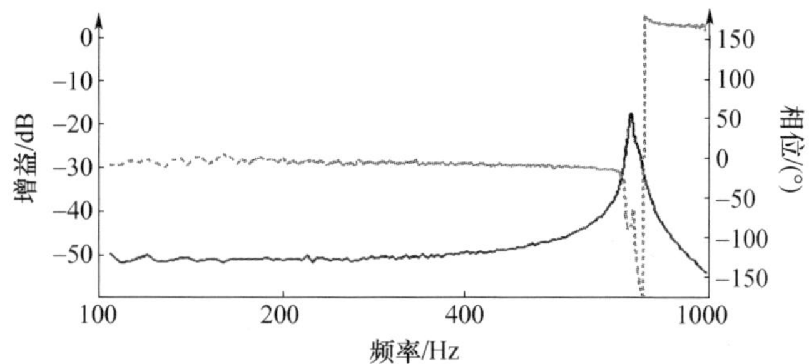

图 10-13　光纤端面定位器绕 X 轴的实测频响曲线

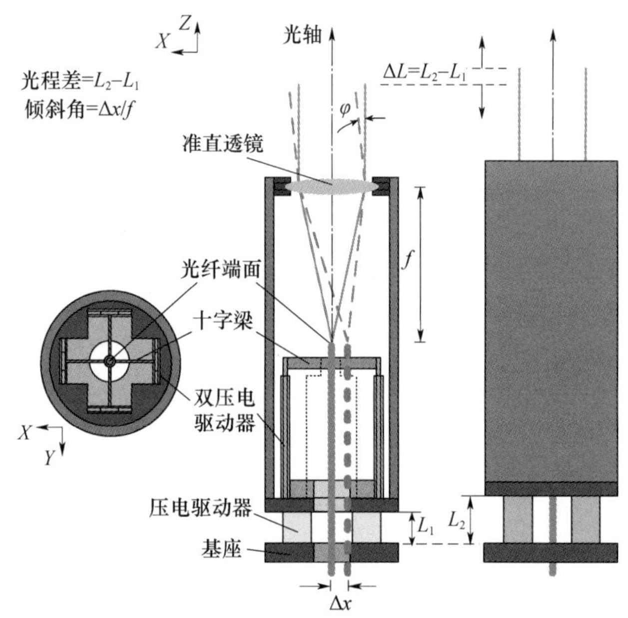

图 10-14　可同时调整光程和光束倾斜的自适应光纤准直器工作原理

(1) 锁相模块:压电堆驱动器工作时,于 Z 方向施加电场,压电堆驱动器的微量伸缩带动准直器做轴向的同方向运动,调节光程,光程改变量等于压电堆驱动器的伸缩变化量 ΔL。

(2) 倾斜校正模块:双压电驱动器工作时,在 X(或 Y)方向施加电场,两压电片一片伸长一片缩短,驱动器在 X(或 Y)方向弯曲,驱动十字梁,带动光纤端面在准直透镜的焦平面内平移 Δx,出射光的倾斜量大小为 $\Delta x / f$,其中 f 为准直镜头焦距。

10.2.2　基于干涉测量法的相干合成技术

1. 干涉测量法原理

干涉测量法[4,14,15]可用于平移像差的探测,其基本原理来自于两束激光发生完全同轴重合时所产生的零级干涉现象。当两路激光发生同轴干涉后，两者的叠加部分将出现明暗整体变化的零级干涉条纹，其复振幅可表示为

$$U = u_1 + u_{\text{ref}} = a_1 \exp(\mathrm{i}\varphi_1) + a_{\text{ref}} \exp(\mathrm{i}\varphi_{\text{ref}}) \tag{10-11}$$

式中：a、φ 分别为阵元光束的振幅和平移相位。

零级条纹的光强可表示为

$$I = U \cdot U^* = a_1^2 + a_{\text{ref}}^2 + 2a_1 a_{\text{ref}} \cos(\varphi_{\text{ref}} - \varphi_1) \tag{10-12}$$

已知余弦函数的极值为 -1 和 1，因此，光强的极值分别为

$$\begin{cases} I_{\max} = a_1^2 + a_{\text{ref}}^2 + 2a_1 a_{\text{ref}} \\ I_{\min} = a_1^2 + a_{\text{ref}}^2 - 2a_1 a_{\text{ref}} \end{cases} \tag{10-13}$$

将式(10-13)代入式(10-12)，可得零级条纹强度与平移相位误差之间的关系为

$$\Delta\varphi = \varphi_{\text{ref}} - \varphi_1 = \arccos\left[\frac{2I - (I_{\max} + I_{\min})}{I_{\max} - I_{\min}}\right] \tag{10-14}$$

通常，采用光电探测器对光强进行采集和量化。在正常工作状态下，光电探测器的电压信号与照射光强之间成正比关系，因此，可将式(10-14)改写为

$$\Delta\varphi = \arccos\left[\frac{2V - (V_{\max} + V_{\min})}{V_{\max} - V_{\min}}\right] \tag{10-15}$$

式(10-15)描述了一种可行的基于零级干涉现象的平移误差实验测量法。然而，由于反余弦函数的值域为[0, π]，因此，通过式(10-15)所提取的相位误差也限于该区间之内。对于处在区间[-π, 0]或大于一个周期的相位偏移量，实际能测定的只是其落在[0, π]内的余数部分。如果需要探测真实的相位误差值，则需要采用相位解缠绕技术。不过，对于相干合成技术，最终目标在于将所有阵元光束锁定到同相状态，即相位保持为 0 或 2π 的整数倍。因此，干涉测量法在相干合成技术中是适用的。

2. 7 路激光相干合成实验平台

为了验证干涉测量法的实际效果，搭建了 7 单元的激光相干合成实验平台，如图 10-15 所示，其中的相位控制器件为分块反射镜。实验中设计了六棱反射锥实现 7 路激光在空间的二维排列，6 路激光通过斜表面进行反射，第 7 路激光经由中轴穿出，由此可形成具有高填充因子的空间二维激光阵列。参考光经扩束准直后，与 7 单元激光阵列发射同轴重合，分别获得 7 路零级干涉条纹。为了实现 7 路零级干涉光强的同步探测，设计了一个特殊的光电探测器阵列，如图 10-16 所示。在该器件中，7 个光电探测器依照光束阵列的几何定位关系进行排布，使得 7 个零级条纹能刚好照射在各探测器的光敏面上。在后续信号处理电路中，每一个探测器都有配有独立的信号预处理和放大电路，因此，可根据增益调节，将光强转化为合适于量程大小的电压信号进行输出。

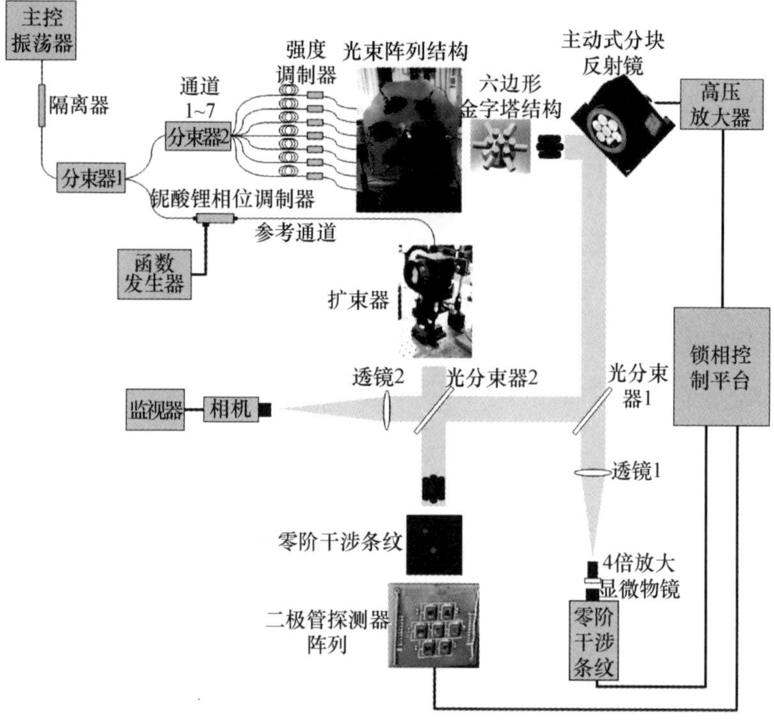

图 10-15　基于干涉测量法的 7 路激光相干合成实验系统原理

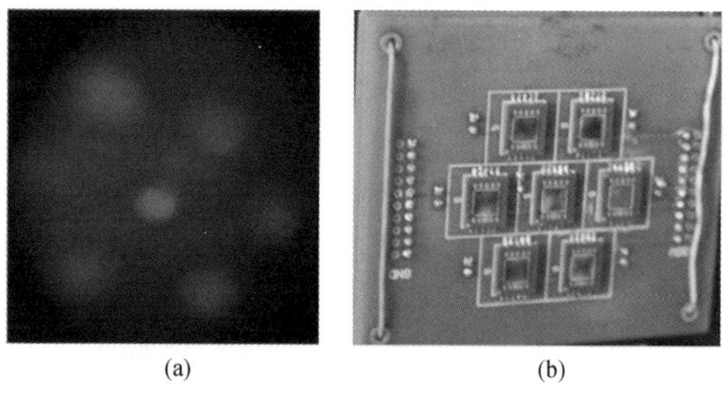

(a)　(b)

图 10-16　零级干涉条纹与对应的光电探测器阵列

(a)干涉条纹;(b)光电探测器阵列。

实验中采用比例控制算法生成控制电压,以驱动分块反射镜实现平移相位校正。由于 7 路光束之间完全并列,因此以 j 路为例,比例控制算法的电压反馈方程为

$$V_j^{(k+1)} = K_1 \cdot V_j^{(k)} + K_2(K_3 \cdot V_j^{\max} - V_j^{(k)}) \tag{10-16}$$

式中:$V_j^{(k)}$ 为第 j 路光电探测器在第 k 次循环时的实时电压信号;而 $V_j^{\max}$ 为该路信号在反馈未开启情况下的最大值,是算法的收敛目标;K_1、K_2、K_3 为算法控制

系数，根据实际情况进行设定与优化。

当算法运行时，7 路零级条纹将被控制在各自的最亮值附近，此时光束阵列与参考光之间达到同相锁定。因此，整个阵列将实现相干合成。此外，由于各路光束的反馈控制回路完全并列与独立，因此可以方便地添加合成路数而不会影响闭环能力。

3. 实验结果

图 10－17 显示了光电探测器阵列信号在开闭环状态下的时间变化曲线。开环时，由于动态相位噪声的影响，使得零级干涉条纹的光强发生随机抖动，因

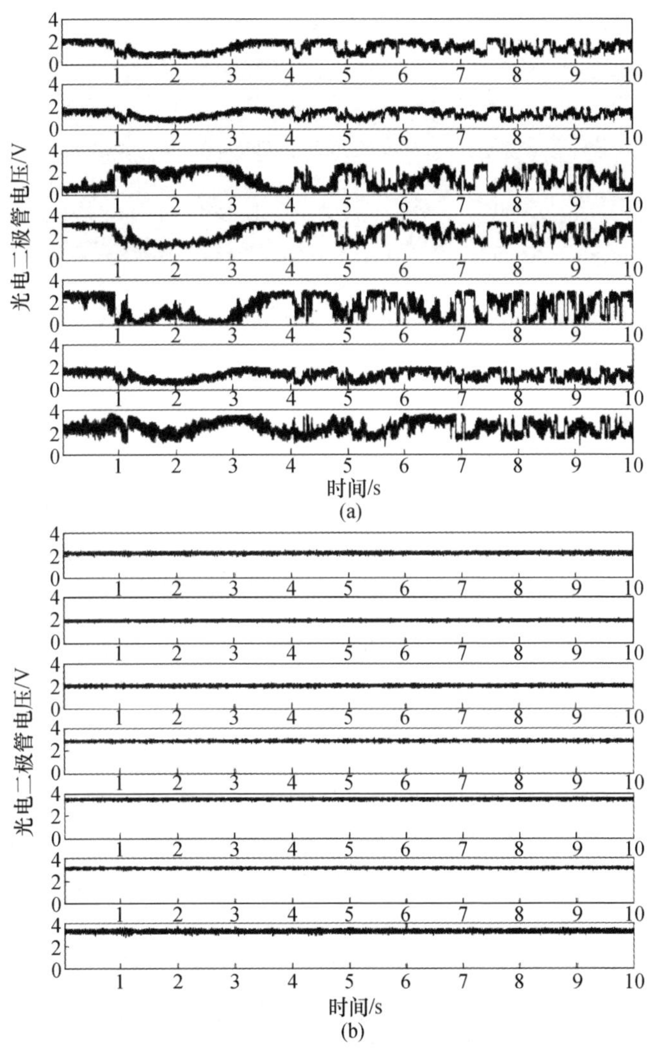

图 10－17 光电探测器阵列输出电压信号随时间变化曲线
(a)开环；(b)闭环。

此电压信号也随之迅速起伏。闭环后，比例算法实施反馈控制，驱动分块反射镜进行平移相位调制，使得探测器电压信号收敛到最大值附近，7个零级干涉条纹被稳定在了最亮状态。该状态表明各路激光均和参考光达到同相锁定，从而实现了相干合成。

远场长曝光图如图10－18所示，曲线表示了各光斑的 y 轴剖面轮廓。开环时，由于存在平移相位噪声，远场光斑发生随机漂移，因此长曝光图亮度暗，对比度低。闭环后，远场出现了清晰的干涉光斑，并且具有明显的高亮度主瓣，能量集中度获得了显著提高，其强度分布已接近于理想情况。

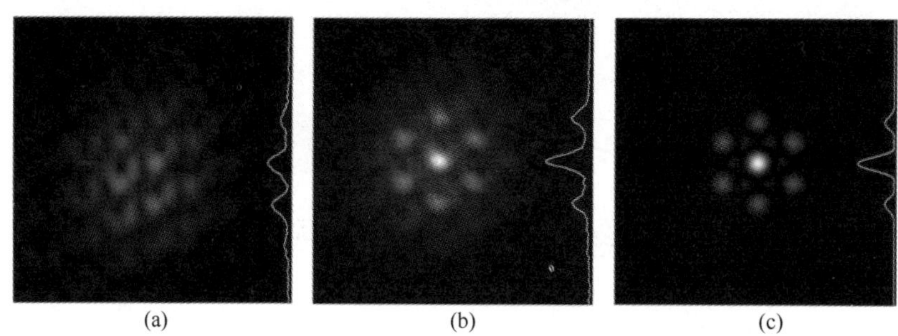

图10－18　远场光斑10s长曝光图（左部曲线为光斑中心处的 y 轴强度分布曲线）
(a)开环；(b)闭环；(c)理想衍射极限。

4. 闭环系统带宽分析

实验中，采用人为引入相位噪声的方法对闭环系统的控制带宽进行了定量研究。采用铌酸锂相位调制器和函数信号发生器在参考光通道中引入正弦型相位调制模拟动态相位噪声，由于信号发生器输出函数波的频率和振幅均可自由调整，因此可以定量分析闭环系统在不同频率和振幅情况下的实际校正结果。实验中，首先令信号发生器持续输出正弦电压信号，同时采用示波器观察光电探测器的输出信号，以此对相位差进行实时监控；然后令控制系统进行闭环工作，并在固定正弦波频率的情况下对振幅进行微调，令其逐渐增大；最后通过观察示波器显示的电压信号对闭环情况下的残余相位误差进行分析，当相位差起伏约为 $\lambda/10$ 时，记录此时噪声信号的频率和振幅。此信号反映了系统可控误差的一个临界状态：当扰动幅度继续增大时，残余相位差将大于 $\lambda/10$，使得相干合成判据无法得到满足，导致闭环失败；当扰动幅度小于此临界状态时，相干合成判据可以成立，此时闭环系统将发挥良好的校正作用。

按照以上步骤进行带宽临界状态测试，最后获得如图10－19所示的实验曲线。曲线为示波器所记录的开闭环情况下的探测器电压信号：图中上一行属于开环状态，下一行属于闭环状态；从左到右四列分别对应了四组不同的相位噪声情形，其频率和振幅依次为20Hz/π、40Hz/π、80Hz/0.5π、170Hz/0.25π。从图10－19(b)～(d)中可见，闭环电压曲线的起伏恰好对应了 $\lambda/10$ 波长的残余相位误差,表明 40Hz/π、80Hz/0.5π、170Hz/0.25π 三个扰动信号均属可控误差的临界值。并且,随着相位噪声频率的升高,可控误差的振幅临界值将随之下降。而图 10-19(a)中的闭环结果几乎为一条直线,没有明显的相位残余误差。说明 20Hz/π 程度的扰动属于系统的可控范围以内,可以获得良好的校正。

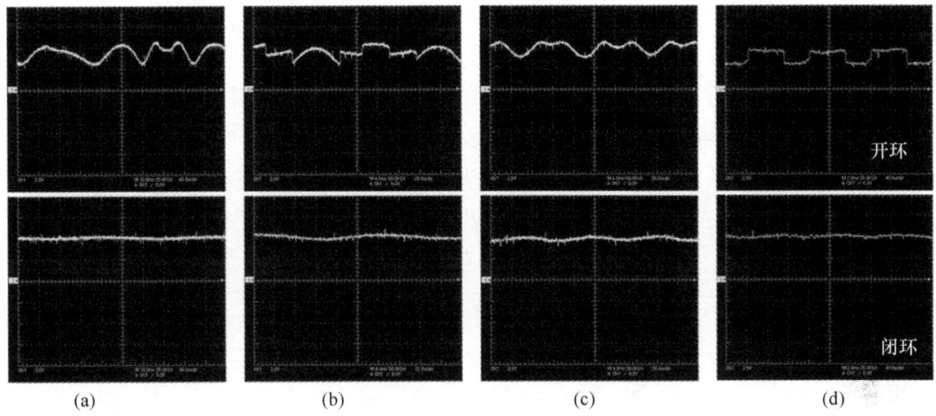

图 10-19 探测器电压信号的示波器曲线

(a)20Hz/π;(b)40Hz/π;(c)80Hz/0.5π;(d)170Hz/0.25π。

注:四组曲线中示波器的时间分辨率设定依次为 10ms、4ms、4ms 和 2ms,电压分辨率均为 5V。

10.2.3 基于修正 PR 算法的相干合成技术

1. 原理介绍

在相干合成技术中,一个波长周期内,合成光束间不同的平移相位差在远场会形成不同的干涉图样。对于两束具有平移相位差平面光波的衍射图,可以从衍射图的光强分布特征进行特征提取。图 10-20 是通过计算机仿真得到的两路相干准直光束在平移相位差分别为 0、π/2、π 和 3π/2 时的远场一维光强分布,纵坐标是归一化峰值光强,两光束的传播方向平行,波长为 632.8nm,光束半径为 16.5mm,光束间隔为 0.5mm。由图 10-20 可以看到,随着平移相位差的变化,其峰值光强随之变化,其能量会泄露到相邻的次峰上,并且主峰位置也有一定的移动。

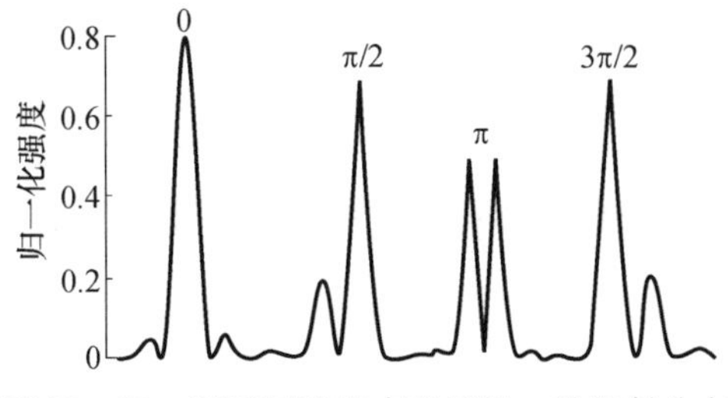

图 10-20 两路圆形光束的远场一维衍射分布

针对在图 10－20 中不同的波前平移相位差所引起的远场光斑在一维方向三个峰值的变化特征，Chanan 等人对大口径天文望远镜的分离镜面的相对平移提取提出了 Peak Rate(PR)算法。PR 算法是通过搜索一维光斑分布，寻找中央主峰值 I_{max} 以及左右两个相邻的次峰值 I_{maxL}、I_{maxR}，计算公式为

$$N_{PR} = \begin{cases} I_{max}/I_{maxL}, I_{maxL} \geq I_{maxR} \\ I_{maxR}/I_{max}, I_{maxL} < I_{maxR} \end{cases} \quad (10-17)$$

采用上述算法，在一个平移波长内，PR 值与相干光束间的平移相位差是呈单调变化的。但是由于计算过程中引入了除法运算，采用硬件电路来实现会引起计算量的增大，从而降低系统的控制速度。此外，采用这种算法得到的 PR 值还会受光强的影响。针对上述问题，杨若夫等人提出了修正 PR 算法[2,3]：

$$N_{PR-mod} = I_{maxL} - I_{maxR} \quad (10-18)$$

两种算法得到的 PR、PR_{mod} 与相位差的曲线如图 10－21 所示（图中的 PR_{mod} 曲线进行了数值归一化处理）。

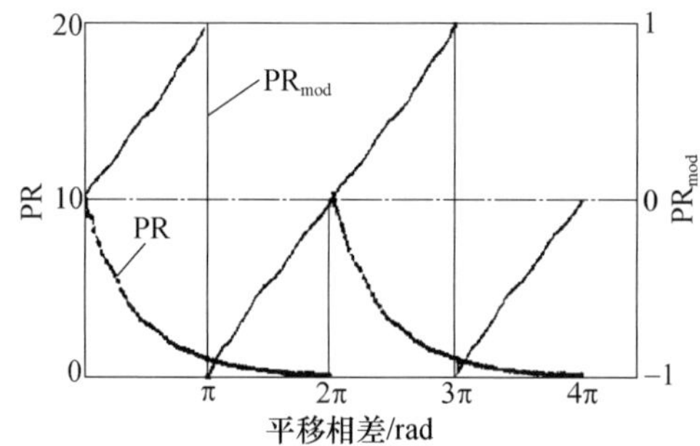

图 10－21　PR、PR_{mod} 与平移相位差的关系

修正 PR 算法只需要计算主峰两边相邻的两个峰值，并用次峰差来表示具有平移相位差的光斑特征。在平移相位差为 $(2n+1)\pi(n=0,1,2,\cdots)$ 的特殊情况下，寻找到的最大峰值光强有两处（图 10－20），在修正 PR 算法中以左边峰值光强为准，然后往左搜索得到的第一个峰值光强为 I_{maxL}，往右搜索得到的第一个峰值光强为 I_{maxR}，因此 I_{maxR} 为与主峰光强相等的右边的峰值光强。采用这种算法，程序中不再进行除法运算。并且从图 10－21 可以看出，修正 PR 算法在一个波长内的与平移相位差的线性度比 PR 算法高，这可以方便控制系统的参数确定。由于在平移相位差为 $(2n+1)\pi(n=0,1,2,\cdots)$ 时利用修正 PR 算法计算的次峰差值跳变，因此闭环程序不会稳定地锁定在这个情况下。另外，在控制系统中，只需要控制 PR_{mod} 到 0 位置就可以保证光束之间的平移相位差为波长的整数倍，不需要设定静态工作点。

2. 实验研究

搭建了两路激光相干合成实验平台，对上述修正 PR 算法进行实验研究，系

统结构如图 10－22 所示。实验采用的光源波长为 632.8nm，激光被准直后入射到分块反射镜上产生两路相干光束，光阑横跨在两束光上用于限制光束的孔径，它使两束相干准直光通过聚焦透镜后在 CCD 焦面上成大小合适的干涉图像以利于后续的硬件处理。信号分路器将 CCD 输出数字信号分成两路：一路接到硬件处理电路；另一路接到计算机上进行远场监视。

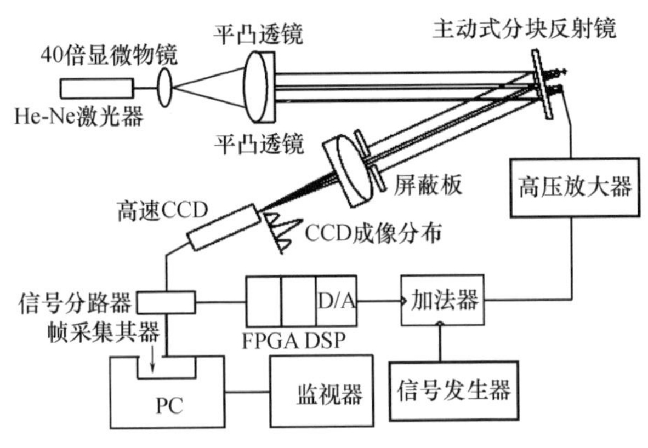

图 10－22　双光路相干合成系统结构

实验采用 PID 控制算法完成系统的变换校正，其电压反馈公式为

$$V_{n+1} = k_1 \times V_n + k_2 \times \Delta p_{n+1} + k_3 \times (\Delta p_{n+1} - \Delta p_n) \qquad (10-19)$$

式中：V_n为上一帧的反馈电压；V_{n+1}为当前帧计算后送给高压放大器的反馈电压；k_1、k_2、k_3分别是比例、积分和微分系数；Δp_{n+1}为利用式（10－18）计算当前帧得到的光斑的两个次峰的差值。

当 $I_{\text{maxL}} = I_{\text{maxR}}$时，表明左右两个次峰相等，因此中央主峰趋于最大，反馈电压保持不变。当 $I_{\text{maxL}} \neq I_{\text{maxR}}$时，电压反馈方程产生相应的反馈电压用于驱动分块反射镜进行校正。

实验中分别令信号发生器产生频率为 10Hz、20Hz、50Hz、振幅为 504mV 的正弦扰动电压，通过高压放大器加到分块反射镜后在两个光束之间产生平移相位差扰动。图 10－23 是频率分别为 10Hz、20Hz、50Hz 的开环和闭环下的一维光强分布。图中虚线和实线分别表示开环和闭环的一维光强分布，曝光时间为 0.1 s。从图 10－23 可以看出：随着扰动频率的不断增大，控制系统性能在 10Hz、50Hz 扰动下，闭环后峰值光强提高了约 1.6 倍、1.5 倍，合成效率分别为 80%、75%。

10.2.4　基于光强极值法的相干合成技术

基于远场干涉光斑形态的特征检测两干涉光束的平移相位差的方法最初在 1998 年由 Chanan 等人提出，并将其用于 Keck 望远镜的子镜拼接技术中。他们

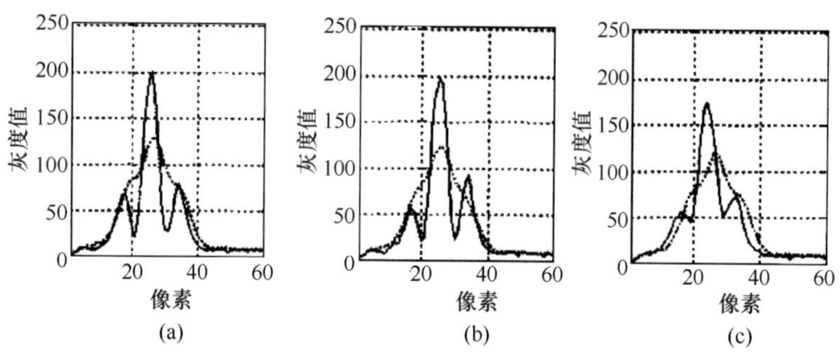

图 10－23　在不同频率开闭环情况下的远场光强一维分布曲线

(a)频率为 10Hz；(b)频率为 20Hz；(c)频率为 50Hz。

发现，两光束干涉光斑的形态随二者的平移相位差变化，并存在一定的对应关系。在此结论的基础上，杨若夫等人进行了更加深入的理论研究，得出两光束干涉光斑的峰值偏移与其平移相位差呈高度线性关系的结论；同时，单孔径的远场衍射光斑的峰值偏移与光束的倾斜也呈线性关系。这两个结论可以统一为峰值偏移量与像差的线性关系，与哈特曼波前传感器的结构相结合，从各子孔径的衍射光斑形态可直接得到相应的平移相位差或倾斜像差。该方法被命名为光强极值算法（或条纹提取算法），可以精确地测量平移相位差与倾斜像差[16－21]。

1. 平移相位差的提取原理

在没有倾斜的条件下，两光束相干叠加后的远场光强分布为

$$I(x,y) = (\lambda f)^{-2} \mid G(x,y) \mid^2 \left\{2 + 2\cos\left\{\varphi + \frac{k}{f}[(a_2 - a_1)x + (b_2 - b_1)y]\right\}\right\} \tag{10-20}$$

式中：$(a_j,\ b_j)$为各光束的几何中心坐标；φ 为两光束的平移相位差；$k=2\pi/\lambda$ 为波数；λ 为波长；$G(x,\ y)$为光束形状因子 $g(u,\ v)$的傅里叶变换。

为了分析简便，假设两光束几何中心在 X 轴上，并以 Y 轴对称。这时，$b_2-b_1=0$。式(10－20)沿 X 轴的分布为

$$I(x) = (\lambda f)^{-2} \mid G(x) \mid^2 \{2 + 2\cos[\varphi + k(a_2 - a_1)x/f]\} \tag{10-21}$$

式中：$G(x)$为 $G(x,\ y)$沿 X 轴的分布。

式(10－21)的极值条件可通过取微分求得，即

$$\frac{\mathrm{d}\mid G(x)\mid}{\mathrm{d}x}\{2 + 2\cos[\varphi + k(a_2 - a_1)x/f]\} + \mid G(x)\mid \frac{\mathrm{d}\cos[\varphi + k(a_2 - a_1)x/f]}{\mathrm{d}x} = 0 \tag{10-22}$$

从式(10－22)可以看出，干涉光斑峰值的位置与光束的形状因子有关。为了表达的一般性，取坐标原点为参考点，上述的峰值位置就转化成峰值偏移量。

对于两点光源，其形状因子是二维狄拉克函数，其傅里叶变换形式为常数1。此时式(10－22)可以被极大地简化，即

$$\frac{\mathrm{d}\cos[\varphi + k(a_2 - a_1)x/f]}{\mathrm{d}x} = 0 \qquad (10-23)$$

此时，在亮条纹的位置，平移相位差与坐标 x 之间的关系为

$$\varphi + k(a_2 - a_1)x/f = 2m\pi, m = 0, \pm 1, \pm 2, \cdots \qquad (10-24)$$

当 $\varphi = 0$ 时，式(10－24)的结论就是杨氏双缝干涉的亮条纹的位置，而 m 则为亮条纹的级数。这里仅关心极大值的位置，式中取 $m = 0$。在条纹方向上(Y 轴)，理想点源的干涉条纹的亮度是均匀的，X 轴上的极大值也是干涉光斑的光强峰值。因此，在点光源条件下干涉光斑的峰值偏移量与两光束的平移相位差呈严格的线性关系。

数值仿真表明，对于两个矩形光束或圆形光束，其远场干涉光斑的峰值位置与平移相差呈高度近似的线性关系，如图 10－24 所示。

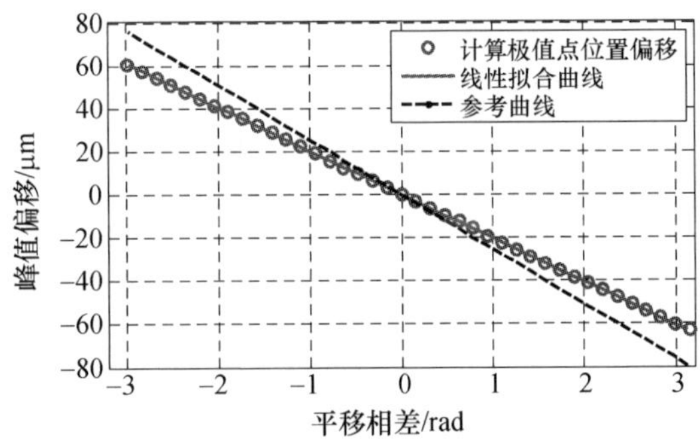

图 10－24　数值计算得出的两圆形光束的远场光斑峰值偏移与平移相位差之间的关系
(实线为线性拟合曲线，拟合的误差最大为 0.04rad)

2. 倾斜像差的提取原理

斜率法是自适应光学技术中测量波前倾斜的经典方法。该方法的原理可以用几何光学简单地解释，如图 10－25 所示。从几何关系可以直接得出

$$\begin{cases}\tan(-\alpha) = G_x/f \\ \tan(-\beta) = G_y/f\end{cases} \qquad (10-25)$$

式中：G_x、G_y 为光束中心偏离后的坐标。当满足近轴条件时，有 $\tan\theta = \theta$。

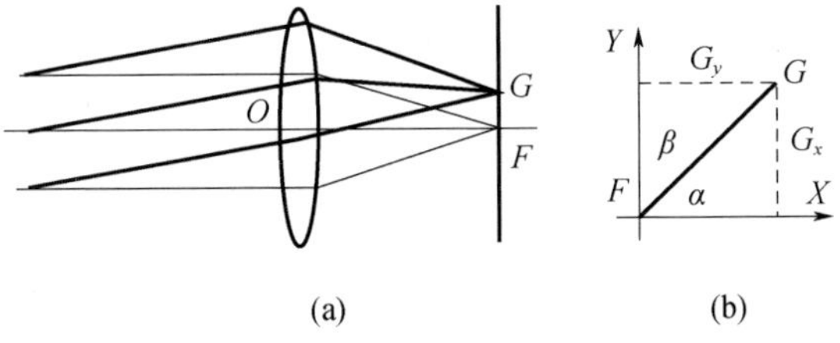

图 10－25　倾斜检测原理的几何光学解释

斜率法还可以用数学模型解释。单光束的远场衍射光斑的光强分布为

$$I_j(x,y,f) = \left(\frac{M_j}{\lambda f}\right)^2 | G(x+\alpha_j f, y+\beta_j f) |^2 \tag{10-26}$$

式中：$G(x, y)$为光束形状因子的傅里叶变换。

由傅里叶变换的性质可知，式（10－26）取极大值的条件为

$$\begin{cases} x = -\alpha_j f \\ y = -\beta_j f \end{cases} \tag{10-27}$$

在近轴近似条件下，式（10－27）与式（10－25）是一致的。

如果以坐标原点为参考点，则光斑峰值的偏移量与光束的倾斜角度呈线性关系。峰值偏移量统一了平移相位差与倾斜像差的测量方法：对每个测量孔径，只需要测量出其衍射光斑的峰值偏移量，然后在复原算法中根据不同的像差选择合适的线性比例系数即可。

3. 实验平台

将光强极值法与哈特曼波前传感器结合起来，搭建了用光强极值算法探测三路相干激光阵列的平移相位差与倾斜像差的实验平台，如图 10－26 所示。波长为 632.8nm 的线偏振 He－Ne 激光经过显微物镜，针孔与准直透镜后，被准直为直径 50mm 的圆形平面光束。呈圆中心对称排布的孔径屏将平面光束分割成三束直径 14mm 的光束阵列，各光束的中心间距 $d = 16$mm。光束阵列经分束器（BS1）后被分成两部分：一部分作为参考光束用于光路参数标定；另一部分作为信号光束。信号光束经过模拟的空气湍流后入射到分块反射镜（ASM）上。分束器（BS2）将入射光束分成两部分：一部分经透镜 L3（$f_3 = 220$mm）和 40 倍的显微物镜（MOL）放大后在 CCD 上成像，用于观察光束阵列的远场光斑图像；另一部分经过透镜 L1（$f_1 = 440$mm）和透镜 L2（$f_2 = 55$mm）组成的 4F 缩束系统，缩束后的光束通过微透镜阵列（MLA，$f = 300$）后在高速相机（CMOS，每像素的物理大小为 10.6μm）上成像。4F 缩束系统有两方面的作用：一是匹配光束口径与阵

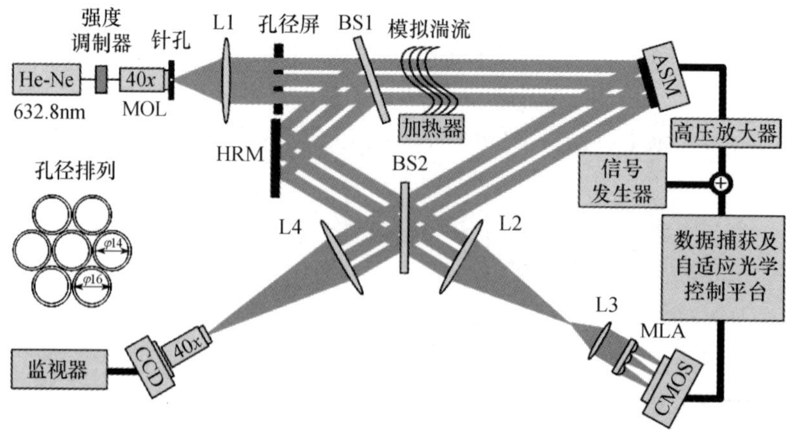

图 10－26　用光强极值算法探测三路相干激光阵列的平移相位差与倾斜像差的实验平台

列透镜的尺寸；二是使 MLA 与 ASM 处于共轭的位置，保证了信号测量的准确性。CMOS 获取光斑图像后将其传输到数据处理与控制平台用于相位差信号的提取与控制信号的计算。控制信号经高压放大器(HVA)后驱动 ASM 以校正相位差。闭环控制系统采用经典的 PID 控制算法。为了演示该系统校正动态扰动的过程，控制系统中引入信号发生器产生的 3Hz、1V 正弦信号，以产生超过 2π 的平移相差扰动噪声。倾斜的动态扰动噪声是由加热器产生的空气湍流引入。

图 10-27 是实验过程中远场合成光斑的长曝光图的变化过程。图 10-27(a)中的光斑能量很分散主要是因为存在动态变化的倾斜像差。图 10-27(b)中光斑的峰值光强比图 10-27(a)提高了 1 倍，这是因为在倾斜像差被控制系统消除后各光束在远场的聚焦位置相对稳定。图 10-27(b)中的光斑形状仍然比较模糊的原因是动态平移相位差的存在，远场的干涉光斑比能稳定。在平移相位差也被控制系统消除后，图 10-27(c)中的光斑形状就很清晰了，与图 10-27(d)中所示的理论干涉图十分接近，并且光斑峰值也比图 10-27(b)中提高了 1 倍。图 10-27(c)中，光斑的主瓣能量比为 41.3%，而由图 10-27(d)计算的理论值为 57.8%。

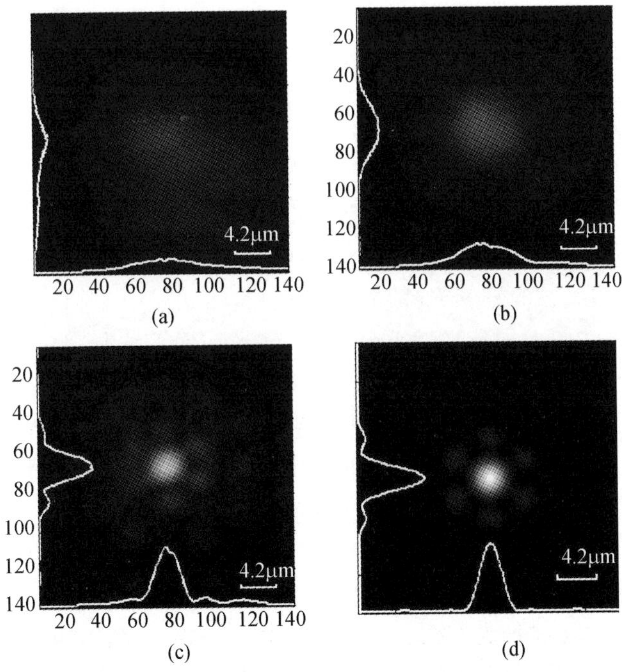

图 10-27 远场合成光斑长曝光图的变化

(a)倾斜像差与平移相位差均开环；(b)仅有倾斜像差控制闭环；(c)倾斜像差与平移相位差均闭环；(d)理论情况。

图 10－28 中展示了整个实验过程中的归一化主瓣能量比变化曲线。从图 10－28 可以看出,随着像差的逐步消除,光斑能量的集中度和主瓣能量的稳定性逐步得到不同程度的提升。对比各阶段曲线的变化幅度与频率,倾斜像差主要影响了光斑能量的集中度,而平移相位差则主要影响了主瓣能量的稳定性。

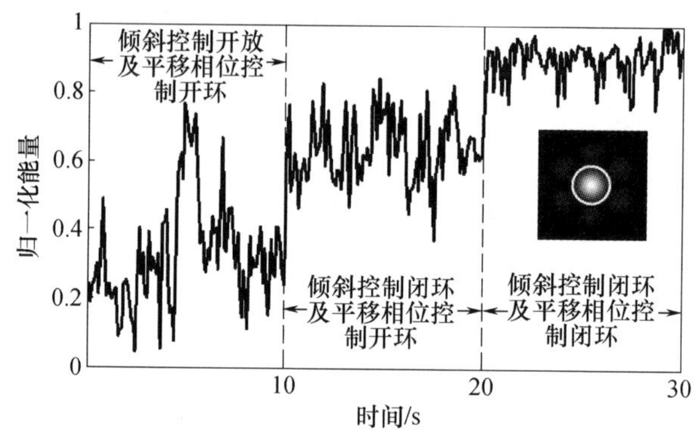

图 10－28　实验过程中远场合成光斑的归一化主瓣能量比的变化曲线(白色圆标示出了主瓣的计算范围)

10.2.5　基于 SPGD 算法的相干合成技术

SPGD 算法是一种基于无波前传感自适应光学技术的盲优化算法,其在激光相干合成中校正光束间平移像差的能力,已经被大量的理论和实验验证[10－13,22,23]。基于 SPGD 算法的系统调节简单、结构紧凑、容易实现,更适合可扩展、可定标放大的高能激光系统,越来越得到重视。事实上,激光经大气传输会产生倾斜像差。在光纤激光阵列的调节过程中,也不可避免地存在着倾斜残差;而调节机构的引入导致光学系统庞大,激光阵列无法紧密排列,从而影响了光束合成质量。所以,要进一步提高激光相干合成的效果,必须对光束间的倾斜像差进行校正。本节将介绍中国科学院光电技术研究所利用 SPGD 算法实现光纤激光相干合成的实验,利用一种可同时调整光程和光束倾斜的自适应光纤准直器,实现了对光束间平移和倾斜像差进行实时控制。

1. 实验平台

3 路光纤激光相干合成实验平台如图 10－29 所示。种子光源采用单模保偏 He－Ne 激光器(波长为 632.8 nm,光功率为 5mW),利用激光到光纤耦合器将光耦合进单模光纤。激光经 1×8 单模分束器分为 8 路,将其中的 3 路连接到自适应光纤准直器阵列(品字形排列),3 路激光准直输出。准直光经远场变换透镜聚焦,合成光束由偏振分光棱镜(BS)分成偏振方向相互垂直的 p 光和 s 光,一束经针孔到达光电探测器(PD),一束经显微物镜(10 倍)到达 CCD 用于观察。A/D 卡将 PD 探测的光强电压信号采集到计算机,由 SPGD 算法控制平台产生 3 路锁相信号和 6 路倾斜校正信号,由 D/A 卡输出,经高压放大器(HVA)放大后分别作用于自适应光纤准直器的锁相模块和倾斜校正模块,完成闭环控制。

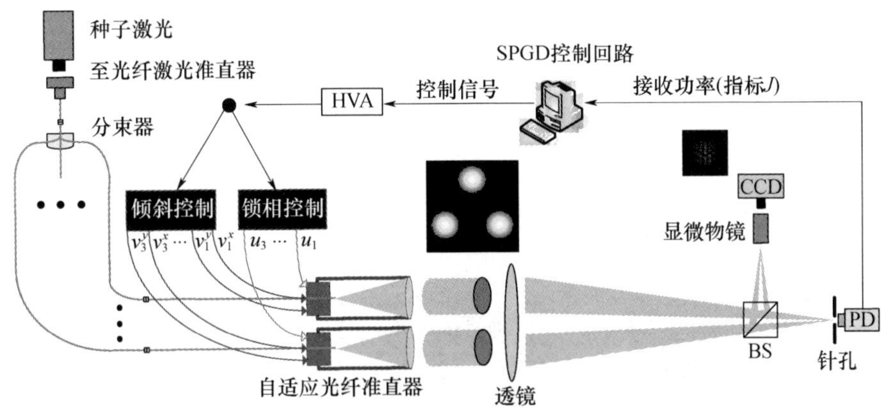

图 10-29　基于自适应光纤准直器的 3 路光纤激光相干合成结构

2. SPGD 算法控制过程

实验中采用 SPGD 算法对性能指标 J 进行优化,也就是使 PD 探测器得到的光电流最大化。J 定义为通过针孔到达 PD 的光能量。$J=J(\boldsymbol{U};\boldsymbol{V})$,其中 $\boldsymbol{U}=\{u_1,u_2,u_3\}$ 是 3 路锁相控制信号,$\boldsymbol{V}=\{v_1^x,v_1^y,v_2^x,v_2^y,v_3^x,v_3^y\}$ 是 6 路倾斜控制信号。自适应光纤准直器中锁相模块和倾斜控制模块的工作速率不同。这里为了简便,将锁相和倾斜控制的 SPGD 算法迭代速率设置为 200 Hz。基于 SPGD 算法的相干合成迭代步骤如下:

(1) 生成一组微小电压扰动:

$$\Delta\boldsymbol{U}=\{\Delta u_1,\Delta u_2,\Delta u_3\},及\ \Delta\boldsymbol{V}=\{\Delta v_1^x,\Delta v_1^y,\Delta v_2^x,\Delta v_2^y,\Delta v_3^x,\Delta v_3^y\}$$

式中

$$|\Delta u_1|=|\Delta u_2|=|\Delta u_3|\ |\Delta v_1^x|=|\Delta v_1^y|=|\Delta v_2^x|=|\Delta v_2^y|=|\Delta v_3^x|=|\Delta v_3^y|$$

(2) 将 $\boldsymbol{U}_+=\boldsymbol{U}+\Delta\boldsymbol{U}$ 和 $\boldsymbol{V}_+=\boldsymbol{V}+\Delta\boldsymbol{V}$ 分别作用于自适应光纤准直器的锁相模块和倾斜控制模块,从 PD 中得到性能指标,$J_+(\boldsymbol{U}_+;\boldsymbol{V}_+)$;再利用 $\boldsymbol{U}_-=\boldsymbol{U}-\Delta\boldsymbol{U}$ 和 $\boldsymbol{V}_-=\boldsymbol{V}-\Delta\boldsymbol{V}$ 得到性能指标,$J_-(\boldsymbol{U}_-;\boldsymbol{V})$。

(3) 更新控制电压:

$$\boldsymbol{U}=\boldsymbol{U}+\boldsymbol{\gamma}_p\Delta\boldsymbol{U}(J_+-J_-),\boldsymbol{V}=\boldsymbol{V}+\boldsymbol{\gamma}_t\Delta\boldsymbol{V}(J_+-J_-)$$

式中:$\boldsymbol{\gamma}_p=\{\gamma_p,\gamma_p,\gamma_p\}$ 和 $\boldsymbol{\gamma}_t=\{\gamma_t,\gamma_t,\gamma_t,\gamma_t,\gamma_t,\gamma_t\}$ 是算法增益。

将更新后的 $\boldsymbol{U}$ 和 $\boldsymbol{V}$ 作用于自适应光纤准直器,得到新的性能指标 J。

3. 实验结果

实验首先在相对安静的环境中进行。图 10-30 为开闭环时 3 路相干组束经 CCD 采集的合成光斑 250s 长曝光图。图 10－30(a)为开环时远场光斑的二维图样,图像弥散模糊,条纹对比度低,灰度峰值仅为 83.65。图 10－30(b)为仅锁相时远场光斑的二维图样,图像依然弥散,但可以发现一些条纹,灰度峰值提升为 129.53,由图可知,三路激光间存在着一定的初始倾斜像差。图 10－30(c)为仅校正倾斜时远场光斑的二维图样,图像模糊,但是形状集中,灰度峰值为 151.20,初始倾斜像差已被校正。图 10－30(d)、(e)分别为同时锁相并校正倾斜时远场光斑的二维、三维图样。图像清晰,对比度高,灰度峰值为 253.95,是开环时的 3 倍,图中的白色曲线为光斑中心沿 X、Y 方向的剖切线。图 10－30(f)为理想合成光斑二维图样,经 AFOC 校正平移和倾斜像差后,光纤激光相干合成的效果得到了很大改善。而图 10－30(b)与 10－30(d)的对比也说明了相干合成中校正倾斜像差的必要性。

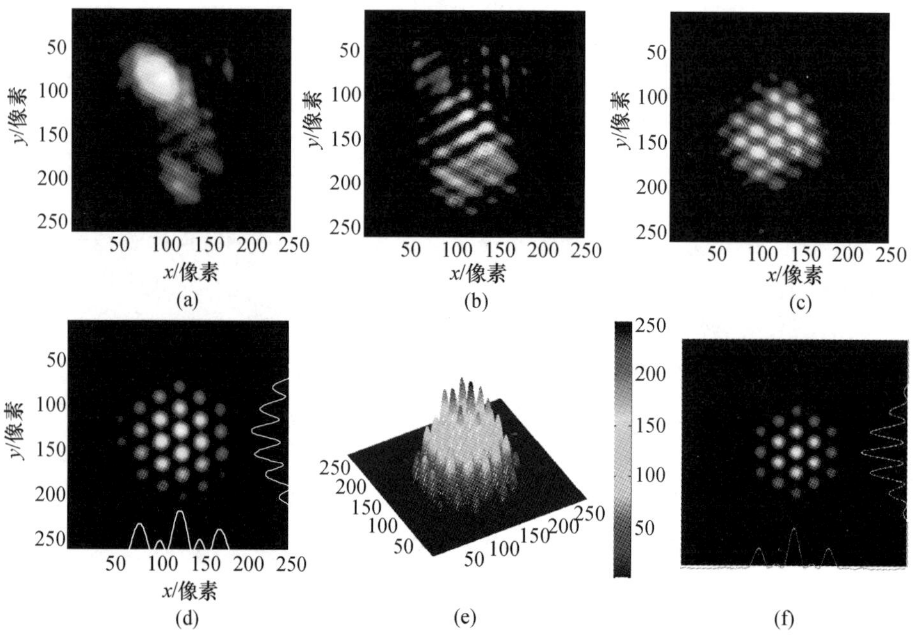

图 10－30　开闭环时,3 路激光经 CCD 采集的合成光斑曝光图

(a)开环时的二维图样;(b)仅锁相时的二维图样;(c)仅校正倾斜时的二维图样;(d)、(e)锁相并校正倾斜时的二维、三维图样;(f)理想合成光斑二维图样。

为了比较不同闭环方式的控制效果,分别完成了 3 路激光的开环、仅锁相闭环、仅校正倾斜闭环以及锁相并校正倾斜闭环 4 组实验,取每组实验稳态时的 5000 次迭代数据,按 A、B、C、D 的顺序组合,如图 10－31 所示。在模式 A 中,归一化性能指标 J 在 0.2～0.3 间抖动,这是由各光路间的随机相位扰动引起的。在模式 B 中,J 稳定在 0.36 左右,曲线平缓,各光路间的平移像差被锁定。在模式 C 中,J 提升至 0.6～0.9 之间,各光路间的初始倾斜像差被校正,但由于存在随机相位扰动和 SPGD 算法校正倾斜时的微小电压扰动，曲线振荡剧烈。在模式 D 中，J 维持在 0.9 以上，曲线的抖动由 SPGD 算法校正倾斜的微小电压扰动引起。其中，模式 B 与模式 D 的对比同样说明了相干合成中校正倾斜像差的必要性。

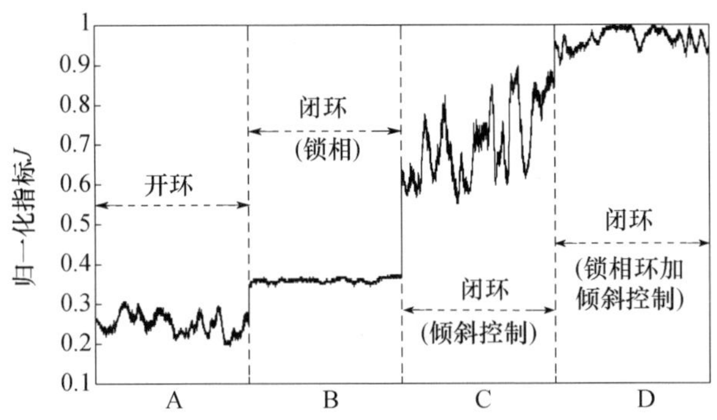

图 10－31　不同控制方式下性能指标迭代曲线的对比

将一杯热水置于光路中模拟动态湍流随机扰动，进行 3 路光纤激光的相干合成实验。分别完成了有湍流扰动下的开环、有湍流扰动下的锁相并校正倾斜，以及无扰动下的开环、无扰动下的锁相并校正倾斜 4 组实验，每组进行 10000 次 SPGD 算法迭代。图 10－32 为不同环境下归一化性能指标迭代曲线的对比。由图 10－32 可知，湍流扰动的存在降低了系统的闭环效果，但该系统对这种模拟湍流动态扰动仍具备校正能力。

10.2.6　基于目标在回路控制的相干合成

目前，激光相干合成的研究多停留在实验室阶段，激光的传输距离很短（一般为几米），且需要在远场放置探测器。很多实验应用中需要实现激光长距离传输后在目标上相干合成，因此，无法利用目标端的探测器。目标在回路技术（Target－in－the－loop，TIL）是一种有效的解决途径[11－13]。该技术中，光信号探测器位于发射装置附近，通过接收远场目标的回光信号，以成像清晰度、接收光能量等作为性能指标，利用优化算法控制波前校正器，获得接近理想的光束控制效果。TIL 技术尤其适合激光相控阵中的相位控制，有望在激光定向能系统、激光遥感、自由空间光通信等领域得到应用。

1. 目标在回路控制的原理

目标在回路相干合成的模型如图 10－33 所示。其物理过程可用四个步骤描述：①发射光束阵列（光场为 $\boldsymbol{U}_0$）经大气传输到达目标端（光场为 $\boldsymbol{U}_1$）；②目标端的远场光斑背向散射（光场为 $\boldsymbol{U}_2$）；③散射光经大气传输到达成像端透镜的前表面（光场为 $\boldsymbol{U}_3$）；④成像于探测端（光场为 $\boldsymbol{U}_4$）。其中，成像端位于发射端附近，探测器置于成像端的后焦面。

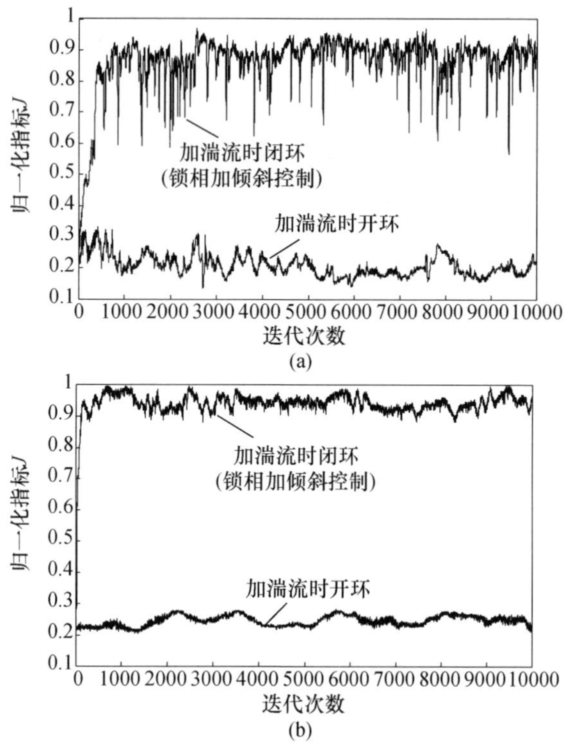

图 10－32　不同环境下开闭环时归一化性能指标迭代曲线的对比

(a)有外加扰动;(b)无外加扰动。

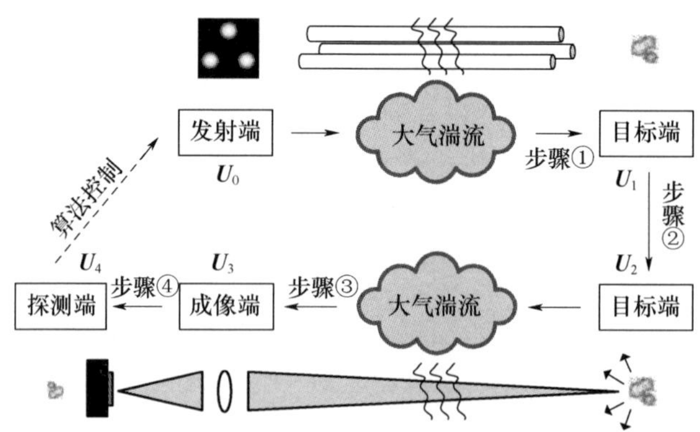

图 10－33　目标在回路相干合成物理模型

在发射端,每路光可表述为

$$\boldsymbol{u}_{\mathrm{sub}}(\boldsymbol{r}_{\mathrm{rub}}) = \exp\left(-\frac{|\boldsymbol{r}_{\mathrm{sub}} - \boldsymbol{r}_{0\mathrm{sub}}|^2}{a^2}\right)\exp[\mathrm{i}\boldsymbol{k}_{\mathrm{sub}} \cdot \boldsymbol{r}_{\mathrm{sub}} + \mathrm{j}\delta_{\mathrm{sub}}^{\mathrm{piston}} + \mathrm{j}\sigma_{\mathrm{sub}}^{\mathrm{tilt}}(\boldsymbol{r}_{\mathrm{sub}})] \cdot \mathrm{circ}_{\mathrm{sub}}(\boldsymbol{r}_{\mathrm{sub}}) \tag{10-28}$$

式中：a 为光斑半径；$\boldsymbol{r}_{0\text{sub}}$为子光束中心位置坐标；$\boldsymbol{k}_{\text{sub}}$为子光束波矢；$\delta_{\text{sub}}^{\text{piston}}$为子光束平移像差；$\boldsymbol{\sigma}_{\text{sub}}^{\text{tilt}}$为子光束倾斜像差；$\text{circ}_{\text{sub}}$为子光束的孔径函数。

则发射光束阵列为

$$\boldsymbol{U}_0 = \sum_{\text{sub}=1}^{N} \boldsymbol{u}_{\text{sub}} \tag{10-29}$$

步骤①和③为激光大气传输过程，满足近轴近似标量波动方程，即

$$2\mathrm{i}k\frac{\partial}{\partial z}u(r,z) + \Delta u(r,z) + k^2\left(\frac{n^2}{n_0^2} - 1\right)u + \mathrm{i}k\alpha_t(z)u(r,z) = 0 \tag{10-30}$$

式中：$u(r,z)$为光波函数；k 为波数；$n(r,z) = n_0 + n_1$ 为大气折射率；n_0 为未受扰动的大气折射率；n_1 为大气折射率扰动量；$\Delta = \partial^2/\partial x^2 + \partial^2/\partial y^2$；$\alpha_t$ 为大气消光系数；z 轴表示光束传输方向。

式(10-30)的数值计算一般采用多相屏法，即将传输路径分割为不同长度的传输段，每个传输段内大气对激光的影响仅为改变其相位而不改变振幅的大小，表示为一个无限薄的相位屏，光波振幅的变化只是由相应真空传输（衍射）引起的。整个激光大气传输过程可以简化为入射光波通过相位屏改变相位后，真空传输相应距离改变其振幅，然后再通过下一个相位屏等，这样一步一步传输至目标位置处。

在步骤②中，目标端对相干照明光的强度漫反射。对该过程可采用在 $\boldsymbol{U}_1$ 上施加高斯型的随机相位和反射截面 T（反映目标形状、位置、大小等信息）的方式进行描述，即

$$\boldsymbol{U}_2 = \boldsymbol{U}_1\exp(\mathrm{i}\psi_{\text{rand}}) \cdot T \tag{10-31}$$

式中：ψ_{rand}为高斯型随机相位。

对于步骤④，目标端可认为位于无穷远（大于 1km），则目标端光斑的像都位于成像端的后焦面上，可根据透镜的傅里叶变换性质得到 $\boldsymbol{U}_4$，即

$$\boldsymbol{U}_4(x_4,y_4) = c'\exp\left(i\pi\frac{x_4^2 + y_4^2}{\lambda f}\right)F\{\boldsymbol{U}_3(x_3,y_3)\}_{f_x=\frac{x_4}{\lambda f},f_y=\frac{y_4}{\lambda f}} \tag{10-32}$$

式中：c'为常数因子；λ 为波长；f 为成像透镜的焦距；$F\{\cdot\}$为傅里叶变换。

探测端的光强分布可表示为

$$I_4(x_4,y_4) = |\boldsymbol{U}_4(x_4,y_4)|^2 \tag{10-33}$$

一般地，选取桶中功率（Power-in-Bucket，PIB）作为算法评价指标，即

$$\text{PIB} = \iint_S I_4(x_4,y_4)\,\mathrm{d}x_4\mathrm{d}y_4 \tag{10-34}$$

根据算法评价指标，经锁相和倾斜校正后，子光束的相位修正为

$$\exp[\mathrm{i}\boldsymbol{k}_{\text{sub}} \cdot \boldsymbol{r}_{\text{sub}} + \mathrm{i}\delta_{\text{sub}}^{\text{piston}} - \mathrm{i}\delta_{\text{sub}}^{\text{phase-locked}} + \mathrm{i}\boldsymbol{\sigma}_{\text{sub}}^{\text{tilt}}(\boldsymbol{r}_{\text{sub}}) - \mathrm{i}\boldsymbol{\sigma}_{\text{sub}}^{\text{tilt-control}}(\boldsymbol{r}_{\text{sub}})] \tag{10-35}$$

式中：$\delta_{\text{sub}}^{\text{phase-locked}}$为平移像差校正量；$\boldsymbol{\sigma}_{\text{sub}}^{\text{tilt-control}}(\boldsymbol{r}_{\text{sub}})$为倾斜像差校正量。

至此，完成了闭环控制，实现了多路激光传输后在远场目标上的相干合成。

2. 实验研究

搭建了基于目标在回路控制的 3 路光纤激光相干合成实验平台，如图 10－34 所示。种子光源为单模保偏 He－Ne 激光，经分束器后，将其中的 3 路连接到自适应光纤准直器阵列(品字形排列)，3 路激光准直输出。远场变换透镜(L1)将出射光束聚焦，焦距为 1000mm。合成光束经分光棱镜分光，一束到达目标端的白纸漫反射屏，一束经显微物镜(10 倍)到达 CCD 用于观察。目标屏上的远场光斑背向散射，经透镜(L2)成像到发射装置附近的 CMOS 相机，以像的 PIB 定义性能指标。系统采用 SPGD 算法，根据性能指标产生 3 路锁相信号和 6 路倾斜校正信号，控制自适应光纤准直器阵列中的锁相模块和倾斜校正模块完成闭环控制，在目标屏上实现相干合成。

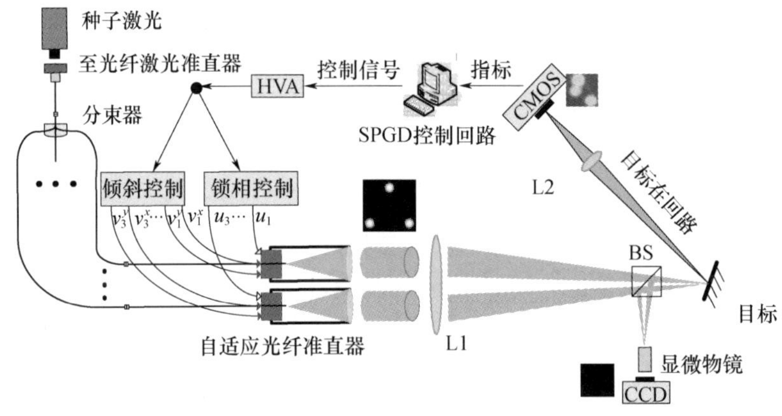

图 10－34　基于目标在回路的 3 路光纤激光相干合成

图 10－35 是 CCD 探测的远场光斑 400s 长曝光图。图 10－35(a)为开环，由图可知，组束间能量不相同，且存在着初始倾斜像差(约 200μrad 以内)，光斑的灰度峰值为 61；图 10－35(b)是仅校正倾斜像差的情形，光斑集中，但图样模糊，灰度峰值提升至 120；图 10－35(c)为同时锁相并校正倾斜的情形，光斑集中，对比度高，灰度峰值达到了 241，为开环时的 4 倍，图中的虚线标示了第二圈旁瓣的位置，与图 10－35(d)相比没有外圈旁瓣是由 CCD 的设置原因造成的；图 10－35(d)为理想情况，图中的虚线与图 10－35(c)相同。经锁相并校正倾斜后，实验获得了接近衍射极限的相干合成效果。

控制合成光束的质心，使其按“IOE”字样进行跟踪，如图 10－36 所示。图中的点为 CMOS 所采集图像的质心，每次算法迭代记录一次质心位置，连续记录了 40000 次，迭代速率为 25Hz。由图 10－36 知，实现了合成光束质心在水平方向 200μrad、垂直方向 80μrad 的偏转。

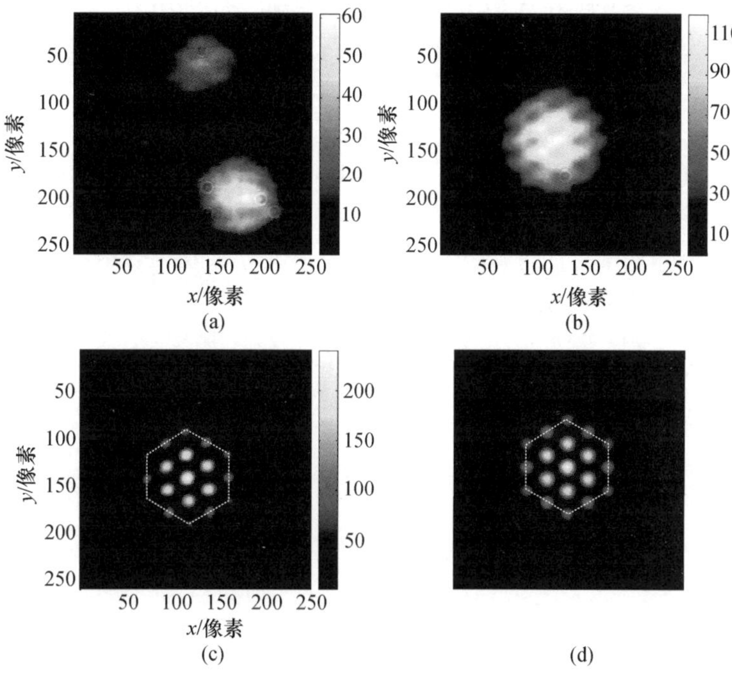

图 10－35　远场光斑的 400s 长曝光图

(a)开环;(b)仅校正倾斜;(c)同时锁相并校正倾斜;(d)理想情况。

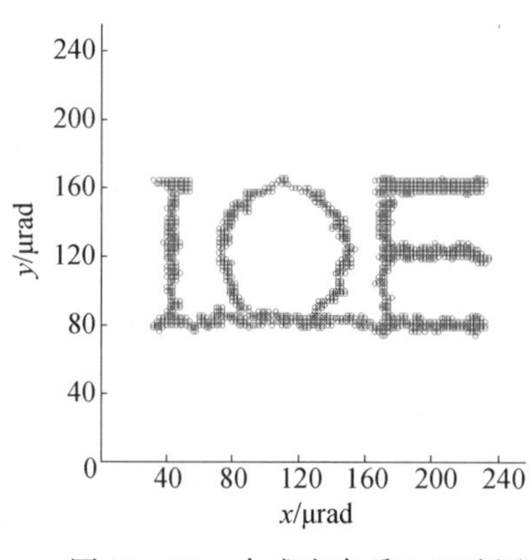

图 10－36　合成光束质心跟踪图

10.3　激光非相干合成技术

10.3.1　激光非相干合成简介

在激光光束合成中,如果不考虑光束间的相位差以及光束的相干性问题,而只是单纯地将多个光束在远场进行能量上的叠加,就是非相干合成技术。

非相干合成是指多束非相干光在近场或远场叠加,对各路光束的波长、线宽、偏振态、相位均没有要求,而仅仅将其简单合成为一束,使其具有相同方向的波矢;而在相位上,各路激光互不干涉,对参与合成的激光没有相位要求,既可以是非相干的同波长激光,也可以是不同波长的激光,因此比相干合成更容易实现。该技术的关键是控制好每路光的光轴,使每路光保持一致的发射方向。

对于多束非相干光的近场叠加称为激光束共孔径功率合成;对于多束非相干光的远场叠加称为激光束孔径拼接合成。

10.3.2 基于光束稳定闭环控制的激光束共孔径合成技术

基于光束稳定闭环控制的激光束共孔径合成技术,是对多路不同波长、具有较高平均功率的激光束进行耦合,利用控制系统对合成光轴误差进行高精度控制校正,以实现各路激光束以较高的传输效率和合成效率进行共孔径共轴发射。

基于光束稳定闭环控制的激光束共孔径合成技术的工作原理如图 10－37 所示。

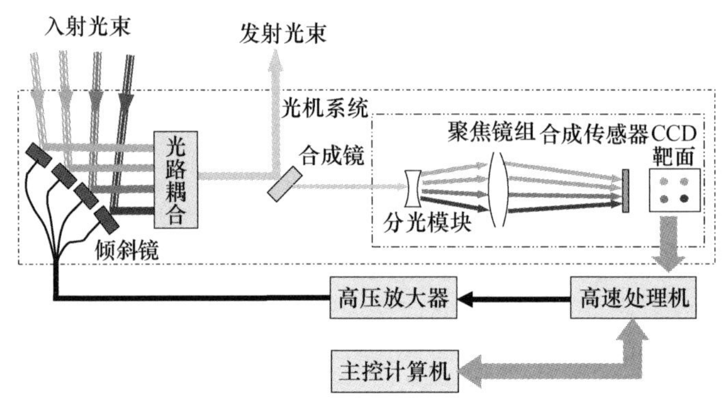

图 10－37 基于光束稳定闭环控制的激光束共孔径合成技术的工作原理

图 10－37 中入射光束是多路不同波长不同发射方向的单波长光束,经过倾斜反射镜和光路耦合模块,最终在合成镜上实现各光束的完全耦合(完全重合在一起)变成复合光束,其绝大部分能量经过合成镜发射出去,而极小部分能量经过合成镜进入合成传感器。

进入合成传感器中的复合光束根据不同的探测方式,或直接聚焦成像于探测 CCD 靶面的同一位置,或经过分光模块,再次发生光束分离,经聚焦镜组后将在探测 CCD 靶面的不同位置聚焦成像(图 10－37)。

根据前述光束稳定闭环控制的原理,控制系统分别对各路光束的远场光斑进行图像处理、光斑提取(质心、形心或其他方式计算)、斜率计算、控制计算和 D/A 转换,最后通过高压放大器控制相应的倾斜镜发生角度偏转,以消除相应

入射光的光束指向误差,实现多路光束的共光瞳共光轴发射。

表 10－1 列出了光轴探测方式的比较。

表 10－1　光轴探测方式的比较

光轴探测模式	优点	缺点
同轴探测（爬山法）	① 多束光斑重合以后的能量集中度直接反映了光束光轴重合程度; ② 控制速度较快,且可任意增加入射光束路数	① 对入射光束的光强稳定性要求比较高; ② 不便于光强匹配
闪耀光栅分光	方法简单、结构紧凑、易于实现	① 入射光束路数较大时,其动态范围受到很大影响,且探测 CCD 靶面没有得到充分利用; ② 当入射光波长差异较大或者入射光波长分布严重不均匀时,会造成入射光束的动态范围差异较大,不利于保证光束稳定的控制精度; ③ 入射光束波长差异较大时会发生同级光谱交叠,且光谱对比度下降 ④ 不便于光强匹配
等效楔镜分光（棱镜楔镜）	结构简单紧凑	① 不便于光强匹配; ② 入射光束光斑呈一堆排列,路数较多时,探测动态范围受限
等效楔镜分光（多面反射/分光镜组合）	① 可进行任意波长光束的合成; ② 可对入射光束光斑二维排列,充分利用 CCD 靶面和提高动态范围; ③ 可任意增减入射光束路数; ④ 方便光强匹配,结构设计简单,易于装调	结构较复杂,镜面使用较多

下面以多面反射镜/分光镜模式作为光束合成传感器的光束分离模块进行设计分析。

1. 双光束合成传输原理

双光束合成的原理如图 10－38 所示。两路入射光在合成镜进行光瞳的耦合对准,绝大部分能量经合成镜进行功率合成后发射出去,极少部分能量进入合成传感器,探测各路的光轴信息(光束指向信息),并传递到控制系统,控制系统判断该光轴误差的大小和方向,并驱动相应光路中的倾斜镜进行光轴误差的校正,最终实现两合成光束光轴的重合。

双光束合成是两路光束经过合成镜进行光瞳和光轴的功率合成,而多路光束合成系统则是利用该原理把入射光束在分光镜上进行两两合成以后,再在合成镜上进行合成,可以是各两束光束进行合成以后再在合成镜上进行最终合成,

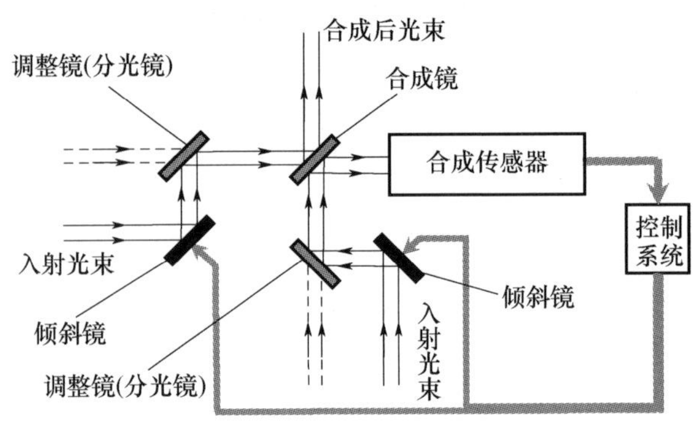

图 10－38　双光束合成原理

也可以是两路光束合成以后与第三束进行合成然后与第四束在合成镜上进行合成等,如此直到所有参与合成的光束均实现合成。

光瞳的合成依靠各路光束入射到相应分光镜或合成镜时的耦合对准,而所有光束光轴的合成在经过最终的合成镜之后通过合成传感器探测光轴误差,利用控制系统对各路倾斜镜进行闭环控制最终校正各路的光轴误差。

2. 光瞳光轴耦合对准

各路激光器输出的激光束,在未经过合成系统进行合成之前,无论是光瞳位置还是光束的发射角度,都不能达到合成的要求。因此,在接收到激光器的发射光束以后,多路光束合成系统需要进行光瞳和光轴的耦合调整,才能实现多个激光束的光瞳重合和光轴重合。为此,多路光束合成系统采用了如图 10－39 所示的双调整镜光瞳光轴耦合调整原理:①转动调整镜 1 的机械调整机构,使光瞳在调整镜 2 上到位;②转动调整镜 2,观察合成传感器,使光轴到位;③利用调整镜 1 即高速倾斜镜,通过控制系统对光轴误差进行实时校正,使光轴保持稳定。

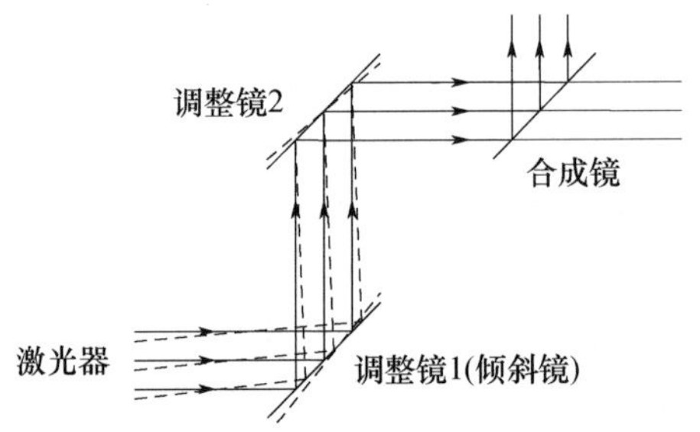

图 10－39　双调整镜实现光瞳、光轴耦合对准原理

3. 合成传感器工作原理

在传输光路中,各路光束经传输镜面进行耦合后会有极少部分能量经过合

成镜进入合成传感器,并聚焦成像在探测 CCD 靶面上,以作为光束稳定闭环的探测信标。

根据以往的工程经验,探测 CCD 在加电过程中会由于温度升高而出现热漂移,导致光轴信息探测出现偏差,因此,为了避免这个偏差导致基准漂移,采用同一个探测 CCD 进行多路光束的探测,各路光束聚焦以后的远场像点即为该路光束光轴重合点。

为了提取到各路入射光束的光轴信息,本系统采用了“合成→分光→探测”的工作方式:各路激光器经过光路耦合,在合成镜实现合成以后,极少部分的光能量经过合成传感器,再经过分光模块进行分光,把本来同轴传输的 4 路光束分开,再经过聚焦镜组,4 路光束在探测 CCD 靶面的 4 个不同的区域成像,如图 10 – 40 所示。

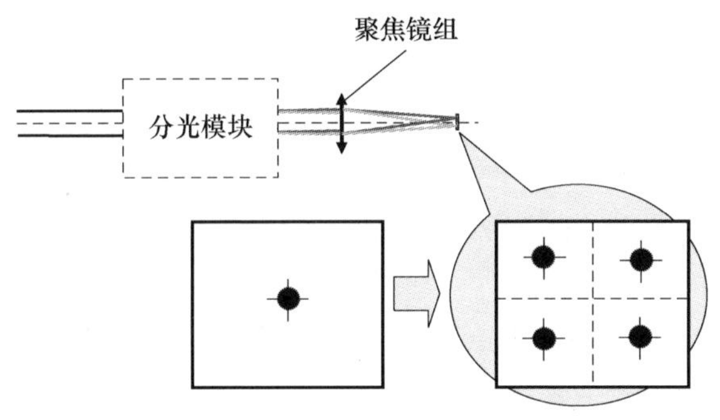

图 10 – 40　合成传感器工作原理

如果去掉分光模块,各路入射光束将经过聚焦镜组后的远场光斑成像于探测 CCD 的靶面中央(图 10 – 40 下方左侧)。若入射光束是重合的,则各路入射光束的远场光斑将也是重合的。这时各路入射光的远场光斑将能真正代表其光轴。但由于这种情况下控制系统很难对各路入射光束的远场光斑分别进行质心提取,因而不能用于光轴提取和光束稳定控制。

如果加上分光模块,各路入射光束将先经过分光模块,从各自的传输路径进行传输和折转后,最后经过聚焦镜组的远场光斑成像于探测 CCD 靶面的 4 个区域(图 10 – 40 下方右侧)。若入射光束是重合的,这时各个远场光斑也不能代替其入射光束的真正光轴(因为经过分光模块进行了折转)。但由于可以在 4 路入射光束完全重合时,经过系统标定,把 4 路光束远场光斑的原始位置标定记录下来,在激光器连续出光过程中,若有内在或外在原因造成光束漂移,则相应远场光斑位置会发生变化。控制系统经过实时计算光斑质心位置坐标,根据实时的质心误差,经过相应的数据处理和运算以后,驱动相应的倾斜镜进行光轴误差的补偿,使光斑质心误差减小到最低,从而保证相应光束光轴的稳定,最终实现各路光束的共轴发射。

10.3.3 基于光束稳定闭环控制的激光束孔径拼接合成技术

基于光束稳定闭环控制的激光束孔径拼接合成技术，是对多路相同波长、具有较高平均功率的激光束进行耦合，实现近场上孔径拼接、远场光斑非相干叠加的合成光束；同时利用控制系统对每一路光轴误差进行高精度控制校正，以实现各路激光束以较高的传输效率和合成效率进行孔径拼接合成发射。

以7光束非相干合成为例，提出一种基于光束指向稳定控制的激光束孔径拼接合成系统，如图10－41所示。它能够对每路光束的光轴位置进行测量和光束稳定闭环控制，实现高占空比和高精度的光束稳定合成。该合束系统包括激光器组、扩束准直器组、倾斜镜组、反射镜组、底座、分光镜一、定标激光器、透镜、分光镜二、光束合成传感器、控制计算机和多路倾斜镜放大电源。

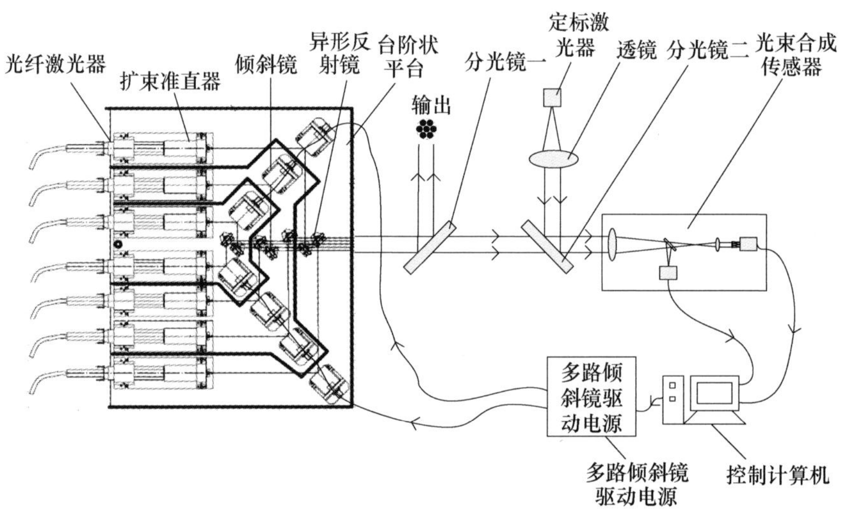

图10－41 基于光束指向稳定控制的激光束孔径拼接合成系统

为了达到高占空比光束合成的目的，考虑一种台阶状底座的结构设计，来实现光束合成时的纵向拼接和横向拼接解耦。底座包括若干级台阶，根据合束时竖直方向上的光束层数确定底座的台阶级数；根据这路光在竖直方向的光束层数，决定相应的台阶，然后将每一路的激光器、扩束准直器、倾斜镜和异形反射镜摆放在同一台阶上。

透过分光镜的少部分合束光进入光束合成传感器，实现对多路激光的光轴探测和合束远场光斑探测。在对合束光探测之前，先利用平行光对光束合成传感器进行标定。光束合成传感器探测的定标点数据和合束光数据经过控制计算机处理后，通过多路倾斜镜放大电源分别控制每一路倾斜镜，校正每一路光束的光轴偏差，实现多路光束的稳定控制和合束控制，最终实现高精度的光束孔径拼接稳定合成。

10.4 激光光束合成的未来发展

随着科学技术的发展进步,以固体板条激光器、光纤激光器为代表的固态激光器件的结构越来越紧凑,功率水平和光束质量不断提高,这为激光光束合成的发展提供了好的技术保障。今后,光束合成技术将向着多单元、高功率、大气湍流补偿、共形发射等方向发展,并有望在激光大气传输、自由空间光通信、激光雷达、光学传感等多领域获得广泛应用[24]。

参考文献

[1] Yang P, et al. Coherent combination of two ytterbium fiber amplifier based on an active segmented mirror [J]. Optics Communications, 2009, 282: 1349 - 1353.

[2] 杨若夫,等. 基于能动分块反射镜的 2 路光纤放大器相位探测及其相干合成实验研究[J]. 物理学报,2009,58(12):8297 - 8301.

[3] 杨若夫,等. 基于能动分块反射镜的激光相干合成实验研究[J]. 中国激光,2010,37(2):424 - 427.

[4] Zheng Y, et al. Arbitrary phasing technique for two - dimensional coherent laser array based on an active segmented mirror[J]. Applied Optics, 2011, 50(15): 2239 - 2245.

[5] 郑轶,等. 基于能动分块反射镜的 7 路激光阵列倾斜校正与相干合成实验研究[J]. 中国激光,2011,38(8):0802009.

[6] 罗文,等. 压电式光纤相位调制器相移系数测试[J]. 强激光与粒子束,2012,24(7):1641 - 1644.

[7] 耿超,等. 自适应光纤光源准直器的结构设计[J]. 红外与激光工程,2011,40(9):1682 - 1685.

[8] Geng C, et al. Simulation and analysis of laser coherent combining system based on adaptive fiber optics collimator array[C]. SPIE, 2009, 7506: 75061K.

[9] Geng C, et al. Coherent beam combination of an optical array using adaptive fiber optics collimators[J]. Optics communications, 2011, 284: 5531 - 5536.

[10] 耿超,等. 倾斜相差对光纤激光相干合成的影响与模拟校正[J]. 物理学报,2011,60(11):114202.

[11] Li X, et al. Coherent beam combining of collimated fiber array based on target - in - the - loop technique [C]. SPIE, 2011, 8178: 81780M.

[12] 耿超,等. 基于目标在回路的 3 路光纤传输激光相干合成实验[J]. 物理学报,2012,61(3):034204.

[13] 耿超,等. 多单元光纤激光阵列的倾斜控制实验研究[J]. 物理学报,2013,62(2):024206.

[14] Zheng Y, et al. Generation of dark hollow beam via coherent combination based on adaptive optics[J]. Optics Express, 2010, 18(26): 26946 - 26958.

[15] Zheng Y, et al. Experimental investigation of segmented adaptive optics for spatial laser array in an atmospheric turbulence condition[J]. Optics communications, 2011, 284: 4975 - 4982.

[16] Yang P, et al. Hartmann phase pick - up method for detection and correction of piston aberrations in a multi - beam coherent combination system[J]. Applied Physics B, 2010, 98: 465 - 469.

[17] Yang R, et al. A strip extracting algorithm for phase noise measurement and coherent beam combining of fiber amplifiers[J]. Applied Physics B, 2010, 99: 19 - 22.

[18] Wang X, et al. Application of DBPIP to phase errors detection in coherent beam combination[C]. SPIE, 2010, 7656: 76564Q.

[19] Wang X, et al. Experimental research on application of Hartmann micro - lens array in coherent beam combination of two - dimensional laser array[J]. Chinese optics letters, 2012, 10(8): 081402.

[20] Wang X, et al. Piston and tilt cophasing of segmented laser array using Shack - Hartmann sensor[J]. Optics express, 2012, 20(4): 4663 -4674.

[21] 王晓华,等. 光阵列相干合成相位误差的探测与自适应校正研究[J]. 激光与光电子学进展,2012,49:021401.

[22] Zheng Y, et al. Simulation and analysis of stochastic parallel gradient descent control algorithm for coherent combining[C]. SPIE, 2009, 7156: 71563C.

[23] 郑轶,等. 基于随机并行梯度下降算法的两路光纤激光相干合成锁相控制技术的研究[J]. 中国激光,2010,37(3):631 -635.

[24] Wang X, et al. Theoretical analysis of tuning coherent laser array for several applications[J]. J. OSAA, 2012, 29(5): 702 -710.

第 11 章

大口径望远镜自适应光学技术

11.1 大口径望远镜自适应光学简介

众所周知,在人们所生活的地球上,不论是植物、动物,还是人类本身,都与光有着密不可分的联系。太阳除给地球带来人们赖以生存的能量外,还为人们的日常生活提供了充足的照明。在太阳光的照耀下,眼睛成为人类和动物获取信息的最主要手段。通过视觉,人和动物感知外界物体的大小、明暗、颜色、动静,获得对机体生存具有重要意义的各种信息。视觉是人对外界最重要的感觉,人体接受的外界信息约有 80% 以上来自视觉[1]。

正是由于人们的生活与光息息相关,古代哲学家很早就开始思索光的本性,如为人熟知的光的直线传播、光的反射、光的折射等[2,3]。我国春秋战国时期,在墨翟及其弟子所著的《墨经》中记载着关于光的直线传播(影子的形成和小孔成像等)和光在镜面上的反射等现象,提出了一系列经验规律。古希腊数学家欧几里得在其所著的《光学》一书中,研究了平面镜成像问题,提出反射角等于入射角的反射定律。古希腊天文学家、地理学家、数学家托勒密研究了光的折射现象,最先测定了光通过两种介质分界面时的入射角和折射角。罗马哲学家塞涅卡指出充满水的玻璃泡具有放大功能。

随着对光学现象认识的不断深入,人们开始了制造光学元件并应用于日常生活的探索。英国自然科学家和哲学家培根提出用透镜校正视力和采用透镜组构成望远镜的可能性。1609 年意大利物理学家和天文学家伽利略用一块凸透镜和一块凹透镜构成了一架伽利略望远镜,并在 1610 年将这架望远镜用于观察星体并发现了绕木星运行的卫星[4]。现代天文学的奠基人、德国天文学家和数学家开普勒也设计了用两块凸透镜构成的开普勒天文望远镜。伽利略在 1610 年发明了第一架折射望远镜后就认识到折射望远镜的凸透镜物镜可以用一块凹面反射镜来代替,这可以认为是反射式望远镜的概念。但英国科学家牛顿由于在 1668 年制造了第一架反射式望远镜而被认为是反射望远镜的发明者[5]。

自从天文望远镜 400 多年前诞生以来,它从小型手控的光学器材发展到由计算机控制的庞大复杂仪器，目前已经成为天文学家们探索宇宙、研究生命起源的重要手段。对于光学望远镜而言，集光能力和角分辨力是两个极其重要的参数。望远镜的集光能力与望远镜口径的平方成正比，而一架理想望远镜的角分辨力与成像波长成正比，与望远镜口径成反比，即

$$R_{\mathrm{FWHM}} = \frac{\lambda}{D} \tag{11-1}$$

式中：R_{FWHM}为半高全宽角分辨力；λ 为成像波长；D 为望远镜口径。

从理论上讲，较短的成像波长和较大的望远镜口径可以获得更高的望远镜角分辨力。图 11－1 是在 0.8μm 成像波长望远镜的理论角分辨力随望远镜口径的变化曲线。由图 11－1 可见，望远镜口径越大，其极限分辨角越小，因而具有更高的分辨能力。因此，天文学家期望通过不断扩大望远镜口径来获得更高的集光能力和更高的角分辨力，实现对更远、更弱目标的高分辨观测。

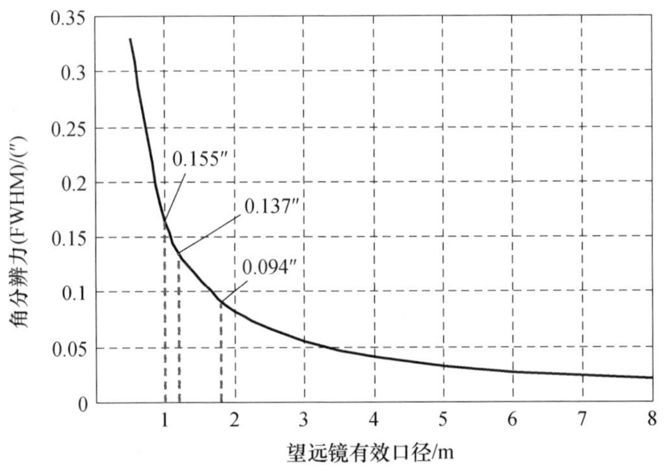

图 11－1　不同口径望远镜的理论角分辨力

但大口径望远镜的实际分辨力还受到地球大气湍流效应的影响。由于地球周围大气的湍流运动，大气温度的随机变化引起大气密度的随机变化，从而导致大气折射率的随机变化，这些变化的累积效应导致大气折射率的明显不均匀性，大气折射率微小变化的作用类似于处在大气中的小“透镜”，它们使传输光束出现聚焦、偏折等现象，从而导致光闪烁和光像抖动等效应，严重影响望远镜的成像质量。正是由于地球周围大气湍流的影响，使得当望远镜口径大于大气相干长度 r_0 时，望远镜的实际角分辨力受限于大气相干长度 r_0 而并非受限于望远镜口径，即

$$R_{\mathrm{FWHM}} = \frac{\lambda}{r_0} \tag{11-2}$$

式中：r_0 为 λ 波长的大气相干长度。

一般来说,地面上可见光波段的典型大气相干长度不超过20cm。因此,如果不采用任何措施,地面上再大口径的望远镜在可见光波段的角分辨力也仅仅与10~20cm口径望远镜的角分辨力相当,在0.8μm成像波长大口径望远镜的角分辨力基本不会优于0.824″,远大于大口径望远镜的理论角分辨力。

从望远镜发明到20世纪50年代,天文学家和光学家一直对视宁的影响无能为力[6]。直到20世纪50年代,当时海尔天文台的美国天文学家Babcock发表了“论补偿天文视宁度的可能性”的论文,第一次提出了可以校正大气湍流动态干扰的实时补偿光电系统的概念[7]。但解决这一问题决非易事,只有在信息科学、光学、电子学、机械学、自动控制学等取得重大成就的基础上,才能使克服光信息系统中随机干扰的影响成为可能。由于受到当时电子技术发展水平的限制,Babcock的设想没能及时付诸实现,却由此开创了自适应光学这一复杂的多学科综合技术。到了20世纪70年代,自适应光学技术在天文观测(高分辨力成像)领域和激光传输领域需求的带动下在美国得到了大力发展,此后自适应光学技术成为这两个领域不可缺少的关键技术。

太阳是距离地球最近的恒星,也是人类开展天文学研究的一个重要观测目标,通过对太阳的光学观测验证很多天文学理论。太阳大气层内的磁活动一般由光球层中的等离子体流决定,而等离子体流的结构和演化特征则由光球层中的压力标高与光子平均自由程控制。两个尺度的大小约为70km(在日心处的角尺度为0.1″)。这些结构位于光球底部,人们可直接观测到的太阳大气的最底层。而动力学结构,尤其与处处存在的磁场相关的动力学结构会在小很多的尺度上出现。人们甚至认为这些结构的尺度可能在1km(0.001″)左右[8]。因为在这些小尺度上的基础天体物理过程对于人们了解太阳至关重要,所以在现代太阳观测中空间分辨力就成为关键因素。由于磁场是驱动太阳活动和爆发的能量的主要载体,相应的磁场结构及其演化又是爆发过程的具体体现者,因此对磁场的观测和研究在太阳物理研究领域占据了极其重要的位置。对高精度和高分辨力的磁场及等离子体流场的光谱和偏振观测的需求也越来越高。但是在进行这种观测时,太阳可利用的光度实际上是很低的,这就需要增加曝光时间以提高信噪比。为了达到优于0.1″的空间分辨力,又要保证在长时间的曝光过程中,太阳像不会抖动,消除大气影响就构成了研发大型太阳望远镜的过程中必须解决的问题。在实际观测过程中,利用自适应光学系统可以从两个方面来改善和提高观测数据的质量:首先,在曝光时间给定的情况下,提高空间分辨力;其次,空间分辨力确定后,可以延长曝光时间,提高信噪比,增大图像数据的动态范围,改善磁场测量的灵敏度和测光的精确度。

从需要对太阳上在0.1″甚至更小的尺度上的重要的基本物理过程进行观测起,现代太阳观测就与现有太阳望远镜的衍射极限紧密地联系起来,因此空间分辨力在太阳观测中也变得极为重要。即使太阳望远镜的口径相对于现代夜天文望远镜来说要小，但是空间分辨力依然受到视宁度的限制，而且视宁度在白天比夜晚要差。自适应光学也因此成为几乎所有大型太阳望远镜的一个重要组成部分。目前，是否配备自适应光学系统逐渐成了衡量一台大口径（大于 1m）太阳望远镜的性能和竞争力的指标。

自适应光学技术成功应用于天文望远镜进行高分辨观测以后，人们不断向更大口径的天文望远镜迈进，目前已有多台口径 8 ~ 10m 的天文望远镜投入使用，口径 30m 的天文望远镜也已在研制之中。所有这些大型天文望远镜无一例外地配有或正在研制自适应光学系统。

另一方面，随着望远镜口径增大到一定程度（如 4m 以上），望远镜研制过程中的光学误差和使用过程中结构的变形、环境温度的变化乃至自然风等因素会影响望远镜的成像质量，使人们不能如愿获得大口径望远镜应有的高分辨力。不论是何种原因导致的望远镜分辨力下降，均会带来望远镜成像光斑的扩展，进而使大口径望远镜不能获得理想状态下应有的高探测能力。随着大型天文望远镜的发展，为了消除或减小大口径望远镜自身由于研制过程中的光学误差、使用过程中的结构变形和环境温度变化等因素引起的像质变差，从自适应光学技术衍生出的主动光学技术也得到了迅速发展。1989 年第一架完整的主动光学望远镜——欧洲南方天文台（European Southern Observatory, ESO）研制的口径 3.5m 新技术望远镜（New Technology Telescope, NTT）在智利的拉塞拉（La Silla）天文台投入使用[9]，此后主动光学技术成为所有口径 4m 以上的天文望远镜必然采用的技术。

消除大气湍流影响的另一途径是将天文望远镜发射到地球大气层之外的太空，如美国口径 2.4m 的哈勃太空望远镜（Hubble Space Telescope, HST）在 1990 年由美国“发现号”航天飞机运载升空，至今已取得很多令人瞩目的观测成果。尽管太空望远镜在观测波段的扩展和分辨力的提高等方面与地面望远镜相比具有很大的优势，但由于受到技术、费用、维护等方面因素的限制，太空望远镜的发展速度远不如地面大型天文望远镜快。正在研制的最大太空天文望远镜为美国口径约 6.5m 的詹姆斯 - 韦伯太空望远镜（James Webb Space Telescope, JWST）[10,11]。但是由于受运载工具空间的限制，通常口径 4m 以上的空间望远镜需要采取折叠发射、空间展开的望远镜主镜形式，主动光学或自适应光学技术也是保证空间望远镜像质的必不可少的技术之一。

主镜面形误差和重力、热、圆顶气流、大气湍流等带来的光学波前误差的时间与空间频率分布以及主动光学和自适应光学的校正范围如图 11 - 2 所示。一般来说：主动光学系统具有较大的校正行程和较慢的时间响应，主要用于校正低时间频率和低空间频率的光学波前误差；而自适应光学系统的校正行程相对能动光学系统较小，除校正小量的低时间频率和低空间频率光学波前误差外，主要用于校正一定范围内的高时间频率和高空间频率的光学波前误差。

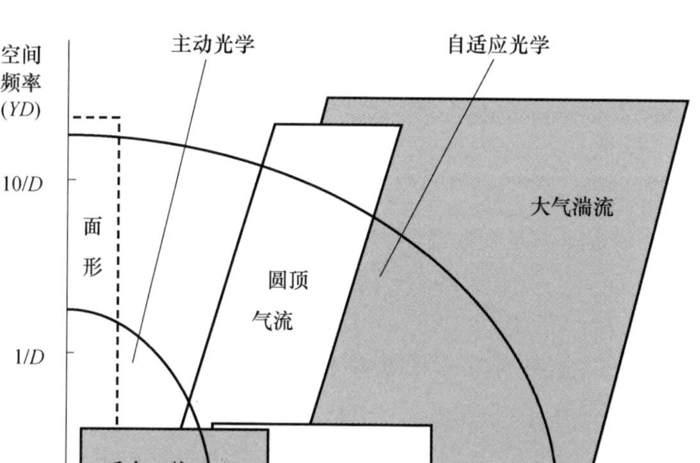

图 11－2　波前像差的时间频率和空间频率范围及主动光学和自适应光学的分工（D 为望远镜口径）

11.2　大口径望远镜自适应光学系统主要参数的确定

光波在大气传播时，由于大气湍流的作用，其光束质量将受到严重影响[12]。对于大口径地基天文望远镜而言，大气湍流使得目标成像模糊、光能分散，分辨力严重受限。自适应光学系统克服了大气湍流对光波传输的不利影响，从而提高大口径望远镜的分辨力。正是基于这一原因，自适应光学系统的设计和研制与系统安装站点的大气湍流条件密切相关。

11.2.1　大气湍流的基本参数

目前，人们普遍认为大气湍流服从统计规律。湍流的统计理论是由 Фрндман 和 Келлер 的工作开始的，其后得到了巨大的发展。特别是在 1941 年 Kolmogorov 和 Obyxob 建立了大雷诺数下表征湍流微结构基本性质的定律后，湍流统计理论在关于湍流的研究中居于统治地位，并成功应用于实际中[13]。长期以来，光波在大气湍流中的传输理论均是建立在 Kolmogorov 湍流统计理论基础[14,15]之上，并且在实际中得到很好的应用。Kolmogorov 湍流统计理论是在假设大气湍流满足局地均匀和各向同性的条件基础上建立的。但由于大气湍流与观测站址、天气、风速等因素有关，观测站址和时间不同，大气湍流的强度和功率谱分布也不相同，因此在很多情况下大气湍流的统计特性并不符合 Kolmogorov 理论，有关这方面的实验验证和理论研究正越来越得到重视。饶长辉[16]、M. S.

Belen'kii[17]、D. Dayton[18]、T. W. Nicholls[19]等人利用哈特曼波前传感器对非 Kolmogorov 湍流的空间特性进行了研究，饶长辉还对非 Kolmogorov 湍流的时间特性以及光波在非 Kolmogorov 湍流中传播时的相位扰动的空间特性进行了研究[20]。在本章的研究中，将沿用目前仍在自适应光学领域广泛使用的 Kolmogorov 大气湍流理论。

在描述大气湍流的所有参数中，与自适应光学系统设计紧密相关的参数包括大气相干长度 r_0、大气湍流相干时间 τ_0 和大气等晕角 θ_0 等。

对大气湍流的定量研究往往是从大气折射率的统计描述开始的。折射率结构函数 D_n 是研究大气湍流时一个非常有用的物理量，它表征两个空间点之间的折射率变化：

$$D_n(\boldsymbol{r}_1,\boldsymbol{r}_2) \equiv \langle [n(\boldsymbol{r}_1) - n(\boldsymbol{r}_2)]^2 \rangle \tag{11-3}$$

式中：$\boldsymbol{r}_1$、$\boldsymbol{r}_2$ 为三维位置矢量。

Kolmogorov 的研究表明，在惯性区域内，折射率结构函数是各向同性的，并且正比于标量距离 r 的 2/3 次方[20]，这就是著名的“三分之二定律”。即有

$$D_n(r) = C_n^2(h) r^{2/3} \tag{11-4}$$

式中：$C_n^2(h)$ 为在高度 h 处折射率起伏的强度。

基于 Kolmogorov 得到的大气折射率结构函数，Fried[21]推导出在接收孔径平面内光学波前相位 φ 的空间结构函数表达式：

$$D_\varphi(r) = 2.91 k^2 r^{5/3} \sec(z) \int C_n^2(h)\,\mathrm{d}h \tag{11-5}$$

式中：$k=2\pi/\lambda$ 为波数，λ 为观测波长；z 为天顶角，积分沿光束传输路径进行。

为方便起见，Fried 定义了大气相干长度 r_0，这一参数满足条件：在接收孔径平面处不大于它的孔径中，总的波前畸变仅有整体倾斜，即在 r_0 范围内的光学波前可以看作一个平面。r_0 的表达式为[21]

$$r_0 = \left[0.423 k^2 \sec(z) \int_0^L C_n^2(h) \left(1 - \frac{h}{L}\right)^{5/3} \mathrm{d}h\right]^{-3/5} \tag{11-6}$$

式中：L 为到目标的距离。

当 $L\to\infty$时，式(11-6)退化为平面波的情况，即

$$r_0 = \left[0.423 k^2 \sec(z) \int C_n^2(h)\,\mathrm{d}h\right]^{-3/5} \tag{11-7}$$

从而相位的空间结构函数为

$$D_\varphi(r) = 6.88\,(r/r_0)^{5/3} \tag{11-8}$$

在评价天文台站址的大气条件时还经常用到大气视宁度的概念，大气视宁度的定义为

$$\theta_s = 1.22\frac{\lambda}{r_0} \tag{11-9}$$

对于大气湍流引起的相位扰动的时间特性的描述建立在泰勒(Taylor)冻结

湍流假设基础之上。根据这一假设,认为湍流是一系列冻结的层以不同的速度移过探测孔径,而移动的速度则是随不同高度而变化的。为简单起见,通常假设移动的方向垂直于包括天顶角的平面。大气湍流变化的快慢用大气湍流相干时间 τ_0 来描述,认为在不大于 τ_0 的时间间隔内大气湍流保持不变。根据 Greenwood[22] 的研究结果,大气湍流相干时间的表达式为

$$\tau_0 = \left[2.91k^2\sec(z)\int C_n^2(h)v^{5/3}(h)\,\mathrm{d}h\right]^{-3/5} \tag{11-10}$$

式中:$v(h)$ 为高度 h 处的风速。

除大气相干长度 r_0 与大气湍流相干时间 τ_0 外,另一个表征大气湍流的特征参数为大气等晕角 θ_0。从式(11-5)可以看出,大气湍流引起的光学波前相位随不同的天顶角而变化。如果天顶角的变化足够小,则认为这两个观测方向(或称为湍流路径)上的波前相位畸变近似相同。湍流路径上的波前相位畸变相同的最大区域称为等晕区,对应的角度则称为等晕角。等晕角可以通过下式得到,即

$$\theta_0 = \left[2.91k^2\sec^{8/3}(z)\int_0^L C_n^2(h)h^{5/3}\,\mathrm{d}h\right]^{-3/5} \tag{11-11}$$

对于上面的大气相干长度 r_0、大气湍流相干时间 τ_0 和大气等晕角 θ_0 的表达式,有时为便于表述,常定义 $C_n^2(h)$ 和 $v(h)$ 的 n 阶矩 μ_n 和 v_n 分别为:

$$\mu_n = \int C_n^2(h)h^n\,\mathrm{d}h \tag{11-12}$$

$$v_n = \int C_n^2(h)v^n(h)\,\mathrm{d}h \tag{11-13}$$

于是大气相干长度 r_0、大气等晕角 θ_0 和大气湍流相干时间 τ_0 可以分别表示为

$$r_0 = \left[0.423k^2\sec(z)\mu_0\right]^{-3/5} \tag{11-14}$$

$$\theta_0 = \left[2.91k^2\sec^{8/3}(z)\mu_{5/3}\right]^{-3/5} \tag{11-15}$$

$$\tau_0 = \left[2.91k^2\sec(z)v_{5/3}\right]^{-3/5} \tag{11-16}$$

11.2.2 自适应光学系统主要参数的确定

在描述大气湍流的所有参数中,与自适应光学系统设计和性能直接相关的参数主要是大气相干长度、大气湍流相干时间和大气等晕角。其中:大气相干长度和大气湍流相干时间分别决定自适应光学系统进行有效校正所需的空间带宽与时间带宽;而大气等晕角则决定了自适应光学系统进行有效校正时信标光与目标光的最大角偏移。

1. 自适应光学系统空间带宽需求的确定

大气相干长度是在进行自适应光学系统设计时所采用的非常关键的参数,其大小决定了自适应光学系统子孔径的空间尺度。从大气相干长度的定义可以

看出，当接收口径不大于 r_0 时，望远镜可获得接近衍射极限的目标像，只有目标的像点位置随着时间的推移而不断变化。当系统子孔径不大于 r_0 时，仅仅需要探测每一子孔径内整体倾斜这一项波面误差，进而通过波前校正器校正每一子孔径内的波面倾斜即可。因此，自适应光学系统子孔径的单元数和变形反射镜驱动器的单元数通常是相当的。在进行自适应光学系统设计时，通常将子孔径尺寸 d_s 取为与观测站址的大气相干长度相当，于是自适应光学系统的单元数规模可以粗略地按下式估计：

$$N \approx \left(\frac{D}{r_0}\right)^2 \tag{11-17}$$

式中：D 为望远镜口径。

图 11－3 是不同口径望远镜在波长 800nm、大气相干长度约 13.5cm 条件下的理论角分辨力和所需自适应光学系统单元数的变化曲线。由图 11－3 可见，随着望远镜口径增大，其理论角分辨能力大大提高，但自适应光学系统的单元数也大幅增加。

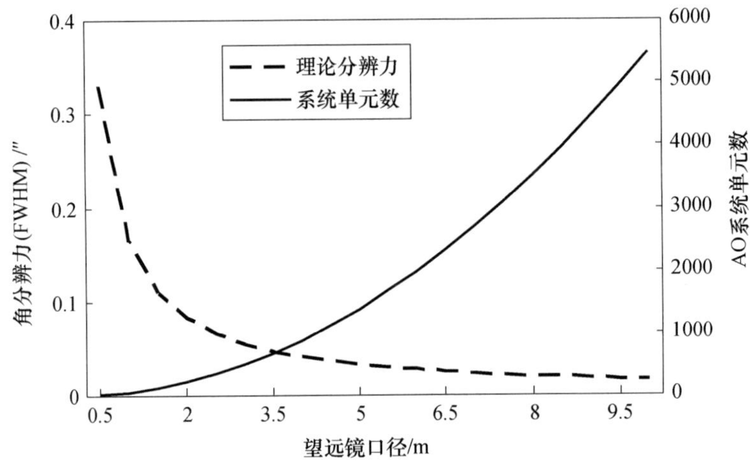

图 11－3　望远镜理论角分辨力和 AO 系统单元数随望远镜口径的变化

由于自适应光学系统子孔径的大小决定于观测站址的大气相干长度。因此，对一架用于高分辨成像观测的自适应光学天文望远镜而言，一旦观测站址确定，望远镜口径的增大只能要求自适应光学系统拥有更多的单元数，不能因为望远镜口径的增加而提高自适应光学系统的极限探测能力。在不依赖其他技术手段的情况下，与大气相干长度相关的子孔径大小（大气相干长度 r_0 只有几厘米到十几厘米量级）成为限制自适应光学系统波前传感器探测能力的主要因素之一。

2. 自适应光学系统时间带宽需求的确定

在弱光高分辨成像自适应光学系统中，由大气相干长度决定的子孔径大小从接收口径上限制了自适应光学系统波前传感器的探测能力。同时,大气湍流相干时间也从时间上要求自适应光学系统波前传感器具有一定的采样频率。

大气湍流相干时间通常只有几毫秒量级[23,24],而自适应光学系统很好地进行波前校正,要求自适应光学系统具备一定的校正带宽。自适应光学系统的高阶校正带宽(变形镜校正带宽)由 Greenwood 频率 f_G 决定,整体倾斜校正带宽由泰勒频率 f_T 决定[25]。f_G 和 f_T 的表达式为:

$$f_G = 2.31\lambda^{-6/5}\sec^{3/5}(z)\left[\int C_n^2(h)v^{5/3}(h)\,\mathrm{d}h\right]^{3/5} \tag{11-18}$$

$$f_T = 0.368D^{-1/6}\lambda^{-1}\sec^{1/2}(z)\left[\int_{h_0}^{\infty} C_n^2(h)v^2(h)\,\mathrm{d}h\right]^{1/2} \tag{11-19}$$

如果自适应光学系统高阶校正的伺服控制带宽为 f_{3dB},则校正后的波前畸变的均方误差为

$$E^2 = \left(\frac{f_G}{f_{3dB}}\right)^{5/3} \tag{11-20}$$

式(11 - 20)表明,当自适应光学系统高阶校正的伺服控制带宽 f_{3dB} 等于 Greenwood 频率时,系统校正后的波前畸变残差(RMS)为 1rad。

一般情况下要求自适应光学系统高阶校正的伺服控制带宽 f_{3dB} 约为 Greenwood 频率的 4 倍,而波前传感器的采样频率要达到伺服控制带宽的 10 倍[26],所以大气校正自适应光学系统的波前传感器通常是一个高帧频的采样系统,其进行波前探测时的积分时间非常短,这也从时间上限制了弱光自适应光学系统的探测能力。

3. 自适应光学系统成像波长的确定

大气相干长度和大气湍流相干时间是两个在一定范围内随机起伏变化的量。一般来说,系统设计过程中确定自适应光学空间采样频率和时间采样频率时应根据安装站点大气相干长度与大气湍流相干时间的统计平均值确定。系统在实际使用过程中,观测站大气条件存在起伏变化:实际大气条件比系统设计时所选的大气条件好或与之相当,系统的校正成像效果就会较好;实际大气条件比系统设计时所选的大气条件恶劣,系统的校正成像效果就会变差。

由式(11 - 6)和式(11 - 9)可以看出,大气相干长度和大气湍流相干时间还与成像波长有关,它们均与成像波长的 6/5 次方成正比。图 11 - 4 给出了 0.8 μm波长的大气湍流相干时间分别为 0.5ms、1ms 和 2ms 时,其他波长大气湍流相干时间的变化曲线。图 11 - 5 给出了 0.8 μm 波长的大气相干长度分别为 8cm、10cm 和 12cm 时,其他波长大气相干长度的变化曲线。可见,成像波长越长,大气相干长度和大气湍流相干时间越大,因此对系统的空间采样频率和时间采样频率要求越低。所以波长更长的 K 波段成像与波长稍短的 I 波段成像相比,受大气湍流的影响更小。

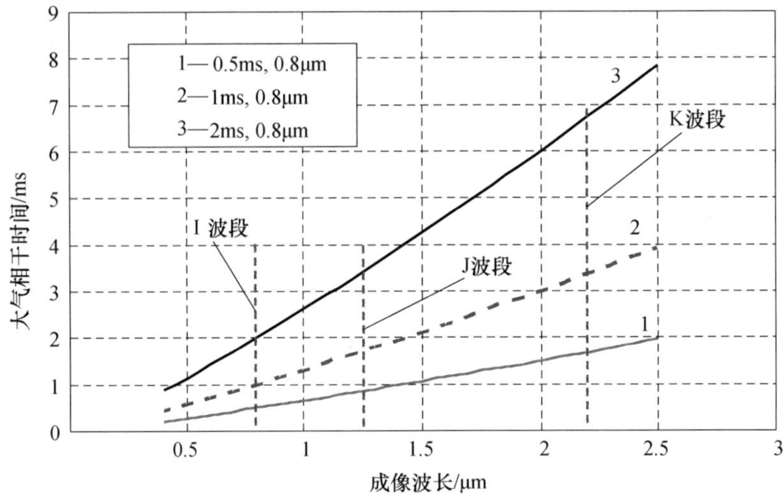

图 11-4　大气湍流相干时间随成像波长的变化

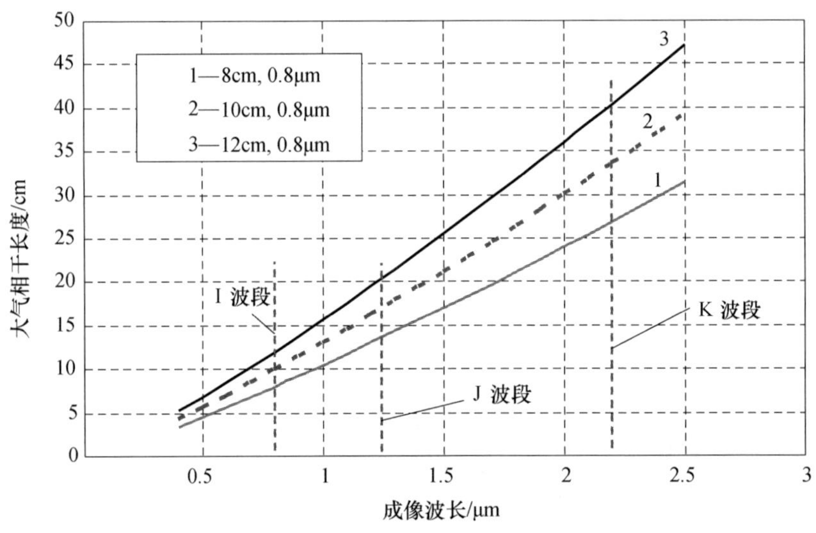

图 11-5　大气相干长度随成像波长的变化

一般来说:成像波长越短,系统的理论分辨力越高,但越容易受到大气湍流的影响,系统越不容易达到理想的校正效果。因此,在一定大气湍流和系统校正能力的条件下,自适应光学高分辨力成像系统有一个最佳成像波长。此外,成像波长越短,大气相干长度越小,需要系统子孔径尺寸越小。这除了增加系统的单元数,也会降低自适应光学系统的极限探测能力。综合考虑系统规模、校正效果、极限探测能力等方面的因素:国外夜天文自适应光学高分辨力成像系统较多地选择在 K 波段进行成像;国内夜天文自适应光学系统由于受成像器件限制,成像波长大多数选择 I 波段或 J 波段。

11.3 大口径望远镜自适应光学的主要新技术

传统夜天文大口径望远镜自适应光学系统采用单一自然信标进行探测校正和成像,其探测校正能力受到极大的限制,主要体现在弱目标探测校正能力不高、成像校正视场有限等方面。为提升大口径望远镜自适应光学系统的能力,相继发展了一些新技术,下面仅对部分技术作简要介绍。

11.3.1 激光导引星技术

用于实时校正大气湍流所致光波随机动态波前畸变的自适应光学系统,通常需要一个足够亮的参考源,即信标来提供由大气湍流引发的波前畸变信息。自适应光学系统在探测时要求目标附近(等晕区内)存在足够亮的参考星,如果参考亮星距离目标太远,波前探测将无法真实地反映目标光波所经大气路径引起的波前畸变。然而,实际情况是天文观测中很多区域无法找到满足条件的亮星,激光导引星(Laser Guide Star, LGS)技术的发展可以解决这一问题[27]。其基本原理:通过地基望远镜将一定功率的激光会聚发射至特定高度的大气层中,并利用激光与特定高度大气层中物质的相互作用,产生一定强度的散射回光信号提供湍流波前畸变信息。

激光导引星主要分为瑞利导星和钠导星两种。1982 年,美国自适应光学协会的 J. Feinleib 首先建议利用激光产生瑞利后向散射信标;1983 年,W. Happer 建议利用大气钠层产生人造信标。但是,直到 1985 年这些概念才开始进入公开讨论的范畴。实验方面,美国的菲利普斯实验室与 MIT 林肯实验室最早在工程上利用激光导引星技术:1983 年,R. Q. Fugate 等人在菲利普斯实验室利用后向瑞利散射人造信标第一次进行了大气湍流测量;1984 年,林肯实验室则进行了首次大气钠层人造信标产生及其大气湍流测量实验。这些在自适应光学发展史上堪称里程碑性质的系列实验,证明了人造信标作为湍流探测参考源的可行性,从而大大地刺激和推动了激光导引星技术的发展[28]。

瑞利导星是利用大气中分子对激光的瑞利后向散射形成导星,激光波长多为 532nm 绿光。由于大气分子随着高度的增加呈指数减少的趋势,因此瑞利导星的高度限制在 10 ~ 20km。钠导星是利用高度 90 ~ 100km 的大气中间钠层中的钠原子对波长 589. 2nm 激光(钠黄光)的共振散射形成导星。由于信标激光发射时可指向目标所在的任意方向。因此,原则上激光导引星可以覆盖整个天空。但同时它也存在自身的局限性,即湍流整体倾斜提取问题和聚焦非等晕性问题。

从激光导引星自身并不能测量出大气湍流的整体倾斜信息。大气湍流造成的整体倾斜可以等效为一个楔镜,其变化可以用楔镜的楔角大小变化与楔镜旋转组合来表征,如图 11 -6 所示。当信标激光由望远镜上行传输时,由于大气湍流的影响使其传输方向产生无规律的变化,波前传感所采样的激光导引星斑点位置相对于望远镜光轴来说是未知量。根据光路可逆原理,散射光按原方向返回成像于望远镜,也就不能提供大气倾斜的信息。简单地说,激光导引星的光束上下往返经过大气层,正好经历了方向相反的大气倾斜,故波前倾斜相互抵消了。

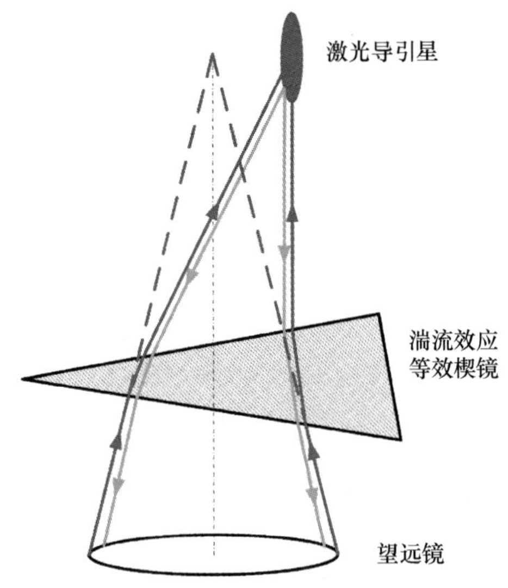

图 11 -6　激光导引星的大气湍流整体倾斜提取问题

从目前情况看,配置激光导引星的自适应光学系统仍需要自然星进行波前整体倾斜补偿。在天文观测中,最理想的是在待测目标附近处有合适的自然星。

所幸的是,在倾斜探测与高阶波前误差探测中有若干有利于倾斜探测的因素:①对于像倾斜这样的低阶湍流效应的等晕角要比其他高阶效应的等晕角大 1 个数量级;②望远镜的全口径可以用来探测倾斜,而比全口径小得多的子孔径用来测量高阶湍流像差,所以用于倾斜校正的信标比用于高阶校正激光导引星的亮度小;③对于倾斜补偿的闭环带宽只是高阶补偿带宽的 1/4 左右,这样就可以相应增加其采样的积分时间。

等晕性描述的是激光导引星探测光路与目标光路之间湍流波前像差信息的相关性,即两者共光路的程度。对天文观测用的激光导引星系统主要存在有限的导引星高度相对无限远目标的聚焦非等晕效应,如图 11 -7 所示。有限高度的人造信标仅能对其高度以下至望远镜接收口径之间的圆锥体内湍流进行采样,而对圆锥体外或自身高度以上的湍流未被采样,即锥体效应[29,30]。

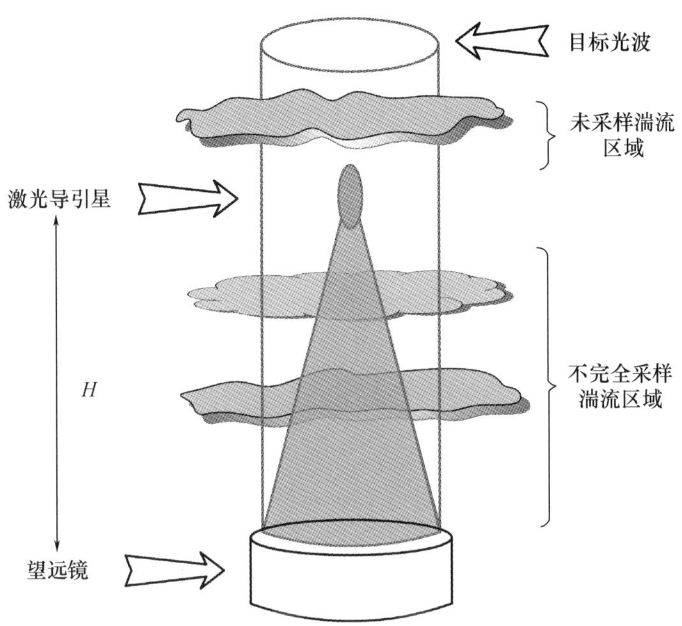

图 11－7 激光导引星的聚焦非等晕效应示意图

理论方面,G. A. Tyler 引入特征参数 d_0(导星等效直径)用以描述激光导引星的聚焦非等晕性误差:

$$\sigma^2_{\text{Cone-Effect}} = \left(\frac{D}{d_0}\right)^{5/3} \tag{11-21}$$

式中:$\sigma^2_{\text{Cone-Effect}}$为聚焦非等晕性方差($\text{rad}^2$);$D$ 为望远镜口径。Kolmogorov 湍流情况下,导星等效直径可表示为

$$d_0 = \left\{k_0^2 \times \sec\xi \times \left[0.057 \times \mu_0^{\uparrow}(H) + 0.5 \times \frac{\mu_{5/3}^{\downarrow}(H)}{H^{5/3}} - 0.452 \times \frac{\mu_2^{\downarrow}(H)}{H^2}\right]\right\}^{-3/5} \tag{11-22}$$

式中:$\mu_m^{\uparrow}(H)$、$\mu_m^{\downarrow}(H)$分别为对应信标高度 H 的 m 阶湍流上限矩与下限矩,可表示成

$$\begin{cases}\mu_m^{\uparrow}(H) = \int_H^{\infty} C_n^2(h) \times h^m \mathrm{d}h \\ \mu_m^{\downarrow}(H) = \int_0^{H} C_n^2(h) \times h^m \mathrm{d}h\end{cases} \tag{11-23}$$

由式(11－21)、式(11－22)可以看出:激光导引星的聚焦非等晕性误差同导星高度和系统接收口径均有关。对于一定接收口径的望远镜而言,激光导引星的高度越高,则由其探测带来的聚焦非等晕性误差越小。

瑞利导星因其高度较低(10～20km),在大口径望远镜中其聚焦非等晕效应影响体现得尤为明显,因此仅在小口径望远镜的自适应光学系统中采用。钠导星因接近大气顶层，对大气湍流波前采样充分，已成为目前大口径望远镜自适应光学系统激光导星的主流。但当望远镜口镜增大到一定程度，如数米甚至数十米级，钠导星的锥体效应也会非常明显，为此需要采用多导星技术（图 11 - 8）。同时，多导星技术也是扩大自适应光学系统校正视场的基础。

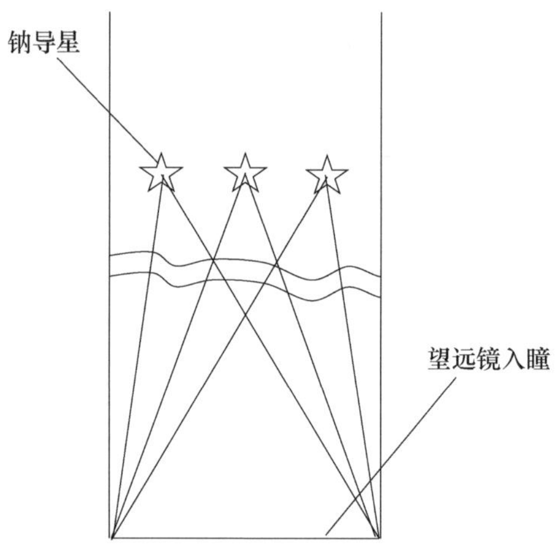

图 11 - 8　采用多导星减小锥体效应示意图

采用激光导引星技术时，还需要考虑近程大气瑞利散射的抑制、激光器与哈特曼传波前感器的同步、激光导星的位置稳定、大口径望远镜边缘子孔径光斑的拉长效应等一系列问题。

11.3.2　多层共轭自适应光学技术

采用单一信标进行探测校正的自适应光学高分辨力成像系统受大气等晕角限制[31]，校正视场有限，通常情况下其校正视场只有几角秒（可见光波段）至几十角秒（红外波段）范围，如此小的视场严重限制了自适应光学技术的运用。

为了增大自适应校正视场和扩大空域覆盖率，科学家们做了诸多努力，如选择湍流相对较弱的站址、系统工作在长波段、多个并行的 AO 系统、利用波前的统计特性进行校正、部分校正方法、多激光导星技术以及多层共轭自适应光学（Multi - Conjugate Adaptive Optics, MCAO）技术等[32-35]。上述方法中大多在客观上存在提升限制，如选站址、长波段探测等，多个并行的 AO 系统会使系统庞大而复杂，而多层共轭自适应光学技术以其优秀的性能和巨大的发展潜力在提出之初就备受青睐。

AO 系统的校正视场大小主要受角度非等晕性限制。而角度非等晕误差主要来自于两个方面：①参考星和目标星不在同一位置时，参考星光波与目标星的光波传输路径不同，因此校正的像差并非目标星光波传输路径上的像差，只有当观测目标本身亮度足以作为导引星时，这种误差才可以避免；②普通 AO 系统的变形镜一般位于望远镜入瞳或其共轭的位置，而湍流层则多位于不同高度的大气层中，利用二维面对三维空间内分布的湍流进行校正，使得变形镜无法对不同视线方向上的湍流误差进行完全校正，也会给系统校正带来误差。

多层共轭自适应光学技术针对这两个方面可以突破等晕角的限制。该技术首先 J. M. Beckers 于 1988 提出[33,34]，针对不同方向离轴信标在多个视线方向上进行波前探测，同时获得多个方向的湍流信息，再利用大气层析技术重构不同层湍流引起的波前误差。由于得到的是三维的波前信息，该技术避免了传统自适应光学技术中由于信标与观测目标不同而引入的探测误差。在得到不同层湍流引入的波前误差后，设置多个变形镜分别位于不同湍流层的共轭位置，有针对性地校正不同高度湍流层引起的波前误差。理论上，纵向波前探测列数越多，波前探测与复原精度越高；对大气分层越多，变形镜对大气湍流引入误差的校正越精确，当进行无数路波前探测以及无数层共轭校正时，系统可以达到无误差探测与校正，彻底消除大气对系统成像的影响。Beckers 在一定假设基础上得出分层数与等晕区域之间的定量关系，当对大气分 N 层校正，其校正视场可以扩大 $4N^2$ 倍。对于分层后的大气，其湍流相干长度大大增大，从而使其每层所需变形镜单元数相应减少。这样在只分几层校正的情况下，虽然整体增加了变形镜的数量，但变形镜总体单元数增加不是很明显，即系统复杂度只有少量增加。

Beckers 提出多层共轭自适应光学的概念时，有许多问题亟待解决，最重要的是大气分层与大气湍流的三维波前探测，如何合理地对大气进行分层以及如何获得不同层大气湍流引起的波前畸变，是实现 MCAO 技术的关键与前提，1990 年，M. Tallon 和 R. Foy 提出了区域法大气层析技术[35]，为 MCAO 技术的发展提供了方向。区域法大气层析技术基于不少假设，在实际运用中受到较大限制，1999 年，R. Ragazzoni 提出的模式法大气层析技术[36]，成为业内研究新的热点和方向，此前，R. Ragazzoni 提出了基于四棱锥的层析波前探测技术[37]，撇开了复杂的大气层析技术，直接探测不同高度层湍流引起的波前畸变，为实现 MCAO 技术开辟了新的途径。但是四棱锥波前传感器需要很高的加工工艺，国外近年来也处于系统试验阶段。

波前探测方面，模式层析算法本身的精度有限，在 1999 年，T. Fusco 等人采用最大似然估计的方法进行理论推导，最终提出在波前重构时引入大气湍流和探测噪声的二阶统计信息来提高模式层析的准确度[38]。然而实际系统中，闭环控制会破坏大气湍流的统计信息，研究人员又不得不针对控制算法做进一步的研究分析，2003 年 B. L. Ellerbroek 提出伪开环技术（POLC）[39]，利用闭环数据和校正数据提取开环信息，2004 年 B. L. Roux 等人提出了基于卡尔曼滤波线性二次高斯控制（LQG）[40]，对波前信息进行预测，增加了探测的准确度。

国内早在 20 世纪 90 年代就开展 MCAO 技术的理论研究，北京理工大学阎吉祥、周仁忠等对分层校正的效果进行了理论推导，完善了 MCAO 技术的理论机制[41]，电子科技大学荣建等理论分析了共轭高度对校正效果的影响[42]，中国科学院光电技术研究所张兰强等人对模式层析技术、最小方差法控制技术以及大气湍流三维波前探测技术等开展了深入的分析与讨论[43-45]。

大气湍流三维波前探测需要基于两个假设条件，即大气湍流可以被有限个大气相位屏模拟，以及近场近似，也就是光波在不同相位屏之间传输时不考虑衍射效应。B. L. Ellerbroek 等人曾仿真分析过衍射效应的影响，结果表明对于口径 4~10m 望远镜衍射效应可以忽略[46]。

根据三维波前探测方式的不同，MCAO 技术可以分为星向 MCAO(Star Oriented MCAO, SOMCAO)技术和层向 MCAO(Layer Oriented MCAO, LOMCAO)技术，如图 11-9 所示。SOMCAO 采用传统波前探测器，对大气湍流进行多个视线方向的波前探测，再利用大气层析技术获得不同层湍流引起的波前像差。LOMCAO 利用四棱锥波前探测器，通过调节探测器的几何位置，使之共轭于不同高度湍流，对大气湍流引起的波前畸变直接进行分层探测。

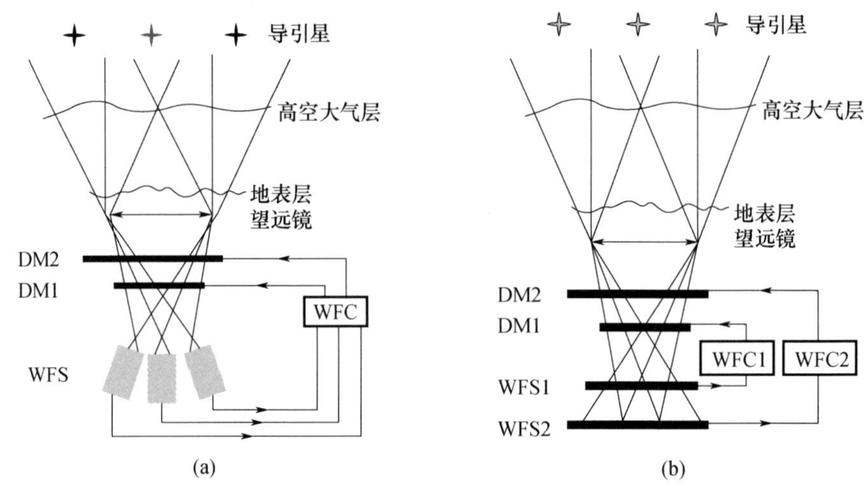

图 11-9 星向 MCAO 与层向 MCAO 示意图
(a)星向 MCAO；(b)层向 MCAO。

两种探测方式各有优劣，SOMCAO 利用传统哈特曼波前传感器，可以直接使用现有的软、硬件设备，初期的系统实验是在已有的 AO 系统基础上加装 MCAO 工作模块进行的，其波前探测也相对简单。其主要难点在于：一方面波前重构相对复杂，而且系统复杂度和重构矩阵随着导星数量的增加而变大；另一方面由于很难在同一观测区域内找到多颗满足条件的亮星作为信标，该技术一般伴随着激光导引星一起使用，这就进一步增大了系统复杂度，并且多激光导星技术本身也是个难题，目前也是自适应光学领域研究的热点。

LOMCAO 采用新型的四棱锥波前探测器，通过改变探测器的位置，几何层析出不同层大气湍流引起的波前畸变,避免了复杂的大气层析算法,并且不同湍流层的探测和校正相互独立,可以看作不同的子系统,从而降低系统复杂度。另外,由于每个探测器同时利用所有导星的能量,这对单个导星的亮度要求有所降低,进而可以扩大空域覆盖率,甚至在望远镜口径足够大时,直接利用自然导星和 MCAO 技术就可以实现全空域覆盖。但是该技术波前探测精度不高且相对复杂,在变形镜单元数比较少的情况下系统稳定性有待进一步验证,不同导星亮度差异过大也会给探测带来较大误差,探测中通常需要对亮星进行衰减。此外:四棱锥探测器技术本身发展不够成熟,国外处于试验阶段;其对加工工艺要求很高,目前国内加工水平还达不到要求。

除硬件方面,多层共轭自适应光学系统还涉及复杂的大气层析技术以及最优控制算法等。

多层共轭自适应光学技术的核心是利用多导星进行空间波前的三维探测,根据应用场合不同,人们又提出几种不同概念。随着研究的深入,人们发现大部分湍流集中在地表层,因此就产生利用多导星探测大气湍流三维波前,只控制一块变形镜校正地表层湍流的技术。这就是地表层自适应光学(Ground Layer Adaptive Optics, GLAO)[47]。这种系统由于只校正地表层,校正精度不如 MCAO 系统高,但是其校正视场相对更大。因此,该技术适用于不追求高分辨率但要求大视场观测的场合,尤其适合多瑞利激光导引星工作的情况。还有一种称为多目标自适应光学(Multi - Object Adaptive Optics, MOAO)的技术[48],同样利用大气层析技术得到大视场范围内三维波前像差,与 MCAO 技术不同的是,系统中每个变形镜对应一个观测目标,只针对该目标进行小视场校正。该技术可以对大视场范围内少数观测目标进行高分辨观测,在星云等目标探测方面具有很强的针对性和实用价值。

11.3.3　相关哈特曼波前探测技术

与夜天文自适应光学系统相比,太阳自适应光学系统的明显不同点在于波前探测。由于太阳是扩展目标,传统哈特曼波前探测器及其质心算法无法完成波前探测任务,需要采用基于相关算法的相关哈特曼波前探测器,基本原理如图 11 - 10所示。通过微透镜阵列将太阳表面低对比度结构成像在 CCD 焦面上形成一系列图像,以其中一个子孔径图像为参考,并假定其对应的波前斜率为 0,利用相关算法计算不同子孔径图像与参考图像之间的相关值,随后利用相关值提取波前斜率。如果参考图像本身斜率不为 0,则相关计算出的斜率中包含一个整体倾斜。因此,相关哈特曼波前传感器无法探测整体倾斜误差。在获得波前斜率后,可以采用与基于质心算法的点光源哈特曼波前传感器类似的方法进行波前重构。因此,与夜天文波前探测相比,相关哈特曼波前传感器多了一步相关算法的计算过程。

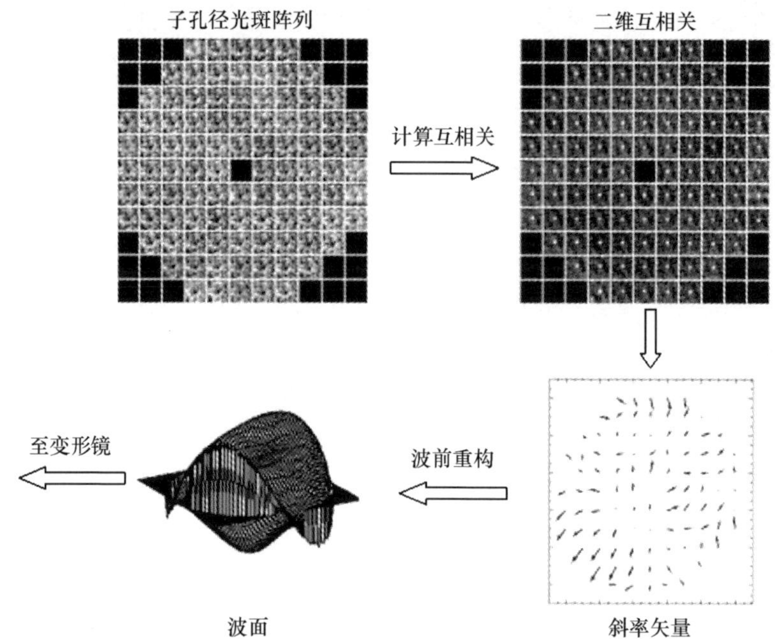

图 11－10　太阳 AO 系统的相关哈特曼波前传感器基本原理

太阳自适应光学系统中相关哈特曼波前传感器最大的挑战有以下两个方面：

（1）利用相关算法提取波前斜率，互相关算法可以表示为

$$S(\Delta x) = \sum \sum I_{\mathrm{M}}(x) \times I_{\mathrm{R}}(x + \Delta x) \qquad (11-24)$$

式中：$I_{\mathrm{M}}(x)$为某一子孔径图像；$I_{\mathrm{R}}(x)$为参考图像；Δx 为参考图像与子孔径图像之间的偏移坐标。

目前针对扩展目标波前探测已发展出多种探测算法，如绝对差分算法，频域互相关算法等，但是无论哪一种算法的计算量都相当大。另外，白天大气视宁度更差，对于太阳 AO 系统来说，其闭环带宽要求更高，因此要实时计算波前信息，对波前处理机的要求很高。

（2）若根据需求观测太阳表面任意位置，相关哈特曼波前传感器必须以太阳米粒为目标进行波前探测。米粒结构的尺寸在 1″左右，理想情况下其对比度大约为 13%，经过大气湍流和望远镜后通常退化至 5%～7%，子孔径分割瞳面后 CCD 探测器上米粒结构的对比度通常为 1%～3%。如此低对比度的图像，准确地提前波前倾斜十分困难。低对比度米粒图像还限制了哈特曼子孔径数量：子孔径数量太多，每个子孔径对应瞳面尺寸更小，受其衍射极限的限制，CCD 上米粒图像对比度更低；子孔径数量太少，会导致不能准确探测大气湍流引起的波前相差，进而影响闭环效果。

11.4　我国大口径望远镜自适应光学系统概况

11.4.1　夜天文自适应光学系统

我国开展自适应光学技术研究以来，先后独立自主地研制了21单元、61单元、127单元等多套夜天文自适应光学系统，主要参数见表11-1[49,50]。

表11-1　我国研制的夜天文自适应光学系统的主要参数

波前探测器	子孔径数目	DM驱动器数量	波前探测波段/μm	成像波段/μm	安装地点	首次观测时间
剪切干涉仪	2×16	21	0.4~0.7	0.4~0.7	云南天文台1.2m望远镜口径375mm	1990年
剪切干涉仪	2×16	21	0.4~0.7	2.2	北京天文台2.16m望远镜	1995年
哈特曼波前传感器	48	61	0.4~0.7	0.4~0.7	云南天文台1.2m望远镜	1998年
哈特曼波前传感器	54	61	0.4~0.7	0.7~0.9	云南天文台1.2m望远镜	2004年
哈特曼波前传感器	128	127	0.4~0.7	0.7~0.9	云南天文台1.8m望远镜	2009年

1990年，21单元动态波前误差校正系统与云南天文台的1.2m望远镜对接，在口径375mm实现了对自然星体的大气湍流校正，在可见光波段获得了分辨双星的清晰照片[51]，使我国成为继美国和德国之后第三个实现这一目标的国家。1995年5月，升级后的21单元自适应光学系统安装到北京天文台2.16m望远镜，在K波段获得了很好的观测结果，如图11-11所示。2.16m望远镜利用21单元自适应光学系统还成功对半规则变星V465进行了高分辨力成像观测，发现其是一颗角间距为0.5″的双星，如图11-12所示。

1998年，由中国科学院光电技术研究所、北京理工大学和国防科学技术大学等单位联合研制的61单元AO系统安装到云南天文台1.2m望远镜，主要用于在可见光波段对天文目标进行高分辨力成像观测，该系统在可见光波段对恒星的成像分辨力到0.23″[52]。此后，中国科学院光电技术研究所对61单元AO系统进行了全面升级[53]，2004年升级后的61单元AO系统安装到云南天文台1.2m望远镜，该系统在可见光波段获得接近衍射极限的恒星高分辨力成像观测结果[54,55]，如图11-13和图11-14所示。

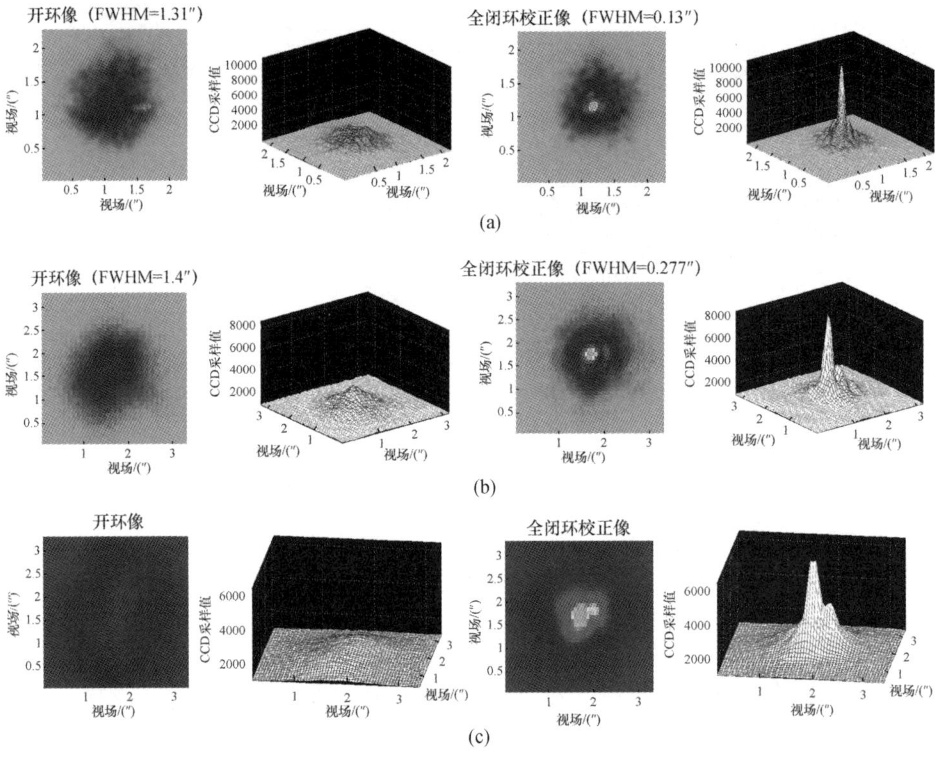

图 11-11　2.16m 望远镜 21 单元 AO 系统的成像观测结果

(a)可见光波段对织女星(Vega：星等 0.21m_V)成像结果；(b)红外 K 波段对恒星(βAur：星等 1.9m_V)成像结果；(c)红外 K 波段对双星(ADS6993：星等 3.8m_V 和 4.7m_V，角间距 0.25″)成像结果。

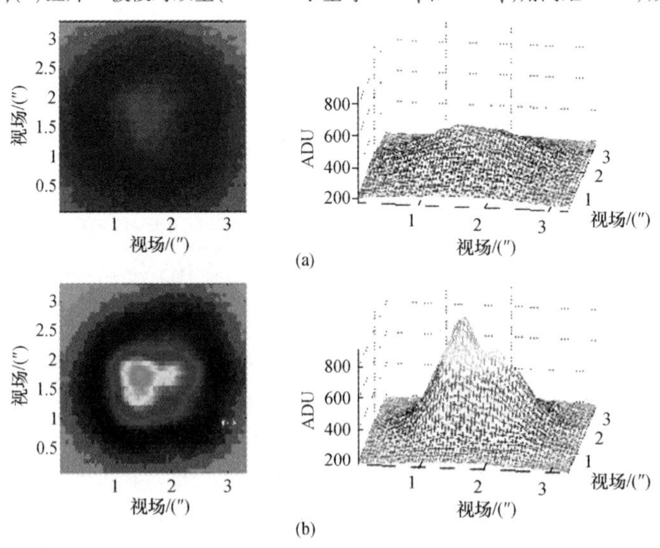

图 11-12　2.16m 望远镜 21 单元 AO 系统对半规则变星 V465 的成像观测结果

(a)未加校正；(b)加校正。

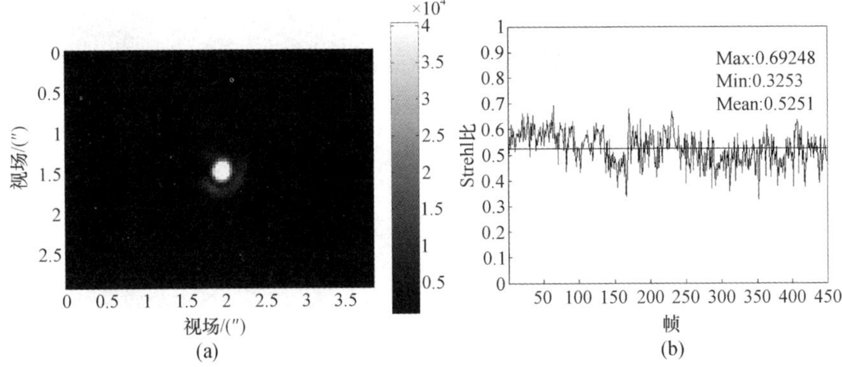

图 11－13 61 单元 AO 系统对恒星 FK5－780 的闭环观测结果

(a)单帧图像 FWHM(X: 1λ/D, Y: 1.06λ/D, λ/D=0.155″, 环围能量 Strehl 比为 0.66);(b)450 帧闭环星像的峰值 Strehl 比值曲线。

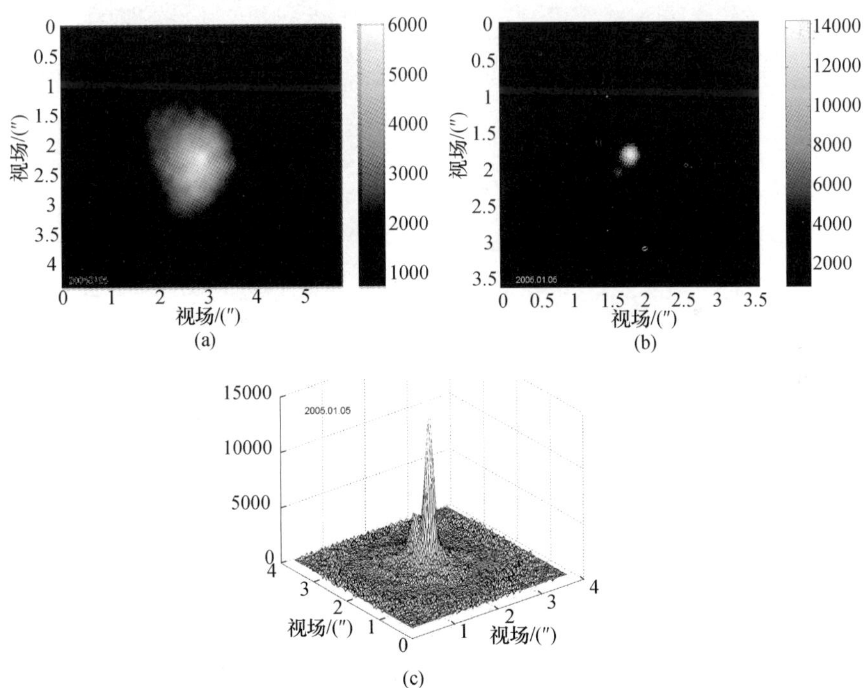

图 11－14 61 单元 AO 系统对双星的成像观测结果

(星名:HEI42,星等 2.41m_V 和 3.76m_V,角间距 0.3″)

(a) AO 开环成像结果;(b) AO 闭环成像结果;(c) AO 闭环成像结果三维图。

2009 年,由中国科学院光电技术研究所研制的 1.8m 自适应光学高分辨力成像望远镜系统安装到云南天文台[49],该系统在 700～900nm 波段获得了接近衍射极限的高分辨力成像观测结果,如图 11－15 和图 11－16 所示。

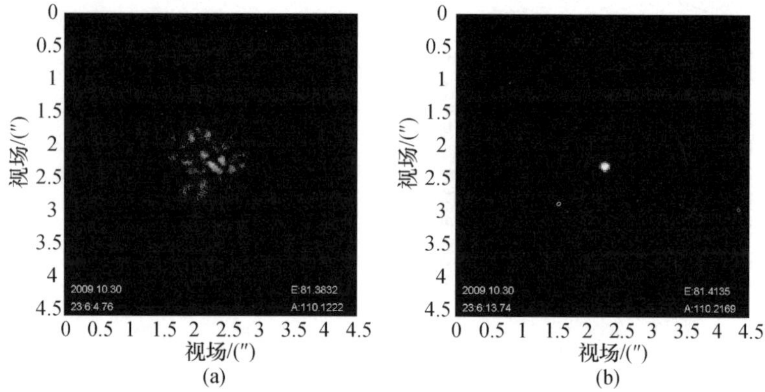

图 11－15　127 单元 AO 系统对恒星 SAO81004 的成像观测结果(星等:2.97m_V)

(a)AO 开环;(b)AO 闭环。

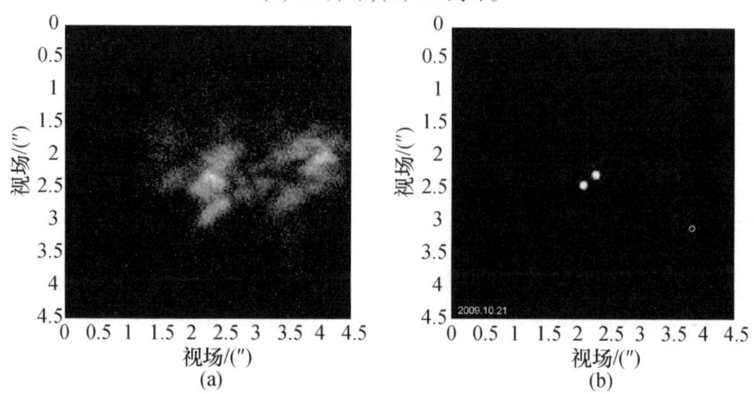

图 11－16　127 单元 AO 系统对双星 WDSBU989 的成像观测结果(星等:4.1m_V,角间距:0.245″)

(a)AO 开环;(b)AO 闭环。

我国在完成了百单元级自适应光学系统的研制后,已在开展与 4m 望远镜相匹配的千单元级 AO 系统的研制,同时开展了激光信标、MCAO 等技术的研究。

11.4.2　太阳自适应光学系统

国内太阳自适应光学技术研究工作始于 1998 年,中国科学院光电技术研究所与南京大学天文系合作,为南京大学 43cm 太阳望远镜研制了国内首套太阳观测倾斜校正自适应光学系统,进行了低阶校正自适应光学系统补偿性能研究,实现了改善太阳像跟踪精度和减小图像抖动的目的[56]。2009 年,中国科学院光电技术研究所针对云南天文台 26cm 精细结构太阳望远镜研制了 37 单元太阳自适应光学试验系统,开展了太阳自适应光学高分辨力成像实验,于国内首次获得了太阳黑子和米粒结构的高分辨力自适应光学校正图像[57,58],如图 11－17 所示。2011 年针对 1m 新真空太阳望远镜研制了 37 单元低阶自适应光学系统,成功与望远镜对接，于 2011 年 7 月同时获得了可见光波段（710nm，带宽 10nm）和近红外波段（1555nm，带宽 10nm）的太阳黑子高分辨力自适应光学校正图像[59]，如图 11－18 所示。

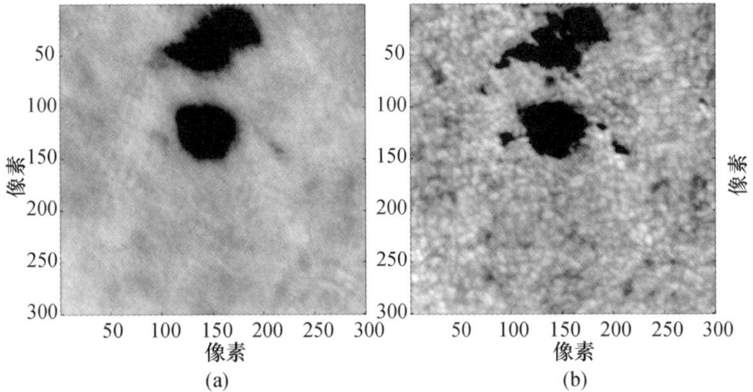

图 11－17　37 单元太阳自适应光学试验系统 first light 图像
（a）AO 校正前图像；（b）AO 校正后图像。

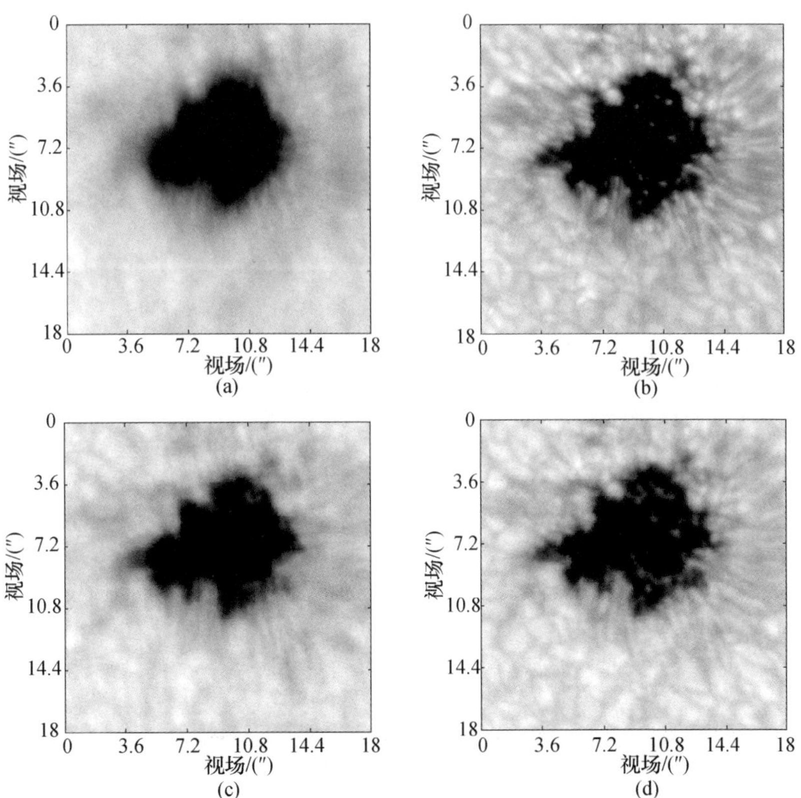

图 11－18　37 单元低阶太阳 AO 获得的可见光和近红外波段的 AO 校正前后图像
（a）AO 校正前（710nm）；（b）AO 校正后（710nm）；（c）AO 校正前（1550nm）；（d）AO 校正后（1550nm）。

参考文献

[1] 徐惟诚. 中国大百科全书现代医学卷[M]. 北京:中国大百科全书出版社,2000.

[2] 姚启钧. 光学教程[M]. 北京:高等教育出版社,1989.

[3] Born Max, Wolf Emil. Principles of Optics[M]. 7th edition. United Kingdom Cambridge University Press, 1999.

[4] 迈克尔阿拉比,德雷克杰特森. 科学大师[M]. 陈泽加,译. 上海:上海科学普及出版社,2005.

[5] Wilson R N. Reflecting Telescope Optics I[M]. USA:Springer, 1996.

[6] 姜文汉. 自适应光学技术. 中国自然杂志[J]. 2006,28(1):7 - 13.

[7] Babcock H W. The possibility of compensating aastronomical seeing[J]. publication of the Astronomical Society of the Pacific, 1953, 65: 229 - 236.

[8] 方成,丁明德,陈鹏飞,等. 太阳活动区物理[M]. 南京:南京大学出版社,2008.

[9] Lena P J. Astrophsical results with the come - on adaptive optics system[C]. Proc. SPIE, 1994, 2201: 1099 - 1109.

[10] Seery Bernard D. The james webb space telescope (JWST): Hubble's Scientific and Technological Successor[C]. SPIE, 2003,4850,170 - 178.

[11] Bély Pierre Y. The NGST telescope: an overview[M]. STScI, 1999.

[12] Roddier F. The effects of atmospheric turbulence in optical astronomy[J]. Progress in Optics, 1981, 19: 281 - 376.

[13] 饶长辉. 非 Kolmogorov 湍流情况下低阶校正自适应光学系统的性能研究[D]. 中国科学院,2001.

[14] Tatarskii V I. Wave Propagation in a Turbulence Medium[M]. New York: Dover Publications, 1967.

[15] 张逸新,迟泽英. 光波在大气中的传输与成像[M]. 北京:国防工业出版社, 1997.

[16] Rao Changhui, Jiang Wenhan, Ling Ning. Atmosphere parameters measurements for non - kolmogorov turbulence with shack - hartmann wavefront sensor[C]. SPIE, 1999, 3763: 84 - 91.

[17] Belen'kii M S, Karis S J, Brown J M, et al. Experimental study of the effect of non - kolmogorov stratospheric turbulence on star image motion[C]. SPIE, 3126: 113 - 123.

[18] Dayton D, Pierson B, Spielbusch B, et al. Atmosphere structure function measurements with a shack - hartmann wavefront sensor[J]. Opt. Lett., 1992, 17: 1737 - 1739.

[19] Nicholls T W, Boremann G D, Dainty J C. Use of a Shack - Hartmann wavefront sensor to measure deviations from a kolmogorov phase spectrum[J]. Opt. Lett., 1995, 20: 2460 - 2463.

[20] Kolmogorov A N. The Local Structure of Trubulence in Incompressible Viscous Fluids for Large Reynold's Numbers, Turbulence Classic Papers on Statistical Theory, Interscience, 1961.

[21] Fried D L. Limiting resolution looking down through the atmosphere[J]. J. Opt. Soc. Am., 1966, 56: 1380 - 1384.

[22] Greenwood D P. Bandwidth specification for adaptive optics systems[J]. J. Opt. Soc. Am., 1977, 67: 390 - 393.

[23] Fried D L. Statistics of a geometric representation of wavefront distortion[J]. J. Opt. Soc. Am., 1965, 55: 1427 - 1435.

[24] Fried D L. Optical resolution through a randomly inhomogeneous medium for very long and very short exposures[J]. J. Opt. Soc. Am., 1966, 56: 1372 - 1379.

[25] Tyler Glenn A. Bandwidth considerations for tracking through turbulence[J]. J. Opt. Soc. Am., 1994,

11：358 –367.

[26] Greenwood D P, Fried D L. Power spectra requirements for wave – front – compensative systems[J]. J. Opt. Soc. Am. , 1976,66：193 –206.

[27] Parenti Ronald R, Sasiela Richard J. Laser – guide – star systems for astronomical applications[J]. J. Opt. Soc. Am. , 1994,11(1)：288 –309.

[28] 沈锋. 自适应光学的激光导引星及微光波前探测技术[C]. 中国科学院,2001.

[29] Fried D L, Belsher J F. Analysis of fundamental limits to artificial – guide – star adaptive optics system performance for astronomical imaging[J]. J. Opt. Soc. Am. , 1994,11：277 –287.

[30] Fried D L. Focus anisoplanatism in the limit of infinitely many artificial – guide – star reference spots[J]. J. Opt. Soc. Am. , 1995,12：939 –949.

[31] Fried David L. Anisoplanatism in adaptive optics[J]. J. Opt. Soc. Am. ,1982,72(1)：52 –61.

[32] 周仁忠,阎吉祥,赵达尊,等. 自适应光学. 北京:国防工业出版社,1996.

[33] Beckers J M. Increasing the size of the isoplanatic patch within multiconjugate adaptive optics[C]. ESO Conference and Workshop,1988,30:693 –703.

[34] Beckers. Multi – conjugate adaptive optics：Experiments in atmospheric tomography[C]. SPIE, 2000, 4007：466 –475.

[35] Tallon M, Foy R. Adaptive telescope with laser probe：isoplanatism and cone effect[J]. Astron. Astrophys, 1990, 235：549 –557.

[36] Ragazzoni R, Marchetti E, Rigaut F. modal tomography for adaptive optics. Astronomy and Astrophysics, 1999, 342：4.

[37] Ragazzoni R. Pupil plane wavefront sensing with an oscillating prism[J]. Journal of Modern Optics, 1996, 43(2)：289 –293.

[38] Fusco T,Conan J M,Michau V,et al. Phase estimation forlarge field of view:Application to multi – conjugate adaptive optics[C]. SPIE,1999,3763:125 –133.

[39] Gilles L, Ellerbroek B L. Split atmospheric tomography using laser and natural guide stars[J]. J. Opt. Soc. Am. 2008, A 25：2427 –2435.

[40] Roux Brice Le, Conan Jean – Marc, et al. Optimal control law for classical and ulticonjugate adaptive optics[J]. Opt. Soc. Am. A, 2004,21(7):1261 –1276.

[41] Yan Jixiang, Zhou Renzhong, Yu Xin. Problems with multiconjugate correction[J]. Optical Engineering, 1994, 33(9)：2942 –2944.

[42] Ding Xueke, Rong Jian, Bai Hong, et al, Theoretical analysis and simulation of conjugate heights for dual – conjugate AO system in lidar[J]. Chinese Optics Letters, 2008, 6(1).

[43] 张兰强,顾乃庭,饶长辉. 大气湍流三维波前探测模式层析算法分析[J]. 物理学报. 2013,62(16)：169501.

[44] Zhang Lanqiang, Rao Changhui. Simulation result of multi – conjugate adaptive optics system based on minimum mean square error approach wavefront reconstruction[C]. Proc. of SPIE,1999,8415.

[45] Rao Changhui, Zhu Lei, Gu Naiting, et al, Solar adaptive optics system for 1 – m new vacuum solar telescope[C]. Third conference on Adaptive Optics for Extremely Large Telescopes, Florence, Italy, 2013.

[46] Ellerbroek B L. A wave optics propagation code for multi – conjugate adaptive optics. www. gemini. edu/documentation/webdocs/prprints.

[47] Hubin Norbert, Arsenault Robin, Conzelmann Ralf,et al. Ground layer adaptive optics[J]. C. R. Physique, 2005(6)：1099 –1109.

[48] Gendron Eric, Assémat François, Hammer François, et al. FALCON：multi – object AO[J]. C. R. Phy-

sique, 2005(6): 1110 - 1117.

[49] Rao Changhui, Jiang Wenhan, Zhang Yudong, et al. Progress on the 127 - element adaptive optical system for 1.8m telescope[C]. SPIE, 2008,70155Y,7015.

[50] Jiang Wenhan, Rao Changhui, Zhang Yudong, et al. Adaptive Optics at teh IOE,CAS[C]. 2009 SPIE, 7209, 72090J.

[51] Jiang Wenhan, Li Mingquan, Tang Guomao, et al. Adaptive optical image compensation experiments on stellar objects[J]. Optical Engineering, 1995, 34, (1): 15 - 20.

[52] Tang Guomao, Rao Changhui, Shen Feng, et al. Performance and test results of 61 - element adaptive optics system at 1.2m telescope of Yunnan Observatory[C]. SPIE, 2002, 4926: 13 - 19.

[53] Rao Changhui , Jiang Wenhan, Zhang Yudong, et al. Upgrade on 61 - element adaptive optical system for 1.2m telescope of Yunnan Observatory[C]. SPIE, 2004, 5490: 943 - 953.

[54] Rao Changhui, Jiang Wenhan, Zhang Yudong, et al. Performance on the 61 - element upgraded adaptive optical system for 1.2m telescope of Yunnan Observatory[C]. SPIE, 2004, 5639: 11 - 20.

[55] 饶长辉,姜文汉,张雨东,等. 云南天文台1.2m望远镜61单元自适应光学系统[J]. 量子电子学报, 2006, 23(3):295 - 302.

[56] Rao Chang - Hui, Jiang Wen - Han, Fang Cheng, et al. A tilt - correction adaptive optical system for the solar telescope of nanjing university[J]. Chin. J. Astron. Astrophys. 2003,3(6): 576 - 586.

[57] Rao Changhui, Zhu Lei, Rao Xuejun, et al. Performance of the 37 - element solar adaptive optics for the 26cm solar fine structure telescope at yunnan astronomical observatory[J]. Applied Optics, 2010,49(31).

[58] Rao Changhui, Zhu Lei, Rao Xuejun, et al. 37 - element solar adaptive optics for 26 - cm solar fine structure telescope at Yunnan Astronomical Observatory[J]. Chinese Optics Letters, 2010,8(10).

[59] Zhu Lei, Gu Naiting, Chen Shanqiu , et al. Real Time Controller for 37 - Element Low - order Solar Adaptive Optics System at 1m New Vacuum Solar Telescope[C]. SPIE, 2012, 8415: 84150V.

第 12 章 激光大气传输自适应光学技术

12.1 大气传输对激光光束质量的影响

12.1.1 大气湍流效应对激光传输的影响

光作为信息与能量的载体在现代社会生活中有着非常广泛的应用,如在高分辨率天文成像观测、大气激光通信、卫星遥感和高集中度激光能量传输等系统中[1-3]。大气作为上述实际应用中光波传输的基本通道。由于人类活动或太阳辐射等因素所引发的大气湍流运动造成大气折射率的随机起伏,进而导致传输光波产生随机漂移、扩展、畸变和闪烁等湍流效应[4]。所述湍流效应对于光波传输的根本性破坏作用,极大地降低了光学系统的成像质量或能量传输效果,是影响实际光学系统性能的主要因素[5]。

由大气湍流所引发的光波随机动态波前畸变可由第 2 章介绍的 Zernike 多项式进行描述。此时,所述随机动态波前畸变对应各阶 Zernike 像差模式系数之间的统计相关性与大气湍流特性有关。根据 R. J. Noll 的相关研究结果[6],在 Kolmogorov 湍流情况下,受其影响所致随机动态波前畸变各阶 Zernike 像差模式系数之间的相关性可表示为

$$\langle a_j a_{j'} \rangle = \frac{2.24606\,(-1)^{(n+n'-2m)/2}\sqrt{(n+1)(n'+1)}\,\delta_{mm'}\Gamma[(n+n'-5/3)/2]}{\Gamma[(n-n'+17/3)/2]\Gamma[(n'-n+17/3)/2]\Gamma[(n+n'+23/3)/2]} \times \left(\frac{D}{r_0}\right)^{5/3} \tag{12-1}$$

式中:$\Gamma(\cdot)$为伽马函数;$\delta_{mm'} = (m = m') \wedge (\overline{\text{parity}(j,j') \vee (m=0)})$;$D$ 为光学系统接收口径;r_0 为大气相干长度。

因此,当两模式的角向频率数相同($m = m'$),且模式系数奇偶性相同(均为偶数或奇数)或两模式的角向频率数均为 0($m = m' = 0$)时,两模式之间才存在相关性。式(12-1)构成一个对称的 Zernike 模式统计相关矩阵,其对角线元素值正比于 Kolmogorov 湍流下各阶 Zernike 模式的方差。若令式(12-1)中 $j = j'$,即可得到 Kolmogorov 湍流情况下各阶 Zernike 模式系数的统计方差:

$$\langle a_j^2 \rangle = \frac{2.246(n+1)\Gamma(n-5/6)}{[\Gamma(17/6)]^2\Gamma(n+23/6)} \times \left(\frac{D}{r_0}\right)^{5/3} \tag{12-2}$$

由此可见,Zernike 模式系数方差仅与径向频率数 n 有关,且随着径向频率数 n 的增大,对应 Zernike 模式系数方差迅速减小,如图 12-1 所示。

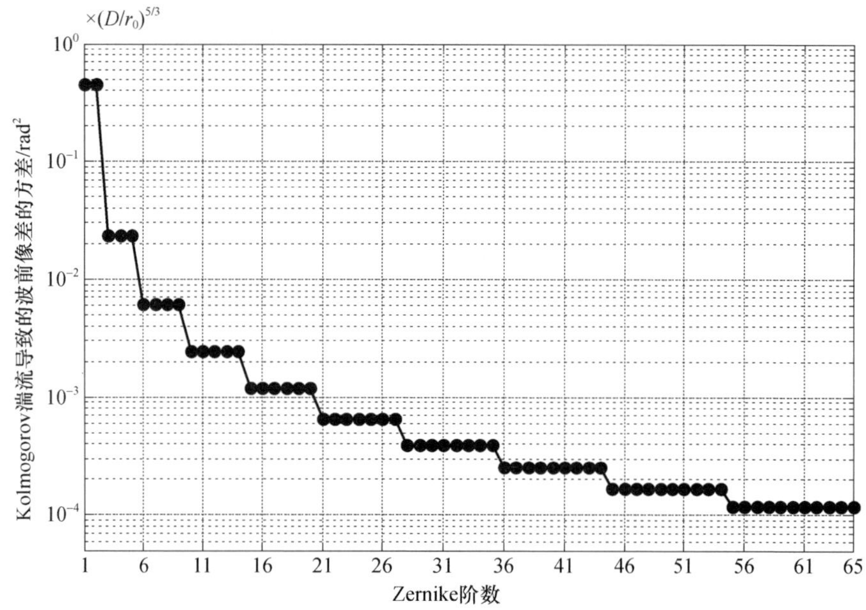

图 12-1 Kolmogorov 湍流所致波前畸变的前 65 阶 Zernike 模式方差分布

Kolmogorov 湍流情况下,(包含整体倾斜)的总体波前畸变相位方差为

$$\sigma^2_{\text{Total}} \approx 1.0299 \times (D/r_0)^{5/3} \tag{12-3}$$

上述畸变波前的前 65 阶 Zernike 模式方差分布见表 12-1。由此可知,在大气湍流所引发的波前畸变中,低频像差成分占绝大多数。特别是整体倾斜像差占全部波前畸变相位方差的 87% 左右,而离焦和像散仅占 7.9% 左右(图 12-2)。理论和实验表明,仅仅校正湍流畸变波前中的倾斜像差就可以显著地提高系统的光束质量。

表 12-1 Kolmogorov 湍流所致波前畸变的前 65 阶 Zernike 模式方差分布

Zernike 像差模式阶数	1~2	3~5	6~9	10~14	15~20
对应模式系数方差 $[\times(D/r_0)^{5/3}]$	4.490×10^{-1}	2.303×10^{-2}	6.180×10^{-3}	2.376×10^{-3}	1.189×10^{-3}
Zernike 像差模式阶数	21~27	28~35	36~44	45~54	55~65
对应模式系数方差 $[\times(D/r_0)^{5/3}]$	6.641×10^{-4}	4.017×10^{-4}	2.581×10^{-4}	1.738×10^{-4}	1.216×10^{-4}

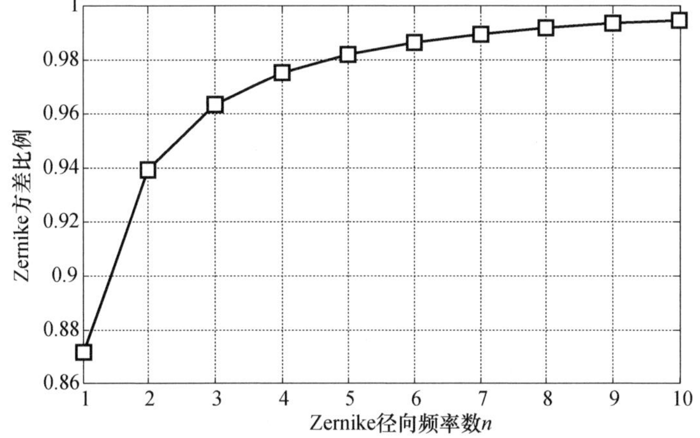

图 12-2 Kolmogorov 湍流所致波前畸变中各像差模式成分所占比例

大气湍流对于光波波前的随机动态干扰使传输光波产生光束抖动、光斑漂移、强度起伏(闪烁)和光束扩展等效应,破坏传输光波的相干性与方向性,严重限制了其实际应用性能。湍流条件下,点源的短曝光像将扩展、弥散,并不断随机晃动。点源的长曝光像,即长时间累计平均的结果,将是一个圆对称的、中心亮四周暗的弥散斑。因此,在同样直径范围内所包含的能量将下降,或在更宽的直径范围内才可能包含同样多的能量。开展大气湍流动态像差特性对光束质量的影响研究,对于高集中度激光能量传输、大气激光通信等应用领域具有重要意义。

12.1.2 光束抖动对光束质量的影响

在激光大气传输等应用领域中,非常关心激光能量传输到靶目标上的效率问题。传输过程中由于光学系统的光束漂移、望远镜跟踪抖动以及大气湍流等因素的影响引起光束抖动,致使有效作用时间内靶目标上的光斑能量密度下降。传输光波光束质量的下降程度可以由光束质量 β 因子反映。根据前面的分析,在大气湍流引起的光波波前畸变中,低频成分占绝大多数。大气湍流效应可以看作存在于光束路径上的许多尺度为 r_0 的角度不同且随时间变化的楔镜,致使光斑质心偏离瞄准点,从而产生光束的整体倾斜。由于整体倾斜误差占据全部波前畸变方差的 87% 左右,因此,深入分析由整体倾斜引起传输光波光斑弥散的亮度特性与能量分布特性,对于激光能量传输等应用领域具有重要意义。

1. 光束抖动对理想光斑长曝光成像的影响

在有光束抖动时,点光源长曝光像的光强分布可以表示为光束抖动的概率密度函数与静态远场光强分布 $I(\boldsymbol{\alpha})$ 的卷积[7,8]。根据概率统计理论,光束抖动

的概率密度函数是轴对称的高斯函数形式,即

$$p_{\text{tilt}}(\boldsymbol{\alpha}) = \frac{1}{2\pi\sigma_T^2}\exp\left(-\pi\frac{\boldsymbol{\alpha}^2}{2\pi\sigma_T^2}\right) \tag{12-4}$$

式中,σ_T 为光束整体漂移的均方根误差,单位为(λ/D)rad。

经进一步推导可得,具有一定中心遮拦比 ε、无像差波面远场抖动的长曝光光斑表达式为

$$\begin{aligned} I_{\text{LE}}(\boldsymbol{\alpha}) &= p_{\text{tilt}}(\boldsymbol{\alpha}) \otimes I(\boldsymbol{\alpha}) \\ &= F^{-1}\left\{F\left[\frac{1}{2\pi\sigma_T^2}\exp\left(-\pi\frac{\boldsymbol{\alpha}^2}{2\pi\sigma_T^2}\right)\right]F\left[\frac{\pi}{4(1-\varepsilon^2)}\left[\frac{2J_1(\pi\boldsymbol{\alpha})}{\pi\boldsymbol{\alpha}} - \varepsilon^2\frac{2J_1(\pi\varepsilon\boldsymbol{\alpha})}{\pi\varepsilon\boldsymbol{\alpha}}\right]^2\right]\right\} \end{aligned} \tag{12-5}$$

式中:$F\{\cdot\}$、$F^{-1}\{\cdot\}$分别为傅里叶变换、傅里叶逆变换。

图 12-3、图 12-4 分别给出了光束抖动误差对理想实心光束($\varepsilon=0$、无像差)、理想空心光束($\varepsilon=0.4$、无像差)的光斑强度分布与环围能量曲线的影响。由图可以看到,光束抖动造成中心亮斑强度迅速下降、光斑弥散、光束质量下降,且长曝光光斑的强度分布也越来越接近高斯光斑光强分布。

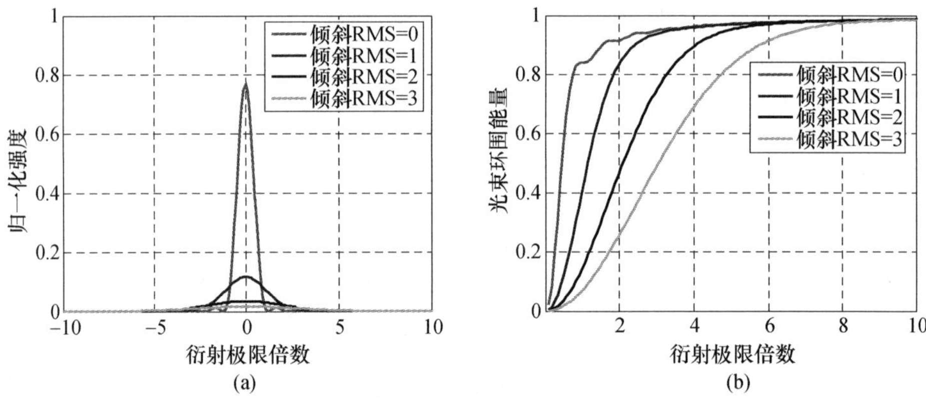

图 12-3 光束抖动误差对理想实心光束远场强度与环围能量分布的影响(长曝光)
(a)光束抖动误差对光斑强度分布的影响;(b)光束抖动误差对环围能量分布的影响。

图 12-5 给出光束抖动对峰值 Strehl 比的影响。由图 12-5(a)可以看出,光束抖动对(不同中心遮拦比的理想光束)远场峰值 Strehl 比的影响差别很小,在光束抖动大于 1(λ/D)后趋于一致。由图 12-5(b)可以看出,当 $\beta=1$ 变到 $\beta=2$时,理想空心光束($\varepsilon=0.4$)远场光斑光强降为原来的 0.1,理想实心光束光强降为原来的 0.17。在光束抖动误差较小时,长曝光的扩展光斑并不能用高斯分布函数进行表征,其峰值 Strehl 比并不等于 β 平方的倒数。当光束抖动误差致使光束质量 $\beta>3$ 后,长曝光的扩展光斑基本可用高斯函数分布来表述,其峰值 Strehl 比逐渐趋近于 β 平方的倒数。

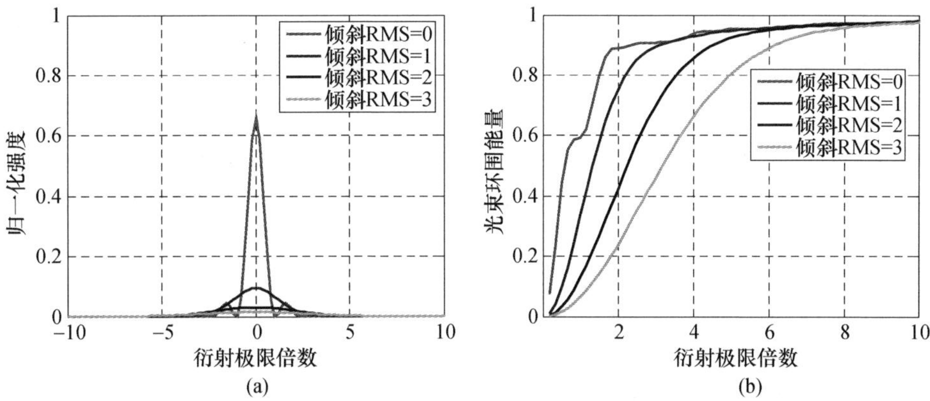

图 12-4 光束抖动误差对理想空心光束($\varepsilon=0.4$)远场强度与环围能量分布的影响(长曝光)

(a)光束抖动误差对光斑强度分布的影响(空心光束 $\varepsilon=0.4$);

(b)光束抖动误差对环围能量分布的影响(空心光束 $\varepsilon=0.4$)。

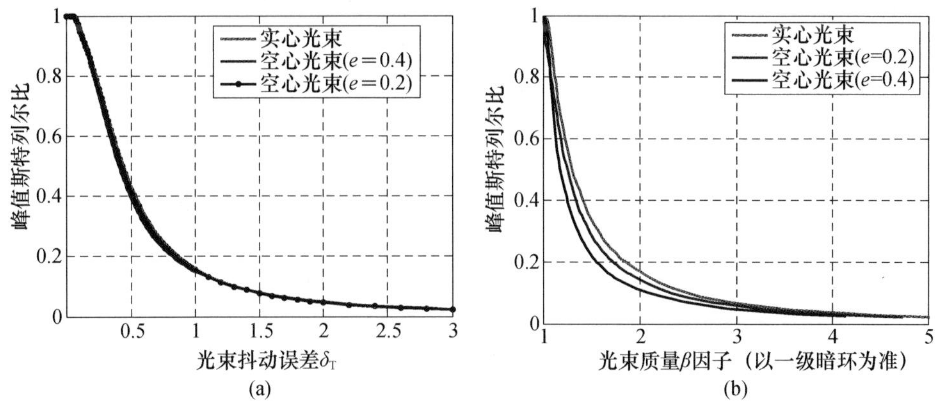

图 12-5 光束抖动误差对实心光束与空心光束峰值 Strehl 比的影响

(a)峰值斯特列尔比与光束抖动误差关系;(b)峰值斯特列尔比与光束质量β因子的关系。

2. 有随机波像差的远场光斑描述

M. R. Whiteley 把大气湍流扰动下的短曝光像用一个高斯函数进行拟合[9]:

$$I_{sg}(\boldsymbol{\alpha}) = (d/2)^{-2}\exp[-\pi(2a/d)^2] \tag{12-6}$$

式中:下标 sg 表示单高斯函数,与下面的多高斯情形区别。其中参数 d 单位是 λ/D,决定光斑的宽度和峰值亮度。这种高斯光斑的 FWHM $=0.47d(\lambda/D)$。对理想光束远场光斑特性可知,对于衍射极限光斑 $d=d_0=(16/\pi)^{1/2}=2.2568(\lambda/D)$,这时 FWHM $=1.06(\lambda/D)$,与爱里斑非常接近。在以光斑中心为圆心、角半径为 $b(\lambda/D)$的环内,式(12-9)中高斯光斑的归一化环围能量为

$$F_{sg}(b) = 2\pi \int_0^b I_{sg}(a) a \mathrm{d}a = 1 - \exp(-4\pi b^2 / d^2) \qquad (12-7)$$

可见式(12-7)定义的高斯光斑同样具有能量总和归一化的特点。

这种高斯光斑与爱里斑的轴截面对比、环围能量曲线对比如图 12-6 和图 12-7所示。从图 12-6 可见,高斯光斑和爱里斑在光斑中心区域非常接近,但随着角半径的增大,高斯光斑的亮度值迅速下降,而爱里斑的亮度值呈周期振荡,并且下降幅度不像高斯光斑那样迅速。图 12-7 中两者的环围能量曲线在角半径大于 λ/D 后存在较大差异。所以用单高斯光斑作为衍射极限光斑的近似计算模型,在计算光斑峰值亮度时比较准确,但在计算环围能量分布时就不合适了。

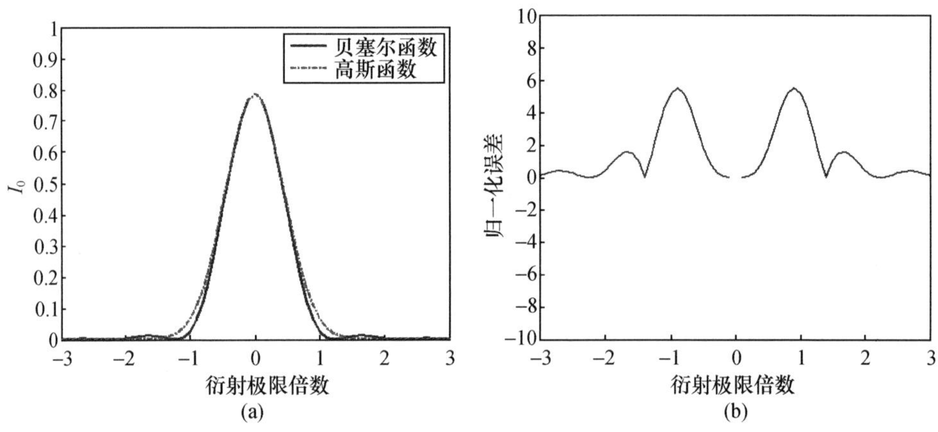

图 12-6　爱里斑、单高斯光斑的轴截面对比

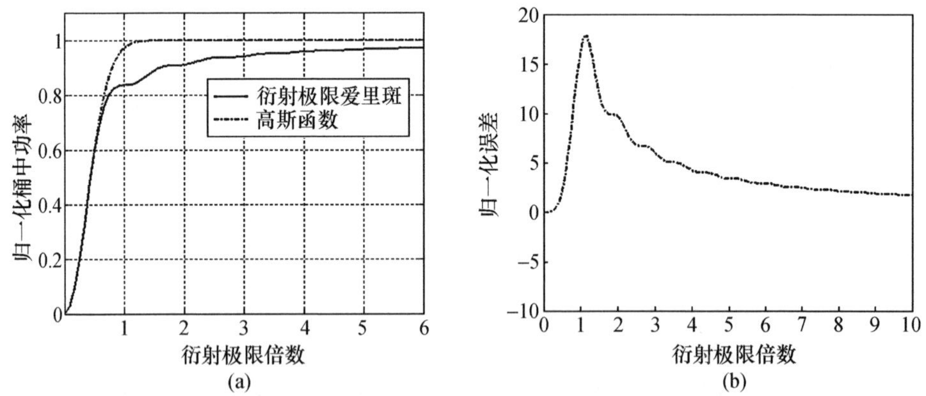

图 12-7　爱里斑、单高斯光斑的环围能量曲线对比

如果要用高斯拟合光斑分析计算有随机像差实际光斑的环围能量分布,就不能以与实际光斑 FWHM 为拟合基准,而应与包含相同总能量的光斑半径相同

为拟合条件,此时高斯拟合光斑与实际光斑在包含总能量84%的光斑半径相同。高斯拟合光斑看似要比实际光斑半径稍大,在实际光斑光束质量$\beta>3$以后便与高斯拟合光斑十分接近,可作为高斯型近似。

3. 光束抖动对随机波像差光斑的影响

在许多情况下需要研究有随机波像差情况下远场光斑的光束质量问题,这种情况下远场光斑可以用一个高斯函数表示。实际长曝光过程中存在整体倾斜误差,高斯光斑的长曝光像的光强分布可以表示为光束整体漂移的概率密度函数与短曝光光斑强度分布$I_{sg}(\boldsymbol{\alpha})$的卷积。根据概率统计理论:

$$\begin{aligned}I_{LE}(\boldsymbol{\alpha}) &= p_{tilt}(\boldsymbol{\alpha})\otimes I_{sg}(\boldsymbol{\alpha})\\ &= F^{-1}\left\{F\left[\frac{1}{2\pi\sigma_T^2}\exp\left(-\pi\frac{\alpha^2}{2\pi\sigma_T^2}\right)\right]F[(d/2)^{-2}\exp(-4\pi\alpha^2/d^2)]\right\}\\ &= \frac{1}{2\pi\sigma_T^2+(d/2)^2}\exp\left(-\pi\frac{\alpha^2}{2\pi\sigma_T^2+(d/2)^2}\right)\end{aligned}\tag{12-8}$$

式中:σ_T为光束抖动的均方根误差。

可以看出:考虑光束抖动后,远场光斑仍是高斯型,但能量进一步弥散,同时峰值光强进一步下降。对于实心圆形光束的光学系统,常用衍射极限半径$b_0=1.22(\lambda/D)$作为基准半径,则在衍射极限半径b_0内的环围能量与总能量之比为

$$\eta(b_0)=\int_0^{b_0}I_0(\alpha)2\pi\alpha\mathrm{d}\alpha=1-J_0^2(\pi b_0)-J_1^2(\pi b_0)=0.838\tag{12-9}$$

以此作为评价标准,未考虑光束抖动前,以高斯函数拟合理想爱里斑的拟合公式为

$$I_0(\boldsymbol{a})=(d_0/2)^{-2}\exp[-\pi(2a/d_0)^2]\tag{12-10}$$

式中:d_0为理想光斑高斯拟合参数,决定拟合爱里斑的宽度和峰值亮度。

此时以高斯拟合光斑中心为圆心、b_0为半径的环内,高斯光斑的归一化环围能量可表述为

$$\eta=F_{sg}(b_0)=2\pi\int_0^{b_0}I_{sg}(a)a\mathrm{d}a=1-\exp(-4\pi b_0{}^2/d_0{}^2)\tag{12-11}$$

设初始光束质量为β,有光束抖动后光束质量下降为β',由式(12-11)可推导出含抖动高斯拟合光斑的等效半径为

$$b(\eta)=\sqrt{-\ln(1-\eta)\times(d/2)^2/\pi}=b_0\times\beta(\lambda/D)\tag{12-12}$$

同理,考虑光束抖动δ_T后,环围能量占总能量比例为η对应的环围半径为

$$b'(\eta)=\sqrt{-\ln(1-\eta)\times[2\pi\delta_T^2+(d/2)^2]/\pi}=b_0\times\beta'(\lambda/D)\tag{12-13}$$

由此可见,光束抖动误差使得光束质量进一步下降。

由式(12-12)和式(12-13)可得初始光束质量β与存在光束抖动情况的光束质量β'之间存在以下关系:

$$\beta'^2 = \beta^2 + \frac{-2\ln(1-\eta)}{b_0^2} \times \delta_T^2 \tag{12-14}$$

因此,光束抖动误差造成光束质量的下降程度与初始光束的光束质量以及光束抖动有关。

定义光束抖动误差影响系数为

$$k = \sqrt{\frac{-2\ln(1-\eta)}{b_0^2}} \tag{12-15}$$

于是有

$$\beta'^2 = \beta^2 + k^2\delta_T^2 \tag{12-16}$$

光束抖动影响系数的物理意义反映了对光束抖动误差实际光学系统的影响程度,说明光束抖动也可看作一种影响光学系统光束质量下降的因子,并满足光束质量β因子的平方和相加计算方法。对于实心圆形光束的光学系统而言,在以式(12-9)表征的光束质量评价标准下,式(12-16)的具体解析表达式为

$$\beta'^2 = \beta^2 + 2.4458\delta_T^2 \tag{12-17}$$

对于评价有中心遮拦或特殊形态的输出光束形态的光束质量时,用理想爱里斑衍射角半径或包含84%总能量的光斑半径作为基准不一定合理。在实际应用中通常用与实际光学系统输出光束形态相同的平面波衍射远场光斑的一级暗环半径作基准。在这种条件下,中心遮拦比与光束抖动误差影响系数的关系:中心遮拦比越大,光束抖动误差对光束质量的影响越小,如图12-8所示。

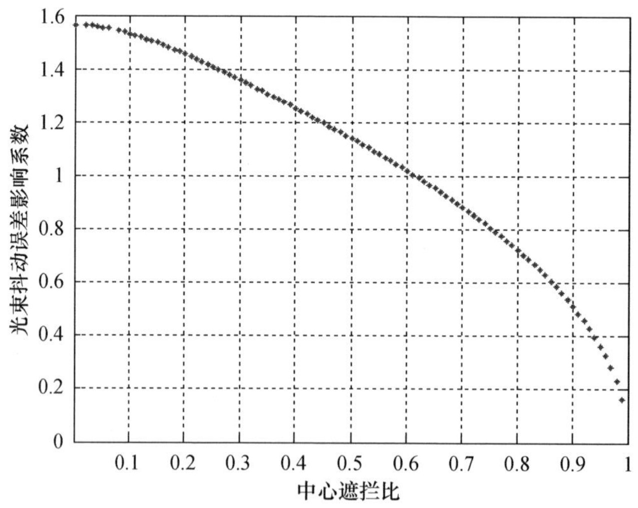

图12-8 中心遮拦比与光束抖动误差系数关系

将式(12-17)进一步变换形式,可将光束抖动误差所致系统光束质量的下降程度表示为

$$\frac{\beta'}{\beta}=\sqrt{1+\frac{k^2\delta_{\mathrm{T}}^2}{\beta^2}} \tag{12-18}$$

由式(12－18)可以看出：相同的光束抖动误差，初始光束质量越好，单位光束抖动误差造成的光束质量下降程度越大，光束抖动误差越大，提高初始光束质量对最终光束质量的改善越少。这意味着，仅通过提高初始光束质量而忽视光束抖动误差的影响将不能从根本上提高光学系统最终光束质量。

根据峰值 Strehl 比的相关定义，远场光斑的峰值 Strehl 比 $\mathrm{SR}=I(\boldsymbol{\alpha}=0)/I_0(\boldsymbol{\alpha}=0)$。所以在不考虑光束抖动情况下，高斯拟合光斑长曝光像的峰值 Strehl 比为

$$\mathrm{SR}=\frac{d_0^2}{4(d/2)^2}=\frac{d_0^2}{d^2}=\frac{b_0^2}{b^2}=\frac{1}{\beta^2} \tag{12-19}$$

考虑光束抖动情况下，高斯拟合光斑长曝光像的峰值 Strehl 比为

$$\mathrm{SR}'=\frac{d_0^2}{4[2\pi\sigma_{\mathrm{T}}^2+(d/2)^2]}=\frac{1}{\beta'^2} \tag{12-20}$$

由上式可知，在以环围能量相同为拟合条件的情况下，高斯光斑的峰值 Strehl 比与光束质量 β 因子平方成反比。光束抖动造成峰值 Strehl 比下降，定义峰值相对 Strehl 比的表达式为

$$\mathrm{Str}'(d,\delta_{\mathrm{T}})=\frac{\mathrm{SR}'}{\mathrm{SR}}=\frac{(d/2)^2}{2\pi\delta_{\mathrm{T}}^2+(d/2)^2}=\frac{\beta^2}{\beta'^2} \tag{12-21}$$

将上述研究结果应用于某光学系统中。该光学系统输出的是一个中心遮拦为 $\varepsilon=1/2.7$ 的环形光束，通过计算得出它的理想远场光斑半径为 $1.075(\lambda/D)$，一级暗环内包含总能量的 61.5%，该光学系统光束抖动误差影响系数为 1.28。假设经自适应光学系统波前校正后的光束质量 β 分别为 1、1.5、2、3、4，则存在不同的光束抖动误差时，经远距离传输到达靶目标时最终光束质量见表 12－2。可以看出，在光束抖动较大时，单纯通过提高自适应光学系统校正能力并不能使最终光束质量得到明显提高，需要同时关注抖动误差的校正效果，只有抖动误差降到最低时，自适应光学系统的波前畸变校正效果才能得以体现。

表 12－2　不同抖动误差下初始光束质量 β 与最终光束质量 β' 的关系

AO 校正后	抖动误差 2″ RMS $=8.8\lambda/D$	抖动误差 1″ RMS $=4.4\lambda/D$	抖动误差 0.5″ RMS $=2.2\lambda/D$	抖动误差 0.2″ RMS $=0.9\lambda/D$	抖动误差 0.1″ RMS $=0.44\lambda/D$
$\beta=4$	$\beta'=12.05$	$\beta'=6.95$	$\beta'=4.91$	$\beta'=4.16$	$\beta'=4.04$
$\beta=3$	$\beta'=11.75$	$\beta'=6.43$	$\beta'=4.13$	$\beta'=3.21$	$\beta'=3.05$
$\beta=2$	$\beta'=11.54$	$\beta'=6.02$	$\beta'=3.47$	$\beta'=2.3$	$\beta'=2.08$
$\beta=1.5$	$\beta'=11.46$	$\beta'=5.87$	$\beta'=3.21$	$\beta'=1.88$	$\beta'=1.60$
$\beta=1$	$\beta'=11.41$	$\beta'=5.76$	$\beta'=3.01$	$\beta'=1.51$	$\beta'=1.15$

考虑到目标靶上功率密度与光束质量平方成反比,如果希望包含光束抖动误差后在靶上的光束质量 β 因子下降小于 20%,那么光束质量 β 因子的扩大倍数必须小于 1.12 倍,即 $\beta' \leqslant 1.12\beta$。如图 12-9 所示,在不同近场状态和不同的初始光束质量的情况下,允许的光束抖动也不相同。例如:对于光束质量 $\beta_{0.838} \leqslant 3$ 的实心光斑,允许的光束抖动误差小于或等于 $0.8(\lambda/D)$;对于光束质量 $\beta_{0.48} \leqslant 3$ 的空心光斑($\varepsilon = 0.5$),允许的光束抖动误差 $\leqslant 1.2(\lambda/D)$。如果对光学系统的光束质量要求较高(光束质量 β 因子较小),对光束抖动误差的要求也应相应提高。

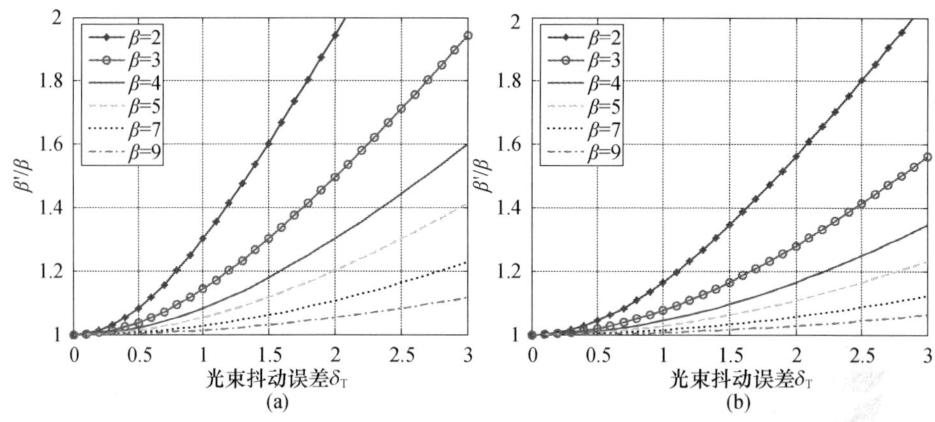

图 12-9 初始光束质量与容许的光束抖动误差的关系

(a)实心光束 $\beta_{0.838}$ 与光束抖动误差关系;(b)空心光束($\varepsilon = 0.5$)$\beta_{0.48}$ 与光束抖动误差关系。

12.1.3 大气湍流动态像差对光束质量的影响

12.1.3.1 大气湍流像差对光束质量 β 因子的影响

大气湍流引起的波前畸变是一种典型的零均值 Zernike 模式组合像差。Kolmogorov 湍流情况下,可将其由湍流所致的总体波前相位方差表述为各阶 Zernike 像差模式的方差之和形式[6]:

$$\delta^2 = \sum C_j \times (D/r_0)^{5/3} \tag{12-22}$$

大气湍流畸变造成的 β 因子下降与各阶 Zernike 像差引起的光束质量变化的加权和有关。根据第 2 章的相关分析,对于符合 Kolmogorov 功率谱统计规律的大气湍流,可通过将各阶 Zernike 像差的动态像差拟合系数 k_{Dj} 乘以其在大气湍流畸变像差中的方差分布系数 C_{kj},并转换到波长单位,求和后可以得到理想无固定像差光斑经大气湍流后的畸变波前大小与长曝光斑光束质量 β 因子的关系。包含整体倾斜时的大气湍流像差与光束质量 β 因子关系为

$$\beta^2 = 1 + C_T (D/r_0)^{5/3} \tag{12-23}$$

式中

$$C_{\mathrm{T}} \approx \sum_{j=1}^{64} C_{k\ j} \cdot \left(\frac{k_{Dj}}{2\pi}\right)^2 = 1.11 \tag{12-24}$$

在不考虑整体倾斜时,3 ~64 阶 Zernike 像差组成的大气湍流像差与光束质量 β 因子的近似关系式为

$$\beta^2 = 1 + C_{\text{Tilt-removed}} (D/r_0)^{5/3} \tag{12-25}$$

式中

$$C_{\text{Tilt-removed}} \approx \sum_{j=3}^{64} C_{k\ j} \cdot \left(\frac{k_{Dj}}{2\pi}\right)^2 = 0.66 \tag{12-26}$$

对于同时存在静态像差和动态像差的情况,如果静态像差造成的光束质量 β 因子为 β_0,经大气湍流的畸变波前的方差 δ(单位为 λ)后的光束质量因子为 β。包含整体倾斜时的前 64 阶大气湍流像差与光束质量 β 因子关系为

$$\beta^2 = \beta_0^2 + 1.11 (D/r_0)^{5/3} \tag{12-27}$$

在不考虑整体倾斜时,考虑前 3 ~64 阶 Zernike 像差组成的大气湍流畸变与光束质量 β 因子的近似关系式为

$$\beta^2 = \beta_0^2 + 0.66 (D/r_0)^{5/3} \tag{12-28}$$

式中:β_0 为静态像差波前的远场光斑光束质量 β 因子。

按照表 12 - 1 的 Zernike 像差模式统计方差分布,生成一组用 Zernike 多项式表示的大气湍流随机畸变波前序列共 1000 帧,同时随机生成一组固定像差,光束质量 β 因子分别为 4.2、5.1 和 6.1。用快速傅里叶变换方法计算出同时包含静态像差和大气湍流动态像差的波前对应的远场光斑,用约 1000 帧远场光斑的平均长曝光光斑,计算出长曝光光斑的光束质量 β 因子,并与用式(12 - 27)和式(12 - 28)计算得到的拟合结果对比。

上述拟合公式与各种条件下仿真结果在相当大的像差范围内要偏小一些,在包含整体倾斜和不包含整体倾斜的情况下,拟合出的最佳系数为 $C_{\mathrm{T}} = 1.2$, $C_{\text{Tilt-removed}} = 0.7$,这与之前系数加权和结果 $C_{\mathrm{T}} = 1.1$, $C_{\text{Tilt-removed}} = 0.66$ 有一定误差。这种情况是由于按系数加权和计算得到的拟合系数 C_{T}、$C_{\text{Tilt-removed}}$ 并没有考虑 64 阶以上高阶像差的影响。分析认为:仿真得到的拟合系数 $C_{\mathrm{T}} = 1.2$, $C_{\text{Tilt-removed}} = 0.7$ 更为准确。因此,最终确定包含整体倾斜时的大气湍流像差与光束质量 β 因子的关系式为

$$\beta^2 = \beta_0^2 + 1.2 (D/r_0)^{5/3} \tag{12-29}$$

不考虑整体倾斜时,大气湍流像差与 β 因子的近似关系式为

$$\beta^2 = \beta_0^2 + 0.7 (D/r_0)^{5/3} \tag{12-30}$$

长曝光光斑光束质量 β 因子随大气湍流(D/r_0)变化的结果如图 12 - 10 所示。其中:“ * ”部分是仿真计算结果;曲线部分是用式(12 - 29)和式(12 - 30)得到的拟合结果。

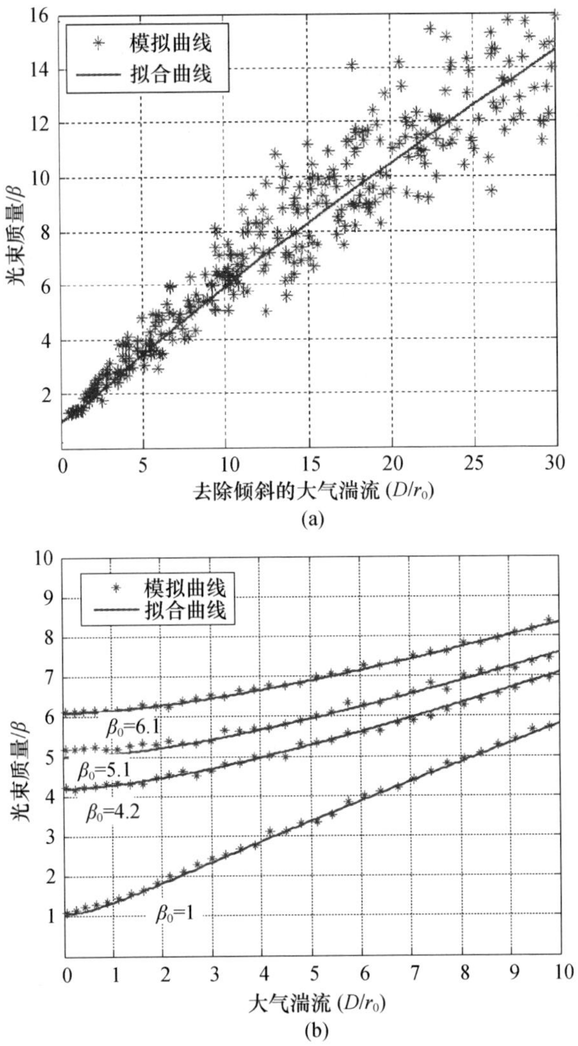

图 12－10　大气湍流像差与光束质量 β 因子的关系

(a)不含倾斜像差；(b)包含倾斜像差。

本节分析研究工作是在实心圆光束的条件下，采用 83.8% 环围能量定义的光束质量 β 因子基础上展开的。如果光束非圆孔径，或孔径上存在遮拦，或采用其他的光束质量 β 因子定义方式，得到的拟合系数会有所不同，但利用上述研究分析方法可得到类似的结论。例如，对于空心遮拦为 $\varepsilon = 1/3$ 的环形光束而言，对应衍射极限半径为 $1.0977(\lambda f/D)$，其半径内所包含的能量百分比为 65.4%。此时包含整体倾斜的大气湍流像差与光束质量 β 因子关系为

$$\beta_{0.654}{}^2 = \beta_0^2 + 0.8\,(D/r_0)^{5/3} \tag{12-31}$$

不考虑整体倾斜时，大气湍流像差与光束质量 β 因子的近似关系式为

$$\beta_{0.654}{}^2 = \beta_0^2 + 0.4\,(D/r_0)^{5/3} \tag{12-32}$$

本节的分析研究结果为研究各种条件下的波像差与光束质量β因子关系建立了一套较全面的理论体系,对实际工作有较大的指导意义。

12.1.3.2 大气湍流像差对峰值Strehl比的影响

J. W. Hardy 提出,对于 Kolmogorov 湍流,大气整体倾斜所对应的单轴抖动方差可表示为

$$\delta^2_{\text{Tilt}-\theta} = 0.182 \times \left(\frac{D}{r_0}\right)^{5/3} \times \left(\frac{\lambda}{D}\right)^2 (\text{rad}^2) \tag{12-33}$$

式中:D为光学系统直径;r_0为大气相干长度。

设不包含随机倾斜误差的湍流畸变波前像差的方差为σ_w^2(单位为相位弧度平方),则包含大气随机倾斜方差时的峰值 Strehl 比表示为

$$\text{SR} = \frac{\exp(-\sigma_w{}^2)}{1 + 5.17 \times \delta^2_{\text{Tilt}-\theta} \times (D/\lambda)^2} + \frac{1 - \exp(-\sigma_w{}^2)}{1 + (D/r_0)^2} \tag{12-34}$$

不包含大气随机倾斜方差时的峰值 Strehl 比表示为

$$\text{SR}_{\text{Without-Tilt}} = \exp(-\sigma_w{}^2) + \frac{1 - \exp(-\sigma_w{}^2)}{1 + (D/r_0)^2} \tag{12-35}$$

采用 Zernike 模式方差之和描述(去倾斜)湍流畸变相位方差,则有

$$\sigma_w^2 = 0.134\,(D/r_0)^{5/3} \tag{12-36}$$

$$\delta^2_{\text{Tilt}-\theta} = 0.448 \times \left(\frac{D}{r_0}\right)^{5/3} \times \left(\frac{\lambda}{D}\right)^2 \times \left(\frac{4}{2\pi}\right)^2 \tag{12-37}$$

将式(12-36)、式(12-37)代入式(12-34),可得包含大气随机倾斜方差时的峰值 Strehl 比为

$$\text{SR} = \frac{\exp(-0.134 \times (D/r_0)^{5/3})}{1 + 5.17 \times 0.448 \times (D/r_0)^{5/3} \times (4/2\pi)^2} + \frac{1 - \exp(-0.134 \times (D/r_0)^{5/3})}{1 + (D/r_0)^2} \tag{12-38}$$

将式(12-36)、式(12-37)代入式(12-35),可得不包含大气随机倾斜方差时的峰值 Strehl 比为

$$\text{SR}_{\text{Without-Tilt}} = \exp(-0.134 \times (D/r_0)^{5/3}) + \frac{1 - \exp(-0.134 \times (D/r_0)^{5/3})}{1 + (D/r_0)^2} \tag{12-39}$$

用 Zernike 多项式表示的大气湍流畸变波前序列,产生100000帧大气湍流随机像差,用 FFT 方法计算出包括和不包括随机倾斜误差的大气湍流动态像差对应的远场光斑,用多帧远场光斑的平均长曝光光斑来计算出长曝光光斑的光束质量峰值 Strehl 比,并与用式(12-38)、式(12-39)得到的拟合结果对比。包含随机倾斜误差和不包含随机倾斜误差的长曝光峰值 Strehl 比随大气湍流

(D/r_0)变化的结果如图 12－11、图 12－12 所示。其中:“＊”是仿真计算结果;曲线是用式(12－38)、式(12－39)得到的拟合结果。可见拟合公式在包括随机倾斜误差时大气湍流 $D/r_0<8$ 的小湍流范围内是准确的,在不包括随机倾斜误差时大气湍流 $D/r_0<4$ 的弱湍流范围内是准确的,对于强大气湍流拟合误差较大。

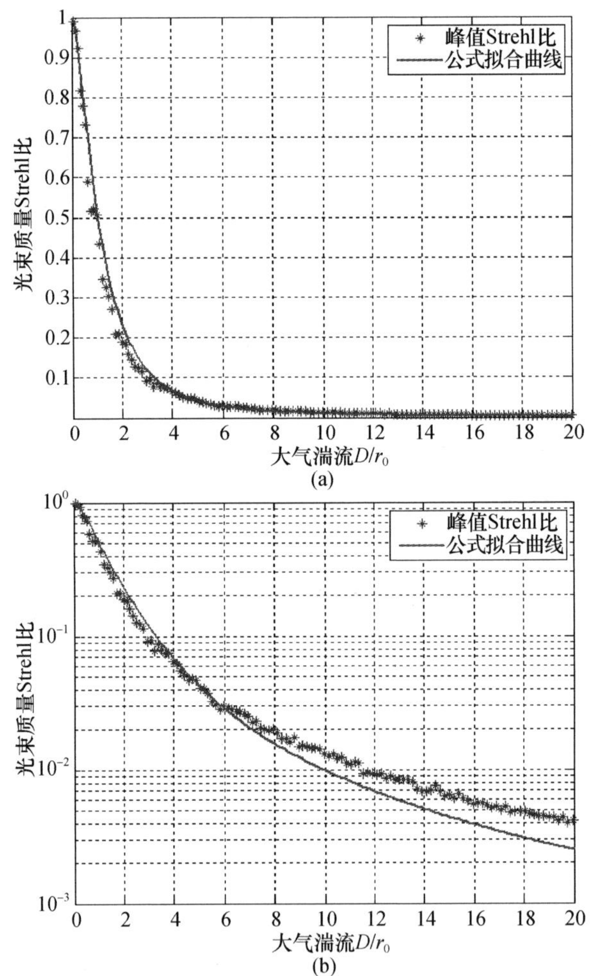

图 12－11　包含随机倾斜误差的大气湍流与光束质量峰值 Strehl 比的关系

(a)线性坐标显示;(b)对数坐标显示。

在实际应用中,经常需要知道光速质量 β 因子与峰值 Strehl 比两种光束质量评价标准之间的大致关系。例如,一般认为如果远场光斑强度分布服从高斯分布,则峰值 Strehl 比为光束质量 β 因子平方的倒数。由式(12－30)和式(12－38)可以看出:包含大气湍流随机倾斜误差时的远场长曝光光斑峰值 Strehl 比和光束质量 β 因子都与大气湍流参数(D/r_0)有关系。因此,通过解析式推导得到

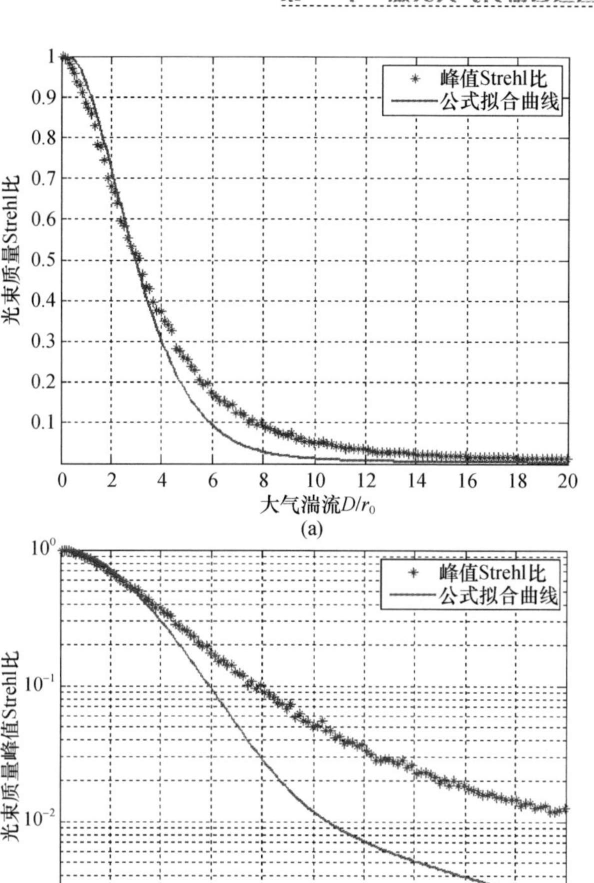

图 12－12　不包含随机倾斜误差的大气湍流与光束质量峰值 Strehl 比的关系
(a)线性坐标显示;(b)对数坐标显示。

包含大气湍流随机倾斜误差时的远场长曝光光斑的峰值 Strehl 比与光束质量 β 因子之间的解析关系式为

$$\mathrm{SR}(\beta) = \frac{\exp[-0.1117(\beta^2 - \beta_0)]}{1 + 0.7823(\beta^2 - \beta_0)} + \frac{1 - \exp[-0.1117(\beta^2 - \beta_0)]}{1 + 0.8035(\beta^2 - \beta_0)^{6/5}} \tag{12-40}$$

利用高斯光斑的光束质量 β 因子与峰值 Strehl 比之间的关系为

$$\mathrm{SR}(\beta) = 1/\beta^2 \tag{12-41}$$

图 12－13 为数值仿真包含大气湍流随机倾斜误差时的远场长曝光光斑的 Strehl 比与光束质量 β 因子结果与式(12－40),式(12－41)拟合结果的对比。

可以看出,用两个拟合公式拟合结果在很大范围内是准确的。说明包含大气湍流随机倾斜误差时的远场光斑强度分布基本为一个高斯函数分布。而式(12-41)因其描述方式简单而被普遍采用。

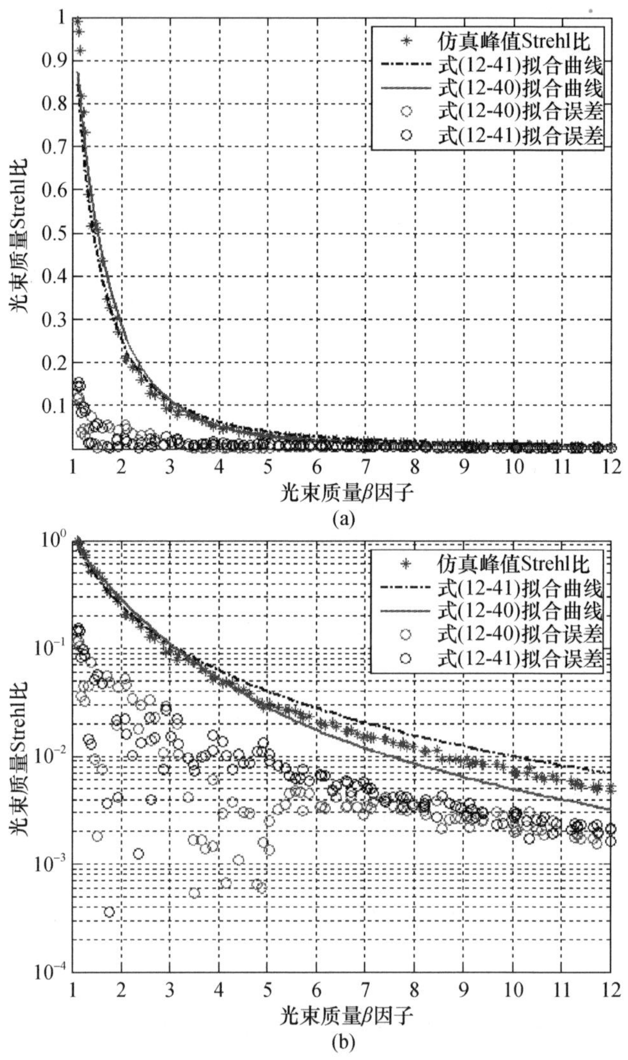

图 12-13 包含随机倾斜误差的大气湍流像差的光束质量 β 因子与光束质量峰值 Strehl 比的关系

(a)线性坐标显示;(b)对数坐标显示。

注意到不同阶 Zernike 像差对光束质量 β 因子影响的差异很大,Zernike 像差随着阶数增加对光束质量 β 因子的影响越大,对于个别像差项如 10 阶、21 阶、36 阶、55 阶球差项像差对光束质量 β 因子的影响较大。例如,自适应光学系统通常只能实现部分低阶像差校正,并有可能带来额外的高阶残余误差。假如自适应光学系统设计不当时,就会在校正低阶像差时产生较大的对高阶残余像差,影响最终的校正效果。因此在自适应光学系统工作时,既要注意低阶像差校正,又要注意高阶残差对光束质量的影响,才能得到理想的校正效果。

12.2 激光大气传输与自适应光学校正的数值仿真

12.2.1 数值仿真的意义

计算机数值仿真技术通过建立目标对象的数学模型,并以程序的方式来模拟待考察目标对象的真实物理过程。因此,面对随机性强且重复性差的大气湍流,数值仿真是进行激光大气传输及其自适应光学校正研究中不可或缺的重要环节。首先,借助数值仿真可为实际光学工程应用中的大气传输问题提供一定的有益定量数据参考[10];其次,在自适应光学系统的设计与研究方面,借助数值仿真可为其系统设计提供可行性理论论证并针对其系统性能进行预估,从而为深入研究自适应光学系统的性能及规律,并为其系统结构、性能及控制过程优化做好铺垫。数值仿真在室内外激光大气传输及其自适应光学校正实验研究的对比分析,以及利用实际大气参数进行数值模拟试验等方面也得到了广泛应用[11]。

12.2.2 激光大气传输与自适应光学校正数值仿真的研究概况

综合激光大气传输与自适应光学系统的数值模拟算法,一直受到国内外研究人员的重视,并建立了相应的激光大气传输及其自适应光学相位校正数值仿真程序,用于各种实际工程的应用研究[12-14]。其中,国外比较著名的包括如WaveTrain(MZA)、MOLLY(MIT Lincoln Lab)、ORACLE(LLNL)、PHOTON(North East Research Associate)、OMEGA(W. J. Schafer Associates)、GRAND(Lockheed Missiles & Space Co. Inc)和APAC(Science Application International Corporation)等,但这些程序均只有简单介绍,没有全部公开发表[15]。国内包括中国科学院光学精密机械研究所、北京应用物理与计算数学研究所、中国科学院力学研究所、中国科学院光电技术研究所等开展了光波大气传输及其自适应光学相位校正的数值模拟研究,并建立了相应的光波大气传输及其自适应光学相位校正的数值仿真平台,用于各种场景各种用途的数值模拟研究[12,13,15-25]。

下面主要针对激光大气传输与自适应光学校正数值仿真中所涉及的若干关键物理问题进行简要阐述,以期读者对激光大气传输及其自适应光学校正数值仿真的整个物理过程能有基本认识。

12.2.3 湍流大气中光波传输的基本物理模型

电磁波在空间中的传播规律均遵循麦克斯韦电磁场方程组。湍流条件下,考虑大气中所有湍流元的尺度均比波长 λ 大得多时($\lambda \ll l_0$,l_0 为湍流的内尺

度),可得标量场假设下描述光波传输的亥姆霍兹方程:

$$\nabla^2 E(x,y,z) + k^2 n^2 E(x,y,z) = 0 \tag{12-42}$$

式中:$E(x,y,z)$为光场分布函数;$k=2\pi/\lambda$ 为波数;$\nabla^2 = \partial^2/\partial x^2 + \partial^2/\partial y^2 + \partial^2/\partial z^2$;$n = n_0 + \delta n$,$\delta n$ 为大气折射率的波动。

设 $E(x,y,z) = \psi \times \exp(\mathrm{j}kz)$,并在复振幅 ψ 缓变近似条件下[$\partial\psi/\partial z \ll k\psi$,$\partial^2\psi/\partial z^2 \ll k\partial\psi/\partial z$],可将式(11-42)进行适当化简:

$$\frac{\partial^2\psi}{\partial x^2} + \frac{\partial^2\psi}{\partial y^2} + 2\mathrm{j}k\frac{\partial\psi}{\partial z} + 2k^2\delta n\psi = 0 \tag{12-43}$$

若设光场复振幅分布 $\psi^{(n)}(x,y)$是上述波动方程在传输距离 $z=z^{(n)}$处的完全解,则当光场沿传输方向至 $z=z^{(n)}+\Delta z$ 时,光束横截面内的复振幅分布可以表述为

$$\psi^{(n+1)}(x,y) = \exp\left\{\frac{\mathrm{j}}{2k}\left[\nabla_{\perp}^2 \cdot \Delta z + 2k^2\int_{z^{(n)}}^{z^{(n)}+\Delta z}\delta n \cdot \mathrm{d}z\right]\right\}\psi^{(n)}(x,y) \tag{12-44}$$

式中:$\nabla_{\perp}^2 = \partial^2/\partial x^2 + \partial^2/\partial y^2$。

由式(12-44)所示:光场 $\psi^{(n)}(x,y)$在湍流大气中 Δz 距离内的传输,可以视作 Δz 距离内大气湍流所引发相位畸变效应($k\int_{z^{(n)}}^{z^{(n)}+\Delta z}\delta n \cdot \mathrm{d}z$)与 Δz 距离真空传输衍射效应的共同作用结果。该结果启发人们[26]:可以利用分布光束传输路径上的多层湍流薄像屏作用与真空菲涅尔-基尔霍夫衍射理论相结合,通过数学建模研究激光在大气湍流中的传输。如图 12-14 所示,整个光束传输路径分为若干段,且认为每段大气带来的相位扰动相互独立,即每段大气仅影响传输光束的相位,而光波振幅的变化是由相应真空段传输引起。

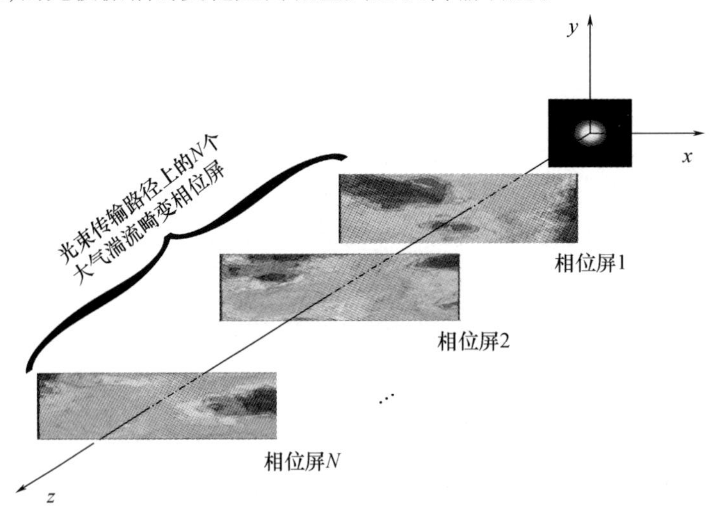

图 12-14　利用大气湍流畸变相位屏方式实现激光大气传输数值仿真的分段传输模型

12.2.4　大气湍流畸变相位屏的基本实现方法

利用数值仿真方法研究大气湍流对激光传输特性及自适应光学相位校正的核心问题之一是反映大气统计特性湍流畸变相位屏的准确实现。目前，国内外学者已发展了多种大气湍流畸变相位屏的方法，大致可分为三类：①利用大气湍流的相位功率谱函数获得大气扰动的随机相位分布，称为功率谱反演法[27]；②利用正交的 Zernike 多项式作为基函数以表示随机波前相位分布，称为 Zernike 模式展开法[28]；③基于大气湍流畸变相位波前的分形特征，以生成符合湍流扰动特性的矩形相位屏，称为分形法[29-31]。下面将对国内外常用的大气湍流畸变相位屏产生方法进行简要介绍。

1. 功率谱反演法

功率谱反演法的基本思想：利用大气湍流的功率谱密度函数对复高斯随机数厄米矩阵进行滤波，然后利用傅里叶逆变换获取大气扰动的随机相位分布。

在大气湍流局地均匀、各向同性假设下，其随机相位扰动 $\Delta\varphi$ 可认为是高斯随机过程，且 $\Delta\varphi$ 的二维自相关函数 $B_{\Delta\varphi}(\rho)$ 与二维功率谱密度 $F_{\Delta\varphi}(\kappa_\perp)$ 满足傅里叶变换关系：

$$B_{\Delta\varphi}(\rho) = \int_{-\infty}^{\infty}\int_{-\infty}^{\infty} F_{\Delta\varphi}(\kappa_\perp)\exp(\mathrm{j}\kappa_\perp\cdot\rho)\,\mathrm{d}\kappa_\perp$$

$$F_{\Delta\varphi}(\kappa_\perp) = \frac{1}{(2\pi)^2}\int_{-\infty}^{\infty}\int_{-\infty}^{\infty} B_{\Delta\varphi}(\rho)\exp(-\mathrm{j}\kappa_\perp\cdot\rho)\,\mathrm{d}\rho \qquad (12-45)$$

因此，可以利用湍流相位扰动功率谱密度函数 $F_{\Delta\varphi}(\kappa_\perp)$ 对高斯白噪声滤波，并利用傅里叶逆变换获取大气湍流畸变相位分布：

$$\Delta\varphi(\rho) = \int_{-\infty}^{\infty}\int_{-\infty}^{\infty} g(\kappa_\perp)\sqrt{F_{\Delta\varphi}(\kappa_\perp)}\cdot\exp(\mathrm{j}\kappa_\perp\rho)\,\mathrm{d}\kappa_\perp \qquad (12-46)$$

式中：$g(\kappa_\perp)$ 为空间角频率域中的二维零均值、单位方差的高斯白噪声；$\kappa_\perp = [\kappa_x, \kappa_y]$。

由于 $\Delta\varphi(\rho)$ 必须为实数，则 $g(\kappa_\perp)$ 必须为厄米矩阵：

$$\left[g(-\kappa_\perp)\sqrt{F_{\Delta\varphi}(-\kappa_\perp)}\right]^* = g(\kappa_\perp)\sqrt{F_{\Delta\varphi}(\kappa_\perp)} \qquad (12-47)$$

根据塔塔尔斯基的理论研究表明[32]：沿光束传输方向上某一横截面内的二维相位功率谱密度 $F_{\Delta\varphi}(\kappa_\perp)$ 与大气湍流三维折射率波动功率谱密度 $\Phi_n(\kappa_\perp, \kappa_z)$ 之间满足：

$$\begin{aligned} F_{\Delta\varphi}(\kappa_\perp) &= 2\pi k^2\int_{\Delta z}\Phi_n(\kappa_\perp, \kappa_z = 0)\,\mathrm{d}z \\ &\approx 2\pi k^2\Delta z\Phi_n(\kappa_\perp, \kappa_z = 0) \end{aligned} \qquad (12-48)$$

式中：k 为波数。

在 Kolomogorov 湍流假设的前提下，可以利用其三维折射率波动功率谱密度函数，即

$$\Phi_n(\kappa_x,\kappa_y,\kappa_z=0)=0.033C_n^2\left(\kappa_x^2+\kappa_y^2\right)^{-11/6} \tag{12-49}$$

对式(12－46)进行离散化求和，可得

$$\Delta\varphi(x_m,y_n)=k\frac{2\pi\left(\Delta z0.033C_n^2\right)^{1/2}}{\sqrt{G_xG_y}}\times$$

$$\sum_{m'=-\frac{N}{2}}^{\frac{N}{2}-1}\sum_{n'=-\frac{N}{2}}^{\frac{N}{2}-1}\frac{\exp\left[\mathrm{j}\frac{2\pi}{N}(mm'+nn')\right]}{\left[\left(\frac{2\pi m'}{G_x}\right)^2+\left(\frac{2\pi n'}{G_y}\right)^2\right]^{11/12}}\times g(m',n') \tag{12-50}$$

式中：G_x、G_y分别为相屏在 x、y 方向的尺寸；$x_m=mG_x/N$，$y_n=nG_y/N$；C_n^2 为传输路径 Δz 上的大气折射率结构常数。

由功率谱反演法生成大气湍流相位屏的方法虽然简单，但也存在其固有的局限性。由于该方法需要通过离散傅里叶变换计算湍流相位屏，因而其生成相位屏的最小空间角频率(非零频以外)$\kappa_{\min}=2\pi/G_x(G_y)$，最大空间角频率 $\kappa_{\max}=\pi N/G_x(G_y)$，造成最小空间角频率以下的低频成分缺失。为了精确模拟符合大气湍流统计特性的畸变相位屏，需要对其进行低频补偿。其基本思想：在对傅里叶低频次谐波重新采样的基础上进行插值合并，从而对相屏进行次谐波低频补偿。这方面 Herman[33]、Frehlich[34]、Lane[35]与 Johansson [36]等人的工作中有详细阐述。

近年来，以傅里叶低频次谐波重采样为基础对湍流相位屏进行插值合并的次谐波低频修正方法引起人们的广泛关注[37－39]。中国科学院光电技术研究所的张慧敏利用该方法实现了符合 Kolomogorov 统计规律大气湍流畸变相位屏的数值模拟[37,38]，其典型结果：相比未加次谐波时的湍流相位屏，叠加 4 级次谐波后其低频成分(倾斜)已经十分明显，如图 12－15 所示。

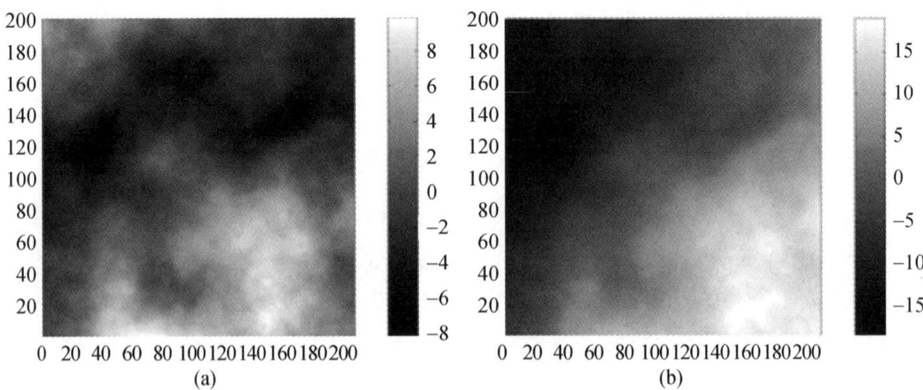

图 12－15　由功率谱反演法生成的 Kolomogorov 湍流相位屏

(a)未加次谐波；(b) 叠加 4 级次谐波。

在对谱反演法湍流相位屏进行逐级(递增式)次谐波低频修正的基础上[37],张慧敏通过将逐级修正后相位屏的结构函数与其理论结果的对比(图 12-16),验证了次谐波补偿对改善谱反演法湍流相屏低频不足的有效性。

除 Kolomogorov 湍流而外,功率谱反演法还可适用于模拟产生符合不同统计规律的湍流畸变相位屏(如 Von Karman 谱、指数谱、Tatarski 谱等),并可通过适当低频修正改善其生成相屏的低频特性,已在光波大气传输湍流效应及其自适应光学相位校正的数值仿真研究中得到广泛应用。

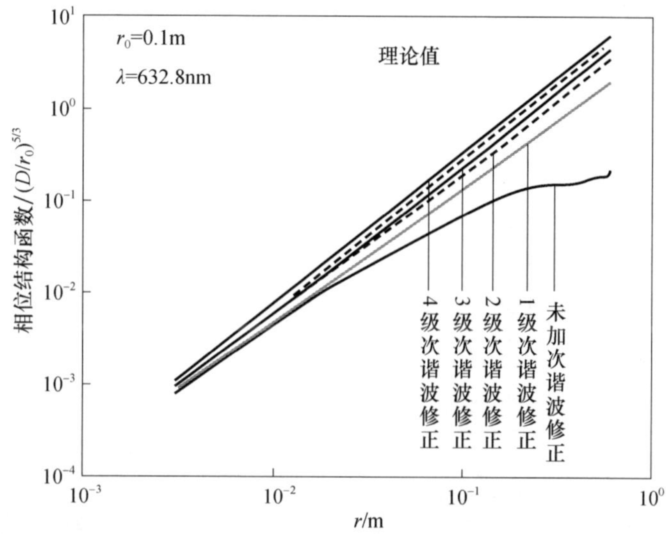

图 12-16 施加不同级次谐波低频补偿湍流相位屏的结构函数与其理论值的对比

2. Zernike 模式展开法

Zernike 模式展开法是利用 Zernike 多项式作为基底函数,表示大气湍流波前相位畸变的方法。受大气湍流影响的波前相位畸变 $\Delta\varphi$ 可由单位圆域内的 Zernike 多项式序列进行展开:

$$\Delta\varphi(\rho) = \sum_{j=1}^{\infty} a_j \times Z_j(r) \tag{12-51}$$

式中:$\rho = R \times r$,R 为光学系统的接收半径,$\boldsymbol{r} = [\ r \times \cos\theta,\ r \times \sin\theta]$是单位圆域内的二维坐标;$Z_j(r)$为第$j$阶 Zernike 多项式;$a_j$为对应第$j$阶 Zernike 模式的系数。

根据 12.1.1 节分析可知:Kolomogorov 湍流情况下,受其影响波前相位畸变的 Zernike 模式系数协方差矩阵(式(12-1))并非对角阵。也就是说,湍流波前畸变的各阶 Zernike 模式之间并非是统计独立的,特定的 Zernike 模式之间仍然存在相关性。为了产生大气湍流畸变相位屏,必须将上述波前相位畸变 $\Delta\varphi(\rho)$ 表述为具有统计独立特性模式的线性组合。

为此,可借助有统计独立特性的 Karhunen - Loeve 函数对湍流波前相位畸

变 $\Delta\varphi(\rho)$ 进行展开[28]：

$$\Delta\varphi(\rho) = \sum_{j=1}^{\infty} b_j K_j(\boldsymbol{r}) \tag{12-52}$$

式中：$K_j(\boldsymbol{r})$ 为第 j 阶 Karhunen – Loeve 函数；b_j 为统计独立的高斯随机变量。

根据 Zernike 模式系数协方差矩阵 $\boldsymbol{\Gamma}_a$ 的厄米特性（式(12-1)），利用酉矩阵 $\boldsymbol{U}$（满足 $\boldsymbol{U}^{-1}=\boldsymbol{U}^{\mathrm{T}}$）对其进行奇异值分解对角化处理：

$$\boldsymbol{S} = \boldsymbol{U} \cdot \boldsymbol{\Gamma}_a \cdot \boldsymbol{U}^{\mathrm{T}} \tag{12-53}$$

并令 $\boldsymbol{b}=\boldsymbol{U}\cdot\boldsymbol{a}$，则根据式(12-53)存在

$$\langle \boldsymbol{b}\boldsymbol{b}^{\mathrm{T}} \rangle = \boldsymbol{U}\langle \boldsymbol{a}\boldsymbol{a}^{\mathrm{T}} \rangle \boldsymbol{U}^{\mathrm{T}} = \boldsymbol{U} \cdot \boldsymbol{\Gamma}_a \cdot \boldsymbol{U}^{\mathrm{T}} = \boldsymbol{S}$$

式中：$\boldsymbol{S}$ 为对角阵。

于是，可得满足 Kolomogorov 统计规律湍流畸变相位的各阶 Zernike 模式系数：

$$\boldsymbol{a} = \boldsymbol{U}^{\mathrm{T}} \cdot \boldsymbol{b} \tag{12-54}$$

张慧敏利用该方法对符合 Kolomogorov 湍流特性的畸变相位屏进行了数值模拟研究[37]，其典型结果：随着 Zernike 模式阶数的增加，该方法生成湍流相位屏的高频成分越丰富，如图 12-17 所示。

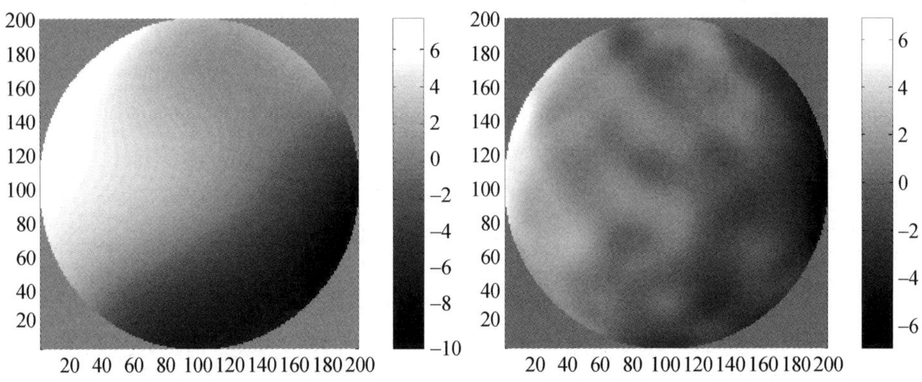

图 12-17　Zernike 模式展开法生成的 Kolomogorov 湍流相位屏

(a)14 阶 Zernike 多项式生成的湍流相位屏；(b) 230 阶 Zernike 多项式生成的湍流相位屏。

在此基础上，张慧敏针对由不同阶 Zernike 多项式生成湍流相位屏的结构函数与其理论结果进行了对比计算（图 12-18），证明了：①由 Zernike 多项式展开法生成的湍流相屏结构函数在高频部分与理论值存在明显偏差，在低频部分与理论值达到较好吻合；②通过增加 Zernike 多项式的阶数，可以在一定程度上改善生成相位屏的高频成分不足。

另外，Zernike 模式展开法只能模拟具有圆形孔径的大气湍流畸变相位屏。因此，对于需要考虑大气风速对激光传输特性的影响以及自适应光学相位校正动态过程等问题的数值模拟时，“Taylor 冻结湍流”假设前提下的矩形相位屏较

圆形孔径相位屏将更具优势。

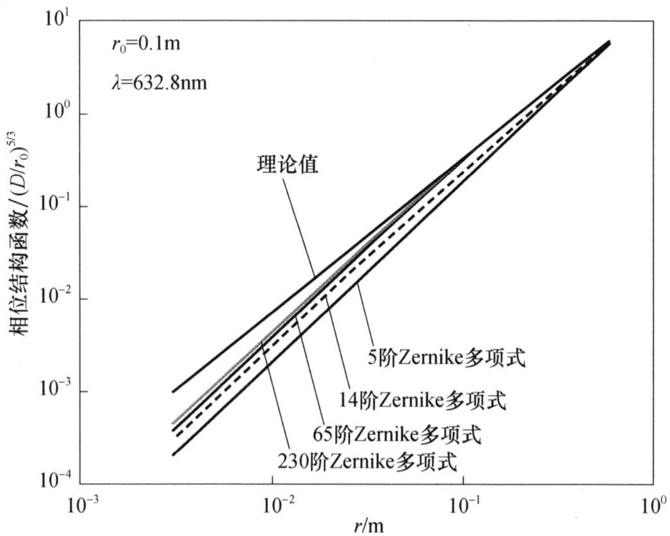

图 12 - 18　不同阶 Zernike 模式展开法生成湍流相位屏的结构函数与其理论值的对比

3. 分形法

基于大气湍流畸变波前的分形特征产生湍流相位屏的理论基础：分形布朗运动与 Kolmogorov 湍流畸变波前具有相同的功率谱形式及结构函数形式，启示人们可将湍流相位屏的实现问题转化为二维分形布朗运动的模拟问题。

由上节的分析可知，惯性区域内符合 Kolomogorov 统计规律大气湍流畸变相位的功率谱 $F_{\Delta\varphi}(\boldsymbol{\kappa})$ 与空间角频率 $\boldsymbol{\kappa}$ 间满足 $F_{\Delta\varphi}(\boldsymbol{\kappa}) \propto \boldsymbol{\kappa}^{-11/3}$，且其相位结构函数 $D_{\Delta\varphi}(r)$ 与空间两点间距 r 间满足 $D_{\Delta\varphi}(r) \propto r^{5/3}$。

分形布朗运动是一种随机分形，二维分形布朗运动结构函数 $D_{\mathrm{B}}(r)$ 与空间两点间距 r 间满足[30,41] $D_{\mathrm{B}}(r) \propto r^{2H}(0 < H < 1)$，且其功率谱 $P_{\mathrm{B}}(\boldsymbol{\kappa})$ 与空间角频率 $\boldsymbol{\kappa}$ 间满足

$$P_{\mathrm{B}}(\boldsymbol{\kappa}) \propto \boldsymbol{\kappa}^{-(2H+E)} \tag{12-55}$$

式中：E 为布朗运动表面的标准拓扑维，对于曲面（如湍流波前）而言，$E = 2$；H 为 Hurst 参数；分形维数 $F = E + 1 - H$[31]。

对比湍流波前畸变相位与二维分形布朗运动的功率谱及结构函数的相似性，可以认为惯性区域内的 Kolomogorov 湍流畸变波前是 $H = 5/6$，$F = 13/6$ 的分形布朗运动曲面[30,42]。

近年来，基于分形理论产生大气湍流畸变相位屏的方法由于其计算效率高，已引起了国内外学者的广泛关注[29-31,41,42]。根据湍流畸变波前的分形特征，R. G. Lane等人利用随机中点偏移算法产生了符合 Kolomogorov 统计特性的方

形湍流相位屏[29]。C. Schwartz 等人根据湍流畸变波前同分形布朗运动曲面的相似性,采用继承随机增加算法实现了方形 Kolomogorov 湍流相位屏。

出于对包含时间进程的实际光波大气传输效应及其自适应光学校正数值模拟需求的基本考虑,基于湍流畸变波前与分形布朗运动曲面的相似性,吴晗玲等提出了一种利用随机分形插值加密算法实现大长宽比矩形湍流相位屏的方法[31]。图 12－19 给出了该方法实现矩形湍流畸变相位屏的某次结果。

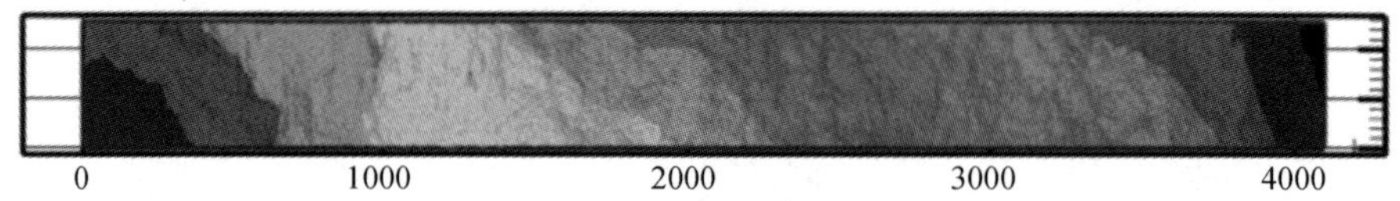

图 12－19　利用分形法生成矩形大气湍流畸变相位屏的某次实现

(波长 1550nm,湍流厚度 200m,相位屏尺寸 4096×64)

在此基础上,吴晗玲等人对该方法生成矩形湍流相位屏的空间、时间结构函数与其理论结果进行了对比计算(图 12－20),两者达到较好吻合,验证了方法的准确性。

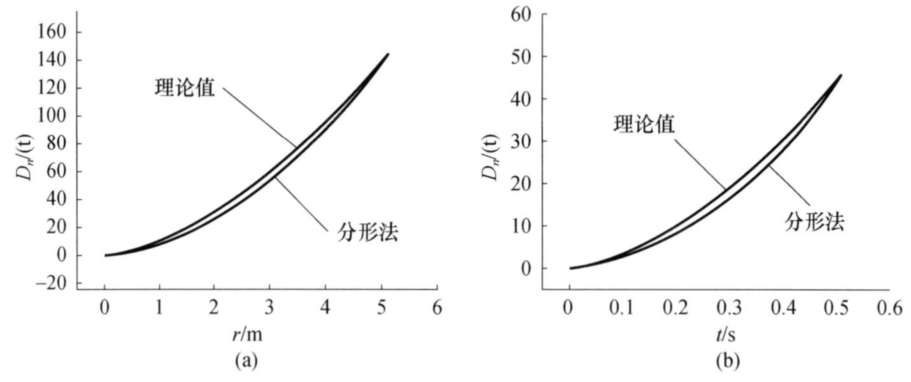

图 12－20　分形法生成矩形湍流相位屏的结构函数与其理论值的对比

(a)湍流相位扰动的空间结构函数;(b)湍流相位扰动的时间结构函数。

分形法仅能模拟符合 Kolomogorov 湍流统计特性的大气畸变相位屏,对于需要考虑湍流内、外尺度等因素影响下(如 Von Karman 谱等)的大气光波传输问题数值模拟时,由功率谱反演法施加低频补偿的矩形湍流相位屏可能更具有优势。

12.2.5　自适应光学系统的数值仿真

如同光波大气传输的数值仿真研究一样,自适应光学系统的数值仿真是一个复杂的物理过程,需针对系统中的各个模块发展各自模拟算法,并验证其合理性和正确性。本质上来说，自适应光学系统是一个以光波波前为控制对象的多路并行实时控制系统。典型的相位共轭式自适应光学系统主要包括波前传感器、波前控制器和波前校正器，如图 12－21 所示。波前传感器实时探测来自目标或其附近信标经大气湍流传输后光波的波前相位畸变，波前控制器把由波前传感器探测的波前畸变信息转换成波前校正器的控制信号，同时波前校正器（包括倾斜镜、变形镜）按照所述控制信号进行工作以产生共轭式波前校正量，从而对目标湍流光波的波前畸变进行实时校正。

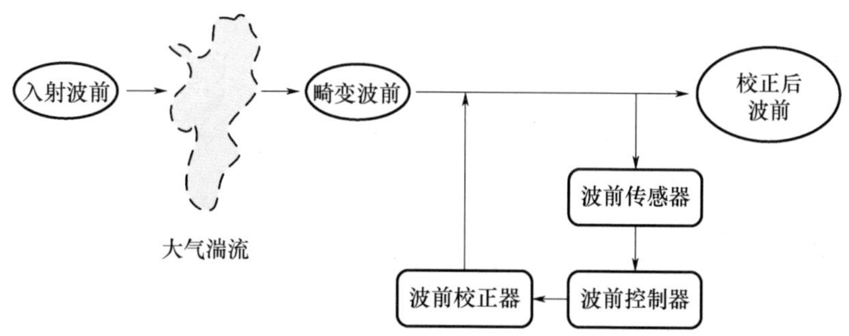

图 12－21　典型自适应光学系统的工作原理

因此，典型自适应光学系统的数值仿真应包括波前探测模块、波前复原模块、波前校正模块，以及所述三部分功能模块相互协调工作动态控制过程和相关性能的数值仿真。

下面首先简要阐述传统共轭式自适应光学系统三个主要功能模块的数值模型，然后介绍自适应光学系统动态控制过程的数值模型。

1. 波前探测的数值模型

哈特曼波前传感器是自适应光学系统中广泛使用的波前传感器，利用孔径大小与焦距相同的微透镜阵列对光学系统接收口径内的入射波前进行分割，通过测量每个子孔径内透镜后焦面的光斑质心偏移量（相对于理想波前的事先标定位置），以获取每个子孔径内入射波前的平均斜率。

数值仿真中，首先需对到达哈特曼波前传感器的入射光波场 $\psi_{\mathrm{in}}(x_0,y_0)$ 按其子孔径排布形式进行分割，并利用夫琅禾费衍射公式对各子孔径内入射光场 $\psi_{\mathrm{in}-i}(x_0,y_0)$ 在透镜后焦面的光场 $\psi_{\mathrm{out}-i}(x,y)$ 进行计算：

$$\psi_{\mathrm{out}-i}(x,y) = \frac{1}{\mathrm{j}\lambda f}\exp(\mathrm{j}kf)\iint_{S_i}\psi_{\mathrm{in}-i}(x_0,y_0)\exp\left[-\frac{\mathrm{j}k}{f}(x_0x+y_0y)\right]\mathrm{d}x_0\mathrm{d}y_0 \tag{12-56}$$

式中：i 为子孔径的序号；S_i 为第 i 个子孔径的积分面积；f 为微透镜的焦距。

通过计算每个子孔径内焦斑质心相对于理想波前焦斑质心的偏移量，可得各子孔径内入射波前畸变的 x、y 方向平均斜率（G_{i-x}，G_{i-y}），关于哈特曼波前传感器子孔径平均斜率的详细计算过程可参见 5.2 节。

自适应光学系统数值仿真中,大气湍流所致动态波前畸变的整体倾斜(θ_x,θ_y)由倾斜镜来校正。在 x、y 方向的整体倾斜可由各子孔径内平均斜率(G_{i-x},G_{i-y})进行分离得到:

$$\theta_x = \frac{1}{M}\sum_{i=1}^{M} G_{i-x}$$

$$\theta_y = \frac{1}{M}\sum_{i=1}^{M} G_{i-y} \tag{12-57}$$

式中:M 为子孔径数目。

减去总倾斜(θ_x,θ_y)后的各个子孔径平均斜率,组合成斜率矩阵 $\boldsymbol{G}$。通过适当的波前复原便可获得入射光波的畸变波前分布,或者变形镜的控制电压。

2. 波前复原的数值模型

波前复原所要解决的主要问题:由哈特曼波前传感器实时测量得到的各子孔径波前斜率复原出系统有待校正的波前相位畸变,或系统变形镜的校正电压。

目前,已经发展了包括以获取波前相位畸变为目的的区域法和模式法,以及中国科学院光电技术研究所研究人员首创的以获取波前校正器控制电压的直接斜率法[43]。其中,区域法主要是通过建立、求解哈特曼波前传感器子孔径波前平均斜率 $\boldsymbol{G}$ 同其相邻波前校正器驱动点上波前相位 $\boldsymbol{W}$ 之间的关系矩阵 $\boldsymbol{A}$($\boldsymbol{G}=\boldsymbol{AW}$),以复原波前畸变相位 $\boldsymbol{W}=\boldsymbol{A}^+\boldsymbol{G}$(其中,$\boldsymbol{A}^+$ 为矩阵 $\boldsymbol{A}$ 的广义逆)。模式法主要是通过建立、求解哈特曼波前传感器子孔径波前平均斜率 $\boldsymbol{G}$ 同各阶 Zernike 模式系数 $\boldsymbol{B}$ 之间的关系矩阵 $\boldsymbol{Z}$($\boldsymbol{G}=\boldsymbol{ZB}$),以复原波前畸变相位 $\boldsymbol{B}=\boldsymbol{Z}^+\boldsymbol{G}$(其中,$\boldsymbol{Z}^+$ 为矩阵 $\boldsymbol{Z}$ 的广义逆)。而直接斜率法,则是通过直接建立、求解哈特曼波前传感器子孔径波前平均斜率 $\boldsymbol{G}$ 同波前校正器控制电压 $\boldsymbol{V}$ 之间的关系矩阵 $\boldsymbol{R}$($\boldsymbol{G}=\boldsymbol{RV}$),以复原变形镜各驱动器的控制电压 $\boldsymbol{V}=\boldsymbol{R}^+\boldsymbol{G}$(其中,$\boldsymbol{R}^+$ 为矩阵 $\boldsymbol{R}$ 的广义逆)。

3. 系统波前校正动态特性的数值仿真考虑

自适应光学系统的数值仿真中,主要利用倾斜镜补偿复原波前相位畸变中的整体倾斜,而以变形镜补偿复原波前相位畸变中的高阶像差。

由于实际中由波前探测到波前校正信息的获得总是需要花费一定时间,所以实际自适应光学系统均存在一定的时间延迟,即补偿后光波的传输路径湍流介质与探测光波的传输路径湍流介质相比已经发生了变化。因此,当需要考察大气风速、观测目标或光源运动条件下自适应光学系统校正能力的动态变化特征时,可通过在数值模拟中加入时间变量,根据“Taylor 湍流冻结”假设构造较大的湍流相位屏随时间进行平移,并使探测光波与补偿后传输光波的相位屏采样位置间具有一定的横向位移差(与延迟时间内横向风速、观测目标或光源的横

向运动所产生的横向位移相对应)来实现。

4. 自适应光学系统动态控制过程的数值模型

对自适应光学系统动态控制过程的数值模型研究方面,严海星等人的工作中有详细阐述[24],这里仅做简要引述:

从控制角度来看,自适应光学系统是一类随机随动的控制系统[5]。实际自适应光学系统(包括系统自身和控制器)的差分方程是系统控制的核心:

$$U_n = a_1 U_{n-1} + a_2 U_{n-2} + a_3 U_{n-3} + \cdots + b_1 E_n + b_2 E_{n-1} + b_3 E_{n-2} + \cdots \tag{12-58}$$

此差分方程把第 n 个时间步长的校正后相位波前 U_n 与前几个时间步长的相位波前 U_{n-1}、U_{n-2}、U_{n-3}…以及本次与前几次系统探测到的误差量 E_n,E_{n-1},E_{n-2}…联系起来。其中,a_1、a_2、a_3、…、b_1、b_2、b_3…是控制器系数。不同控制器的作用体现为这种联系的不同,即控制系数的不同组合。

自适应光学系统动态控制过程的数值模拟包括一系列的动态迭代计算。每次动态迭代计算包括如下步骤[24]:

(1) 计算信标光波在某时刻穿过若干层大气湍流相位屏后到达自适应光学系统接收口径处的畸变光场。

(2) 结合数值仿真实验中具体的自适应光学系统结构布局(包括哈特曼波前传感器子孔径排布、变形镜驱动器排布及其响应函数等),对本次信标采样湍流光波的波前探测和波前复原进行模拟计算,得到与此次采样对应的 E_n。

(3) 对于系统具体采用的控制系数组合 a_1、a_2、a_3、…、b_1、b_2、b_3…利用式(12-58)以及前几次的 E_{n-1}、…、U_{n-1}…可计算出新的校正相位 U_n。

(4) 按照系统的实际工作时序,引入一定的系统时延 Δt,对由于大气风速和目标运动等因素产生相应横向移动的相位屏(移动后的相位屏与发生变化的湍流介质对应),计算经自适应系统相位预校正传输光束的大气传播直至远场。

连续进行一系列动态迭代计算,便可以模拟得到动态自适应光学系统的(长)短曝光 Strehl 比、远场环围能量曲线、光场分布等信息。

12.2.6 数值仿真实验设计

结合实际实验场景,建立以下数值仿真设计:

(1) 标量近似条件下激光大气传输模型,包括传输口径、传输网格数目、传输网格间距、相位屏间距等。

(2) 大气湍流效应模型,包括具体实验条件下的大气湍流模式廓线 C_n^2 分布、湍流内外尺度、自然风速廓线分布等。

(3) 自适应光学系统各部分功能模块的模型,包括:

① 波前探测模块:哈特曼波前传感器子孔径排布、微透镜组焦距等。

② 波前复原模块：结合具体哈特曼波前传感器子孔径排布的相应复原算法与复原控制矩阵。

③ 波前校正及其动态控制模型：变形镜驱动器排布及其响应函数、系统控制参数等。

建立了以上模块的数值模型，便可以对包含时间进程的实际激光大气传输湍流效应及其自适应光学系统的动态校正过程进行数值仿真实验。仿真计算过程中，还需要考虑对反映大气湍流效应、自适应光学系统校正性能的相关参数（如系统开、闭环时的远场短、长曝光，及其 Strehl 比等评价指标的动态变化等）进行图形化、数据化存储，从而为其与实验研究结果的对比分析以及对了解认识激光大气传输特性及其自适应光学校正的物理本质与物理图像提供便利。

参考文献

[1] 饶瑞中．光在湍流大气中的传播[M]．合肥：安徽科学技术出版社，2005.

[2] Andrews L C, Philips R L. Laser beam propagation through random media [M]. Bellingham: SPIE Press, 2005.

[3] 王英俭．激光大气传输及其相位补偿的若干问题探讨[D]．合肥：中国科学院光学精密机械研究所，1996.

[4] 张逸新．随机介质中光的传播与成像[M]．北京：国防工业出版社，2002.

[5] 李新阳．自适应光学系统模式复原算法和控制算法的优化研究[D]．成都：中国科学院光电技术研究所，2000.

[6] Noll R J. Zernike polynomials and atmospheric turbulence [J]. Journal of the Optical Society ofAmerica, 1976, 66: 207 – 211.

[7] Roggemann M C, Welsh B. Imaging through turbulence [M]. New York: CRC Press, 1996.

[8] Hardy J W. Adaptive optics for astronomical telescopes [M]. New York: Oxford University Press, 1998.

[9] Whitely M R. Compensationefficients of conventional tracking and high – order beam control in extended turbulence [C]. Proc. SPIE, 2000, 4125: 21 – 101.

[10] 葛筱璐, 黄印博, 范承玉．湍流强度对激光大气传输及其自适应光学校正的影响[J]．大气与环境光学学报, 2006, 1 (1): 27 – 32.

[11] 龚知本．激光大气传输研究若干问题进展[J]．量子电子学报, 1998, 15 (2): 114 – 133.

[12] 冯绚，黄印博，范承玉，等．高能激光室内传输热晕效应的数值分值[J]．强激光与粒子束，2004，16 (9).

[13] Yan H, Li S, Zhang D, et al. Numerical simulation of an adaptive optics system with laser propagation in the atmosphere [J]. Appl. Opt., 2000, 39(18): 3023 – 3031.

[14] Wilks S C, Morris J R. Modeling of adaptive optics – based free – space communications systems [C]. Proc. SPIE, 2002, 4821: 121 – 128.

[15] 黄印博．高能激光近地面稠密大气传输及其相位校正的若干分析[D]．合肥：中国科学院光学精密机械研究所，2005.

[16] Rao R. Statistics of the fractal structure and phase singularity of a plane light wave propagation in atmos-

pheric turbulence [J]. Appl. Opt., 2008, 47(2): 269 - 276.

[17] 王英俭,吴毅,龚知本. 非线性热晕效应自适应光学相位补偿[J]. 光学学报, 1995, 15(10): 1418 - 1422.

[18] 王英俭,吴毅,龚知本. 直接斜率法波前拟合和复原误差的仿真分布[J]. 强激光与粒子束, 1996, 8(3): 440 - 442.

[19] 范承玉,王英俭,龚知本. 相位不连续点对自适应光学的影响[J]. 2003, 15(5): 435 - 438.

[20] 李有宽,陈栋泉,杜祥琬. 双变形镜自适应光学全场模拟[J]. 强激光与粒子束, 2000, 12(6): 665 - 669.

[21] 李有宽,陈栋泉,杜祥琬. 大气闪烁对自适应光学校正的影响[J]. 强激光与粒子束, 2004, 16(5): 545 - 550.

[22] 严海星, 张德良, 李树山. 自适应光学系统的数值模拟:直接斜率控制法[J]. 光学学报, 1997, 17(6): 758 - 764.

[23] 严海星,陈涉,张德良,等. 自适应光学系统的模式法数值模拟[J]. 光学学报, 1998, 18(1): 103 - 108.

[24] 严海星,李树山,陈涉. 自适应光学系统的数值模拟:动态控制过程和频率响应特性[J]. 光学学报, 2001, 21(6): 667 - 672.

[25] 张宇. 基于目标照明回光的瞄准控制技术研究[D]. 成都: 中国科学院光电技术研究所, 2012.

[26] Fleck J A, Morris J R, Feit M D. Time - dependent propagation of high energy laser beams through the atmosphere [J]. Applied Physics, 1976, 10: 129 - 160.

[27] McGlamery B L. Restoration of turbulence - degraded images [J]. Journal of the Optical Society ofAmerica A, 1996, 57: 293 - 297.

[28] Roddier N. Atmospheric wavefront simulation using Zernike polynomials [J]. Optical Engineering, 1990, 29(10): 1174 - 1180.

[29] Lane R G, Glindemann A, Dainty J C. Simulation of a kolmogorov phase screen [J]. Waves in Random Media, 1992, 2(3): 209 - 224.

[30] Schwartz C, Baum G, Ribak E N. Turbulence degraded wave fronts as fractal surfaces [J]. Journal of the Optical Society ofAmerica A, 1994, 11: 444 - 451.

[31] 吴晗玲, 严海星, 李新阳,等. 基于畸变相位波前分形特征产生矩形湍流相屏[J]. 光学学报, 2009, 29 (1): 114 - 119.

[32] 塔塔尔斯基. 湍流大气中波的传输理论[M]. 北京:科学出版社, 1978.

[33] Herman B J, Strugala L A. Method for inclusion of low - frequency contributions in numerical representation of atmospheric turbulence [C]. Proc of SPIE, 1990, 1221: 183 - 192.

[34] Frehlich R. Simulation of Laser Propagation in a Turbulent Atmosphere [J]. Appl. Opt., 2000, 39(3): 393 - 397.

[35] Lane R G, Glindemann A, Dainty J C. Simulation of a Kolmogorov phase screen [J]. Waves in Random Media, 1992, 2(3): 209 - 224.

[36] Johansson E M, Gavel D T. Simulation of stellar speckle imaging [C]. in Amplitude and Intensity Spatial Interferometry II, J. B. Breckinridge, ed., Proc. SPIE, 1994, 2200: 372 - 383.

[37] 张慧敏, 李新阳. 大气湍流畸变相位屏的数值模拟方法研究[J]. 光电工程, 2006, 33 (1): 14 - 19.

[38] 张慧敏. 激光大气传输湍流效应数值模拟的初步研究[D]. 成都: 中国科学院光电技术研究所, 2005.

[39] 杨连臣. 大气湍流效应的模拟[D]. 成都: 中国科学院光电技术研究所, 2001.

[40] Fried D L. Optical resolution through randomly inhomogeneous medium for very long and very short exposures [J]. Journal of the Optical Society ofAmerica, 1966, 56: 1372 - 1379.

[41] Donald M G. Spectral modeling and simulation of atmospherically distorted waterfront data [D]. Ontario: Queen's University Kingston, 1999.

[42] Dios F, Rubio J A, Rodriguez A. Scintillation and beam - wander analysis in an optical ground station satellite uplink [J]. Applied Optics, 2004, 43: 3866 - 3873.

[43] Jiang W, Li H. Hartmann - Shack wavefront sensing and wavefront control algorithm [C]. Proc of SPIE, 1990, 1271: 82 - 93.

第 13 章

人眼像差操控及其应用

13.1 人眼像差描述

经过漫长的人类进化,人眼屈光系统已经相当完善,但并非完美。生理上,眼球屈光系统存在各组分的位置偏差、各折射面的曲率偏差、表面形状偏差、各折射面的倾斜和偏心以及眼球内容物不均匀而导致的折射率局部偏差等光学缺陷[1]。这些光学缺陷使得通过人眼后的实际波面与理想波面存在偏差,该偏差称为人眼波像差,简称人眼像差。

人眼像差通常由 Zernike 多项式来描述。1999 年,美国光学学会(Optical Society of American,OSA)成立了一个专门小组,提出用标准 Zernike 多项式[2]来描述人眼像差。目前,标准 Zernike 多项式已成为国际通用的人眼像差描述形式,其各像差项对应于几何光学的像差项。在人眼像差描述中,所用 Zernike 多项式的定义与排布方式与 2.2.2 节中描述光学系统波像差的 Zernike 模式定义排布方式有所不同。例如:在人眼像差及其相关应用中,第 4 项为离焦,第 3、5 项分别为 45°和 0°方向的像散,第 7、8 项为 x 和 y 方向的慧差,第 12 项是球差,其他项则超越了传统几何光学的描述范围。

在圆域内,标准 Zernike 多项式通常描述为二维极坐标形式 $Z_i(\rho,\theta)$,定义为径向和角向的组合:

$$Z_i = \begin{cases} \sqrt{(n+1)}R_n^0(\rho), m = 0 \\ \sqrt{2(n+1)}R_n^m(\rho)\cos m\theta, i = 2j, m \neq 0 \\ \sqrt{2(n+1)}R_n^m(\rho)\sin m\theta, i = 2j-1, m \neq 0 \end{cases} \tag{13-1}$$

式中:$j=1,2\cdots$;$m \leqslant n$ 且 $n-m=2k$,$k=0,1,2\cdots$,m、n 分别是多项式的角向频率数和径向频率数,是反映 Zernike 多项式空间频率的重要参数;R_n^m 为径向多项式,可表示成

$$R_n^m(\rho) = \sum_{s=0}^{\frac{n-m}{2}} \frac{(-1)^s(n-s)!}{s!\left(\frac{n+m}{2}-s\right)!\left(\frac{n-m}{2}-s\right)!}\rho^{n-2s} \tag{13-2}$$

Zernike 多项式的一个重要性质是任意两个 Zernike 多项式之间在单位圆内正交,且根据带归一化系数的表达式计算的各项标准像差均方根误差为 1。表 13-1列出了人眼像差描述中的 Zernike 多项式定义排布及其对应几何像差。

表 13-1 人眼像差描述中的 Zernike 多项式定义排布及其对应几何像差

j	n	m	$Z_n^m(\rho,\theta)$	对应的几何像差
0	0	0	1	平移
1	1	-1	$2\rho\sin\theta$	Y 方向倾斜
2	1	1	$2\rho\cos\theta$	X 方向倾斜
3	2	-2	$\sqrt{6}\rho^2\sin2\theta$	45° 像散
4	2	0	$\sqrt{3}(2\rho^2-1)$	离焦
5	2	2	$\sqrt{6}\rho^2\cos2\theta$	0° 像散
6	3	-3	$\sqrt{8}\rho^3\sin3\theta$	Y 轴三叶草
7	3	-1	$\sqrt{8}(3\rho^2-2\rho)\sin\theta$	Y 轴彗差
8	3	1	$\sqrt{8}(3\rho^3-2\rho)\cos\theta$	X 轴彗差
9	3	3	$\sqrt{8}\rho^3\cos3\theta$	X 轴三叶草
10	4	-4	$\sqrt{10}\rho^4\sin4\theta$	Y 轴四叶草
11	4	-2	$\sqrt{10}(4\rho^4-3\rho^2)\sin2\theta$	Y 轴次阶像散
12	4	0	$\sqrt{5}(6\rho^4-6\rho^2+1)$	球差
13	4	2	$\sqrt{10}(4\rho^4-3\rho^2)\cos2\theta$	X 轴次阶像散
14	4	4	$\sqrt{10}\rho^4\cos4\theta$	X 轴四叶草
15	5	-5	$\sqrt{12}\rho^5\sin5\theta$	Y 轴五叶草
16	5	-3	$\sqrt{12}(5\rho^5-4\rho^3)\sin3\theta$	Y 轴次阶三叶草
17	5	-1	$\sqrt{12}(10\rho^5-12\rho^3+3\rho)\sin\theta$	Y 轴次阶彗差
18	5	1	$\sqrt{12}(10\rho^5-12\rho^3+3\rho)\cos\theta$	X 轴次阶彗差
19	5	3	$\sqrt{12}(5\rho^5-4\rho^3)\cos3\theta$	X 轴次阶三叶草
20	5	5	$\sqrt{12}\rho^5\cos5\theta$	X 轴五叶草
21	6	-6	$\sqrt{14}\rho^6\sin6\theta$	
22	6	-4	$\sqrt{14}(6\rho^6-5\rho^4)\sin4\theta$	
23	6	-2	$\sqrt{14}(15\rho^6-20\rho^4+6\rho^2)\sin\theta$	
24	6	0	$\sqrt{7}(20\rho^6-30\rho^4+12\rho^2-1)$	
25	6	2	$\sqrt{14}(15\rho^6-20\rho^4+6\rho^2)\cos2\theta$	
26	6	4	$\sqrt{14}(6\rho^6-5\rho^4)\cos4\theta$	
27	6	6	$\sqrt{14}\rho^6\cos6\theta$	
28	7	-7	$4\rho^7\sin7\theta$	
29	7	-5	$4(7\rho^7-6\rho^5)\sin5\theta$	

（续）

j	n	m	$Z_n^m(\rho,\theta)$	对应的几何像差
30	7	-3	$4(21\rho^7-30\rho^5+10\rho^3)\sin3\theta$	
31	7	-1	$4(35\rho^7-60\rho^5+30\rho^3-4\rho)\sin\theta$	
32	7	1	$4(35\rho^7-60\rho^5+30\rho^3-4\rho)\cos\theta$	
33	7	3	$4(21\rho^7-30\rho^4+10\rho^3)\cos3\theta$	
34	7	5	$4(7\rho^7-60\rho^5)\cos3\theta$	
35	7	7	$4\rho^7\cos7\theta$	

图 13－1 是前 7 阶 35 项 Zernike 多项式的二维分布图（将其按阶排布，通常称为 Zernike 像差树或 Zernike 像差金字塔）和对应的点扩散函数（PSF）图，其中第 1 阶（第 1、2 项）分别为 Y 和 X 方向的倾斜，它不影响成像质量，一般不予考虑。第 2 阶（第 3、4、5 项）分别对应 45°像散、离焦和 0°像散，称为低阶像差，其余阶次的像差通称为高阶像差。

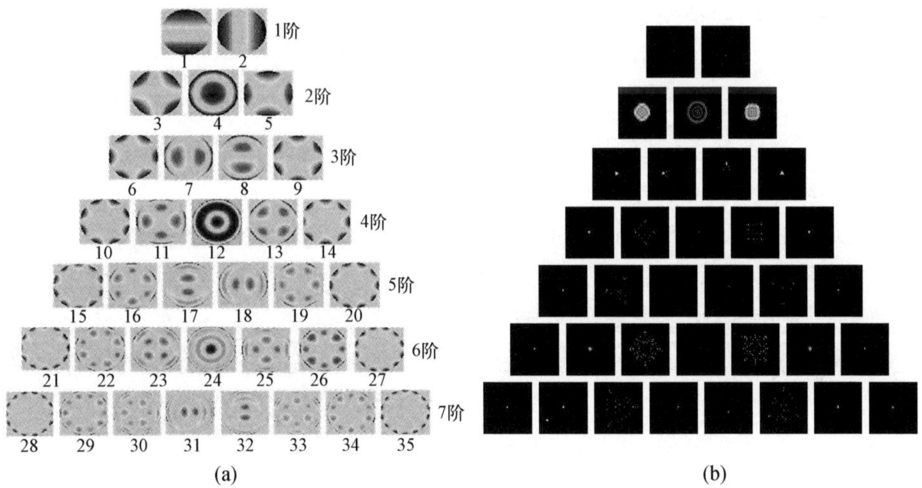

图 13－1　人眼像差描述中的前 7 阶 35 项 Zernike 多项式二维分布图及 PSF 图
（a）Zernike 多项式二维分布图；（b）PSF 图。

13.2　人眼像差测量技术

13.2.1　主观测量技术

人眼光学像差的测量在历史上一直受到众多研究者的关注。1619 年，克里斯托弗（Christopher Scheiner）在其开创性著作“眼睛的光学基础”中首次给出了 Scheiner 盘人眼像差测量，其原理如图 13－2 所示。在一个不透明的板上开两个针孔 B 和 C，这两个孔分离出一对由点源 A 射入眼内的光线。如果不存在像差,两条光线应相交于视网膜上同一位置,从而主体感受到一个像点;当存在像差时,两条光线相交于视网膜上不同位置,则主体看到两个像点。显然,这一简单的原理可以用来测量人眼像差。

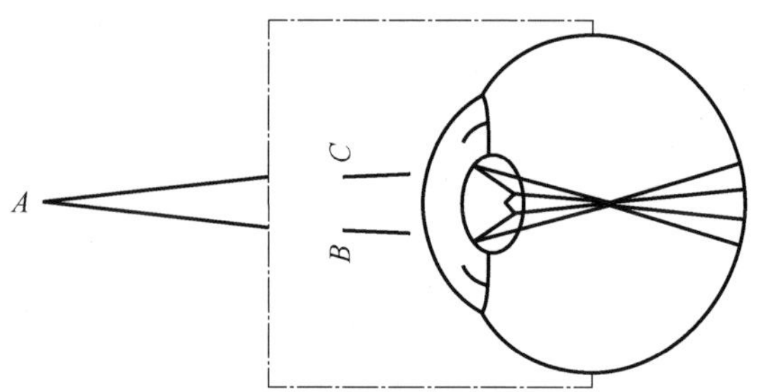

图 13-2　Scheiner 盘原理

在 1801 年,Young[3]开展了人眼像差测量的实验研究,这是较早的实验研究之一。他所采用的技术方案大体上基于 Scheiner 盘的原理,只不过以线目标和平行狭缝分别代替了点目标和针孔。通过在人眼前放置合适的透镜补偿像差,使主体感受到一条目标线,然后根据透镜的参数来估计人眼像差。这一技术为众多后来者所采纳,尤其是 20 世纪前半叶,所不同的是:或者采用透镜[4],或者采用可移动的凹面镜[5]。

人眼中存在更加复杂的高阶像差,因此,简单的透镜或凹面镜都不是总能够把两个视网膜像重合在一起,也就无法用它们的参数来计算像差。因此需要有一种更一般的方法来测量每个瞳孔位置处的像差。这一技术进步分别由 Ivanoff[6]在 1953 年和 Smirnov[7]在 1961 年实现。图 13-3 是 Smirnov 的实验系

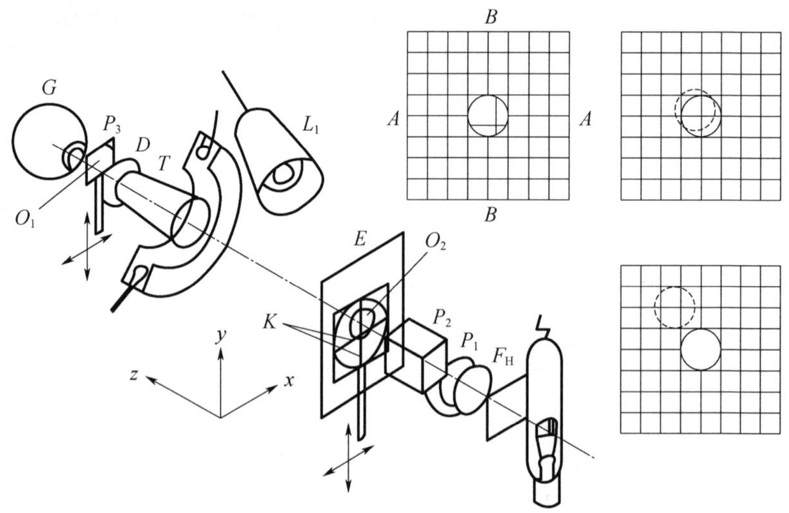

图 13-3　Smirnov 实验系统原理

统示意图。Smirnov 实验系统原理:将 Scheiner 盘上的一个小孔的位置固定于瞳孔中心处,以来自于固定参考物(参考光源)并通过该小孔进入眼内的光线作为参考光线(主光线);将另一个小孔对准瞳孔的某一待测位置,以来自于目标物(目标光源)并从该小孔进入眼内的光线作为测量光线。由于人眼瞳孔被测位置处的像差的作用,主体将会感受到参考物与目标物不重合。对于每一个被测瞳孔位置,主体移动目标物,当其感受到参考物与目标物已经重合时,该瞳孔位置处的像差被抵消,这样,对于不同的瞳孔位置,就可以根据参考光线和测量光线的最后角度距离给出像差图。这一工作最重要的成就是发现了人眼中存在不属于离焦、像散和球差的像差,并提出了采用更有一般性的波像差的概念来描述人眼像差。图 13-4 为 Smirnov 得到的两例波像差图。现代的主观空间分辨率折射仪(SRR)正是基于 Smirnov 等人的工作而来。

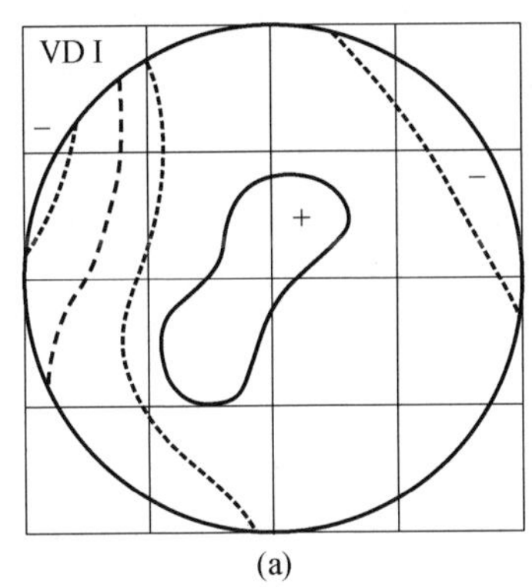

(a)

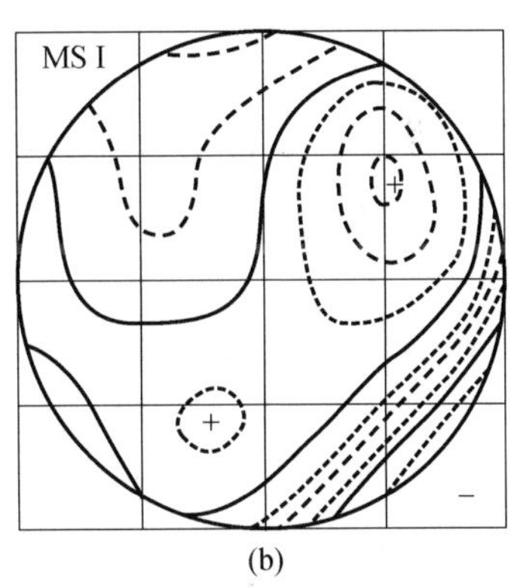

(b)

图 13-4　波像差图

1977 年前后,H. C. Howland[8] 将 Tscherning[9] 于 1894 年提出的一种测量照相机镜头的原理应用于人眼像差的测量,利用一对彼此交叉的柱透镜离焦一点光源,使得在视网膜上形成一个光斑;在这两个柱透镜之间放置一个方形格点阵。像差的作用使得格点阵在视网膜上的像发生变形,而每一个点的变形仅仅与该点所对应的瞳孔位置处的像差有关。主体记住这些变形的图案,然后画出来,最后利用数值计算从这些图案中获得波像差。

基于主观感觉的人眼像差测量方法,具有的不足:测量结果取决于主体的主观标准、受训程度和完成任务的能力,这将引入不确定性,并且视网膜和神经系统的影响不能与真正的光学像差分离。

13.2.2　客观测量技术

随着激光光源和高效灵敏的探测手段(如 CCD)的进步,在视觉光学的发展和潜在的相关应用,如眼镜设计、激光手术以及波像差矫正等的推动下,相继提出多种客观测量活体人眼波像差的技术。

1955 年,Flamant[10]首次提出双通技术,基本原理:先记录点源被视网膜反射后的像,再利用相应的计算方法获得波像差。众所周知,尽管由波像差可以唯一地得到点像强度分布(点扩散函数),但由点像强度分布不能给出唯一的波像差,因此,其测量精度依赖于优化算法的性能。此外,眼睛的内散射使得点源的像并不是真正的点扩散函数,这也会影响波像差测量的准确性。但值得一提的是,绝大多数人眼波像差测量的方法是基于光线追迹,而该方法采用了不同的物理原理,在基本思想上有它的独特之处。

1984 年,出现了客观的 Howland 像差仪,利用分束器,变形的视网膜像用照相机记录下来。此后,更加自动化的像差仪是采用两维探测器代替照相机,以便于数字处理。当前,这种基于 Tscherning 原理的技术已被用于激光手术矫正人眼高阶波像差的研究中。

在 20 世纪大部分时间里,人眼波像差的测量主要限制在实验室内,大多数测量过程冗长乏味,而且需要精心训练主体。哈特曼波前传感器技术的应用使得这种局面有了极大改观[11,12]。1994 年,美国罗彻斯特大学的 J. Liang 等人[13]首次将哈特曼波前像差测量技术用于人眼光学像差测量,该方法测量快速、准确,已成为主流人眼像差测量方法,并已有商业化仪器用于临床。

1998 年,中国科学院光电技术研究所开始进行人眼像差哈特曼波前测量仪[14]的研制,其基本测量原理(图 13 – 5):用一束低能量小口径的平行激光光束入射到人眼,通过人眼聚焦在视网膜上,形成一个小光斑,以此作为信标。哈特曼波前传感器测量信标后向反射光在人眼出瞳处的波前误差,即为人眼像差。

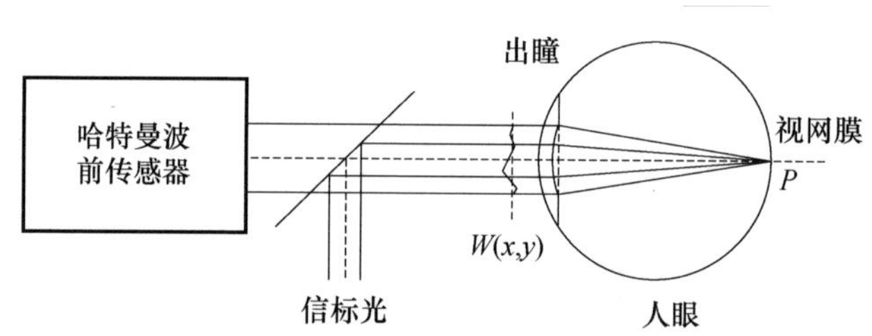

图 13 – 5　人眼像差哈特曼波前测量原理

人眼像差哈特曼波前测量系统的光路如图 13 – 6 所示,该系统主要有调焦系统、匹配系统、哈特曼波前传感器、信标光源等部分组成。仪器工作时,首先进行瞳孔对准,用近红外发光二极管照明被测量人眼瞳孔,通过分光镜反射,由瞳孔成像物镜将被测量人眼瞳孔成像在 CCD 靶面上,根据该瞳孔图像,调整仪器位置,使被测量人眼瞳孔中心位于仪器光轴中心。

人眼对准后,被测眼睛通过分光镜、调焦系统、分光镜、分光镜观察目标系统中一无穷远的目标,调整调焦系统,使目标在眼底成像清楚。在完成对准、调焦后,由 LD 半导体激光器发出的信标光,由信标光准直系统进行准直、扩束,经旋

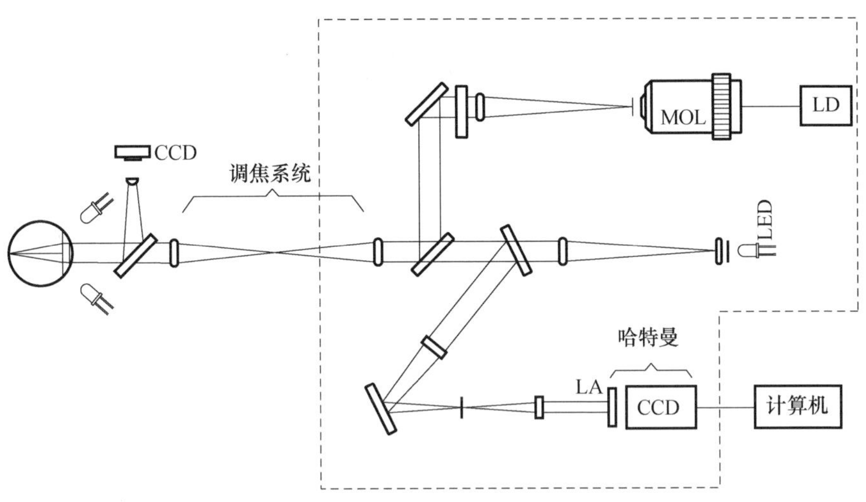

图 13 - 6　人眼像差哈特曼波前测量仪光路

转信标装置、反射镜反射后，再经分光镜反射、调焦系统，最后透过分光镜，进入被测量人眼；被测量人眼眼底散射的信标光透过分光镜和调焦系统，再透过分光镜，经分光镜反射，进入口径匹配系统，出射光进入哈特曼波前传感器，哈特曼波前传感器将 CCD 输出的视频信号输入计算机中，通过波前复原可计算得到被测人眼的像差。

图 13 - 7 为人眼像差哈特曼波前测量仪采得的光斑图像及人眼像差测量结果示例。由测得的人眼像差通过数值计算可以得到人眼光学系统点扩散函数、光学传递函数等光学性能指标。

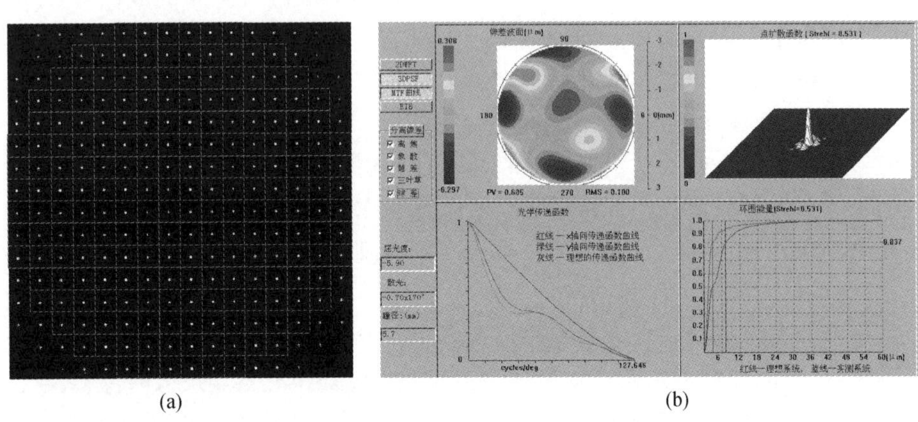

(a)　　　　　　　　　　　　(b)

图 13 - 7　哈特曼波前测量仪光斑及人眼像差测量结果

连续采集一段时间还可以获得人眼像差及各项 Zernike 像差随时间的变化曲线（图 13 - 8），为人眼像差研究提供便利。

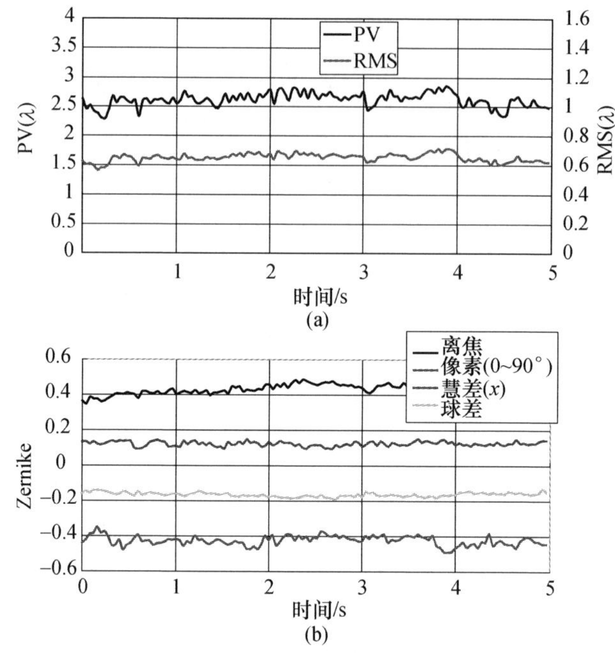

图 13 - 8　人眼像差波面 PV、RMS 以及单项 Zernike 像差随时间变化曲线

13.3　人眼像差校正视网膜高分辨力成像

人眼像差的存在一方面会大大降低外部仪器对眼底视网膜的成像分辨率，另一方面也给人眼自身视觉功能带来严重影响。1997 年，美国罗彻斯特大学的 D. R. Williams 等人[15]在国际上率先采用自适应光学技术矫正人眼低阶和高阶像差，首次在活体状态下获得了接近衍射极限的高分辨力视网膜图像和传统低阶像差矫正无法达到的“超常视力”。随后，西班牙、奥地利、爱尔兰、英国、法国和中国等多家研究机构相继开展了自适应光学在眼科中的应用研究。就目前的研究内容来看，主要分为两大类：一类是活体人眼像差校正视网膜高分辨力成像；另一类是人眼像差操控与视觉功能。

典型的人眼自适应光学系统原理如图 13 - 9 所示。一般由波前传感器、波前矫正器、波前控制器以及视觉呈现装置组成。波前传感器测量人眼像差，经由波前控制器产生波前信号施加到波前矫正器，实现对人眼像差的操控。在视网膜高分辨力成像时，为了获得衍射极限的成像分辨率，需要完全校正人眼低阶和高阶像差；而在视功能研究时，为了研究不同像差成分对视功能的影响，需要对人眼像差进行任意控制（校正或叠加）。下面对三种主流人眼像差校正视网膜高分辨力成像技术的典型系统进行简单介绍，由于篇幅有限，这里仅起抛砖引玉

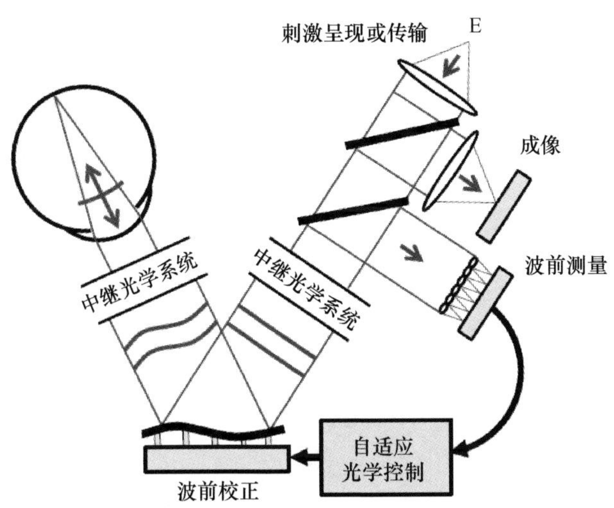

图 13－9　典型的人眼自适应光学系统原理[16]

的作用。文献[17]对 2011 年前国内外自适应光学活体人眼视网膜成像方面的研究做了非常全面的综述，感兴趣的读者可以查阅并追溯相关文献。

13.3.1　自适应光学眼底相机

1997 年，D. R. Williams 等人[15]率先将自适应光学和眼底泛光照明成像技术相结合，首次在活体状态下获得了能够分辨视细胞的高分辨率视网膜图像，其系统原理如图 13－10 所示。该系统采用 37 单元变形镜作为波前校正器、217 单元哈特曼波前传感器组成人眼自适应光学系统，在人眼像差校正完成后触发氙灯闪光照明眼底，同步触发相机拍摄眼底视网膜高分辨力图像。图 13－10(b)为实验获得的视网膜图像，实现了接近衍射极限的视细胞级高分辨力成像。

1999 年，Roorda 等人利用自适应光学眼底相机在世界上首次获得了活体人眼视网膜三色细胞的分布[18]，使得视觉科学和视觉生理研究第一次在活体状态下的细胞尺度上进行。随后，围绕提升系统性能国外研究机构开展了多方面的研究，主要包括：为了降低系统成本采用新型的、廉价变形镜构成 AO 系统[19]；为了提高像差矫正效果和图像分辨率发展了动态矫正[20]；采用超辐射光源和科学级 CCD 建立的高帧频(60Hz)自适应光学眼底相机[21]；为了消除色差的影响建立反射式 AO 系统等。据美国自适应光学研究中心近年来的研究计划，该技术正在与自荧光、相位物体可视化(相衬，微分干涉)等技术相结合，实现对常规成像手段难以完成的视网膜色素上皮细胞、神经节细胞高分辨力成像。

2000 年，中国科学院光电技术研究所研制成功首台基于整体集成式微小变形镜的 19 单元轻小型人眼视网膜成像自适应光学系统[22]。在此基础上，2002 年研制出基于 37 单元微小变形镜的国内第二代活体人眼视网膜高分辨力成像

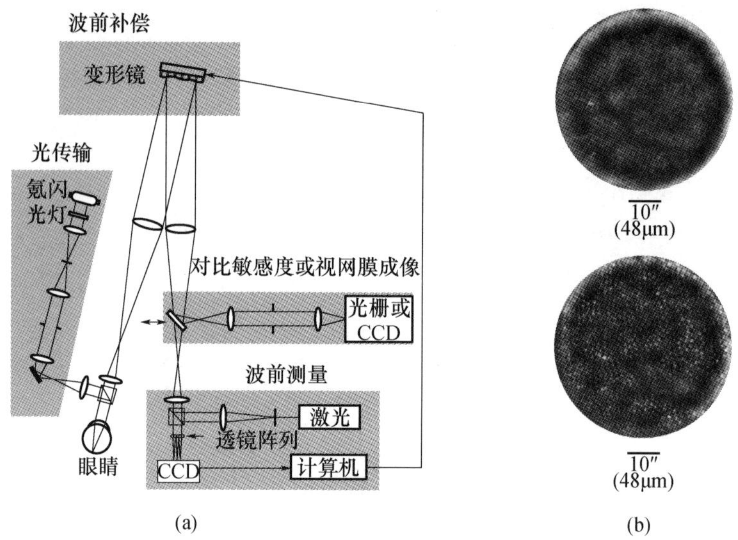

图 13-10　自适应光学泛光照明成像系统原理图及获得的高分辨力视细胞图像
(a)原理图;(b)视细胞图像。

实验装置[22],获得了具有更高分辨力的黄斑中心不同区域的视网膜细胞图像和眼底视网膜毛细血管图像。该装置的原理如图 13-11 所示。

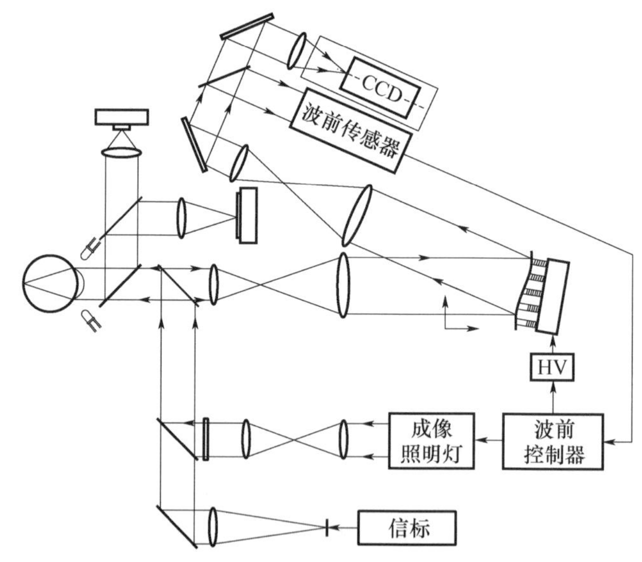

图 13-11　中科院光电所研制的基于 37 单元微小变形镜的国内第二代活体人眼视网膜高分辨力成像实验装置原理

自适应光学系统的主要组成部分是哈特曼波前传感器和变形反射镜以及波前控制用计算机。用半导体激光器在眼底产生波前测量用的信标,激光器的输出经扩束镜后准直成平行光，再经反射镜和分光镜后入射进被测人眼，经人眼聚焦后在眼底形成信标光点。

经眼底视网膜后向反射的信标光再由瞳孔出射，带有眼睛像差的信息，经分光镜、扩束望远镜、变形反射镜、缩束望远镜，再经分光镜反射后，进入哈特曼波前传感器，进行子孔径波前斜率的测量。由计算机采集并计算出每一子孔径的波前斜率，再经波前复原和控制算法的计算，得到变形反射镜每一驱动器的控制信号。这一控制信号由高压放大器放大后驱动变形反射镜实现波前校正的闭环控制。此时计算机触发闪光灯经光学系统照明视网膜成像区域。视网膜后向反射的照明光沿信标光同一光路并通过分光镜到达成像 CCD 相机，摄取视网膜图像。图 13－12 为 37 单元变形镜实物及驱动器与子孔径布局。

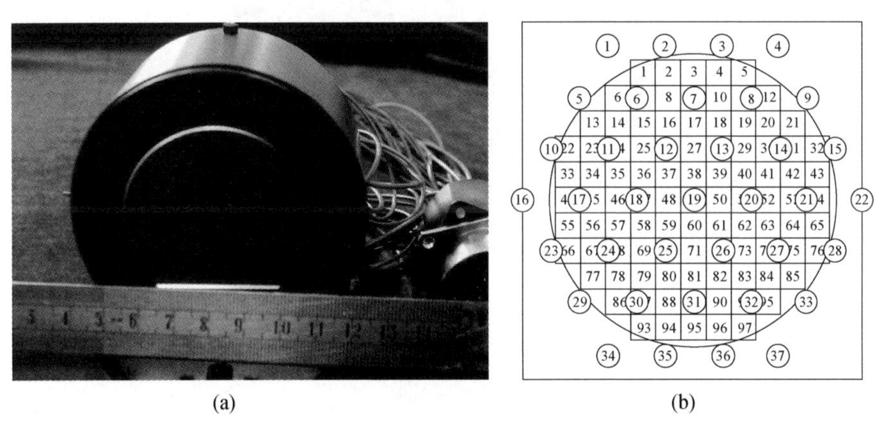

图 13－12　37 单元变形镜实物及驱动器与子孔径布局

(a)变形镜实物；(b)驱动与孔径布局。

图 13－13(a)是自适应光学系统校正前的视网膜图像，图像模糊，不能分辨任何细节。图 13－13(b)是利用 37 单元校正后的视网膜图像，六角形的视觉细胞清晰可见，比 19 单元系统校正的图像更清晰。

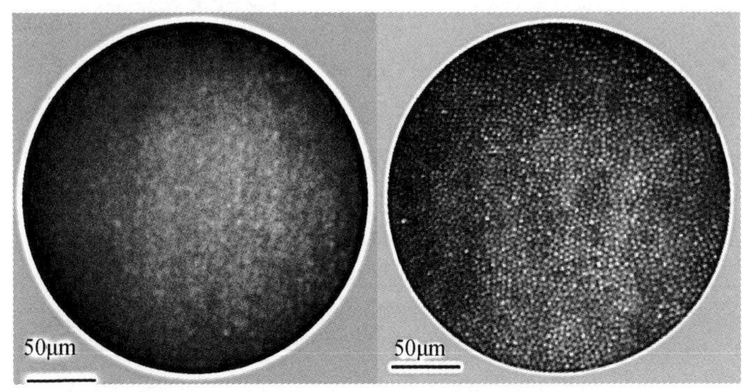

图 13－13　校正前与校正后的视网膜图像对比

(a)校正前；(b)校正后。

图 13－14 是同一受试者离视网膜黄斑中心凹不同距离的区域内视觉细胞的图像，表明离中心凹越近，视觉细胞越小，分布越密。测量表明，中心凹和偏离中心凹 2°和 4°区域的视觉细胞直径分别为 3.3μm、5.1μm 和 6.9μm。

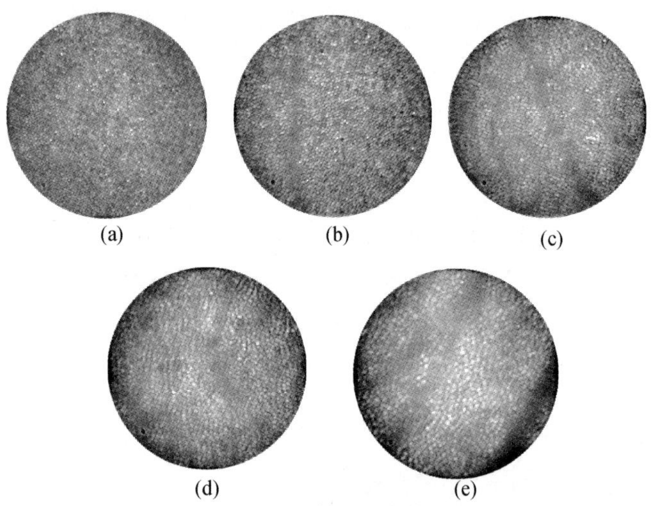

图 13－14　相对于黄斑中心凹不同偏离量视网膜细胞图像
(a)中心凹；(b)偏 1°；(c)偏 2°；(d)偏 3°；(e)偏 4°。

通过轴向调焦机构，可以获取视网膜厚度范围内不同层次组织的图像，在离视觉细胞 81～91μm 处，可以清晰获取毛细血管图像。利用图像拼接技术，获得黄斑中心凹周围 ±(3°×3°)范围内的毛细血管拼图(图 13－15(a))。拼图中每一个拼块都可以放大成为高分辨力图像。图 13－15(b)是拼图中 1、2、3 三块的放大图。图 13－15(a)1 中的毛细血管直径是 4.3μm，血管内的血球清晰可见。图 13－15(a)3 是黄斑中心处血管层图像，无毛细血管可见，这与解剖结果是吻合的。

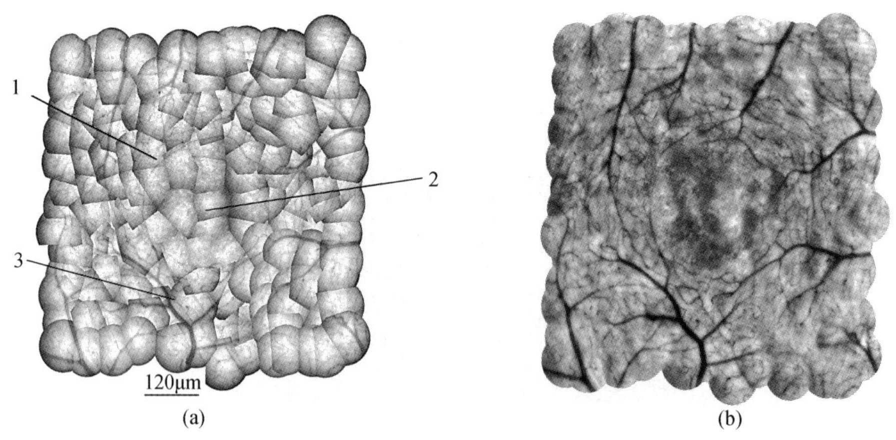

图 13－15　毛细血管拼图及其 1、2、3 三块区域的放大图
(a)毛细血管拼图；(b)三块区域的放大图。

13.3.2　自适应光学共焦扫描成像

自适应光学眼底相机单帧曝光时间短,单帧图像效果好,但是纵向分辨率很低(约 300μm,等于视网膜整体厚度),无法实现对视网膜内多种组织结构的高分辨率层析成像。2002 年,Roorda 等人[23]首次将 AO 技术与共焦扫描成像技术相结合,通过校正人眼像差,极大地提高了横向/纵向成像分辨率,获得了视锥细胞、神经纤维的高分辨率图像,并能实现对视网膜毛细血管中的白细胞流动进行实时动态观察。其系统原理图如图 13-16 所示。2006 年,Zhang Yuhua 在 Roorda 研究的基础上采用 MEMS 变形镜建立结构更加紧凑的自适应光学共焦扫描激光检眼镜[24]。相对于眼底相机,共焦扫描成像具有可实现荧光探测的独特优势,2006 年,Gray 等人[25]通过自发荧光首次获得了哺乳动物视网膜色素上皮细胞高分辨力图像(图 13-17)。2011 年,Dubra 等人[26]通过优化系统像差、采用更小的成像小孔,结合改进的图像定位算法首次在活体人眼上获得了视网膜视杆细胞高分辨力图像(图 13-18),为与视杆细胞相关的疾病研究和诊断提供了有力工具。

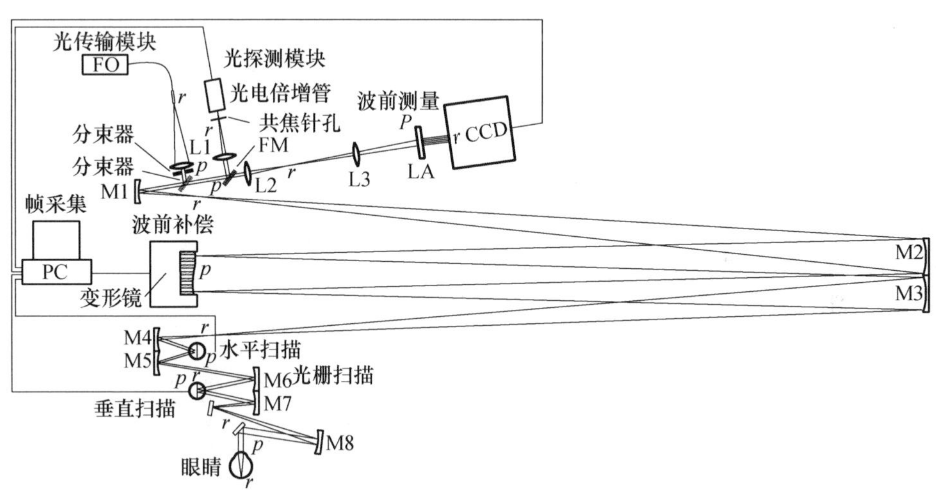

图 13-16　自适应光学共焦扫描成像系统原理

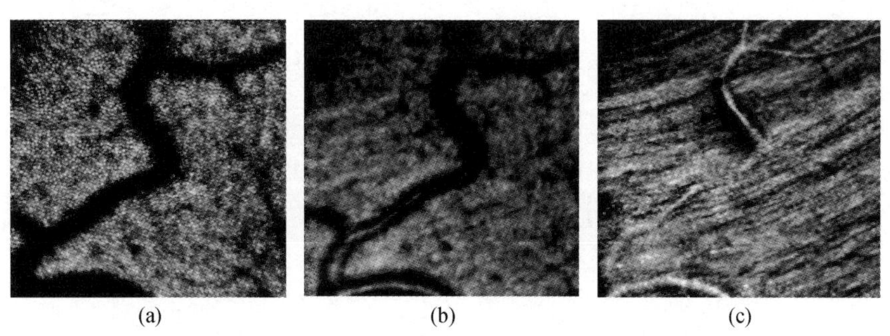

图 13-17　哺乳动物视网膜色素上皮细胞高分辨力图像

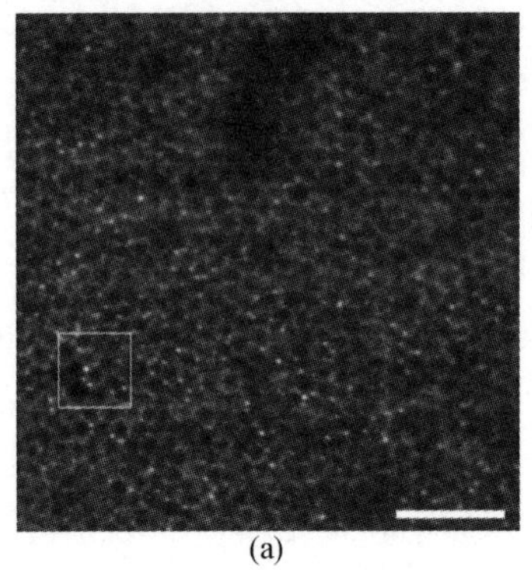
(a)

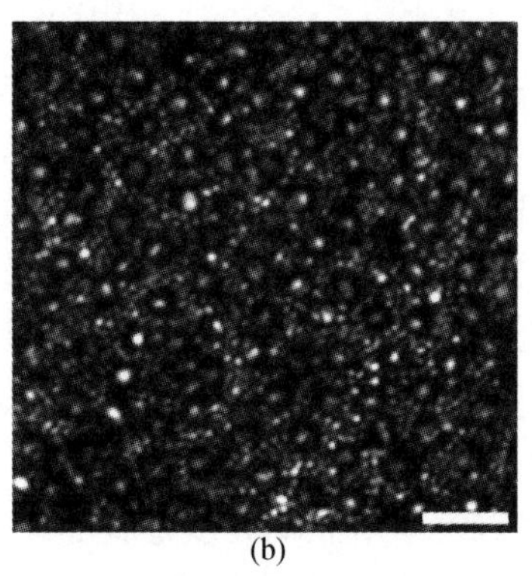
(b)

图 13－18　在活体人眼上获得的视网膜视杆细胞高分辨力图像

自适应光学共焦扫描成像技术以其高横向分辨率、较高的纵向分辨率、高速实时的成像速度,以及可实现荧光探测等独特的优势,已经在视网膜前沿研究领域处于优势地位。

2010 年,中国科学院光电技术研究所研制成功一套自适应光学共焦扫描成像系统[27],原理如图 13－19 所示。超辐照半导体激光器(superluminescent-diode, SLD)发出的一束光,通过 M1～M8 的缩束扩束系统、变形镜(DM)以及 X 和 Y 方向两个振镜(VS、HS)后,在眼底视网膜会聚于一点。其中,视网膜、光源点、哈特曼波前传感器点阵面为像面共轭面,人眼出瞳面、振境(VS、HS)、变形境、哈特曼波前传感器微透镜面为瞳面共轭面。光路中通过振境(VS、HS)完成对视网膜某个区域的扫描,振镜的水平(X 方向)扫描频率为 16kHz,纵向(Y 方

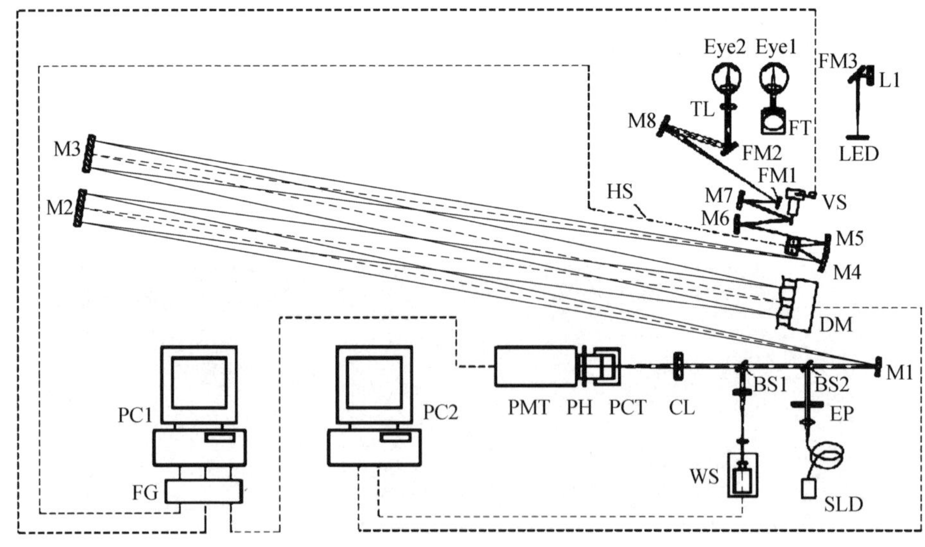

图 13－19　自适应光学共焦扫描成像系统原理

向)扫描频率为 30Hz。扫描的同时,振镜会产生 X 和 Y 位置反馈信号,分别为正弦波和锯齿波。眼底反射回来的光通过相同的光学器件后被分光。一路光被 11×11 单元的哈特曼波前传感器探测,该信号经过处理后控制 37 单元变形镜,校正眼底像差以提高系统分辨率。另一路光通过与眼底会聚点共轭的针孔后被光电倍增管(PMT)探测。

图 13-20 是利用变形镜对视网膜进行纵向层析成像的图像序列分布。变形镜离焦步长 +0.1D,离焦范围 +0.9D。图 13-20(a)中,照明光斑聚焦于视网膜最上层的神经纤维层附近,因此在图中可以看到明显的细条状神经纤维束,背景血管的图像不是很清晰;图 13-20(b)进行变形镜层析后,背景血管图像开始清晰,神经纤维束开始消失;到图 13-20(c)中,血管最清晰,神经纤维束彻底消失;从图 13-20(d)~(h),可以看到血管边界慢慢消失,直到视细胞最清晰的过程。

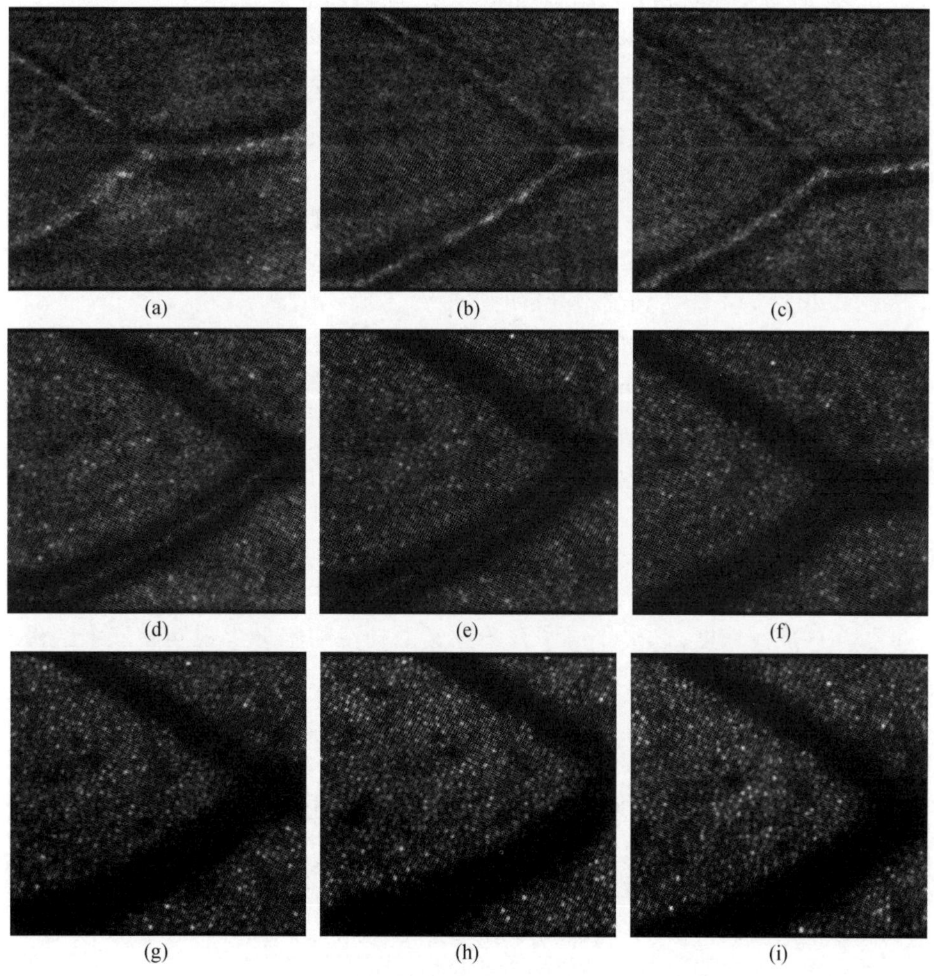

图 13-20 视网膜层析成像获取的图像序列

13.3.3 自适应光学相干层析

自适应光学眼底相机横向分辨率目前已接近人眼衍射极限。但是,由于采用聚焦成像的方式其纵向分辨率相当低,无法实现眼底视网膜三维高分辨成像。自适应光学共焦扫描成像的纵向分辨率正比于光瞳尺寸的平方。由于人眼瞳孔的限制,其理论纵向分辨率只有60μm左右。光学相干层析以低相干测量为原理,结合共焦扫描显微术、光学外差探测和现代计算机图像处理等技术实现对散射介质的高分辨率层析成像,其理论纵向分辨率取决于光源带宽,因此采用宽带光源可以获得极高的纵向分辨率。OCT技术用于眼底视网膜成像同样受到人眼像差的影响,通过自适应光学矫正人眼像差可以同时获得横向和纵向高分辨的三维视网膜层析图像。2003年,D. Miller等人[28]首次将OCT技术与AO技术相结合,对离体猪眼和金鱼眼视网膜进行层析成像。

2004年,B. Hermann等人[29]将Zeiss公司商业化的第一代时域OCT系统与AO系统相结合并首次应用于活体人眼视网膜成像。该系统采用光路切换的方式首先进行人眼像差测量和矫正,矫正完成后锁定变形镜再将系统切换到OCT成像。该系统成像速度慢(A-Scan曝光时间为4ms),并且由于人眼像差的时间波动性,该种方式难以好的像差矫正效果。因此,只能在一定程度上提高OCT系统的成像分辨率(相对于单纯的OCT系统,横向分辨率提高2~3倍)和信噪比(9dB),远不能达到细胞分辨的水平。

由于时域OCT技术成像速度慢,难以获得三维高分辨视网膜图像。2005年美国Indiana大学的Yan Zhang等人[30]采用谱域OCT技术并结合AO技术获得了当时世界上最高分辨率(3.0μm×3.0μm×5.7μm)的三维视网膜图像(A-Scan曝光时间为7μs),但从发表的结果来看还未达到分辨视细胞的水平。2005年,Robert J. Zawadzki等人[31]采用相同的技术也获得了分辨率为4μm×4μm×6μm的三维视网膜图像(A-Scan曝光时间为25μs),同样很难分辨视细胞和毛细血管。2006年,Yan Zhang等人[32]在前期研究的基础上,采用线扫描相机进一步提高体成像速度,首次获得了真正意义上的视细胞分辨视网膜三维图像。其系统原理如图13-21所示。

从当前国内外的发展趋势来看,自适应光学在视网膜高分辨力成像方面的应用表现为两个重要发展方向:

(1)活体人眼视网膜细胞级高分辨力成像手段不断进步,自适应光学显微成像、自适应光学激光扫描检眼镜、自适应光学相干层析成像等技术相继出现并日趋成熟,活体人眼视网膜成像呈现出由低分辨率到高分辨率、横向高分辨率到横向和纵向同时高分辨率、二维成像到三维成像、静态成像到动态成像、单一结构成像到多功能成像以及多种成像方式集成的方向发展。

(2)活体人眼视网膜细胞级高分辨力成像技术的仪器化、产业化。各种视

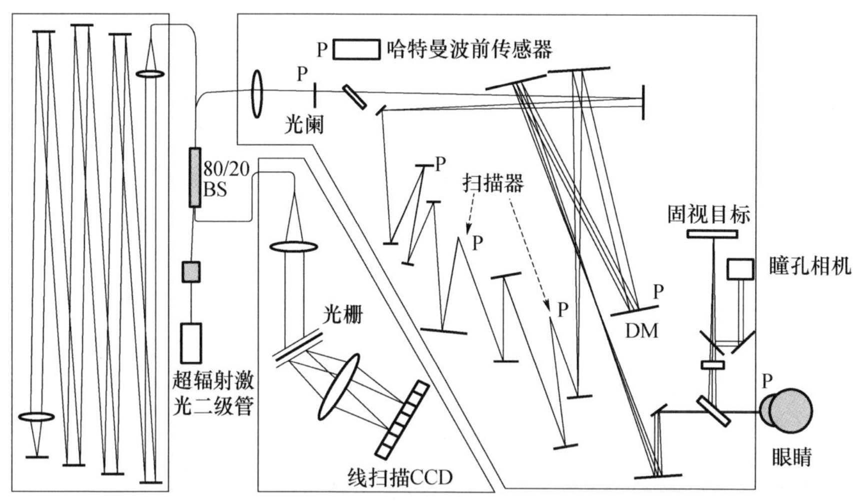

图 13-21 谱域 OCT 与 AO 技术结合获取视细胞分辨视网膜三维图像的系统原理(P 为瞳孔共轭面)

网膜高分辨力成像技术正从实验室研究向临床应用仪器推进。目前在美国以国家自适应光学研究中心[33]牵头,联合了多家研究机构和工业企业,从事实用化和新一代自适应光学眼科仪器的研究。2009 年,法国 Imaging eye 公司推出全球首款研究用自适应光学视网膜相机,但要真正应用于临床,还有较长一段路要走。

13.4 人眼像差操控与视功能

人眼像差除大大降低外部仪器对眼底视网膜的成像分辨率外,还对人眼自身视功能带来严重影响,这一点在人们的日常生活中就能直观感受到,如常见的近视存在较大的离焦等。人眼光学像差如何影响人眼视功能一直是视光学及视觉科学领域关注的重点。在像差测量的基础上,理论计算虽然在可以在一定程度上反映人眼像差对视功能的影响,但它忽略了人眼视觉的主观心理物理学过程,因此并不能真正反映人眼像差对视功能的影响。由于人眼像差组成复杂,且随时间波动,自适应光学像差操控技术为该领域研究提供了有力工具,使得人们从主观感受的角度分析人眼低阶和高阶像差对视功能的影响成为可能。

1997 年,D. R. Williams 等人[15]在国际上率先采用自适应光学技术矫正人眼低阶和高阶像差,首次在活体状态下获得了接近衍射极限的高分辨力视网膜图像的同时,获得了传统低阶像差矫正无法达到的超常视力,在国际上掀起了超视力的研究热潮。文献[16]对 2011 年前国内外自适应光学人眼像差操控与视功能研究的现状做了非常全面的综述,感兴趣的读者可以查阅并追溯。

2002 年,Fernandez 等人[34]利用自适应光学技术专门建立了一套人眼高阶像差矫正视功能分析系统并首次命名为“自适应光学视觉仿真器”(Adaptive Optics Vision Simulator,AOVS),其系统原理如图 13-22 所示。该系统采用 37 单元薄膜变形镜、37 点阵哈特曼传波前感器构成人眼像差控制系统,采用产品化的视觉刺激发生器作为视功能分析系统,初步分析了给受试眼叠加像差对视功能的影响。2002 年,Antonio Guirao 等人[35]通过计算传递函数从理论上分析高阶像差矫正对视锐度、对比敏感度的影响,发现视功能改善程度随人眼像差特性的不同而不同,存在较大的个体差异。与理论计算相对应,2002 年,Geun-Young Yoon 等人[36]采用 AOVS 系统从人眼主观视觉感受的角度,全面分析了在单色和白光下人眼高阶像差矫正对视锐度、对比敏感度的影响,获得了与理论分析类似的结果。高阶像差矫正对视功能影响的差异性使得没有一套任何人能同等受益的高阶像差矫正方案,个性化像差矫正必须建立在个体主观验光的基础之上。

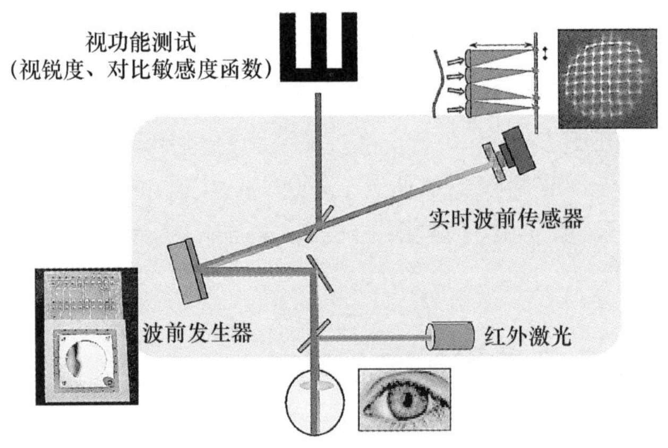

图 13-22 自适应光学视觉仿真器的系统原理

人眼调节是维持正常视功能的必要条件,2006 年 Fernandez 等人[37]及 Chen Li 等人[38]分别利用 AOVS 系统分析了人眼高阶像差矫正对调节的影响,高阶像差矫正可能使得部分人群眼丧失调节功能。因此,在进行高阶像差验光时监测人眼调节功能的变化是必不可少的内容。另外,Chris Dainty 等人[39]分析了不同照度下高阶像差矫正对对比敏感度的影响,发现当视网膜照度太低时,影响人眼对比敏感度的决定因素是视神经敏感度的下降,矫正高阶像差意义不大。2007 年,Ethan A. Rossi 等人[40]利用 AOVS 分析了正视眼和低度近视眼高阶像差矫正后的视功能,发现对低度近视眼,高阶像差矫正带来的视功能收益低于正视眼,视网膜和大脑皮质因素可能限制了像差对视功能的影响。

自适应光学用于高阶像差验光具有很大的灵活性,既可以矫正全部高阶像差,也可以只矫正单独某一项像差,从而可以全面地分析人眼像差各组分对视功能的影响,以此选择对视功能影响较大的项进行针对性的补偿和矫正。2004年,Patricia A. Piers 等人[41]利用 AOVS 分析了单独矫正球差后的视功能变化,研究结果表明在白光下球差矫正获得 10% 的视锐度和 32% 的对比敏感度提高,为眼内植入球差矫正人工晶体的分析和设计提供实验依据。

13.4.1 单眼自适应光学视觉仿真器

下面以中国科学院光电技术研究所研制的人眼高阶像差验光分析系统[42]为例,对自适应光学视觉仿真器的原理进行简单介绍。人眼高阶像差验光分析系统的原理如图 13－23 所示。该系统主要由人眼像差测量系统(信标发射装置、哈特曼波前测量装置)、人眼像差矫正系统(变形反射镜、口径匹配系统)、视标观察系统、控制系统等组成。

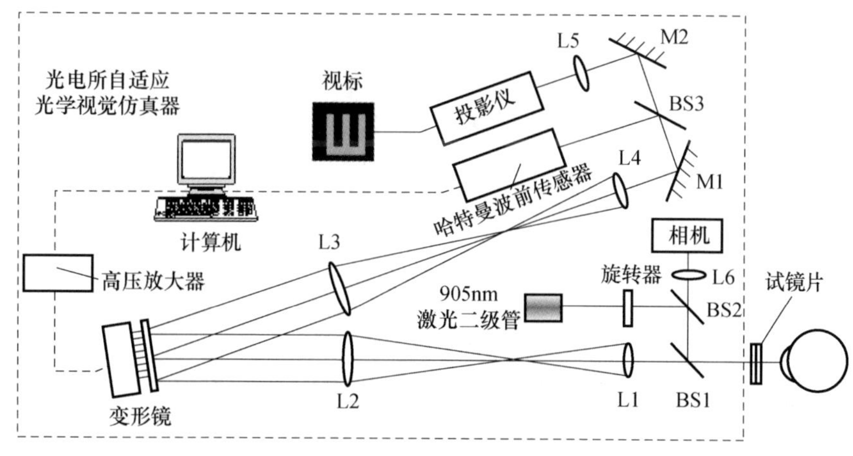

图 13－23 人眼高阶像差验光分析系统原理

由半导体激光器发出的激光经过空间滤波、准直后经分光镜入射到人眼内,经人眼会聚后在眼底形成一个光斑。此光斑可视为视网膜上的一个点光源,其后向散射光经过眼睛的屈光系统后从瞳孔射出,经过变形镜、口径匹配系统,成像在哈特曼波前传感器上。由哈特曼波前传感器测量波前像差,控制系统据此像差数据引导、控制变形反射镜矫正人眼波前像差。在像差矫正的同时人眼通过观察不同大小不同对比度的视标,进行人眼视锐度、对比敏感度等视功能测试,从而可以分析人眼像差不同矫正策略(矫正高阶、低阶或其他)对视觉质量的影响。人眼高阶像差验光分析系统的另一个功能是叠加像差,即在矫正人眼像差的基础上由变形镜产生已知类型和大小的特定像差,模拟了人眼具备不同像差的情况,从而可以分析不同像差组分对视觉质量的影响。该系统采用 37 单元分立式变形镜作为波前矫正器,11×11 微透镜阵列哈特曼波前传感器测量人眼像差。为了消除信标光刺激对视功能测试的影响,这里选用波长 900nm 左右的近红外光源作为信标光源。

图 13－24 为 5 种矫正策略[43]（仅矫正自适应光学系统内部像差（图（a））；矫正策略 1 加人眼低阶像差矫正（图（b））；矫正策略 2 加 3 阶像差矫正（图（c））；矫正策略 3 加球差矫正（图（d））；矫正全部像差（图（e））后的残余像差。可以看到，通过自适应光学技术可以方便地实现对人眼像差特定项的有效操控。

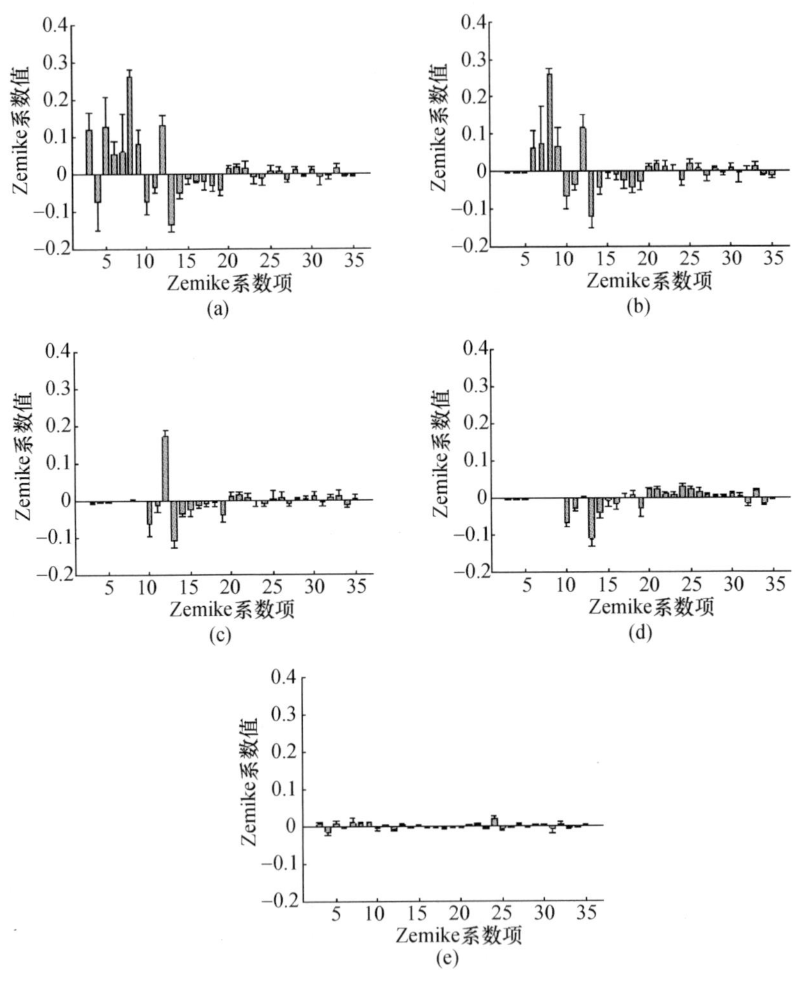

图 13－24　不同矫正策略后的残余像差分布

（a）静态矫正；（b）静态矫正加矫正低阶；（c）静态矫正加矫正 2、3 阶；（d）静态矫正加矫正 2、3 阶及球差；（e）全矫正。

图 13－25 为 12 名受试者在不同矫正策略下测得的平均 LogMAR 视力和标准差，P1 到 P5 分别对应图 13－24（a）～（e）所示的五种矫正策略。从图中可以看到，12 名受试者在不同的像差矫正策略后均获得了视力提高。矫正策略 1 的

视力最低,而矫正策略 5 的视力最佳。与矫正策略 1 相比,残余的低阶像差在矫正策略 2 中被彻底矫正掉,视力值提高了 0.056 LogMAR 单位。进一步矫正 3 阶像差后,视力再次提高了 0.041 个 LogMAR 单位。在矫正策略 4 中,进一步矫正球差又获得了 0.01 个 LogMAR 单位的提高。矫正 3 ~ 35 项像差后,受试者视力进一步提高了 0.022 个 LogMAR 单位,与仅矫正低阶像差相比,矫正 3 ~ 35 项像差后视力提高了 0.073 个 LogMAR 单位,获得了最佳视力值,这一提高程度与文献报道的 0.10 个 LogMAR 单位的结果相近。

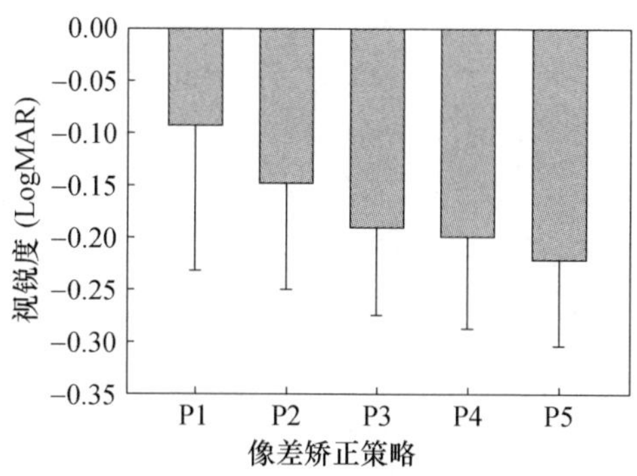

图 13 – 25　不同像差矫正策略下测得的视力

在选择矫正的基础上,自适应光学视觉仿真器还可以叠加任意像差以分析该像差的矫正残差容限[44]。球差处于 Zernike 像差树的中央,研究表明,球差对视功能的影响较大。为此,在人眼像差矫正的基础上,通过比较叠加不同量球差下视锐度的变化可以方便地确定球差矫正的残差容限。图 13 – 26 是 8 位受试者在叠加不同量球差后的 LogMAR 视力及 MTF。结果表明,残余球差 RMS 小于 0.1μm 时其对视锐度的影响可以忽略,从而为人工晶体设计提供依据。

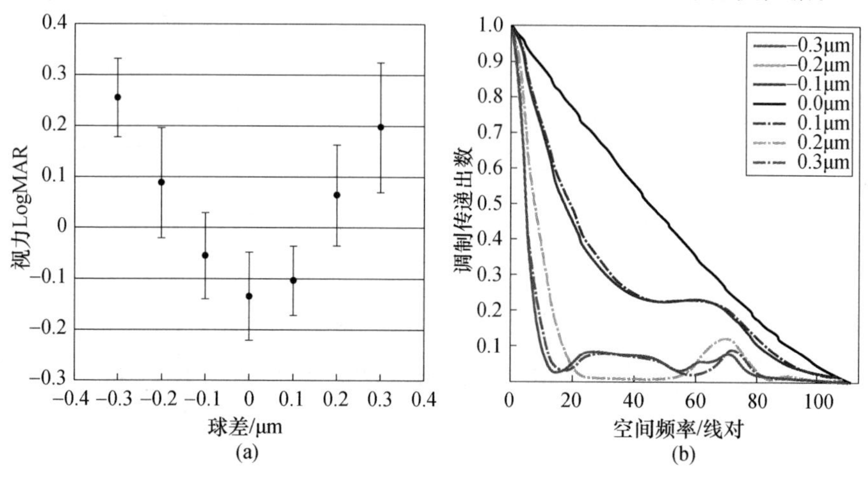

图 13 – 26　叠加不同量球差后的 LogMAR 视力及 MTF

13.4.2 双眼自适应光学视觉仿真器

单眼自适应光学视觉仿真器为揭示人眼像差对部分视功能的影响提供了有力工具,但正常状态下人眼为双眼视觉,双眼视觉并非单眼的简单叠加,与单眼视觉相比,不仅扩大了视野,消除了生理盲点,而且使人具有立体视觉,增强了人对于三维空间的感知能力。另外,双眼叠加作用能够降低视感觉阈值,并使得视功能的诸多方面有所增强。因此,从单眼视觉到双眼视觉的转变是一种必然过渡。双眼自适应光学视觉仿真器是单眼仿真器的拓展和完善。

2009 年,Murcia 大学 LOUM 实验室的 Fernandez 等人[45]首次提出了双眼自适应光学视觉仿真器(Binocular Adaptive Optics Visual Simulator, B - AOVS)的概念,该装置能够实现对双眼像差的同时测量和叠加,并以此来评价像差对双眼视功能的影响。在此基础之上,LOUM 实验室在像差对立体视力[46]、双眼叠加作用[47]的影响等方面进行了初步的研究。然而,该系统只实现了人眼像差的测量和静态叠加,并不具有像差的动态矫正功能,因而它并不能算是真正意义上的双眼自适应光学系统。2012 年,Sabesan 等人[48]报道了一种具有像差实时矫正功能的双眼自适应光学仿真器,并给出了人眼像差(全部像差以及球差)对双眼视力、对比敏感度以及双眼叠加作用影响的初步实验结果。

2012 年,中国科学院光电技术研究所研制的双眼自适应光学视觉仿真器[49]原理如图 13 - 27 所示,该系统包括左右眼两套自适应光学系统。以左眼系统为例,近红外半导体激光器 LD 发出的光经 L1 准直后经分光镜 BS1 和棱镜 P1 入射到人眼内,经人眼会聚后在眼底形成一个光斑。此光斑可视为视网膜上

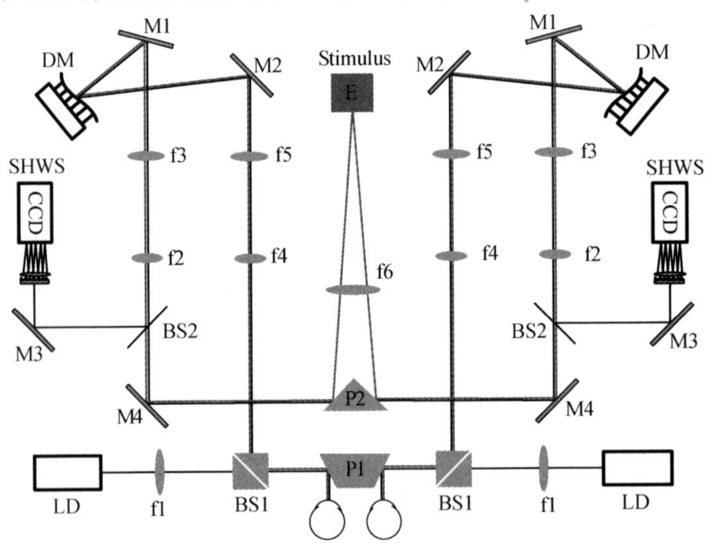

图 13 - 27 双眼自适应光学视觉仿真器原理

的一个点光源，其后向散射光经过眼睛的屈光系统后从瞳孔射出，出射光携带人眼像差经过棱镜 P1、分光镜 BS1、口径匹配系统（L4、L5）、平面发射镜 M2、变形镜 L－DM、平面发射镜 M1、口径匹配系统（L2、L3）、分光镜 BS2、平面发射镜 M3 后进入哈特曼波前传感器 SHWS。由哈特曼波前传感器测量波前像差，控制系统据此像差数据引导、控制变形反射镜矫正人眼波前像差。人眼像差测量采用人眼不可见近红外光源，消除像差测量和矫正对双眼视功能测试的影响，从而可以在整个测试过程中实现对人眼像差的实时测量和控制。在像差控制的同时，受试眼通过前述光学系统、平面反射镜 M4、等腰棱镜 P2 和透镜 L6 观察视标，进行双眼视功能测试。棱镜 P1 的前后移动可以实现双眼瞳距调节。

系统中采用有机发光二极管（OLED）微型显示器作为视标呈现装置，该装置体积小，不用外带光源，视标亮度调节方便，便于系统集成。视标图像由软件生成，通过计算机视频接口送入 OLED 显示，因此视标切换灵活，可以方便地实现不同的视功能测试。

系统中双眼自适应光学系统由一台高性能主控计算机控制，视标产生及视功能测试由另外一台计算机控制。当双眼同时工作时，两路 SHWS 传感器采样得到的光斑图像同时采集进控制计算机，系统控制软件中的两个独立的线程实现所需的计算以及控制产生 DM 驱动器的电压信号输出，实现双路自适应光学系统的并行控制。双眼自适应光学视觉仿真器采用控制软件实现对双眼像差的闭环矫正，为了满足人眼像差矫正不低于 1Hz 的闭环带宽要求，下面对其闭环带宽进行分析。

图 13－28 为单路人眼自适应光学系统控制框图。其中：$X(s)$ 为人眼波前像差，$R(s)$ 为矫正后残差；$M(s)$ 为波前控制信号，$s=\mathrm{j}\omega$，f 为频率。

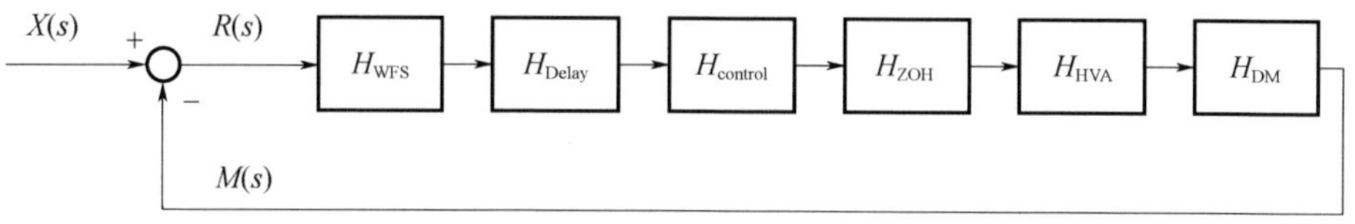

图 13－28 人眼自适应光学系统控制框图

根据图 13－28，可以得到双眼自适应光学视觉仿真器的开环传递函数、闭环传递函数和误差传递函数分别为

$$H_{\text{open}} = H_{\text{WFS}} H_{\text{Delay}} H_{\text{Control}} H_{\text{ZOH}} = \frac{g(1-\mathrm{e}^{-Ts})\mathrm{e}^{-\tau s}}{(Ts)^2} \tag{13-3}$$

$$H_{\text{close}} = \frac{H_{\text{open}}}{1+H_{\text{open}}} = \frac{g(1-\mathrm{e}^{-Ts})\mathrm{e}^{-\tau s}}{(Ts)^2+g(1-\mathrm{e}^{-Ts})\mathrm{e}^{-\tau s}} \tag{13-4}$$

$$H_{\text{error}} = \frac{1}{1+H_{\text{open}}} = \frac{(Ts)^2}{(Ts)^2+g(1-\mathrm{e}^{-Ts})\mathrm{e}^{-\tau s}} \tag{13-5}$$

根据上述公式，以 0.1 为步长改变控制器增益 g，计算得到的开环带宽 f_{open}，闭环带宽 f_{close} 以及误差传递函数带宽 f_{error} 见表 13－2。从表 13－2 可知，在本系统中控制器增益 g 在 0.2 及以上即可满足实时闭环矫正的要求。闭环带宽随着增益 g 的增加而增加。然而，当增益 $g>0.5$ 时，闭环传递函数增益曲线会出现过冲现象（图 13－29）。Roddie 认为为了保证系统的稳定性，过冲的最高值不应超过 2.3dB。因此，由计算可知系统的增益 $g\leqslant 0.7$。

表 13－2　开环带宽、闭环带宽和误差传递函数带宽

g	0.1	0.2	0.3	0.4	0.5	0.6	0.7	0.8	0.9	1.0
f_{open}/Hz	0.40	0.79	1.19	1.58	1.97	2.35	2.73	3.10	3.47	3.83
f_{close}/Hz	0.45	1.02	1.81	2.90	4.15	5.23	6.08	6.75	7.30	7.75
f_{error}/Hz	0.89	1.27	1.56	1.80	2.02	2.22	2.41	2.58	2.75	2.91

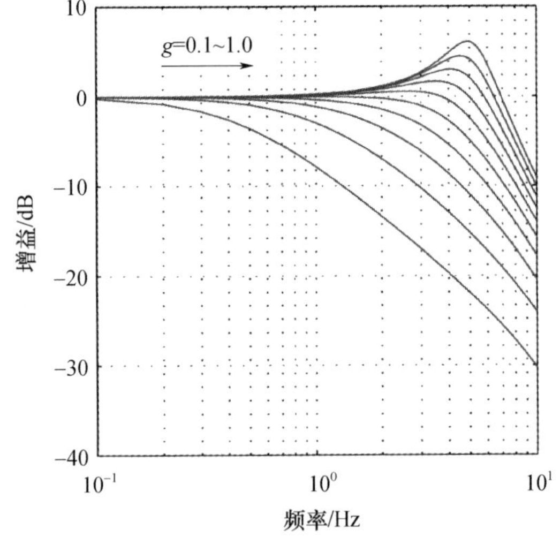

图 13－29　不同控制增益下的闭环传递函数曲线

视觉研究及临床研究中常用不同频率的正弦光栅来测试人眼对空间对比度的敏感程度。对于某一空间频率的信号，人在一定的正确率水平下所能分辨的最低对比度称为对比度阈值，其倒数为对比敏感度（Contrast sensitivity，CS）。对比敏感度与空间频率的对应关系通常被称作对比敏感度函数（Contrast sensitivity function，CSF）。在系统研制的基础上，我们测试了双眼在不同像差控制策略下的 CSF。图 13－30 为一名被试的实验测试结果。这里，自适应光学矫正收益是指矫正前后对比敏感度函数的比值。图 13－30 中结果显示，在各个状态下自适应光学矫正均使得对比敏感度有不同程度的提高。由图 13－30（d）可以看出：双眼状态下只矫正右眼的对比敏感度收益与两眼同时矫正的情况相当，并且与单眼状态下的右眼的矫正收益具有很高的相关性；而双眼状态下只矫正左眼的

对比敏感度收益与单眼状态下的左眼的矫正收益具有很高的相关性。以上结果说明双眼中可能存在一只眼对像差的矫正更为敏感,这与 Artal 等人叠加球差的结果是一致的[45]。由于双眼自适应光学视觉仿真器建立不久,双眼像差对双眼视功能的影响还待进一步研究。

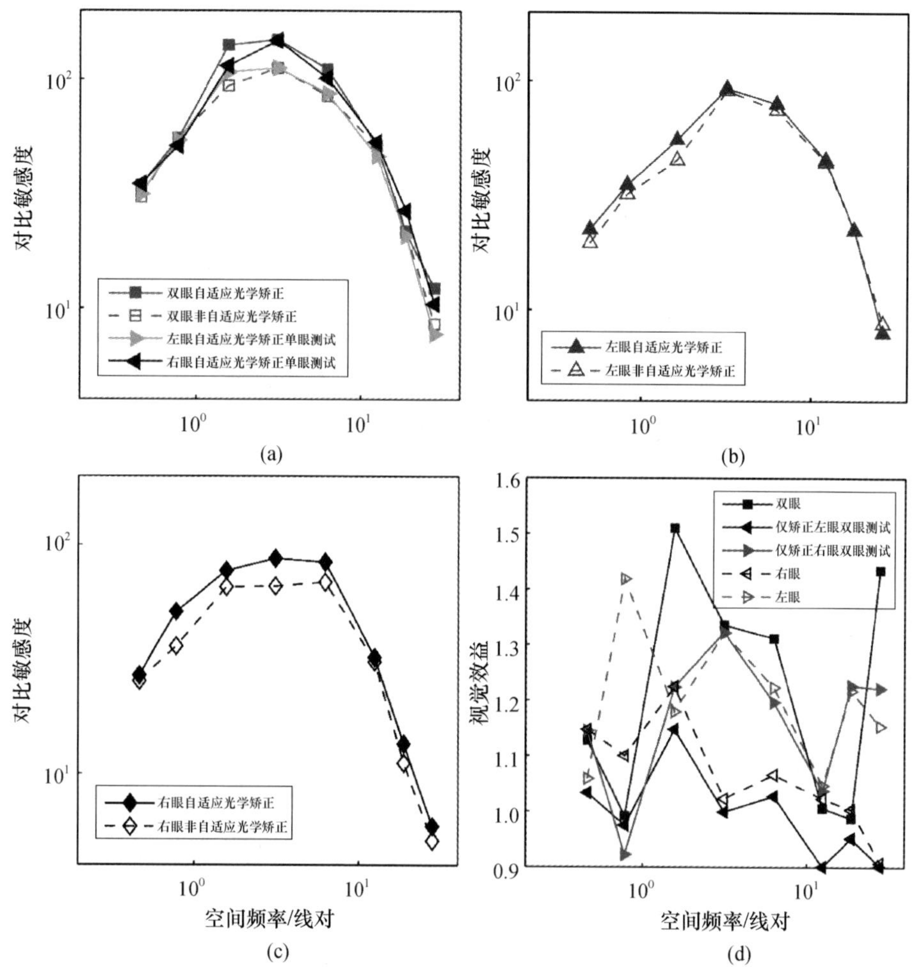

图 13－30　双眼仿真器在不同条件下的对比敏感度函数测试结果
(a)双眼结果;(b)左眼结果;(c)右眼结果;(d)不同状态下的自适应光学矫正收益。

13.4.3　人眼像差自适应光学矫正结合视知觉学习训练提高视力

从 1997 年"超视力"概念被提出以来,围绕人眼光学像差与视力,国内外多家研究机构开展了广泛深入的研究。但是随着研究的深入,发现矫正人眼光学像差带来的视力提高幅度个体差异较大,并且远没有达到预期的超视力水平。矫正人眼光学系统像差后获得"超常光学"能否最终实现"超视力"仍未得出明确结论。

2007 年,Ethan A. Rossi 等人[40]分析了正视眼和低度近视眼高阶像差矫正后的视功能,发现对低度近视眼,高阶像差矫正带来的视功能收益低于正视眼,视网膜和大脑皮质因素可能限制了像差对视功能的影响。Li Chen 等人[50]研究发现人眼存在对自身像差的适应性,高阶像差矫正带来神经不适应降低了预期的视觉收益。2009 年,Sarah L. Elliott 等人[51]分析了人眼像差在视力随年龄衰老中的作用,发现老年人群矫正高阶像差带来的视力改善明显低于青年人,说明随年龄增加的人眼像差不是老年视力衰退的唯一原因,可能是与神经因素综合作用的结果。这些研究结果提示人们,除人眼光学像差外,人眼视力在很大程度上还受到视觉神经系统的限制。2009 年 10 月,美国光学学会(OSA)年会光学前沿专题上,Heidi Hofer[52]以摘要形式提出了将光学矫正与神经因素进行综合考虑的“自适应光学心理物理学”研究新思路,从单纯的光学矫正到光学矫正与神经因素的综合正在成为国际上新的研究方向。

视觉是一个主观认知过程,视觉神经系统的作用不容忽视。视觉神经系统的正常发育要具备两个条件:一是出生后的自然生长、发育过程;二是外界的视觉刺激。精细视力的发育需要视觉神经系统的精细发育,而该发育则依赖于眼球的光学系统在视网膜成像的清晰程度。人眼在普遍存在的高阶像差和衍射的共同作用下,不能在视网膜产生足够清晰的图像,进而限制了视觉神经系统的精细发育,使得视觉神经系统所能分辨的截止空间频率不超过眼球在视网膜所能产生图像的最高空间频率。通俗地讲,如果人眼光学系统是一个理想光学系统,视觉神经系统的视力可以发育到 2.0 ~ 2.5,但由于人眼存在高阶像差和衍射,视力只能达到 1.0 ~ 1.5。其原因:一方面眼光学的分辨率只相当于 1.0 ~ 1.5;另一方面这一不够理想的光学系统导致视觉神经系统不能完全发育,只发育了相当于 1.0 ~ 1.5 的视力。在这种情况下即使光学系统得到了较好的矫正,视力仍然不会有明显的提高。

视知觉学习反映了视觉神经系统经过学习后可大大提高对特定图像识别的能力,反映了神经系统的可塑性,其理论意义和潜在的应用前景使之成为认知神经科学的前沿与热点[53,54]。已有很多心理学实验发现:经过学习,可以大大提高完成多种视知觉任务的成功率与速度,这些任务包括视觉光栅差别检测、刺激的方位判断、运动方位辨别、质地辨别、立体视锐度等。

在矫正人眼低阶和高阶像差后,人眼可以获得最精细的视网膜图像,在这种精细视觉刺激下进行视知觉学习训练,是否可以在最大限度上提高视觉神经系统的分辨率,进而提高视力。为此,2009 年,中国科学院光电技术研究所与中国科技大学视觉研究实验室合作,以人眼自适应光学高阶像差矫正与视觉分析系统为平台,改进研制了一套人眼高阶像差校正视知觉学习训练实验系统[55],系统原理如图 13 - 31 所示。与前述自适应光学视觉仿真器类似,其最大的不同在于将仿真器中的刺激呈现系统替换为视知觉学习训练系统。

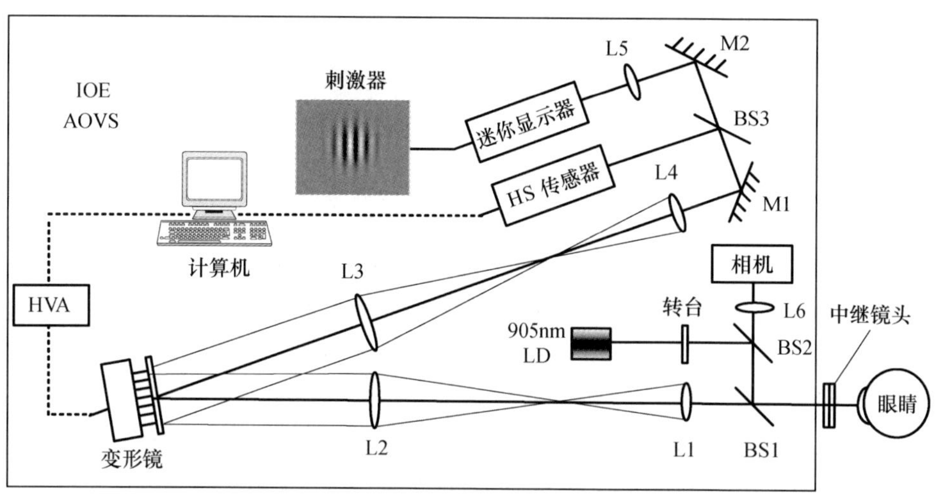

图13-31 人眼像差自适应光学矫正与视知觉学习训练系统原理

系统工作原理:由半导体激光器发出的激光经过空间滤波、准直后经分光镜入射到人眼内,经人眼会聚后在眼底形成一个光斑。此光斑可视为视网膜上的一个点光源,其后向散射光经过眼睛的屈光系统后从人眼瞳孔射出,携带人眼像差信息,经过变形镜、口径匹配系统,进入哈特曼波前传感器。哈特曼波前传感器对入射波前进行分割采样,通过波前复原获得人眼像差,控制系统据此像差数据引导、控制变形反射镜产生相应变形从而矫正人眼像差。在像差矫正稳定后,被试通过系统观察显示在视标呈现装置上的光栅条纹并做出判断,受试者的判断由外部设备采集并送入计算机进行分析,系统根据受试者的判断自动调整条纹空间频率或对比度,按照设定的程序模式完成视功能测试或知觉学习训练。

人眼对比度阈值测量采用心理物理学方法中的调节法。该方法根据被试的回答情况实时调节刺激的难易程度:当被试连续回答正确时,下一个显示的对比度会降低,相当于增加难度;当被试回答错误时,下一个显示的对比度会升高,相当于降低难度。这样的调节机制使得被试在整个测试中的正确率保持在一个固定的水平。随着测试的继续,最后对比度收敛到被试的对比度阈值,取倒数之后就可以得到人眼对比敏感度。

根据被试在不同空间频率下对比度阈值变化的情况,选择其截止频率(对比度阈值为0.4时对应的空间频率)进行视知觉学习训练。视知觉学习训练采用传统的“测试—训练—再测试”方法,训练过程中视标空间频率始终固定不变。被试每天在同一时间完成一定数量的训练任务,采用和对比度阈值测量类似的调节方进行训练,训练中前一天被试训练后的最终的对比度值作为下一天的初始值,连续训练10天。

随机招募 21 名年龄为 19～26 岁的正常成年人被试参加实验。所有被试均无眼科疾病，无散光，近视度数小于 300°，且矫正视力都可以达到 1.0。21 名被试被随机分成了两组：第一组（Group1）13 名被试，在同时矫正高阶像差和低阶像差的情况下进行知觉学习训练，称为高阶像差矫正训练组（HOAs－corrected）；第二组（Group2）8 名被试，则在只矫正低阶像差的情况下进行知觉学习训练，即高阶像差非矫正训练组（HOAs－uncorrected）。

高阶像差矫正训练组（Group1）训练前后的 CSF 曲线如图 13－32（a）所示，训练导致了 CSF 的显著提高，$F(1,\ 12)=75.43$，$P<0.00001$；高阶像差非矫正训练组（Group2）训练前后的 CSF 曲线如图 13－32（b）所示，训练也导致了 CSF 的显著提高，$F(1,\ 7)=5.46$，$P=0.05$。

Group1 和 Group2 不同被试不同空间频率下对比敏感度提高值的平均值分别是 3.11dB 和 1.31dB；组间 ANOVA 分析显示，二者有显著差异 $F(1,\ 19)=8.12$，$P=0.01$，如图 13－32（c）所示。

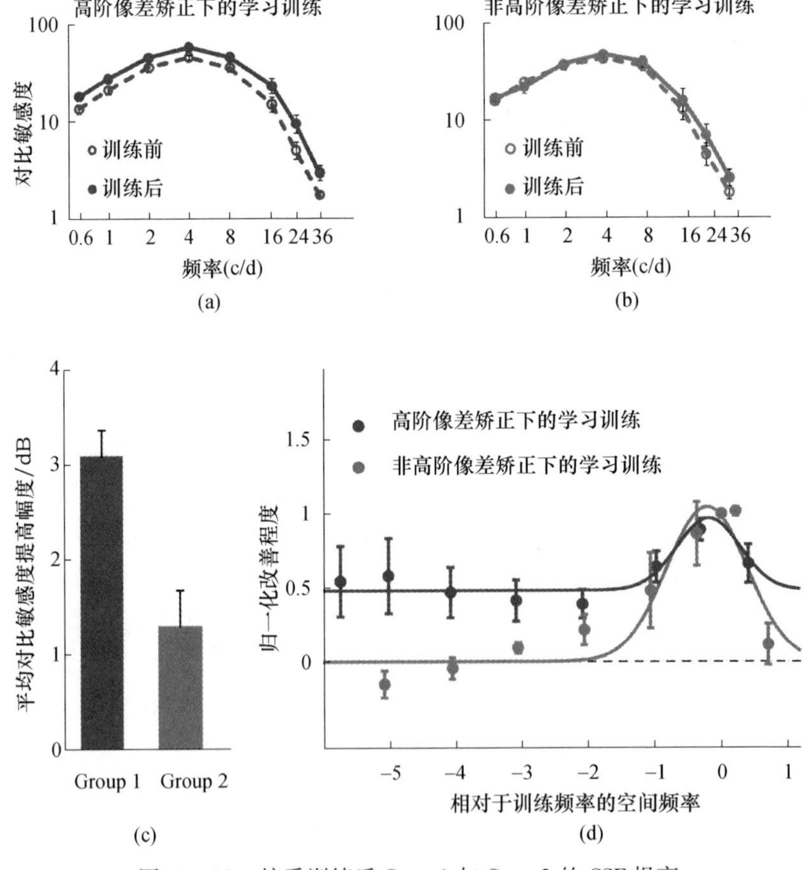

图 13－32　接受训练后 Group1 与 Group2 的 CSF 提高

对训练后有 CSF 提高的被试，两组被试在训练频率的对比敏感度提高值没有显著差异（$P>0.5$），但是训练频率的学习效果往非训练频率上的传递情况明显不同（图 13-32（d））。从平均后的归一化提高曲线的拟合结果来看，高阶像差矫正训练组（Group1）的训练有两个效果，其中：一个特异于训练频率附近（带宽为 1.11 八倍频程）；另一个则普遍存在于所有测试频率，幅度为最高提高处幅度值的 1/2。高阶像差非矫正训练组（Group2）的训练效果则只特异于训练频率附近（带宽为 1.42 八倍频程）。

另外，在训练后，高阶像差矫正训练组（Group1）被试的视力都有了一定提高（$P<0.000001$），但高阶像差非矫正训练组（Group2）则没有（$P=0.199$）。Group1 平均视力提高值为 2.32dB（相当于 31% 的提高），远高于第二组的平均视力提高值（$P<0.0008$），如图 13-33（a）所示。Group1 中的所有被试在训练后都表现出了视力的改善，其中的 4 名被试在 5 个月之后又找回来复测（其他被试因个人原因无法参加复测），发现提高的视力还能维持，如图 13-33（b）所示。

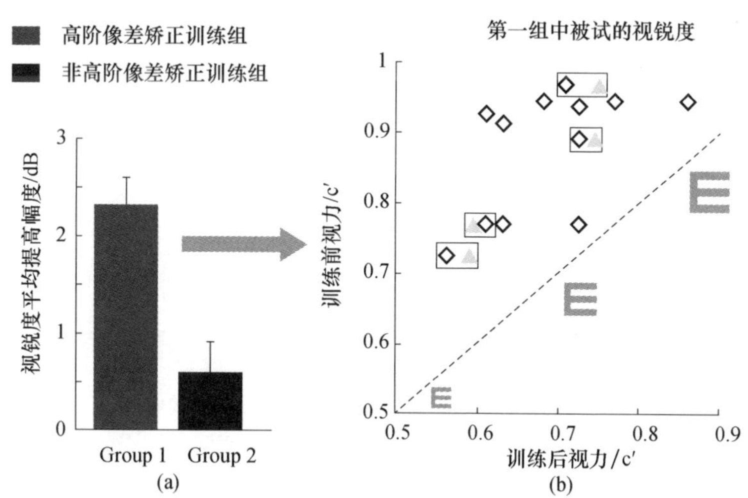

图 13-33　接受训练后 Group1 视力（红色）与 Group2 视力（蓝色）的提高（a），（b）第一组中被试的视锐度。

实验结果表明，人眼高阶像差矫正结合视知觉学习训练（Group1），训练后所有被试都表现出了 CSF 的提高。从学习效果来看，除了特异在训练频率附近的提高外，还有一种普遍传递到所有测试空间频率的提高，并且训练可以引起视力的提高。

人眼高阶像差矫正结合视知觉学习训练为视力改善提供新的解决途径。2012 年 6 月，国际视觉研究权威期刊 *Journal of Vision* 以摘要形式报道了美国罗彻斯特大学视觉科学中心，采用与我们类似的自适应光学像差矫正与知觉学习训练相结合以提高个性化屈光矫正圆锥角膜眼视功能。而对其生理物理机制以及在成年弱视治疗、特殊人群视力维护中的应用还在进一步研究之中。

13.5 自适应光学人眼像差操控技术展望

自适应光学人眼像差操控技术经过20多年的发展,在活体人眼视网膜高分辨力成像及视觉科学研究中取得了一系列令人瞩目的研究成果,已成为眼科领域不可或缺的有力工具。自适应光学人眼像差操控技术既是强有力的研究工具,同时可以发展为造福人类的眼科医疗装备;但目前国内外的尚无真正服务于眼科临床的设备和装置,这成为未来该领域研究的重要努力方向。

活体人眼视网膜高分辨成像技术可在眼科疾病,特别是眼底疾病的发病机理研究、临床疾病的超早期诊断、不同治疗手段和药物疗效评价等方面发挥其独特的作用。而人眼像差与视功能研究进一步加深了人们对人眼像差,特别是高阶像差的认识,随着双眼自适应光学仿真器的出现以及光学像差与视觉神经系统的综合研究,必将带来人类视力维护和改善的新突破。

参考文献

[1] 姜文汉. 自适应光学技术[J]. 自然杂志,2006,28(1):7.

[2] Thibos Larry N, Applegate Raymond A, Schwiegerling James T, et al. Standards for reporting the optical aberrations of eyes [J]. Journal of Refractive Surgery ,2002, 18: S652 – S660.

[3] Young T . On the mechanisms of the eye[J]. Phil. Trans. R. Soc, 1801,19: 23 – 88.

[4] Bahr G Von. Investigations into the spherical and chromatic aberrations of the eye and their influence on its refraction[J]. Acta Ophthal, 1945,23(1).

[5] Ames A, Proctor C A. Dioptrics of the eye[J]. J. Opt. Soc. Am, 1921,5(22).

[6] Ivanoff A. Les aberrations de l'oeil. Leur role dans l'accommodation [M]. Paris Éditions de laRevue d'Optique Théorique et Instrumentale, 1953.

[7] Smirnov M S. Measurement of the wave aberration of the human eye[J]. Biofizika, 1961, 6: 687 – 703.

[8] Howland B, Howland H C. Subjective measurement of high – order aberrations of the eye[J]. Science, 1976, 193: 580 – 582.

[9] Tscherning M. Die monochromatischen Aberrationen des menschlichen Auges[J]. Z. Psychol. Physiol. Sinn,1894, 6: 456 – 471.

[10] Flamant M F. Étude de la répartition de lumière dans l'image rétinienne d'une fente[J]. Rev Opt, 1955; 34:433 – 459.

[11] Hartmann J. Bemerkungen uber den bau und die justirung von spektrographen[J]. Z Instrumentenkd, 1900, 20(47).

[12] Shack R V, Platt B C. Production and use of a lenticular Hartmann screen[J]. J Opt Soc Am, 1971, 61 (656).

[13] Liang J, Grimm B, Goelz S, et al. Objective measurement of wave aberrations of the human eye with the use of a Hartmann – Shack wave – front sensor[J]. J. Opt. Soc. Am. A, 1994,11(7), 1949 – 1957.

[14] 全薇,凌宁,王肇圻,等. 哈特曼传波前感器测量人眼波像差的特性研究[J]. 光电工程,2003,30(3):1 -5.

[15] Liang J, Williams D R. Aberrations and retinal image quality of the normal human eye[J]. J. Opt. Soc. Am. A,1997, 14: 2873 -2883.

[16] Roorda A. Adaptive optics for studying visual function: A comprehensive review[J]. Journal of Vision, 2011, 11(5):6, 1 -21.

[17] Williams D R. Imaging single cells in the living retina[J]. Vision Research 2011,5(002).

[18] Roorda A, Williams D R. The arrangement of the three cone classes in the living human eye[J]. Nature, 1999,397: 520 -522.

[19] Nathan D, Yoon G Y, Chen L, et al. Use of a microelectromechanical mirror for adaptive optics in the human eye[J]. Opt. Lett., 2002,27(17): 1537 -1539.

[20] Hofer H, Chen L, Yoon G Y, et al. Improvement in retinal image quality with dynamic correction of the eye's aberrations[J]. Opt. Express, 2001, 8(11): 631 -643.

[21] Rha Jungtae,Jonnal Ravi S, Thorn Karen E, et al. Adaptive optics flood - illumination camera for high speed retinal imaging[J]. Opt. Express, 2006, 14(10):4552 -4569.

[22] Ling N, Zhang Y, Rao X, et al. Small table - top adaptive optical systems for human retinal imaging [C]. SPIE, 2002, 4825:99 -108.

[23] Roorda Austin, Fernando Romero - Borjo, William J Donnelly Ⅲ, et al. Adaptive optics scanning laser ophthalmoscopy[J]. Optics Express, 2002, 10(9): 405 -412.

[24] Zhang Yuhua, Poonja Siddharth, Roorda Austin, MEMS - based adaptive optics scanning laser ophthalmoscopy[J]. Opt. Lett., 2006, 31(9): 1268 -1270.

[25] Gray D C, Merigan W, Wolfing J I, et al. In vivo fluorescence imaging of primate retinal ganglion cells and retinal pigment epithelial cells[J]. Optics Express, 2006, 14(16):7144 -7158.

[26] Dubra A, Sulai Y, Norris J L, et al. Non - invasive in vivo imaging of the human rod photoreceptor mosaic using a confocal adaptive optics scanning ophthalmoscope[J]. Biomedical Optics Express. 2011, 2(7), 1864 -1876.

[27] 卢婧. 基于自适应光学的共焦扫描技术及其眼底成像研究[D]. 成都:中国科学院光电技术研究所,2010.

[28] Miller Donald T, Qu Junle, Jonnal Ravi S, et al. Coherent gating and adaptive optics in the eye[J]. SPIE, 2003, 4956: 65 -72.

[29] Hermann B, Fernandez E J, Unterhuber A, et al. Adaptive - optics ultrahigh - resolution optical coherence tomography[J]. Opt. Lett., 2004, 29(18):2142 -2144.

[30] Zhang Yan, Rha Jungtae, Jonnal Ravi S, et al. Adaptive optics parrallel spectral domain optical coherence tomography for imaging the living retina[J]. Opt. Express, 2005, 13(12):4792 -4811.

[31] Zawadzki Robert J, Jones Steven M, Olivier Scot S, et al. Adaptive - optics optical coherence tomography for high - resolution and high - speed 3D retinal in vivo imaging[J]. Opt. Express, 2005,13(21): 8532 -8546.

[32] Zhang Yan, Cense Barry, Rha Jungtae, et al. High - resolution volumetric imaging of cone photoreceptors with adaptive optics spectral domain optical coherence tomography[J]. Opt. Express,2006, 14(10): 4380 -4793.

[33] www. cfaoucolick. org.

[34] Fernandez Enrique J, Manzanera Silvestre, Piers Patricia, et al. Adaptive optics visual simulator[J]. J. Refract. Surg, 2002,18: S634.

[35] Guirao Antonio, Porter Jason, Williams David R. et al. Calculated impact of higher – order monochromatic aberrations on retinal image quality in a population of human eyes[J]. J. Opt. Soc. Am. A, 2002,19(1): 1 –9.

[36] Yoon Geun – Young, Williams David. Visual performance after correcting the monochromatic and chromatic aberrations of the eye[J]. J. Opt. Soc. Am. A,2002, 19(2): 266 –275.

[37] Fernandez Enrique J, Artal Pablo. Study on the effects of monochromatic aberrations in the accommodation response by using adaptive optics[J]. J. Opt. Soc. Am. A, 2005,22(9): 1732 –1738.

[38] Chen Li, Kruger Philip B, Hofer Heidi, et al. Accommodation with higher – order monochromatic aberrations corrected with adaptive optics[J]. J. Opt. Soc. Am. A, 2006,23(1): 1 –8.

[39] Dalimier Eudenie , Dainty Chris, Barbur John L. Effects of higher – order aberrations on contrast acuity as a function of light level[J]. Journal of Modern Optics, 2008,11(4):24 –29.

[40] Rossi Ethan A, Weiser Pinky, Tarrant Janice, et al. Visual performance in emmetropia and low myopia after correction of high – order aberrations[J]. Journal of Vision, 2007,7(8): 1 –14.

[41] Piers Patricia A, Fernandez Enrique J, Manzanera Silvestre, et al. Adaptive optics simulation of intraocular lenses with modified spherical aberration[J]. IOVS,2004, 45(12): 4601 –4610.

[42] Xue Lixia, Rao Xuejun, Wang Cheng, et al. Higher – order aberrations correction and vision analysis system for human eye[J]. Acta Optica Sinica, 2007,27(5): 893 –897.

[43] Li Shiming, Xiong Ying, Li Jing, et al. Effects of monochromatic aberration correction on visual acuity using adaptive optics system[J]. Optom. Vis. Sci. , 2009, 86(7):1 –7.

[44] Jing Li, Xiong Ying,Li Shiming, et al. Effects of spherical aberration on visual acuity at different contrasts [J]. J Cataract Refract Surg. ,2009, 35(8):1389 –1395.

[45] Fernandez E J, Prieto P M, Artal P, Binocular adaptive optics visual simulator[J]. Optics Letters, 2009, 34(17):2628 –2630.

[46] Fernandez, E J, Prieto P M, Artal P. Adaptive optics binocular visual simulator to study stereopsis in the presence of aberrations[J]. J. Opt. Soc. Am. A, 2010, 27(11):A48 –55.

[47] Schwarz C, et al. Binocular adaptive optics vision analyzer with full control over the complex pupil functions [J]. Optics Letters, 2011, 36(24):4779 –4781.

[48] Sabesan R, Zheleznyak L , Yoon G. Binocular visual performance and summation after correcting higher order aberrations[J]. Biomed. Opt. Express, 2012, 3(12):3176 –3189.

[49] 梁波. 自适应光学像差矫正对双眼叠加作用的影响研究[D]. 成都:中国科学院光电技术研究所,2013.

[50] Chen L, Artal P, Gutierrez D, et al. Neural compensation for the best aberration correction[J]. Journal of Vision, 2007,7(10):9, 1 –9.

[51] Elliott S L, Choi S S, Doble N, et al. Role of high – order aberrations in senescent changes in spatial vision. Journal of Vision, 2009,9(2):24: 1 –16.

[52] Hofer H. Adaptive Optics Psychophysics, in Adaptive Optics: Methods, Analysis and Applications[R]. OSA Technical Digest (CD) (Optical Society of America, 2009), paper JWB3.

[53] Gilbert C D, Sigman M, Crist R E. The neural basis of perceptual learning[J]. Neuron, 2001,31 (5): 681 –697.

[54] Huang C B, Zhou Y, Lu Z L. Broad bandwidth of perceptual learning in the visual system of adults with anisometropic amblyopia[J]. Proc Natl Acad Sci U S A, 2008, 105 (10): 4068 –4073.

[55] Zhou, J W, Zhang Y D, Dai Y, et al. The eye limits the brain's learning potential[J]. Scientific Reports, 2, 364, 2012.

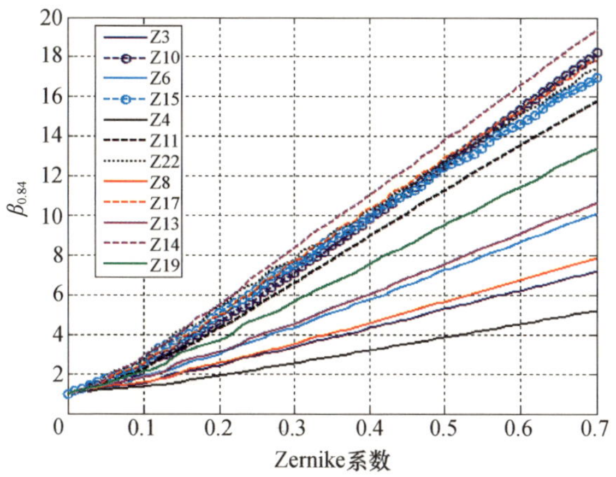

图 2－1　Zernike 像差与远场光斑光束质量 β 因子的关系曲线

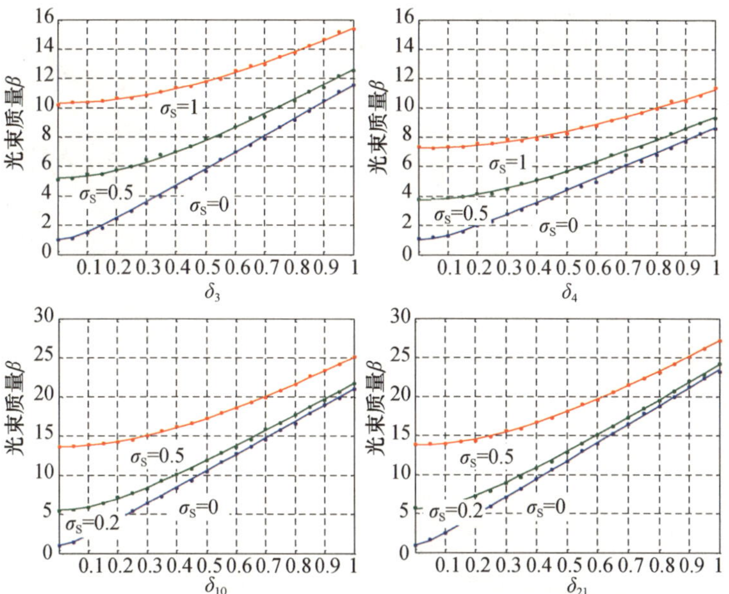

图 2－3　动态 Zernike 像差与光束质量 β 因子的关系
（图中点“·”为 FFT 仿真计算结果，实线为公式拟合结果）

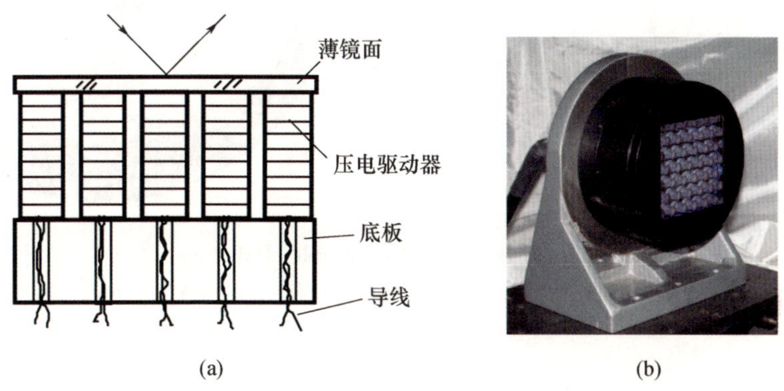

图 3－2　连续镜面分立式驱动器变形镜的结构和实物
(a)结构；(b)实物。

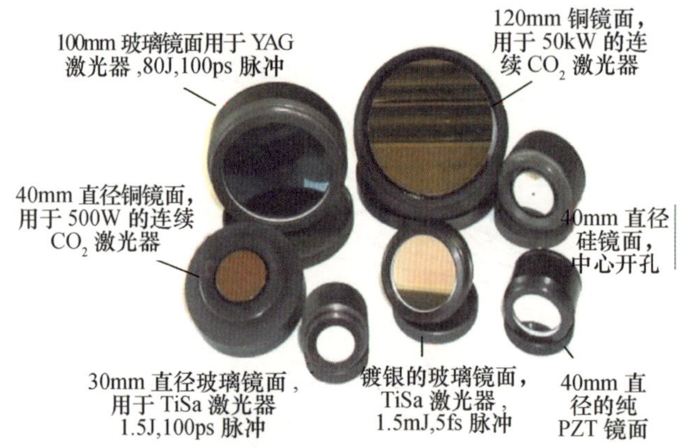

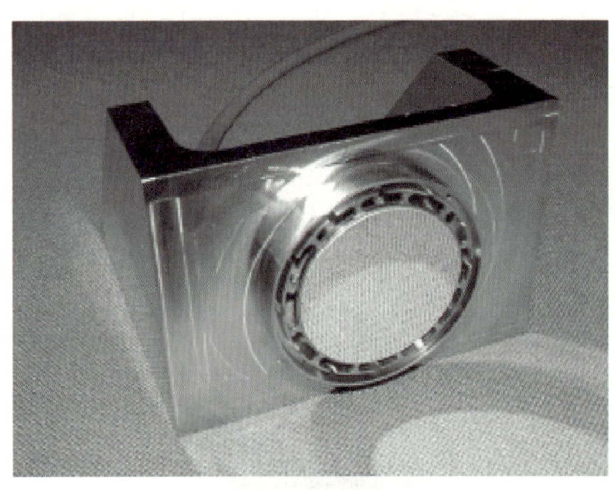

图 3-9 实际使用的 Bimorph-DM 产品

(a)俄罗斯 Night 公司的系列产品;(b)法国 CILAS 公司产品;(c)俄罗斯 TVRN 公司的产品;(d)美国 AopTIX 公司产品;(e)英国 BAE SYSTEMS 公司产品。

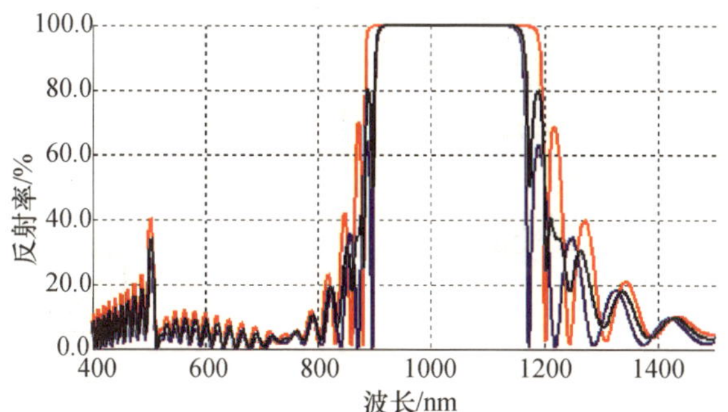

图 3－15　典型的膜系设计

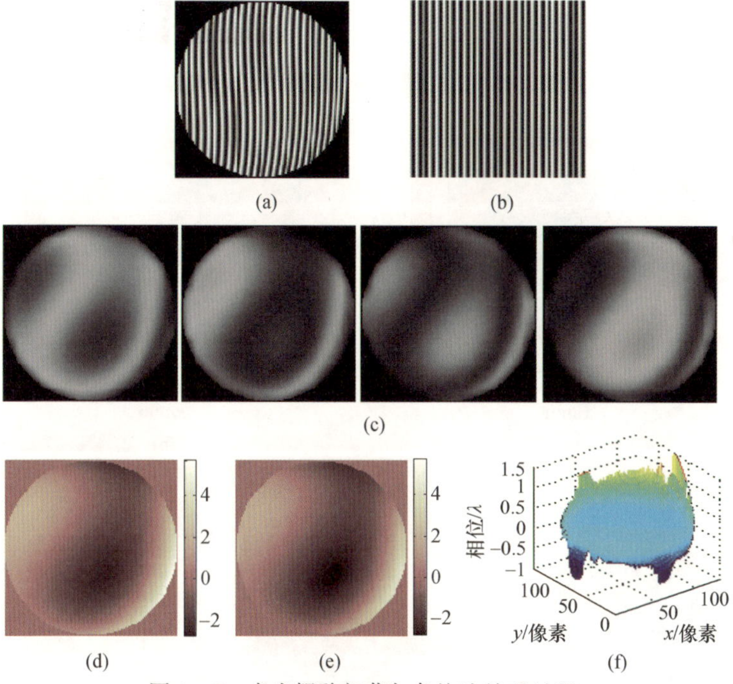

图 4－7　虚光栅移相莫尔条纹法处理过程

(a)模拟实测干涉图；(b)参考干涉图($\Phi_r=0$)；(c)I_{m1}、I_{m2}、I_{m3}、I_{m4}；(d)模拟相位；(e)提取相位；(f)残余相位。

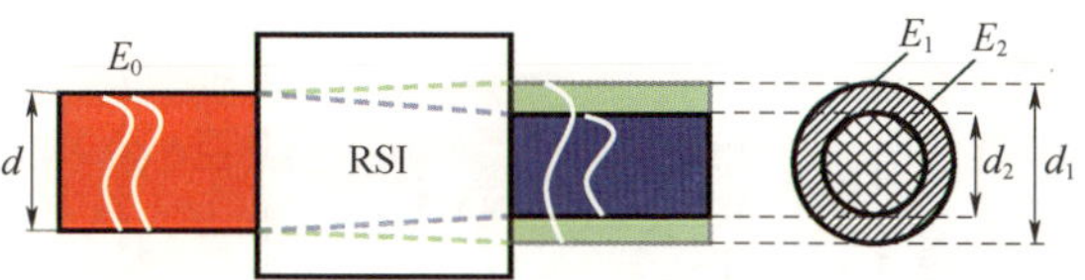

图 4－14　径向剪切干涉仪原理

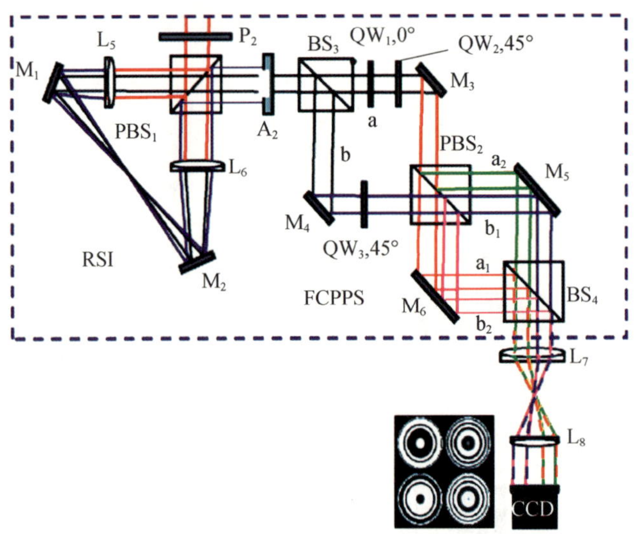

图 4-20　基于四步空间偏振移相结构的径向剪切干涉仪原理

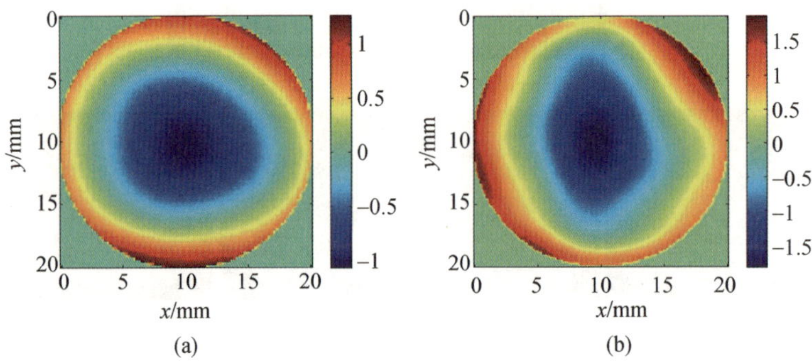

图 4-25　待反演像差

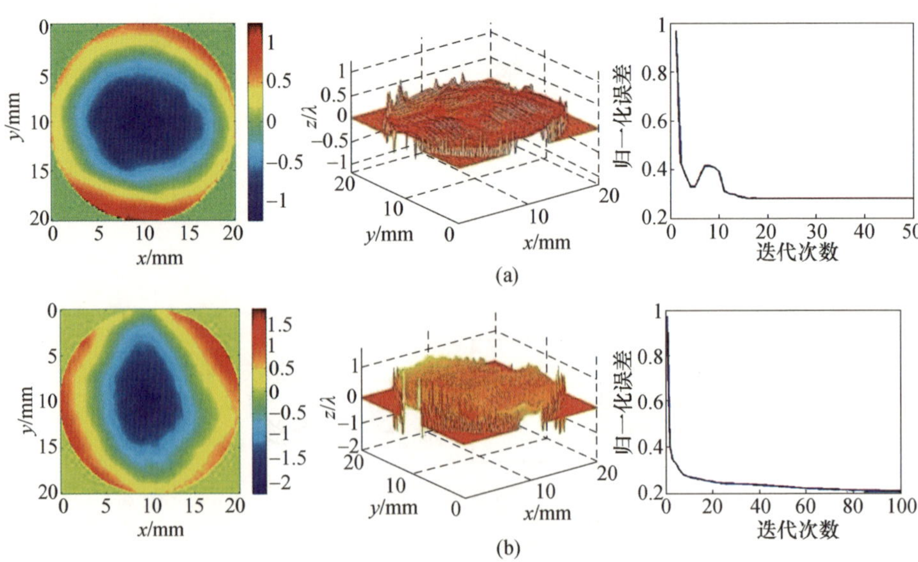

图 4-26　对应反演的像差、残差及误差控制曲线

(a)针对图 4-25(a);(b)针对图 4-25(b)。

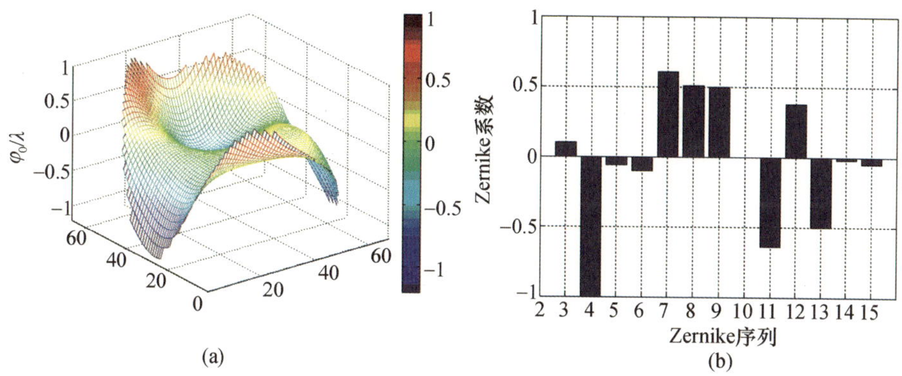

图 4－29 待测像差及待测像差各阶 Zernike 多项式系数

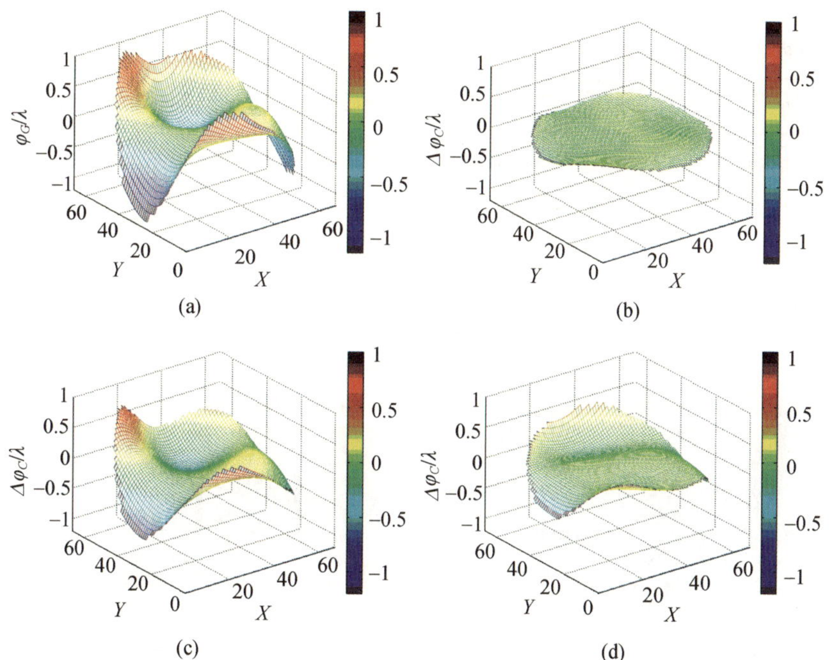

图 4－31 基于光栅的修正相位探测技术与传统相位差法结果

(a)、(b)利用光栅的修正相位复原结果和残差；(c)、(d)利用传统复原算法的复原结果和残差。

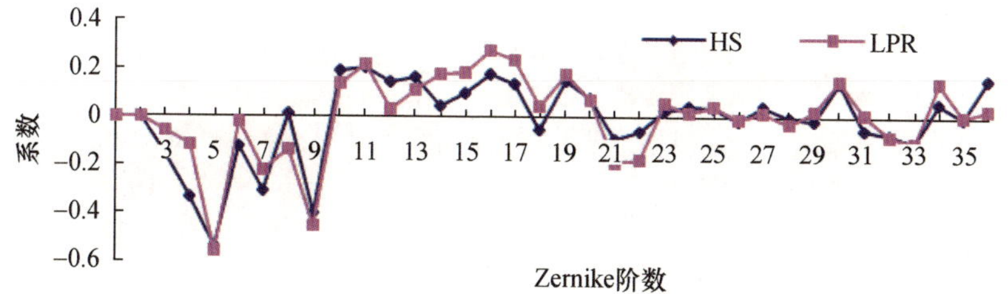

图 4－33 采用 HS 和 LPR 方法得到的波前测量结果对比

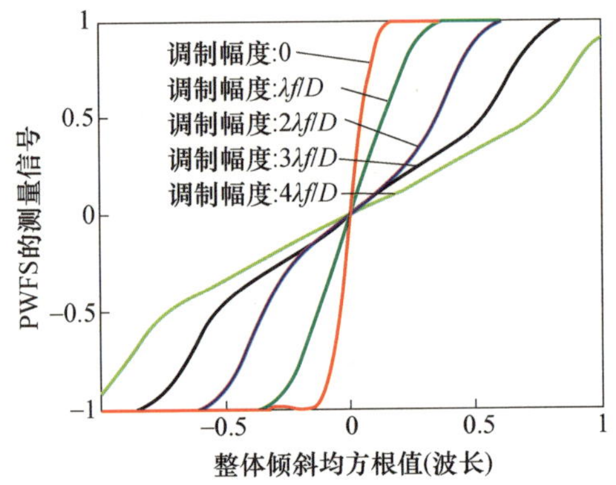

图 4－39　调制幅度与探测信号的关系曲线

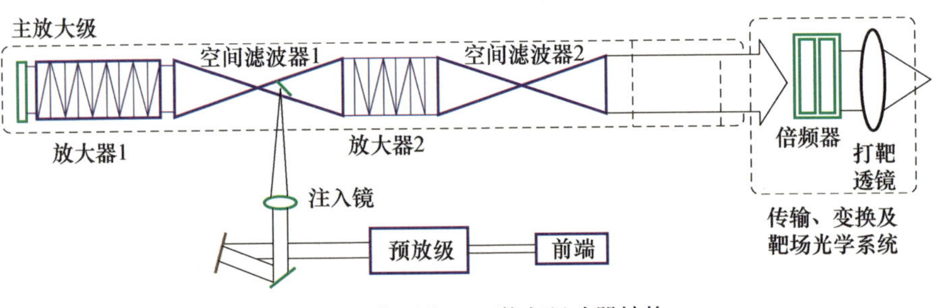

图 7－1　典型的 ICF 激光驱动器结构

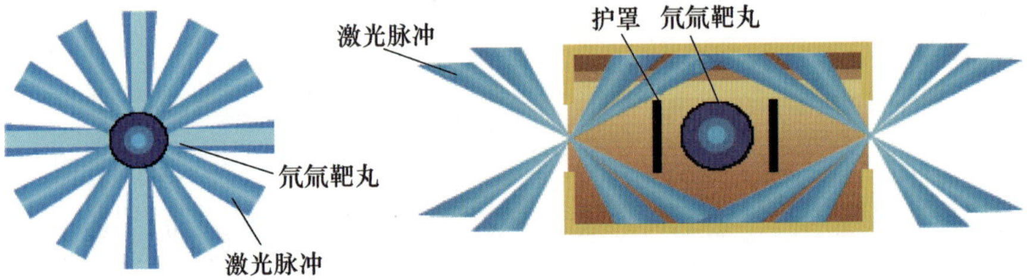

激光脉冲
氘氚靶丸
激光脉冲
护罩　氘氚靶丸
(a)
(b)

图 7－2　惯性约束聚变反应的方式

(a)直接驱动;(b)间接驱动。

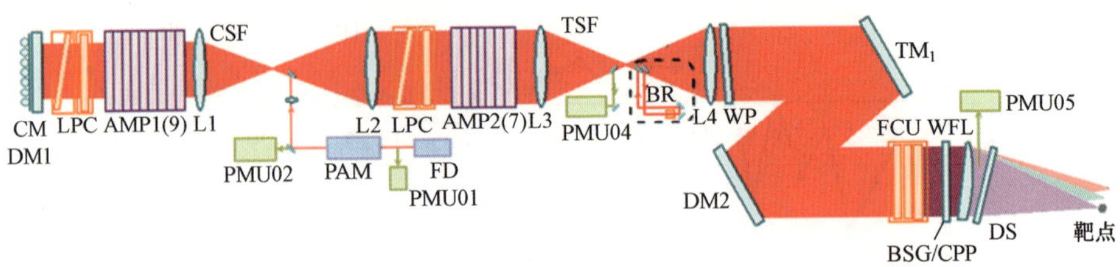

图 7－6　单路 ICF 激光装置示意图

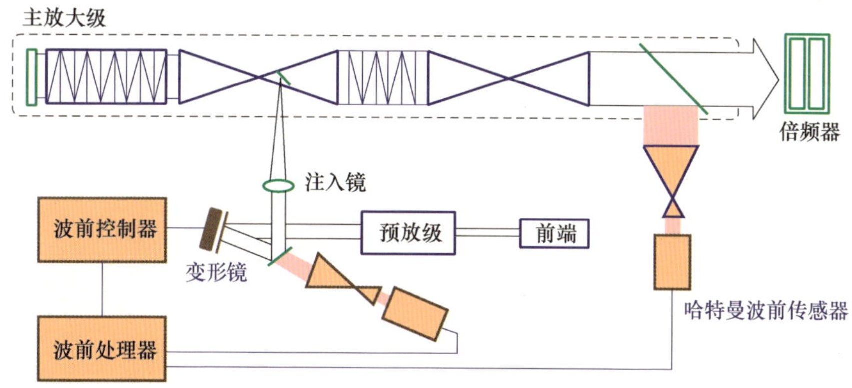

图 7－10　基于哈特曼波前传感器的 ICF 激光装置波前校正系统

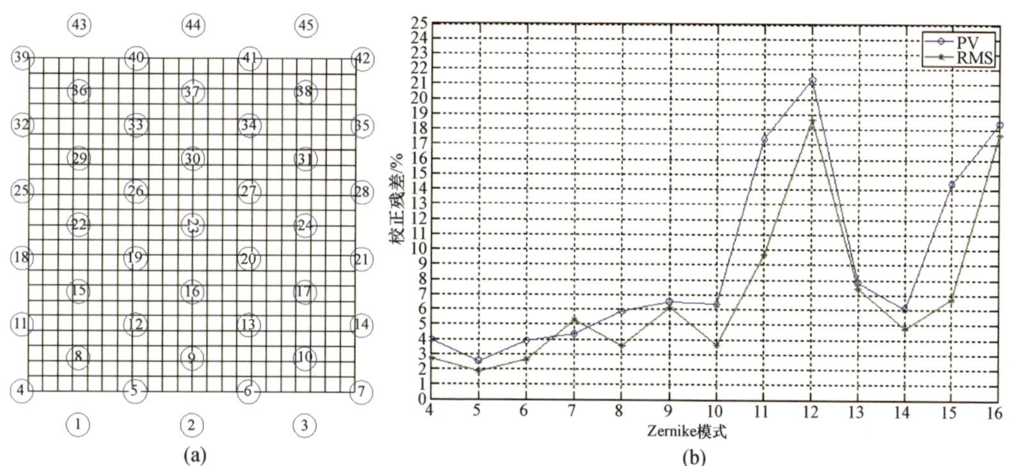

图 7－11　用于波前校正系统的变形镜布局及其校正能力

(a)变形镜驱动器布局;(b)对前 16 项 Zernike 模式像差的校正能力。

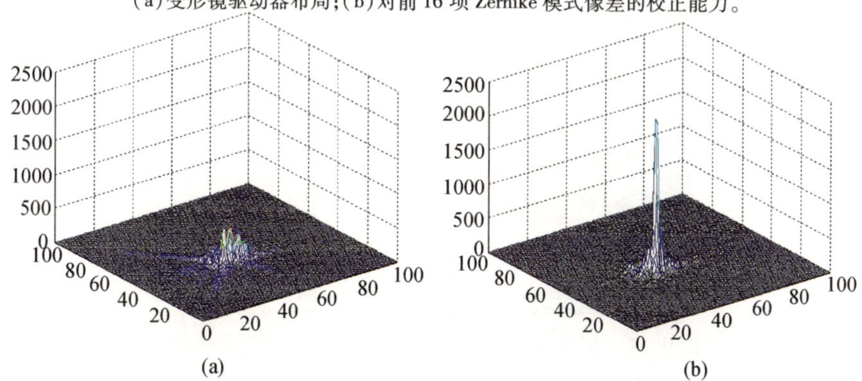

图 7－13　ICF 激光装置上波前校正前后的远场能量分布

(a)开环远场;(b)闭环远场。

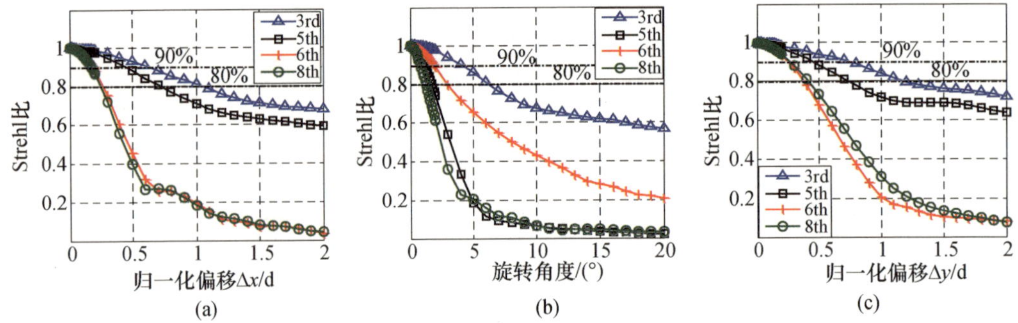

图 7-14　不同类型像差对应波前校正能力随失配量大小变化

(a)沿 x 方向平移失配;(b)沿 y 方向平移失配;(c)绕 z 轴旋转失配。

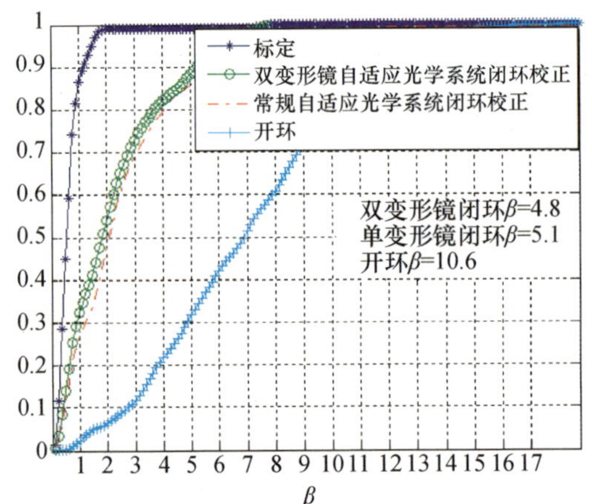

图 8-17　开环远场光斑、常规自适应光学系统校正后的远场光斑、双变形反射镜自适应光学系统校正后的远场光斑的环围能量曲线及衍射极限倍数

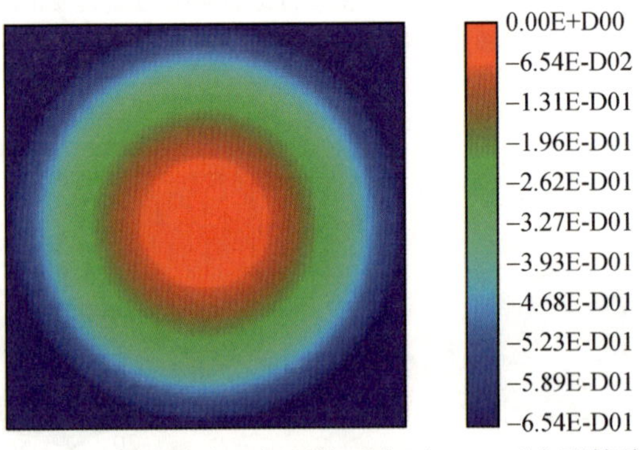

图 9-4　相机偏离理想透镜后焦面 1mm 后变形镜将引入的离焦像差(PV = 0.65λ, RMS = 0.19λ)

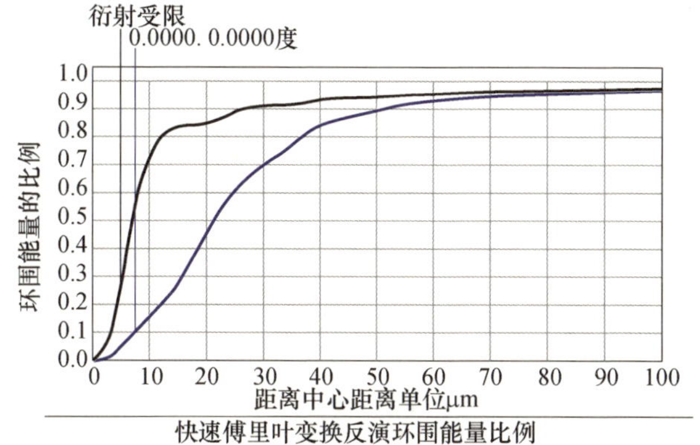

图 9－5　相机偏离理想透镜后焦面 1mm 后实际光束远场的 PIB 曲线（下）与衍射极限（上）的对比

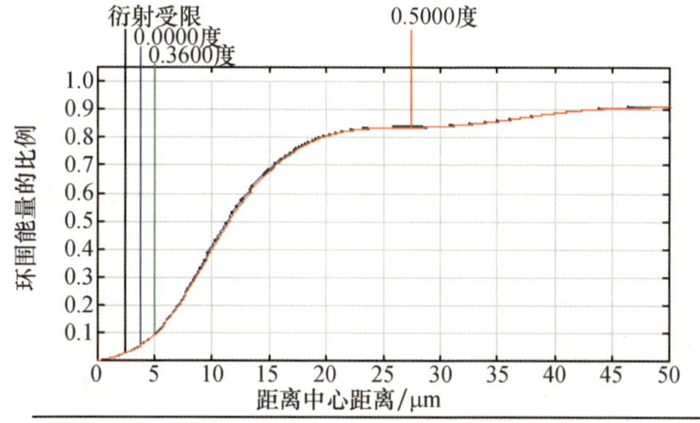

图 9－6　平行光通过焦距 1200mm 的透镜组后聚焦光斑的 PIB 曲线

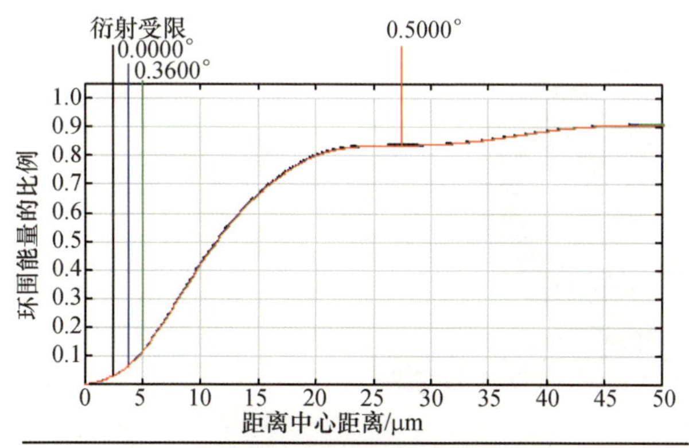

图 9－7　焦距 1200mm 的平凸透镜和相机之间插入 3 片中性密度滤光片后平行光聚焦光斑的 PIB 曲线

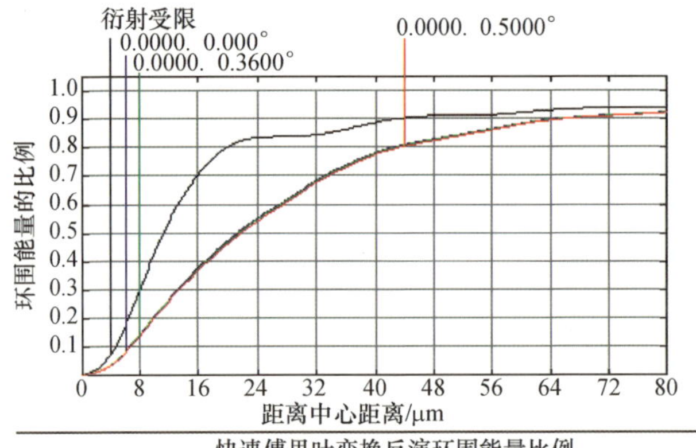

图 9-8　焦距 1200mm 的平凸透镜和相机之间插入 3 片中性密度滤光片和 1 片 45°高反镜后平行光聚焦光斑的 PIB 曲线

图 9-17　实验中采用的压电驱动器变形镜

图 9-21　20 单元双压电变形镜实物

(a)

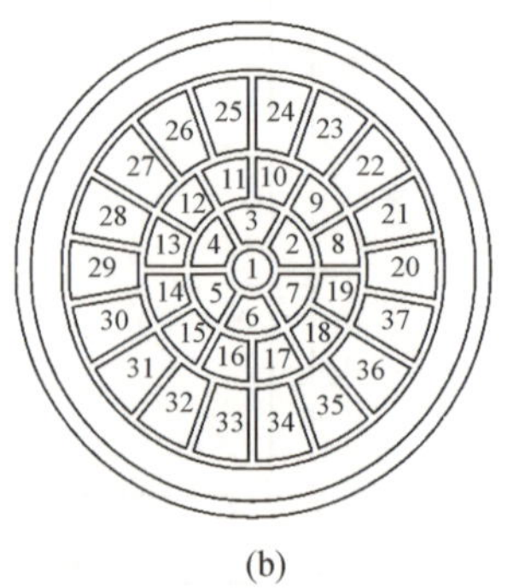

(b)

图 9-29　37 单元双压电片变形镜外形与电极排布
(a) 外形；(b) 电极排布。

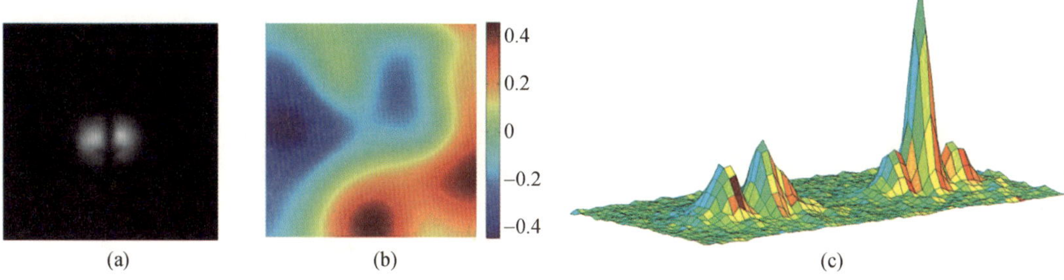

图 9－42　校正 TEM_{10}模光束的实验结果

（a）TEM_{10}模光束的近场强度分布；（b）利用影响函数计算得到的变形镜面形（单位：μm）；
（c）校正前（左侧）后（右侧）的光束远场强度分布对比。

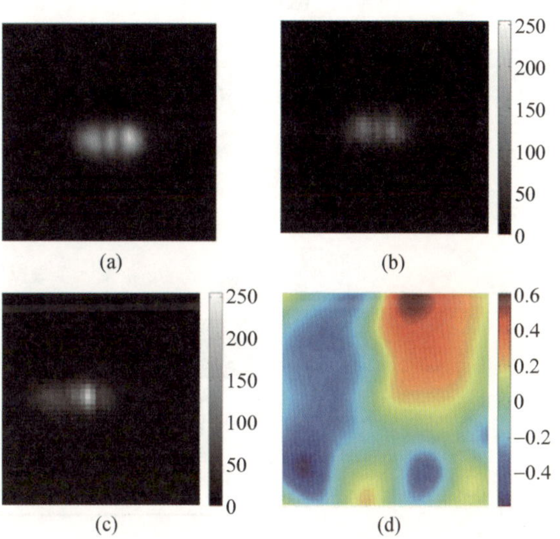

图 9－43　校正 TEM_{20}模光束的实验结果

（a）TEM_{20}模光束的近场强度分布；（b）校正前的远场强度分布；
（c）校正后的远场强度分布；（d）利用影响函数计算得到的变形镜面形（单位：μm）。

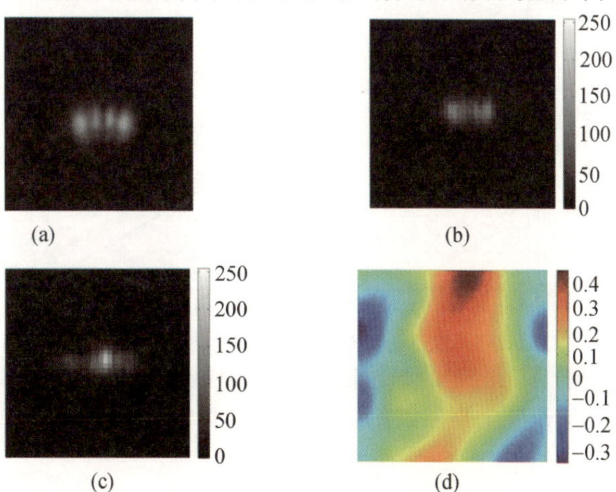

图 9－44　校正 TEM_{30}模光束的实验结果

（a）TEM_{30}模光束的近场强度分布；（b）校正前的远场强度分布；
（c）校正后的远场强度分布；（d）利用影响函数计算得到的变形镜面形（单位：μm）。

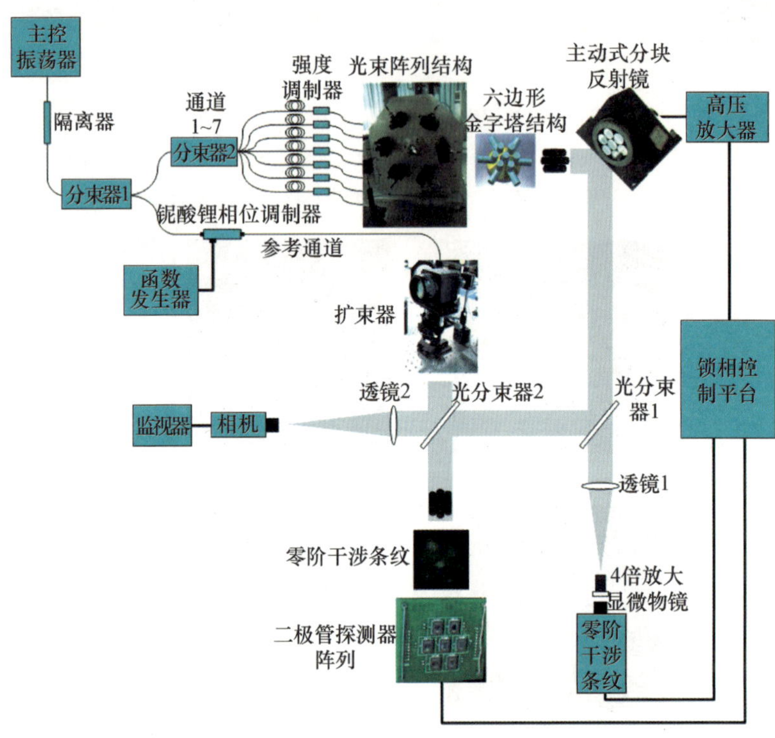

图 10-15 基于干涉测量法的7路激光相干合成实验系统原理

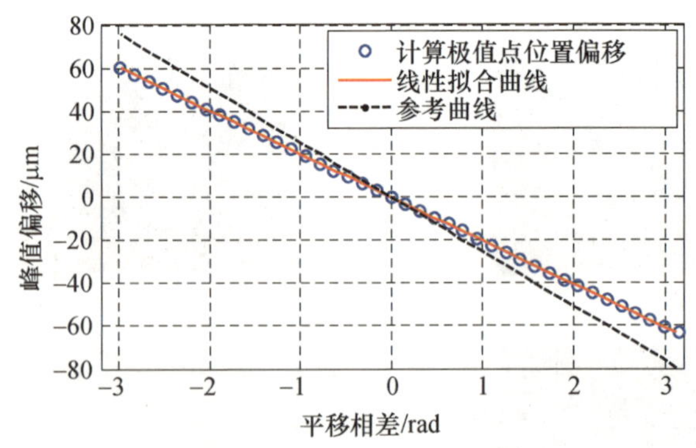

图 10-24 数值计算得出的两圆形光束的远场光斑峰值偏移与平移相位差之间的关系
（实线为线性拟合曲线，拟合的误差最大为 0.04rad（≈0.006×2π））

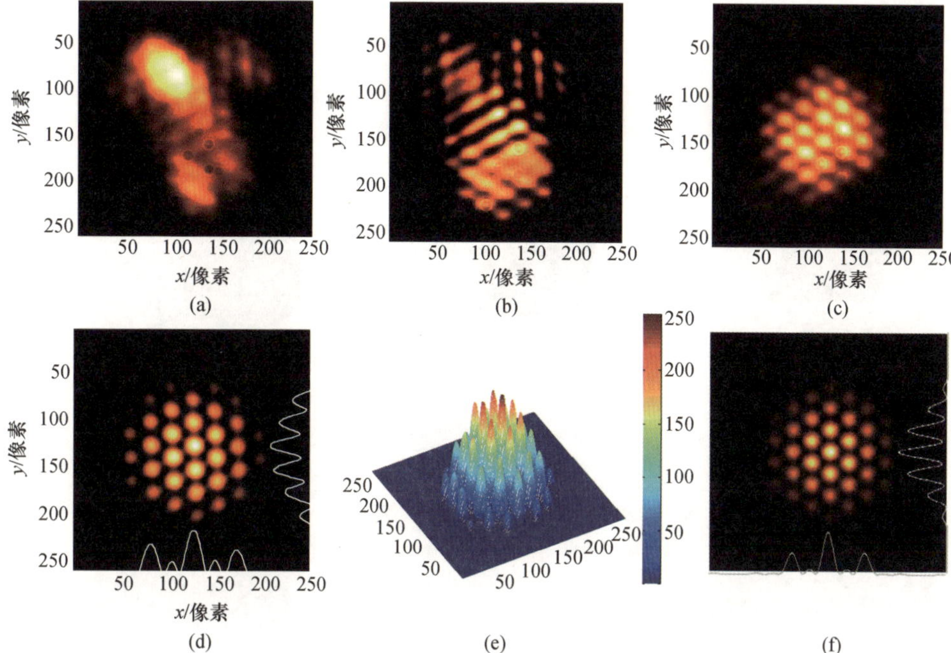

图 10－30　开闭环时，3 路激光经 CCD 采集的合成光斑曝光图

(a) 开环时的二维图样；(b) 仅锁相时的二维图样；(c) 仅校正倾斜时的二维图样；(d)、(e) 锁相并校正倾斜时的二维、三维图样；(f) 理想合成光斑二维图样。

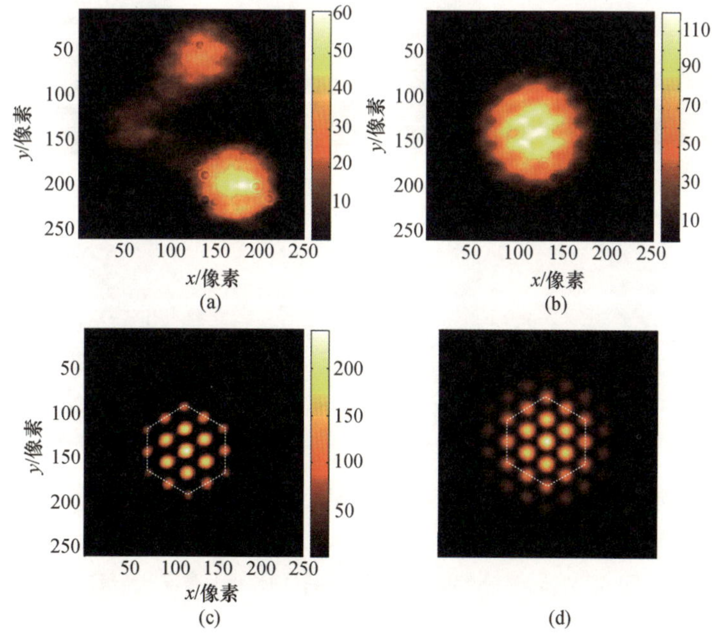

图 10－35　远场光斑的 400s 长曝光图

(a) 开环；(b) 仅校正倾斜；(c) 同时锁相并校正倾斜；(d) 理想情况。

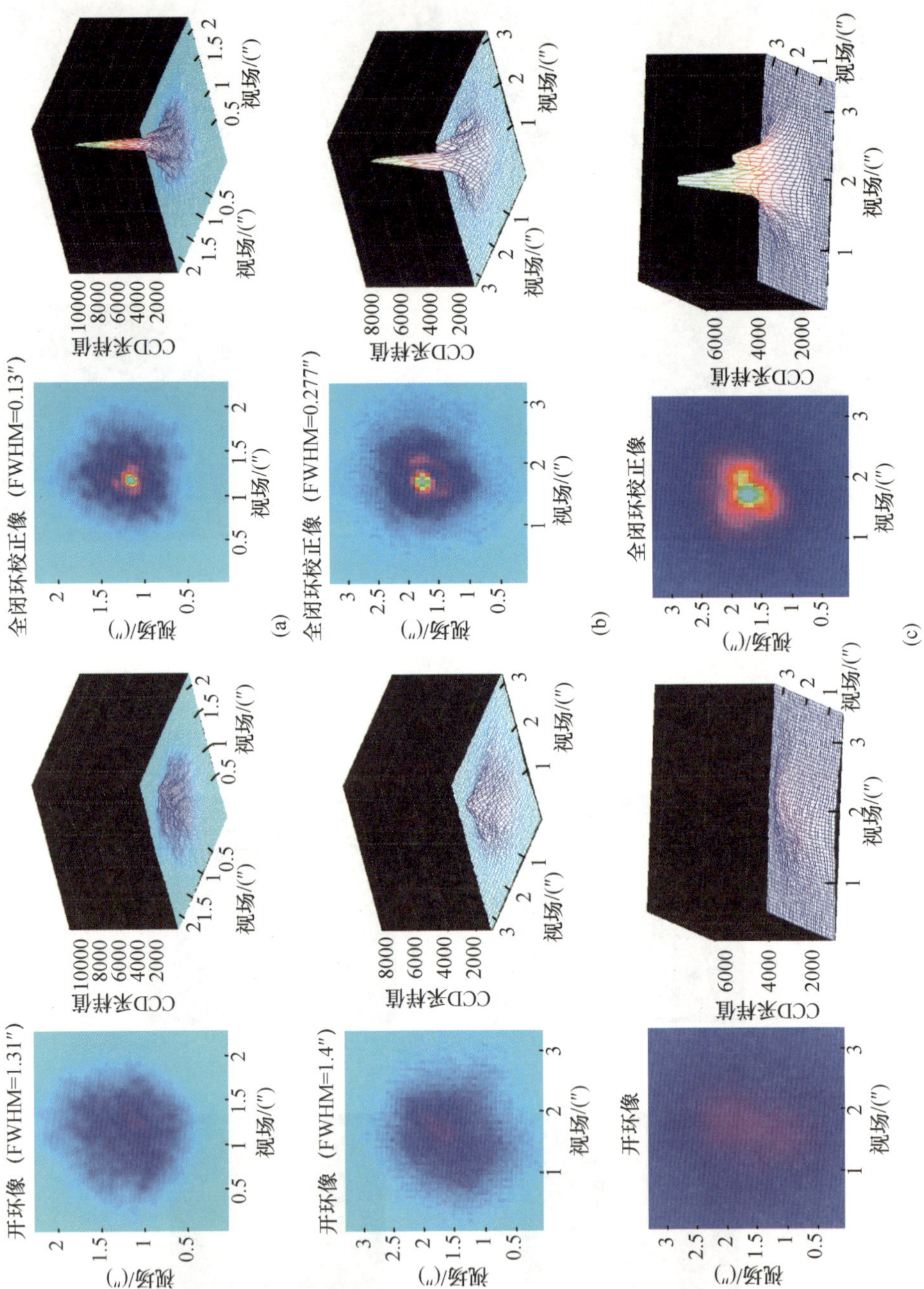

图 11-11　2.16m 望远镜 21 单元 AO 系统的成像观测结果

(a)可见光波段对织女星(Vega：星等 0.21m_V)成像结果；(b)红外 K 波段对恒星(βAur：星等 1.9m_V)成像结果；(c)红外 K 波段对双星(ADS6993：星等 3.8m_V 和 4.7m_V，角间距 0.25″)成像结果。

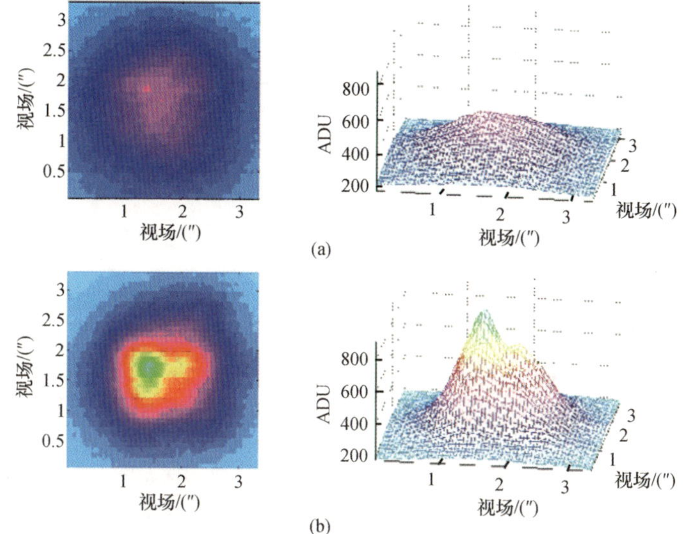

图 11-12　2.16m 望远镜 21 单元 AO 系统对半规则变星 V465 的成像观测结果

(a)未加校正;(b)加校正。

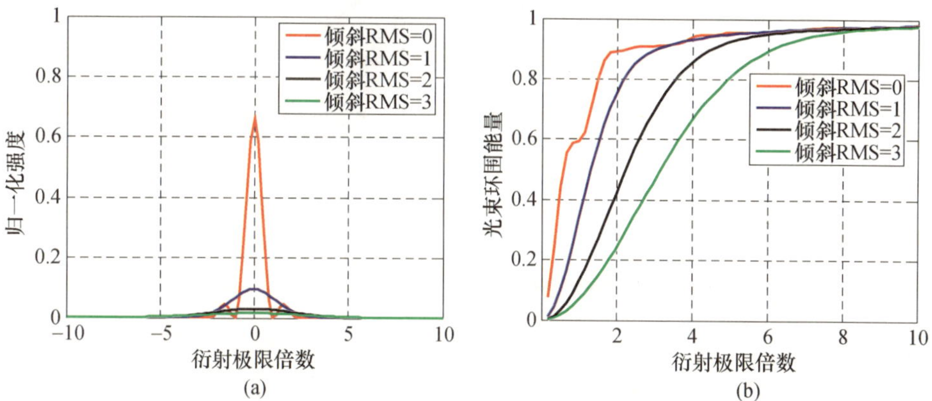

图 12-4　光束抖动误差对理想空心光束($\varepsilon=0.4$)远场强度与环围能量分布的影响(长曝光)

(a)光束抖动误差对光斑强度分布的影响(空心光束 $\varepsilon=0.4$);

(b)光束抖动误差对环围能量分布的影响(空心光束 $\varepsilon=0.4$)。

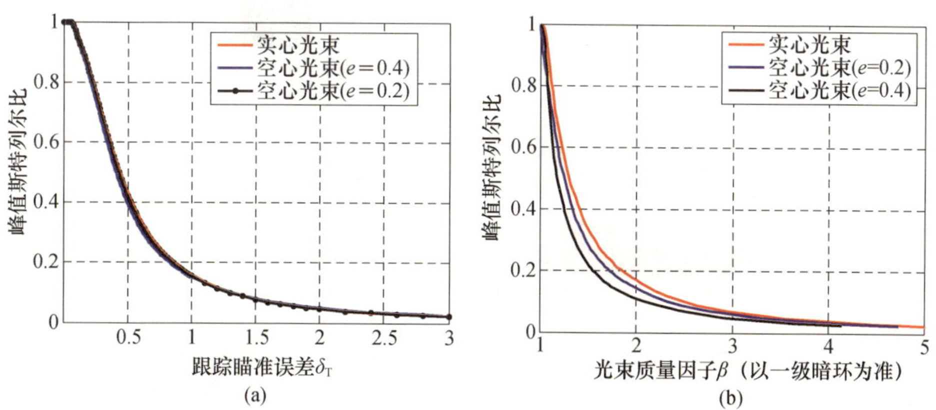

图 12-5　跟踪瞄准误差对实心光束与空心光束峰值 Strehl 比的影响

(a)峰值斯特列尔比与跟踪瞄准误差关系;(b)峰值斯特列尔比与光束质量 β 的关系。

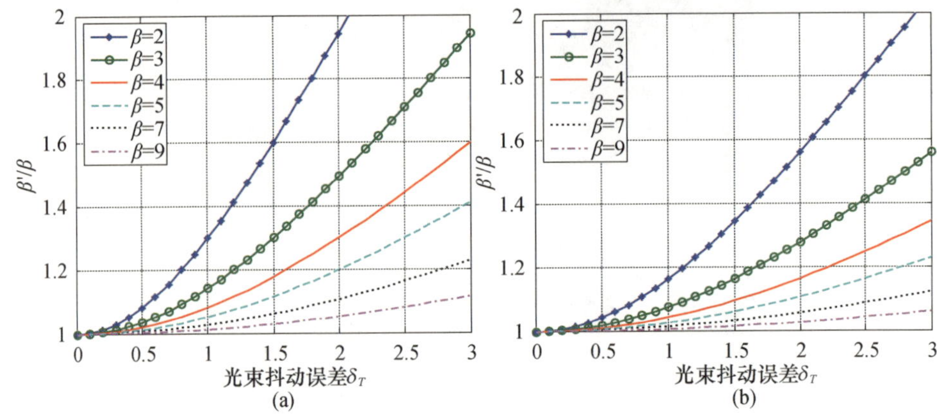

图 12-9 初始光束质量与容许的光束抖动误差的关系

(a)实心光束$\beta_{0.838}$与光束抖动误差关系；(b)空心光束($\varepsilon=0.5$)$\beta_{0.48}$与光束抖动误差关系。

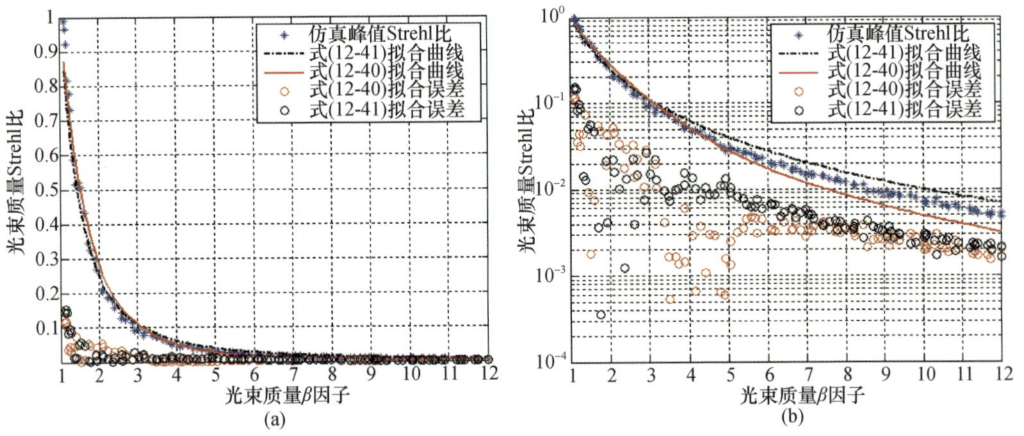

图 12-13 包含随机倾斜误差的大气湍流像差的光束质量β因子与光束质量峰值 Strehl 比的关系

(a)线性坐标显示；(b)对数坐标显示。

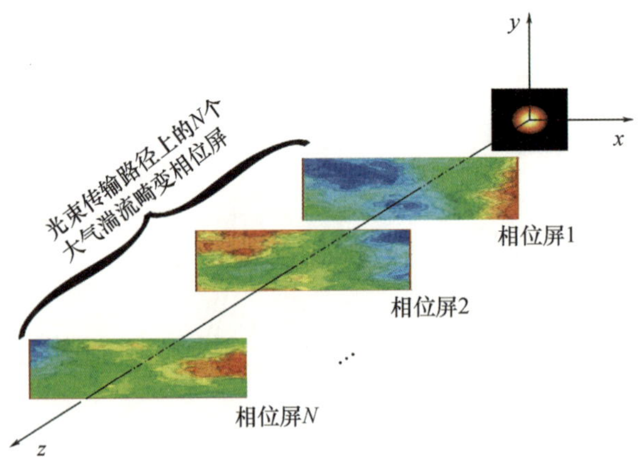

图 12-14 利用大气湍流畸变相位屏方式实现激光大气传输数值仿真的分段传输模型

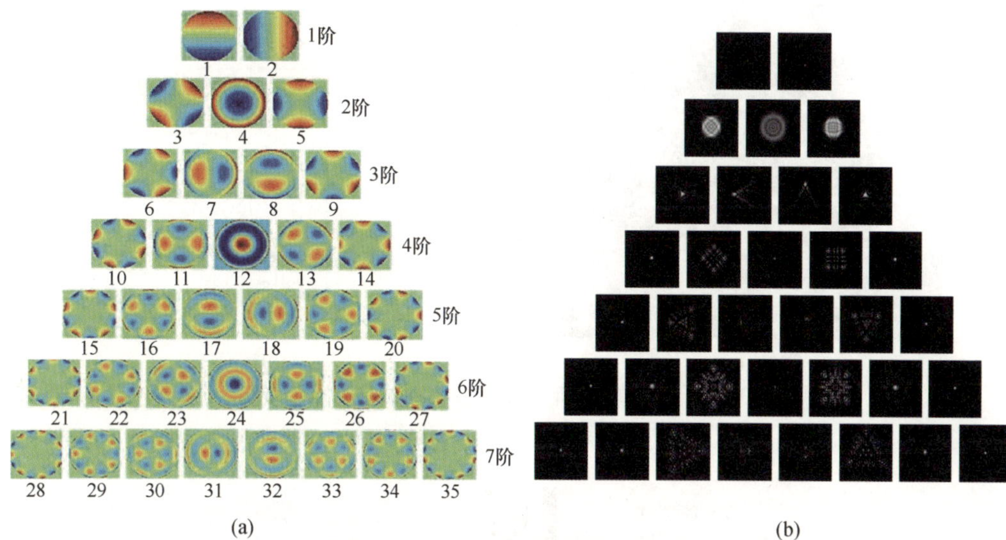

图 13－1　人眼像差描述中的前 7 阶 35 项 Zernike 多项式二维分布图及 PSF 图

(a) Zernike 多项式二维分布图；(b) PSF 图。

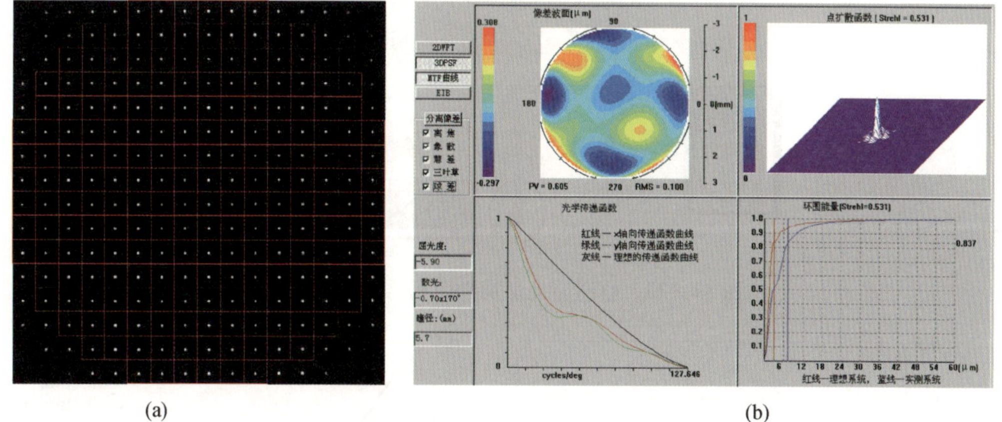

图 13－7　哈特曼波前测量仪光斑及人眼像差测量结果

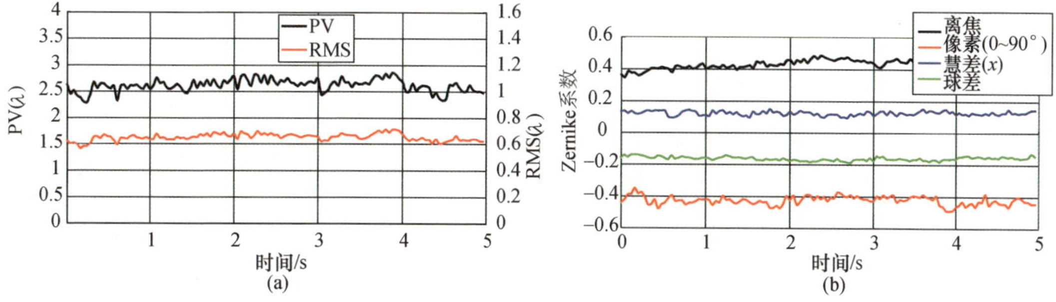

图 13－8　人眼像差波面 PV、RMS 以及单项 Zernike 像差随时间变化曲线

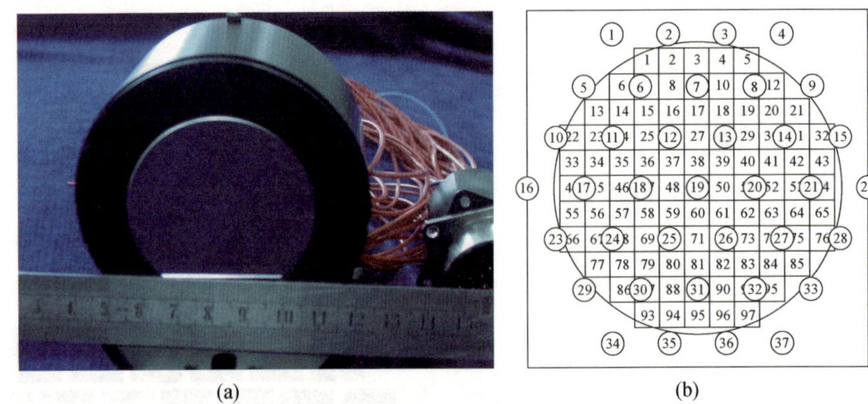

图 13－12　37 单元变形镜实物及驱动器与子孔径布局

(a)变形镜实物;(b)驱动与孔径布局。

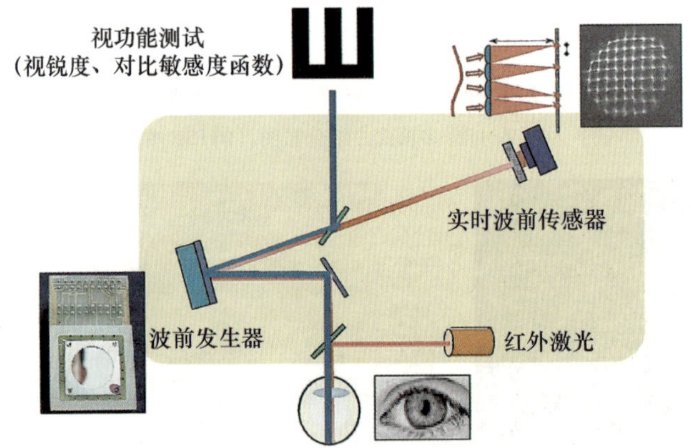

图 13－22　自适应光学视觉仿真器的系统原理

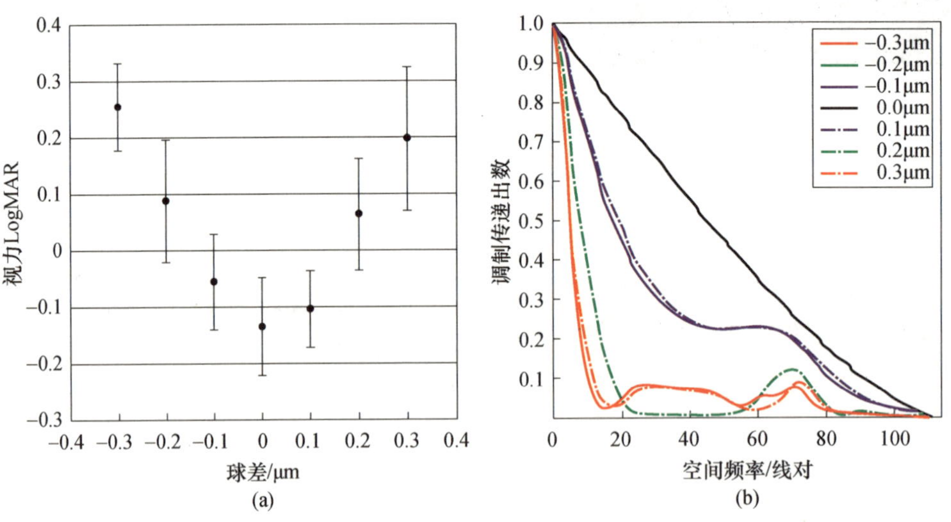

图 13－26　叠加不同量球差后的 LogMAR 视力及 MTF

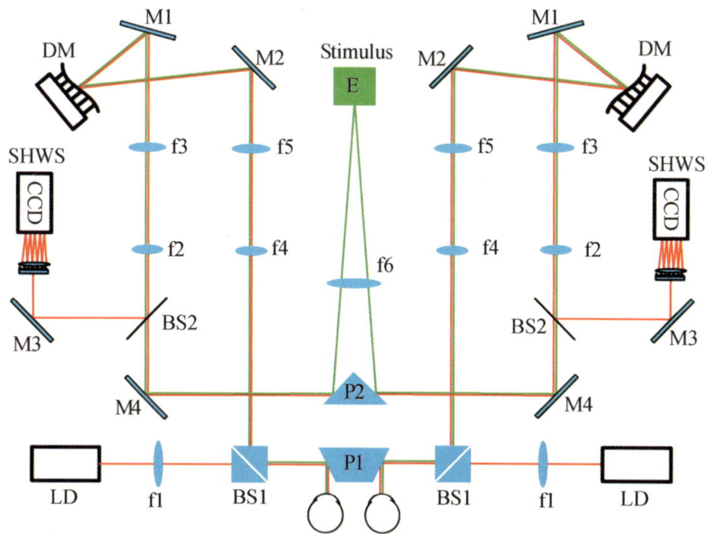

图 13－27　双眼自适应光学视觉仿真器原理

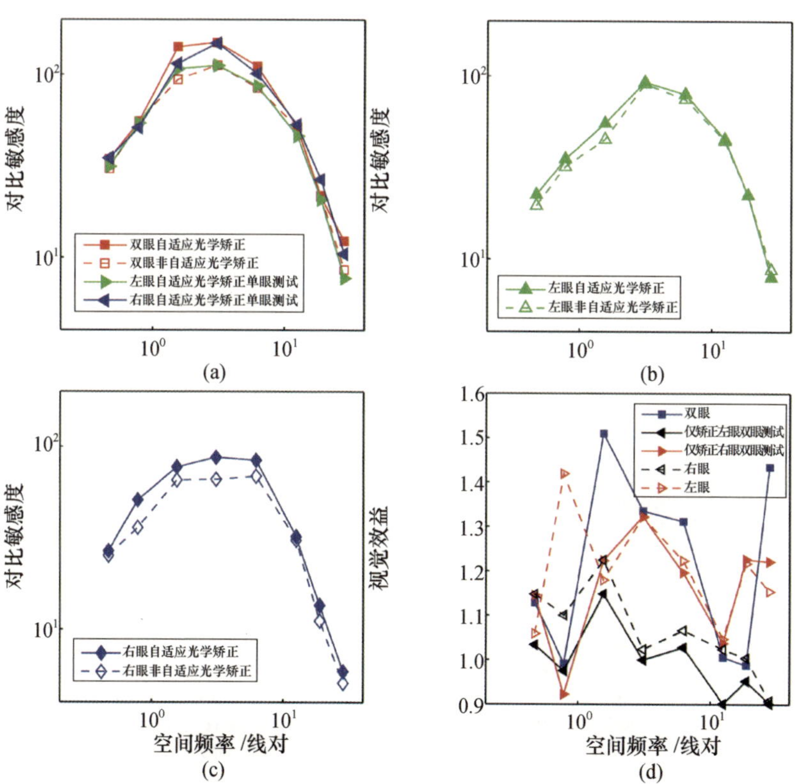

图 13－30　双眼仿真器在不同条件下的对比敏感度函数测试结果

(a)双眼结果;(b)左眼结果;(c)右眼结果;(d)不同状态下的自适应光学矫正收益。

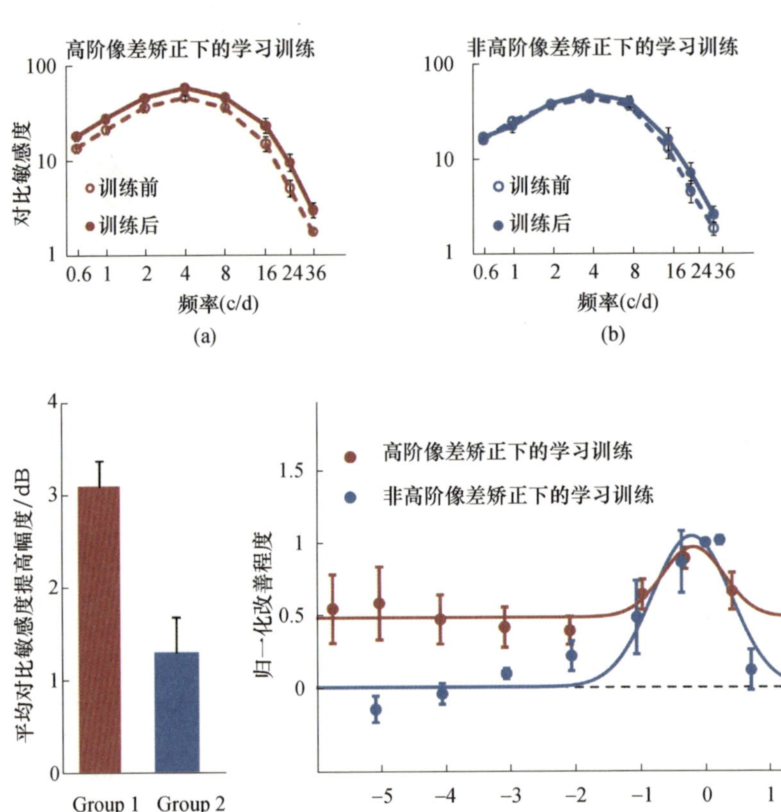

图 13－32　接受训练后 Group1 与 Group2 的 CSF 提高

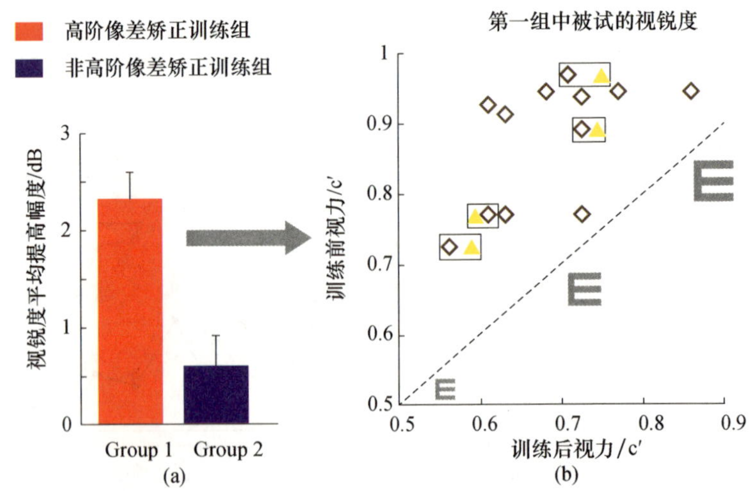

图 13－33　接受训练后 Group1 视力（红色）与 Group2 视力（蓝色）的提高
（a），（b）第一组中被试的视锐度。